L'immunologie en question

Les impasses de la théorie actuelle et leurs possibles dépassements

Éthique et pratique médicale
fondée par Richard Moreau
Collection dirigée par Roger Teyssou

La collection « Éthique et pratique médicale » est une tribune qui permet à tous les acteurs du monde de la santé, professionnels, enseignants, administrateurs, économistes et patients d'exposer leurs opinions, de décrire leur expérience et de proposer des solutions aux problèmes posés par une profession en pleine mutation, et ce en toute indépendance et en conformité avec la déontologie et les bonnes pratiques médicales.

Dernières parutions

Michel BOURIN, *Faire face au polyhandicap*, 2023.
Dr Pierre MESTOUDJIAN, *La méthode facile pour arrêter de fumer du jour au lendemain, Le nouvel antidote du tabac*, 2023.
Thibaut COUSSENS-BARRE, *La patrimonialisation des collections d'échantillons biologiques*, 2022.
Christian PIROLLI, *Passeur... Par maux et par mots de patients, la parole d'un médecin*, 2022.
Faouzia PERRIN, *L'État et la santé. Quelle finalité à la politique de santé ?*, 2022.
Michel PINGET et Arnaud BUBECK (dir.), *Regards croisés sur le diabète. La maladie chronique : une rupture dans le temps de la vie*, 2022.
Pierre-Luc L'HERMITE, *La preuve médicale au XXIe siècle*, 2022.
Bernard MARROT, *Politique d'organisation du système de santé en France*, 2022.
Patrice COUZIGOU, *Écologie interne et relation soignante, Médecine de la personne et de ses comportements*, 2022.
Julie LENOBLE-MARTIN, *Le droit d'accès aux soins des personnes sourdes en France*, 2021.
Alain GOLDCHER, *Bien vivre avec un « oignon ». Questions/réponses illustrées sur l'hallux valgus, le trouble statique le plus fréquent*, 2021.
Jeannot BAANITSE, *Soins palliatifs en RD Congo et en Afrique. Appel à la promotion et l'intégration,* 2021.
François MATH, *La recherche médicale française. Hier on la trouvait, aujourd'hui on la cherche,* 2021.
Jacques MORNAT, *Choix et médecine*, 2021.
Philippe VIARD, *On n'est jamais assez vieux pour faire un mort, Repenser les soins pour les personnes dans les services de longue durée*, 2021.
Justine DIEHL, *Vaccins, Entre méfiance et adhésion*, 2021.
Jean-Yves DE LA CAFFINIERE, *50 ans de pratique chirurgicale. Pensées parallèles,* 2021.

Bouchaïb Bahbouhi

L'immunologie en question

Les impasses de la théorie actuelle et leurs possibles dépassements

L'Harmattan

Du même auteur :

Satan à Rebours, Récit, Éditions Spinelle, 2018

Chassé-croisé Casablanca Paris (co-auteur), Roman, Éditions Le lys bleu, 2018

Les lubies de l'anachorète (co-auteur), Nouvelles, Éditions Prem'Edit, 2019

Vague de crimes haineux à Virginia Beach, (co-auteur), Roman, Éditions Maïa, 2020

Avec la relecture de Patricia Manzano, auteure et correctrice

5-7, rue de l'École-Polytechnique – 75005 Paris

www.editions-harmattan.fr

ISBN : 978-2-14-031707-1
EAN : 9782140317071

À mon frère,
Abdallah Bahbouhi

Qui suis-je ?

La science est un terrain d'exploration aux possibilités infinies. L'esprit scientifique s'ancre dès le plus jeune âge dans l'observation méticuleuse et quasi extatique des manifestations diverses qu'offrent à la fois la nature et la vie sociale. J'étais un enfant rêveur et sensible, libre et rebelle, explorant à l'envi les rues animées et bruyantes de Casablanca ma ville natale, et errant sans but parmi les hectares de terres agricoles qui appartenaient à ma famille dès que j'avais l'occasion de les arpenter pendant les vacances scolaires. Les jours se déroulaient sous le soleil impitoyable de mon pays, souvent avec une régularité millimétrée, et, quelquefois, émaillés d'opportunités, de surprises qui devaient leur survenue aussi bien au hasard qu'à une nécessité implacable.

Jours inoubliables. De ces jours où se prend une décision importante ; un oui pour un mariage, un oui pour signer un contrat de travail aux perspectives prometteuses, un oui pour s'engager dans un nouveau projet, un oui pour embarquer dans l'aventure de la vie. J'ai connu quelques jours de la sorte qui ont balisé mon parcours jusqu'à aujourd'hui.

1980. Je faisais partie d'une minorité d'élèves qui devaient s'inscrire dans un collège mixte loin de leur circonscription natale à Casablanca, au Maroc. Une distinction importante, car, à l'époque, un élève devait s'inscrire obligatoirement dans le collège de sa circonscription la plus proche de chez lui. Pour moi, c'était une grande chance de quitter mon quartier natal, où tout le monde connaissait tout sur tout le monde, pour intégrer un des collèges les plus prestigieux de Casablanca, le collège Ibn Habouss où j'allais obtenir mon brevet de fin d'études secondaires. Après quoi, j'obtenais dans le lycée Moulay Idriss I le baccalauréat spécialité sciences expérimentales. À l'époque, avant la délivrance du brevet, les enseignants se réunissaient et décidaient de l'orientation scolaire qui convenait le mieux à un élève. Mes enseignants ne savaient pas s'il fallait faire de moi un littéraire ou un scientifique. C'est incroyable cette connaissance très subtile que, parfois, les enseignants ont de leurs élèves. Ils m'avaient finalement dirigé vers la filière scientifique. Pourtant, certains parmi eux auraient préféré me voir emprunter le chemin des Lettres. Cette ambiguïté, cette double attirance, me colle à la peau encore aujourd'hui. J'aime la science, sa logique et son imparable méthode, et en même temps, j'aime la littérature et la musique. J'aime le raisonnement scientifique (car les faits sont éloquents) et j'aime aussi la liberté de pensée et d'expression qu'offre la littérature qui permet de surfer sur nos océans imaginaires. Incroyable mais vrai ! Cette ambivalence s'imposa avec force dans le cours de mes pérégrinations intellectuelles fin 2017, date à laquelle je rencontrais une biographe à Nantes qui est devenue co-auteure sur trois livres que nous avons publiés à compte d'éditeur. Elle est aussi une amie très proche. Elle m'a apporté une aide substantielle pour écrire mon tout premier livre publié en 2018. Nos livres sont des romans et des nouvelles. Rien à voir avec ma formation scientifique. Comme si la fibre littéraire qui m'habitait depuis toujours avait soudainement refait surface. Un miracle pour moi. J'avoue que j'ai toujours été entre deux mondes, et certains de mes amis pensent que c'est une caractéristique de mon signe astrologique, je suis balance (*libra*), né un 10 octobre. Une balance qui cherche sans cesse son équilibre face à de nombreux bouleversements qui ont marqué sa vie.

1986. Tout joyeux, je me rends à l'université, avec mon baccalauréat spécialité sciences expérimentales en poche, en vue de m'y inscrire. J'étais équipé d'un walkman qui crachait du pop-rock dans mes oreilles. Ce jour-là, je n'avais aucune idée de la discipline scientifique que j'allais choisir (Sciences Physiques, Mathématiques, Géologie ou Biologie). J'écoutais Rod Stewart avec un immense plaisir. J'arrivais à un rond-point gigantesque à partir duquel plusieurs routes s'entrecroisaient, mais il apparaissait à mes yeux comme une croisée des chemins. Tout droit se trouvait le bâtiment dédié à la gestion et à l'économie (l'inscription était conditionnée à la réussite à un concours), à droite les universités Hassan-II de lettres et de sciences expérimentales. Ces dernières regroupaient la biologie, la géologie, les mathématiques et les sciences physiques. J'observais les véhicules qui roulaient dans tous les sens. Je fredonnais le refrain de la chanson de Rod Stewart, un de ses grands succès : *If you want my body and you think I'm sexy come on honey and let me know...* quand les rumeurs qui circulaient selon lesquelles les plus belles fées choisissaient la biologie à l'université me revinrent en mémoire. Il n'était pas surprenant que les « sciences de la vie » battent des records d'inscription côté garçons ! J'ai toujours pensé que les femmes sont un facteur d'influence décisif dans la destinée des hommes ! Je me souvins en même temps de ce fameux proverbe populaire : il suffit qu'un mouton se jette à l'eau du bord d'une embarcation pour que tout le reste du troupeau fasse pareil. J'ai fait pareil que les autres garçons. J'ai éteint mon walkman, et à toute vitesse, j'ai couru en direction de la faculté des sciences pour m'inscrire en biologie. Mon choix ne résultait pas à l'origine d'une vocation bien identifiable mais la biologie m'a fasciné très vite, au point de détourner mon attention des belles fées qui occupaient les amphithéâtres. Pour la première fois de ma vie, je découvrais la Science au sens strict du terme. Merci à tous ces enseignants doués et dévoués. La Vie, en tant que phénomène naturel observable est un axe scientifique essentiel. Je réalisais, au cours de mes études, à quel degré le hasard est présent en biologie. Mais le hasard existe-t-il réellement ? Une question ardue et importante que nous aurons l'occasion d'aborder par la suite.

1991. Je quittais l'université avec une maîtrise en biologie spécialité immunologie. Je n'avais aucune perspective d'emploi. Heureusement, il y avait l'Institut Pasteur du Maroc (IPM) à Casablanca qui me donna l'opportunité d'y travailler en tant que stagiaire bénévole pendant 4 ans. J'étais libre de mes mouvements : travailler ou déambuler avec des amis à travers les quartiers de Casablanca pour tuer le temps. C'étaient de très belles années où je découvrais les techniques ELISA, RT-PCR, Western Blot, et l'électrophorèse. Alors que je croyais en avoir fini avec les études, voilà qu'une opportunité, et aussi une certaine persévérance, me permirent de me réinscrire à la préparation d'un DEA de virologie. J'étais fou de joie de reprendre le chemin de l'université. J'obtins ainsi un DEA, spécialité virologie, délivré par l'université Caddi AYYad de Marrakech. La partie expérimentale de mon DEA a été accomplie à Tours en France à la faculté de pharmacie Philippe Maupas. C'était aussi la première fois que je mettais les pieds sur le sol français. *In fine*, c'est l'amour de la biologie qui m'a conduit à l'expatriation.

J'ai effectué ma thèse à l'université Paul Sabatier de Toulouse sous la direction du professeur El Mostafa Bahraoui. Mon sujet d'études était la maturation de la glycoprotéine d'enveloppe gp160 du virus de l'immunodéficience humaine (le lecteur intéressé peut consulter mes articles sur le site pubmed). Mon encadrant avait soutenu sa thèse sous la direction de Patrick Cozzone - Aix-Marseille 1, et collaborait avec le professeur Luc Montagnier (1932-2022) pour ses travaux sur le VIH. Le docteur El Mostafa Bahraoui était passionné de rétrovirologie, et un éminent spécialiste des virus de l'immunodéficience humaine type 1 et 2 (VIH-1, -2) et du virus de l'immunodéficience simienne (SIV). Son laboratoire s'était distingué par l'annexion d'un laboratoire niveau P-III hyper sécurisé. Après l'obtention de ma thèse en 2001, les contrats postdoctoraux (dont 3 aux Etats-Unis, tous centrés sur des recherches en immunologie) se sont succédé. Le professeur Lena Al-Harthi du département d'immunologie à Rush University, Chicago, m'avait offert une opportunité de rêve pour mener des recherches en immunologie (2002-2004). De 2006 à 2009, j'ai eu l'honneur de travailler sous la direction du professeur Jean-Paul Soulillou, reconnu mondialement pour ses travaux sur la transplantation et le TCR (*T-cell receptor* ou le récepteur des lymphocytes-T spécifique d'un antigène). Ma recherche portait sur l'immuno-pathologie de la sclérose en plaques. De cette époque (près de 10 ans en tout) sont issues 14 publications internationales (je suis le premier auteur pour 10 d'entre elles). Il n'est pas nécessaire d'insister sur les conditions difficiles dans lesquelles œuvrent nombre de postdoctorants, il me suffit d'affirmer que la passion pour la recherche a été à ce moment-là l'unique antidote qui me permit de surmonter tous les soucis d'ordre matériel et personnel.

En 2012, j'étais en poste en Louisiane quand j'appris la maladie qui affectait gravement mes parents : mon père était atteint d'un cancer et ma mère avait fait un accident vasculaire cérébral (AVC). Je me suis effondré. J'ai sombré dans une très sévère dépression au cours de laquelle je consommais des quantités inquiétantes d'alcool et j'usais de la drogue. Durant ma crise dépressive, je décidais de m'éloigner de tout ce qui pouvait remuer les cendres et réveiller en moi des souvenirs désagréables. Je voulais fuir surtout cette période où je portais une blouse blanche et passais de nombreuses heures d'affilée dans les laboratoires à chercher un résultat scientifique d'intérêt, souvent tard la nuit. J'aurais dû pratiquer la pêche, elle m'aurait servi d'école de patience. J'étais quelqu'un d'impatient, je voulais tout et vite. Quand je réalisais une expérience scientifique, j'attendais avec fébrilité son issue, et je l'analysais dans tous les sens. Mon cerveau tournait à toute allure et frisait le court-circuit. Tant et si bien que je m'étais mis à boire pour me déconnecter de mon travail. Peu après le décès de mon père, j'ai cessé toute activité professionnelle en rapport avec la recherche scientifique. C'était au début de l'année 2013. Ne dit-on pas « qui sème le vent, récolte la tempête » ! Depuis lors, je me consacre à la recherche indépendante et à l'écriture. Avant de rédiger cet écrit, j'ai eu le bonheur de renouer avec mon goût pour les mots en m'essayant à l'écriture romanesque et à la fiction. Un travail qui m'a préparé à entreprendre ce qui représente à la fois ici une synthèse et une analyse critique des connaissances théoriques et pratiques sur l'immunologie. Nous n'en finissons pas de tout recommencer. Oui, mais autrement, en suivant un cheminement différent ! Je finis donc, ici, une boucle commencée il y a près de quarante ans, en osant braver les difficultés et les embûches

qu'une telle entreprise n'a pas manqué de mettre sur mon chemin. Et d'abord la difficile remise à plat des idées, des certitudes, et leur questionnement. Une leçon d'humilité autant qu'un effort de formalisation. Confucius ne disait-il pas « la vraie connaissance est de connaître l'étendue de son ignorance » !
Mon frère cadet, Abdellah, est décédé prématurément en juillet 2022 alors que je finissais d'écrire ce livre. De son vivant, il m'avait insufflé l'idée d'écrire dans mon domaine scientifique, je lui dédie aujourd'hui ce livre qui, je l'espère, honore sa mémoire.

D'où est venue l'idée d'écrire un ouvrage sur l'immunologie ?

La crise de la Covid-19 par sa soudaineté et son ampleur a fait, sur moi et sur l'immense majorité de mes contemporains, l'effet d'une douche froide. Un bouleversement colossal de notre façon de vivre et de nos habitudes sociales. Confinés et masqués. Et le responsable : un maudit virus, le coronavirus SARS-CoV-2, apparu à Wuhan en Chine le 16 novembre 2019, dans la province de Hubei (*en Chine centrale*), avant de se propager dans le monde entier[1] (William Audureau et Maxime Vaudano, 2020). L'histoire se répète toujours. J'avais connu le même effroi lors de la pandémie du SIDA. Franchement, ces pandémies sont des malédictions pour la population, mais ne représentent-elles pas une bénédiction pour une minorité qui engrange des profits colossaux en fabriquant et vendant des médicaments. La découverte du VIH, en l'occurrence, a révolutionné la recherche scientifique sur tous les plans. Et grâce à elle, des scientifiques jusque-là inconnus, des anonymes, sont devenus des célébrités notoires et se sont enrichis. Les laboratoires de recherches recevaient des financements conséquents pour combattre le VIH qui, d'après certains virologues, provient d'Afrique, tandis que d'autres pensent qu'il se serait développé dans les cercles homosexuels à San Francisco, une population addicte aux poppers et à l'héroïne dont le système immunitaire (SI) était déjà très dégradé. Aujourd'hui, pour combattre la Covid, un vaccin nouvelle génération à base d'ARN messager a été injecté à des milliards d'individus en dépit des réticences de certains scientifiques, médecins ou simples citoyens qui craignent les conséquences d'une injection de matériels génétiques étrangers mis au point à une rapidité déconcertante[2] (Frédéric Martinon, 2021). Dans des conditions normales, ce vaccin aurait mis de très longues années (10 à 15 ans) avant d'être mis sur le marché. Au motif d'une pandémie planétaire (une bénédiction pour certains ?) le vaccin ARNm a brûlé les étapes des essais et analyses d'innocuité habituelles. Des voix s'élèvent pour dénoncer les innombrables milliards que Big Pharma a engrangés durant cette maudite crise de la Covid. Le malheur des uns fait le bonheur des autres, pour le dire simplement ou comme le dit si bien Damien Berrard (artiste, musicien, et poète français) : « L'opportunisme, c'est de savoir sauter sur l'occasion. L'opportunité, c'est lorsque l'occasion vous saute dessus ! ». Big Pharma est qualifiée d'opportuniste par de nombreux spécialistes de la santé en désaccord avec la pratique invasive de la médecine officielle dans cette crise.[3] (Mathilde Damgé, 2021).

Les personnes âgées ont été les victimes principales de la Covid, immédiatement incinérées sans que les familles endeuillées puissent leur accorder une sépulture décente. Une horreur absolue ! Des discussions s'enflammaient entre moi et mon amie jusqu'à tard la nuit : « comment expliquer la survenue subite d'une telle pandémie, et ce sur tous les points du globe en même temps, qu'est-ce qui justifie ces mesures liberticides, cet abandon des vieux dans les EPHAD, les incinérations à la va-vite ? »[4] (Léa Sanchez, 2020). D'un côté la version officielle, de l'autre la version qualifiée de « complotiste » (que je préfère qualifier d'alternative), néanmoins défendue par de nombreux scientifiques et médecins décriés par les autorités et censurés, met en exergue le rôle du Système Immunitaire (SI) dans la survenue de la pathologie virale.[5,6] (Serge Michel, 2021 ; Rédaction et Weill Caroline, 2021).

Nous avons perdu nos repères, ce monde auquel nous étions accoutumés depuis notre naissance, et nous sommes en train de vivre une nouvelle normalité. Mon amie me pressait de questions en rapport avec l'immunologie : c'est quoi un virus ? Un vaccin ? Une immunisation ? Des virus ARN ? Le vaccin à ARNm…

C'est à ce moment-là que l'idée d'écrire un livre s'ancra définitivement dans mon esprit. Pourquoi ne pas participer à la diffusion de la science au grand public en cette période de crise sanitaire où la population confinée cherche à comprendre ce qui se passe, ce qu'est un virus pandémique et pourquoi des mesures aussi draconiennes lui ont été imposées du jour au lendemain ? Des théories de complot se répandent sur la toile : ce virus serait un prétexte fabriqué de toutes pièces pour décréter des lois répressives limitant la liberté d'expression et de circulation. On craint que le vaccin ne contienne de la nanotechnologie qui permettrait, non seulement de géolocaliser les personnes, mais également de se renseigner sur leur métabolisme et... sur leurs pensées ou émotions ! Les virus sont devenus un redoutable outil entre les mains des puissants de ce monde pour semer la terreur et obliger la population à endosser le costume du citoyen docile et aveugle. Au bout de plusieurs mois de campagne vaccinale, de multiplication des doses, la méfiance vis-à-vis de ces vaccins est grandissante car on ignore encore tout sur leur composition exacte et les hypothèses les plus inquiétantes sont avancées. Au cours des guerres « conventionnelles » du siècle dernier et de ce siècle, des bombes sont larguées sur les territoires et cibles « ennemis », donc sur des civils, « victimes collatérales » de ces conflits ; aujourd'hui, on empoisonnerait les populations en leur injectant un mystérieux vaccin sorti du jour au lendemain de grands laboratoires pharmaceutiques ! L'industrie pharmaceutique a à ses pieds quasi tous les gouvernements du monde, et non seulement leurs vaccins sont achetés par la majorité écrasante des pays mais elle est, de plus, exemptée de toute poursuite judiciaire en cas d'effets secondaires graves (dont la mort). C'est ce que des lanceurs d'alertes taxés de complotistes par les médias officiels affirment sur la toile. Ils sont censurés et bannis des plateaux de la télévision officielle, traités de calomniateurs et pire encore. Toutefois, ils apportent des arguments sourcés et parfois convaincants, notamment sur la procédure de validation du vaccin commercialisé à une vitesse record, ce qui indique que les phases de tests et d'analyse de risques n'aient pas été sérieusement mises en œuvre avant leur mise sur le marché. Nous serions donc face à un « médicament » expérimental administré à toute la population ! Certains pensent qu'il a été fabriqué avant la survenue de la pandémie. D'autres affirment que la pandémie a été fabriquée de toutes pièces. Comment connaître la vérité ?

Des statistiques officielles sont rabâchées jour après jour, heure après heure ; elles communiquent le nombre de décès et de cas déclarés positifs au virus[7] (Guillaume Promé, 2022). Le virus est déclaré en Chine, Italie, France, Allemagne, Angleterre, Espagne, Canada et Etats-Unis sans oublier le Brésil. En un clin d'œil, la répartition mondiale du virus est établie. On dirait que la plupart des scientifiques, experts du domaine travaillent d'arrache-pied telles des fourmis infatigables. Comment sont collectées toutes ces données ? C'est officiel, un point c'est tout. Ce sont des experts qui le disent. Tous les étudiants en thèse savent pourtant qu'il faut endurer un très long marathon pour obtenir des résultats scientifiques exploitables, alors que là, nous assistons à un flux de données sur le virus qui défilent à une vitesse ahurissante. Pour illustrer mon propos, voyons l'exemple du théâtre : les spectateurs assistent à une comédie qui se déroule devant leurs yeux sans qu'ils puissent deviner la fin de l'histoire, alors que la scène a été jouée plusieurs fois pendant les répétitions (les comédiens connaissent bien sûr toute l'histoire). En fait, ces sessions d'entraînement permettent aux acteurs de jouer la comédie d'une manière assez subtile pour faire croire au spectateur que l'histoire est en train de se dérouler sous leurs yeux, ils lui font « vivre » le scénario comme s'il était en train de s'écrire. Je ne vous le cache pas, et ce fait a été soulevé par d'autres commentateurs : les événements qui ont marqué la crise de la Covid ressemblent à une pièce de théâtre. Comme au théâtre, le décor est installé et les acteurs sont appelés à recréer l'histoire.

Suis-je pour autant à ranger dans la catégorie des « complotistes » ? J'avoue avoir été fasciné par le déroulé des événements. Luc Montagnier, prix Nobel, codécouvreur du VIH, déclare que le virus de la Covid a été fabriqué en Chine à Wuhai dans un laboratoire de virologie avec la complicité de l'Institut Pasteur français. Le président américain Donald Trump fait une déclaration fracassante en accusant les Chinois d'avoir fabriqué le virus ou de l'avoir laissé s'échapper, brandissant ainsi le spectre de la guerre biologique.

Très rapidement, le test RT-PCR est déployé partout en vue de détecter le virus de la Covid[8]. Un fait qui a marqué les esprits, c'est cette courbe de mortalité établie en temps réel et affichée jour après jour par les médias mainstream sur nos écrans de télévision et par les réseaux sociaux. Elle ne cessait de grimper tout au long de l'année 2020 avant que la campagne vaccinale ne débute. Nous avons été pendant tout ce temps dans un film d'épouvante ; le monstre cognait de toutes ses forces à nos portes, il voulait nous engloutir tous. Cette courbe avait d'ailleurs été sévèrement critiquée par des observateurs prudents, car elle montrait un cumul de cas et non pas les cas ponctuels (journaliers par exemple). Lundi, vous aviez 3 morts, mardi 5, mercredi 12, jeudi 13… La courbe montrait 3 morts le lundi, mais 8 le mardi (5+3), 20 le mercredi et 33 le jeudi. La cause des décès ? Évidemment le virus. Qui établit les diagnostics ? Selon quels critères ?

Nous savons tous qu'il y a un laborieux protocole scientifique bien établi pour démontrer qu'un virus est la cause d'une maladie ainsi que de sa morbidité. Les autopsies n'ont pas été pratiquées, ne laissant ainsi aucune possibilité de réaliser des analyses *post mortem*. La panique générale. Confinement et autorisation de sortie pour une heure par jour, port obligatoire de masques, distanciation sociale… Et après survient la solution miracle : le vaccin. Très vite, des personnalités politiques parlent de rendre la vaccination obligatoire[9] (Felicia Sideris, 2021). Celle-ci a été déguisée en pass-sanitaire puis en pass-vaccinal. Cet enchaînement apparaît aux yeux de certains observateurs comme un scénario écrit bien à l'avance : on déclenche la crise puis on apporte la solution tant attendue. Au bout du compte, ce sont toujours les mêmes qui s'enrichissent à des niveaux inimaginables. Ne dit-on pas que les vautours se nourrissent des cadavres !

Cette crise sanitaire ne fait qu'élargir le fossé entre les maîtres de ce monde et les peuples, elle ne fait qu'affermir le pouvoir d'une élite minoritaire qui a réussi, Dieu sait par quel subterfuge, à dominer non seulement les ressources de la planète mais tous les gouvernements du monde occidental et de bien d'autres pays, au point que ces derniers, payés à prix d'or pour leur complicité, n'en sont que les marionnettes (ou les agents). Jamais, de toute son histoire, l'humanité n'a connu un tel écart de ressources entre une infime minorité et l'écrasante majorité. Jamais, elle n'a connu une technologie si ingénieuse qu'elle est capable d'espionner le citoyen dans son domicile et partout où il va. Le pouvoir n'est plus conquis par la guerre et le langage du feu comme naguère, mais en contrôlant l'information, en conditionnant le citoyen à la consommation, en instillant des pensées dans son esprit pour le terroriser et le rendre servile. Inutile de tuer par balles, il suffit de contrôler l'alimentaire, le système de santé et l'emploi, pour décider de qui va vivre et de qui va périr. La mort à petit feu remplace la mort violente provoquée par une bombe ou par l'intervention de tueurs. Finie l'époque où l'on brûle des villages et l'on pille les récoltes. Aujourd'hui, à l'aide de la technologie, on vous repère et on vous identifie, puis on décide de faire de vous ce que l'on veut : un citoyen éclairé ou un sous-citoyen qui va aller enfler les rangs de chômeurs et de précaires abandonnés à leur sort. Jamais le monde n'a été aussi cruel. Nous ne sommes plus qu'une série de chiffres, un code barre, et la guerre nous est déclarée dans notre propre foyer, dans notre profonde intimité, nous sommes mis à nu comme jamais. Comme si nous étions punis encore une fois pour avoir mangé le fruit de l'arbre de la connaissance du bien et du mal (le récit biblique). Cette fois, ce serait bien le diable qui nous enferre (enfer-me).

Durant cette crise, le monde change d'une manière inattendue : finie la (relative) liberté dont nous jouissions jusque-là, nous sommes dans un monde de contrôle total. Votre portable sert en même temps à vous espionner, étudier vos tendances de consommation, établir vos contacts et à vous pister. De temps en temps, des informations émergent (sans jamais véritablement que le scandale n'éclate) comme celles qui concernent Facebook qui fournit les données privées de ses abonnés au service des renseignements. Les réseaux sociaux se seraient-ils transformés en un piège tendu pour débusquer les récalcitrants, les « résistants », les opposants, et même ceux qui expriment leur mécontentement vis-à-vis de la politique de santé ? La liberté n'est plus un droit plein et entier mais une récompense à l'obéissance.

Les gouvernements sont suspectés d'être corrompus par Big Pharma[10,11] (Le blog de Saint Garnier, 2020 ; Philippe Rivière, 2003). La censure frappe la toile de plein fouet[12,13] (https://unesdoc.unesco.org. 2020 ; Louise Bodet, 2020). Certains commentateurs se voient interdire leur compte sur YouTube ou Facebook à cause des messages qu'ils véhiculent et qui contestent le politiquement correct y compris le président américain Donald Trump[14] (Caroline Vinet, 2021). Ce dernier a provoqué la surprise générale par ses déclarations sur l'origine du virus (à son avis, il a été fabriqué par la Chine !)[15] (https://www.elle.fr. 28 octobre 2020). Des observateurs de tous horizons (géographiques et intellectuels) continuent à dénoncer les agissements d'une élite mondiale multimilliardaire sans scrupules qui pratique à grande échelle le mensonge, la manipulation et même le crime pour arriver à ses fins.

La science et la politique ne font pas toujours bon ménage ; la science apporte du savoir que la politique peut transformer en un pouvoir diabolique. Au cours de cette crise, des scientifiques font de la politique, et des politiciens se déguisent, comme par magie, en scientifiques. Je n'avais jamais, de toute ma vie, imaginé que la science allait devenir un enjeu aussi important pour des visées politiques. Les scientifiques qui travaillent très dur dans leurs laboratoires n'ont aucune idée de l'impact politique et sociétal de leurs découvertes jusqu'à ce que le séisme fasse basculer le monde. C'était sans doute le sentiment qui doit avoir ébranlé les physiciens travaillant en secret dans les laboratoires américains pour fabriquer la bombe atomique, précisément au moment où ils ont vu la déflagration des deux bombes atomiques larguées sur le Japon. Le scientifique devient dès lors responsable de ses découvertes, il doit l'assumer. Quand une découverte scientifique sort du laboratoire, elle n'appartient plus au scientifique qui l'a trouvée, elle dévie de sa trajectoire et sert d'autres intérêts de nature différente. Le darwinisme par exemple, est une notion complètement étrangère à Darwin lui-même. Il ne se limite pas seulement à sa théorie originelle mais il sert de tremplin à des idéologies politiques, notamment le nazisme et le capitalisme, (qui ont bien-sûr des contenus différents) et qui prônent pour l'une la supériorité de la race aryenne ou, pour l'autre, la réussite sélective de ceux qui savent se débrouiller dans le monde (seul l'adapté survit). Ce biais atteint une dimension inquiétante en physique du fait qu'on cherche à comprendre l'univers en surexploitant des découvertes scientifiques au-delà de leur signification expérimentale. Par exemple, l'idée que l'espace est courbe est une pensée d'Einstein mais on ne peut pas l'admettre comme un fait tant que plusieurs évidences expérimentales ne l'étayent d'une manière reproductible. Une seule expérience isolée ne suffit pas pour étayer un fait, il faut qu'elle soit reproduite à plusieurs endroits. Il faut de surcroît que l'évidence expérimentale se combine à d'autres pour prouver le même fait. Je vais consacrer tout un chapitre à ce dilemme en discutant le problème de l'origine de la vie sur terre.

Pour être constructive, la science doit poursuivre son objectif, celui d'éclairer l'esprit humain sur les causes des phénomènes naturels, et surtout soulager les douleurs humaines. Le progrès scientifique dépend des conditions socio-économiques, politiques, technologiques et du degré d'intérêt qu'une population lui accorde. La science n'échappe pas à la folie des hommes. Elle peut être malheureusement détournée de ses objectifs pour servir des intérêts politiques et idéologiques. Les financeurs indépendants des projets scientifiques souhaitent que la science apporte des solutions aux maladies humaines demeurées incurables. Or, les fonds destinés à la recherche scientifique sont détournés pour servir des intérêts particuliers. Certains fonds sont investis secrètement (à l'insu des peuples) pour mener des recherches afin de contrôler mentalement l'être humain et le conditionner. La science peut même servir à innover dans le pire ; techniques de torture, d'empoisonnement ou de contrôle à distance des êtres humains. C'est une vérité qu'il faut reconnaître courageusement. Il n'est pas bon de continuer à se voiler la face. Des montagnes de dollars ou d'euros de l'industrie militaire servent avant tout à perfectionner davantage la technologie de la mort. Où que vous soyez sur la planète, des missiles peuvent vous atteindre, lancés à partir de l'espace extra-terrestre. On peut vous atteindre par des drones même au milieu d'une foule. La technologie de la mort a dépassé de très loin la technologie qui promeut la vie. Je vous laisse imaginer les conséquences d'une guerre nucléaire ou d'une nouvelle guerre mondiale entre les grandes puissances. Ce serait l'apocalypse. Peut-être l'ultime guerre. Nous avons dépassé le seuil fatidique, le point du non-retour.

La science devient dangereuse quand elle est employée pour servir une idéologie ou quand elle se retourne contre l'être humain en le considérant comme une masse de matière périssable sans conscience. L'utiliser comme cobaye d'une gigantesque expérimentation, et ce contre toutes les règles de l'éthique, est révélateur de l'idée que se font de l'humain les expérimentateurs et leurs financeurs. Ce précédent tragique, nous l'avons connu dans les camps de concentration et d'extermination au cours de la deuxième guerre mondiale.

Évoquons à titre d'exemple l'eugénisme qui représente l'ensemble des recherches (biologiques, génétiques) et des pratiques (morales, sociales) qui ont pour but de déterminer les conditions les plus favorables à la procréation de sujets sains et, par là même, d'améliorer la race humaine. On peut croire le projet d'améliorer la race humaine, qui définit l'eugénisme, à jamais disqualifié du fait des applications criminelles qu'il a inspirées par le passé dans de nombreux pays, et non pas seulement dans la seule Allemagne nazie. Mais les progrès les plus récents dans la connaissance du génome humain ont pourtant réhabilité cette vieille ambition élitiste, débarrassée de l'idéologie raciste. En promettant à chaque individu la reproduction du meilleur de lui-même, la science rendrait-elle aujourd'hui enfin acceptable le principe d'une sélection génétique des embryons ? Quant au transhumanisme, il représente un courant de pensée selon lequel les capacités physiques et intellectuelles de l'être humain pourraient être accrues grâce au progrès scientifique et technique. Le danger du transhumanisme réside dans le fait que si une intelligence artificielle atteint un degré d'intelligence comparable à celle de l'humain, elle devient capable de s'améliorer elle-même. L'intelligence artificielle pourrait ainsi signer notre perte en tant qu'humanité si on n'en contrôle ni les prémisses ni les conséquences. Certains multimilliardaires de notre monde veulent tirer profit de la science pour atteindre ce Graal poursuivi à toutes les époques : la longévité illimitée ou l'immortalité. Ceci prouve seulement que notre science est anthropocentrique, faite par et pour l'Homme. Elle est entachée par son ego, sa folie des grandeurs. La question de savoir ce qu'est réellement la science, où elle débute et où elle finit, demeure ouverte. Elle me semble être d'une importance capitale pour les futures générations.

Dans cet ouvrage, j'ai l'ambition de clarifier la notion d'immunité et son rapport avec l'épidémie de la Covid-19. Pour cela, j'ai commencé à lire tout ce qui me tombait sous la main sur le sujet, rompant ainsi avec des années de retrait par rapport à mon domaine. En effet, j'avoue avoir laissé de côté mes recherches en la matière comme si le fait d'aborder l'immunologie me rappelait les années noires lors desquelles je sombrais dans une dépression quasi-mortelle.

J'ai souhaité ainsi décrire, étape par étape, le déclenchement de la réponse immunitaire, de la pénétration de l'antigène dans l'organisme humain jusqu'à son déclenchement. Au début de mon investigation, je me contentais de relier bout à bout des connaissances éparses et à les aligner sur mon fil argumentaire. Mais ceci ne me convenait pas : je jouais un rôle passif dans lequel je servais seulement de pont de transmission. Mon expérience d'enseignant dans des collèges et des lycées me poussait à vouloir tout expliquer par la voie pédagogique. Je n'ai pas été satisfait du résultat et j'ai abandonné cette première tentative d'écriture. J'ai donc laissé le projet dormir dans un tiroir, jusqu'à ce que…

En fait, nous finalisions, mon amie et moi, notre quatrième livre, un roman noir, pour sa publication en France chez l'éditeur Maïa. Nous étions en plein séisme sanitaire, et nous sommes vite retombés dans des discussions sans fin sur ses conséquences socio-politiques. Je restais inquiet (et déjà sceptique) par la vitesse avec laquelle un vaccin anti-Covid avait vu le jour. Un record historique ! Pasteur devait se retourner dans sa tombe !

Puis le vent de l'inspiration ou de l'intuition m'insuffla l'élan qui me manquait pour sortir mon projet des limbes et mon début de tapuscrit du tiroir.

La première impulsion est arrivée un soir alors que je me rasais devant une glace. J'étais amusé à l'idée que les hommes changent de visage en se laissant pousser la barbe ou la moustache, tandis que les femmes usent de l'art du maquillage. J'avais l'impression que mon nez gagnait en taille au fur et à mesure que mes poils disparaissaient sous les coups du rasoir. Puis, me vint l'idée que chaque homme est unique en son genre. L'idée du *soi* s'empara de moi : l'idée d'être soi-même, unique et différent de tous. Je m'accrochais à cette idée du soi avant de me rappeler que l'immunologie est elle-même fondée sur la discrimination entre le soi et le non-soi. La muse me saisissait, je voulais davantage en savoir, explorer, reprendre le fil de la recherche, mais j'avais le trac après toutes ces années passées loin de mon domaine. Le défi m'a toujours stimulé. Je me suis enfin résolu à écrire, d'abord tout ce qui me passait par la tête, après quoi j'allais fouiller dans la littérature scientifique. J'ai été empli de joie en tombant par hasard sur le livre du Dr Thomas Pradeu « Les limites du soi » qui aborde la notion du soi en immunologie, et tente de définir la véritable nature de l'immunité et son rôle dans l'organisme. Cet ouvrage invite à la réflexion sur les différents modèles qui expliquent le déclenchement de la réponse immunitaire. L'auteur explore la nature de l'immunité, il propose un nouveau concept, celui de *continuité*, pour expliquer la cause initiale de la réponse immunitaire. J'y reviendrai plus loin.

J'avais à ce moment-là décidé de ma méthode d'investigation : commencer par des faits établis en immunologie avant de remonter à la source (c'est-à-dire à la théorie), exactement comme dans une enquête criminelle où l'investigateur commence par collecter des indices disparates avant de les relier et les intégrer dans un scénario criminel. On pourrait aussi bien emprunter le chemin inverse, celui de partir des concepts théoriques afin de vérifier s'ils expliquent les mécanismes immunologiques d'une manière cohérente. J'ai choisi la première option car elle permet de vérifier diverses hypothèses capables de fournir une explication satisfaisante à mes questionnements. Par conséquent, c'est sous l'angle de l'analyse rétrospective et rétro-cognitive que j'aborderai mon sujet. À travers mes lectures, je réalisais à quel degré le concept de la discrimination entre le soi et le non-soi me semblait complexe et confus, il était temps de l'éclairer. Mais je n'étais toujours pas satisfait. Une chose manquait.

Je tournais en rond comme cet insecte attiré par la lampe de mon séjour. Sa ronde circulaire hypnotique me fascinait. Pourquoi tourne-t-il en rond autour de la source de chaleur ? La question demeure un mystère pour les entomologistes : « … les insectes confondraient la lumière artificielle des lampadaires avec celle des astres, et notamment celle de la Lune, pour se repérer. La lumière artificielle étant plus forte, ils s'y précipitent et se trouvent complètement désorientés. Ils se mettent alors à tournoyer autour des ampoules jusqu'à l'épuisement et finissent par tomber au sol... nos lampes sont responsables de véritables hécatombes : chaque nuit, plusieurs centaines d'insectes sont tués ou dévorés à proximité de chaque lampadaire. »[16] (Céline Deluzarche, 2019).

Mon cerveau était devenu lui-même un insecte fou tournoyant sans cesse autour de la lumière éblouissante de l'immunologie. À l'instar du pauvre insecte, je risquais de m'effondrer à force de chercher à retenir des pensées qui me fuyaient comme le poisson sorti de l'eau glisse entre les doigts. La persévérance est un mot lourd de sens. Peut-être valait-il mieux me contenter d'éclairer à l'oral toute personne intéressée par des notions en immunologie, et abandonner ce pari risqué d'écrire tout un livre sur le sujet. Une nuit étoilée j'écoutais une interview à la radio au cours de laquelle l'un des locuteurs voulait savoir *si le vaccin anti-Covid-19 allait fonctionner chez tout le monde !* Je me redressai subitement et me répétai : la sélection clonale de Burnet ! Qui dit vaccin, dit réponse immunitaire adaptative, dit sélection clonale des lymphocytes. Non seulement notre système immunitaire (SI) doit détecter le non-soi, mais il doit aussi faire face à sa très grande diversité (avec ses innombrables antigènes). Le soi est limité mais le non-soi est illimité. La fameuse notion de clef-serrure qui m'avait toujours fasciné me revint en mémoire : un antigène sert de modèle de fabrique de l'anticorps qui va le neutraliser. C'était la pièce manquante, je le pressentais très fortement. L'immunologie = discrimination soi/non-soi + sélection clonale me répétai-je. S'il y a bien quelque chose à expliquer en immunologie, ce sont bien ces deux concepts.

À vrai dire, j'ai eu l'occasion de réviser à maintes reprises le concept de sélection clonale, incontournable en immunologie. Mais ce qui me manquait pour développer mon projet c'était une idée qui me permettrait de tisser le fil entre les diverses connaissances actuelles tout en les exposant sous une nouvelle lumière. La question centrale qui guiderait mon écriture serait la suivante : *l'immunité se résume-t-elle à la discrimination entre le soi et le non-soi d'une part, et la sélection clonale d'autre part ?* Ma réponse se devait d'être détaillée et étayée. C'est en répondant à cette question que je pourrais mobiliser mes connaissances en immunologie tout en les unifiant dans un tout cohérent. Afin de les unifier, il me faudrait recourir aux concepts centraux de la biologie, parmi lesquels l'évolution et la sélection naturelle, la multicellularité, et le rôle des protéines et des réseaux cellulaires ou moléculaires dans le fonctionnement de l'organisme. Car ma question de recherche devait être argumentée dans sa réponse et s'appuyer sur des notions bien établies reliées à un ensemble théorique cohérent.

Le lecteur pourrait ainsi revisiter ses propres connaissances, et surtout, réaliser de quel postulat ou principe premier elles découlent. Pour être explicite ou plus pédagogique, il me faudrait détailler de la manière la plus simple mes hypothèses en questionnant les savoirs établis. Reconstruire pièce par pièce le puzzle devant les yeux du lecteur. Déconstruire la théorie de l'immunologie et la reconstruire sous un angle nouveau. Montrer que tous les phénomènes que nous connaissons en immunologie peuvent être connectés aux deux concepts susmentionnés. Faire d'une pierre deux coups : à la fois expliquer la théorie et à la fois montrer comment une théorie se construit. Mais comment allais-je procéder ? Un écrit scientifique classique avec des illustrations, des figures, des chapitres bien ordonnés ou alors un écrit sur un sujet, certes scientifique, mais qui épouserait les méandres de ma pensée libre et vagabonde ? Ne vous ai-je pas dit que je suis ambivalent ? Attiré par la poésie des mots, leur pouvoir d'expression et par l'objectivité de la science ? J'ai donc opté pour un style plus narratif qui obéirait aux caractéristiques du raisonnement scientifique : logique, inductif, déductif, et dialectique.

Je destine mon travail aux médecins, chercheurs en immunologie et étudiants, et à tout public intéressé par la question de l'immunité humaine. J'aimerais attirer l'attention du lecteur sur le fait que même si cet écrit suit la démarche de raisonnement scientifique, il n'est pas construit à la manière d'un ouvrage académique, mais plutôt de manière souple et intuitive comme celle d'un récit ou d'une narration. Quand nous pensons, nous avons quelquefois tendance à divaguer, c'est très utile car tant que le capitaine connaît bien son cap il peut dériver de temps en temps pour apprécier les paysages environnants. De plus, un écrit académique risquerait de rebuter le lecteur néophyte. Mon cheminement est ponctué d'exemples et d'analogies pour illustrer mon propos. Ici, je vous invite à une promenade dans mon jardin, celui de l'immunologie telle que je l'ai comprise et l'aime ; nous allons déambuler au gré des idées, des inspirations et des pensées. Les informations acquises d'une manière mécanique et non imagées, servies sur un plateau, préparées par des experts patentés, ne vont pas instruire le lecteur curieux et avide de comprendre. Je préfère laisser le lecteur construire sa propre pensée en lui fournissant une synthèse argumentée des notions capitales en immunologie. Une pensée se construit pas à pas sur des chemins quelquefois escarpés, et il est utile de bousculer de temps en temps l'ordre établi pour vérifier s'il est pertinent et robuste. « Acquérir un savoir nouveau est parfois difficile pour une raison à laquelle on ne prête pas assez attention. En effet s'il est indispensable de s'appuyer sur des savoirs antérieurs, ceux-ci font aussi souvent obstacle à la compréhension. Un savoir nouveau (...) entraîne un processus de réorganisation, de redéfinition de certains concepts, et donc de rectification. Autrement dit on apprend grâce et contre un savoir antérieur auquel il faut alors renoncer »[17] (Guy Rumelhard, 1990).

La plupart des manuels scientifiques utilisent des illustrations graphiques mais, ici, la pensée libre m'a entraîné comme une eau vive qui se fraye son propre chemin pour rejoindre le fleuve. J'ai approché mon sujet à la manière du philosophe ; toute science ne repose-t-elle pas sur le même socle que celui ouvert par les chemins de la philosophie ? La biologie est certes une science expérimentale, mais elle ne peut pas être comprise sans avoir recours aux grandes questions que pose la philosophie, en particulier celles qui s'attachent à comprendre l'évolution ou le phénomène de la vie, son origine et sa nature. Il faut bien saisir la nature de l'immunité si nous voulons comprendre le fiasco sanitaire actuel basé sur la course folle à la vaccination. Avant de commencer notre promenade, je vais m'attarder sur un sujet des plus complexes et en même temps fondamental en biologie : celui de l'origine de la vie sur Terre.

Partie 1 - Darwinisme et créationnisme : la vie peut-elle être le fruit du hasard ?

Évolution et créationnisme

Avant d'aborder la théorie de l'immunologie, je veux commencer par une discussion critique de la théorie de l'évolution qui se trouve être au cœur de la biologie. Un biologiste, quelle que soit sa spécialité, doit prendre position par rapport à elle. La question que je veux aborder ici concerne l'origine de la vie. L'immunologie est néodarwiniste, c'est un fait indéniable, il faut en être conscient. En adoptant la théorie actuelle de l'immunologie, vous adoptez le darwinisme sous tous ses aspects. Or, le darwinisme n'est pas admis par l'ensemble de la communauté scientifique, d'autres écoles existent qui ont des points de vue différents. Il faut donc que je m'exprime sur le sujet. Il ne suffit pas de comprendre ce que nous lisons, mais il faut être tout autant conscient des fondements philosophiques à l'arrière-plan. La biologie est fondée sur des théories, c'est-à-dire des ensembles cohérents d'idées et d'explications construits à partir de la méthode scientifique, et capables de prédire des faits et de résister à l'expérience de nouveaux faits.

La question de l'évolution et de l'origine de la vie demeure l'un des paradoxes irrésolus en biologie. Pourtant, je pense que nous ne pouvons pas aborder un sujet en biologie sans passer par elle. L'immunologie n'est qu'une branche de la biologie et n'échappe pas à l'influence écrasante des idées évolutionnistes. Il convient donc de s'y attarder un moment.

De l'Antiquité jusqu'au 18ème siècle, pour le public comme pour les naturalistes, la Terre et le monde vivant n'avaient pas d'histoire car la planète et l'ensemble des êtres vivants avaient été créés simultanément tel qu'on les connaissait alors. La Religion (ou les croyances religieuses) dominait à cette période tout l'espace des connaissances et des savoirs. On dispose aujourd'hui de preuves scientifiques démontrant que la vie a une longue histoire, au moins 3,8 milliards d'années, et que les différentes formes vivantes actuelles dérivent d'une origine unique par évolution, c'est-à-dire à travers des modifications héréditaires des organismes au cours du temps. Mais la théorie de l'évolution a mis du temps à s'imposer, et elle est encore combattue par des mouvements qui entretiennent la confusion entre deux aspects différents de la pensée humaine : la religion, fondée sur la croyance et la science fondée sur l'observation, l'expérimentation et l'interprétation rationnelle des faits. Ainsi, les « créationnistes » s'en tiennent au récit biblique, et les partisans du « dessein intelligent », s'ils admettent que

la Terre et les êtres vivants ont une longue histoire, soutiennent qu'ils ont été créés avec le dessein divin que l'évolution biologique aboutisse à l'être humain. Nous trouvons au 18ème siècle et début du 19ème, deux grands défenseurs du créationnisme :
- Carl von Linne (1707-1778), dans son principe de la création unique, travaille sur le vivant et ignore les fossiles ; c'est un classificateur (père de la systématique) et l'inventeur de la nomenclature binominale. Selon lui, les espèces sont le fruit d'une création unique par l'Être suprême et ces espèces sont définitivement fixées dès l'origine (*fixité des espèces*).
- Georges Cuvier (1769-1832), quant à lui, propose le modèle des créations successives. Il étudie les vertébrés fossiles, note que des espèces se sont éteintes et l'existence de faunes disparues successives. Il envisage ainsi des extinctions suivies de nouvelles créations et attribue les extinctions à des cataclysmes à répétition (*cataclysme ou catastrophisme*) ; chaque création est d'essence divine et les espèces sont ainsi définitivement fixées dès l'origine (*fixisme*).
Poussé à l'extrême, ce raisonnement conduit Alcide Charles d'Orbigny (1802-1857) à envisager la répétition des créations successives. Jusqu'au 19ème siècle, le créationnisme est la conception dominante ; ses fondements sont religieux. L'âge de la Terre est fixé à 6000 ans sur des bases bibliques. Cette théorie est encore défendue par des fondamentalistes actifs aux USA. Georges-Louis Leclerc, comte de Buffon (1707-1788) refuse ces théories catastrophiques et privilégie les *causes lentes* : en géologie, il estime à 75 000 ans l'âge de la Terre mais ses écrits mentionnent 3 millions d'années ; en biologie, il rassemble des espèces voisines, issues des ramifications d'une espèce unique, en familles.

À côté du créationnisme ou faisant partie de cet ensemble, se distingue la théorie du dessein intelligent. « Le dessein intelligent (intelligent design en anglais) est une théorie qui prétend que certaines observations de l'Univers et du monde du vivant sont mieux expliquées par une cause « intelligente » que par des processus non dirigés tels que la sélection naturelle (...) La plupart des commentateurs et des scientifiques y voient une résurgence du créationnisme, dissimulée sous une apparence de scientificité (...) Les principaux acteurs du mouvement du dessein intelligent acceptent un Univers âgé de plus de 13 milliards d'années et la théorie du Big Bang, avec pour opinion personnelle qu'il est causé par le Dieu de la Bible, mais rejettent le mécanisme de mutation aléatoire couplé à une sélection naturelle comme moteur de l'apparition de nouvelles espèces » (wikipédia).

Ces différentes approches ne sont pas de nature scientifique parce qu'elles ne peuvent pas être mises à l'épreuve avec les méthodes de la science et ne sont donc pas « réfutables », caractéristique admise comme nécessaire pour qu'une théorie soit qualifiée de scientifique. L'idée d'évolution existait déjà chez certains philosophes grecs qui pensaient que des espèces similaires devaient descendre d'un ancêtre commun, mais c'est Charles Darwin (1809-1882) qui a formalisé la théorie de l'évolution biologique sous le nom de « descendance avec modification » dans son ouvrage paru en 1859 *« On the Origin of Species by Means of Natural Selection »* (Sur l'origine des espèces par le moyen de la sélection naturelle). Depuis cette époque, des arguments nombreux et variés issus de la biologie, de la géologie et de la paléontologie ont été réunis, montrant que toutes les espèces vivantes, disparues et actuelles, descendent d'un même ancêtre commun et sont donc toutes apparentées, confirmant la notion d'évolution. Plus récemment, les avancées de la biologie moléculaire, en permettant d'analyser et de comparer l'information génétique portée par tous les organismes vivants, ont plus solidement encore confirmé ce point de vue.

Toutefois, comme nous le voyons ci-après, la théorie de l'évolution du vivant, bien que les différentes données scientifiques en biologie n'aient pu à ce jour la remettre en cause, suscite avec les récentes avancées de la science de nombreux débats quant à ses mécanismes : « L'idée principale de Darwin était que l'évolution pouvait s'expliquer par la survie différentielle des organismes en fonction de leurs variations naturelles, ce qu'il appela « sélection naturelle » par analogie avec la sélection artificielle. Selon cette idée, les descendants des êtres vivants (qui diffèrent naturellement entre eux et aussi de leurs parents en raison des mécanismes de la reproduction) sont susceptibles de transmettre à leurs propres descendants certaines des différences qu'ils présentent. (…) si certains d'entre eux présentent des caractères avantageux, ils ont plus de chances de survivre et de transmettre ces caractères à leurs propres descendants. Pour Darwin, c'est l'accumulation de ces différences au cours du temps qui expliquerait la divergence progressive entre les organismes et leurs ancêtres (…) Mais, alors qu'à l'époque de Darwin on ignorait tout des causes de la variabilité des êtres vivants et des mécanismes de l'hérédité, on sait aujourd'hui que l'information génétique de tous les êtres vivants, à la base de la transmission héréditaire, est portée par des molécules d'une substance chimique, l'ADN (acide désoxyribonucléique), qui constituent les gènes alignés sur les chromosomes et que cette information subit des modifications aléatoires, les mutations, qui aboutissent à des variations transmissibles à la descendance. (…) Une des conséquences de l'évolution est que les espèces actuelles sont d'autant plus proches, par leur ADN, leurs protéines, leur anatomie, etc. qu'elles sont plus étroitement apparentées entre elles. Ceci a conduit à fonder la classification du vivant sur les relations de parenté évolutive plutôt que sur les seules ressemblances morphologiques, (donc) (…) en fonction des caractéristiques héritées de leurs ancêtres communs, c'est-à-dire en fonction de leur « généalogie » évolutive. C'est pourquoi on parle de classification phylogénétique du vivant. »[18] (Didier Pol).

Ainsi, en conformité avec les principes au cœur de sa théorie première, le darwinisme a essaimé dans tous les champs de la science, a pris racine, s'est adapté, a fait fleurir tout un tas d'écoles et de descendants, autrement dit : il s'est ramifié en de multiples branches.

À la mort de Darwin, d'autres éminents scientifiques après lui ont repris le flambeau de l'évolution formant ainsi une école de pensée qui domine encore le domaine des sciences de la vie, c'est le néodarwinisme[18]. Je vous livre ici, pour rappel, quelques-uns des principes théoriques qui sous-tendent cette école de pensée. Prenez cet exercice comme une entrée en matière nécessaire pour bien assimiler la suite de mon propos. Tous ces ingrédients sont nécessaires pour composer votre recette, en l'occurrence votre propre point de vue sur la théorie actuelle de l'immunologie.

- la génétique évolutive des populations (1920) a été fondée par les généticiens néodarwiniens Ronald Fischer (1890-1962) et John Burdon Sanderson Haldane (1892-1964), Sewall Wright (1889-1988), Philippe Héritier (1906-1994) et George Teissier (1900-1972), qui tous situent le problème à l'échelle des populations. Au départ est déterminée la fréquence de tel allèle au sein d'une population ; les variations de cette fréquence sont suivies au fil des générations successives. Tout changement évolutif réside dans les variations de fréquence allélique, et celles-ci sont influencées par l'environnement, le milieu de vie, par le biais de la sélection naturelle darwiniste. En résumé : les processus évolutifs sont ramenés à des changements de fréquence allélique.
- la théorie synthétique ou le néo-darwinisme a été fondée par Julian Huxley (1887-1975), Ernst Mayr (1904-2005), Théodosius Dobzhansky (1900-1975), George Gaylord Simpson (1902-1984). En 1942, J. Huxley crée le terme de « synthèse évolutive » pour cette théorie qui unit les connaissances de toute la biologie (biochimie,

biochimie de l'hérédité, génétique généalogique et génétique des populations, cytologie, physiologie du développement, biologie animale et végétale, écologie, éthologie, biogéographie, paléontologie, systématique), de la géologie (en particulier la radiochronologie et la tectonique globale) et l'analyse mathématique. Présentée ainsi, la théorie synthétique de l'évolution est un instrument de travail susceptible d'évoluer en intégrant sans cesse les derniers progrès et découvertes. Voici les principes de la théorie synthétique :

1- Prise en compte du temps à l'échelle géologique : la structure de l'espèce est restée identique du passé à l'actuel (définition d'Ernst Mayr) ; les mécanismes actuels de l'évolution sont les mêmes que ceux ayant agi dans le passé.

2- L'unité évolutive est la population : l'espèce, constituée de populations, manifeste une variabilité héréditaire ; l'unité évolutive n'est pas l'individu ni le couple de géniteurs et sa descendance mais la population.

3- Le changement évolutif : la théorie synthétique reconnaît l'existence de deux modalités évolutives : anagenèse et cladogenèse. L'anagenèse correspond à l'évolution temporelle d'une lignée unique (transformation discrète, graduelle et irréversible). La transformation évolutive ne peut pas être ici une transformation radicale majeure, c'est à dire totale, immédiate et de grande amplitude car elle romprait l'adaptation de l'individu à son milieu. Dans ce cas, une lignée descendante remplace une lignée ancestrale dans la continuité. La cladogenèse correspond à la scission d'une lignée ancestrale en 2 lignées descendantes. Le gradualisme phylétique postule une évolution lente, progressive par sommations de petits changements (microévolution).

Les transformations évolutives sont dues à des changements génétiques élémentaires aléatoires et brusques (mutations ponctuelles, géniques et chromosomiques ou mutation au sens large).

À toute mutation (et à la transformation correspondante) peut être attribuée une valeur adaptative et sélective : une valeur positive si elle procure un avantage par rapport aux individus non mutants, et une valeur négative dans le cas inverse.

Ces transformations sont triées par le milieu via la sélection naturelle : un allèle est retenu ou éliminé en fonction de sa valeur adaptative. Ainsi, la sélection naturelle est-elle abordée sous l'angle positif d'une population qui s'adapte au milieu de vie grâce à la transmission aux descendants des allèles avantageux pour l'espèce dans

ce milieu. La théorie synthétique concilie la sélection naturelle et la génétique mendélienne.
4- L'effet amplificateur du temps. Si une (*ou des*) mutations favorables se produisent en grand nombre dans une population et si elles se répètent sur plusieurs générations, alors les mutants favorisés envahissent la population qui évolue naturellement vers une autre espèce. Les processus évolutifs sont ramenés à des changements de fréquence allélique au sein des populations. Avec le temps, au fil des générations, et par addition et répétition de changements minimes (microévolution) se produisent des transformations majeures (macroévolution).

Notons que la théorie synthétique emprunte largement à la théorie darwinienne avec les concepts clés que sont, la variabilité des espèces, la transformation lente et graduelle (déjà énoncée par Lamarck), la sélection naturelle.

Les mutations sont perçues dès le 18ème siècle par Pierre Louis Moreau de Maupertuis (1698-1759) puis Jean-Baptiste de Lamarck (1744-1829) et Darwin. Plus tard, Hugo Marie de Vries (1848-1935) en a une vision radicale, il les nomme et les définit en formulant une théorie mutationniste de l'évolution. Pour lui, les nouvelles espèces apparaissent brusquement sans formes intermédiaires par macromutations, c'est-à-dire par de grosses variations héréditaires entre parents et descendants, et sont immédiatement stables.

Cette théorie va à l'encontre du transformisme graduel et lent défendu par Lamarck et Darwin. La sélection naturelle de Darwin n'en retiendra que ce qui est adapté au milieu.

Darwin et Lamarck : deux visions opposées de l'évolution

Les principaux modèles de l'évolution qui ont marqué l'histoire de la biologie jusqu'à ce jour sont le transformisme de Jean-Baptiste Lamarck (1744-1829) qui explique que les organismes s'adaptent à leur milieu, et l'évolutionnisme de Charles Darwin (1809-1882) qui avance que l'évolution se fait à partir de la sélection naturelle.

La *transmission des caractères acquis* attribuée à Lamarck désigne la faculté pour des êtres vivants de transmettre à leur descendance une caractéristique acquise au cours de leur vie. L'évolution, selon lui, postule que les modifications évolutives se produisent sous l'influence plus ou moins directe de l'environnement.

Le processus darwinien, quant à lui, souligne que des variations génétiques fortuites peuvent être à la base de transformations biologiques importantes.

Afin que vous puissiez discerner d'une manière concrète les différentes théories de l'évolution, j'ai choisi pour vous le célèbre exemple du cou de girafe, et plus précisément, le phénomène de l'allongement du cou de la girafe forcée de brouter les feuilles à la cime des arbres lors des périodes de sécheresse. [19]

- Selon une version « lamarckienne » : la girafe *voulant* allonger son cou *pour* atteindre la cime des arbres a provoqué le développement de celui-ci par l'usage, et a transmis ce caractère à sa descendance.
- Selon une version « darwinienne » : au sein d'une population de girafes, le cou présente des variations de longueur. Quand les feuillages se font rares ou clairsemés (période de sécheresse), les individus aux cous les plus longs peuvent atteindre les feuilles inaccessibles aux autres, et ont donc plus de chances de survivre et de transmettre leurs caractères.
- Celle inspirée de Hugo de Vries et du mutationnisme : dans des populations de girafes à petit cou, sont apparus spontanément et indépendamment du milieu des individus à long cou. Ces individus, bien adaptés, (ils peuvent atteindre les feuilles inaccessibles aux autres en période de sécheresse) furent à l'origine d'une nouvelle espèce de girafe à long cou.

La transmission des caractères acquis, caricaturée par l'histoire de la girafe qui, à force d'essayer d'attraper des feuilles de plus en plus hautes, allonge son cou, la modification devenant héréditaire, est reconnue comme erronée par le développement de la science à partir des années 1900. C'est, qu'entretemps, s'est développée une nouvelle branche de la biologie, à partir du travail fondateur du moine Johann Gregor Mendel (1822-1884), puis de l'école américaine de Thomas Hunt Morgan (1866-1945) sur la drosophile, enfin étendue à toutes les branches du vivant. Et cette nouvelle science, la génétique, exclut la transmission héréditaire des modifications acquises pendant la vie de l'individu.

Toutefois, l'idée de la transmission des caractères acquis semble bénéficier d'un regain d'intérêt ces dernières décennies, à partir du rôle des empreintes épigénétiques du génome. Très brièvement, il s'agit de modifications chimiques de l'ADN (ou des protéines qui l'entourent), mais qui ne changent pas la séquence des bases azotées (ce ne sont donc pas des mutations) et sont réversibles. Elles sont en général déclenchées par des situations de stress, et influent sur l'expression des gènes, souvent dans un sens adaptatif. Elles peuvent être transmises aux descendants pendant quelques générations, on parle alors de mémoire épigénétique ou d'effet transgénérationnel. Ce type de phénomène, connu depuis longtemps, fait l'objet d'un renouveau d'études depuis le début du siècle. « Le couple variation accidentelle et sélection n'a d'autre résultat que la meilleure adaptation d'une population à un moment donné dans un environnement donné, avec une part non négligeable d'aléas (…) Il peut y avoir acquisition de nouvelles fonctions mais aussi perte de fonctions, donc simplification, ce qui est souvent observé chez des parasites. Sans compter les extinctions d'espèces, voire de groupes zoologiques entiers, non admises par Lamarck. Les évolutionnistes darwiniens disent volontiers que si l'évolution devait recommencer, il n'y a aucune raison de penser qu'elle suivrait le même chemin[20] » (Breglanio Jean-Claude, 2021).

D'après mon opinion, Lamarck et Darwin ont tous les deux compris que des caractères phénotypiques se transmettent de génération en génération, ce qui explique la conservation de l'espèce au cours du temps. La différence principale entre les deux savants tient au fait que Lamarck met l'accent sur les capacités illimitées d'adaptation de l'organisme vivant, ce que Darwin admet aussi, mais, pour ce dernier, il y a un processus de sélection et de variation naturelles qui influent sur ses capacités d'adaptation au sein de l'espèce.

En d'autres termes, Lamarck présuppose que l'organisme vivant est capable par lui-même de trouver la solution à la contrainte émanant du milieu, alors que Darwin insiste sur la variabilité des capacités d'adaptation des individus au sein de l'espèce pour neutraliser la contrainte du milieu. Lamarck se met à l'échelle de l'individu alors que Darwin se hisse à l'échelle de l'espèce. Ce dernier eut l'intuition que la capacité de s'adapter au milieu était dictée par un mécanisme intrinsèque qui génère de la variabilité dans les caractères phénotypiques des individus de l'espèce. Pour Lamarck, l'espèce est constituée d'individus tous dotés des mêmes capacités d'adaptation, c'est en se perfectionnant que l'individu et l'espèce changent avec le temps, le vivant évoluant d'une forme simple à une forme plus parfaite. Pour Darwin, un individu au sein d'une espèce pourrait manquer d'une capacité d'adaptation et se retrouver menacé de disparaître avant ses congénères avantagés. Cette sélection hasardeuse serait responsable du changement de l'espèce au cours du temps. Pour Darwin, perfectionnement ou régression, peu importe, c'est l'adaptation et la survie qui comptent. Alors que Lamarck postule qu'une espèce suit un processus linéaire d'évolution, Darwin suggère qu'elle peut emprunter plusieurs chemins d'évolution, allant même jusqu'à se transformer en une nouvelle espèce, ou donner naissance à deux ou plusieurs espèces.

Il suffisait alors pour Darwin de classifier les espèces en fonction de leurs liens de parenté (ressemblances phénotypiques). Au fur et à mesure qu'il tissait les liens de parenté entre les espèces, la diversité apparente qui les distinguait les unes des autres s'éclipsait, et elles lui apparaissaient comme étant toutes dérivées d'une seule et même espèce ancestrale. L'idée de l'ancêtre commun s'imposait à lui. Le concept de sélection naturelle qu'il avait initialement appliqué à une espèce, il le généralisait à toutes les espèces en postulant qu'étant donné la capacité variable d'adaptation des individus au sein d'une espèce, cette dernière pouvait se transformer en une espèce différente si le milieu lui opposait une contrainte majeure. Une force issue du milieu naturel qui aurait dressé une barrière au sein de l'espèce la scindant ainsi en deux.

Ici, nous notons une différence importante entre les deux savants : Lamarck ne pouvait en aucun cas expliquer la diversité entre les espèces, d'où son recours à l'ancien concept de génération spontanée (chaque espèce est issue d'une génération spontanée), alors que Darwin a sauté le pas : non seulement il voulait comprendre comment une espèce évolue, mais il a tenté d'expliquer la diversité apparente entre les espèces du règne animal ou végétal. Le processus de sélection naturelle est incessant, opérant tout au long du processus évolutif.

Je soutiens que la pièce maîtresse qui manque à Darwin est d'expliquer l'origine de cette variabilité dans les caractères distinctifs des individus et des espèces. Sans elle, sa théorie est incomplète et réfutable, car sans un mécanisme précis qui produit la variabilité entre les individus d'une espèce, la notion même de sélection naturelle est dénuée de sens. Nous comprenons donc pourquoi sa théorie a fait l'objet de débats inconciliables, car certains scientifiques de son époque avaient du mal à accepter le fait qu'une espèce puisse donner naissance à une ou plusieurs autres.

Néanmoins, admettons-le : Darwin était un visionnaire car nous savons aujourd'hui que ce sont les mutations de l'ADN qui sont à l'origine de cette variabilité.

L'autre élément qui a généré de vifs débats à l'époque, c'est le fait que le hasard soit le chef d'orchestre qui prédestine le chemin évolutif des espèces. L'idée du hasard dans la théorie darwinienne reste un élément fragile. Malgré l'apport des mathématiques modernes qui formulent des équations pour déterminer le rôle ou la part du hasard dans des occurrences données, la notion même de hasard est floue. Darwin avait été obligé d'admettre que les espèces évoluaient selon une macro-échelle temporelle, c'est-à-dire des millions d'années. Nous comprenons pourquoi la paléontologie a été une alliée précieuse pour les darwinistes. En refaisant le même jeu qui consiste à tisser des liens de parenté entre les fossiles (êtres et organismes fossilisés), ou entre ces derniers et les espèces vivantes actuelles, cette science a produit des scénarios possibles de l'évolution des êtres vivants. De fil en aiguille, ces derniers ont été classés, non seulement en fonction de leurs liens de parenté, mais également en fonction de leur âge sur terre. Darwin aurait rêvé de voir l'arbre phylogénétique dont nous disposons aujourd'hui, il aurait sûrement été fou de joie de pouvoir le contempler !

La plus grande force d'une théorie est d'être prédictive, et c'est le cas de la théorie de Darwin. Nous savons aujourd'hui que les mutations de l'ADN sont le moteur de l'évolution, générant de la variabilité, et ainsi préparant le terrain pour que la sélection naturelle puisse opérer au gré du hasard. Les mutations doivent par contre s'accorder avec la lenteur extrême du processus évolutif, elles doivent causer une variabilité dont les effets deviennent concrets à long terme. Une espèce tient à se conserver comme elle est, des mécanismes très sophistiqués et très précis stabilisent l'ADN en corrigeant les mutations. Au moment même où l'ADN polymérase réplique l'ADN, un système de correction s'active pour éliminer les erreurs. En cas d'anomalies irréparables, l'organisme cesse de fonctionner ou continue de vivre avec des dysfonctionnements majeurs. Pouvez-vous imaginer qu'au sein de notre espèce deux individus ne puissent se reproduire au motif que pendant des millénaires, issus de deux continents différents, leurs ancêtres ne pouvaient pas entrer en contact les uns avec les autres ? Millénaires ! Pourquoi pas des millions d'années ! Hypothèse invérifiable, bien évidemment, puisque l'histoire de l'évolution humaine est faite de mélanges et de croisements génétiques successifs. Les rares populations endogènes d'un milieu donné nous montrent que les mariages consanguins sont associés à des anomalies génétiques. L'espèce tend à se conserver coûte que coûte et à étendre son territoire, car c'est une loi tendancielle du vivant : occuper de plus en plus d'espace. Plus d'espace signifie plus de ressources et de plus grandes chances de survie.

Nous pourrions à la rigueur admettre que des extinctions massives d'espèces ont eu lieu sur terre, mais imaginer que des mutations transforment rapidement une espèce en une autre est difficile à croire. À supposer que quelques exceptions existent, comme les bactéries ou certains invertébrés qui se reproduisent très rapidement, on constate que leurs mutations s'accumulent graduellement, génération après génération, jusqu'à ce qu'elles sautent la barrière de l'espèce. Ici aussi, Lamarck et Darwin ont été visionnaires, la variation des espèces est lente et graduelle.

Le premier paradoxe de la théorie de l'évolution : l'instant zéro où la vie a commencé.

Malgré le succès incontesté de la théorie de l'évolution, une question importante subsiste. L'évolution se situe à un intervalle de temps. On pourrait même dire qu'elle est cet intervalle. Il y a donc un instant initial et un instant succédant. Comme en mathématique, tout commence à zéro. C'est lui qui sépare les nombres négatifs des nombres positifs. Le zéro est au centre des forces opposées, là où elles s'annulent mutuellement. L'instant zéro serait cet instant où l'arbre phylogénétique a vu le jour, où la vie est apparue sur terre, et a commencé à se développer en colonisant tous les espaces. C'est seulement en déterminant l'instant zéro du processus évolutif que la théorie de l'évolution pourrait atteindre une cohérence totale. Pourtant, c'est ce point zéro qui divise les penseurs, d'un côté les créationnistes, d'autre part les évolutionnistes darwiniens. Je vais m'exprimer sur ce point.

La théorie de l'évolution néodarwinienne pose un problème en biologie : s'il existe un ancêtre commun à toutes les espèces vivantes, comment est-il apparu ? Logiquement, l'évolution est un continuum, elle doit débuter par un point zéro et ne pas s'arrêter. Si des molécules minérales ont réagi chimiquement pour donner des molécules organiques dispersées s'assemblant par la suite pour constituer une forme initiale prébiotique qui a donné le premier être vivant, nous allons en déduire que ces molécules minérales constituent le point zéro de la chaîne continue de l'évolution.

Mais si nous considérons que ce point 0 de la vie n'est pas apparu sur Terre (ou qu'il n'existe tout simplement pas), et que la vie y ait été insufflée ou importée, nous ne pouvons pas parler d'évolution car les maillons initiaux de la création manqueront à la chaîne. Si une forme vivante était présente dès l'instant zéro, l'évolution darwinienne perdrait tout son sens puisque les étapes prébiotiques seraient inexistantes (c'est comme si vous faisiez des mathématiques sans le zéro). Comme l'a dit si bien Pierre Dac dans une formule un peu lapidaire : « L'infini ne peut guère conduire qu'à zéro et réciproquement ». Si la vie était présente dès l'instant zéro, nous pourrions avancer que toutes les mutations des espèces ont été programmées à l'avance, comme lorsqu'un informaticien écrit un programme dans lequel il anticipe les erreurs qui pourraient survenir.

Une intelligence supérieure aurait élaboré ce programme pour l'exécuter sur terre.

Quand l'atmosphère terrestre était réductrice (en l'absence d'oxygène), la vie a suivi une branche du programme aboutissant aux bactéries anaérobies. Avec l'apparition du dioxygène dans l'atmosphère, la vie a dérivé en empruntant une nouvelle branche du même programme qui a abouti à la naissance de la cellule eucaryote et des métazoaires. La théorie de l'évolution darwinienne ne prend sens que si l'évolution a commencé à partir de rien, du Néant. Sinon, il est plus probable que la vie sur Terre soit l'œuvre d'un programme intelligent, comme le postulent d'ailleurs les partisans du dessein intelligent.

Considérez une particule virale. Elle est constituée d'ARN ou ADN et de protéines mais elle n'est pas vivante, elle est inerte. Elle ne se réplique que si elle infecte une cellule. De même, les molécules organiques dispersées dans la « soupe chaude primitive » étaient inertes, et elles devaient s'assembler en une structure autonome prébiotique ou biotique pour devenir vivantes. Je prétends, au risque de surprendre le lecteur, que la théorie néodarwinienne est basée sur le concept de génération spontanée, puisque la vie, selon cette optique, se crée dans « la soupe chaude ». La seule différence entre l'école de Darwin et celle de Lamarck, c'est que la première pense qu'il y a eu une seule génération spontanée engendrant l'ancêtre commun de toutes les espèces vivantes, alors que la seconde pense qu'il y a eu une infinité de générations spontanées. D'ailleurs, ce point constitue un sérieux problème pour les tenants de l'évolution darwinienne : pourquoi n'y aurait-il qu'un seul ancêtre commun ? Pourquoi les mécanismes de genèse de la vie à partir de la matière ont-ils opéré une seule fois et pas plusieurs fois, que ce soit dans le temps ou dans l'espace ? D'après le darwinisme, les générations spontanées se sont éteintes, et l'unique ancêtre commun a généré toutes les espèces que nous connaissons aujourd'hui.

Quelles sont les conditions exactes pour que la vie émerge à partir de la matière ? Ces questions demeurent irrésolues. Darwin aurait pu se contenter de son talent de classificateur, mais son audace à vouloir expliquer l'ordre qui émergeait de ses classifications était en décalage par rapport aux connaissances de son époque. Malgré la ferveur des néodarwinistes pour consolider la théorie de Darwin avec des preuves supplémentaires, ils ne parviennent toujours pas à définir le point zéro vers lequel tout devrait converger. Ils ne peuvent dépasser la théorie, tout au plus la développer. Plus on remonte le temps, plus le point zéro semble s'éloigner jusqu'à s'éclipser de notre vue.

La vie est-elle apparue spontanément sur Terre ? Ou proviendrait-elle de l'espace ? Selon la thèse matérialiste (la pensée darwinienne en l'occurrence), les cellules vivantes résulteraient de transformations chimiques ayant eu lieu sur notre planète à partir d'éléments inertes. Tandis que le créationnisme tend vers l'idée que la vie proviendrait d'un au-delà, monde céleste ou extra-terrestre. L'idée peut vous paraître farfelue, mais l'humanité pourrait bien avoir oublié son origine initiale. Des familles européennes, peau blanche, yeux bleus, cheveux blonds, découvrent parfois l'existence d'un ancêtre noir dans leurs lignées. Cette information s'étant diluée au fil des générations. Les premiers êtres humains étaient-ils des animaux ressemblant à des singes ou étaient-ils d'emblée des êtres conscients et intelligents capables de déchiffrer (par l'observation) les lois de la nature et d'en tirer profit ? D'ailleurs combien de générations humaines sont apparues sur terre ? Il se pourrait très bien que de l'information sur notre origine se soit perdue avec les générations. La théorie de l'évolution ne peut néanmoins être valide qu'au prix de considérer l'être humain comme descendant de l'animal, en l'occurrence le singe. Darwin et ses adeptes, se retrouvent face à un énorme dilemme philosophique. La biologie moderne consolide le darwinisme en révélant une homologie sidérante entre *l'homo sapiens* et le singe au niveau de l'ADN et des protéines. *L'homo sapiens* serait un membre d'une classe d'animaux, ni plus, ni moins. Toutefois, cette homologie entre l'être humain et le singe ne signifie pas *de facto* qu'ils ont une origine commune. La thèse de l'ancêtre commun est un modèle qui réunit un certain nombre d'hypothèses et de concepts en un ensemble cohérent, mais il relève du mystère (ou du mythe). D'où vient-il, cet ancêtre commun ? De la terre ou du ciel ? Si on y pense sérieusement, cette idée est une explication « en creux », comme celle du « chaînon manquant » après lequel les scientifiques courent toujours. En fait, on comble le vide. On pourrait tout aussi bien supposer que des branches d'un même programme intelligent ont simultanément donné naissance aux diverses espèces que nous connaissons.

Ce que nous observons du vivant c'est le résultat d'un programme de création qui produit des espèces, d'une manière similaire à la croissance d'un arbre dont le tronc se ramifie en branches. Les branches qui apparaissent les premières à partir du tronc sont les plus anciennes. Les branches secondes issues d'une même branche sont davantage reliées entre elles qu'avec celles d'une autre branche. Une branche peut aussi bifurquer en deux sous-branches, etc... toutes les formes sont imaginables à partir de ces ramifications. La classification des espèces vivantes en fonction de leur origine et de leurs ressemblances aboutit à un arbre, l'arbre phylogénétique. « L'évolution des espèces depuis plus de 4 milliards d'années a conduit à la biodiversité actuelle, dont nous ne connaissons qu'une petite partie (...) Mais la diversité à laquelle je me suis intéressé est celle pour laquelle des liens de parenté, ou liens évolutifs, ont été établis entre les espèces. Ceci forme un arbre, nommé « arbre de la vie » où chaque feuille représente une espèce et chaque nœud un ancêtre, à la manière des arbres généalogiques ».[21] (Damien de Vienne, 2017).

À l'époque de Darwin, le concept de programmation n'était pas aussi prégnant et caractérisé qu'il l'est aujourd'hui avec l'avènement de l'informatique. Il était alors difficile de concevoir le fait que l'information ne se produit pas seulement au moment où elle s'exécute, mais peut être programmée à l'avance et s'exécuter ensuite. Exactement comme pour votre ordinateur. La parenté entre espèces révèle qu'il y a des informations organisées et interdépendantes, ce qui suggère qu'elles sont régies par un programme. On ne voit jamais le programme, mais seulement les informations qui se matérialisent au moment où elles s'exécutent.

Dans cette optique, le hasard disparaît, car le programme a prédit toutes les évolutions possibles à l'avance. Par exemple, en l'absence d'oxygène, la vie apparaît sous forme de bactéries anaérobies, mais en sa présence, elle prend d'autres formes comme celle de la cellule eucaryote munie de mitochondries. Mais l'une ou l'autre de ces formes ont été programmées avant même qu'il y ait eu du dioxygène, probablement même avant la naissance de l'univers tout entier.

Pour éclaircir davantage cette idée, prenons l'exemple des protéines et leurs gènes. Une protéine, quand elle est traduite, représente une information exécutée et matérialisée. Mais, même quand elle n'est pas exprimée, elle existe sous forme de gène ou sous la forme d'une information qui représente une *possibilité potentielle*. Cette dernière notion désigne une chose qui, même si elle ne survient pas concrètement, continue d'exister en tant que réalité très probable. Chaque gène est une possibilité potentielle, et quand les conditions favorables sont réunies, le gène se traduit en protéine. Une possibilité potentielle pourrait donc exister longtemps avant qu'elle ne se matérialise en un fait observable. En ce moment même, je vois un beau ciel bleu lumineux qui annonce une belle journée. Mais un orage, une pluie, même si elles sont absentes pour le moment, existent réellement potentiellement. Il suffit que les conditions atmosphériques les rendent possibles. La vie serait une possibilité potentielle qui aurait existé longtemps avant sa manifestation sous la forme d'êtres vivants. La matière n'évolue pas au hasard, mais elle est gouvernée par un programme doté de plusieurs branches (bifurcations) dont chacune prend le relai en fonction des conditions de l'environnement. Nous ne pourrons jamais déchiffrer ce programme en suivant la méthode scientifique actuelle, mais nous pouvons déterminer son mode d'exécution. Les sciences physiques pourraient éventuellement nous renseigner sur les programmes ou sur les lois qui gouvernent la matière. Nous pourrions alors comprendre comment la matière minérale se transforme en matière vivante. Ce que nous voyons en explorant l'arbre phylogénétique c'est cet extraordinaire programme, mais vite il nous échappe car nous n'avons pas encore le savoir nécessaire pour l'appréhender. Mais revenons à cette hypothèse qui nous conforte dans notre ignorance, celle de l'ancêtre commun. On pourrait supposer que l'humain est un extraterrestre qui a oublié son origine étrangère avec le temps, et se croit donc être d'origine terrestre. Les écrits religieux seraient des messages qui lui sont adressés pour lui rappeler son origine céleste.

Ce n'est pas tant l'énigme qui entoure l'origine de l'Homme qui constitue l'obstacle majeur au darwinisme, c'est surtout le point zéro du chemin évolutif. Or, quoique nous fassions, et quels que soient les progrès scientifiques accomplis, nous n'aurons jamais la réponse, car le système temps-espace se dresse devant nous, il est infranchissable. Et si la vie (et le programme au cœur de celle-ci) n'était pas la même pour tous les êtres vivants ? Si la vie était un programme qui s'exécute à différents niveaux dans chaque être vivant. La vie dans une bactérie ressortirait du même programme que la vie dans un mammifère, seulement la deuxième serait une branche de l'arbre du programme organisée de façon plus complexe que la première.

Programme immanent à la vie sur terre ou programme transcendant ? Je m'en tiendrais ici à l'idée d'un plan ou d'un programme qui organise tout le vivant. D'ailleurs, si l'on transposait l'idée de programme à la théorie de l'évolution (ce qui ne pouvait être le cas du temps de Darwin pour les raisons évoquées plus haut), des branches diverses de ce programme se seraient exécutées sur terre, séquentiellement selon le darwinisme, ou simultanément, selon les créationnistes. Le darwinisme, à mon avis, révèle l'existence de ce programme, mais faute de pouvoir l'expliquer s'aveugle et s'entête avec l'idée d'un ancêtre commun qui aurait évolué grâce à une succession de hasards.

En l'absence de l'idée de programme ou de plan à l'origine de l'apparition du vivant, nous comprenons pourquoi le darwinisme a servi de terreau à des idéologies athées qui veulent à tout prix rayer l'idée de Dieu dans l'apparition de la vie sur Terre jusqu'à celle de l'être humain (Dieu est mort). Tout ceci n'est qu'idéologie parce que, scientifiquement, le darwinisme est incapable de définir avec exactitude le point zéro de l'évolution. D'où le fait que nous ne pouvons écarter d'un revers de la main les hypothèses alternatives aux théories matérialistes.

Le deuxième paradoxe de la théorie de l'évolution : la génération spontanée.

Darwin expliquait dans « De l'origine des espèces » que « tous les êtres organiques qui ont vécu sur Terre pourraient être les descendants d'une forme primordiale ». Il ne s'arrêta pas là, et réfléchit aux processus évolutifs sous-tendant la biodiversité. Il était convaincu de l'importance première du problème du passage de la matière chimique inanimée à la matière vivante. Ses idées à ce sujet figurent dans sa correspondance privée et des cahiers de notes. Notamment celle selon laquelle la relation intime entre le phénomène vital, d'une part, et la chimie et ses lois, d'autre part, rend l'idée de génération spontanée concevable, et que cette dernière était importante pour la cohérence d'ensemble de sa théorie. Il faisait part en même temps du fait que la science n'était pas assez avancée pour traiter de la question. Notons que l'idée de génération spontanée est proposée par Darwin alors même qu'il était au fait des expériences de Pasteur allant à l'encontre de celle-ci. Les chercheurs de l'époque ayant noté que son explication de l'origine de la vie ne mentionnait pas l'intervention divine, indiquaient qu'il s'agissait par conséquent d'une approche essentiellement naturaliste, fonction de l'état des connaissances de l'époque.[22]

Les expériences de Louis Pasteur (1822-1895) au 19ème siècle ont clairement établi que dans tous les cas supposés de génération spontanée, il y avait en fait des germes, des œufs, à l'origine des êtres vivants apparus, réfutant définitivement cette théorie. Dans un milieu isolé et convenablement stérilisé, la vie n'apparaît pas spontanément, du moins pas aux échelles de temps et d'espace du laboratoire. La remise en cause de la génération spontanée a joué un grand rôle dans les mesures d'hygiène et d'asepsie contre le développement des maladies. Pourtant, Félix Archimède Pouchet (1800-1872), l'inventeur de l'hétérogénie, est resté convaincu jusqu'à sa mort de sa théorie de la génération spontanée.

L'hypothèse de la génération spontanée a aujourd'hui perdu tout crédit scientifique, y compris dans le cadre des recherches sur l'origine de la vie sur Terre. Paradoxalement, la notion même de génération spontanée est convoquée, que ce soit implicitement par les adeptes de Darwin ou ouvertement par Lamarck, quand il s'agit d'expliquer l'origine de la vie. C'est le cas aussi des créationnistes ou des religieux qui croient que Dieu a créé l'Homme à partir de l'argile, c'est-à-dire du minéral. De toutes façons, l'univers en entier semble provenir du Néant, et la fameuse (et controversée) théorie du Big Bang se heurte au même problème : d'où vient l'univers ? Du zéro qui tend vers l'infini, puis l'infini qui tend vers zéro ? des cycles d'expansion et de contraction ? Au moment du Big Bang, la matière que nous connaissons aujourd'hui n'existait pas. On pense que l'univers était alors un brouillard très chaud de particules. Mais d'où provient ce brouillard ? Du vide ? Du néant ? Par quel mécanisme ? Encore le hasard ? Nous retrouvons partout le même dilemme. La physique ou la biologie se heurtent à la même limite infranchissable, celle où tout a commencé (et symétriquement, celle où tout finira).

Pasteur a démontré qu'une vie que nous observons à l'instant T provient obligatoirement d'une forme de vie antérieure. La question qui obsède les évolutionnistes est bien celle-ci : d'où vient la toute première forme de vie ? Pasteur n'a pas réglé le problème en rejetant la notion de génération spontanée, car l'énigme demeure entière en ce qui concerne l'origine de la vie sur Terre. Par contre, Darwin aurait dû clarifier la question de l'origine des espèces, et nous comprenons pourquoi il a fermé les yeux sur les travaux de Pasteur, car ceux-ci touchent sa théorie au cœur en remettant en question l'idée centrale de la sélection naturelle. S'il dit qu'elle provient de la matière inerte, ceci signifie génération spontanée et, en cela, il contredit les travaux de Pasteur. Il a écarté toute hypothèse relative à une origine « extra » terrestre ou transcendantale de la vie sur Terre, notamment celle du « dessein intelligent » qui suppose que ce dernier « savait » qu'elle s'y développerait. Darwin répondait en cela aux nouveaux standards de la connaissance à l'époque des Lumières. L'Église perdait progressivement sa domination sur les Idées, et la science écartait définitivement l'idée de Dieu de son champ ; elle avait défini sa propre méthode et son système de pensée logique et rationnelle. Pourtant, l'approche rencontre nombre d'écueils sur le chemin de la connaissance balisé par la démarche scientifique, elle-même basée sur la vérification par les faits expérimentaux et la confrontation à la réalité biologique. N'oublions pas qu'elle est exercée par des humains, et forcément en butte à de nombreux enjeux et à des rivalités. Quand on se heurte à un grand obstacle sur le chemin du raisonnement qui mène à la formulation d'une théorie, on peut comprendre que même d'éminents savants aient été tentés de « tordre » le réel au bénéfice de leurs démonstrations. Je suppose que Darwin a été contraint d'écarter l'idée de Dieu de son raisonnement scientifique et de rejeter la notion de sacré, fondement de toute religion. Par conséquent, il était dans la logique des choses qu'il envisage la possibilité d'une vie créée au hasard, bien qu'il n'ait eu aucune idée sur comment le hasard pouvait créer une vie. C'était juste une supposition, mais, en science, supposer, c'est suggérer une idée qui, même si elle ne peut pas être prouvée au moment où elle est énoncée, doit malgré tout être réaliste et en lien logique avec ce que nous savons de concret et d'établi scientifiquement. Or, supposer que la vie pourrait provenir du minéral à l'époque de Darwin était complètement irréaliste, et même aujourd'hui, personne n'ose dire qu'une vie peut se créer à partir de la matière stérile inerte (organique et minérale). Opportunément, cette supposition confortait le courant dominant des Idées de l'époque qui mettait Dieu hors du domaine de la science. Les philosophes athées qui ont nié la création, ont adhéré directement ou indirectement aux idées évolutionnistes et sont devenus ses fervents défenseurs. Et il en est de même pour tous les idéologues et promoteurs des systèmes matérialistes hostiles à la religion.

Dans les années 1920, le biochimiste russe Alexander Oparin (1894-1980) propose une hypothèse audacieuse : il y a quelques milliards d'années, l'atmosphère terrestre était peut-être différente, dénuée d'oxygène, et, dans ces conditions, les molécules de base du vivant auraient pu se former et s'assembler sans être dégradées. Cela peut paraître étrange d'imaginer la vie sur une Terre initialement dépourvue d'oxygène, mais les scientifiques admettent que c'est précisément l'apparition de la vie, et en particulier la photosynthèse, qui a enrichi l'atmosphère terrestre en oxygène il y a environ 2 milliards d'années. L'hypothèse d'Oparin permet donc d'imaginer des réactions chimiques ayant lieu au contact d'une atmosphère non oxydante, et pouvant produire de manière stable les premières molécules indispensables à la vie. Il fallut pourtant attendre 30 ans avant de voir cette hypothèse testée, grâce aux expériences de Stanley Lloyd Miller (1930-2007) et Harold Clayton Urey (1893-1981)[23,-24] (Miller, 1953, Miller and Urey, 1959). Miller a pu mettre en évidence dans sa fiole expérimentale la présence de 11 types différents d'acides aminés (des analyses ultérieures plus fines avaient montré qu'il avait en fait fabriqué 25 acides aminés). Des travaux similaires ont été relancés après Miller, et on parle aujourd'hui de la chimie prébiotique pour qualifier ce genre d'expériences de laboratoire visant à reproduire des molécules organiques dans des conditions similaires à celles régnant sur la Terre il y a 4 milliards d'années. Tout ceci ne valide évidemment pas le scénario d'une origine purement terrestre de la vie. Au-delà de ces questions, tout un tas d'énigmes demeurent, notamment la manière dont est apparu le code génétique, la formation des couches lipidiques qui constituent les membranes des cellules, etc. De surcroit, la vie nous pose toujours le problème de la poule et de l'œuf : sachant que le code génétique permet de synthétiser les protéines mais que les protéines sont indispensables à la réplication du code génétique, lequel des deux phénomènes est survenu en premier ?

L'expérience de Miller fut à l'époque très critiquée, sa fiabilité remise en cause au motif que les molécules organiques obtenues pouvaient *a priori* provenir d'une contamination extérieure. La cellule n'est pas la seule entité organique ne pouvant pas être produite d'une manière artificielle en laboratoire : la formation, dans des conditions naturelles, même d'une seule protéine parmi les milliers de molécules complexes de protéines composant une cellule, est impossible. Les protéines sont des molécules géantes constituées d'acides aminés arrangés en une séquence particulière selon des proportions et des structures bien précises. Ces molécules sont les briques servant à édifier cette bâtisse qu'est la cellule vivante. La plus simple est constituée de seulement 50 acides aminés mais certaines protéines en comptent jusqu'à plusieurs milliers. L'absence, l'ajout, ou le remplacement d'un seul acide aminé dans la structure protéinique des cellules vivantes, dont chacune remplit une fonction particulière, transforment la protéine en question en un amas moléculaire inutile. Il est possible de démontrer de manière simple, à l'aide de calculs de probabilité compréhensibles par tous, que la structure fonctionnelle des protéines ne peut aucunement être le fruit du hasard (se constituer seule à partir de ses éléments sans intervention du métabolisme). Il y a vingt-deux acides aminés différents pouvant entrer dans la composition d'une protéine d'un être vivant. Si nous considérons qu'une molécule protéinique est composée en moyenne de 288 acides aminés, il y a 10375 combinaisons différentes d'acides aminés. Parmi toutes ces séquences possibles, une seule forme la molécule protéinique désirée. Les autres chaînes d'acides aminés sont, soit complètement inutiles, soit nuisibles aux êtres vivants. En d'autres termes, la probabilité de la formation par coïncidence d'une seule molécule protéinique est de 1/10375. Ceci démontre l'impossibilité pratique d'un tel événement. De plus, une molécule protéinique composée de 288 acides aminés est plutôt modeste comparée à certaines molécules protéiniques géantes constituées de plusieurs milliers d'acides aminés. Et lorsque nous appliquons le même calcul de probabilités à ces grandes molécules, le mot "impossible" devient lui-même inadéquat, étant bien en deçà de la réalité. Des expériences menées en laboratoire, ainsi que des calculs de probabilités, ont définitivement établi que les acides aminés d'où la vie a été extraite ne peuvent pas avoir été formés par hasard. La cellule, qui selon les évolutionnistes a vu le jour par hasard suite à une conjonction de conditions terrestres incontrôlées à une époque très primitive, n'a toujours pas pu être synthétisée à ce jour, même dans les laboratoires les plus avancés et les mieux équipés. On n'a même pas découvert jusqu'à présent un représentant d'une simple "forme transitionnelle", terme cher aux néo-darwinistes qui désigne une forme intermédiaire d'évolution entre la forme primitive et la soi-disant forme définitive d'aujourd'hui, et ce, malgré d'intenses recherches visant à exhumer un fossile répondant à ce critère.

Par conséquent, un mystère très épais continue de planer sur l'origine de la vie. Comment alors cette hypothèse selon laquelle elle s'est construite spontanément sur terre sans catalyse et sans obéir à un programme supra-intelligent a-t-elle été abordée par Darwin et même Miller ?

Les molécules organiques sont certes issues de molécules minérales mais un grand nombre de leurs réactions biochimiques ont lieu dans le vivant. En ce qui concerne l'origine de la vie, nous sommes devant une immensité de variables. Il est presque certain que les expériences prébiotiques bénéficient de soutiens occultes dans le but de trouver désespérément une validation irréfutable de la théorie darwinienne. Une hypothèse n'est pas la vérité et quand une hypothèse dépasse sa propre substance et devient une réalité désirée, elle occulte d'autres hypothèses qui pourraient être plus convaincantes. Nous ne pouvons pas mentir en science, car plus on alimente le mensonge, plus il nous éloigne de la réalité en transformant les scientifiques, parties prenantes de ce jeu, en dangereux mythomanes ou en imposteurs. L'expérience de Miller n'a en aucune manière résolu la question de savoir si la vie est apparue sur Terre en se constituant au hasard à partir d'ingrédients de matière présente dans les océans de la terre primitive. La science moderne veut mener seule sa course, loin de toutes les philosophies et religions. Elle les ignore toutes et veut atteindre seule la Vérité. Or, 140 ans après la mort de Darwin, nous sommes encore dubitatifs et perplexes : d'où vient la vie ? Personne ne peut répondre d'une manière univoque à cette question. De plus, la chimie prébiotique se contredit avec une des grandes lois admises aujourd'hui en biologie : les générations spontanées n'existent pas.

Darwin se trouvait dans une impasse sur la question de l'origine des espèces ; en remontant le temps jusqu'à l'ancêtre commun de toutes les espèces, il réalisait que ce dernier ne pouvait pas provenir d'une vie antérieure. Darwin ne parle pas de l'apparition de la vie dans « De l'origine des espèces », si ce n'est pour dire que les connaissances de son époque ne permettaient pas de l'aborder. Il en est parfois question dans sa correspondance, notamment dans une lettre de 1871 à son meilleur ami Joseph Hooker : « On dit souvent que toutes les conditions pour la première production d'un organisme vivant qui sont maintenant réunies, pourraient ne l'avoir jamais été. Mais si (…) nous pouvions concevoir, dans quelque petite mare chaude, en présence de toutes sortes de sels d'ammoniac et d'acide phosphorique, de lumière, de chaleur, d'électricité, etc., qu'un composé de protéine fût chimiquement formé, prêt à subir des changements encore plus complexes, actuellement une telle matière serait instantanément dévorée ou absorbée, ce qui n'aurait pas été le cas avant l'apparition des créatures vivantes ».

Donc pour Darwin, l'apparition de la vie n'a pu se produire que dans un monde encore abiotique, par un processus très lent. Il est resté allusif, et confus même, sur l'idée de la génération spontanée, il la suggère implicitement comme ses futurs partisans d'ailleurs, malgré le fait qu'il soit universellement admis depuis Pasteur qu'elle n'existe pas. Il en résulte, d'après les darwinistes, que tous les êtres vivants de la planète sont issus de cette forme ancestrale de vie. Dans la conclusion de « De l'origine des espèces », il écrit : « …tous les êtres organisés qui ont vécu sur la terre descendent probablement d'une même forme primordiale dans laquelle la vie a été insufflée à l'origine. »[20] (Bregliano Jean-Claude, 2021).

Quand Darwin emploie le mot « insufflée », sauf si c'est une erreur de traduction, insinuerait-il que la vie pourrait provenir d'ailleurs ? Mon argument est le suivant : si la vie vient d'ailleurs, c'est qu'il y a nécessairement une intelligence (ou un dessein intelligent) et donc un programme qui contient tous les potentiels possibles en lui. Le hasard peut être, dans cette optique, le vecteur d'une finalité.

Imaginez un instant : un programme intelligent a écrit, nucléotide par nucléotide, tous les ADN codant des espèces vivantes, et crée une sorte d'arbre pour les relier en fonction de leur homologie. Ce programme vous offre la possibilité de répertorier toutes les mutations ayant lieu dans un gène donné, et même de dater l'apparition de chaque gène. Devant cet arbre, tout vous semble aléatoire alors que rien ne peut exclure le fait que tout ceci résulte d'un programme. Si vous dites que c'est aléatoire, ceci veut dire que toutes ces espèces vivantes sont une « chance heureuse » ; elles avaient eu le bon génome au bon moment. Sauf qu'au moment même où ces mutations ont eu lieu, et si vous aviez été là, il vous aurait été impossible de prédire que l'espèce allait survivre. Regarder le nombre d'espèces ayant réussi à survivre, au minimum celles qui existent aujourd'hui, ceci implique-t-il que le hasard heureux se soit répété des millions de fois ? Le mot hasard désigne un événement isolé imprédictible, or, la répétition signe l'intervention d'un programme. Vous continuez de dire que l'espèce vivante devant vous a survécu grâce au hasard de la sélection naturelle ? Mais vous pourriez plus aisément admettre qu'elle existe parce qu'elle a été un avenir possible programmé avant même que la Terre se soit formée. Tout a été prévu à l'avance, et quand le vivant se manifeste, c'est juste l'information programmée qui s'exécute sous les conditions qui lui sont favorables.

Si l'espèce a perduré, c'est qu'elle a « réussi » et, compte tenu du nombre impressionnant d'espèces qui ont réussi malgré les bouleversements qu'a connus la Terre, cela signifie qu'il y a une aptitude ou un potentiel inhérent à ces espèces pour survivre, on peut ainsi en déduire qu'il y a, en elles, un programme « écrit » à l'avance.

En physique quantique, on dit de l'observateur qu'il interfère avec ce qu'il observe ou avec ce qu'il mesure. Miller avait privilégié une hypothèse (la vie serait d'origine minérale sur Terre), et il avait combiné toutes les conditions pour qu'elle redevienne probable. Par l'intervention expérimentale de Miller, l'expérience n'obéit plus au pur hasard. Miller avait eu une intention, un résultat qu'il souhaitait obtenir, il obéissait naturellement à son propre programme. Pour comprendre la notion de programme ou logiciel, il est utile d'aller consulter les manuels d'informatique. Pour le dire simplement, un programme ou un logiciel permet d'obtenir un résultat en combinant séquentiellement un ensemble de fonctionnalités. Mais en réalité, le résultat obtenu est déjà présent sous une forme informationnelle, on pourrait le qualifier de possibilité potentielle. L'exécution du programme ne fait que le matérialiser. Où se trouve ce programme qui a présidé à l'apparition de la vie sur Terre ? C'est un mystère, mais ce phénomène extraordinaire se déroule en combinant la matière selon des réactions chimiques précises. Sans lui, la matière serait inerte et évoluant librement, c'est-à-dire obéissant au pur hasard qui signifie que n'importe quoi pourrait survenir, au point qu'un événement pourrait en annuler un autre avant ou après lui, et donc le résultat serait toujours nul. La vie est pourtant un résultat net positif qui signifie que des forces ont pris le dessus malgré la tendance du hasard à s'annuler lui-même.

Darwin et Lamarck s'opposent sur la question des modalités selon lesquelles les espèces évoluent. Dans la vision de Lamarck, les organismes les plus « simples » ou les plus « imparfaits » apparaissent en permanence par « génération spontanée » ou « génération directe ». Il écrit dans « Philosophie zoologique » : « Dans sa marche, la nature a commencé, et recommence encore tous les jours par former les corps organisés les plus simples et elle ne forme directement que ceux-là, c'est à dire que ces premières ébauches de l'organisation, qu'on a désignées par l'expression de générations spontanées ».

Voyons le commentaire qu'en a fait Jean Claude Bregliano (2021) : « Pour Lamarck, des générations spontanées se produiraient fréquemment, et, à chaque fois, le processus de complexification se répéterait. À l'intérieur de chacune de ces lignées la filiation existe, du plus simple au plus complexe, mais il ne peut y avoir aucune parenté généalogique entre elles. Il postule également que les végétaux et les animaux primitifs apparaissent par deux voies indépendantes (...) En bref, dans la théorie lamarckienne, le monde vivant serait composé de multiples lignées successives et indépendantes. Il n'y aurait pas d'ancêtre commun unique. »[20]

La vision de Lamarck est ainsi diamétralement opposée à la vision darwinienne. Imaginez la soupe chaude primitive dans laquelle la vie fit sa première apparition comme le suggèrent les partisans de Darwin. Pourquoi une seule forme prébiotique et non plusieurs, si le phénomène est aléatoire ? La théorie de l'évolution darwinienne mise beaucoup sur le hasard. Le hasard aurait pu générer des monstres vivants d'une taille colossale capables de dévorer des arbres ou même des humains (je ne serai pas ici en train d'écrire). Il aurait pu générer des formes vivantes asymétriques, horribles. Pourtant, regardez autour de vous, non seulement les multiples manifestations de la vie rayonnent, belles et symétriques, ce qui signifie que la vie obéit bien à un logiciel qui gouverne ses manifestations organiques. Ainsi, Pasteur a démontré qu'une vie déjà établie ne peut pas provenir de l'inerte, tandis que Lamarck dit qu'une vie primitive, non encore aboutie, semble provenir de l'inerte comme le supposent les darwinistes en faisant référence à l'idée de « soupe chaude ». Qu'en penser ?

La grande différence entre les deux écoles principales de la théorie de l'évolution est selon moi la suivante : les lamarckiens pensent que la génération spontanée se répète plusieurs fois dans l'espace-temps, alors que les darwinistes supposent qu'elle a eu lieu une seule fois. Cependant, la probabilité pour que la transition de l'inerte au vivant survienne est tellement insignifiante qu'il est impossible qu'elle ait lieu spontanément, même une fois. Même si on suppose qu'il y a des milliards d'univers comme le nôtre, cette probabilité demeurera nulle.

Les darwinistes assurent que la première forme de vie ne peut perdurer que si elle évolue en trouvant des solutions aux contraintes qui s'imposent à elle. Nous ne pouvons en aucun cas exclure le fait que d'autres formes de vie auraient été capables de s'adapter aux conditions de vie sur Terre, et si elles ne sont pas là devant nos yeux aujourd'hui c'est tout simplement parce qu'elles ne sont jamais apparues, et donc que le processus de biogénèse a été dirigé. Si un autre Big Bang avait ordonnancé l'univers de la façon que nous connaissons, alors il est très probable que la vie aurait engendré les mêmes formes que celles que nous connaissons aujourd'hui. C'est donc tout l'univers qui prédétermine l'évolution de la vie et non pas les seules conditions sur Terre. L'univers en entier et la vie obéiraient au même logiciel. L'idée du hasard est trompeuse, elle cache ce qui la dérange en le reléguant aux oubliettes. Le hasard n'aboutit à rien… d'abouti ; il peut donner naissance à des phénomènes qui s'annulent mutuellement. Mais quand on explore l'histoire de l'univers et de la Terre, nous nous rendons compte que des phénomènes indépendants se combinent pour créer cette histoire. Supposons que vous fassiez plusieurs tirages successifs au hasard avec deux boules placées dans une urne et portant les chiffres +1 et -1. Au bout d'un certain temps, vous aurez autant de +1 et -1, donc zéro.

La théorie synthétique de l'évolution est un modèle qui regroupe diverses hypothèses dont nous sommes incapables de prouver la véracité. Voici un exemple par analogie. Vous entrez à plusieurs dans une salle de cinéma pendant que le film a déjà commencé. Vous allez ressortir avant la fin du film, et ensuite, vous vous amuserez à imaginer le début et la fin de l'histoire d'après ce que vous avez vu du film. Tout ce que vous en direz ne sera que supposition, et chacun aura son interprétation. Maintenant, vous allez revoir ensemble le même film, du début à la fin, et vous allez vite savoir qui, parmi vous, a prédit avec justesse l'histoire qu'il raconte.

Nous ne verrons jamais le film de l'évolution de la vie depuis son origine jusqu'à la fin. Notre imagination déborde car n'avons aucune preuve directe sous les yeux qui satisfasse notre entendement. Voici quelques questions qu'il serait judicieux de se poser si on voulait comprendre le phénomène de l'évolution des espèces dans l'espace-temps de notre Terre. D'après mes arguments discutés plus haut, tout semble indiquer que la vie a été créée ou résulte de l'exécution d'un programme supra-intelligent, présent avant même la naissance de l'univers.

Est-ce que la vie a été créée (ou générée ou auto-générée) plusieurs fois à l'origine en donnant naissance à chaque fois à une espèce parmi celles que nous connaissons aujourd'hui ? Chaque espèce aurait-elle sa propre histoire ? Si la réponse est affirmative, les homologies entre espèces seraient dues seulement au fait qu'elles vivent dans le même environnement, la Terre (que ce soit en milieu aquatique, terrestre ou aérien). Ici, ce serait une vision lamarckienne : des générations spontanées indépendantes ont chacune engendré une espèce vivante. Le milieu prend le dessus, c'est lui qui façonne les espèces en fonction de leur potentiel génétique. Ce ne serait pas un arbre phylogénétique qui rassemble les espèces vivantes mais des traits verticaux parallèles différant seulement par leur longueur. Selon ce scénario, il aurait fallu davantage de temps pour que l'espèce humaine apparaisse en comparaison aux autres espèces comme les oiseaux ou les reptiles. Autre hypothèse : la vie suit toujours le même scénario évolutif et engendre les espèces que nous connaissons aujourd'hui d'une manière séquentielle et interdépendante. Cette fois-ci, ce serait une vision darwinienne dans laquelle les homologies entre espèces seraient dues au fait qu'elles descendent d'un même ancêtre commun. Le milieu et le potentiel génétique façonnent ensemble l'être vivant par le processus de la sélection naturelle. De nouveau, une autre hypothèse : l'être humain, l'unique créature sur Terre douée de conscience et d'esprit, vient d'ailleurs. Ceci est compatible avec la thèse créationniste qui postule qu'il serait une conscience immatérielle incarnée. Les formes de vie que nous connaissons aujourd'hui, animale ou végétale, seraient les seules formes de vie compatibles avec les conditions physico-chimiques sur Terre. Leurs homologies pourraient être dues au fait qu'elles vivent sur la Terre, leur habitat commun, et non pas forcément à une origine commune hypothétique. L'idée d'un ancêtre commun est une déduction logique de faits rassemblés, mais elle ne rend pas forcément compte de la vérité sur notre origine. Un doute subsiste. L'être humain aurait eu une forme complètement différente sur une autre planète où les conditions physico-chimiques sont différentes de celles qui existent sur la nôtre. D'ailleurs, si vous découvriez une vie sur une planète lointaine, il est très probable que ces êtres présenteraient à leur tour des homologies sur le plan organique.

En science, ce qui est regrettable, c'est qu'une idée aussi logique et robuste qu'elle puisse paraître, puisse, de ce fait, dérouter des générations entières avant de se révéler fausse. C'est sans doute le prix à payer pour enfin emprunter la voie vers la vérité. La seule manière de pouvoir revoir le début du film de la vie sur Terre, c'est de voyager dans le temps dans le sens de sa rétrogradation, puis de remonter vers notre présent. Les créationnistes ont aussi leur mot à dire. Le début du film nous échappe, c'est un fait indéniable. Autour de la table de discussion, chacun parmi nous se drape d'une conviction personnelle qui confine à l'idéologie ou à une philosophie plus existentielle. Le temps et l'espace s'érigent contre nous quand nous voulons comprendre le passé distant de plusieurs milliards d'années.

La science rejette formellement l'idée de génération spontanée : la vie sur Terre a évolué en donnant toutes les formes de vie que nous connaissons, nonobstant le fait que le mécanisme qui a donné naissance à la première forme de vie se soit déroulé dans des conditions physico-chimiques qui n'existent plus aujourd'hui. Cette vie primitive est apparue à un moment où l'eau s'est formée même si l'atmosphère était encore vide d'oxygène (ou en contenait un peu notamment grâce aux activités volcaniques). Mais une fois les conditions devenues favorables avec l'apparition de l'oxygène dans l'atmosphère, la vie a engendré la vie. Il a fallu une période de plusieurs millions voire milliards d'années pour qu'une forme de vie simple se transforme en une forme plus complexe et plus élaborée. Nous comprenons donc pourquoi la thèse de la génération spontanée est rejetée par la science actuelle, car même une mouche, un organisme multicellulaire très complexe, ne peut pas provenir de la matière inerte aussi rapidement que le pensaient les partisans de Lamarck. Lamarck n'a pas résolu le dilemme du temps et de la durée (cela paraît un comble pour un théoricien éminent de l'Évolution), il faudrait, dans cette optique, une période très longue et impossible à mesurer pour qu'une vie évolue de l'inerte à une simple forme vivante. Il semble au contraire que la vie évolue stade par stade, du plus simple au plus complexe, et non pas en sautant d'une bactérie à une mouche. Il faut rapprocher ainsi les deux problèmes : celui de la génération spontanée et celui de l'origine de la vie sur Terre. Le paradoxe réside ici : bien que la science rejette le phénomène de la génération spontanée, elle ne réfute pas l'idée que la toute première forme de vie ait résulté de transformations chimiques de molécules organiques en structures prébiotiques qui, en évoluant, ont donné naissance aux premières bactéries. Si la vie est un produit de la matière, alors on tombe sous le coup de la loi de la génération spontanée.

Par conséquent, toute la biologie est fondée sur une idée contradictoire : d'un côté, la vie générée spontanément est une impossibilité, et de l'autre côté, la première vie sur Terre procède du phénomène de la génération spontanée. Or, à ce jour, personne n'a réussi à créer expérimentalement une vie à partir de la matière inerte, même dans les conditions les plus proches de celles qui régnaient sur la terre primitive.

La biologie serait une science de l'animal et non de l'humain, car malgré sa capacité à expliquer le fonctionnement de l'organisme animal, elle est incapable d'expliquer certains attributs distinctifs de l'espèce humaine, comme la conscience par exemple. À ce compte-là, il est à craindre que la biologie ne devienne un instrument du néolibéralisme qui s'applique à réifier l'individu, à supprimer le facteur humain (trop aléatoire et pas assez fiable) des processus de production, à promouvoir l'idée que l'homme augmenté est l'avenir de l'humanité, qui grâce à la Machine serait transformé en un artefact (un animal humain bientôt piratable ?) dont on peut contrôler les émotions et les pensées. Si la biologie moderne est incapable d'expliquer la vie tout en clamant que c'est le cerveau qui crée toutes nos facultés mentales et nos sentiments humains, alors elle donne carte blanche à tous ceux qui veulent asservir l'être humain.

La vie serait-elle issue d'un programme comme le supposent les partisans du « dessein intelligent » ?

La vie est un mystère car nous ne savons pas si elle résulte d'une construction physico-chimique de la matière ou si elle résulte d'une construction hybride de la matière et d'autre chose. La matière s'est-elle constituée par elle-même en une infinité de formes vivantes ou procède-t-elle de l'intervention d'une intelligence savante ? La vie a-t-elle résulté de la transformation de la matière ou a-t-elle été insufflée dans la matière ? Ces questions vont hanter nos esprits encore pour très longtemps.

Je pense fort improbable que la vie puisse apparaître seule par hasard à partir de la matière inerte, car même si des constituants organiques se sont formés, leur assemblage n'allait pas forcément générer la vie, cette dernière semble plutôt être un phénomène émergeant qui ne résulte pas seulement de l'organisation d'une structure organique. « Une propriété peut être qualifiée d'émergente si elle « découle » de propriétés plus fondamentales tout en demeurant « nouvelle » ou « irréductible » à celles-ci ». Ainsi, pour John Stuart Mill, les propriétés de l'eau seraient non réductibles à celles de l'hydrogène ou de l'oxygène. Ce n'est donc pas l'apparition de la matière organique ni son assemblage en structure plus élaborée qui pourraient mener à une structure vivante. La matière ne peut pas inventer la vie au hasard. C'est comme si disposant d'un ordinateur, vous attendiez qu'il se programme par lui-même. Il ne fonctionnera que si vous lui fournissez les logiciels requis. Il semble que tout l'univers ait été fait pour accueillir la vie, pourquoi en aurait-il été autrement ? Regardez autour de vous, tellement de phénomènes coexistent : eau, oxygène, atmosphère, rotation de la terre et sa distance par rapport au soleil, etc. Tous ces phénomènes étaient inexistants à l'origine et sont apparus ensemble, organisés et assemblés parfaitement. Ils sont tous apparus avec une concomitance étonnante comme si des mains étrangères rassemblaient les pièces du puzzle. Il est très difficile de croire que la matière s'est elle-même organisée au point de se complexifier et générer de la conscience. La matière serait-elle programmée pour donner la vie ? Y a-t-il de l'information dans la matière que nous sommes incapables de décoder ?

Nous sommes incapables de mettre la matière en une équation unitaire, nous en avons une vision dualiste. Nous avons des lois qui expliquent ses propriétés à l'échelle macroscopique, et d'autres au niveau quantique. Nous n'avons pas trouvé une loi unitaire qui prédit et explique les propriétés de la matière à tous les niveaux. Comment alors pourrions-nous, malgré cette limitation majeure, prétendre que nous pourrions réussir la transition du minéral au vivant sans l'intervention de catalyse enzymatique ni d'organismes vivants ? L'expérience de Miller semble avoir été surexploitée pour apporter un soutien de taille au darwinisme évolutionniste. Malgré l'avènement de la chimie prébiotique, nous ne sommes pas en mesure d'affirmer que la transition du minéral à la vie organique a eu lieu sur Terre sans intervention d'un dessein ou d'un programme intelligent. Les réactions chimiques prébiotiques obéissent à des lois naturelles qui doivent leur existence à un programme de création préexistant. Toutes ces lois naturelles semblent découler d'un point central, le principe unitaire qui expliquerait tout l'univers. La matière n'évolue jamais librement au hasard mais elle est gouvernée par des lois immuables. Elle ne peut évoluer que selon les trajectoires préétablies par les lois naturelles. Toutes ces lois constituent le programme de création. *A contrario*, le hasard signifierait que la matière pourrait évoluer dans tous les sens avec la même probabilité, et même si des acides aminés étaient regroupés dans des conditions optimales pour la constitution de macromolécules organiques comme des protéines, elles ne formeraient pas forcément un être vivant. La matière a un destin. Miller ne pouvait pas réussir à réinventer le programme de création, car ce dernier ne dépend pas seulement des conditions régnant dans la soupe primitive mais des conditions régnant dans tout l'univers. La biologie porte une énigme en son cœur, et sa théorie évolutionniste est imparfaite. À force de vouloir imposer une théorie, on finit par l'affaiblir en faisant ressortir ses paradoxes. Nous pourrions revenir sur nos pas, et considérer le darwinisme comme une classification ordonnée d'êtres vivants, sans courir le risque d'expliquer leurs attributs communs comme preuve d'une origine commune.

La théorie de l'évolution s'entoure d'arguments qui la soutiennent sans qu'ils constituent une preuve directe ou formelle. Nous savons que les fossiles les plus anciens sont ceux d'organismes unicellulaires qui dateraient de 3,4 milliards d'années. Des fossiles d'organismes plus complexes, multicellulaires, sont datés, pour les plus anciens d'entre eux, de 2,1 milliards d'années. L'âge de la Terre est d'environ 4,54 milliards d'années. Ainsi, la théorie de l'évolution argumente que l'âge de la Terre est assez grand pour que la matière se soit autoorganisée en donnant le vivant, jusqu'à créer des êtres aussi sophistiqués que les mammifères et les êtres humains. Or, nous ne savons pas si le processus évolutif est continu depuis son début, et personne ne peut mesurer la durée nécessaire pour que la matière inerte devienne vivante, puisque personne n'a pu générer la vie à partir de la matière inerte. Il se pourrait que la matière inerte mette un temps infini pour générer la vie, nous ne le savons pas. Il se pourrait même que la vie soit un phénomène extra-matériel, une sorte d'énergie autonome qui aurait été complètement séparée de la matière avant qu'un concours de circonstances n'entre en jeu et forme le vivant. Nous allons donc à l'instant aborder une autre hypothèse sur l'origine de la vie, celle qui postule que la vie proviendrait d'ailleurs.

Et si la vie venait d'ailleurs ?

« La panspermie dirigée (ou ensemencement planétaire) est une théorie selon laquelle l'origine de la vie sur Terre serait due à une contamination extraterrestre délibérée. Selon cette hypothèse, on pourrait implanter des micro-organismes dans des comètes ou des sondes spatiales, les envoyer à travers l'espace, pendant des décennies, voire des siècles, jusqu'à une exoplanète où la vie ne s'est pas encore développée et l'ensemencer. (…) L'objectif pourrait être simplement l'expansion de la vie, mais aussi la terraformation de la planète, la modification de sa biosphère ou sa future colonisation. Cette technique pourrait être utilisée par l'humanité dans le futur, mais a aussi pu être utilisée par des extraterrestres pour ensemencer la Terre dans le passé » (Wikipédia).

Ainsi donc, voici des scientifiques des courants créationnistes, transformistes et déistes, qui avancent l'hypothèse selon laquelle une intelligence extraterrestre plus avancée que la nôtre aurait visité la Terre, et même que les terriens pourraient le faire dans un avenir lointain ! Évidemment, cette idée aussi séduisante soit-elle, reste pure spéculation, aucune preuve tangible à ce jour n'ayant pu l'étayer. Allons quand même y voir d'un peu plus près.

La théorie de la « panspermie dirigée » suppose d'abord que l'incarnation de la vie serait la même partout dans l'univers, or cette idée n'est pas avérée et est sujette à caution. Nous savons que les conditions physico-chimiques du milieu influencent considérablement l'évolution et l'organisation du vivant. En plus, la vitesse d'écoulement du temps et la structure espace-temps différeraient d'un point à un autre dans l'univers. Une vie apparue ailleurs ne réussirait pas forcément à se développer sur Terre, elle risquerait d'avorter et de disparaître spontanément. Imaginez que vous remontiez le temps jusqu'à l'ère de l'hypothétique atmosphère réductrice de la terre, et que vous y mettiez un mammifère, il mourrait dans l'instant. Seules les bactéries anaérobies supportant des conditions extrêmes de chaleur pourraient éventuellement survivre. Chaque forme de vie est donc gouvernée par un milieu spécifique.

Pourtant, il se pourrait que des créatures complètement différentes de celles qui peuplent la Terre existent dans l'univers à un point distant de notre galaxie. On pourrait même supposer qu'une forme de vie constituée entièrement d'énergie et de radiations utilise son champ électromagnétique comme une interface d'échange avec son milieu. Cette idée s'est déjà imposée dans l'imaginaire collectif au travers des fantômes ou des spectres invisibles capables de passer à travers la matière. N'oublions pas que le vivant est capable de générer de l'information et de l'intégrer dans son milieu ; il est autonome et capable de se reproduire à l'identique en dépit de minimes variations. Or ces caractéristiques communes à tous les êtres vivants pourraient aussi bien être présentes dans d'autres formes de vie, immatérielles. Par exemple, votre ordinateur, indéniablement, est constitué de matière, mais sa fonction n'est pas matérielle, ce que vous faites sur votre ordinateur procède de la logique, de l'intelligence et de l'information. C'est d'ailleurs pourquoi, quand il s'agit de machines, on dit qu'elles ont une mémoire centrale ou un centre de commandes, qui pilote leur fonctionnement. Pour les êtres vivants, c'est la même chose : leur structure, leurs composants sont matériels (organiques) mais leur fonctionnement relève de l'informationnel et de l'énergétique. Les créateurs de l'informatique et même de la robotique se sont inspirés de notre cerveau ; toute cette technologie ahurissante que l'homme a inventée n'est qu'une copie de l'extraordinaire réseau neuronal du cerveau humain. On pourrait même un jour écrire le programme qui préside à chaque fonction de l'organisme. Par exemple, le mouvement de votre doigt n'est qu'un mini-programme qui s'exécute dans le système nerveux avant d'arriver aux muscles de vos doigts. Vous le voyez bien, nous sommes des êtres informationnels (constitués et produisant sans cesse de l'information) et, qui dit information, dit programme ou algorithme. On pourrait même supposer que tout l'univers est programmé en nous ; le vivant n'attend pas le stimulus de l'environnement, il l'a déjà répertorié et emmagasiné sous forme d'information, il suffit d'un signal déclencheur pour qu'il exécute son programme et élabore une réponse parfaite et économe pour intégrer le stimulus. La chlorophylle en est un exemple flagrant : le végétal est doté d'un programme de conversion de l'énergie minérale en énergie organique. Que le soleil brille ou pas, le programme de la photosynthèse est écrit à l'avance, et s'active au contact de la chlorophylle avec les photons.

Ce qui caractérise les êtres vivants sur Terre, c'est le fait qu'ils soient constitués de matière tout en ayant un cerveau central qui commande leurs réactions en fonction des signaux du milieu. Et si une forme de vie se réduisait à son cerveau central, c'est-à-dire à l'énergie substantielle qui l'anime ? Elle serait aussi bien capable d'émettre et de réceptionner de l'information, de se reproduire et de s'entretenir d'une manière autonome. Étant immatérielle, cette énergie aurait la capacité de voyager à des vitesses supra-lumineuses, de traverser l'espace-temps et de passer d'un monde à un autre. Peut-être avons-nous déjà été visités par des formes de vie extra-terrestres immatérielles qui ont appris à nous connaître et à nous inspirer ce que nous faisons, tant le bien que le mal ! Dans cette hypothèse, nous pourrions être complètement colonisés et dépourvus de toute volonté ou de libre arbitre. D'ailleurs, la barbarie de nos guerres donne libre cours à des hypothèses inquiétantes, par exemple l'idée qu'une élite de l'Ombre, pour servir ses intérêts, fomenterait le chaos sur Terre, allumerait des brasiers partout et que, de ce fait, elle ne serait pas de nature humaine mais extraterrestre avec l'apparence humaine de façon à exécuter l'agenda macabre sans être démasquée.

Maintenant, supposons que des extra-terrestres aient voyagé jusqu'à la Terre pour y amener la vie. Pour réaliser cet exploit, ils devraient connaître l'univers et sa carte globale, et être capables de voyager à une vitesse proche de la lumière (ou même supra-lumineuse au cas où notre physique ne s'applique pas partout dans l'univers, comme je le pense). Nous le savons, un voyage interstellaire demande un savoir faramineux que nous sommes encore très loin de posséder. Nous le savons aussi depuis Einstein, voyager à la vitesse de la lumière est impossible. Selon lui, il n'est physiquement pas possible de dépasser la vitesse de la lumière dans le vide (environ 300.000 km/s). D'après la théorie de la relativité restreinte, un objet qui subit une accélération acquiert de la masse. En accélérant jusqu'à atteindre la vitesse de quelque 300.000 km/s, il acquerrait ainsi potentiellement une masse infinie. Or, pour qu'un objet accélère, il faut lui fournir de l'énergie, une énergie d'autant plus importante que l'objet est lourd ! La vitesse de la lumière constitue une barrière physique infranchissable entre nous et d'éventuelles civilisations situées très loin de nous, à des millions ou milliards d'années-lumière. Les auteurs de science-fiction les dépeignent souvent proches de nos caractéristiques physiques mais supérieures technologiquement et possédant un degré très élevé de maitrise de la matière. En effet, s'ils parvenaient jusqu'à nous sur Terre, c'est qu'ils auraient acquis une technologie que nous n'avons pas encore. Quand vous embarquez sur un vaisseau spatial pour entamer un voyage stellaire, c'est tout l'univers qui s'oppose à vous, vous avez beau accélérer, la distance qui se rallonge devant vous à l'infini finira par épuiser vos moteurs, et vous finirez comme une épave perdue dans un champ gravitationnel. Plus la distance est grande, plus des événements imprévus sont susceptibles de survenir et un astéroïde ou une météorite pourrait entrer en collision avec votre vaisseau. Supposons que vous fassiez une halte sur une planète quelque part pour vous reposer, une sorte d'aire de repos sur votre trajectoire, des formes vivantes pourraient surgir de nulle part : hostiles, elles ne vous laisseront aucune chance ; machiavéliques, elles feront des expériences scientifiques sur vous pour savoir de quoi vous êtes constitués. Elles pourraient localiser la Terre et alors l'envahir. Vous seriez responsable d'un cataclysme sur votre propre planète !

Quand vous voyagez dans un pays étranger, vous repérez au préalable les lieux, mais dans l'espace, même si vous vous dirigez tout droit vers un point précis dont vous avez déterminé avec exactitude les coordonnées, vous ignorez tout sur tout le reste. Notre constitution organique et nos besoins primaires (oxygène, alimentation, sommeil, eau) sont nos pires ennemis car, si nous manquons de ressources dans notre vaisseau spatial, il n'y aura aucun moyen de se ravitailler. Plus la vitesse est grande, plus nous sommes soumis à des forces de réactions intenses, à la moindre collision, le vaisseau est pulvérisé. Imaginez-vous voyager à la vitesse de la lumière ?

Ces questions physiques ne sont pas abordées dans les films de science-fiction. Par quels moyens les extraterrestres peuvent-ils voyager jusqu'à la Terre ? À quelle vitesse ? En réalité, atteindre ce degré de célérité relève de l'utopie. Et puis, ces extraterrestres ne semblent jamais souffrir du décalage spatio-temporel et, à peine arrivés sur terre, ils sont déjà en train de mettre leur plan de bataille en route. Une conquête spatiale ne serait pas si simple, il faudrait se métamorphoser entièrement pour aller vivre (ne serait-ce que quelques heures) sur une autre planète. Nous sommes arrimés à la terre au travers de tous nos atomes. Nous n'en sommes pas assez conscients, mais il suffit de prendre un avion quelques heures pour s'en rendre compte. Imaginez alors un voyage interstellaire sur plusieurs années-lumière ! À l'arrivée, si vous êtes toujours vivants, vous seriez devenu fous et mettriez vous-même fin à vos jours. Ce n'est pas un scénario pessimiste mais réaliste, nous n'avons aucune idée de la force de notre ancrage à la terre et à nos semblables (même si nous nous entretuons dans des guerres sans fin). Sur une planète lointaine, seul ou en petit groupe, vous perdriez tous vos repères humains et Dieu seul sait ce qu'il adviendrait de vous. C'est pourquoi, dans ces mêmes films, la communication entre l'astronome et la Terre est maintenue sinon ce dernier sentirait un vide horrible qui le viderait de toute énergie, l'aspirant dans un trou noir abyssal. L'univers serait en effet un gigantesque trou noir, et seule une fraction minoritaire d'énergie et de matière a pu en émerger et constituer ce que nous désignons par le monde visible. Nous ne savons pas ce qu'est la matière noire ni le vide intersidéral.

Si nous supposions quand même qu'une intelligence avait cette capacité de voyager à des vitesses frôlant ou dépassant celle de la lumière, elle devrait être capable de conserver la vie qu'elle transporte et de la garder intacte afin de l'ensemencer ailleurs. Or, le vivant étant lui-même constitué d'atomes, il réagirait à de fortes accélérations et risquerait de perdre son intégrité. Ce qui semble facile à admettre se complique dès que nous regardons dans les détails. La « panspermie dirigée » doit être cohérente avec les principes de la théorie de la relativité et même ceux de la physique quantique. Si nous supposons que cette intelligence extra-terrestre voyage à des vitesses infra-lumineuse, cela veut dire qu'elle aura mis plusieurs siècles avant d'arriver à destination. Elle doit donc être capable, non seulement de conserver la vie qu'elle transporte, mais de rester déterminée à atteindre son objectif. Si elle était proche de nous, elle mettrait moins de temps à des vitesses infra-lumineuses, mais étant donné la technologie aujourd'hui à notre disposition, nous aurions été capables de détecter la présence d'une intelligence extraterrestre dans notre voisinage. Toute civilisation avancée technologiquement produit des perturbations détectables dans l'espace (ondes ou perturbations électromagnétiques). Pourquoi cette intelligence projetterait-elle d'ensemencer la terre sans suivre de près l'évolution de la vie et des espèces qui en résulterait ? Suivons le fil de l'hypothèse. Elle nous aurait donc visités ou approchés, mais… est-elle encore parmi nous ? Nous risquerions dans ce cas de devenir des ennemis redoutables de cette même intelligence qui nous a amenés sur terre ; ne disposons-nous pas d'un arsenal nucléaire tel qu'il ferait certainement peur à toute forme de vie, aussi lointaine soit-elle. De plus, cette intelligence qui aurait ensemencé la terre, d'où proviendrait-elle, quelle serait son origine ? Nous retombons dans le même dilemme : serait-elle d'origine matérielle ? Si nous supposons que cette intelligence s'est contentée d'implanter des micro-organismes sur une comète (par exemple) qu'elle aurait dirigée depuis l'espace, nous retomberions vite dans le doute. Sauf si elle est capable de prédire au détail près sa trajectoire jusqu'à la Terre, et même dans ce cas, cette vie se serait-elle implantée selon le bon timing ? Aurait-elle survécu à la collision entre la comète et la Terre ou entre la comète et l'atmosphère ? Quelle est la probabilité pour que la comète reste intacte et qu'elle ne soit pas engloutie dans le champ gravitationnel d'une étoile, d'une planète ou même d'un trou noir ? Admettons que les risques d'échecs sont si nombreux que le projet entier semble relever du pur fantasme.

D'après les Écritures, l'Homme déchu aurait quitté la demeure céleste après avoir désobéi aux ordres divins. Il aurait été créé à partir de l'argile donc d'origine minérale, et n'aurait aucune parenté avec les autres animaux présents sur terre. Cette perspective offre une vision totalement étrangère à l'esprit scientifique et cartésien. À chacun de se faire son idée, mais il n'en reste pas moins que la vie porte un mystère insondable en elle. Observez un être vivant quel qu'il soit : vous voyez certes de la matière, mais vous avez toujours le sentiment que quelque chose vous échappe. La vie serait même plus complexe que l'univers tout entier. Vous pouvez comprendre d'où provient l'énergie d'une étoile ou même repérer un trou noir grâce à la courbure de son espace ou à sa capacité à dévier les trajectoires d'autres astres, mais vous ne pouvez pas aussi facilement comprendre d'où vient cette vie qui anime une cellule, une bactérie ou un être humain. La vie est présente au sein de l'univers mais l'a-t-elle toujours été ? Aurait-elle été, pendant un laps de temps, extérieure à cet univers qui l'abrite ?

La théorie de la « panspermie dirigée » telle qu'elle a été formulée semble irréaliste. Par contre, son idée centrale contient cette part de vérité « potentielle » : la vie pourrait provenir d'ailleurs.

Une machine à voyager dans le temps pour confirmer la thèse évolutionniste darwiniste

Une machine à voyager dans le temps aurait été le meilleur moyen de confirmer ou d'infirmer la théorie de l'évolution. Un voyage rétrograde, vers le passé, ou antérograde, vers le futur. Ce qui nous amène à nous interroger sur le temps et sa mesure. Le temps ne s'écoulerait pas à la même vitesse dans la machine, pendant son voyage, que sur Terre, puisque cette dernière se déplacerait à la vitesse de la lumière. Il faudrait trouver un coefficient de conversion entre le temps dans la machine et celui qui s'écoule sur terre. Il est possible que le temps nécessaire à l'apparition de la vie et son évolution sur Terre ne constitue qu'un très court laps de temps pendant ce voyage, au point de suggérer que toutes les espèces sont apparues au même instant. Notre propre conception du temps façonne notre pensée, et nous interprétons les événements comme étant simultanés ou différés. D'ailleurs, la spéciation requiert de longues périodes à l'échelle géologique, ce qui paraît extrêmement long pour nous, mais le temps pourrait avoir une vitesse d'écoulement différente au cours de l'expansion de l'univers et de la formation de la terre.

L'autre élément à considérer est que chaque espèce a sa propre horloge biologique. Certaines évoluent lentement contrairement à d'autres. Si nous observions toutes les espèces vivantes du règne animal à un instant T, nous les verrions comme elles nous apparaissent dans notre présent mais, en même temps, chacune a son âge sur Terre si bien que la classification horizontale des espèces serait équivalente à leur classification verticale phylogénétique. Cependant, cette datation est fonction de notre propre conception du temps et des recherches paléontologiques. Notre lecture du passé est anthropocentrique, nous le concevons à notre échelle et nous lisons le passé comme on lirait un livre dont il suffit de tourner les pages pour progresser. Or, il se pourrait que le passé ne soit pas si homogène physiquement, et qu'une distorsion de l'espace-temps ait pu avoir lieu à plusieurs reprises. Le temps ne serait pas linéaire. Un observateur extraterrestre qui observerait la terre de très loin croirait que toutes les espèces vivantes sont apparues au même moment, il verrait le temps s'accélérer ou se dilater et l'espace se distordre avant de retrouver son équilibre. En d'autres termes, retourner au passé ne signifie pas dérouler le film dans l'autre sens comme on le ferait d'une bande magnétique. Enfant, j'adorais regarder les replays de match de football qui rejouaient au ralenti un but marqué. Un replay permet de visionner une action déjà réalisée. Dans ce cas, l'action qui se déroule en différé est chronologiquement (du passé vers l'avenir) symétrique en tout point à l'action initiale. Mais en physique, ce n'est pas sûr que ce soit le cas. Si vous voulez revivre une heure que vous avez passée, vous devez d'abord vous téléporter dans le passé à l'instant précis où débute votre heure. Vous ne pouvez pas juste revenir sur vos pas, vous risqueriez de changer de dimension et d'espace-temps. Une force s'opposera à vous pour vous repousser. Même si on suppose que vous avez réussi à la vaincre, vous ne revivrez pas la même heure car le temps aura complétement changé. Dilaté ou contracté, vous ne revivrez plus jamais votre heure. La seconde qui passe est perdue à jamais, que vous soyez confortablement installé dans votre luxueuse demeure ou grelottant dans un taudis misérable. Le temps dans son sens antéro ou rétrograde n'est pas forcément symétrique. Or, la lecture du passé en paléontologie ou en cosmologie considère le temps comme un facteur invariable alors que l'univers s'est formé non seulement par une expansion de l'espace mais également par des distorsions du temps (les deux sont liés). Nous voyageons dans le temps par la pensée et nous l'imaginons comme étant linéaire et continu ; mais la machine à voyager dans le temps est un objet physique en mouvement et, contrairement à notre pensée abstraite, elle va se heurter à la vraie nature du temps et de l'espace. L'espace-temps est à l'image d'une montagne très haute et très escarpée ; que vous la descendiez ou la remontiez, votre mouvement ne sera jamais linéaire et unidirectionnel. La machine à voyager dans le temps connaîtra des secousses, des rebonds, des marche-arrières et des propulsions brusques. Les aiguilles de la montre tourneront dans les deux sens. La machine peut même s'immobiliser dans un creux et finir échouée comme une épave. Vous pouvez choisir d'utiliser un engin volant pour réussir les deux exploits qui consistent à escalader et à descendre cette montagne, l'important étant d'aller de la base au sommet et vice-versa. Mais notre machine pourrait-elle survoler les aspérités de l'espace-temps ? Voyez que notre lecture du passé et du temps est propre à notre pensée construite sur un référentiel à notre mesure d'humain plongé dans un monde tri-dimensionnel. Et si le temps de l'univers se déroulait dans le sens rétrograde (si nous allions de l'avenir vers le passé) notre machine propulsée vers ce que nous croyons être le passé nous offrirait… l'avenir. Et inversement, un voyage vers l'avenir nous propulserait dans le passé.

L'idée que notre univers effectue un retour en arrière, vers l'instant initial de sa formation, n'est pas si farfelue. La fuite apparente des galaxies constitue une preuve de l'expansion de l'univers. D'accord ! L'univers est en expansion, mais vers quelle direction du temps ? Vers le passé ou vers l'avenir ? L'univers est en train de se dilater, jusqu'à perdre toute son énergie et disparaître à jamais dans le néant (ce que les physiciens appellent la mort thermique). Cette mort serait-elle le passé de l'univers plutôt que son avenir ? En allant vers le passé, l'espace se dilaterait et le temps se contracterait. Arrivé à son maximum de contraction, le temps s'arrêterait, et l'espace et la matière disparaîtraient instantanément, probablement à la même vitesse que celle de leur apparition au moment du Big Bang, c'est-à-dire au commencement du temps. Un Big Crunch, ou contraction de l'univers sur lui-même, ne signifierait pas forcément une contraction de la matière mais aussi un arrêt du temps. En d'autres termes, la fin d'un film est la fin du temps du film. Notre lecture du passé relève d'une construction mentale. À aucun moment le temps n'est séparable de l'espace : si le temps s'arrête, l'espace devient néant, et quand l'espace se dilate, le temps se contracte au point que l'infini se confond avec le zéro. C'est le temps qui semble dicter sa destinée à l'espace et à la matière.

Continuons notre périple vers le passé. Comme le veut la logique qui est la nôtre, nous allons du présent au passé. Et voilà que… le passé devient notre avenir. Notre propre langage n'est-il pas trompeur ? Le passé et l'avenir signifient la même chose quand on embarque dans cette machine à remonter le temps. Lorsqu'elle traversera des zones de turbulence, elle sera repoussée en arrière (si on considère le temps dans sa dimension linéaire), elle devra accélérer davantage pour poursuivre son chemin.

À l'aide de nos mesures du temps, considérant qu'il est et a toujours été linéaire, nous constatons des décalages temporels dans l'apparition des espèces sur Terre. L'évolution de la matière de l'univers n'est qu'une conséquence de l'évolution de l'espace et du temps. L'âge de la Terre est estimé à 4 milliards d'années alors que celui de l'univers est de 14 milliards d'années. La machine à voyager dans le temps serait anéantie si elle approchait de l'instant initial du Big Bang. Contentons-nous de la programmer pour voyager jusqu'à la naissance de la Terre, avant d'opérer un demi-tour. Si les évolutionnistes ont raison, les clichés que la machine prendrait à des moments-clés de l'évolution devraient montrer des apparitions graduelles des espèces, du primitif au plus évolué, avec un écoulement uniforme du temps. Mais si toutes les espèces apparaissaient groupées, ensemble sur un même cliché, le concept de l'évolution serait invalidé. Si l'écoulement du temps varie, lors de cette remontée du temps, la machine montrerait des clichés dans un ordre différent de l'ordre chronologique cher aux néodarwinistes.

Ce projet étant impossible à réaliser, nous procéderons donc à une reconstitution du passé en réunissant les indices actuels. Cette reconstitution est une lecture relative et forcément inscrite dans le registre des hypothèses « raisonnées ». Rien ne vous empêche cependant de fermer les yeux et d'embarquer dans un voyage imaginaire vers le passé. Allons-y !

La vie primitive s'est manifestée sous la forme de bactéries (les cyanobactéries). Les fossiles correspondant aux êtres multicellulaires sont découverts plusieurs millions d'années plus tard. *Mais est-ce que cela signifie qu'ils proviennent des bactéries ?* Prenez ce simple exemple : un cercle circonscrit à un triangle. Imaginez que cette figure composée constitue une forme évolutive. On pourrait en déduire qu'avant qu'elle ne se constitue, il y a d'abord eu un cercle et un triangle. Ces derniers constituent par conséquent des formes primitives. Or, il se pourrait que ce soit plutôt le cercle circonscrit au triangle qui soit la forme primitive qui se soit scindée en un (autre) cercle et un triangle, qui deviennent dès lors les formes les plus récentes. Il se pourrait de surcroît que les trois figures (le triangle, le cercle et le cercle circonscrit au triangle) soient apparues en même temps. Étant donné que la figure du cercle circonscrit au triangle possède des propriétés qui résultent à la fois des caractéristiques du triangle et de celles du cercle, on peut suggérer que son apparition est devenue probable dès lors que le triangle et le cercle sont devenus des objets réels (elle était une possibilité potentielle comme je l'ai discutée plus haut).

Ce scénario tourne le dos *de facto* à la classification des espèces du plus simple au plus complexe, et suggère que toutes les espèces connues sont apparues au moment où le programme de la vie s'est enclenché. Celles-ci pourraient, en outre, présenter des similarités du fait qu'elles sont issues des branches du même arbre ou programme.

La machine à voyager dans le temps nous surprendrait en nous montrant toutes les espèces connues à ce jour réunies en un seul cliché. Tout serait né en même temps sur Terre à l'instar de l'univers issu d'une unique structure primitive. Les particules élémentaires de la matière seraient nées à une échelle de temps qu'aucun être humain ne peut même imaginer. Que signifie pour vous un milliardième de seconde ? Et pour l'atome ? Dans notre dimension matérielle où se situe l'observation des phénomènes, qu'ils soient physiques, biologiques, géologiques ou même historiques, les valeurs de la mesure du temps ne peuvent être équivalentes dans le temps et dans l'espace.

Sortir du cocon de nos certitudes pour respirer le vent du changement. Et si la vie était une information obéissant à un programme ou l'œuvre d'une supra-intelligence ?

L'obstination est tenace dans la maison de Darwin, ses héritiers refusant de considérer les alternatives possibles. Il est temps de sortir de cette maison où le matérialisme le plus résolu a élu domicile. Il est temps d'envisager une autre vérité, et pourquoi pas celle qui postule que tout a été prévu avant la naissance de l'univers. Comment le prouver ? C'est simple, regardez autour de vous : cette harmonie, cette concorde, cette cohésion entre d'innombrables facteurs, en sont des preuves flagrantes. Nous sommes dans une nouvelle ère, celle de l'information. Qui suis-je ? Qui êtes-vous ? Une information stockée dans un registre. Et votre corps ? Une machine ingénieuse gouvernée par un programme inscrit en premier lieu dans la cellule-œuf. Votre destin d'être humain a été écrit à l'instant même où l'ovule a fusionné avec le spermatozoïde. L'informatique nous a appris que vous pouvez exécuter n'importe quelle tâche simplement en écrivant un programme. Vous pouvez allumer les lampes chez vous, démarrer votre voiture ou même arroser votre jardin en déclenchant un programme informatique. Nous sommes arrivés au point où nous pouvons tout programmer à l'avance. Sommes-nous le génie qui a découvert le pouvoir de l'information ? Pas du tout. Nous avons juste laissé la vérité enfouie remonter en surface. Nous sommes information, nous en sommes conscients aujourd'hui. Rester dans la maison de Darwin et l'air nous suffoque ; l'asphyxie lente de l'intelligence. Nous savons que la vérité est ailleurs. Sortons-en et allons embrasser cette nouvelle lumière qui nous appelle de très loin. Ce n'est que le début de la fin et presque le commencement d'un autre début.

La vie dans une cellule vivante obéit à un programme. ADN, ARNm et protéine sont des nœuds de ce programme. Qui d'entre nous n'a pas été fasciné par la beauté de ce programme où un code de trois nucléotides au niveau de l'ADN ou ARNm va définir le type d'acides aminés constituant une protéine. Le programme au niveau de chaque gène s'allume ou s'éteint en fonction des signaux qu'il reçoit de la cellule. Que l'ADN s'exprime ou pas, peu importe : il emmagasine de l'information et c'est cette information qui compte. Tous les êtres vivants obéissent à ce programme. La théorie de l'évolution postule que ce programme est apparu sous une forme rudimentaire chez les bactéries pour évoluer ensuite en un programme plus sophistiqué. Mais il se pourrait aussi bien qu'il ait dérivé d'un super-programme. Je le réitère ; c'est l'information qui compte, qu'elle soit exécutée ou pas n'est qu'une question de circonstances mais par son existence même, l'information constitue plusieurs avenirs possibles ou des possibilités potentielles. La théorie de l'évolution assure que ce programme s'est établi par hasard, qu'il a commencé dans l'océan primitif après que des êtres vivants primitifs se soient formés… par hasard. Or, il ne faut pas un seul hasard ou deux, mais une succession de hasards pour que la matière engendre les espèces vivantes que nous connaissons aujourd'hui. Quelle est la probabilité pour que la matière organique se forme à partir de la matière minérale dans l'océan primitif ? Pour que des constituants élémentaires de la matière organique (nucléotides, glucides, acides aminés ou lipides) s'assemblent en macromolécules, sachant qu'il n'y avait pas encore d'enzymes, ces réactions devant prendre un temps infini en l'absence de catalyse ? Pour que ces macromolécules dispersées dans cet océan primitif se rassemblent pour former une structure isolée ? Combien de temps avant que cette structure devienne biogénique c'est-à-dire organisée et autonome ? Pour que la planète Terre évolue telle que nous la connaissons aujourd'hui ?

Additionnez toutes ces probabilités, et vous allez conclure que la vie est un miracle. La biologie actuelle serait alors fondée sur une succession d'occurrences hasardeuses ! La théorie de l'évolution est basée sur des déductions logiques pour proposer un cadre explicatif à l'origine des espèces, mais paradoxalement, elle semble vouloir ignorer un élément clef : *que s'est-il passé à l'origine ?* Darwin, lui-même, a été tenté de convoquer la génération spontanée pour répondre à la question. Si les principes de base d'une théorie sont mal fondés, tout l'édifice s'écroule et nous revenons au point de départ. Le concept de hasard génère des biais. D'ailleurs, Albert Einstein, n'a-t-il pas dit « Dieu ne joue pas aux dés », ce grand dilemme divisait et divise encore les physiciens.

Supposez que vous preniez une cellule vivante, que vous la réduisiez à ses constituants élémentaires, que vous remettiez tout ceci en suspension dans un récipient comme dans l'expérience de Miller, en variant vos conditions, vous n'allez pas récupérer votre cellule initiale, c'est impossible malgré que vous en soyez très proche. La vie serait antérieure à la structure cellulaire. Fabriquer une cellule, constituant par constituant, est une entreprise impossible, et même si vous y arrivez, il vous serait impossible de lui insuffler la vie, sauf si vous y injectez un noyau d'une cellule vivante.

Miller n'avait obtenu que des résidus d'acides aminés, ceci n'a absolument aucun sens, c'est un résultat qui a été surexploité, c'est, selon moi, un résultat nul. C'est comme si vous désossiez votre voiture en la mettant en pièces détachées et attendiez qu'elle se reconstitue d'elle-même après que vous ayez remué ses pièces dans tous les sens.

Il est possible que la vie soit un programme qui ait précédé l'existence de la matière. Les événements qui surviennent ont lieu parce qu'ils peuvent avoir lieu (les conditions sont réunies). Avant même que j'écrive ces lignes j'avais une idée de ce que j'allais faire, en m'exécutant, je ne fais que traduire mes idées. Tant que je ne me mets pas à la tâche, cette idée demeure abstraite, inexistante, mais elle constitue une possibilité potentielle et se concrétisera dans les circonstances favorables. La matière n'est pas par elle-même un code ou un programme, elle évolue en fonction des conditions, et elle peut évoluer dans n'importe quel sens. Or, un programme intelligent va diriger la matière dans une direction précise et lui imposer un de ses futurs possibles. L'univers tout entier serait la traduction d'un programme écrit à l'avance. Je ne suis pas un défenseur aveugle de la théorie du dessein intelligent mais il porte une vérité sur laquelle il me paraît utile et fructueux de mettre le doigt… et l'accent.

Le vivant n'est donc pas le fruit d'un hasard mais il le serait d'un programme ? Tirons encore une fois le fil de la pelote pour voir où cette hypothèse nous mène. Une supra-intelligence qui aurait exécuté localement son programme de création de la vie sur Terre dans « la soupe chaude » en combinant les atomes puis les molécules organiques pour donner naissance à la première forme de vie qui a ensuite évolué comme on le sait. Cette intelligence pourrait avoir opéré à distance, le comportement de la matière « terrienne » dicté par celui d'une matière sœur située plus loin, quelque part dans les cieux. Ceci évoque l'intrication quantique. Je ne vais pas m'attarder ici avec de la physique complexe, néanmoins je vous livre cet extrait amusant d'un article de vulgarisation. « Deux cœurs qui ont interagi dans le passé ne peuvent plus être considérés de la même manière que s'ils ne s'étaient jamais rencontrés. Marqués à jamais par leur rencontre, ils forment un tout inséparable. Prenons deux électrons. Tous deux sont célibataires, vaquant tranquillement à leurs activités d'électrons. Puis un beau jour, un physicien décide de réunir les conditions pour que ceux-ci se rencontrent. Qu'à cela ne tienne, nos deux compères s'en donnent à cœur joie et se mettent à interagir physiquement ! (…) nos deux amants sont séparés brutalement. Ce drame subatomique que vous venez de créer, on l'appelle intrication quantique. Et c'est là que la magie opère. Tenez-vous bien : à présent, l'état quantique d'un électron n'est complètement déterminé qu'en considérant l'autre électron. En d'autres termes, ils partagent le même état quantique, et cela quelle que soit la distance entre eux ! La mesure du premier électron modifie instantanément l'état de l'autre, même si ce dernier est à l'autre bout de l'univers ! »[25] (Sébastien Carassou, 2013).

Si les deux électrons sont instantanément modifiés en dépit de la distance qui les sépare, ceci veut dire qu'ils ont communiqué à une vitesse supra-lumineuse. Ce n'est pas le seul fait qui suggère l'existence de vitesses supra-lumineuses, la gravitation elle-aussi opère quasi instantanément (deux masses s'attirent instantanément). Revoyons donc la thèse de la « panspermie dirigée ». Cette intelligence n'aurait pas besoin d'implanter une forme de vie sur une comète et l'expédier dans l'espace jusqu'à la Terre, elle peut tout simplement opérer par intrication des particules et exécuter son programme à distance. Ainsi, elle fabrique de la matière organique à partir de la matière minérale puis elle la combine en formant des êtres vivants. Au même moment, la matière sur Terre subirait à distance les mêmes modifications que cette matière sœur située ailleurs. Il se pourrait que la matière terrestre soit une sœur jumelle d'une matière céleste avec laquelle elle partage la même destinée. Il suffit de manipuler l'une pour que l'autre subisse le même sort !

Ce scénario ne me paraît pas plus fantaisiste que le fait de penser que les lois naturelles résultent du hasard, que cette organisation complexe du vivant a été obtenue par les jeux successifs du hasard. À notre mort, nos organes sont encore vivants et fonctionnels et peuvent même être transplantés, ce qui montre que la vie de l'organisme n'est pas la somme des vies de ses cellules. Admettons que le phénomène de la vie est le plus grand mystère qui soit. Alors que nous sommes capables d'analyser, élément par élément, un organisme vivant, nous sommes incapables de savoir d'où lui vient ce souffle de vie. Tout ce que nous savons, c'est qu'après la fécondation et la formation d'une cellule-œuf, un programme s'exécute localement pour générer un nouvel être vivant. Ce programme n'est pas seulement l'ADN et les gènes, il y a autre chose qui nous échappe complétement. Considérons la genèse dans la Bible : Dieu a créé l'Homme à partir de l'argile. Cela signifie qu'un programme se serait exécuté étape par étape pour que la matière inerte atteigne un très haut degré d'organisation et d'ordre aboutissant à un être vivant conscient de lui-même et de l'univers qui l'entoure. Il aura suffi de créer un couple, mâle et femelle, et le programme, cette fois-ci, s'exécute de l'intérieur, c'est-à-dire dans la cellule-œuf. Dans cette dernière, le même programme va transformer la matière organique (les nutriments) et minérale, à partir du sang de la mère, en un être vivant. C'est comme si le premier programme ayant servi à créer l'Homme à partir de l'argile s'était inscrit en lui et s'activerait à chaque fois qu'il y a fécondation. Tout ce qui vient après est écrit à l'avance, la cellule-œuf ne fait que suivre des consignes, étape par étape. Le phénomène de l'intrication nous montre bien qu'il y a autre chose que la matière, ce qu'on appelle la non-localité ou le fait que la matière puisse obéir à des lois qui proviennent d'un autre monde ou d'un autre niveau. Tout ne se passe pas seulement là où se situe l'observateur mais le vrai moteur peut être loin, ailleurs, et il communique l'énergie à travers l'espace-temps.

La matière porte une information en elle, une mémoire, comme si elle avait un destin. Toutes les altérations qu'elle a connues demeurent imprimées en elle, ses particules les mémorisent, même quand on les sépare les unes des autres. Affirmer que la matière a créé la vie revient à dire qu'elle provient d'une matière vivante ou qu'elle a connu la vie ailleurs ; quand la Terre s'est formée et que les conditions sont devenues favorables, venue d'ailleurs, elle se serait installée ici-bas et se serait organisée pour donner des êtres vivants *parce qu'elle* portait l'information en elle, elle l'avait mémorisée. La matière minérale portait une information chimique en elle et ne pouvait réagir que selon les lois que nous connaissons aujourd'hui. Elle s'est transformée en matière organique car cette information était inscrite en elle. Il est donc possible que la matière ayant donné la vie sur Terre soit une matière intriquée, c'est-à-dire se comportant comme une matière sœur restée ailleurs. La vie sur Terre serait le reflet d'une vie cosmique. Tout ceci suggère l'existence d'un programme de création.

Nous connaissons la matière, elle est partout autour de nous, mais nous ignorons les autres formes d'intelligence qui, immatérielles, influencent son évolution et notre destin. Aujourd'hui, nous vivons dans un monde « sans fil » qui répond à des algorithmes sophistiqués, nous pouvons très bien imaginer être gouvernés par des forces invisibles qui contrôlent notre destin à distance. Des logiciels (et les inconnus qui les utilisent) suivent vos mouvements, prédisent vos choix d'achat, espionnent vos courriels et vos SMS, ils peuvent de surcroît vous surveiller à votre insu dans votre domicile, écouter vos conversations à distance, *est-ce que vous vous en apercevez ?* D'une manière similaire, la vie peut avoir été un programme qui se serait exécuté à distance en dictant à la matière son évolution selon des réactions chimiques précises. Il a fallu d'abord créer les conditions de l'univers et puis le programme s'est exécuté à la lettre. Celui qui l'a écrit a tout prédit. Croire ou ne pas croire n'est pas le véritable problème, mais nous ne pouvons pas accepter sans ciller qu'un phénomène aussi improbable que la vie soit née dans une soupe chaude hypothétique sous forme d'une structure primitive qui, par une succession d'heureux hasards, aurait abouti à une bactérie. Puis, qu'une série de hasards aussi improbables les uns que les autres se serait déclenchée jusqu'à l'apparition du singe puis jusqu'à nous, les humains, animaux dotés d'un cerveau pensant. Comment qualifieriez-vous une succession de hasards aussi improbables ? Quel avantage la nature aurait tiré à faire naître l'humain de l'animal ? Cet être qui peut anéantir toute trace de vie sur la planète, qui la pollue, la surexploite, qui tire d'elle des enseignements qu'il détourne à ses propres fins de grandeur et d'anéantissement. Un être capable de soumettre son congénère et de lui ôter la vie. Un singe, au moins, suit les lois de la nature sans chercher à les détourner. Des générations de scientifiques ont voulu prouver le lien qui relie le singe à l'être humain, mais ce lien ne signifie pas forcément qu'ils sont apparentés phylogénétiquement. La vie est une seule unité, elle apparaît sous différentes formes qui possèdent des attributs communs ; il est tout à fait normal que le singe et l'être humain aient des points communs. Comment expliquer le fait que le règne vivant évolue pendant des milliards d'années, jusqu'à ce que, tout à coup, un être conscient apparaisse ? Comment expliquer cette singularité ? Certainement, un événement majeur s'est produit, mais lequel ? L'intervention sur Terre d'une intelligence supérieure venue exécuter un programme ou un bouleversement extraordinaire des conditions du milieu ? L'être humain, par sa singularité, résiste à toute classification, notamment celle qui veut l'intégrer dans le règne animal. Notre conscience, notre intelligence et notre savoir-faire signifient que nous avons un destin unique et indépendant.

La biologie moderne est en conflit avec la croyance en une intelligence divine supérieure ; la première veut croire à l'évidence expérimentale mais s'empresse de nier toute possibilité de l'existence d'une force supérieure à l'origine des programmes et des algorithmes gouvernant la matière. Le croyant est convaincu de l'existence de Dieu de qui émanent toutes ces intelligences insaisissables. Pour lui, c'est

Lui qui a tout planifié et qui a tout exécuté. Le croyant écoute son âme et son cœur, il n'a besoin ni de preuves ni d'évidences expérimentales. Et puis, il y a ceux qui oscillent entre ces deux pôles, Science et Religion, comme c'est mon cas, et qui essaient de tirer le meilleur des deux. La biologie est une science descriptive, elle est tout à fait capable de comprendre les mécanismes sous-jacents à la vie mais elle est incapable de déterminer leur cause initiale. Cette question dépasse son champ d'études et relève de la chimie et de la physique. Or, ces deux disciplines se heurtent à des limites infranchissables quand il s'agit d'expliquer l'origine de l'univers et de la vie. Malgré tout, j'essaie ici de traiter de l'immunologie sous différents angles, darwinistes ou pas.

Vous comprenez ce qu'implique le néodarwinisme : ni création ni créateur, seulement le hasard qui est à l'œuvre. Quand vous embrassez la théorie, vous embrassez aussi ses croyances. Ne l'oubliez pas, ce n'est pas seulement une adhésion à la science, c'est une conversion philosophique que vous opérez en vous. Je voulais attirer votre attention sur ce fait en y consacrant ce premier chapitre. Vous voyez bien de quel côté penche la théorie actuelle de l'immunologie : du côté des néodarwinistes, de la sélection naturelle et du hasard. D'après le concept néodarwiniste, le SI, comme tout autre système de l'organisme vivant, a évolué à partir d'un ancêtre commun en connaissant des rebondissements et des variations progressifs. Mais, après tout ce que nous venons de voir plus haut, vous pourriez revoir l'immunologie sous un nouvel angle en considérant la possibilité que le SI et le vivant soient les fruits d'un programme écrit à l'avance qui aurait implémenté la vie sur Terre. Si vous adoptez cette idée alternative, vous allez concevoir la nature et la fonction de l'immunité humaine d'une manière bien différente de sa description par la conception dominante néodarwiniste.

Partie 2 - La crise de la Covid 19 [1] et la politique vaccinale

[1] Cette partie a été rédigée durant le premier confinement instauré en mars 2020, à la suite de la déclaration officielle de la pandémie de la Covid 19.

Les politiques de santé publique face à l'épidémie

La crise de la Covid-19 dépasse tout ce qu'on aurait pu imaginer, en ce sens que ses implications sociales autant que médicales s'insinuent partout dans notre quotidien. L'Histoire se répète toujours, comme le disait Karl Marx, « la première fois comme une tragédie, la seconde fois comme une farce ». Nous pouvons en rire, mais la farce perd de son pouvoir comique quand elle nous impose de vivre à nouveau des moments sombres de notre histoire. Comme on le verra, l'immunologie est née dans les périodes d'épidémies mortelles, et nous assistons depuis des siècles à la même situation : un virus menace l'humanité et on cherche frénétiquement un vaccin pour immuniser les populations, pour empêcher sa transmission afin de l'éradiquer. C'est comme si les tragédies et les drames étaient le prix à payer pour que la science avance. Aujourd'hui, des « vaccins » nouvelle génération contenant des séquences génomiques sont produits en des temps records afin de freiner la propagation de l'épidémie de la Covid-19. Le vaccin contre la Covid-19 "Comirnaty", mis au point par Pfizer-BioNTech, est celui qui est le plus administré en Europe. Indiqué à partir de 16 ans, il se base sur la technologie ARN messager (ARNm) pour stimuler l'immunité. Parallèlement et fort opportunément, la crise Covid-19 a permis aux gouvernements d'accélérer la mise en place de mécanismes de traçage numérique et de géolocalisation des personnes, voire de contrôle à distance de la population (via les applications Tous AntiCovid, les QR codes...). Des mesures liberticides qui auraient requis un temps très long avant de gagner la validation des institutions et l'approbation de la population dans des conditions normales. Des voix s'élèvent pour protester contre le fait que la crise serve à court-circuiter les règles institutionnelles et la loi même, pour faire avancer l'agenda secret d'un effrayant nouvel ordre mondial. Le débat démocratique est réduit au silence et les décisions gouvernementales dictées, sous l'impératif de la crise sanitaire, dans le cadre d'un État d'urgence décrété pratiquement du jour au lendemain. La peur savamment instillée par les médias et par les gouvernants voit tout le monde se rallier derrière une seule bannière, celle de la guerre contre le virus « quoi qu'il en coûte ». La médecine de ville est pourtant écartée de la bataille !

Cependant, nous assistons à une communauté scientifique divisée car ceux qui s'opposent à la politique du tout-vaccin sont nombreux malgré la censure. Ces derniers affirment que des traitements prophylactiques, d'une part, antibactériens et antibiotiques, par ailleurs, existent et sont efficaces notamment en début d'infection (voir la polémique toujours vive à ce jour entre les autorités de santé et l'IHU de Marseille).[26] (Amandine Rebourg, 2020).

Ainsi, l'épidémie est-elle réellement le cataclysme annoncé par les autorités, et le virus, dangereux au point d'arrêter toute l'économie et d'interrompre toute vie sociale ?

Comment en sommes-nous arrivés là ? La science n'est-elle pas le fruit d'une démarche expérimentale rigoureuse ? N'exige-t-elle pas de se rendre à l'évidence expérimentale et clinique ? De si importants clivages entre scientifiques semblent absurdes et nous interrogent. La science est capable de vérifier si une molécule est efficace ou pas, il suffit de la tester, et si le temps manque pour le faire (comme cela était le cas au début de la « pandémie »), les preuves cliniques en pratique médicale devraient être considérées. *Pourquoi ce battage médiatique, ce matraquage permanent pour inoculer la peur, et ce, partout en France et dans le monde ?* Mes certitudes les plus profondes ont vacillé à ce moment. Que faire ? Se terrer quelque part (mais où ?) ou se remonter les manches et s'emparer du problème scientifique posé.

Le sujet est ardu. Je réalise le pouvoir des mots ; même isolés dans un désert loin de toute civilisation, nous pouvons exprimer notre ressenti, formuler nos pensées, l'écriture nous met face à nous-mêmes. Il m'a semblé nécessaire de partir de la théorie de l'immunologie pour montrer que la science obéit à des méthodes de recherche strictes, et qu'une théorie ou un modèle est validé par une communauté scientifique donnée au bout d'un processus long qui fait la part belle aux débats contradictoires. Elle est capable d'affirmer si tel vaccin est efficace, si telle molécule est cliniquement efficace.

Quand la science est dominée par le politique, elle risque son âme. La politique étant l'art des compromis, elle obéit à des jeux d'intérêts, l'intérêt collectif est-il privilégié toujours ? Politique et science n'obéissent pas aux mêmes règles. La science formule sa vérité à partir d'observations et d'évidences expérimentales éprouvées alors que la politique (de tout temps ?) fabrique elle-même sa propre vérité, celle qui sert au mieux les intérêts de l'élite dont font partie nos dirigeants. Tentons l'analogie : la science (véritable) s'apparente au documentaire alors que la politique relève et fabrique du fictionnel. La politique fait appel à des ruses, des tromperies, des manipulations de toutes sortes, et peut même aller jusqu'à la liquidation physique des personnes qui entravent son projet. Nous ne sommes donc pas surpris à l'idée qu'elle puisse aller jusqu'à pervertir et à dénaturer la science pour arriver à ses fins. Ainsi, la fission nucléaire. Si cette dernière est une découverte majeure de la physique, elle a également produit les bombes larguées au Japon qui ont décimé des centaines de milliers d'innocents et des territoires entiers pendant des générations. La bombe nucléaire est une perversion morbide de la science. On raconte qu'Archimède appelé au secours de sa patrie, eut l'idée de réfléchir la lumière du soleil à l'aide de miroirs géants tournés en direction des navires ennemis afin de les incendier ! Le savoir peut-être aussi destructeur qu'il est source de progrès extraordinaires. Les deux guerres mondiales, l'impérialisme et la guerre froide ne sont en vérité, par leur pouvoir dévastateur, que les fruits amers de la science et de l'avancée technologique de l'Occident. La science, comme une médaille, a son revers. Elle peut être dangereuse, criminelle et entraîner l'extermination massive de populations otages, incapables de se défendre. En sommes-nous conscients ? Avez-vous cette idée en tête, chers chercheurs de toute spécialité, quand vous franchissez le seuil de vos laboratoires ? Ces événements qui ont endeuillé l'humanité nous poussent à nous poser cette effrayante question : à quoi sert la science ? Et à qui ? Regardez autour de vous, les produits de la science sont omniprésents. Appréciez ce confort qu'elle vous procure chez vous, goûtez avec délice à ses applications dans tous les domaines, mais sachez qu'elle pourrait se retourner contre vous et devenir votre pire ennemie. Elle peut changer les traits de votre visage, lire votre ADN base par base, sonder vos organes, interférer avec le fonctionnement de votre organisme et même vous rendre addictif et dépendant. Elle peut vous stériliser, mettre fin à votre grossesse et même développer des fœtus *in vitro*. Cette science qui soulage vos souffrances est la même qui pourrait causer votre perte. Jouer avec le savoir est comme jouer avec le feu, c'est un jeu d'une dangerosité extrême et l'histoire nous apprend que nous retombons toujours dans les mêmes ornières. Les empires, au sommet de leur gloire, deviennent corrompus et causent leur propre perte. Y-a-t-il vraiment eu un gagnant à l'issue des deux guerres mondiales ? Certes, l'humanité a eu ce sursaut qui a détruit l'horreur nazie qui la menaçait. Au prix de millions de vies fauchées, jeunes et vieux, civils et soldats. Ses répercussions sont immenses, jusque dans nos vies « en temps de paix ». Personne n'en sort gagnant, des générations sont marquées à jamais par le souvenir de la terrible épreuve subie par leurs ascendants. Peut-on être insensible à la souffrance de nos congénères dans les théâtres d'opérations militaires ? La haine aussi se dissémine.

La guerre froide a succédé à la deuxième guerre mondiale. C'est comme si le conflit sortait de son foyer initial pour se disséminer partout. Les gagnants de la deuxième guerre mondiale excités par leur succès n'ont pas déposé les armes, la paix était factice dans leur camp, la guerre était présente partout ailleurs. Dans leur élan, leurs objectifs hégémoniques ne pouvaient être atteints que par la guerre et le sang. En temps de guerre, les cadeaux n'existent pas, soit on gagne la partie soit on la perd. Le pays vaincu n'est plus souverain. Concessions ou suicide. Les puissances mondiales peuvent interférer avec les élections présidentielles des pays sous leur domination. La souveraineté faussement concédée demeure toujours dépendante du pouvoir qui l'a créée. Mais d'où viennent ces superpuissances ? Du progrès scientifique et technologique. La science fabrique du savoir théorique et pratique qui conduit à l'élaboration de hautes technologies. De nos jours, la technologie numérique est sans doute l'élément le plus déterminant dans l'acquisition et le maintien au pouvoir. Que seraient les Etats-Unis sans les GAFAM et les prouesses de l'informatique et de la bio-informatique ?

En outre, la science génère des montagnes de richesses et l'industrie militaire plus puissante que jamais n'a d'autres débouchés que la guerre.

D'autres applications de la science sont (en apparence) porteuses de développement et d'améliorations. Aujourd'hui, nous utilisons tous un smartphone dont la technologie est sous le contrôle des puissances mondiales dont les Etats-Unis et la Chine. Les GAFAM ont une influence gigantesque sur nos vies et engrangent des profits énormes. L'industrie pharmaceutique qui emploie des dizaines de milliers de microbiologistes de par le monde est une puissance financière et dicte même son agenda à nos gouvernements. Tant d'argent entre en jeu ! Le scientifique ou le médecin abandonne progressivement et insidieusement sa vocation première pour endosser la fonction lucrative de vendeur de produits pharmaceutiques. Ce serait injuste de dire que tous servent l'intérêt de firmes internationales avant l'intérêt général, car certains sont animés de bonnes attentions, mais comme le dit si bien l'adage, l'enfer est pavé de bonnes intentions.

La méthode scientifique est stricte et invariable, elle obéit à des règles. Un résultat scientifique doit toujours être reproductible dans des laboratoires indépendants, et même s'il satisfait à cette condition, il doit être étudié en profondeur jusqu'à déterminer avec exactitude la relation cause-effet qui explique le phénomène étudié. Nous devons être capables de le prédire et de contrôler les conditions dans lesquelles il survient. La démarche scientifique n'est pas rectiligne et unidirectionnelle, elle est plutôt sinueuse et marquée par des aléas. L'issue est toujours incertaine jusqu'à ce que nous nous en approchions au plus près en éliminant toutes les hypothèses qui se révèlent non fondées. C'est un marathon de longue haleine. C'est pourquoi des générations se succèdent en étudiant la même question. Pour s'en rendre compte, il suffit de lire l'histoire de la physique entre Galilée et Einstein.

Pourtant, le scientifique propulsé dans notre monde, un monde dont il ignore les jeux d'ombre, se laisse séduire par la lumière des projecteurs et par le prestige, la célébrité et le renom. Il s'éloigne de la démarche scientifique conforme à l'éthique pour servir des intérêts financiers. Les industries pharmaceutiques ne se contentent pas de profiter des avancées dans le domaine de la santé, elles les convertissent en procédés techniques et en traitements médicamenteux. D'autres organismes entrent en jeu pour réguler l'appétit féroce de ces compagnies en leur opposant une réglementation à respecter avant de mettre sur le marché les nouveaux traitements. Mais tout le monde le sait : la loi peut être détournée par ceux qui la connaissent bien et qui sont aux manettes. On connaît très bien le pouvoir des lobbies et leur lien avec les décideurs politiques. Le scientifique, comme le poisson qui a mordu à l'hameçon, ne contrôle plus rien, et son rôle se limite à valider les résultats de ses recherches sans pouvoir en contrôler les usages dans le grand public.

En cette situation de « pandémie », la pression monte d'une manière exponentielle, et la démarche scientifique de validation du vaccin, mue par l'urgence (pour le cas de la Covid), est tronquée pour produire les résultats que l'on souhaite, on frise alors le charlatanisme. Ensuite, des modélisations hasardeuses font gonfler artificiellement les risques de transmission pour pousser la population à se faire injecter. On joue à pile ou face ou plutôt à la roulette russe : le traitement fonctionne ou pas et nul ne connaît les risques pour la personne injectée. Les traitements résultant de ce genre de scénarios par le passé ont causé des victimes qui se comptent par milliers ou davantage. Ces erreurs catastrophiques n'empêchent pas les laboratoires de réitérer. Ils paient des amendes quand la justice les épingle et puis sauvent les apparences. Souvent, le traitement le plus efficace ne survient qu'après plusieurs échecs. La démarche scientifique est implacable et invariable, elle suit toujours les mêmes étapes, peu importe l'urgence qui s'impose. Elle est d'une difficulté extrême, peu nombreux sont les scientifiques qui l'appliquent à la lettre. La formule *Publish or perish* suffit à convaincre les plus sceptiques d'entre nous.

Je ne me souviens pas avoir connu un bouleversement aussi énorme que pendant la crise Covid-19, en tant que citoyen et en tant que scientifique. Des pans entiers de la crise restent sujets à questionnement. Les uns pensent que la démarche scientifique qui a présidé à la mise sur le marché du vaccin Covid n'a pas seulement été tronquée mais véritablement piétinée ; les autres pensent que l'urgence sanitaire justifiait cette précipitation pour proposer (et imposer) un vaccin. Les médias ont dépeint un monde sinistre où la mort, déguisée en virus à ARN, le SarsCov2, rôde insidieusement et fauche des vies. Les personnes vulnérables notamment dans les Ephads sont les premières victimes. Mais le virus se propage partout. Les langues se délient, deux versions s'affrontent : l'une, officielle, clame l'existence et la propagation rapide d'un dangereux virus dont le seul antidote est le vaccin, et une autre, qualifiée de « complotiste », conclut à une fausse pandémie ou « plandémie », fabriquée de toutes pièces pour créer un terrain favorable à l'exécution d'un agenda politique secret (le nouvel ordre mondial). Entre ces deux visions, de nombreux gradients[27] (François D'Astier, 2020).

Du jour au lendemain, un vaccin miracle voit le jour. Cerise sur le gâteau, il est à base d'ARNm. Ce qui a été discuté pendant des décennies (la technique à ARNm) comme une méthode possible de vaccination devient d'emblée une approche agréée par les autorités. Il est normal que l'on s'interroge et que des tas d'interprétations poussent sur le terreau de la mystification : qui sont les têtes pensantes qui ont planifié cette pandémie, depuis la fabrication d'un virus à « gain de fonction » en Chine jusqu'à sa propagation dans tous les pays du monde ? De quoi en perdre son latin. D'éminents scientifiques qui osent s'interroger sur la pertinence de la réponse vaccinale à l'épidémie deviennent du jour au lendemain des charlatans à bannir. C'est une guerre dont nous avons beaucoup de mal à discerner les enjeux. Est-on en présence d'une guerre contre la population menée à grande échelle avec l'aide d'une arme silencieuse ? Le pire des scénarios complotistes est celui qui conclut à l'intention machiavélique de sombres « tireurs de ficelles » de dépeupler la terre. L'eugénisme à l'œuvre ! Une caricature du scientifique ou du médecin à l'ère du Covid le dépeindrait comme baissant le pantalon devant les barons de l'industrie pharmaceutique. Des observateurs prudents et circonspects déplorent que la population

« aveugle » néglige tout principe de précaution en allant gonfler les files d'attente des vaccinodromes. Interrogeons-nous : quels sont les premiers gagnants de cette crise inédite et terrifiante ? Vaccinés ou non, nous sommes plongés dans un fiasco total.

Mais laissons ici de côté la polémique, et entrons un peu dans la science : qu'est-ce qui pourrait bien inquiéter une partie de la communauté scientifique (vilipendée dans les médias) dans ce fameux vaccin à ARNm ? On craint en premier lieu la présence de séquences génomiques codantes, l'ARNm, et l'éventualité de sa rétrotranscription par la cellule. Il deviendrait donc de l'ADN étranger capable d'aller s'intégrer dans le génome humain. La cellule humaine serait alors génétiquement modifiée, un scénario glaçant qui révulse tout un chacun. Il est probable que la réverse transcriptase codée par notre génome soit issue de virus qui se sont intégrés dans notre génome au fil de l'évolution en se confondant avec nos gènes[28] (www.liberation.fr). Il est aussi possible que nos cellules soient naturellement dotées d'une activité réverse transcriptase jouant peut-être un rôle dans la régulation d'expression de nos gènes. C'est une hypothèse comme une autre !

C'est très intriguant ! Le malheur humain et les tragédies sanitaires semblent être le moteur de la science expérimentale et le carburant pour de nouvelles découvertes. Un ARN étranger porteur d'une information génétique qui sera transcrite par la machinerie de la cellule en une protéine, elle-même qui servira d'antigène pour stimuler la réponse immunitaire adaptative et ainsi instaurer une mémoire protectrice. C'est bien le cas de l'ARN codant pour la protéine Spike du coronavirus. Mais est-ce la seule information génétique véhiculée par le vaccin ? Est-ce un véhicule d'informations génétiques, ou d'une autre nature, que certains cerveaux malades souhaitent introduire dans le corps humain ? La vaccination ne fait pas consensus, en particulier en France, ironie de l'histoire, le pays de Louis Pasteur. En 2020, avant la mise en place du pass-sanitaire, véritable chantage à la vaccination, on estimait que plus de la moitié des Français était réticents à l'idée de la vaccination anti-Covid. Aujourd'hui (mi-2022), les statistiques évoquent 80.7 % de français vaccinés au moins une dose (mais les chiffres varient selon les instituts et les médias)[29]

Alors que la crise de la Covid-19 sème terreur et malheur et que les mesures restrictives de liberté sont appliquées drastiquement occasionnant chômage, faillite des entreprises, augmentation alarmante des suicides notamment chez les jeunes[30] (Bruno Ducoudré, Pierre Madec ; 2021), des firmes pharmaceutiques commercialisent des vaccins nouvelle génération utilisés pour la première fois dans l'histoire humaine, une entreprise qui leur rapporte des milliards de dollars. On raconte que Pfizer gagne 1000 euros par seconde. Le prétexte de la pandémie mortelle et de l'absence de traitements capables de l'enrayer, a permis de tester « grandeur nature » des produits auparavant controversés et de mettre en place de nouvelles stratégies de contrôle social.

Il est pourtant interdit de tester un traitement chimique sur des cobayes humains, à moins d'avoir des preuves irréfutables de son efficacité. Il faut de nombreuses années, au moins 9 à 10 ans, en moyenne 12, pour arriver à la commercialisation d'un vaccin. Entretemps, beaucoup de candidats-vaccins sont abandonnés. Un essai vaccinal suit un processus codifié, comprenant des phases aux objectifs précis. Les résultats d'une phase doivent répondre à des critères définis pour passer à l'étape suivante.

Il s'agit d'un parcours rigoureux et long où chaque étape apporte des informations complémentaires. Les vaccins sont d'abord étudiés en laboratoire et testés sur l'animal. Cette étape indispensable ne préjuge pas des résultats chez l'être humain. Les essais cliniques sur les vaccins comprennent trois phases successives qui correspondent à des objectifs différents. La phase I (innocuité) dure un à deux ans comme la phase IIA (immunogénicité et dosage). Les essais sont réalisés sur un très petit nombre de volontaires. La phase IIB, encore appelée « preuve de concept » ou « validation de principe », dure de deux à cinq ans et les essais sont réalisés sur un nombre plus élevé de volontaires. Finalement, la phase III (efficacité et bénéfices/risques) dure de trois à cinq ans. Ces phases d'essais s'appliquent également à tout médicament. Rappelons que leur objectif est d'établir ou de vérifier certaines données concernant le médicament : 1) Pharmacocinétiques (modalités de l'absorption, de la distribution, du métabolisme et de l'excrétion du médicament) ; 2) Pharmacodynamiques (mécanisme d'action du médicament notamment) ; 3) Thérapeutiques (efficacité et tolérance).

Pourtant, en France, à peine quelques mois après la survenue de la crise en mars 2020, on distribue les vaccins en population générale (dès fin décembre 2020). Et plus frappant encore, des vaccins utilisant une technologie à ARNm. Que penser de cela ?

Les méthodes diffèrent mais tous les vaccins ont le même but : apprendre au SI à reconnaître et à fabriquer ses défenses, spécifiquement contre l'antigène vaccinal, la protéine spike Sars-CoV-2, en l'occurrence. Ces défenses pourront ainsi neutraliser rapidement le virus lorsqu'elles le croiseront de nouveau. Le bénéfice d'un vaccin repose sur le fait que l'on immunise la personne sans l'infecter avec le pathogène de la maladie ciblée qui, elle, peut être dangereuse. Il faut faire croire à l'organisme qu'il est agressé par le virus pour obtenir une réponse immunitaire. Pour le tromper, l'astuce consiste à présenter la « carte d'identité » du virus, soit la partie du virus que les défenses de l'organisme reconnaîtront comme la signature d'un intrus : son antigène. Cet antigène, chez le Sars-CoV-2, est la molécule qui tapisse sa surface et lui donne sa forme de couronne, autrement appelée sa protéine de spicule (ou *Spike protein* en anglais).

Voici quelques types de vaccins qui diffèrent par la nature de l'antigène et son conditionnement : 1) Les vaccins à base de particules virales entières qui sont soit atténuées soit inactivées. Un virus vivant atténué possède l'avantage de provoquer une réponse immunitaire complète et robuste ainsi qu'une immunité durable, sans besoin d'adjuvants. Dans le cas de vaccins à virus inactivé, le virus injecté a été conditionné pour neutraliser sa virulence (par chaleur, radiations ou exposition à des agents chimiques), il a perdu sa capacité à se répliquer dans l'organisme. Cette inactivation ne détruit pas l'antigénicité du virus qui demeure reconnu par le SI en déclenchant une réponse immunitaire ; 2) Les vaccins à vecteur viral qui est répliquant ou non répliquant. Cette méthode consiste à insérer dans le génome d'un virus inoffensif pour l'homme la séquence du gène codant pour la protéine servant d'antigène d'immunisation. Soit le virus servant de véhicule exprime ses protéines en même temps que la protéine antigénique (vecteur répliquant), soit il exprime uniquement le gène codant pour l'antigène (non répliquant). C'est le cas du vaccin AstraZeneca qui contient des particules d'adénovirus inoffensives pour l'homme, modifiées pour exprimer la protéine de surface du SARS-CoV-2. L'ADN du virus utilisé comme vecteur a été modifié afin que le virus soit incapable de se répliquer/multiplier ; 3) Les vaccins à protéines. Ils ne contiennent que des protéines du virus, lesquelles seront directement injectées dans l'organisme et reconnues comme des antigènes. Ces protéines injectées seules ne sont pas assez immunogènes et requièrent l'ajout d'adjuvants ; 4) Les vaccins à particules pseudo-virales. Ils contiennent des protéines qui s'assemblent entre elles pour former une structure à la surface de laquelle se trouve l'antigène du virus. Cette structure, dite « recombinante », n'est pas infectieuse, puisqu'elle est vide, mais elle imite assez bien la forme du virus ; 5) Les vaccins à matériel génétique qui peut être soit de l'ADN soit de l'ARN.

Pour ces derniers, les brins d'ADN injectés portent les gènes du virus responsable de la synthèse de son antigène. Des aiguilles plantées dans la peau génèrent un micro-champ électrique, lequel fait migrer les brins dans les cellules humaines avoisinantes et leur permet de pénétrer leur noyau. Une fois dans le noyau, les gènes sont transcrits, puis traduits en protéines correspondantes par la machinerie cellulaire. Les protéines virales ainsi fabriquées sont donc intracellulaires et empruntent la voie de présentation par le CMH de classe 1 (mais si une protéine virale est secrétée dans le milieu extracellulaire, elle peut aussi être présentée par le CMH de classe 2). D'une manière similaire, une fois injecté, l'ARNm entre dans les cellules humaines grâce à son enveloppe spéciale faite de lipides, laquelle, étant hydrophobe, fusionne avec la membrane plasmique des cellules à son contact (ou la traverse). Les vaccins à ARNm contiennent un enchaînement de nucléotides exprimant la protéine de surface du SARS-CoV-2, encapsulés dans des nanoparticules (taille 80 nm). Ces nanoparticules sont composées de divers lipides. L'ARNm, ainsi libéré, va être directement traduit en protéine par les ribosomes sans avoir à passer par le noyau de la cellule.

Mais attention ! Toutes ces données sont relatives à nos connaissances actuelles. Nous ne savons pas si un matériel génétique introduit dans la cellule est traité de la même manière qu'un matériel génétique endogène. Nous ne pouvons pas prédire ce qu'il deviendra ou ce qu'il produira comme effets secondaires une fois dans la cellule. L'ARN peut être certes traduit en protéines mais il peut aussi intégrer d'autres circuits et interférer avec d'autres fonctions au sein de la cellule.

Un vaccin consiste à introduire une substance étrangère dans l'organisme, conditionnée de sorte à stimuler une réponse immunitaire adaptative en vue de l'obtention d'une mémoire immunitaire. On ne peut pas prédire exactement ce qu'elle deviendra. La substance peut être un antigène naturel ou un antigène artificiel nécessitant une préparation chimique au préalable. Les vaccins à base de virus entier sont les plus proches du contexte naturel de l'immunisation, les vaccins à base de protéine recombinante, vecteur répliquant ou non répliquant, ADN ou ARNm, sont tous artificiels. Car, même si le gène viral codant l'antigène est exprimé dans les cellules de l'organisme immunisé par ces méthodes, les autres gènes du virus ne sont pas coexprimés comme dans le cas d'une infection naturelle et, par conséquent, le gène vaccinal est soumis à une régulation différente. En fait, la quantité de protéine produite est directement proportionnelle à la quantité d'ARNm introduit dans la cellule. *Cette vaccination favorise donc une surexpression du gène viral par rapport au niveau de son expression naturelle*. Un gène isolé de son génome n'est pas soumis aux mêmes mécanismes de régulation. C'est sans doute la raison pour laquelle des effets secondaires sont observés après une vaccination selon ces méthodes, car la protéine produite en grande quantité peut altérer d'autres fonctions de l'organisme. N'oublions pas que la protéine vaccinale, même reconnue par le SI, peut exercer d'autres fonctions dans l'organisme selon le circuit métabolique avec lequel elle interfère. Nous avons tendance à mettre l'accent sur l'antigénicité de la protéine vaccinale et oublier qu'une protéine possède avant tout une fonction principale, dictée par sa structure primaire et sa conformation bi-, tridimensionnelle ou quaternaire. Dans d'autres cas, ce sont des produits du clivage de la protéine qui vont avoir des effets. Par exemple, si une protéine virale entraîne l'apoptose (mort cellulaire programmée) dans les cellules durant une infection naturelle et si on l'utilise comme antigène vaccinal, elle peut certes induire une réponse immunitaire mais elle va toujours induire l'apoptose. Si la protéine vaccinale possède un domaine homologue à une protéine de l'organisme, elle peut entrer en compétition avec elle, ou bloquer sa fonction. Quand la protéine vaccinale sur-exprimée est immunogène, elle peut déclencher un emballement du SI et un orage cytokinique (du terme *cytokine storm*).

Une vaccination ne reproduit jamais le contexte naturel de l'immunisation, et donc, la protéine servant d'antigène n'obéit plus aux mêmes mécanismes de contrôle. Nous comprenons donc pourquoi la mise au point d'un vaccin requiert de longues études qui permettent de cerner tous les effets d'une protéine vaccinale une fois injectée ou exprimée dans l'organisme. Ceci facilite la prise en charge clinique des personnes vaccinées et d'anticiper les complications à venir. Les vaccins anti-Covid, par contre, ont brûlé les étapes requises pour confirmer l'efficacité d'un vaccin. Face au drame de la Covid, la charrue a été encore une fois mise avant les bœufs. Pour des raisons motivées par l'urgence, un vaccin destiné à lutter contre la « terrible maladie » se trouve en circulation avant d'avoir satisfait à tous les tests de contrôle exigés pour les autres produits pharmaceutiques. Rappelons que des médicaments dont l'efficacité n'est pas prouvée au-delà d'un effet placebo et qui exposent eux aussi à des effets indésirables graves doivent être déconseillés.

Le choc cytokinique, également appelé "orage cytokinique" ou "syndrome de libération des cytokines", est un phénomène inflammatoire massif qui a été décrit dans diverses pathologies infectieuses, dont certaines maladies respiratoires humaines causées par des coronavirus[31] (Stéphane Korsia-Meffre, 2020). Chez certains patients, sous l'action des virus, on observe une prolifération importante de lymphocytes T (LT) et de monocytes inflammatoires sécrétant des quantités considérables d'interleukines (ILs), GM-CSF, G-CSF, TNF α, etc. Dans le choc cytokinique, la production de cytokines est à la fois excessive et auto-entretenue. Dans le contexte des coronavirus émergents de ces dernières années, les études ont montré que l'infection par le SARS-CoV-1 pouvait entraîner une production massive d'IL-6, de TNF α et d'IL-12, et celle par le MERS-CoV, la production d'IL-6, IL-1β et 8. Lors de COVID-19 sévères, les biochimistes ont observé des taux sanguins élevés d'IL-6, 2, 7 et 10, de G-CSF, de TNF α et de protéines induites par l'interféron [31-32] (Stéphane Korsia-Meffre, 2020 ; Emilie D et al, 2020). Le choc cytokinique touche essentiellement des adultes dans la force de l'âge. Il semble que les enfants, dont le SI est encore immature, et les personnes âgées, dont l'immunité est affaiblie, soient plutôt épargnés par cette flambée immunitaire. Par contre, chez ces derniers, étant donné que leur SI est en déclin et perd de son efficacité, le virus pénètre et se développe facilement, entraînant des symptômes cliniques graves. Parmi les cytokines en cause, l'IL-6 et le GM-CSF semblent être celles qui ont le plus d'effets délétères *via* une exacerbation de l'inflammation menant, entre autres, à une hypertension artérielle, une tachycardie évoluant vers une bradycardie, une hypoxie et des lésions de fibrose pulmonaire. Un syndrome de détresse respiratoire aiguë apparaît, pouvant mener à une défaillance multi-organes et au décès[31] (Stéphane Korsia-Meffre, 2020).

Dès le début de la pandémie de la COVID-19, les médecins chinois ont suspecté le rôle du choc cytokinique dans l'expression des formes les plus graves de la maladie[33-34] (Xu X et al, 2020).

La piste de l'orage cytokinique, aussi appelée « tempête hyper-inflammatoire » n'est pas sortie de nulle part. La surproduction de cytokines est bien connue dans les formes graves de maladies respiratoires. Cela a notamment été pointé du doigt pour expliquer la dangerosité du SRAS de 2003 et du Mers, deux autres coronavirus. On le suspecte également d'avoir été à l'œuvre lors de grandes pandémies, telle la grippe espagnole qui a tué environ 50 millions de personnes en 1918-1919[35] (R Céline Deluzarche, 2020). Le rôle de l'orage cytokinique dans les formes sévères de la Covid demeure cependant controversé avec des études rapportant des résultats contraires.[35-36] (R Céline Deluzarche, 2020 ; Philip A et al, 2020).

Dans certaines formes graves d'infections virales, notamment celle de la Covid-19, c'est plutôt le SI qui est responsable des symptômes cliniques, ce qui nous apprend qu'une réponse immunitaire non contrôlée est dangereuse pour l'organisme. Il faut donc un vaccin sécurisé qui protège contre le virus sans causer un emballement du SI, à défaut duquel des traitement anti-cytokines inflammatoires s'imposent.

Mais avant de penser vaccin, il faut penser à la détection du virus dans l'organisme, il faut que cette détection soit sensible et surtout spécifique. Nous devons être aussi bien capables de détecter le virus que la réponse immunitaire spécifique dirigée contre lui. Ces tests de détection ont une importance capitale. Le virus peut être détecté soit par son matériel génétique (PCR s'il est à ADN ou RT-PCR s'il est à ARN) ou par ses protéines (*tests antigéniques*). La réponse immunitaire contre le virus peut être évaluée en détectant et en dosant les anticorps dirigés contre les protéines virales (appelés tests sérologiques). Le type d'anticorps peut donner d'autres informations clefs, les IgM indiquent une infection récente alors que les IgG indiquent une infection passée et donc une immunisation naturelle. Normalement, les sujets ayant été immunisés naturellement n'ont pas besoin d'être vaccinés. Notons qu'au tout début de l'infection, avant l'apparition des anticorps, seuls les tests antigéniques ou PCR peuvent détecter le virus. La PCR ou RT-PCR est le test le plus sensible car il peut théoriquement détecter quelques particules virales, souvent là où se trouvent les cellules cibles du virus. Un test PCR ou RT-PCR positif ne signifie pas forcément que le sujet est contagieux mais qu'il pourrait le devenir avec la progression de l'infection.

Revers de la médaille : on relève des faux-positifs et des faux-négatifs, résultats erronés de ces tests. Par exemple, un sujet peut s'avérer négatif alors qu'il a les symptômes de la maladie, ou s'avérer positif sans qu'il présente la moindre complication clinique (on le classe comme « porteur asymptomatique »). Parfois, une combinaison de ces tests est requise pour confirmer et valider un résultat. Nous comprenons alors pourquoi ces tests doivent être mis au point avec une grande précaution pour éviter des erreurs de diagnostic. Le vaccin anti-Covid est imposé par les autorités de santé pour tous les sujets, quels que soient les résultats au test (mais c'est la logique de prévention propre à la vaccination), alors que les sujets « positifs » auraient dû, d'abord, être pris en charge pour éviter une progression de la maladie. Répétons néanmoins qu'il existe d'autres traitements contre un virus que la vaccination.

Dans le cas de la Covid, l'hydroxychloroquine et d'autres types de traitements pouvaient vraisemblablement aider à enrayer l'invasion virale. Or, le professeur Didier Raoult de l'IHU de Marseille, expert mondialement connu dans le domaine, a été sévèrement critiqué alors qu'il prescrivait l'hydroxychloroquine associée à l'azithromycine comme traitement anti-Covid, une molécule classique connue pour ses effets bénéfiques contre les infections virales[26,37] (Amandine Rebourg, 2020 ; Pauline Sauthier, 2021). La chloroquine est un médicament indiqué, entre autres, dans le traitement et la prévention du paludisme (malaria), en rhumatologie et en dermatologie pour traiter la polyarthrite rhumatoïde et certains lupus. La chloroquine, découverte en 1934 par des chercheurs allemands, est commercialisée seule sous le nom de Nivaquine et en association avec du Proguanil chlorhydrate sous le nom de Savarine. L'hydroxychloroquine est une molécule dérivée de la chloroquine dont la structure est chimiquement proche, les propriétés sont communes sauf que l'hydroxychloroquine ne possède pas d'indication dans le traitement du paludisme en France. Elle est utilisée depuis de nombreuses années dans le traitement de certaines pathologies auto-immunes sous le nom de Plaquenil. La chloroquine et l'hydroxychloroquine bloquent les réponses LT à la stimulation induite par les mitogènes, et inhibent la production de certaines cytokines, d'interférons α et de facteurs de nécrose tumorale (TNFα). Ces effets bloquants passent par une inhibition de l'activation du récepteur toll-like impliqué dans l'immunité innée et dans les pathologies auto-immunes, notamment le lupus, par le biais d'une liaison aux acides nucléiques.

Face à l'hospitalisation croissante de nouveaux malades Covid 19, le gouvernement français a validé par décret, le 26 mars 2020, l'utilisation de l'hydroxychloroquine pour les soigner. Cette molécule a été interdite deux mois plus tard, par décret du 27 mai 2020. Une décision qui s'est appuyée sur une étude publiée dans le Lancet et sur l'avis négatif rendu par le Haut Conseil de la Santé Publique (HCSP) le 24 mai. L'étude du Lancet concluait à l'inefficacité du médicament contre la maladie Covid 19 et même à sa toxicité ; le risque d'effets secondaires graves sur le cœur avait mis l'alerte. Ainsi, ce médicament, auparavant commercialisé depuis des décennies et délivrable sans ordonnance jusqu'au tout début de 2020, fait maintenant en France partie d'une liste pharmacologique de substances vénéneuses !

Étrangement, l'article original publié dans Lancet, sur la base duquel la Haute Autorité de Santé a interdit l'hydroxychloroquine, a été rétracté· après de nombreuses tergiversations et des querelles scientifiques médiatisées par plusieurs revues internationales. Le problème tenait à l'obscurité des données utilisées dans les différentes études, non accessibles publiquement, elles ne pouvaient pas être vérifiées par d'autres chercheurs. Ainsi, le propriétaire de Surgisphere, Sapan Desai, invoquait l'impossibilité de rendre publiques ces données à cause de raisons légales : « Les données obtenues sont issues de nombreuses institutions de santé, auprès desquelles nous nous sommes engagés à ne pas partager avec des tiers les données individuelles des patients ». « Cette affaire souligne le besoin de transparence dans la recherche, où les données de base et les résultats devraient être accessibles et facilement vérifiables pour éviter ce genre de controverses. » conclut Nicolas Gutierrez, à raison[40].

Nous sommes devant une situation très inquiétante dans laquelle des journaux de renommée mondiale, comme le Lancet, se trouvent compromis dans des études, soit falsifiées, soit menées avec la plus grande précipitation pour servir de tremplin à des décisions politiques. Quand la politique se mêle de la science, le résultat s'avère catastrophique. Il semble que des scientifiques se soient corrompus jusqu'au cou pour valider l'usage de la vaccination massive contre la Covid, tout en restant fermés hermétiquement aux traitements alternatifs possibles. Le professeur Didier Raoult, ce scientifique de haute intégrité et de grande renommée, mis constamment sous la lumière des projecteurs et cible des médias et des institutions médicales, comme n'importe quel honnête homme, a pu, à certains moments, y perdre son latin.

Actuellement, il existe trois types de tests pour la détection du coronavirus : RT-PCR pour la détection de l'ARN viral, les tests antigéniques pour la détection des protéines virales et les tests sérologiques pour la détection des anticorps spécifiques des protéines du virus. Alors que les deux derniers sont fréquemment utilisés pour savoir si une infection est récente (les antigènes du virus détectés signifie présence du virus) ou passée (anticorps IgG signifient infection passée et immunisation naturelle), la RT-PCR s'avère un test plus complexe voire hasardeux. La détection de l'ARN viral va dépendre de la durée de l'infection et du taux de réplication virale. Au début de l’infection, la charge virale est très rare, ce qui exige d’augmenter le nombre de cycles d’amplification. Ceci augmente la survenue de « faux positifs ». Tandis qu’après quelques jours de symptômes, la charge virale dans les voies respiratoires supérieures a fortement diminué. C'est la principale cause de "faux négatifs". Techniquement, il ne s'agit pas d'un faux négatif car il n'y a plus de virus présent détectable, mais médicalement, le test étant négatif et la maladie présente, on peut le qualifier ainsi. Cette précision permet de comprendre les distorsions importantes sur les taux de sensibilité rapportés de la RT-PCR pour la Covid-19. Rappelons que ces données s’appliquent aussi bien à d’autres types de virus malgré les différences dans leur évolution naturelle. Le problème majeur avec la RT-PCR demeure la grande fragilité de l’ARN, le risque de contamination, et des erreurs dans la mise en place du test. Les séquences génomiques du virus reconnues par les amorces peuvent muter, ce qui engendre des faux négatifs. Pour devenir un outil fiable de diagnostic d'une infection virale, l'interprétation des résultats de la RT-PCR doit être soumise à des contrôles. D'abord, des contrôles pour prouver que c'est bien l'ARN viral qui est reconnu par les amorces et qui est amplifié, il faut démontrer que cet ARN amplifié provient bien du génome du virus ciblé (soit en rajoutant d'autres amorces complémentaires, soit en utilisant une sonde par hybridation avec les produits amplifiés). On peut même aller jusqu'à séquencer intégralement le produit amplifié ou le soumettre à des digestions par des enzymes de restrictions spécifiques. Il faut au préalable disposer de séquences génomiques complètes de plusieurs isolats à travers le monde pour déterminer les régions conservées avec précision, et ainsi obtenir des amorces ou *primers* très spécifiques. La spécificité de cette technique dépend aussi de la température d’hybridation des amorces avec la séquence génomique cible, la spécificité est d’autant meilleure que la température est élevée. Or, à la moindre variation des séquences complémentaires des amorces, ces dernières ne se fixent pas, engendrant des faux-négatifs. Parfois, on abaisse la température d’hybridation pour que les amorces puissent se fixer mais on court alors le risque de produire des faux-positifs. Non seulement la région reconnue par les amorces doit être conservée chez plusieurs isolats étudiés dans des laboratoires différents mais elle ne doit pas être présente dans des génomes d’autres types de virus ou même chez d’autres êtres vivants comme les cellules ou les bactéries. Elle doit être conservée et spécifique.

Comme vous le constatez, la procédure est longue et fastidieuse mais un strict minimum doit être mis en place. Pour en avoir une idée plus concrète, revoyons les recommandations du Centre National de Références (CNR) pour l'interprétation des résultats RT-PCR de la Covid-19. Le CNR de l'Institut Pasteur a développé deux tests RT-PCR, respectivement IP2 et IP4, et recommande de l'appliquer sur un même échantillon afin de garantir la fiabilité du résultat. Ces tests utilisent chacun trois séquences du génome du SARS-CoV-2.

« Il n'y aura donc plus seulement trois séquences du génome du virus à reconnaître et amplifier mais six ». En ce qui concerne ces trois séquences « Il s'agit de deux séquences « amorces » qui permettent l'amplification d'une courte séquence du génome du virus et d'une séquence « sonde » qui permet la détection en venant se fixer sur les séquences amplifiées à l'aide des deux amorces. (…) Il faut donc une correspondance du matériel génétique dans le prélèvement avec les trois séquences simultanément pour obtenir un résultat positif. Si l'une de ces trois séquences ne se fixe pas, aucun signal n'est détecté, le résultat est négatif. (…) Le génome complet du SRAS-CoV-2 comprend un enchaînement de 30 000 bases, et celui du génome humain, 3 milliards. Comme le code génétique ne comporte que 4 bases (A, T, C, G), il arrive parfois que de petites séquences de nucléotides se retrouvent dans différents organismes, comme c'est le cas pour la séquence CTCCCTTTGTTGTGTTGT. L'association des trois séquences est unique au SARS-CoV-2 et c'est cette singularité qui permet l'identification du virus dans les tests »[8] (https://www.pasteur.fr/fr/espace-presse/documents-presse).

En effet, le rapport du CNR précise bien par ailleurs : « Pour garantir la performance du test lors de son développement, un système a permis de détecter si les trois séquences utilisées pour la reconnaissance du SARS-CoV-2 étaient présentes dans d'autres organismes vivants. En ce qui concerne les tests RT-PCR développés par le CNR, les trois séquences ne sont pas présentes de manière simultanée chez un autre organisme que le SARS-CoV-2. (…) le test est validé sur des échantillons primaires (contrôles positifs et négatifs) pour vérifier la spécificité et la sensibilité du test (pas de faux positifs ou de faux négatifs). Les contrôles négatifs (ici par exemple des prélèvements nasaux ou de gorge, antérieurs à 2019) permettent d'évaluer le risque d'amplification non spécifique. »

Notons de surcroît qu'un test RT-PCR positif doit correspondre aux résultats obtenus avec les autres tests, antigéniques et sérologiques, et que l'apparition de symptômes est dépendante du stade de la maladie. On s'aperçoit que le diagnostic d'une maladie virale est très délicat, en dépit de ce qu'on nous a fait croire, rendant la confusion facile entre nombre de « cas » répertoriés et nombre de « malades ». Un test de mauvaise sensibilité ou spécificité va enfler le nombre de cas laissant croire que le virus est encore en circulation. Pire, il va soumettre le sujet testé à un traitement médical qui ne correspond pas à la vraie nature de sa maladie, d'où le risque d'effets secondaires qui peuvent être délétères. La pierre angulaire du diagnostic des maladies causées par des micro-organismes c'est d'être capable de tisser le lien entre la présence du micro-organisme dans l'organisme et la maladie. Ce n'est pas aussi simple que nous le croyons car l'être vivant est toujours soumis à deux contraintes majeures : ses propres caractéristiques génétiques et l'action de l'environnement (externe ou interne au sein même de l'organisme).

Prenons un exemple, celui de la synergie entre le VIH et Mycobacterium tuberculosis[42] (Andrzej Pawlowski et al, 2012). L'un active la pathologie de l'autre. Il a même été avancé, quelques années après la découverte du VIH, que la bactérie de la tuberculose est un cofacteur qui active la réplication du VIH et accélère l'évolution de l'infection vers le stade ultime du SIDA. La co-infection par les deux microbes entraîne une mortalité surélevée. Nous savons que le VIH entre en latence après la primo-infection et ne s'active que si les lymphocytes CD4 sont stimulés par leur antigène[43] (Brenchley JM et al, 2008). Le VIH se multiplie principalement dans les lymphocytes activés. Ceci entraîne la destruction des lymphocytes mémoires[44-46] (Moir S et al, 2011 ; Kanwar B et al, 2010 ; Brenchley JM et al, 2006). Ceci explique l'effondrement de l'immunité et l'incapacité de neutraliser des infections récurrentes ou opportunistes. Par cet exemple, nous réalisons qu'une infection virale peut dépendre d'autres infections et donc de facteurs présents dans l'environnement (sans omettre les facteurs héréditaires). La Covid-19 est apparue en Chine, et nous ne pouvons pas exclure le fait que d'autres facteurs aient contribué à la propagation du virus. La pollution atmosphérique, les pratiques alimentaires, une faible immunité, favorisent la multiplication des virus, et donc l'apparition de symptômes cliniques. *Dans le cas d'infection virale, il est toujours important de comprendre pourquoi certains individus tombent malades et pas d'autres*. Chez les malades, il faut déterminer si le virus est la cause initiale de la maladie ou si d'autres facteurs jouent le rôle de déclencheur.

Selon la logique vaccinale, les tests virologiques et sérologiques sont importants parce qu'ils permettent de savoir si la personne a été ou non naturellement immunisée, et vont donc être décisifs pour déterminer si l'individu testé doit être vacciné. Si vous avez déjà été touché par la maladie et que vos tests sérologiques sont positifs, la vaccination ne devrait pas être préconisée. En effet, on estime qu'une infection « naturelle » protège en cas de nouvelle exposition au virus grâce à la mémoire immunitaire développée par l'organisme.

Pour résumer, disons que les tests virologiques et antigéniques vont détecter le virus alors que les tests sérologiques détectent la réponse immunitaire. Entre la pénétration du virus et l'apparition de la réponse immunitaire, il y a un continuum. Théoriquement, l'apparition d'une réponse immunitaire protectrice coïncide avec une diminution radicale du pool viral dans l'organisme, sauf si le virus a muté et engendré des variants pathogènes. Normalement, si ces éléments sont bien caractérisés, le diagnostic et l'étude épidémiologique du virus ciblé ne posent pas de sérieux problèmes. Mais en cas de pandémie, la précipitation peut mener à des erreurs d'interprétation. Il faut un temps long avant que les marqueurs d'un virus, son génome et ses protéines, soient connus. Plusieurs études sont nécessaires avant de tracer l'histoire naturelle d'une maladie virale ou bactérienne. Ce qui paraît simple en biologie est en vérité souvent d'une grande complexité. Ainsi, une combinaison de données collectées par des sources diverses est requise pour tisser un lien cause-effet.

La pression gouvernementale et la peur de la propagation de l'épidémie ont conduit à des pratiques inconséquentes qui risquent de compromettre la science. Cette dernière doit obéir à des règles déontologiques, pour contenir toute dérive personnelle, partisane ou corporatiste. Le savoir ne peut pas être monopolisé et servir des intérêts privés, la science a vocation à être diffusée largement malgré les volontés hostiles. La vaccination demeure un épineux problème, source de multiples controverses entre ses partisans et ses opposants. Mais, puisqu'il ne s'agit de rien de moins que de santé humaine, il vaudrait mieux avoir des preuves solides de l'efficacité d'un vaccin et ne pas se contenter de prévisions ou de calculs de probabilités. Notons que, quel que soit le modèle animal servant de cobaye pour tester l'efficacité d'un médicament ou d'un vaccin, extrapoler les données obtenues aux personnes est un long parcours d'essais cliniques menés avec précaution. Un essai qui échoue chez l'être humain peut causer sa mort ou son handicap à vie. C'est une question capitale d'éthique qui confronte la communauté scientifique aux résultats de sa pratique. Il est indéniable que les vaccins anti-Covid 19 ont battu des records de vitesse pour leur approbation et leur inoculation, et donc, les inquiétudes et les doutes sont légitimes. On verra ce que l'avenir nous dira. Je ne joue pas ici le moralisateur mais je souligne le fait que les firmes pharmaceutiques, les autorités de santé (les experts patentés) et leurs financeurs jouent un jeu dangereux en s'appropriant la science comme si elle faisait partie de leur propriété privée, un bien comme tous les autres que l'on s'accapare avec des brevets, alors que la science appartient à l'humanité ; elle s'est construite au fil des millénaires grâce à des personnes courageuses et altruistes dont la seule ambition était de déchiffrer les lois de la nature et de soulager les douleurs d'autrui. Notre conception de la science et de l'humain est devenue un enjeu capital car si des intérêts privés exploitent la science à leur profit, elle pourrait devenir, au fil du temps, un outil de mise en esclavage des populations. La course folle aux brevets nuit à la science. En toute situation, elle devrait rester fidèle à elle-même, intègre et fiable.

J'ai remarqué, pendant cette crise, le fossé abyssal qui s'est creusé entre les scientifiques adoubés par l'appareil d'État (comme s'ils étaient membres d'une caste) et le public. Les véritables ponts de transmission du savoir sont absents, tronqués car relayés par des médias complaisants aux ordres de leurs financeurs (la plupart vivent de subventions publiques). L'ignorance atteint des proportions inquiétantes. Les scientifiques ont leur propre langage technique, incompréhensible pour l'homme ordinaire.

Quand l'opinion de grands savants, de virologues confirmés, auteurs de centaines de publications, est ignorée, vers qui tourner la tête ? En France, le conseil scientifique prend des décisions que seuls des scientifiques confirmés peuvent évaluer. Dans de pareilles circonstances, j'ai décidé de faire part de ma vision des choses en proposant ma propre évaluation des décisions prises lors de cette crise.

L'immunologie est née du croisement de plusieurs disciplines, notamment la biochimie, la biologie moléculaire et cellulaire, et la physique. La biologie me paraît d'ailleurs être la fille adoptive de la physique. Vous n'avez qu'à visiter des laboratoires de biologie pour vous rendre compte que la physique y est omniprésente : on y utilise l'ultracentrifugation, l'électrophorèse, la chromatographie sur diverses phases, la cytométrie en flux, la cristallographie, le séquençage, la microscopie. Toutes ces procédures techniques sont basées sur des concepts relevant des sciences physiques. La biologie étudie le phénomène de la vie sur Terre, mais même ce phénomène finira tôt ou tard par faire partie du domaine d'exploration de la physique. Cela n'est qu'une question de temps.

Partie 3 – Principes directeurs de la construction d'une théorie en biologie

Dans le jardin de l'immunologie

Tous les chemins mènent à Rome. Ce dicton s'applique bien à l'immunologie. Quel que soit le phénomène que vous étudiez dans ce domaine, il vous mène toujours à ces deux concepts fondamentaux : 1) la discrimination entre le soi et le non soi ; 2) la sélection clonale des lymphocytes.

L'objectif de cet essai n'est pas de transmettre les connaissances immunologiques comme on le ferait dans un cours, mais de les relier à ces deux concepts fondamentaux afin de montrer comment la théorie qui fonde cette discipline a été construite. Déconstruire cette théorie et la reconstruire, comme on le ferait d'un puzzle, pour comprendre comment elle a été conçue. Les deux concepts constituent le fil directeur de mon argumentation qui s'élabore pas à pas en prenant appui sur les connaissances actuelles. Ce cheminement permettra d'unifier la multitude de phénomènes biologiques en une synthèse qui fasse sens pour tout un chacun. C'est le but de toute théorie : *unifier des phénomènes qui semblent être indépendants, tisser les liens cause-effet.* Cependant, ces liens ne sont pas toujours explicites, et malgré le grand soin consacré à l'explication des phénomènes rencontrés relevant de l'immunité, ceux-ci ne sont pas toujours reliés à un axe central, celui de la théorie actuelle de l'immunologie basée sur les deux concepts susmentionnés. Ils serviront de guide à ma réflexion, en seront le point de départ et le point d'arrivée. N'oublions pas qu'une théorie en biologie est un modèle qui unifie diverses évidences expérimentales. Ces dernières sont les briques, et la théorie, le ciment invisible qui les relie.

En partant des connaissances en immunologie, nous analyserons la robustesse de la discrimination soi/non-soi. Cette dernière est-elle l'axiome qui explique le fonctionnement de la réaction immunitaire ? Rend-elle compte de tous les phénomènes observables et mesurables en immunologie ? Lequel des modèles théoriques actuellement proposés est le plus juste pour expliquer l'immunité adaptative ? La sélection clonale est-elle un modèle robuste pour expliquer l'immunité adaptative ? Chaque modèle expliquant une partie de la réalité, il sera alors judicieux de les combiner. Faut-il plutôt considérer l'immunologie comme une théorie à « tiroirs » qui regroupe plusieurs concepts qui peuvent, selon les circonstances, se contredire ou s'accorder. Nous y reviendrons plus loin.

Même si l'édifice d'une théorie semble solide et imparable, il l'est seulement à partir des connaissances à disposition, jusqu'à ce que de nouveaux savoirs nous donnent accès à des terrains jusque-là inexplorés. La controverse scientifique n'est pas une fin en soi, mais elle permet de vérifier si la théorie admise à un instant T prédit toujours aussi bien les phénomènes observés ultérieurement, ou si elle a besoin d'être réactualisée et réaménagée ou même abandonnée. Une théorie n'est pas « intouchable », comme si elle révélait une vérité absolue, sinon la science serait dogmatique ; toute théorie devrait être continuellement remise en question. Si des paradoxes pullulent, si des phénomènes imprévus demeurent inexpliqués, il faudrait, en toute intégrité, revoir la théorie à la base. Car, une théorie scientifique est une pensée construite pour rendre compte d'une réalité ; elle la projette en une image globale où l'on discerne les liens cause-effet qui relient des phénomènes devenus interdépendants. Une fois qu'une théorie est postulée, les travaux expérimentaux doivent l'utiliser comme arbitre et à chaque fois analyser ce qu'elle prédit ou ce qu'elle offre comme explication.

Prenons un simple exemple : on sait que l'immunité adaptative est dotée d'une mémoire ; qu'en est-il de l'immunité innée ? En effet, de nouvelles connaissances attestent que l'immunité innée semble aussi être dotée d'une mémoire[47-48] (Mihai G et al, 2016 ; Netea, M.G et al, 2020).

Pourtant, le mécanisme diffère de celui de l'immunité adaptative et n'implique ni les LT ni LB. Lors du premier contact entre un PRR (*pattern recognition receptor*) et un antigène, des modifications épigénétiques ont lieu au niveau de l'ADN des cellules immunitaires innées, monocytes/macrophages ou autres qui vont exacerber la réponse immunitaire innée au moment d'une deuxième stimulation avec le même antigène mais d'une manière non-spécifique. La réponse est en même temps renforcée à l'encontre d'autres antigènes qui se fixent aux récepteurs PRR. Ceci évoque le même mécanisme suspecté dans la transmission des caractères acquis discuté plus haut dans le chapitre sur le darwinisme et le créationnisme. Alors que la réponse adaptative implique des phénomènes de recombinaison et de mutation, la réponse innée mobilise des phénomènes épigénétiques (qui semblent expliquer cette mémoire innée). Cette dernière n'est pas restreinte aux invertébrés, elle existe aussi chez les vertébrés et même chez l'homme [47-48] (Mihai G et al, 2016 ; Netea, M.G et al, 2020).

En d'autres termes, l'immunité innée serait dotée d'un mécanisme ancestral et héréditaire de mémoire lui permettant d'être plus robuste pour évacuer rapidement un antigène récurrent en agissant au niveau de la structure de l'ADN. L'ADN modifié structuralement répond plus rapidement au re-stimulus antigénique. Même si ces nouvelles données contredisent notre vieux dogme d'une immunité innée ancestrale immédiate et automatique, sans mémoire, la théorie tient toujours car elle n'a pas été ébranlée à sa base (la théorie stipule que l'immunité innée ou adaptative accomplit la discrimination entre le soi et le non-soi). Imaginons une théorie à l'image d'un édifice qui tente de maintenir l'équilibre malgré les doutes qui l'ébranlent. Si le doute vient à l'emporter, l'édifice s'écroulera. Tant que la théorie fait face aux contre-arguments, on peut l'améliorer, la consolider même en y intégrant les nouveaux savoirs. Souvent, il s'agit de rectifier notre façon de l'appréhender. Ce texte est destiné aux lecteurs désireux de consolider leurs connaissances en immunologie, mais qui ont déjà acquis les bases fondamentales en la matière. Il a pour objectif principal d'éclairer les deux notions capitales en immunologie : la discrimination soi/non-soi et la sélection clonale. Il ne s'agira pas ici de les poser et de les expliquer en donnant leur signification, mais de les analyser en profondeur, de les confronter à l'expérience, exemples à l'appui.

Nous ne pouvons exclure le fait que la gestion de la crise sanitaire liée au Covid, sévèrement critiquée par ses opposants, scientifiques de différentes spécialités, soit la résultante d'une interprétation erronée des données scientifiques ou même d'une fraude. *Publish or perish* poussent certains scientifiques au bord du gouffre et, partant de là, à enfreindre l'éthique professionnelle pour obtenir des financements et rester dans le paysage de la Recherche. Une théorie mal appliquée ou mal comprise engendre des erreurs catastrophiques. À dire vrai, c'est la compréhension fragmentaire et erronée d'une théorie, souvent à cause d'un apprentissage superficiel et conditionné, qui est la cause profonde de travaux de recherches stériles et sans impact significatif. D'autre part, une théorie mal fondée engendre de fausses idées comme si vous jouiez une partition musicale avec des notes dissonantes. Parfois, c'est le signe que la théorie requiert des clarifications, des précisions. Plonger dans la théorie permet de trancher entre toutes ces possibilités. Mais avant de la mettre à l'épreuve, essayons de l'assimiler en approchant ses bases. Vous le savez, une mastication lente est bonne pour la digestion, c'est la même chose pour le travail que je vous propose ici.

Puisque cet écrit suit les oscillations d'une pensée critique, il emprunte, au gré de son déroulé, aux différents types de raisonnements suivants :

1- Le raisonnement inductif qui part d'observations particulières pour aboutir à une conclusion de portée générale ;
2- Le raisonnement déductif qui part d'une idée générale pour en déduire des propositions particulières ;
3- Le raisonnement par analogie qui procède à une comparaison avant d'aboutir à une conclusion ;
4- Le raisonnement par l'absurde qui imagine les conséquences absurdes d'une idée pour la réfuter ;
5- Le raisonnement critique qui consiste à contester une opinion adverse ;
6- Le raisonnement dialectique qui consiste à peser les arguments favorables ou défavorables à une thèse ;
7- Le raisonnement concessif qui consiste à admettre en partie des arguments de la thèse adverse et à leur opposer d'autres arguments.

En mêlant ces stratégies d'argumentation, de nouvelles hypothèses ont pris forme qui invitent le lecteur à cheminer sur un nouveau terrain de réflexion, peut-être cela lui inspirera-t-il d'autres idées fructueuses ! Peut-être l'orienteront-elles vers des sources bibliographiques présentant de nouvelles idées stimulantes, bousculant les dogmes établis. La muse est contagieuse et généreuse, elle se partage et se donne sans compter.

Comment allons-nous procéder ? Essentiellement de la façon suivante : nous partirons de mécanismes immunologiques bien établis. Ensuite, nous essaierons de voir s'ils nous mènent tout droit au cœur de la théorie en immunologie (raisonnement par induction). Nous remonterons à chaque fois à la source. Nous admettrons que la théorie en immunologie est fondée sur la discrimination soi/non-soi et sur la sélection clonale par l'antigène, et nous verrons si les deux concepts unifient nos connaissances éparses en immunologie (raisonnement déductif). Nous les considérerons comme étant deux axiomes à partir desquels nous pourrions expliquer et prédire les phénomènes immunologiques (raisonnement déductif et dialectique).

Comme vous le voyez, je ne vais pas me contenter de faire l'inventaire des idées dans ce domaine très vaste, mais je vais plutôt adopter la posture de celui qui discute, débat, et tranche, en essayant de se départir des nombreux *a priori* de sa formation scientifique. Il est très difficile de nos jours de se frayer un chemin original dans le grand jardin de l'immunologie étant donné le nombre colossal de travaux de recherches, d'ouvrages de vulgarisation, de production d'articles scientifiques. Il suffit de quelques clics sur son clavier pour avoir tout ce que l'on recherche sur le sujet. Donc, inutile de faire un pot-pourri d'extraits choisis des connaissances amassées. La connaissance en science se construit à l'image de la dune, grain par grain, ou, si vous voulez, comme si l'on pressait une orange pour en extraire au maximum le jus. Les grands noms de la science ne sont pas les détenteurs de vérités absolues ni de grands prêtres de la Connaissance. Ce sont des personnes, qui, aiguillonnés par le désir de savoir, ont essayé de comprendre l'univers, le monde, le vivant, à travers leurs intuitions et la construction rigoureuse d'une pensée. Oui ! Les savants qui ont posé les premières pierres de l'édifice peuvent se tromper ; leurs travaux s'enracinent dans le contexte de leur époque et dépendent de l'état des connaissances et des idées à un moment donné. Ni Darwin, ni Lamarck ne disposait des techniques d'information et d'analyse de données d'aujourd'hui. Nous savons que l'information peut être préprogrammée dans un premier temps et exécutée sous une forme concrète dans un deuxième temps.

Nous, leurs héritiers, nous devons, sans renier et mésestimer l'héritage, le réexaminer en détail afin d'éventuellement séparer le bon grain de l'ivraie. Il nous faut prendre du recul, car produire d'innombrables articles scientifiques sans la vue critique et rétrospective, nous fait courir le risque d'aboutir à une science creuse et inutilement dispendieuse.

Je vous propose donc d'effectuer plusieurs pauses dans le jardin de l'immunologie pour admirer tous ses exploits, relier des connaissances diverses en les menant au centre de la théorie (la toile d'araignée a un centre où tout commence et tout finit) et en tirer des leçons d'où émanerait une fragrance de sagesse et de Vérité. Pour remonter le fil de l'histoire qui raconte l'évolution de cette science dans l'espace et le temps. Les mécanismes immunologiques bien établis représenteront la boussole qui va nous guider à travers notre promenade, et nous verrons si la théorie se révèle unifiée à la fin. Une théorie n'est cohérente que si elle offre des entrées et des sorties, mais si on reste bloqué c'est qu'elle manque de robustesse, et c'est là que le paradoxe surgit, signe que la théorie est incomplète ou caduque. Espérons donc, dès les premiers pas de notre promenade, que nous trouverons une issue de sortie au labyrinthe que représente l'immense jardin de l'immunologie.

Détours par la théorie

Dans son livre intitulé « *les limites du soi* » Thomas Pradeu[49] (2010) donne une définition précise de la théorie :

« Une théorie présente plusieurs caractéristiques : i) elle possède un domaine d'extension bien défini (elle porte sur des *objets* bien définis) ; ii) souvent, elle est constituée par un ensemble structuré d'hypothèses ; iii) elle ne propose pas seulement une description, mais une explication, du phénomène envisagé ; iv) elle est compatible avec les données expérimentales disponibles ; v) elle fait des prédictions qui sont testables empiriquement ».

Il précise aussi qu'une théorie scientifique est définie de deux manières : syntaxique et sémantique. « Selon cette conception, dite « syntaxique », une théorie est un système hypothético-déductif, un système axiomatisé : à partir d'un petit nombre d'axiomes, on doit pouvoir déduire un grand nombre de propositions (...) la conception syntaxique des théories ne s'applique pas bien à la biologie (elle s'applique plutôt aux sciences physiques. Il existe cependant une deuxième conception des théories, dite « conception sémantique » la fonction principale d'une théorie selon cette conception est de nous fournir une famille de modèles, qui doit servir à la représentation de phénomènes empiriques. (…) Qu'entendre alors par « modèle » ? Un modèle est un exemple, une « instance », ou plutôt une réalisation de la théorie. Décrire une théorie consiste à présenter une classe de modèles et à spécifier la manière dont ces modèles reflètent la réalité ».

Qu'entend Pradeu par « hypothèse » ? : « Nous appellerons « hypothèse », en sciences expérimentales, une proposition plausible sur la manière dont se déroule un phénomène. Une hypothèse peut être fortement spéculative et peut n'avoir que peu de fondements expérimentaux au moment de sa formulation. Personne ne conteste qu'il y ait des hypothèses en biologie au sens que nous avons défini. L'hypothèse biologique la plus célèbre est évidemment l'hypothèse de la sélection naturelle de Darwin ».

Pourquoi rappeler ces notions ? Parce que toute connaissance en sciences expérimentales (dont l'immunologie fait partie) obéit à un modèle théorique. En immunologie, le concept de la discrimination soi/non-soi et celui de la sélection clonale sont des modèles conçus pour expliquer les phénomènes immunologiques. Dans un test ELISA ou Western blot l'antigène est immobilisé, vous le couvrez avec du sérum contenant l'anticorps que vous recherchez. Vous le faites avec l'idée que l'anticorps est spécifique de l'antigène et que les deux forment un complexe réversible mais assez stable pour être détecté. De même, quand vous faites un test de Réaction Lymphocytaire Mixte (MLR, Mixed Lymphocyte Reaction) bidirectionnel ou unidirectionnel, vous mélangez les lymphocytes issus de deux individus et vous en déduisez l'existence d'une prolifération lymphocytaire (ce qui est le signe de l'activation antigénique). Les MLR constituent une méthode courante pour évaluer la réponse immunitaire allogénique. Lorsque des populations lymphocytaires de deux individus (par exemple deux êtres humains ou deux souches de souris différentes ; MLR bidirectionnelle) sont mises en contact, les lymphocytes-T (LT) se reconnaissent mutuellement et s'activent en proliférant. Les dosages MLR unidirectionnels peuvent être réalisés en prétraitant la population de lymphocytaires de l'un des deux individus avec de la mitomycine C, ce qui limite leur prolifération et leur permet de servir de cellules stimulatrices. Dans les deux types de tests, ELISA ou MLR, c'est la théorie qui vous guide : vous suivez les protocoles qui en découlent. Quand vous injectez un vaccin à un cobaye sans obtenir la réaction immunitaire que vous escomptiez, c'est encore la théorie (ce que vous en connaissez) qui vous incite à rajouter des adjuvants pour stimuler l'immunité. Explorez la théorie et vous allez vous apercevoir qu'il y a des règles qui dictent l'ensemble de vos connaissances, elles prédisent les circonstances de leur mobilisation. C'est la théorie qui prédit qu'un antigène est reconnu spécifiquement par un anticorps dans le cas d'ELISA, c'est elle aussi qui prédit que les lymphocytes réagissent contre le non-soi en proliférant et en secrétant des cytokines. Dans le cas du MLR, le non-soi représente les lymphocytes hétérologues issus de l'individu pour lequel vous testez la compatibilité génétique avant de le soumettre à une greffe ou à une transplantation.

Certains concepts théoriques ne sont pas très bien établis, ils sont tributaires du progrès technologique et de la collecte de nouvelles données. Pour illustrer ceci, considérons la découverte des lymphocytes T régulateurs (Treg), par le biais de la cytométrie en flux.

« Au fil des années, plusieurs marqueurs plus ou moins spécifiques des Treg ont été caractérisés. En 1995, S. Sakaguchi et ses collaborateurs ont permis un progrès décisif en identifiant à la surface de ces lymphocytes le marqueur CD25 (chaîne α du récepteur de l'IL-2), marqueur plus spécifique que les précédents encore utilisé aujourd'hui. En effet, les résultats montrent que la déplétion, chez la souris, des cellules CD4+CD25+ conduit au développement de maladies auto-immunes, suggérant que les cellules CD25+ régulent la réponse inflammatoire et que l'IL-2 est indispensable au maintien de ces cellules. (...) L'inconvénient majeur de ce marqueur est d'être également exprimé à la surface des lymphocytes T effecteurs (Teff) activés, quoique généralement à des niveaux plus faibles que sur les Treg. Ainsi, le phénotype CD25fort est retenu pour isoler les Treg, mais un marquage plus spécifique devenait nécessaire. En 2003, plusieurs équipes montrent (...) que le gène FOXP3 est essentiel au développement des Treg comme en témoigne la survenue chez l'homme du syndrome IPEX1, un tableau auto-immun survenant lorsque ce facteur est muté. De fait, FOXP3 joue un rôle central dans la différenciation et le maintien des Treg. Il est admis que les Treg sont de phénotype CD4+CD25+FOXP3+. »[50] (Aurélie Siri et al, 2012).

On voit ici que le souci majeur résulte du fait que le phénotype des Treg se confond à un degré variable avec celui des LT activées CD25+. Il y a donc un risque qu'une population supposée homogène de Treg, ne soit contaminée avec des LT activées, ce qui fausserait l'interprétation des résultats expérimentaux. Lors d'une expérience, vous fixez vos conditions de départ (conditions témoin et test), et vous expliquez vos résultats en fonction de ces conditions initiales. Par exemple, si vous introduisez une population de Treg dans un tube réactionnel pour déterminer leur capacité à bloquer une réponse cellulaire contre un antigène X, le résultat que vous allez obtenir dépendra de leur degré de pureté. Si c'est une population Treg homogène, votre interprétation est correcte, mais si elle est contaminée par des cellules T activées, votre interprétation est erronée. L'inverse est vrai, des LT activées se confondent avec des Treg. Dans ce genre de manipulations, vous devez soigneusement formuler votre témoin négatif qui, normalement, doit réunir les mêmes conditions que celles de votre mélange test réactionnel, à l'exception de la seule condition ou variable que vous êtes en train de tester. Or, quand vous avez une population de Treg contaminée avec des LT activées, votre tube test et contrôle négatif diffèrent par plus d'une variable. L'idéal serait un marqueur qui ne soit exprimé que par les Treg mais, à ce jour, ce marqueur n'a pas été découvert.

Une théorie scientifique se construit brique par brique. Le chemin qui mène jusqu'à elle est jonché d'écueils avant que la démonstration ne soit convaincante et irréfutable. L'Histoire est la meilleure école pour discerner et bien appréhender la façon dont une théorie scientifique voit le jour.

L'injection comme technique vaccinale et son rôle dans la naissance de l'immunologie

La naissance d'une discipline scientifique ne coïncide pas toujours avec la formulation théorique de ces principaux axiomes. Il faut attendre très longtemps avant qu'une théorie ne vienne expliquer des observations et des phénomènes répertoriés. Il semble que ce sont les épidémies et les pandémies virales ou bactériennes qui ont permis à l'immunologie de voir le jour en tant que discipline scientifique (un mal pour un bien !). On a compris que si un individu survivait à une maladie infectieuse, alors il était probable qu'il lui résiste lors d'une seconde infection. L'immunologie n'est donc pas née des observations d'Edward Jenner (1749-1823), Louis Pasteur, Elie Metchnikoff (1845-1916), ou Paul Ehrlich (1854-1915), mais longtemps avant eux. N'oublions pas que c'est l'observation qui est la pierre angulaire de tout processus de recherche scientifique préalable à la formulation d'une théorie. Par exemple, un aimant qui attire la limaille de fer est une observation qui suggère l'existence d'un champ magnétique qu'il faut expliquer en formulant la loi à laquelle il obéit (hypothèse et théorie). En immunologie, les observations répertoriées au cours des épidémies mortelles (virales ou bactériennes) suggéraient l'existence d'un mécanisme de défense au sein de l'organisme. D'ailleurs, les plus anciens témoignages d'observations d'ordre immunologique datent de 430. À cette date, pendant l'épidémie de fièvre typhoïde qui sévit à Athènes durant la guerre du Péloponnèse, l'historien Thucydide nota que seules les personnes ayant déjà supporté et survécu à l'infection étaient aptes à s'occuper des malades. Bien avant cela, déjà, il existait en Chine des pratiques de transmission volontaire de la variole pour endiguer la propagation de l'épidémie. Cette technique très ancienne appelée « variolisation » consistait à prélever du pus sur un malade peu atteint par la maladie pour l'inoculer avec une aiguille chez un sujet sain. Ce procédé se répandit d'abord surtout en Extrême Orient et en Turquie. Il s'est fait connaître en Angleterre vers 1722, puis s'est propagé dans les années suivantes dans toute l'Europe. À la même époque, le médecin de campagne Edward Jenner constatait que les fermières en contact régulier, lors de la traite, avec la variole de la vache (*vaccine* ou *Cowpox*) inoffensive pour les humains, étaient épargnées par les épidémies de variole, alors fréquentes. Que fit alors Jenner, considéré aujourd'hui comme le fondateur de l'immunologie ? Il préleva du pus sur une pustule d'une jeune fille contaminée par la *vaccine* et l'injecta à un jeune garçon de huit ans. Après que le garçon eut guéri de la maladie bénigne induite par la *vaccine*, Jenner lui injecta de la variole véritable. Le garçon surmonta également cette infection sans symptômes sérieux. Par rapport à la variolisation, le procédé de Jenner offrait beaucoup d'avantages : les personnes vaccinées par la *vaccine* ne présentaient pas les boutons et les cicatrices typiques induites par la variolisation ; il n'y avait aucun risque de mortalité, contrairement à la variolisation, ni de risque de contagion. Le virus de la *vaccine* avait ainsi donné son nom au « vaccin » et consacré la carrière et la postérité de Jenner.

Ainsi, la vaccination était pratiquée longtemps avant que l'immunologie ne naisse en tant que discipline. Ce qui est étrange, c'est le fait qu'elle ait été immédiatement agréée par la communauté scientifique des siècles plus tard sans que son efficacité ne soit scientifiquement établie (je détaillerai ce point plus loin). Nous n'observons jamais ce genre de bizarreries en sciences physiques où il n'est pas (ou moins) question « d'arrangement » avec la rigueur expérimentale.

La science physique explique d'abord le phénomène avant de mettre au point l'appareil qui permet de le mesurer ou avant d'en faire un objet expérimental. Par exemple, la datation radiochronologique n'a été adoptée comme méthode de mesure de l'âge d'un objet qu'après avoir déterminé la nature transitoire des noyaux radioactifs et leur désintégration en éléments plus stables. Cette désintégration obéit à une équation mathématique exponentielle qui fût par la suite appliquée et utilisée pour la datation. En revanche, la vaccination est une méthode intuitive basée sur des observations de médecins soucieux d'éradiquer une pandémie mortelle. Je le répète : ils se sont tout simplement contentés d'observations : « si un individu survit à une infection alors il est probable qu'il lui résiste tout le temps. Par conséquent, si un individu sain survit à une infection atténuée responsable d'une maladie alors il est possible qu'il résiste à une véritable infection ». Des conclusions qui résultent d'observations et d'intuitions, rien n'a été prouvé expérimentalement à l'époque de Jenner et même de Pasteur.

En y regardant de près, nous réalisons que Pasteur ne faisait que reproduire le contexte naturel d'une épidémie microbienne dans son laboratoire selon ce scénario :

1- Il découvre des micro-organismes (bactéries ou agent infectieux d'une autre nature qui s'avèrent être plus tard des virus).

2- Il démontre qu'ils causent une maladie transmissible
3- Il démontre qu'il peut venir à bout de la maladie en utilisant un vaccin constitué d'une forme atténuée du même micro-organisme qui a causé la maladie.
4- Il enracine l'idée dans les esprits qu'un vaccin est efficace contre une maladie infectieuse alors que c'est le seul remède qu'il ait choisi en excluant d'autres possibilités thérapeutiques.

Ainsi, il initie le scénario de ce qui sera ultérieurement la réponse des autorités à une épidémie : 1) survenue d'une épidémie attestée par la transmission rapide entre individus d'une maladie. 2) Établissement d'une relation causale entre la maladie observée et un micro-organisme (*virus ou bactérie*). 3) Solution de vaccins pour endiguer la maladie à base de micro-organismes atténués ou d'une de leurs protéines utilisées comme antigènes vaccinaux. 4) Défendre l'idée que le vaccin est le meilleur (voire le seul) remède à une maladie virale donnée.

Aujourd'hui encore, l'efficacité d'un vaccin résulte d'une interprétation de résultats statistiques. On compare toujours un groupe vacciné à un groupe témoin non-vacciné (injecté avec du placebo). On reproduit le scénario initial dans lequel la vaccination a été découverte. Mais ce qui se passe réellement dans l'organisme, une fois le vaccin injecté, n'est toujours pas établi de manière univoque. C'est le hasard qui prend la main : il induira une immunité protectrice ou pas. Nous le savons tous, une étude statistique de témoin-test dépend de plusieurs facteurs dont l'effectif des échantillons contrôle et test, les facteurs génétiques et environnementaux, l'âge, le sexe et autres variables. Quand il s'agit de l'être humain, il suffit que les groupes test et témoin diffèrent par une seule variable cachée pour que les interprétations soient erronées. Les animaux de laboratoire, quant à eux, sont conditionnés au maximum pour rendre les résultats plus fiables mais plus nous les conditionnons, plus nous nous éloignons des conditions naturelles. De plus, nous ne pourrons jamais avoir un vaccin qui ait les mêmes effets partout sur la planète du fait de la diversité génétique entre les individus. Du coup, l'action supposée générale et universelle d'un vaccin donné pour endiguer préventivement une maladie infectieuse donnée semble relever de l'utopie. Depuis des millénaires le vaccin est le dernier recours face à une menace microbienne. La vaccination continue d'échapper à la rigueur de l'approche scientifique en suivant l'adage selon lequel la fin justifie les moyens. La méthode scientifique a horreur des exceptions, elle devrait s'appliquer partout de la même façon quel que soit l'objet d'étude ou quelles que soient ses conditions.

Elle ne connaît ni crise ni urgence sanitaire. Ces notions relèvent de notre langage et de nos perceptions subjectives pour décrire une situation à laquelle nous sommes confrontés. Nous comprenons donc pourquoi la vaccination a ses opposants et pourquoi elle suscite autant d'inquiétude dans le rang des scientifiques ou dans la population.

Si vous examinez la situation de très près, vous verrez que ce qui caractérise le plus l'approche vaccinale c'est le fait d'introduire un élément étranger dans l'organisme ou de le mettre en contact avec lui. Vaccins ou médicaments sont tous les deux introduits dans l'organisme. L'industrie pharmaceutique introduit des molécules biochimiques dans l'organisme des êtres humains sous prétexte de guérir leurs maladies. Les questions soulevées par les opposants aux vaccins sont nombreuses : que nous injecte-t-on ? Est-ce qu'il est prouvé scientifiquement qu'un vaccin est efficace pour éradiquer une infection virale ou bactérienne ? A-t-on jamais isolé un virus ?

La manne financière que représente la vaccination pour les firmes pharmaceutiques, combinée aux mesures autoritaires pour pousser à la vaccination générale, nous fait douter que toute cette entreprise relève strictement d'une logique sanitaire. Le produit vaccinal injecté dans l'organisme dont *in fine* la composition et les effets à terme sont mal connus du public pourrait-il alors contenir une technologie invasive à visée de contrôle physiologique et comportemental de toute la population (puces, nanoparticules émettant des signaux captés à distance pour géolocaliser l'individu et même collecter des informations spécifiques d'ordre biologique). Tout ceci semble relever de la pure paranoïa, pourtant le fait que la vaccination résulte d'une approche probabiliste laisse le champ libre à la contestation.

Personne ne peut contester les lois de la gravitation ou la poussée d'Archimède, n'est-ce-pas ? La biologie n'obéit pas à des lois invariables comme en physique ou à des axiomes comme en mathématiques, elle est relative, il est donc naturel et même sain qu'elle fasse l'objet de controverses, à condition que le débat lui-même respecte les règles scientifiques. En pratique, dans la procédure scientifique, tout doit être contrôlé de A à Z. Or, l'efficacité des vaccins est évaluée statistiquement, tous leurs effets ne sont pas connus, ils échappent donc à la rigueur de l'approche scientifique.

Rappelons que Thucydide avait constaté que seules les personnes ayant survécu à l'infection étaient aptes à s'occuper des malades, lors de l'épidémie. C'était une observation. La première étape vers l'édification d'une théorie. Des générations se succèdent, et chacune apporte de l'eau au moulin de la précédente, jusqu'à ce que l'observation trouve une explication et se plie au raisonnement scientifique. Jenner, à son tour, a fait des observations qui étayaient celles de Thucydide, puis Pasteur celles de Jenner et ainsi de suite. Metchnikoff n'a fait que des observations, malgré ses tentatives de les expliquer par une théorie de l'immunité cellulaire. Ehrlich fût sans doute le premier à proposer une théorie pour expliquer la production des anticorps.

Il a fallu attendre les années 50 pour que Burnet formule la première théorie en immunologie. L'immunité était devenue un phénomène explicable grâce à une théorie suffisamment robuste, fondée sur la discrimination entre le soi et le non-soi et sur la capacité d'un antigène à entraîner la prolifération d'un clone spécifique des lymphocytes (sélection clonale).

Nous verrons que le concept de la discrimination soi/non-soi s'est établi progressivement. Les réactions de rejet de l'organisme vivant à l'encontre de substances étrangères (par phagocytose, rejet de greffe) ont été rapportées avant que le même mécanisme qui se produit à l'encontre de ses propres constituants ne soit démontré (l'auto-immunité). N'oublions pas le grand saut qualitatif qui a marqué l'époque de Louis Pasteur dans l'approche de la maladie, qui a mis en évidence l'origine des microbes et le lien de causalité avec la maladie. La découverte des micro-organismes (les microbes) a constitué un véritable séisme dans la société du 19ème siècle. Ça a été la fin d'un monde et l'abandon définitif de la thèse de la génération spontanée selon laquelle « la vie pouvait naître de la matière non vivante » (Aristote 334 av. JC).

La découverte des microbes a été le socle sur lequel s'est instituée l'immunologie en tant que science. Replaçons-nous à l'époque de Pasteur, mettez-vous même à sa place : Vous avez découvert des micro-organismes capables de provoquer des maladies mortelles chez l'homme et qui sont, par ailleurs, contagieuses. C'est une découverte bouleversante, à tel point que vous pourrez finir par croire que toute l'humanité est en danger. Vous alertez alors les plus hautes autorités qui vous somment de développer des vaccins car vous les avez convaincues que c'était l'unique remède possible. N'oublions pas qu'une des qualités tant estimées des vaccins est le fait qu'ils puissent être utilisés à grande échelle (le vaccin anti-Covid-19 a pour vocation d'être administré au monde entier). Leur usage est de surcroît moins coûteux et d'usage plus simple qu'un traitement médicamenteux. Votre découverte change la compréhension de la maladie humaine, et suggère que des facteurs externes (des êtres microscopiques) en sont responsables. Vous êtes désormais un bienfaiteur pour l'humanité entière, et votre nom figure à jamais dans les annales de l'histoire, associé au génie scientifique et au progrès humain. La peur des virus et des microbes, comme vecteurs sournois et invisibles de la maladie, s'est instillée partout ainsi que la certitude que le vaccin est le meilleur remède contre eux. Même dans le cas où d'autres traitements existent, le vaccin s'impose comme la solution idéale. Nous adhérons toujours à l'idée pasteurienne selon laquelle le meilleur moyen de guérir d'une infection est de la provoquer sous une forme atténuée chez les individus sains. Même les scientifiques les plus compétents dans le domaine demeurent fidèles à cet héritage. Il est quand même intriguant que l'option vaccinale soit toujours associée à la peur de mourir (d'une infection).

Pourquoi Pasteur était-il si convaincu de l'efficacité des vaccins ? L'immunologie n'était pas encore née, il n'avait aucune idée des réactions biochimiques de l'organisme infecté (la biologie cellulaire et moléculaire en était à ses balbutiements), et la seule option qui s'offrait à lui était l'approche vaccinale. Inspiré par le succès de Jenner qui avait réussi à guérir la variole avec son vaccin, il voulait mettre au point un nouveau vaccin selon un protocole expérimental qui ne laisserait aucun doute sur son efficacité. La découverte des microbes a consolidé l'idée que l'organisme humain pouvait être attaqué de l'extérieur, ce qui a contribué au développement d'une science nouvelle (l'immunologie) en à peine quelques décennies. La discipline a été auréolée par plusieurs prix Nobel depuis. On a compris et admis dès lors le rôle capital de l'immunité dans le maintien de l'intégrité de l'organisme.

Mais l'autre découverte révolutionnaire qui a fini d'assurer le succès de l'immunologie fût la détermination de la réponse de l'organisme aux vaccins. En particulier, la détection de composés dans le sérum capables de neutraliser des infections.

Les découvertes d'Ehrlich et de Metchnikoff décrivent quelle est la réponse de l'hôte à une agression extérieure ou à une infection. La science s'est intéressée parallèlement aux réactions de l'hôte aux infections qui se matérialisent à la fois par des réponses humorales (Ehrlich) et cellulaires (Metchnikoff). La capacité des sérums à transférer la protection contre des infections à des organismes non-infectés prouve bien que ces sérums contiennent des facteurs synthétisés par les cellules de l'organisme capables d'interagir avec les microbes pour réduire ou supprimer leur pathogénicité. C'est bien à partir de cette observation qu'a été mise en évidence l'existence de mécanismes de défense chez l'hôte, ce qui a donné naissance au concept d'immunité. De nouvelles découvertes sur les mécanismes de l'immunité se sont succédées jusqu'à l'élaboration d'une première théorie de l'immunité. D'ailleurs, le transfert de sérum d'un sujet malade à un sujet sain rappelle ce que faisaient les Chinois il y a très longtemps avec la pratique de transmission volontaire de la variole en vue de sa prévention.

Attardons-nous un peu sur ce transfert qui mérite une attention particulière. Celui-ci n'existe nulle part dans la nature à l'exception notable du transfert passif de l'immunité d'une mère à son fœtus et ensuite à son nouveau-né. Et donc, le procédé réalisé par les Allemands à l'époque d'Ehrlich, qui visait à transférer la protection contre un agent infectieux d'un individu immunisé à un autre non-immunisé, est contre-nature et artificielle. Nous savons aujourd'hui que ce transfert désigne l'immunité passive, nous savons aussi que le SI du receveur risque de réagir contre le sérum de transfert et ainsi d'abolir son action biologique. Ehrlich ignorait le phénomène d'action des anticorps. L'efficacité des sérums dure seulement le temps que prend une réaction immunitaire adaptative pour se constituer, d'où une efficacité thérapeutique de court terme (on les injecte rapidement chez un sujet ayant été exposé à un facteur risque pour neutraliser les microbes qui viennent de pénétrer dans l'organisme et les empêcher de se multiplier). C'est ce qu'on qualifie d'immunisation passive. Le succès des expériences de transfert d'Ehrlich réside dans le fait qu'il avait injecté les sérums rapidement après l'infection du sujet non-immunisé. Il les administrait aussi en grande quantité.

Cependant, ce n'est pas le transfert de la protection contre l'infection entre des individus qui est révolutionnaire en soi. Les prix Nobel sont en réalité décernés à des travaux qui ont un impact colossal sur les connaissances actuelles. Quel est donc l'impact résultant des travaux d'Ehrlich ? C'est le fait d'injecter des substances étrangères dans l'organisme afin d'empêcher l'apparition d'une maladie. Cette intrusion dans l'organisme en y mettant des corps étrangers constitue un tournant majeur pour l'immunologie. Le procédé traverse les barrières de l'organisme, il rompt son intégrité. C'est, par ailleurs, ici que réside la source majeure des inquiétudes contre le vaccin, et la méfiance vis-à-vis des substances qu'on injecte dans l'organisme.

Pourrait-on imaginer d'autres options par lesquelles guérir une maladie (sans intrusion dans l'organisme) ? La médecine officielle ne reconnaît rien d'autre qu'elle-même. Toute médecine alternative est bannie, censurée, moquée voire diabolisée. Pasteur ou Ehrlich ont inspiré toute l'idéologie médicale et pharmacologique d'aujourd'hui, entièrement fondée sur l'administration de molécules dans l'organisme pour endiguer la maladie. Est-il excessif de penser que l'industrie pharmaceutique, en s'appropriant les médicaments, exerce un pouvoir de vie ou de mort sur les populations. Conditionnés depuis notre naissance à accepter et même demander des médicaments ou des vaccins, nous acceptons aussi cette intrusion au sein de notre organisme. L'immunologie, elle-même, qui fonde sa pratique sur l'introduction de substances étrangères dans l'organisme pour moduler les mécanismes de défenses de l'organisme, accepte et promeut ce fait. Les immunologistes n'avaient pas d'autre option que de rompre l'intégrité de l'organisme pour mettre en évidence les mécanismes de l'immunité. Pourtant, l'injection par elle-même peut provoquer des réactions qui se surajoutent à celles dirigées contre la substance injectée. L'organisme réagit, et contre l'injection, et contre la substance. Notre système nerveux (SN) va interpréter l'injection comme une blessure et un danger contre lesquels il va mobiliser des mécanismes de défense. Les effets de l'injection et de la substance injectée s'additionnent. Elles ont sans doute un effet cumulatif. Le transfert passif d'une immunité et son induction par un vaccin sont plutôt contre-naturels ou contre-intuitifs, car un vaccin diffère chimiquement de l'agent pathogène qu'il représente. L'immunologie est donc basée sur une manipulation de l'organisme humain. Avec l'immunologie, nous entrons dans une nouvelle ère, celle qui consiste à modifier chimiquement l'organisme humain pour mieux assurer son adaptation et sa survie. Toute la médecine conventionnelle épouse ce dogme. Nous comprenons donc pourquoi Ehrlich a reçu un prix Nobel et pourquoi Pasteur est considéré comme le père de la microbiologie auréolé de tous les prestiges. Pourquoi la science a-t-elle choisi cette voie ? Des puissants auraient-ils saisi cette occasion unique pour planifier de contrôler l'être humain à travers son métabolisme ? Les choix scientifiques sont influencés par des intérêts financiers, nous l'avons vu, malgré l'engagement de la science à respecter une démarche éthique de production du savoir.

Les scientifiques ont admis depuis longtemps que la seule manière de comprendre le fonctionnement de l'organisme était de disséquer sa matière vivante. Cette idée s'est donc enracinée dans les esprits. Lisons donc cet extrait :

« Les pratiques de recherche ont été théorisées à la fin du 19ème siècle par Claude Bernard, dans son « Introduction à la médecine expérimentale », sous forme de proposition de critères de compatibilité du modèle expérimental avec le modèle clinique. Tandis que l'anatomie n'a pu prospérer que grâce à la dissection et aux prélèvements réalisés sur des cadavres, l'expérimentation doit être conduite sur une personne qu'il ne s'agit pas de soigner. (…) ces deux types de pratiques présentent des points communs qui tiennent à ce que, selon David Le Breton, « pour que progresse la connaissance, certains individus doivent sacrifier une part d'eux-mêmes ». En effet, la médecine fondée sur l'anatomie n'a pu se développer qu'en disséquant les cadavres, ce qui impliquait de considérer la dépouille mortelle, non plus comme indissociable de la personne qu'elle avait abritée, mais comme une chair accessible au savoir. »[51] (Dominique Thouvenin, 2009).

L'auteur précise plus loin : « C'est au début des années 1950, que va se développer la biomédecine, une médecine qui s'appuie sur les connaissances acquises grâce aux expérimentations sur l'homme, ainsi qu'aux recherches dans le champ de la génétique. Celle-ci présente un certain nombre de spécificités : elle nécessite, pour pouvoir soigner certains malades, de disposer d'éléments biologiques qui ne se trouvent que dans les corps de personnes autres que celles qui sont soignées grâce à ces éléments (…) Par ailleurs, à partir d'une trace corporelle ou d'un prélèvement, il est possible d'établir le génome d'une personne ; ce procédé permet l'identification d'une maladie ou d'une prédisposition à une maladie (...). Ces pratiques qui sont hétérogènes, puisqu'elles vont de la transplantation d'organes à l'identification d'une personne soupçonnée d'avoir commis une infraction, ont en commun de nécessiter l'accès au corps biologique de l'être humain. »

L'objectif de Pasteur et plus tard d'Ehrlich était injecter dans le corps humain de la matière organique vaccinale afin de le guérir de son infection. L'examen médical atteste de l'efficacité de l'injection en déterminant si les symptômes de la maladie ont disparu ou, au pire, prescrit une autopsie pour déterminer la cause de sa mort au cas où l'injection aurait échoué à endiguer l'infection. Pourtant, injecter une substance dans le corps signifie interférer avec ses fonctions physiologiques ; elle représente en effet une intrusion dans le corps par rupture locale de son intégrité au point de l'injection. Le vaccin devrait permettre de prévenir l'apparition d'une maladie infectieuse par l'action biochimique de ses composés qui agit, en quelque sorte, en différé. L'injection va moduler les fonctions de l'organismes pour ainsi contrebalancer (préventivement) les effets délétères de la maladie. L'approche est invasive. Cette intrusion requiert que nous ayons des connaissances préalables sur le fonctionnement interne de l'organisme inoculé. Pasteur ou Ehrlich ont expérimenté l'action des vaccins sur l'homme sans avoir une connaissance suffisante du SI, ils se fiaient à l'observation de l'apparition ou de la disparition des symptômes. Aujourd'hui, les scientifiques connaissent beaucoup mieux l'organisme humain, et l'époque de Pasteur ou d'Ehrlich est révolue. Ces deux savants, guidés par une intuition basée sur l'observation, sont pourtant passés à l'expérimentation sur l'homme. Cette approche expérimentale a eu un énorme impact sur les futures recherches en immunologie.

Tout le monde connaît l'histoire de Pasteur et du petit Joseph : l'enfant mordu par un chien enragé allait mourir quand Pasteur, en lui inoculant son vaccin contre la rage, réussit à le sauver. Voici le témoignage de Joseph Meister en 1939 : « Monsieur Pasteur était très ému, il n'avait jamais fait d'expérience de son vaccin autrement que sur les animaux. Mais ma mère insista, faisant valoir que puisque j'étais condamné, je n'avais rien à craindre et que l'on pouvait essayer sur moi le seul traitement qui existait. »

En isolant des extraits tissulaires contenant le virus, Pasteur fit des tests en les injectant à des lapins. Le virus fut ensuite récupéré pour être injecté à un autre lapin et ainsi de suite jusqu'à obtenir un virus atténué. C'est cette méthode qui fut appliquée au petit Joseph. Le jeune garçon reçoit en tout vingt-et-une piqûres, sous la peau du ventre, d'un virus plus fort à chaque injection. Il aurait été intéressant de faire subir le même nombre d'injections, selon le même protocole, à un autre enfant servant de témoin ayant les mêmes attributs physiologiques que le petit Joseph, en inoculant le même extrait tissulaire mais sans virus ou un liquide neutre. Avec un tel témoin, on aurait déterminé l'effet de l'acte de l'injection. Juste après le petit Joseph, une multitude de « mordus » se présentèrent à l'École Normale Supérieure, rue d'Ulm à Paris, venant de toute la France et de l'étranger, pour bénéficier du traitement de Louis Pasteur. De fil en aiguille, le savant est passé de l'expérimentation sur les animaux à l'expérimentation sur les personnes. Face à cette affluence, Louis Pasteur décide de fonder un centre spécialement dédié à la vaccination contre la rage qui sera également un centre de recherche et un centre d'enseignement. L'Institut Pasteur sera inauguré trois ans plus tard en1888.

J'attire votre attention sur le fait qu'à cette époque le déploiement des injections par le biais de la seringue connaît un grand essor, ce qui aura par la suite un énorme impact sur le progrès de la médecine. Pour tout le monde, l'injection est synonyme de piqûre qui suppose l'introduction dans l'organisme d'une aiguille pleine (acupuncture) ou creuse (injection, ponction). La seringue fera son entrée par la suite. Le mot « seringue » provient du grec *surinx* « roseau coupé » qui a donné en français le syrinx et le seringat dont on évidait la tige de la moelle pour en faire des seringues. Comme chacun le sait, une seringue est un tube muni d'un piston terminé par une ouverture sur laquelle se fixe une aiguille creuse ou un petit tube. On l'utilise pour transférer de petites quantités de liquides ou de gaz dans des endroits inaccessibles. Le principe physique en est celui de la succion : en augmentant la pression à l'intérieur du tube à l'aide du piston, le contenu de la seringue est aspiré vers le milieu dont la pression est moindre.

Mais sait-on que la seringue n'a été utilisée pour l'injection sous-cutanée qu'au début du 19ème siècle ? Voici la chronologie de son utilisation en médecine. (Extrait de Wikipédia) :

- 17ème siècle : découverte de la circulation sanguine par William Harvey en 1617. Premiers essais d'injections par voie parentérale à l'aide d'une canule et d'une poire contenant le médicament. C'est l'infusion médicamenteuse ; seringue à « auto-lavement » (grâce à un embout flexible) de Reinier de Graaf.
- 18ème et 19ème siècle : vers 1720, fabrication d'une seringue sur le modèle de la seringue à lavement, mais beaucoup plus petite, par Dominique Anel, chirurgien français. Premières transfusions sanguines ; Le chirurgien français Charles Gabriel Pravaz transforme et améliore la seringue d'Anel (1852) ; À la même époque, Alexander Wood crée une aiguille creuse, et les premières injections sous-cutanées avec la seringue de Pravaz sont effectuées, naissance de la méthode hypodermique ; Émile Roux, collaborateur de Pasteur, met au point une seringue tout en verre (donc plus facilement stérilisable) et portant des graduations (1894) ; Laetitia Geer invente la première seringue médicale utilisable d'une seule main (1899).
- 20ème siècle : la seringue graduée en verre avec aiguille métallique apparaît (1906) ; Les frères Louis et Paul Nogier, médecins lyonnais, inventent la seringue en plastique avec aiguille à usage unique, puis la seringue entièrement à usage unique (vers 1970). L'apparition de cette seringue jetable en médecine est vite devenue indispensable, peu coûteuse, elle permet d'éviter la transmission de micro-organismes ; Apparition du « stylo » permettant un usage par du personnel non médical en facilitant le dosage et la perforation cutanée ; Injection sans

aiguille (1998), le liquide est poussé dans une buse, la pression ainsi créée permet de percer la peau.

Le rôle de la seringue dans le déploiement de la vaccination est mésestimé. Notons ainsi que l'injection par seringue était en plein essor à l'époque où Pasteur avançait la théorie microbienne des maladies contagieuses et commençait ses recherches sur les vaccins. Tout concourait à préparer la réussite de la vaccination pasteurienne. Émile Roux, élève de Pasteur, avait lui-même mis au point la seringue en verre graduée stérilisable. Sans le développement du procédé d'injection sous-cutanée, Pasteur n'aurait pas été en mesure de réaliser ses nombreuses expérimentations sur les animaux, préalables à la mise au point d'un vaccin. Pasteur adhérait à l'idée de l'époque qui considérait nécessaire de pénétrer dans l'organisme pour comprendre son fonctionnement ou pour le guérir d'une maladie. Cette approche, posée comme une évidence, influence la médecine et la biologie d'aujourd'hui qui conditionne toute thérapeutique à une manipulation du vivant. De là, se préparent les techniques invasives modernes jusqu'à la manipulation génétique. Le transhumanisme n'est qu'un des fruits modernes de cette doctrine. Pasteur a donc bénéficié des idées et techniques de son temps. Ses découvertes étaient le pur produit de la pensée dominante en matière scientifique et médicale.

La morsure d'un serpent ou la piqûre d'une seringue introduisent de la matière étrangère dans l'organisme. C'est aussi vrai pour la vaccination. La médecine et la biologie interviennent en conséquence dans l'organisme pour interférer avec ses fonctions. Aurait-il pu en être autrement ? Nous savons que ces deux disciplines ont choisi la voie ouverte par les philosophes des Lumières pour qui la matière était la seule réalité tangible, et la raison humaine la seule approche valable pour acquérir la connaissance. L'esprit ou la conscience ont été relégués progressivement dans un domaine extérieur à la science, qu'on le nomme métaphysique ou spirituel. Ces deux disciplines ont rompu avec Dieu puisque « Dieu est mort » depuis l'époque des Lumières. Ainsi, Nietzche n'avait-il pas prophétisé l'ère du transhumain : « Dieu est mort ! Dieu reste mort ! Et c'est nous qui l'avons tué ! Ce que le monde a possédé jusqu'à présent de plus sacré et de plus puissant a perdu son sang sous notre couteau. — Qui nous lavera de ce sang ? Avec quelle eau pourrions-nous nous purifier ? Quelles expiations, quels jeux sacrés serons-nous forcés d'inventer ? La grandeur de cet acte n'est-elle pas trop grande pour nous ? Ne sommes-nous pas forcés de devenir nous-mêmes des dieux simplement — ne fût-ce que pour paraître dignes d'eux ? »[52] (Friedrich Nietzsche,1882).

Les doctrines matérialistes ont tracé le chemin de la science expérimentale que nous connaissons aujourd'hui, malgré que les sciences physiques aient réussi à dépasser les limites de la matière en démontrant que le vide est chargé de particules de matière et d'antimatière qui s'annihilent mutuellement. La médecine et la biologie auraient pu avoir une autre destinée. De nombreuses autres théories ont été abandonnées ou reléguées comme non-scientifiques, en l'occurrence celle d'Antoine Béchamp (1816-1908) sur les microzymas (il s'opposait fermement aux théories de Pasteur). À la suite de travaux expérimentaux et d'observations, il revendique la découverte selon laquelle toute cellule animale ou végétale serait constituée de petites particules capables, sous certaines conditions, d'évoluer pour former des bactéries qui continueraient à vivre après la mort de la cellule dont elles proviendraient. Il appela ces petits éléments autonomes microzymas.

Contemporain de Louis Pasteur, il reproche à ce dernier d'avoir repris ses propres théories en dénaturant leur sens profond et d'avoir ainsi orienté la médecine dans une forme d'impasse. Il ne craint pas d'affirmer en réponse à un collègue, le Docteur Vitteaut : « Je suis le précurseur de Pasteur, exactement comme le volé est le précurseur de la fortune du voleur heureux et insolent qui le nargue et le calomnie. »[53]

Bref, la science a choisi son destin, celui de ne considérer que la matière et d'abandonner les recherches sur l'esprit et la conscience, tout en niant toute existence aux forces invisibles. N'ignore-t-elle pas les forces insoupçonnées de l'esprit et de la psychologie humaine ? Nous voici donc confrontés à une science matérialiste, athée, qui considère le corps humain comme une masse de matière, ni plus ni moins. Tous les scientifiques qui se sont engagés sur cette voie ont pactisé avec cette science aux allures de nouvelle religion tant elle est dogmatique. Le monde d'aujourd'hui n'est que le reflet de cette idéologie. Nous en sommes tous responsables. Il nous faudrait désormais mobiliser une force incroyable de conviction pour faire dévier la science actuelle de sa trajectoire. Nous comprenons donc que le consentement à la vaccination généralisée est une adhésion corps-esprit à la science officielle héritière de l'époque des Lumières qui a décrété que « Dieu est mort ». C'est aussi un consentement pour que la science progresse (techniquement) sur cette trajectoire qui logiquement peut nous mener tout droit à l'eugénisme et au transhumanisme, voire à la négation de l'être humain comme être doué d'une conscience non réductible à son cerveau. La conscience humaine est, selon moi, une propriété ontologique, métaphysique de l'être humain. Pour cette science, ce dernier est réduit à n'être qu'un animal doté de cognition, mais sans esprit ni conscience, dont même le cerveau peut être « piraté ». Nous consentons donc à ce que la science continue de manipuler le vivant comme s'il n'était qu'une masse de matière organique. Notre consentement vaut allégeance à une idéologie matérialiste et athée. L'immunologie n'échappe pas à la règle, c'est une discipline née avec la vivisection et la transplantation d'organes et surtout avec les injections de matières organiques aux êtres vivants sensibles. Ses fondements se sont construits à partir d'une rupture d'intégrité du vivant. Une injection est une blessure locale, une source de douleur et une rupture de l'intégrité de l'organisme. L'immunologie franchit les limites bioéthiques depuis sa naissance, elle est constitutive de cette « transgression », elle produit des êtres-chimères avec des organes extraits d'autres organismes. Elle est elle-même contre-nature. Même les expériences d'Ehrlich, qui semblent anodines de nos jours, préfiguraient l'injection de matériel organique étranger à la personne humaine.

« L'aboutissement des recherches vétérinaires est le fait de Pierre Victor Galtier, professeur à l'École vétérinaire de Lyon (1846-1908). Par ses travaux, il réfute l'idée d'une rage spontanée, ainsi que les traitements homéopathiques de la rage. Il découvre qu'il est possible d'augmenter ou de diminuer la virulence de la rage de laboratoire. (…). Il est le premier à avoir l'idée de vacciner rapidement après morsure, compte tenu de la longueur de l'incubation, pour avoir un effet curatif par un moyen préventif. À partir de 1880, Pasteur améliore directement les travaux de Galtier en comprenant que le système nerveux central est le site principal de la rage. Il parvient à obtenir une immunité chez le chien (grâce à Émile Roux). (…) En 1885, Pasteur annonce la réussite de la première vaccination humaine, celle de Joseph Meister (1876-1940) mordu par un chien enragé le 4 juillet 1885, et vacciné le 6. (…) Au 31 octobre 1886, 2490 personnes ont subi le traitement préventif de Pasteur, avec 17 échecs. La méthode se répand très rapidement dans le monde entier, par des laboratoires antirabiques dans la plupart des pays d'Europe et d'Amérique. » (Wikipédia)

Il est surprenant que le même scénario se répète à travers les siècles. Qu'il s'écrive dans le laboratoire de Pasteur ou de nos jours sur la planète entière avec la Covid 19, il se déroule toujours selon cette séquence : 1) Des êtres humains sont en danger de mort suite à des infections virales. 2) Une solution existe. C'est un vaccin qui est capable de bloquer la propagation du virus. 3) On procède à son déploiement massif au risque que des effets secondaires surgissent à court ou moyen terme. Sur ce point, on sera toujours dans l'incertitude car ce qui se révèle efficace sur des groupes contrôlés peut s'avérer catastrophique en population générale sur des groupes hétérogènes. Pasteur et ses ardents défenseurs ne pouvaient en aucun cas prédire l'efficacité de leurs vaccins sur l'homme car ils ne disposaient pas de mesures objectives de leur efficacité ou de leur innocuité. Ils se fiaient seulement à l'observation diagnostique et à l'évolution des symptômes. On pourrait qualifier d'expérimentations ces manipulations sur l'homme à une époque où la bioéthique était balbutiante. De nos jours, de telles approches seraient officiellement rejetées par la communauté scientifique. D'abord, il faudrait disposer du matériel antigénique le plus approprié, et surtout évaluer, à chaque stade, de l'animal à l'homme, les risques liés aux injections. Il a fallu une série de travaux expérimentaux après la mort de Pasteur pour mieux caractériser le virus de la rage et développer des vaccins plus performants. Pour que vous puissiez avoir une idée concrète du grand écart entre les conditions de vaccination de l'époque et la nôtre, il vous suffit de connaître les étapes que doit suivre un vaccin en développement avant sa mise sur le marché définitive. Avant de recevoir le feu vert pour une mise sur le marché, un vaccin est soumis à une procédure d'essais cliniques longue de plusieurs années et rigoureuse. Les conditions dans lesquelles Pasteur, Jenner et même Ehrlich opéraient seraient totalement exclues de nos jours. Malgré tout, leur esprit est toujours présent, on continue de croire aux vaccins comme la solution immédiate à toute situation épidémique. Les outils statistiques sont d'un grand secours pour comparer les bénéfices et les risques en phase expérimentale.

Cependant, le problème majeur avec les études statistiques c'est qu'elles ne sont pas capables de prédire la réaction d'un sujet lambda, étant donné la diversité génétique dans l'espèce humaine et la grande variabilité des conditions du milieu des humains. Il est très difficile de contrôler toutes les variables qui pourraient influer sur l'efficacité d'un vaccin. L'histoire a consigné des drames liés à l'usage massif de vaccins, ce qui a fini par susciter une certaine méfiance dans le public, malgré la promotion et la publicité mises en œuvre par les pouvoirs publics pour surmonter ces doutes. La crise sanitaire que nous vivons actuellement a pris les allures d'une crise plus systémique. La science se positionne comme l'acteur déterminant pour y apporter une solution, mais elle ne fournit pas les preuves d'une précaution et d'une surveillance suffisantes pour contrôler les effets induits de cette vaccination massive.

Nous ignorons qui va en payer les frais, le vaccin anti-Covid s'avère un échec : il n'empêche ni l'infection ni la transmission, et le nombre d'effets secondaires graves dépassent de loin ceux enregistrés pour les vaccins « classiques ». Cela, et la peur causée par la menace toujours présente du Covid amplifiée par les médias officiels, ont fragilisé la confiance que plaçaient les citoyens dans leurs élites. La succession de crises mal gérées de ces dernières décennies a entamé pour longtemps cette confiance, que l'on pense à la crise des *subprimes*, aux attentats terroristes ou aux Gilets Jaunes. Une guerre oppose les pro-vaccins aux non-vaccinés, considérés comme « antivaccins » et, de ce fait, comme de dangereux réfractaires. Les premiers se fient à la version officielle alors que les seconds font une relecture complétement différente des informations relayées par les médias qui constituent selon eux « un narratif » destiné à maquiller la réalité.

N'oublions pas que ce genre de conflit existe aussi dans les milieux scientifiques entre les tenants de la doxa et les promoteurs d'une pratique scientifique et médicale alternative plus soucieuse de l'humain. Certains estiment que les théories scientifiques actuelles, que ce soit en biologie ou en physique, ont bénéficié du soutien des puissances de l'argent pour qu'elles soient dirigées dans le sens de leur intérêt. Ces puissances auraient d'ailleurs conditionné la population à accepter les résultats de la science annexée à la pensée dominante (celle qui consacre la séparation de l'Homme d'avec sa conscience et de toute idée de Dieu).

La crise de la Covid est venue exacerber ce conflit. Je vous en donne une illustration avec deux publications qui présentent deux versions opposées des effets après vaccination[54] :

« On a toutes les raisons de penser que Pfizer et Moderna causent autant de morts, car ce sont des vaccins basés sur la protéine S, comme AstraZeneca – et cette protéine cause des dégâts sanguins et cardiaques à elle-seule. Ainsi, une étude a trouvé autant de thromboses suite à AstraZeneca que suite aux vaccins Pfizer/Moderna. Récemment, les Israéliens ont détecté un lien entre le vaccin Pfizer et les myocardites, l'inflammation du cœur, chez les moins de 30 ans. Donc, ces vaccins peuvent causer des morts, liées à des dégâts cardiaques. (…) Problème : avec les vaccins contre la Covid-19, les chiffres ne sont pas du tout rassurants ! Sur 95 à 100 millions d'Américains vaccinés à la mi-avril, le système de notifications avait déjà rapporté… 3 500 décès. Cela fait au moins 50 fois plus de décès « suspects » par rapport au vaccin contre la grippe ! Voilà un indice très clair que ces vaccins causent beaucoup plus de morts qu'on ne le dit ! Et en Europe, alors ? Eh bien c'est à peu près la même chose… en pire. Le système EudraVigilance a reçu plus de 10 000 notifications de décès après une vaccination. (…) Là encore, les autorités vous diront que ces décès post-vaccinaux sont des « coïncidences ». Mais ce n'est pas crédible, car cela n'explique pas pourquoi on enregistre 50 à 100 fois plus de décès après un vaccin Covid qu'après un vaccin contre la grippe ! (…) Ces morts « notifiées » ne sont probablement qu'une petite partie de l'iceberg ! Une étude de 2010 avait conclu que 1 à 13 % seulement des effets indésirables graves des vaccins étaient notifiés aux autorités. Donc la plupart des morts après vaccination ne sont jamais enregistrées nulle part ! ».[55] (Samuel Eckert, 2022).

Un constat alarmant qui aurait dû inquiéter les autorités. Mais « le Monde », quotidien qui représente la version officielle, fait état d'une réalité toute différente :

« Depuis le début de la campagne de vaccination contre le Covid-19, les militants qui y sont hostiles redoublent d'efforts pour discréditer les vaccins, en amplifiant et manipulant les informations sur les effets secondaires. Les publications sur les réseaux ou les éléments de discours varient, mais font souvent appel aux mêmes biais (…) Tous ces drames sont liés au même vaccin, celui du laboratoire britannique AstraZeneca. En tout, au 29 juillet, sur près de 7,7 millions d'injections réalisées en France, l'Agence Nationale de Surveillance du Médicament (ANSM) dénombrait 58 cas de thrombose atypique, dont treize morts. (…) Depuis ces tragédies, le vaccin d'AstraZeneca n'est quasiment plus utilisé : dès la fin mai, il ne représentait plus que 1 % des injections. Pfizer et Moderna, les deux vaccins majoritaires, sont plus sûrs, si l'on en croit les autorités sanitaires. Des morts ont bien été rapportées après des injections de ces deux vaccins, mais « les éléments transmis n'indiquent pas un rôle potentiel du vaccin » juge, à ce jour, l'ANSM. »[54] (William Audureau, 2021).

Imaginez que Pasteur ou Ehrlich aient eu la connaissance scientifique des microbiologistes actuels, qu'ils maîtrisent tous les mécanismes moléculaires immunitaires connus aujourd'hui ! Mais la vérité c'est qu'ils ignoraient la structure des anticorps et toute la biologie cellulaire, à part quelques connaissances classiques qu'ils ne pouvaient explorer avec la précision nécessaire. C'est avec l'avènement de la biologie moléculaire et de la biologie cellulaire que nous sommes capables aujourd'hui de décrire, étape par étape, les mécanismes moléculaires impliqués dans chaque fonction de l'organisme. Ehrlich et Pasteur injectaient de la matière organique dans l'organisme vivant sans savoir ni où ni comment elle agissait. Ce sont, malgré tout, des précurseurs ; ils ont ouvert la voie à la biologie actuelle et à l'immunologie, et c'est pourquoi ils sont devenus si célèbres.

Pour s'atteler à la santé des populations, il ne suffit pas d'améliorer la qualité des vaccins ni les conditions dans lesquelles ils sont testés, il faut surtout déterminer tous leurs effets biologiques une fois injectés dans l'organisme. Pasteur et Ehrlich ne discernaient pas l'*in vivo* de l'*ex vivo* ou de l'*in vitro*. Ils se fiaient au suivi des symptômes de la maladie sans savoir exactement par quel mécanisme le vaccin l'avait éradiquée. Étrangement, nous sommes encore, malgré les progrès fulgurants de l'immunologie, dans la même situation que ces deux éminents savants puisque des vaccins continuent d'être injectés sans que nous connaissions précisément tous leurs effets dans l'organisme. Ce cercle vicieux résulte du fait que l'efficacité d'un vaccin (censé protéger de la maladie infectieuse et endiguer sa propagation) ne peut être validée par aucune méthode expérimentale. L'efficacité d'un vaccin est relative, une déduction statistique.

De nos jours, en effet, on repère d'abord les antigènes immunogènes d'un microbe, puis on les utilise *in- et ex-vivo* pour tester leur capacité à stimuler une réponse immunitaire humorale ou cellulaire. On détermine alors si ces réponses immunitaires vont neutraliser l'infection *in vivo* (chez l'animal modèle). Ce n'est qu'après cela qu'on reprend les tests *in vitro* pour démontrer, d'une manière objective et détaillée, la capacité des anticorps à bloquer l'infection ou bien celle d'un antigène à stimuler une réponse cellulaire capable d'endiguer l'infection.

C'est une boucle d'essais connus, mais l'homme en est toujours le dernier maillon. Souvent, c'est l'histoire naturelle d'une infection qui nous guide vers cet épitope tant désiré, celui qui bloque l'infection. Donc, il faut d'abord bien étudier l'infection naturelle, ce qui exige un temps conséquent. Une fois la boucle bouclée et si les résultats sont positifs, on procède à l'étude des vaccins chez la personne sans vraiment se pencher sur leurs effets dans l'organisme. Un organisme vivant, surtout celui de mammifères hautement évolués, est très complexe et plusieurs variables jouent un rôle dans l'efficacité et l'innocuité d'une substance étrangère. L'acte vaccinal échappe à l'approche scientifique communément admise qui doit tout contrôler, variable par variable, sans laisser aucune zone d'ombre. Nous avons recours à la statistique, véritable béquille instrumentale, pour la validation de l'usage *in vivo* de vaccins, et qui ne prend en compte que l'effet net ou globalement perceptible d'un vaccin (c'est-à-dire la somme de tous ses effets dans l'organisme) sans savoir, ni pourquoi, ni comment tel ou tel effet secondaire a pu apparaître. L'organisme vivant est devenu lui-même l'objet de la manipulation expérimentale. Quand il s'agit d'êtres humains, une vigilance guidée par les principes éthiques devrait s'ériger pour retirer immédiatement du marché les vaccins dont on constate des effets secondaires préoccupants.

Il est admis que des drames sanitaires ont eu pour origine la vaccination. C'est le cas pour, par exemple, la vaccination préventive contre la tuberculose effectuée en 1930 à Lübeck qui a causé une centaine de morts parmi les enfants injectés. Des accidents ont également marqué le passage à une fabrication à l'échelle industrielle, comme l'accident Cutter (du nom de la firme dont le vaccin inocula la polio à 40.000 petits Américains en 1955). Mal brassées dans la cuve, les souches n'auraient pas été suffisamment inactivées.

Le problème avec la vaccination réside principalement en ce qu'elle est, en réalité, une approche probabiliste. Même si un vaccin est associé à une réaction immunitaire, les individus ne répondent pas tous de la même manière, et donc, nous ne pouvons pas espérer un consensus général sur son efficacité. L'incertitude qui accompagne le développement d'un vaccin est en contradiction avec la nature formelle de la science qui a pour vocation de déterminer avec précision des lois qui gouvernent les phénomènes observables. Par conséquent, le fait que nous ayons recours aux statistiques pour valider l'efficacité d'un vaccin prouve *a contrario* qu'il ne relève pas d'une science exacte. Théoriquement, les traitements peuvent être classés en 3 groupes : 1) curatif, dont le but est de guérir le patient. 2) palliatif, afin de soulager les manifestations d'une maladie. 3) préventif, pour éviter l'apparition de la pathologie.

Le vaccin est préventif et administré aux sujets à risque ou dont la situation (travail ou voyage) les met dans cette position mais aussi aux sujets sains. Le problème, c'est que les effets secondaires parfois graves qui en découlent peuvent affecter des sujets qui n'auraient peut-être pas contracté la maladie infectieuse. Ceux-ci sont perdants à 100%, ce que la statistique, par son effet de lissage sur des grandes masses, occulte totalement avec le faux argument de la balance bénéfice/risque. De même, l'effet protecteur est hypothétique tant que le vacciné n'a pas connu l'infection naturelle contre laquelle le vaccin est destiné à le protéger.

La situation se complique avec les virus hypervariables car un vaccin protégeant contre une souche pourrait s'avérer inefficace contre une souche variante. Dans ce dernier cas, le vaccin risque même de favoriser la propagation de la souche variante en éliminant du pool viral des souches parentales dont il est spécifique, laissant le terrain libre aux variants pour infecter les cellules. L'ADCC (*Antibody-mediates cell cytotoxicity*) favorise la multiplication des variants, puisque les anticorps non-neutralisants les ramènent au contact des cellules qu'ils vont infecter. Tous ces éléments font que la vaccination représente une approche incertaine. Nous connaissons aussi la polémique qui concerne la composition même du vaccin avec l'ajout d'une multitude de produits (dont la toxicité est reconnue, comme l'aluminium) pour sauvegarder la stabilité des antigènes vaccinaux. Et enfin, l'acte d'injection lui-même constitue une source d'inquiétude car personne ne peut prédire avec exactitude ce qu'il advient de la solution vaccinale une fois injectée dans un organisme. Les sciences expérimentales cherchent des résultats prédictibles et reproductibles dans des conditions similaires. Pourtant, tant dans le domaine de la biologie que dans celui de la physique, on ne peut pas éviter l'incertitude que l'on essaie de contrôler en lui affectant une formule mathématique, mais peut-on estimer en valeur absolue le degré du hasard dans la survenue d'un phénomène ? Cette marge d'incertitude constitue une lacune dans l'approche scientifique, donc la dénature et la rend relative et approximative.

L'immunologie rompt l'intégrité de l'organisme au point de l'injection pour introduire dans l'organisme du matériel étranger dans le but de susciter une réaction immunitaire. En d'autres termes, après une vaccination, on mise sur l'immunité, mais l'organisme pourrait aussi bien réagir par d'autres mécanismes. En matière de vaccination, le mystère est toujours tapi quelque part. Peut-être devrait-on méditer sur les leçons de la nature et notamment celles qui montrent que l'organisme résiste d'autant mieux aux agressions qu'il a eu précédemment plusieurs occasions de les surmonter. Comme le dit la sagesse populaire : « ce qui ne te tue pas, te rend plus fort ».

L'un des arguments pour valider l'usage d'un vaccin est le fait qu'il ait prouvé son efficacité chez l'animal de laboratoire. Ceci nous montre bien à quel degré la théorie de l'évolution a conditionné la pensée en immunologie. En fait, c'est en se basant sur la thèse évolutionniste mettant en lien l'humain à l'animal que nous extrapolons les résultats obtenus chez l'animal à l'homme (non pas pris isolément, mais comme membre d'une espèce). En considérant deux espèces proches, il est probable qu'un vaccin fonctionnant chez l'une fonctionne aussi chez l'autre. C'est pourquoi le singe est le modèle expérimental pour l'homme. Or, nous le savons tous, des facteurs psychologiques et socio-économiques propres à l'être humain sont capables d'affecter sa résistance aux maladies et, corrélativement, sa réponse immunitaire aux vaccins. De plus, les opposants à la théorie de l'évolution ne voient aucun intérêt dans les résultats obtenus chez un singe du fait que ce dernier n'a, selon eux, aucune parenté phylogénétique avec l'être humain. L'approche vaccinale est ainsi néodarwiniste dans sa conception.

De surcroît, les humains vivent dans des environnements très différents, et ont des génomes variables à un certain degré, surtout dans les gènes CMH connus pour leur rôle crucial dans l'immunité adaptative. Ceci laisse à penser qu'un même vaccin ne sera pas efficace selon le même degré chez tous les individus.

S'agissant du VIH, il aurait fallu désigner un vaccin spécifique de chaque isolat du virus, voire de chaque type de populations. L'immunologie se contredit d'une manière flagrante dans le domaine de la vaccination : d'une part, elle considère chaque organisme comme une entité unique (la notion de soi), et, d'autre part, elle traite tous les organismes de la même manière avec le vaccin. Ceci est d'autant plus vrai avec la stratégie vaccinale à base d'ARNm où le taux d'expression d'ARNm et le type d'épitopes produits à partir de la protéine transcrite diffèrent entre les individus issus d'une même population. En bref, au cours d'une vaccination, on s'aveugle sur plusieurs facteurs en ne considérant que le seul résultat de la non-infection ou les symptômes cliniques. Trois événements doivent concorder avant de conclure qu'un vaccin est efficace : 1) Non-apparition des symptômes. 2) Apparition concomitante d'une réponse immunitaire. 3) Preuves récoltées dans le laboratoire, *in vitro* ou chez l'animal, que la réaction immunitaire observée neutralise l'infection responsable de la maladie. Il est bien sûr impossible de réaliser ceci chez tous les individus vaccinés, on se contente encore une fois d'évaluations probabilistes pour prédire (et décréter) l'efficacité d'un vaccin dans des panels de volontaires. Enfin, nous connaissons certains types de vaccins qui fonctionnent, mais qu'en est-il de ceux qui s'avèrent inutiles ? Sur un nombre X de vaccins testés en une période de temps, combien se sont avérés efficaces ? Le lien cause-effet entre les micro-organismes et les maladies qui leur sont associées est le fondement même de la vaccination antimicrobienne. Or, la génétique et l'environnement pourraient jouer un rôle que nous sous-estimons souvent.

Il n'est pas étonnant que l'immunologie ait inventé le terme d'antigène, qui signifie une chose (le gène) inversée, car elle-même est contre-naturelle puisqu'elle procède d'une rupture de l'intégrité du soi par l'injection ou la transplantation. Avec Jenner, Pasteur ou Ehrlich le destin de l'immunologie a été scellé. Nous pouvons donc mieux comprendre les réticences à la vaccination, une posture assumée par des personnes qui appliquent le principe de précaution. Qu'elles subissent par les pouvoirs publics et les autorités de santé des mesures stigmatisantes et des critiques acerbes n'est que le signe d'un totalitarisme rampant. Nombreuses parmi elles déplorent ce qu'est devenue la science : la propriété des puissants de ce monde. Elle consolide leur domination et accroît considérablement leur enrichissement. Vous l'avez compris, l'immunologie est matérialiste, néodarwiniste, fondée sur l'intrusion dans le vivant, et la vaccination est probabiliste et non déterministe. En effet, le déterminisme scientifique est le principe par lequel tout phénomène est régi par une (ou plusieurs) loi(s) nécessaire(s) telle(s) que les mêmes causes entraînent, dans les mêmes conditions ou circonstances, les mêmes effets. Ce n'est pas le cas des vaccins qui ont des effets variables selon les individus.

C'est avec l'idée que des microbes parasites pouvaient se nourrir de la matière organique de leurs hôtes qu'a germé le concept de défense immunitaire. Ce n'est que plus tard qu'il est devenu clair que les mécanismes de défenses immunitaires jouent un autre rôle, celui, par exemple, de débarrasser l'organisme de cellules cancéreuses ou de rejeter des greffes. L'idée que l'immunité veille à la protection de l'organisme contre les microbes ou toute intrusion venant de l'extérieur a précédé celle de l'immunité éliminant des anomalies au sein de l'organisme.

Sous le nom de « microbes » ou de « bactéries », on désigne aujourd'hui des êtres microscopiques qui jouent un rôle considérable dans la nature. Étant dépourvus de chlorophylle, ces organismes sont incapables de fabriquer de la matière organique et doivent l'emprunter, toute formée, à d'autres corps. Il n'est pas un seul instant de notre vie où nous ne soyons, sans nous en douter, aux prises avec ces terribles ennemis (ou alliés selon les circonstances). Les travaux de Pasteur et de ses élèves ont établi que toutes les maladies « contagieuses », c'est-à-dire qui se transmettent par contact direct ou indirect, sont dues à la présence d'un parasite microscopique ou de ses excrétions passant de l'individu malade à l'individu sain.

Pour que nous puissions affirmer qu'une maladie contagieuse est réellement provoquée par un microbe spécifique, il faut : 1) que le microbe en question ait été trouvé dans le sang ou les tissus de l'individu malade ou mort de la maladie ; 2) qu'il soit cultivé artificiellement par les procédés pastoriens permettant de l'obtenir pur, et réintroduit dans le corps d'un individu sain qui, mis au contact de la maladie, y reproduise la maladie avec ses lésions caractéristiques ; 3) que, dans le sujet ainsi inoculé, le microbe se soit multiplié et se retrouve en nombre supérieur à celui de l'inoculation.

Ces trois étapes doivent être vérifiées à chaque fois que nous posons le diagnostic d'une maladie infectieuse. L'ont-elles été dans le cas de la Covid ? C'est justement de ces manquements que se nourrissent ceux que l'on désigne comme « complotistes » qui ont parfaitement raison de soulever la question de l'étiologie virale de la Covid 19 : a-t-on isolé le virus ? En avons-nous un cliché au microscope électronique ? A-t-il pu transmettre une maladie équivalente chez un animal modèle ? Je rappelle qu'à cet égard « il faut un cliché de virus purifiés et non associés aux cellules car, sinon, nous ne pouvons pas affirmer que c'est une entité indépendante, il pourrait s'agir de produits cellulaires.[55] (Samuel Eckert, 2022).

Les micro-organismes peuvent être la cause de nombreuses maladies infectieuses. Des bactéries pathogènes qui provoquent des maladies comme la peste, la tuberculose et le charbon, les protozoaires responsables de maladies comme le paludisme, la maladie du sommeil et la toxoplasmose et enfin les champignons qui provoquent des maladies telles que la teigne, la candidose ou histoplasmose. D'autres maladies comme la grippe, la fièvre jaune ou le SIDA sont causées par des virus pathogènes qui ne sont généralement pas classés comme des organismes vivants et ne sont donc pas des micro-organismes au sens strict du terme. Leur existence soulève la question suivante : comment un organisme survit-il dans un milieu riche en microbes sachant qu'il peut leur servir de source nourricière ? De fil en aiguille, la théorie de l'immunité a vu le jour. À y regarder de près, c'est l'observation de la mémoire immunitaire (le fait que l'individu ayant été infecté une fois résiste à une seconde infection) qui a donné naissance à l'immunologie.

Tout au long de son histoire, la vaccination a soulevé la question du fonctionnement des mécanismes de protection immunitaire (comment un vaccin inoculé protège-t-il contre une infection ?). Avant la naissance de la théorie de l'immunologie, un dilemme avait opposé les partisans de l'immunologie humorale dont faisaient partie Paul Ehrlich et Emil Adolf (1854-1917) en Allemagne (des molécules solubles dans le sérum confèrent la protection à l'organisme contre le tétanos) et ceux de l'immunité cellulaire en France dont faisait partie le découvreur de la phagocytose, Metchnikoff, qui postulait que ce sont des cellules phagocytaires qui assurent l'immunité.

Metchnikoff avait introduit des épines de rosier dans des larves transparentes des étoiles de mer, et avait observé que des cellules mobiles les encerclaient et les détruisaient. Cette expérience consacra la naissance du concept de phagocytose. Puisque cette défense de l'organisme hôte est réalisée par des cellules, elle a donc été qualifiée d'immunité cellulaire.

En parallèle, d'autres découvertes réalisées par Ehrlich et ses collaborateurs ont démontré la capacité de facteurs solubles du sérum à protéger contre des bactéries. Cette découverte est capitale, elle prouve l'existence de facteurs sanguins qui conférent une protection contre des micro-organismes pathogènes. C'est ce qu'on qualifie aujourd'hui d'immunité humorale.

En 1890, Emil Von Behring (1854-1917) et Kitasato Shibasaburo (1853-1931) ont rapporté l'observation suivante : l'injection de sérum d'animaux immunisés avec du tétanos atténué permet de protéger les animaux receveurs quand ils sont par la suite infectés avec du tétanos pathogénique. C'est la première preuve d'une protection spécifique passant par le sérum. Cette protection est également efficace sur des animaux déjà malades. Par la suite, le premier essai de sérothérapie a été conduit avec du sérum contre la diphtérie produit par l'administration du pathogène à des chevaux, et fût standardisé par Paul Ehrlich en 1893. Paul Ehrlich est en outre l'inventeur du terme anticorps. Ces travaux valurent à Von Behring de devenir le premier lauréat du Prix Nobel de physiologie et de médecine en 1901.

Nous savons aujourd'hui que l'immunité humorale englobe le système du complément et les anticorps. Le système du complément est un groupe des 35 protéines connues du sérum faisant partie de l'immunité innée. Douze de ces protéines sont directement impliquées dans les mécanismes d'élimination des pathogènes, les autres régulent finement l'activité des premières afin d'éviter une réaction auto-immune. Il y a trois voies biochimiques qui activent le système du complément : la voie classique du complément, la voie alterne du complément et la voie des lectines liant les résidus des membranes bactériennes. Le complément peut s'activer en l'absence d'anticorps dans les trois voies, raison pour laquelle il est considéré comme faisant partie de l'immunité innée. Néanmoins, la voie dite classique d'activation peut aussi débuter par la reconnaissance d'anticorps et fait à ce titre partie de l'immunité acquise ou adaptative.

Restons à l'époque où les partisans de l'immunité humorale s'opposaient à ceux de l'immunité cellulaire, ce qui, en passant, nous donne une bonne leçon sur la manière dont s'élabore une théorie scientifique, en ce sens qu'elle doit unifier des concepts en opposition : la phagocytose versus la présence de facteurs dans le sérum capables de neutraliser des toxines bactériennes. Ces notions sont devenues élémentaires de nos jours, alors qu'à l'époque elles annonçaient des découvertes de grande importance permettant ainsi à la théorie de l'immunologie de voir le jour. Imaginez, à leur époque, Metchnikoff et Ehrlich en train de débattre sur la nature de l'immunité alors qu'aujourd'hui un étudiant en immunologie vous apprendra que ce sont les deux leviers principaux de l'immunité, et même vous décrira en détail leurs mécanismes d'action et leurs points d'intersection. Apprenons donc qu'un paradoxe ou une controverse entre scientifiques signifie qu'il faut persévérer pour trouver un terrain d'entente mutuelle. Ces paradoxes résultent, soit d'un manque d'informations qui limite la discussion, soit de l'incapacité de chacun des deux opposants à fournir une explication d'ensemble satisfaisante. Les deux arguments opposés pourraient faire partie d'une seule et même théorie si on découvrait le lien manquant. Ainsi, une théorie se construit brique par brique. Il se pourrait même que les deux arguments opposés soient deux manifestations distinctes du même phénomène. Un scientifique doit donc être bien entraîné à l'argumentation et vigilant, il devrait être en mesure d'accepter les critiques même les plus virulentes, voire de reconnaître son erreur. Notons qu'une théorie est, par ailleurs, tributaire du progrès technique et, tant que les connaissances cumulées n'ont pas franchi un certain seuil, la théorie demeure informulable.

La controverse entre Metchnikoff et Ehrlich a été la première pierre de l'édifice théorique de l'immunologie.

La construction d'une théorie dépend aussi du langage scientifique ou des concepts déjà établis. Parfois, une idée germe mais elle semble très décalée par rapport aux connaissances disponibles. Chaque idée naît d'une époque précise. Prenons l'exemple des sciences physiques, Newton avait besoin des calculs différentiels pour formuler mathématiquement sa théorie sous forme d'équations. Au milieu du 17ème siècle, les mathématiciens ne savaient guère appréhender les infinis, grands ou petits, jusqu'à ce que Newton s'attaque à ce problème et aboutisse à une méthode de calcul infinitésimal (vers 1669). Ce nouveau mode de calcul permettait à Newton de calculer la pente (*la tangente*) de n'importe quelle courbe ainsi que son aire. C'est ce qu'on appelle aujourd'hui le calcul différentiel et intégral. Ces mêmes opérateurs permettront à Newton d'établir les relations nécessaires entre position, vitesse et accélération en mécanique. Il avait introduit alors la notation de la dérivée à l'aide d'un point au-dessus des lettres.

Einstein, quant à lui, avait besoin des mathématiques applicables à l'espace courbe. Il a, en effet, utilisé une théorie plus poussée : la géométrie riemannienne, une branche des mathématiques qui permet d'étudier la géométrie des espaces courbes comme celle de l'espace-temps. En physique, la géométrie riemannienne met en équation la trajectoire courbe de la lumière dans l'espace-temps. Pour Newton ou Einstein, ces nouvelles mathématiques, ces langages codés, devaient être préétablis pour qu'ils puissent formuler leurs théories sur les lois de l'univers. Sans cela, leurs idées n'auraient jamais vu le jour.

Justement, les mystères de la nature nous envoient le signal qu'une vérité nous échappe encore, que le temps est venu pour nous d'apprendre un nouveau langage ou de l'inventer pour la révéler. Sachez que la vérité envoie des signaux lointains qu'il faut capter, comme si elle nous guidait jusqu'à elle. Elle a cette capacité extraordinaire de nous alerter de loin. Une théorie a besoin d'un langage spécifique pour se laisser formuler et tant que l'on ne dispose pas de ses codes, elle reste tapie dans l'ombre, silencieuse, impalpable. En immunologie, il a fallu attendre plusieurs années après Metchnikoff et Ehrlich pour que l'ébauche d'une théorie apparaisse. Des informations manquaient et il a fallu plusieurs découvertes successives avant que le concept phare de l'immunologie du soi et non-soi s'impose. D'observations en observations, de découvertes en découvertes, la vérité apparaît et résout définitivement le dilemme entre les partisans de l'immunité humorale et ceux de l'immunité cellulaire. On sait aujourd'hui qu'elles sont deux manifestations du même phénomène qui n'est autre que la réponse immunitaire. Elles sont interconnectées car les anticorps provenant des lymphocytes B (LB) permettent aux phagocytes de dégrader les antigènes piégés dans des complexes immuns avec les anticorps.

Brièvement, voici les repères théoriques ayant contribué à l'édification de la théorie de l'immunologie telle que nous la connaissons :
1890-1920 : Premières théories cellulaires et humorales de l'immunité (Metchnikoff)
1930-1950 : Théories instructionnistes
1957 : Théories de la sélection clonale (Franck Mc Farlane Burnet)
1969 : Première définition du concept de Soi/Non soi, en liaison avec le système immunitaire adaptatif (Franck Mc Farlane Burnet)
1974 : Théorie du réseau idiotypique (Niels Jerne- Prix Nobel 1984).

La théorie selon Burnet postule que : « le SI est capable de reconnaître et de discriminer le « soi », ensemble de molécules propres à l'individu constituant son identité immunologique, du « non soi », molécules étrangères à l'individu. Toutes les cellules possèdent un ensemble de molécules membranaires spécifiques, constituant les marqueurs du soi (groupes sanguins, marqueurs du CMH) ».

L'adoption d'une perspective darwinienne, la « théorie de la sélection clonale » défendue par Frank Burnet, a été l'une des premières applications réussies de la théorie de l'évolution au niveau cellulaire.

Nous allons voir, dans le chapitre suivant, comment les deux concepts, discrimination soi/non-soi et sélection clonale, ont été établis et comment ils sont devenus les deux piliers fondamentaux de la théorie actuelle de l'immunologie.

Partie 4 - La naissance des deux concepts piliers de la théorie en immunologie : la discrimination entre le soi et le non-soi, et la sélection clonale des lymphocytes.

Le concept de la discrimination entre le soi et le non-soi.

Chez les organismes unicellulaires, les déchets sont directement évacués à l'extérieur, alors que chez les métazoaires, ils sont d'abord identifiés, transportés et ensuite éliminés. C'est sans doute de l'observation de ce processus que le concept d'immunité a émergé. L'immunité semble être une fonction pyramidale : au sommet, elle décode l'information antigénique, et à la base, elle se charge de nettoyer l'organisme des déchets toxiques. La phagocytose semble jouer un rôle primordial dans la fonction de « nettoyage » de l'immunité. Celle-ci se définit comme étant la capacité de l'organisme à se maintenir dans un état fonctionnel qui lui permet de s'adapter à son milieu et y survivre normalement.

C'est avec l'idée qu'un corps étranger détecté comme intrus doit être détruit et rejeté par l'organisme que les premières découvertes immunologiques ont vu le jour. En introduisant une épine dans des étoiles de mer transparentes (des anémones de mer), Metchnikoff, immunologiste d'origine russe, qui s'installa à l'Institut Pasteur dont il devint le vice-président en 1904, fut le premier à observer les phagocytes en train d'ingérer les brins de l'épine. Il en conclut que ce qu'il pressentait était vrai : les fragments de l'épine avaient été rejetés hors de l'organisme de l'étoile de mer parce que l'organisme ne peut pas vivre avec cet intrus. Mettons-nous à la place de ce savant. Il travaillait sur un organisme pluricellulaire dont les cellules s'étaient spécialisées et exerçaient chacune une fonction distincte dans un organe, et donc, il s'attendait à ce que des cellules spécifiques exercent la fonction de défense de l'organisme. L'idée devait être explorée et il a mis en place un procédé d'expérimentation pour ce faire. Voici comment : il prenait des larves d'étoiles de mer qu'il perçait ou qu'il *piquait* avec des épines de rosier (notez que l'acte de piquer est une rupture locale de l'intégrité du vivant équivalente à celle de la piqûre d'injection). Son but était de leur causer un dommage localisé sans pour autant les mettre en danger de mort. Il avait remarqué que des cellules mobiles particulières détruisaient l'épine introduite dans la larve de l'étoile de mer. Ces cellules remplissaient la fonction pour laquelle elles s'étaient spécialisées : la défense de l'organisme, et il fallait leur trouver un nom. Puisqu'elles ingéraient les brins de l'épine, il leur avait attribué le nom de « mangeuses » ou phagocytes. Il remarqua aussi la formation de pus autour du point d'introduction de l'épine. En examinant au microscope des daphnies qui sont transparentes, Metchnikoff avait aussi constaté que leurs cellules mobiles tuaient les spores d'un champignon qui pouvaient être mortelles pour elles. Des faits similaires avaient été observés ensuite avec des leucocytes humains et de lapins. Metchnikoff avait finalement assigné le nom de phagocytose au phénomène d'absorption de micro-organismes par les cellules blanches du sang. Il avait déduit de ces résultats que la défense de l'organisme était due à des cellules (des cellules mobiles, macrophages et polynucléaires, et des cellules fixes). Metchnikoff avait donc été le premier à avoir posé les fondements de l'immunité cellulaire. Il pensait que l'immunité était attribuée exclusivement aux cellules, ce que Paul Ehrlich, son contemporain allemand, avait rejeté en avançant l'argument que des molécules solubles dans le sérum exerçaient des activités anti-toxines. Des scientifiques de l'Institut Pasteur avaient en effet été capables de transférer la protection immunitaire avec des sérums dépourvus de cellules. Pourtant, les scientifiques allemands et français étaient divisés sur cette question. Les Français semblaient vouloir insister sur le fait que les cellules remplissent toutes les fonctions de l'organisme et qu'elles étaient donc à l'origine des facteurs présents dans le sérum. Les Allemands, quant à eux, insistaient sur le fait que des facteurs solubles, même extraits de l'organisme immunisé, conféraient de l'immunité à un autre organisme.

Les expériences déterminantes, qui ont conduit le monde scientifique à établir l'immunologie comme une science à part entière, voulaient démontrer que le sérum était doté d'une activité antibactérienne, d'une part, et que cette activité pouvait être transférée d'un individu « contaminé » à un autre sain, d'autre part. Robert Koch (1943-1910), célèbre fondateur de la bactériologie, avait identifié le pathogène du charbon en 1876. Il fut ainsi le premier à démontrer qu'un micro-organisme était la cause d'une maladie infectieuse. Il découvrit aussi l'agent de la tuberculose et du choléra. Cela lui valut une célébrité mondiale et le prix Nobel de médecine en 1905. Emil Behring, médecin et bactériologiste allemand (1854-1917), fut très tôt convaincu que les agents infectieux ne pouvaient être combattus avec des substances chimiques inconnues de l'organisme mais bien avec un antidote qu'il avait produit pour lutter contre les bactéries. Il put approfondir son idée dans les laboratoires de Robert Koch à Berlin et développa les premiers sérums contre deux terribles maladies infectieuses, la diphtérie et le tétanos. Cela lui valut le premier prix Nobel de médecine en 1901. La mise en évidence de molécules présentes dans le sérum sanguin pour protéger un individu des agressions microbiennes est pourtant due à Paul Ehrlich. Vers 1894, il donna le nom de *chaînes latérales* à ces molécules et l'on parla d'immunité humorale. Le terme « humoral » est toujours en usage. Il remonte à Hippocrate qui désignait sous le terme d'humeurs des fluides liquides du corps. Paul Ehrlich reçut le Prix Nobel de Physiologie et médecine en 1908 « pour son travail dans le domaine de l'immunité ». La structure de ces chaînes latérales, actuellement appelées anticorps, a été élucidée au début des années 60 par l'américain Gerald Edelman et l'anglais Rodney Porter. Ils reçurent le Prix Nobel pour leurs travaux en 1972. Emil Adolf von Behring consolide le rôle de l'immunité humorale avec deux observations importantes : d'abord, il démontre l'existence d'un facteur humoral chez des animaux immunisés contre la toxine du tétanos ou de la diphtérie. Ensuite, il démontre que ce même sérum pouvait transférer une immunité.

Contrairement à Pasteur et à ses héritiers qui misaient exclusivement sur la vaccination pour prévenir et combattre l'infection virale, Ehrlich pensait plutôt à concevoir et à administrer des substances chimiques à l'organisme en vue de combattre une maladie. À l'époque (comme aujourd'hui), dans les pharmacies hospitalières, pas de plantes ni d'herbes médicinales, c'était déjà le règne de la chimie. C'est par l'assemblage de molécules que les médicaments prennent vie. Un savant mélange que l'on doit à Paul Ehrlich. « Jusqu'à la fin du 19ème siècle, toute la pharmacie était dominée par le règne végétal. On utilisait les plantes pour soigner les maladies. À partir de Paul Ehrlich et de ses élèves, on va progressivement introduire en thérapeutique des substances préparées par la main de l'homme dans des laboratoires de synthèse. C'est la chimiothérapie, ce sont les médicaments d'origine chimique », raconte François Chast, professeur en pharmacie. Mais l'œuvre majeure de Paul Ehrlich reste son combat contre la syphilis. Au début du 20ème siècle, la maladie vénérienne est un véritable fléau et la découverte de la pénicilline encore lointaine. Avec son équipe, Paul Ehrlich se met à travailler sur l'atoxyl, un dérivé de l'arsenic, pour transformer la molécule. Après 606 tentatives, il parvient enfin à créer le salvarsan. Et pour la première fois, une injection d'un médicament en intra-musculaire va permettre de guérir une maladie qui jusqu'à présent était incurable. Le médicament de Paul Ehrlich a, par la suite, été abandonné, mais son héritage demeure. Parce qu'il constitue l'un des premiers médicaments de synthèse, il a ouvert la voie à toute la pharmacologie moderne. »[56] (www.allodocteurs.fr).

L'idée à la base de toute la chimie pharmaceutique actuelle (et de la production massive de médicaments pour la médecine curative) suggère que la maladie peut être combattue par des substances étrangères fabriquées par l'homme et inoculées dans l'organisme. C'est de cette manière que l'immunologie s'est frayé une voie et s'est pérennisée en un ensemble constitué de savoirs formant une discipline à part entière.

Tuer par le biais d'un poison est diabolique, c'est une méthode insidieuse, discrète, pratiquée depuis des lustres au cœur même du pouvoir pour éliminer « proprement » des adversaires. Tuer, du point de vue du légiste par exemple, se résume à interférer avec l'organisme de façon à anéantir ses fonctions vitales ; la pendaison provoque un manque de dioxygène et la rupture de tissus, les armes à feu ou armes blanches provoquent la destruction d'organes, une disruption fatale dans l'intégrité de l'organisme, le poison génère l'inhibition d'une fonction vitale. En étant confrontés à la maladie, nous avons compris que la vie tient au bon fonctionnement de l'organisme. Toute la médecine est probablement née de l'expérience et de l'observation selon laquelle l'organisme était le support de la vie. Pour le guérir d'une maladie, la science s'est trouvée contrainte de pratiquer une intervention à l'intérieur du corps, ce dernier étant considéré dans nos sociétés occidentales comme de la matière vivante. On exclut l'idée qu'il puisse former un continuum corps-âme-esprit indissociable et indivisible. Et la médecine devint invasive. Ehrlich savait qu'il manipulait la chimie de l'organisme vivant. Pasteur le savait aussi. Au 19ème siècle, la médecine et la biologie ont passé un cap fatidique : Pasteur franchissait la barrière de l'intégrité de l'organisme humain en ouvrant la voie à la vaccination de masse, et Ehrlich, quant à lui, se lançait à la découverte de molécules chimiques ayant la capacité de traiter la syphilis, ouvrant ainsi la voie à la chimiothérapie.

Les scientifiques français et allemands étaient alignés sur cette approche de la médecine (intrusion dans l'organisme), leurs désaccords résidaient ailleurs. Les Français, après Pasteur, voulaient comprendre la nature même des mécanismes de défense de l'organisme sans utiliser un vaccin (selon les expériences de Metchnikoff), tandis que les Allemands s'obstinaient avec l'idée que ce sont des substances solubles présentes dans le sérum qui assurent la défense de l'organisme. Ehrlich, plus tard et sans le savoir, allait tisser un lien entre sa théorie de l'immunité humorale et la théorie cellulaire de ses opposants français. En proposant sa théorie des *balles magiques* sur lesquelles nous reviendrons, il suggère que ce sont des cellules qui fabriquent les facteurs solubles de défense pour les reléguer dans les humeurs. Il prouve bien que ce sont des cellules qui sont à l'œuvre. Il a donc posé les fondements même de la théorie immunologique. Ce n'est que plus tard que les immunologistes réussirent à unir la réponse humorale et cellulaire dans un seul modèle : les deux sont des composantes du SI. Graduellement, au cours de l'histoire, la science a basculé des recherches sur les vaccins et de l'étude des microbes à une théorie englobante, celle de l'immunité. En effet, l'intrusion et l'observation *in vivo* dans l'organisme permettaient aux scientifiques d'analyser les mécanismes à l'origine de l'immunité. Dissection des animaux, inoculation de préparation d'antigène, inoculation même de cellules, transplantations, ont permis à l'immunologie d'émerger en tant que discipline scientifique. Nous savons ainsi qu'elle est née des sacrifices d'animaux et des modifications de leur organisme. On manipule même le métabolisme et les cellules de l'organisme pour comprendre comment il fonctionne. Nous sommes entrés dans l'ère de la manipulation *in vivo* du vivant, progressivement et de façon inéluctable, sans considérer la part d'idéologie sous-jacente à cette pratique de la science vis-à-vis du vivant.

Avec le temps, l'immunologie est devenue juste la partie visible de l'iceberg. Penchons-nous un instant sur cette question du lien entre découvertes scientifiques et idées de l'époque où elles sont apparues. Les nazis sont allés jusqu'à réaliser des expérimentations sur des sujets humains dans les camps de la mort, des sujets ou plutôt des objets à disposition pour leurs études macabres. Est-ce ainsi qu'avance la science ? Aujourd'hui, nous ne pouvons pas exclure la possibilité effrayante que des êtres humains soient l'objet de manipulations biochimiques, au mépris de toute règle bioéthique.

À y regarder de près, l'immunologie est une discipline où l'on pratique la manipulation du vivant ; elle observe la réaction du vivant à l'introduction de matières étrangères élaborées en laboratoire. La biologie est même parvenue à modifier la vie de l'organisme en modifiant son génome ou en lui greffant des tissus étrangers.

La vie, en tant que phénomène émergent, demeure pourtant un mystère en dépit du fait que la matière vivante soit analysée dans ses détails. Par conséquent, la biologie actuelle n'est que manipulation de la matière vivante, ignorante des capacités et potentialités qu'elle recèle, d'autant que son « objet » d'étude principal, l'être humain, est doué d'esprit et de conscience. L'organisme est devenu une masse de matière, une machinerie que la science peut réparer en changeant des pièces usagées ou détériorées ou en interférant avec ses fonctions. La biologie se focalise sur la matière dont est constitué le vivant, elle est une science résolument matérialiste. Comble de l'ironie, pour une discipline censée étudier la vie (comme l'indique l'étymologie du mot). Elle n'étudie en réalité que la matière du vivant, la vie lui échappe encore.

À mon avis, la biologie souffre d'un déficit majeur : elle est incapable de comprendre ce qui est émergent. Dès qu'on atteint les limites de la matière, la biologie n'est plus capable d'expliquer quoi que ce soit, elle s'échappe hors de ce terrain pour le laisser à la philosophie ou à la métaphysique. C'est pourquoi j'ai consacré tout un chapitre à la confrontation des idées entre darwinisme et créationnisme car c'est de ce rapport de forces qu'est issue la biologie telle qu'on la connaît. En réfutant l'idée selon laquelle la nature et le vivant émaneraient d'une intention supérieure, la biologie s'est emprisonnée elle-même en confondant la matière avec la vie, et en cristallisant l'idée que la vie n'est que matière. Comment expliquer la matière inerte ? Pourquoi un rocher ne « fonctionne » t-il pas de la même manière qu'un être vivant ? Qu'est-ce qui les différencie ? D'où résultent l'ordre et l'harmonie qui règnent dans le monde vivant ? D'où provient cette mystérieuse énergie qui utilise la matière comme support pour se manifester ? Le mystère est toujours là. Et la biologie a choisi son destin : manipuler la matière vivante.

Le darwinisme n'est pas étranger au sort de la biologie car, en suggérant la possibilité de la création spontanée de la vie à partir de la matière, il a renforcé l'idée selon laquelle la matière est tout ce qui compte pour comprendre le vivant. De nos jours, grâce à la technologie, la biologie a franchi des limites au point de lire à des échelles infinitésimales la vie organique jusqu'à pouvoir extraire la séquence d'un génome ou manipuler ses gènes. Mais c'est toujours dans le même but : décrypter, décoder la matière vivante. La question de l'origine de la vie demeure irrésolue par la biologie, nous ne savons toujours pas ce qu'est la vie. C'est avec l'idée que la matière a engendré la vie que la biologie s'est autorisée à manipuler le vivant en rompant son intégrité. La biologie a fait de l'être humain un objet d'étude, une matière dissécable, une machine que l'on peut réparer. Aujourd'hui, une approche scientifique alternative de la vie et de la santé humaine, pratiquée par des chercheurs novateurs, réfute cette philosophie ultra-matérialiste dans laquelle se sont embourbées la biologie et la médecine classique, et emprunte des chemins de traverse néanmoins riches de potentialités. Elle reste encore à la marge, ignorée par la science officielle qui se défend contre ses opposants en prétendant qu'elle est capable d'expliquer les propriétés du vivant par des théories, cellulaires et moléculaires. Elle explique en détail les mécanismes responsables de telle ou telle fonction. Mais quand il s'agit d'expliquer le vivant dans sa globalité, elle piétine, elle devient réductrice et dogmatique.

Si vous discutez de la conscience avec un biologiste, il vous parlera du cerveau et de ses milliards de neurones. Vous avez, je l'espère cher lecteur, compris mon propos : c'est toujours une idéologie (et sa vision de monde et du vivant) qui prédétermine l'évolution d'une science. L'immunologie a emprunté le même chemin que la biologie dont elle est issue. C'est la raison pour laquelle il est important de s'intéresser de près à la vie des grands scientifiques qui ont marqué leur époque pour savoir de quels systèmes de valeurs et d'idées ils étaient imprégnés.[57] (Henri Médioni, 2017).

La science peut dévier de sa trajectoire pour servir des intérêts particuliers comme nous le voyons à l'œuvre aujourd'hui avec la crise de la Covid. Dans bien des domaines, les plus grands scientifiques sont les tenants d'une pensée athée, ultra matérialiste, mécaniste même, qui cherche à dominer tout le champ des idées jusqu'à modeler le monde, qu'il soit inerte ou vivant. Aujourd'hui encore la biologie est en guerre contre toute forme de spiritualité qui entraverait ses objectifs, notamment celui de la manipulation et du contrôle du vivant.

Le monde dans lequel nous vivons avec ses crises successives est brisé, divisé, et la science officielle est aujourd'hui pointée du doigt par ses détracteurs : servirait-elle d'instrument pour consolider le pouvoir et enrichir à un niveau inimaginable des élites corrompues ?

Ce n'est pas un hasard si la science est entre les mains de ceux qui ont choisi de rompre avec l'idée de Dieu, étant les héritiers d'une longue entreprise, menée en Occident dès le 18ème siècle, de dénigrement du spirituel sous toutes ses formes, et notamment des grandes traditions religieuses. La crise Covid représente, pour moi, une facette de cette guerre entre la science et Dieu car, pour le croyant, l'être humain en son entièreté (corps et âme) est inaliénable et sacré (car créé par le divin), il ne peut être réduit ni à une marchandise ni à un objet.

La science veut encore plus : elle veut tout le pouvoir sur le vivant. La vaccination est un acte de pouvoir : quand un individu consent à être vacciné, il se soumet aux préceptes scientifiques de façon plus ou moins contrainte. Toute vaccination est une autorisation du receveur à ce que la science intervienne dans la biologie de son organisme. Pour cela, on dit qu'il « consent » à la vaccination, ce qui prouve qu'une forme de pression précède sa décision. Maintenant, vous l'appréhendez : le comportement de chacun vis-à-vis de la santé de son organisme peut avoir de lourdes conséquences et revêt même un sens qui échappe à la plupart. Quand vous avalez de manière automatique, par confort et conformisme, des comprimés pour soulager vos maux même bénins, vous ne faites que consolider le pouvoir de la science inféodée aux intérêts des laboratoires. La science nie la religion mais la négation de la religion est elle-même religion, la science actuelle édifiée sur l'idée que la vie et la santé peuvent s'expliquer au travers d'équations mathématiques, donc sont prédictibles et programmables, relève, à mon avis, d'une vision dogmatique. Les scientifiques sont les détenteurs et les ardents défenseurs d'une nouvelle religion ; leurs temples sont leurs laboratoires ou leurs institutions au sein desquels ils pérennisent leur vision du monde. Comme des prêtres officiant en blouse blanche, biologistes et médecins manipulent la matière vivante comme s'ils cherchaient à contrôler la vie. Et si cette dernière était ailleurs ? Hors de leur portée ?

La crise Covid est une crise systémique, une crise de civilisation, une crise morale et spirituelle. Toujours la même guerre depuis la nuit des temps entre ceux qui veulent dominer le monde en dominant la matière et ceux qui cultivent le pouvoir de l'esprit. Vous ne pouvez pas choisir l'un ou l'autre de ces camps à votre guise en fonction des circonstances. Votre choix est déterminant et exclusif : c'est l'un ou l'autre car ils sont incompatibles.

La science, en tant que production de savoirs, a été instrumentalisée pour renforcer la position du camp dominant qui a pouvoir sur la matière. La science officielle qui se veut impartiale dans sa démarche, est partiale, partisane de nature. Cette rupture antagoniste entre Science et Dieu est, selon moi, la cause véritable, profonde, de la crise que nous connaissons aujourd'hui. C'est une guerre de pouvoir : le pouvoir temporel contre le pouvoir de l'esprit. Ceux qui sautent d'un camp à l'autre au gré du vent se trompent et se bercent d'illusions. Se faire vacciner pour jouir des plaisirs de la vie et en même temps se recueillir à la messe est paradoxal : d'un côté vous faîtes allégeance au pouvoir de la matière, en même temps que, de l'autre, vous vous prosternez devant Dieu. Comme le caméléon, par opportunisme ou par ignorance, vous prenez la couleur du milieu.

Des lanceurs d'alerte, simples citoyens ou scientifiques mis au ban de leur communauté, font part de leurs inquiétudes selon lesquelles le vaccin Covid introduirait dans le corps des injectés des nano technologies destinées à renseigner sur l'état biochimique et neurobiologique de l'organisme, et à programmer des fonctions comme on programme un ordinateur. Dans ce cas, les individus perdraient toute leur liberté et deviendraient des « sujets » (au sens d'assujettis) aux comportements prédictibles et contrôlables (à distance). C'était le rêve le plus cher des nazis : créer des régiments d'êtres humains tous semblables, uniformisés, interchangeables. Dieu est mort le premier, puis l'esprit de l'être humain, son intégrité et sa singularité, sa dignité enfin, suivront. Si la logique mortifère se déploie jusqu'à son terme, il ne resterait plus de l'humanité que des transhumains qui, comme des robots, n'auront pas d'autres possibilités que d'obéir à des stimuli neuronaux impulsés d'ailleurs. Ni Pasteur, ni Ehrlich ne savaient dans quelle sorte d'étrier ils avaient mis les pieds à leur époque, ils ont enlevé au corps humain son caractère sacré d'inviolabilité. Ils sont les précurseurs de ce que nous vivons aujourd'hui. Eux et tous ceux de la même école, en sont responsables.

Mais reprenons l'allée centrale de notre jardin et revenons aux concepts clés de l'immunité. Ehrlich s'est inspiré des travaux de Jenner et de Pasteur mais il accordait davantage d'importance aux facteurs solubles présents dans le sérum. Il n'avait aucune idée sur leur nature biochimique à part peut-être le fait qu'elles soient des protéines. Avec ce que nous savons aujourd'hui, nous pourrions dire qu'Ehrlich inventait l'immunisation passive alors que Pasteur induisait l'immunité par des stimulations antigéniques. Lisons ce passage du livre du T. Pradeu « les limites du soi »[49] sur Metchnikoff et son apport conceptuel sur l'identité de l'organisme :

« Le concept d'intégrité permet à Metchnikoff d'articuler explicitement immunité et identité de l'organisme : cette dernière est définie par le phagocyte, car c'est lui qui discrimine entre ce qui fait partie de l'organisme, et ce qui n'en fait pas partie et doit en conséquence être ingéré ou détruit. C'est par l'activité immunitaire des phagocytes que se construit l'identité de l'organisme, c'est-à-dire qu'est établie la distinction entre ce qui entre dans la cohésion de l'organisme et ce qui n'y entre pas. ». Pradeu rajoute ainsi, rétablissant la filiation des idées sur la définition de l'identité : « Metchnikoff est donc le précurseur de Burnet sur deux idées décisives, pourtant mises généralement au crédit de ce dernier : d'une part, l'établissement d'un lien entre l'immunité d'un organisme et la définition de son identité ; d'autre part, l'affirmation que l'une des causes du déclenchement d'une réponse immunitaire est la pénétration dans l'organisme de substances qui lui sont étrangères ».

Je pense que Metchnikoff a mis en évidence l'idée d'intégrité plutôt que d'identité de l'organisme, car l'identité implique son opposé c'est-à-dire le non-soi ou ce qui est séparé du soi. Admettons que ceci n'ait pas été clairement formulé par Metchnikoff. Cette notion du soi n'est devenue évidente que longtemps après lui. La notion d'intégrité est distincte de celle d'identité. La première signifie que le vivant ne peut fonctionner qu'avec un organisme inaltéré, alors que la seconde signifie que le vivant déploie des mécanismes qui différencient son soi et un autre (non-soi). Le fait d'être lésé ou envahi localement par un corps étranger signifie que l'organisme perd son intégrité, alors que la notion d'identité ne peut être convoquée que si l'on dispose de marqueurs spécifiques du soi. C'est bien Metchnikoff qui a mis les futurs immunologistes sur la piste du concept de soi car le soi a besoin d'être intègre pour exister en tant qu'entité autonome et unique.

Metchnikoff a ainsi identifié une fonction de défense en proposant que l'organisme rejette ce qui lui est étranger pour rester ce qu'il est, autrement dit pour préserver son intégrité. Il a commencé à dérouler le fil mais l'immunité en tant que concept structurant était encore loin à l'horizon. Metchnikoff a tissé le lien entre la réaction de défense et l'intégrité de l'organisme plutôt qu'avec son identité. Puisque l'intégrité est menacée par l'intrusion de substances étrangères, les organismes doivent être munis de fonctions cellulaires qui les rejettent. Metchnikoff démontre que la phagocytose élimine ces substances étrangères.

Ehrlich, quant à lui, suggère que l'organisme ne réagit pas contre ses propres constituants, il trace donc une limite nette entre l'organisme et ce qui est en dehors de lui. C'est comme si vous installiez une barrière au milieu d'une parcelle pour en faire deux champs distincts. En fait, Metchnikoff et Ehrlich avaient vu chacun une face de la même pièce. Alors que le premier met l'accent sur la conservation de l'intégrité, le deuxième insiste sur le fait que l'organisme ne brise jamais sa propre intégrité et qu'il ne réagit pas contre ses propres constituants malgré son exposition à de nombreux antigènes. Quand il propose son concept d'*horror autotoxicus*, Ehrlich considère que la finalité de la réponse immunitaire est d'éliminer les agents pathogènes ; une réaction immunitaire dirigée contre un tissu ou des molécules de l'organisme serait impensable. Ainsi, postule-t-il que si des auto-anticorps existent chez un individu sain, ils doivent être mis hors d'état de nuire par des mécanismes régulateurs qui sont capables de prévenir l'apparition de manifestations auto-immunes.

C'est comme si Metchnikoff et Ehrlich avaient vu le contour spectral de l'immunité sans pouvoir lui donner une forme. Étranger ou non-soi, pour eux, sont synonymes de danger et de rejet. Ils pensaient que le danger provenait forcément de l'extérieur de l'organisme. Il est probable que cette notion de rejet d'un corps étranger leur ait été inspirée par le climat tendu de leur époque marquée par la première guerre mondiale et la menace qui pesait sur leur nation. Encore une fois, nous constatons que la pratique scientifique s'inscrit dans un système de valeurs et dans une période historique donnés ; le savant interprète la réalité vécue à partir de son cadre de référence et la transpose aux phénomènes biologiques qu'il tente de comprendre. Pourtant, Metchnikoff a bien rapporté que des cellules mortes sont éliminées par les phagocytes. Il aurait pu penser que les phagocytes jouent également un rôle dans le maintien de l'intégrité des tissus et qu'ils avaient une double fonction : veiller sur l'intégrité de l'organisme en éliminant des substances intruses et veiller sur l'intégrité des tissus en éliminant des cellules mortes ou devenues anormales. *Le fait que l'immunité joue un rôle endogène visant les propres composants du soi n'était pas encore établi à l'époque de Metchnikoff et Ehrlich.*

Metchnikoff avait une idée vague de l'immunité en tant que concept scientifique structurant. Quand il parlait d'intégrité, c'était pour souligner le fait que les phagocytes exercent leur fonction pour conserver l'organisme ; pour lui, immunité et conservation de soi étaient des notions confondues. Néanmoins, il avait pressenti une réalité, à savoir que la fonction de nettoyage opérant dans l'organisme était bel et bien constitutive de la préservation du soi et, partant de là, de l'immunité telle que théorisée plus tard.

Metchnikoff n'est pas le premier à avoir observé la présence de particules étrangères dans des cellules. Comme le soulignent Jean-Marc Cavaillona et Sandra Legout, d'autres scientifiques avaient rapporté le phénomène : « 1876, Robert Koch a identifié les bacilli d'anthrax au sein des globules blancs et interprète ce résultat comme étant un indice de l'invasion de l'organisme par la bactérie anthrax ; 1877, Paul Albert Grawitz a rapporté que les globules blancs peuvent saisir un corps étranger et ainsi assurer la défense de l'organisme ; 1881, Wilhelm Roser indique que si les animaux et les plantes sont en bonne condition physique c'est grâce au contenu ionique de leurs humeurs et l'existence de cellules capables d'envelopper l'intrus ennemi. (…) 1882,

Metchnikoff se distingue par le fait d'avoir fait de la phagocytose une fonction cellulaire de défense. Au sein des métazoaires, des cellules se sont spécialisées dans cette fonction d'ingérer des cellules mortes ou étrangères ».[58] (Jean-Marc Cavaillon, Sandra Legout, 2016).

Avec son concept *d'horror autotoxicus*, Ehrlich a implicitement posé les fondements du concept soi/non-soi car en excluant toute défense de l'organisme contre ses propres constituants, il suggère qu'il y a deux entités : l'organisme et tout le reste.

Ces deux savants ont ouvert la voie aux futurs immunologistes et les ont dirigés sur la piste de la théorie que nous connaissons aujourd'hui. Ils ont ouvert une nouvelle voie à la science, celle de pousser toujours plus loin l'observation du vivant jusqu'à en manipuler la matière vivante. C'est l'héritage de Pasteur et d'Ehrlich et de tous ceux qui pensent que la vie n'est qu'un ensemble de réactions chimiques couplées au sein de la matière. Ils se sont invités au sein même de l'organisme pour manipuler ses cellules et tissus. Après Ehrlich, les choses se sont accélérées, les scientifiques sont passés au stade supérieur, celui de modifier les tissus du vivant pour des visées thérapeutiques. La greffe et la transplantation sont nées. L'organisme greffé devient ainsi une chimère faite de deux matières vivantes étrangères l'une à l'autre. La science a misé sur la connaissance des mécanismes de réactions biochimiques qui se déclenchent à partir de son intervention sur le vivant. En contrôlant les mécanismes de rétroaction, la science prend le relais du système immunitaire (SI) et contrôle l'organisme. L'idée est impressionnante ! L'immunologie est issue de cet acte sans précédent qui a consisté à franchir les barrières naturelles du vivant pour le contrôler de l'intérieur.

Les rejets de greffes constatés par Peter Medawar (1915-1987) et Thomas Gibsone (1915-1993) lors de leurs travaux vont confirmer l'existence de l'immunité. Spécialiste de l'immunologie et des transformations cellulaires, Medawar a pu prouver dès 1946 que le rejet est dû, chez l'animal, à un phénomène immunologique. En effet, l'animal vivant rejette la greffe qui lui est génétiquement étrangère, et cela grâce à un mécanisme immunitaire. Un organisme ne peut donc recevoir de greffe que de lui-même (autogreffe) ou bien d'un organisme ayant la même constitution génétique : c'est le cas uniquement des vrais jumeaux ou bien des animaux d'une même portée issus d'un élevage en lignée pure. Expérimentant sur le poulet, le lapin et la souris, il leur injectait à l'état fœtal ou dès la naissance des cellules sanguines d'animaux différents, et les rendait tolérants plus tard aux tissus des mêmes donneurs génétiquement incompatibles. Ces animaux devenaient ainsi aptes à recevoir des greffes sans les rejeter : ils avaient acquis une tolérance pour la greffe étrangère, apportant la preuve du phénomène de « tolérance spécifique acquise ». Medawar a également réussi à faire baisser l'immunité cellulaire en irradiant l'organisme de rayons X qui le rendaient temporairement tolérant à un tissu étranger. Cela a été appliqué aux greffes de moelle osseuse ou d'organes entre des cobayes sans aucune parenté entre eux. Ces expériences nous montrent que la chirurgie avait fait des progrès gigantesques en parallèle, une greffe d'organes exige une connaissance approfondie de l'anatomie et de l'histologie. Cette chirurgie de précision sera par la suite appliquée à l'homme.

Alors que Metchnikoff et Ehrlich s'étaient limités à mettre en évidence des effecteurs de l'immunité, Medawar et Gibson, en greffant des tissus de donneurs génétiquement incompatibles, avaient, en quelque sorte, testé la véracité des postulats de leurs deux prédécesseurs. Postulats que je formulerais de la façon suivante : la seule manière de restaurer l'intégrité d'un organisme malade est de modifier sa biologie (ce qui revient à rompre son intégrité). Ils ont ainsi effectué un raisonnement par l'absurde. Une greffe est l'introduction d'un tissu étranger dans l'organisme, ce qui est similaire aux expériences de Metchnikoff qui introduisait une épine dans les larves de l'étoile de mer. Le rejet de l'organe d'un donneur prouvait que le postulat de l'intégrité était vrai car des mécanismes dans le corps du receveur opéraient pour le détruire. Ceci constituait une preuve supplémentaire que des mécanismes opèrent pour éliminer les substances étrangères de l'organisme. Il ne manquait que leur description et leur formulation en langage scientifique. L'organisme, par contre, ne réagissait pas à une greffe autologue, il y avait bien une identification et une discrimination opérées par l'hôte. L'organisme ne se rejette pas lui-même, ce qui confirme le postulat d'Ehrlich selon lequel l'organisme n'attaque pas ses propres constituants. Medawar et Gibson ont approfondi leurs investigations en se centrant sur les mécanismes de tolérance à des tissus étrangers.

Ceci prouve qu'une fonction organisée existe au sein de l'organisme et se charge de l'élimination des composants étrangers qui menacent son intégrité. Ces chercheurs démontrent au passage que cette fonction est programmable ou acquise puisqu'ils pouvaient faciliter sa tolérance à des composants étrangers par des procédés expérimentaux. L'ensemble de ces découvertes suggèrent de façon encore plus précise et évidente l'existence d'un mécanisme physiologique qui veille sur l'intégrité de l'organisme.

Imaginez l'organisme comme une maison protégée par un système d'alarme discret. Medawar et Gibson défoncent la porte de la maison en greffant des tissus étrangers à l'organisme et, par conséquent, l'alarme sonne. Autrement dit, l'immunité apparaît, elle se manifeste. Pour prouver l'existence d'une chose, un bon moyen de la repérer est de perturber les conditions dans lesquelles elle existe naturellement. Les deux scientifiques sont allés plus loin. Pour réduire au silence le système d'alarme de l'organisme, ils ont implanté le tissu étranger avant que les mécanismes d'immunité ne soient mis en place. Le tissu étranger est devenu non-repérable. Ils l'ont fait en introduisant des cellules chez des nouveau-nés chez qui le SI est immature et non encore installé dans ses fonctions.

Afin d'avoir une idée sur l'élaboration du concept de soi/non soi par des chercheurs plus contemporains en continuité des travaux de leurs prédécesseurs Ehrlich et Metchnikoff, je vous propose cet extrait d'un article paru en 2002[59] (Oppezzo Pablo et Dighiero Guillaume, 2002).

« L'idée que l'organisme soit capable de monter des réponses immunitaires vis-à-vis des constituants exogènes tout en gardant une tolérance pour les constituants de ses propres cellules, constitue un tournant dans l'histoire de l'immunologie. Ehrlich observait le phénomène d'allo-immunisation par des isolysines en injectant à des chèvres des globules rouges homologues, alors que tout essai d'auto-immunisation échoua (absence d'autolysines). Ce sont ces observations qui le conduisirent à la notion *d'horror autotoxicus* (…) Presque en même temps, Landsteiner décrivait les règles de la compatibilité transfusionnelle (...) Ces expériences lui permirent de définir le système ABO. Cette découverte fondamentale, apporta un argument de poids à la notion *d'horror autotoxicus*. Ce fut Metchnikoff, qui le premier apporta des preuves de l'existence d'une auto-immunisation. (…) Mais, le poids des idées de Ehrlich fut tel, que ces autoanticorps indiscutables furent intégrés comme une exception à la règle, qui s'expliquait par le fait que ces antigènes séquestrés n'avaient pas, par conséquent, la possibilité d'entrer en contact avec le SI. Ainsi, pendant 50 ans la possibilité d'un processus auto-agressif fût exclue. »

Ainsi, nous relate l'article, dans les années 50, les idées d'Ehrlich ont été reprises et prolongées par Burnet et Medawar à travers la théorie de la délétion clonale. Notion qui fut battue en brèche par de nombreux résultats démontrant que le SI est capable en conditions physiologiques de produire de nombreux autoanticorps, données qui penchent en faveur des idées proposées par Metchnikoff. Continuons sur l'article précédent pour avoir une précision supplémentaire :

« Les expériences de Owen et col en 1945 avec des veaux dizygotiques présentant un placenta unique, eurent une influence considérable dans l'élaboration de la théorie de la délétion clonale, par le groupe de McFarlane Burnet (Aust J Sci, 1957). « Owen put démontrer dans ce modèle que, de par la présence d'un placenta unique qui faisait que les globules rouges des jumeaux se mélangeaient et malgré l'existence de groupes sanguins différents dans les deux veaux, ils n'étaient pas capables de produire des alloanticorps contre les globules rouges étrangers, comme c'est le cas régulièrement lors des transfusions incompatibles. (...) En même temps, le groupe de Medawar (Nature, 1953), démontrait que l'injection de souris nouveau-nés avec des cellules spléniques ou de la moelle osseuse d'une souris non apparentée, permettait l'acceptation de greffes de peau non apparentée. Burnet et Medawar, en ont conclu que l'organisme devait acquérir la capacité de distinguer le « soi » du « non-soi » pendant la vie embryonnaire, (…) et que les maladies auto-immunes seraient la conséquence de l'émergence de clones interdits, qui par un processus de mutation somatique échapperaient au contrôle normal. Cette théorie, qui avait l'énorme intérêt de donner une explication simple et claire aux phénomènes de tolérance et d'auto-immunité, fut cependant remise en cause par de nombreux faits expérimentaux (…) »[59] (Oppezzo Pablo et Dighiero Guillaume, 2002).

Ces faits expérimentaux montraient l'existence chez l'animal normal de lymphocytes autoréactifs, la présence d'autoanticorps et, par ailleurs, que la culture de lymphocytes, en présence d'activateurs polyclonaux, induisait la production de nombreux autoanticorps.

Ce répertoire autoréactif sécrète les autoanticorps naturels caractérisés par leur poly-réactivité. Ils correspondent à la définition d'autoanticorps puisqu'ils réagissent avec des composants du soi, mais ils ne sont pas spécifiques du soi, ce qui est par ailleurs la caractéristique des autoanticorps pathologiques. Leur présence en condition normale, et le fait que ce répertoire rende compte d'une partie importante du répertoire B normal, remet en cause la notion de délétion clonale, et montre que l'auto-réactivité est un phénomène physiologique. Toutefois, les résultats d'Ehrlich et Landsteiner n'ont jamais pu être contestés, et l'observation selon laquelle un sujet de groupe sanguin A est incapable de produire des autoanticorps anti-A constitue une règle qui ne connaît pas d'exceptions, alors que ce même sujet produit en condition normale des autoanticorps anti-I, substance précurseur de A.

La discrimination soi/non-soi en tant que concept a été énoncée par Burnet. Ce dernier s'interroge pour la première fois sur les mécanismes qui permettent à tout organisme, aussi simple soit-il, de reconnaître sa propre individualité de ce qui s'en distingue. T. Pradeu plusieurs années après, à propos de l'éminent immunologiste, précise[49] : « S'il est faux de croire que Burnet est le premier immunologiste à affirmer que l'immunité repose sur la distinction entre le « soi » et « l'étranger », en revanche il est le premier à ériger en problème biologique cette capacité de distinction. (…) Le « soi » de Burnet deviendra peu à peu : i) génétiquement défini ; ii) l'expression d'une homogénéité génétique que le système immunitaire doit maintenir ; iii) important surtout pour les vertébrés supérieurs, qui selon Burnet possèdent seuls une véritable immunité. (…) Le « non-soi » devient le terme le plus important : il s'agit de montrer que l'immunogène, c'est-à-dire ce qui vient menacer l'intégrité d'un organisme, se définit par l'étranger, au sens de la différence génétique ; le « soi » est alors reconnu comme ce que l'organisme défend, à l'opposé du « non-soi », qui désigne l'ensemble de ce qu'il doit rejeter pour survivre. »

Burnet avance également que la discrimination soi/non-soi est acquise. L'immunité se constitue avec l'âge, ses facteurs se positionnent au cours du temps et jouent leur rôle. L'organisme mature est donc équipé d'un système d'alarme constitué signalant la présence d'intrus. Pour Burnet, l'immunité trace une frontière nette entre deux entités : le vivant et le reste. Tout ce qui rentre dans la constitution du vivant comme tout ce qui en est partie inhérente constituent le soi, le reste est le non-soi, à l'instar des substances immunogènes qui suscitent une réaction de rejet.

Comme dans la symbolique chinoise du Yin et du Yang, il suffit de définir l'un pour que l'autre se définisse de lui-même. Burnet se positionne sur la même ligne que Metchnikoff et Ehrlich, dans la mesure où, pour lui, l'immunité serait la fonction biologique qui rejette l'étranger, l'indésirable, le toxique, l'intrus ou le non-soi. Mais n'oublions pas qu'une théorie s'inscrit dans une époque et demeure tributaire des connaissances acquises à cette époque. Elle peut, soit se renforcer si des arguments ultérieurs la consolident, soit s'affaiblir si les générations futures la considèrent comme caduque. Étrangement, l'immunologie, malgré la diversité des dogmes et des modèles, malgré les controverses, a su se pérenniser et se développer dans le temps.

De Metchnikoff et Ehrlich à Burnet, une théorie s'est construite. La lecture de l'histoire des découvertes offre les meilleures opportunités pour comprendre la valeur d'une théorie à l'aune de son élaboration, pas après pas. Avant de discuter de la nouveauté apportée par Burnet, profitons de l'occasion pour revenir sur la formulation d'une théorie en sciences expérimentales. Notons qu'une théorie se construit grâce à des découvertes consécutives qui convergent toutes en un point central à partir duquel elle émerge. Metchnikoff ou Ehrlich ont travaillé chacun sur leur sujet de recherche sans trouver de convergence entre eux et ainsi approcher la véritable nature de l'immunité. Découverte de la phagocytose dans un cas, et de molécules solubles à activité anti-toxines dans l'autre. Mais s'agit-il là de deux manifestations d'un seul et même phénomène ? Il a fallu d'autres découvertes (découverte des anticorps, leurs productions par les LB, découvertes de CMH, sélection négative thymique, mécanisme de tolérance) avant de pouvoir formuler la théorie unificatrice. En effet, dans les années 1960, la communauté scientifique découvrait grâce aux travaux de Jacques Miller (1931-) d'autres caractéristiques fondamentales des cellules immunitaires, en particulier la description des fonctions et de la différenciation des LB et LT. Après cette percée, la théorie selon laquelle l'immunité est divisée en une composante cellulaire et une autre humorale s'imposa, et les deux théories ne furent plus mises en concurrence. Depuis les années 1950, la théorie qui domine en immunologie est celle de la reconnaissance du « soi » et du « non-soi » par le SI. Auparavant, Metchnikoff pensait que l'immunité garantissait l'intégrité à l'organisme alors qu'Ehrlich pensait que l'immunité était destinée à neutraliser les substances étrangères à l'organisme. Quant à Burnet, il apporte un nouvel élément : l'organisme existe en tant que tel et il est le gardien de son identité, il se défend alors pour rester fidèle à lui-même ou rester lui-même. Il ne peut en être autrement. Il est une entité spécifique qui a des caractéristiques et des traits distinctifs, des attributs qu'il doit conserver. Ici, Burnet précise que si l'organisme se défend, c'est pour rejeter le non-soi, certes, mais c'est surtout pour rester identique (ou fidèle) à lui-même. Et même si une auto-réactivité existe, elle doit être soumise à un contrôle strict pour garantir l'identité même de l'organisme sinon celui-ci serait en danger. T. Pradeu souligne[49] : « Billingham, Brent et Medawar montrent qu'il est possible d'induire une tolérance active à des tissus étrangers chez la souris, à condition d'introduire tôt, pendant la vie fœtale (c'est-à-dire avant la maturité immunitaire), les cellules étrangères dans l'hôte. Ils décrivent ce phénomène comme

« l’exact inverse » de « l’immunité acquise activement » et proposent donc le terme de « tolérance acquise activement ». Medawar (...) a également montré qu’une extension du « soi » était possible dans des conditions expérimentales, exactement comme l’avaient proposé Burnet et Fenner quelques années plus tôt ».

Burnet a postulé que la capacité de la discrimination entre le soi et le non-soi est acquise au cours de la croissance de l'organisme, et il le pose comme une question fondamentale de l’immunologie. Pendant son développement, l’organisme apprend à ne pas s’attaquer lui-même, et ses cellules immunitaires autoréactives sont éliminées (apprentissage du soi). Une fois la maturation du SI achevée, le soi est fixé à jamais, et la frontière entre le soi et le non-soi est tranchée. Burnet propose une théorie explicative de l’immunité qui repose sur deux affirmations centrales : « L’organisme déclenche une réponse immunitaire contre toute entité étrangère (non-soi), et l’organisme ne déclenche pas de réponse immunitaire contre toute entité qui lui est propre (soi) ».

L'immunité a donc pour fonction de veiller sur l'intégrité de l'organisme puisque le non-soi en est rejeté. Cette idée semble satisfaisante pour expliquer l'immunité.

Même si cette théorie du soi et du non-soi reste le cadre explicatif dominant aujourd’hui, d'autres modèles émergent pour combler ses lacunes. En effet, le concept fondamental soi/non-soi de Burnet ne fait pas l’unanimité.

Par exemple, T. Pradeu démontre l’insuffisance du concept du soi défini par Burnet et propose un nouveau concept, celui de *continuité*. Selon lui : « Il est faux de dire que le système immunitaire ne répond pas au soi », et « Il est faux de dire que le système immunitaire déclenche une réponse contre tout non-soi ». Ainsi, toujours selon cet auteur, le système immunitaire ne réagirait pas avec les entités qu’il rencontre en fonction de leur origine (endogène/soi ou exogène/non-soi) mais en fonction de leur caractère de « nouveauté ». Ce qui déclenche une réponse immunitaire n’est plus « l’étranger » mais une discontinuité antigénique importante. Ainsi, la théorie de la continuité interroge-t-elle aussi la frontière entre immunité innée et immunité adaptative.

Il faut bien l’admettre : dès que l’on fixe des limites, que l’on trace des frontières, il est tentant de chercher à les déplacer, de les remettre en question. N’est-ce-pas le propre de l’esprit humain ?

Thomas Pradeu propose une nouvelle définition de l’organisme, plaçant le système immunitaire au fondement de l’individuation physiologique de l'organisme (le « soi »). « L'immunité, en décidant ce qui est accepté ou rejeté par l'organisme, trace la frontière spatiale entre l'organisme et son environnement, entre l'intérieur et l'extérieur qu'il prend soin de ne pas confondre avec l'endogène et l'exogène. (...) L'organisme, dont l'identité se redéfinit continûment au gré des incorporations et des éliminations d'entités endogènes ou exogènes, et dont le maintien au cours du temps (...) n'est pas un maintien à l'identique garanti par une conservation de l'intégrité mais le fruit de la continuité des interactions immunitaires. Le système immunitaire est lui-même hétérogène puisque les bactéries commensales contribuent activement à éliminer les bactéries exogènes pathogènes. (...) L'organisme n'est pas un pur produit de ce qui est en lui dès l'origine mais il se détermine en fonction de la manière dont il intègre en lui l'extérieur ou l'autre, rendant le distinguo entre l'environnement et influence génétique sur l'identité biologique obsolète ».

Je ne pense pas, quant à moi, que notre flore microbienne ou nos bactéries commensales fassent partie du soi ni de notre SI. Certes, elles participent à éliminer d'autres bactéries néfastes pour notre santé, mais je les qualifie de *soi importé* (ou soi adopté). Les bactéries sont procaryotes et nos cellules eucaryotes, donc nous ne sommes pas faits de parties distinctes d'un même soi, nous relevons plutôt d'une hybridation ou d'une symbiose. Ces bactéries sont maintenues dans la lumière du tube digestif et ne doivent pas outrepasser la barrière intestinale sinon elles causeraient des dommages au niveau des tissus infectés. Elles peuplent notre épithélium intestinal très tôt au cours de notre vie et bénéficient d'une tolérance immunitaire dont la rupture entraînerait des maladies intestinales chroniques. Plusieurs études récentes ont mis en évidence l'aptitude de la flore commensale à moduler la différenciation, la maturation et les fonctions effectrices des LT CD4+ au niveau de la muqueuse intestinale, en situation d'homéostasie et au cours d'une infection[60-62] (Ivanov II et al, Cell Host Microbe. 2008 ; Hall JA et al, Immunity, 2008 ; Gaboriau-Routhiau V et al, Immunity, 2009).

Les bactéries commensales favorisent ainsi la mise en place des défenses immunitaires innées et adaptatives à la surface de la muqueuse intestinale. Cependant, elles représentent aussi un danger pour l'hôte car elles sont susceptibles d'induire des réactions inflammatoires délétères pour l'intestin. Ce paradoxe s'explique par le fait que les microbes commensaux et les pathogènes partagent les mêmes motifs antigéniques capables d'induire une réponse inflammatoire. Le SI intestinal doit donc maintenir en permanence un état de tolérance active vis-à-vis de la flore commensale tout en étant capable d'induire des réponses immunes pro-inflammatoires protectrices contre les pathogènes gastro-intestinaux. Le maintien d'un tel équilibre repose sur l'existence de mécanismes de régulation garantissant une réactivité réduite du SI intestinal vis-à-vis des bactéries commensales inoffensives. Une déficience de ces mécanismes résulte en une inflammation anormale du tube digestif aboutissant au développement de maladies inflammatoires chroniques de l'intestin, telles que la maladie de Crohn et la rectocolite hémorragique (colite ulcéreuse)[63] (Saleh M et al, Immunity, 2001). Un groupe de chercheurs précise en effet : « La flore commensale apporte d'énormes bénéfices, en particulier en permettant le maintien d'un statut immunologique adéquat à la surface des muqueuses. En revanche, la présence d'une population microbienne si vaste et diverse peut aussi avoir de nombreux inconvénients, y compris l'induction par les antigènes commensaux de réponses immunitaires inadaptées et délétères »[64] (Nicolas Bouladoux et al, 2013).

L'être vivant est en perpétuelle interaction avec son environnement, endogène ou exogène. Étant donné que nous sommes constitués de matière organique, nous sommes *de facto* proie à d'innombrables parasites. Avant même que le SI soit mature, la flore microbienne est déjà installée. Ceci évoque l'expérience de Medawar et Gibson, mentionnée plus haut, qui montre qu'une tolérance immunitaire vis-à-vis de tissus greffés chez les cobayes nouveau-nés peut être induite, tandis que la greffe pratiquée chez les sujets plus âgés entraîne systématiquement un rejet. Lorsqu'un antigène est toléré, il ne représente plus une nouveauté pour le SI, alors qu'un antigène non toléré, si. Le concept de continuité précise que l'immunité fait partie de la normalité et non de l'exception. Elle opère sans cesse, et quand elle devient observable, cela signifie qu'un antigène inhabituel (non reconnu auparavant ou vis-à-vis duquel la tolérance a été rompue) vient de s'introduire dans l'organisme ou s'y forme. La nouveauté résulterait d'une structure particulière des épitopes qui présente de l'étrangeté en comparaison à la structure antigénique habituellement reconnue par le SI. Mais dès qu'un nouvel antigène aura induit une réponse immunitaire, il fera partie de la nouvelle normalité, et ainsi de suite. D'après ce nouveau concept, un immunogène doit générer des épitopes différents de ceux jusque-là tolérés par le SI. Ce concept de continuité implique une nouveauté régulière car la continuité est un continuum dans l'espace-temps, et donc, au vieux succède du nouveau et le nouveau au présent deviendra l'ancien à l'avenir. Entre-temps, l'organisme persiste en tant qu'entité unique et singulière.

Cependant, est-ce que tous les antigènes qui sont inhabituels pour le SI sont immunogènes ? Nous ne pouvons pas prédire si un antigène induira une réponse immunitaire ou pas. La réponse immunitaire est multifactorielle. Comme il a déjà été dit : ce qui déclenche une réponse immunitaire n'est plus « l'étranger » mais une discontinuité antigénique importante, qualitative ou quantitative. Cette dernière pourrait passer inaperçue au SI dans le cas où les conditions ne seraient pas réunies pour qu'elle induise une réponse immunitaire. La discontinuité antigénique, qui mérite une définition précise, concernerait des épitopes nouveaux n'ayant jamais été en contact avec les effecteurs immunitaires (si on exclut ceux sous tolérance). Or, même dans ce cas, nous ne pouvons pas prédire qu'il y aura une réponse immunitaire. Malgré l'introduction d'antigènes vaccinaux qui sont bien sélectionnés pour leur immunogénicité prouvée dans des modèles expérimentaux, et en l'absence d'effets adjuvants, ils n'entraînent pas une réponse immunitaire chez l'humain d'une manière reproductible. Les antigènes qui pénètrent naturellement dans l'organisme ou qui s'y sont développés ne déclenchent pas tous une réponse immunitaire malgré le fait qu'ils contiennent de nouveaux épitopes. Réciproquement, dans les réactions allergiques, des antigènes ubiquitaires n'ayant aucune nouveauté déclenchent des réponses immunitaires chez des sujets susceptibles. Des paramètres autres que la nature de l'antigène semblent gouverner la réponse immunitaire. On peut même supposer que, malgré le potentiel immunogène de certains antigènes, ils n'induisent pas une réponse immunitaire au cas où ils ne fournissent pas un signal d'activation suffisamment fort, probablement à cause d'une faible affinité de leur liaison aux TCR ou BCR. Certains épitopes activent la voie d'inhibition qui bloque la signalisation au niveau du TCR coupant court à l'activation lymphocytaire. Il se pourrait aussi qu'un antigène ne génère pas des épitopes stimulants après son apprêtement par les CPA.

Il est difficile de prédire si une structure antigénique quelconque serait immunogène à moins de la tester expérimentalement. Par conséquent, l'inhabituel ou la discontinuité antigénique est difficile à définir en immunologie. Malgré tout, le principe de continuité contient sa part de vérité, il est en accord avec le postulat de Niels Jerne (1911-1994) selon lequel le SI serait en permanence autocentré, ce que T. Pradeu dans les « limites du soi » explique bien : « La première critique importante de la théorie du soi et du non-soi a été suggérée dès le milieu des années 1970 par les théories immunologiques dites « systémiques ». L'article fondateur de cette approche est celui de Niels Jerne publié en 1974. L'axe principal de cet article est de définir le système immunitaire comme autocentré, c'est-à-dire comme fondamentalement autoréactif, réagissant la plupart du temps au « soi » et non au « non-soi » (…) La vision systémique de Jerne est d'autant plus importante qu'elle a structuré toutes les critiques et toutes les propositions théoriques positives avancées en immunologie jusqu'à nos jours, tout particulièrement les thèses sur l'autopoïèse et celles sur l'auto-organisation et enfin, en partie, la théorie du danger (Polly Matzinger). (…) L'idée générale retenue par tous les partisans d'une vision systémique de l'immunité est que le système immunitaire ne discrimine pas entre le soi et le non-soi car il n'a affaire qu'au « soi ».

Le concept de continuité évoque le mécanisme de l'immunosurveillance par lequel le SI sonde continuellement les tissus de l'organisme à la recherche de nouveaux épitopes. Par ailleurs, un organisme en perpétuel échange avec l'environnement dès sa conception connaîtra de moins en moins de nouveautés au fur et à mesure de l'avancée en âge, d'autant plus qu'il est doté d'un répertoire colossal d'immuno-récepteurs. Mêmes les antigènes intracellulaires, naturellement séquestrés, sont libérés à un moment où un autre de la vie de l'organisme par suite d'une infection microbienne ou par suite d'autres traumatismes, et ne sont plus des antigènes inhabituels. La discontinuité antigénique apparaîtrait dans le cas d'infection par des micro-organismes génétiquement variables, comme les virus à ARN qui sont capables de produire de nouveaux épitopes en conséquence de leur variabilité génétique. Des virus hypervariables comme le VIH mettent effectivement le SI en échec du fait qu'ils mutent à chaque cycle de réplication. Malgré la nouveauté ou la discontinuité antigénique produite à chaque cycle, le SI ne parvient pas à contrôler l'infection, non pas parce que des clones lymphocytaires réactifs sont réfractaires, mais surtout à cause de l'altération profonde des mécanismes de régulation immunitaire. Une protéine du soi ne susciterait une réponse immunitaire que si une mutation faisait apparaître un épitope reconnu par les BCR ou TCR, si on exclut la possibilité d'un mimétisme moléculaire. À un moment de la vie de l'organisme, un large pool de cellules mémoires, en plus de l'immunité innée et des anticorps naturels, le protège suffisamment contre un grand nombre d'antigènes, le rendant capable de neutraliser toutes les discontinuités antigéniques aussi inhabituelles soient-elles, l'individu peut ainsi vivre des années sans maladies virales ou bactériennes.

Je défends l'idée selon laquelle l'immunité atteint son pic de capacité à l'âge adulte et qu'elle est capable d'éradiquer tous les antigènes, quel que soient leurs structures. Son échec résulterait d'un dérèglement causé par des facteurs externes ou internes. La discontinuité antigénique opèrerait, dans la plupart des cas, pendant la phase de maturation de l'immunité. En revanche, le principe de « continuité » apporte une nouvelle compréhension de notre SI comme étant un système en perpétuelle interaction avec l'organisme et l'environnement, en échange ininterrompu avec eux, il se superposerait ainsi au concept de l'immunosurveillance.

Comme nous le savons, une théorie doit être capable d'expliquer le mécanisme sous-jacent aux phénomènes qu'elle prétend étudier et de prédire leur survenue. Autrement dit, en ayant recours aux modèles qui la sous-tend, nous pouvons expliquer ce qui s'est passé, ce qui se passe et même prédire ce qui se passera à l'avenir. Par exemple, le modèle qui explique la réponse immunitaire adaptative nous permet de lire le passé et de prédire l'avenir immunologique de l'individu. On dira de telle personne, chez laquelle on a détecté des anticorps dirigés contre un virus, qu'elle a été naturellement immunisée (si elle n'a pas été vaccinée contre ce virus) ; on lit donc le passé de son immunité. En fonction du taux d'anticorps, de leurs isotypes et de leur corrélation avec d'autres marqueurs immunitaires (cytotoxicité) ou avec des marqueurs du virus (virémie, type d'antigènes exprimés et leurs taux, mort cellulaire), on peut dater l'infection et savoir si elle est récente (IgM détectés en majorité) ou passée (IgG). Si on suppose que l'infection est récente (virémie importante suivie par la sécrétion des IgM), on peut prédire l'avenir, puisque si la personne se réinfecte par le même virus, on sait à l'avance que son SI va produire des IgG lors de la réponse immunitaire secondaire et qu'il mettra en place des cellules mémoires. C'est d'ailleurs la raison pour laquelle un vaccin est administré à plusieurs reprises afin de produire des IgG et des cellules mémoires spécifiques des antigènes vaccinaux. Ces paramètres nous permettent d'évaluer l'immunité de toute la population et de déduire la prévalence du virus. Si un virus se répand dans la population sans que celle-ci soit immunisée (ni IgM ni IgG détecté), on signale un état d'épidémie locale ou de pandémie si la situation se reproduit dans plusieurs pays à une grande fréquence. L'absence même d'une immunisation nous renseigne sur le passé immunologique de l'individu et nous permet de prendre des mesures préventives. En suivant le taux d'immunisation dans la population contre un virus donné, on pourrait détecter chez certains individus ayant guéri naturellement des anticorps que l'on teste en laboratoire ensuite pour déterminer s'ils sont neutralisants (c'est à dire capables de bloquer l'infection virale de cellules cibles *in vitro*). De fil en aiguille, on peut identifier les épitopes du virus reconnus par ces anticorps et ainsi les utiliser pour produire des vaccins. Par conséquent, grâce à nos connaissances théoriques sur la réponse immunitaire adaptative, nous pouvons prédire, planifier et produire des traitements pour contrer les infections virales. Le modèle théorique qui nous sert de repère doit être concluant sur le plan pratique, il doit être aligné à la réalité biologique rapportée par les chercheurs et les médecins dans le cadre des observations cliniques. Un modèle purement théorique, sans lien avec la réalité vécue par les malades et constatée par leurs médecins, ne ferait pas long feu.

T. Pradeu a décrit dans les « limites du soi » les principaux modèles post-Burnet tentant d'expliquer l'immunité par d'autres mécanismes. Nous les avons aperçus succinctement plus haut. Je vais en rappeler ici les principaux :

L'autopoïèse, dont le dictionnaire donne la définition suivante : (du grec auto : soi-même, et poièsis : production, création) L'autopoïèse est la propriété qu'a un système de se produire lui-même en permanence et en interaction avec son environnement, et ainsi de maintenir son organisation (structure) malgré son changement de composants (matériaux). Francisco Varela en 1989[65] dans « Autonomie et connaissance » décrit ainsi le système autopoïétique :

« Un système autopoïétique est organisé comme un réseau de processus de production de composants qui (a) régénèrent continuellement par leurs transformations et leurs interactions avec le réseau qui les a produits, et qui (b) constituent le système en tant qu'unité concrète dans l'espace où il existe, en spécifiant le domaine topologique où il se réalise comme réseau. Il s'ensuit qu'une machine autopoïétique engendre et spécifie continuellement sa propre organisation. »

Le modèle « du danger » a été développé par P. Matzinger pour rendre compte, aussi bien des éléments qui déclenchent une réponse immunitaire, que de ceux qui maintiennent un état de tolérance. « L'un des points essentiels de cette théorie soutient, à l'encontre de l'opinion majoritaire chez les immunologistes, que la fonction principale du système immunitaire n'est pas de faire la différence entre le soi et le non-soi. Selon lui, la réponse immune est provoquée par tous les agents susceptibles d'entraîner des destructions tissulaires nécrotiques et inflammatoires. Ce n'est donc plus le caractère étranger d'un constituant qui déclenche la réponse immunitaire mais sa capacité à provoquer une mort cellulaire anormale. » (…) Selon cette hypothèse, le système immunitaire réagit donc à ce qui est dangereux pour l'organisme ».[66] (Kanellopoulos et Ojcius, 2000).

Comme ce condensé de la littérature scientifique vous le rappelle, la théorie de l'immunologie est constituée de plusieurs modèles explicatifs qui tentent, chacun, de dépasser les limites expérimentales précédentes, de résoudre les problèmes de santé humaine afin d'approcher un peu plus la réalité biologique. Pourtant, certaines questions fondamentales demeurent en suspens.

Depuis les années 1950, la théorie qui domine en immunologie est celle de la reconnaissance de « soi » et du « non-soi » par le système immunitaire adaptatif. Cependant, ce modèle ne permet pas d'expliquer de manière satisfaisante les phénomènes de tolérance, de rejet de greffe, ni la nécessité de la présentation de l'antigène. Charles Janeway (1943-2003) propose un modèle selon lequel ce serait l'immunité innée qui serait la véritable sentinelle du déclenchement d'une réponse immunitaire. La décision de réagir ou non face à un agent étranger reposerait sur la reconnaissance de motifs par des récepteurs qu'il nomme les récepteurs de reconnaissance de motifs moléculaires. Polly Matzinger (1947-) développe dans les années 90 la théorie du danger d'après laquelle le déclenchement de la réponse immunitaire se ferait sur la base de motifs moléculaires associés aux pathogènes par les récepteurs de reconnaissance de motifs moléculaires. Ce modèle a été validé expérimentalement depuis, par l'identification de récepteurs de signaux de danger et de certains de leurs ligands. Mais une autre question se pose malgré tout : comment se fait-il que certains corps étrangers ne soient pas reconnus ?

Autrement dit, lors de la reconnaissance d'un antigène donné, qu'est-ce qui active ou non les défenses immunitaires ? La première notion-clé est celle de tolérance centrale : aucun organisme n'est censé produire de lymphocytes autoréactifs, c'est-à-dire de lymphocytes réagissant contre les antigènes du soi non-altéré. La seconde notion-clé est celle de tolérance périphérique : elle repose sur une inhibition conditionnelle de la réponse des cellules immunitaires face à un antigène du « non-soi ». La difficulté est de comprendre dans quelles conditions un antigène induit une réaction de défense de la part du système immunitaire, auquel cas on dit que l'antigène est immunogène, et une tolérance pour cet antigène, auquel cas on dit que l'antigène est tolérogène.

La théorie du danger repose sur un constat simple : dans certaines situations, un même antigène peut être perçu comme sans danger (tolérogène) ou dangereux (immunogène), et dans d'autres, entraîner une réponse très différente : réponse cellulaire ou réponse anticorps de divers types allant jusqu'à l'allergie. La théorie du danger stipule que ce sont les conditions dans lesquelles l'antigène est perçu qui déterminent la réponse immunitaire qui sera développée. Ces conditions particulières impliquent des signaux de danger, en plus ou moins grande quantité et plus ou moins variés, qui accompagnent l'antigène. La combinaison des signaux de danger (ou leur absence) oriente la réponse immunitaire.

Nous réalisons à quel point une théorie unificatrice a du mal à s'imposer en immunologie. Après Burnet, d'autres modèles théoriques alternatifs ont vu le jour entre lesquels il n'est pas possible de trancher. La discrimination entre le soi et le non-soi demeure, malgré toutes les citriques qu'on peut lui opposer, un concept indétrônable car dans toutes circonstances l'immunité agit pour sauvegarder le soi (il y a vraiment un soi individualisé). L'auto-immunité serait un accident déclenché par du mimétisme moléculaire ou sur un terrain génétique particulier. La tolérance immunitaire ne doit pas être interprétée comme l'absence de la discrimination entre le soi et le non-soi car elle est avant tout un mécanisme d'économie d'énergie (ne pas réagir pour éviter des dépenses inutiles d'énergie). L'économie d'énergie est un concept éminent puisque tous les mécanismes biologiques se déroulent suivant la voie de la moindre contrainte et de la moindre dépense énergétique. Si l'immunité réagit plusieurs fois contre un même antigène, la dépense énergétique va être lourde, sans oublier le cumul des dégâts collatéraux dans les tissus où se déroule la réponse immunitaire. L'immunité devient tolérogène dans le cas des antigènes récurrents (habituellement présents dans l'environnement), ce qui évite des dépenses énergétiques sans fin. La mémoire immunitaire n'est au fond qu'une économie d'énergie puisque la re-stimulation du SI par le même antigène déclenche une réponse entraînée plus rapide. L'immunité cherche toujours à éliminer l'antigène selon un mode économique, et c'est pourquoi elle mobilise d'emblée l'immunité innée déjà en place : anticorps naturels, complément, phagocytose et d'autres mécanismes. Mais quand l'antigène persiste longtemps, l'immunité se tourne vers la tolérance ou vers un rapport de symbiose. Ce phénomène est observable dans les cas d'infection par le VIH. Le virus va se multiplier au début et déclencher une réponse immunitaire. Ensuite, le virus entre en latence ou en chronicité, ce qui amoindrit l'immunité. Le virus réapparaîtra par épisodes et demeurera latent jusqu'à ce que le SI perde de sa robustesse et de son efficacité.

Un autre exemple est celui de l'infection par *Mycobacterium tuberculosis*. La bactérie est capable d'inhiber le processus de phagocytose en empêchant la fusion des phagosomes avec le lysosome. L'immunité est capable de contrôler l'infection bactérienne en forçant la bactérie à entrer en latence. Cependant, celle-ci peut se réveiller par suite d'une diminution de l'immunité cellulaire. La co-infection avec le VIH facilite le passage de la tuberculose latente à une tuberculose active. On voit bien qu'une infection persistante passe par une latence, une ligne d'équilibre où le parasite survit au sein de l'organisme à un faible taux de renouvellement, tandis que l'immunité opère au minimum (et donc en mode économique). La tolérance immunitaire ne signifie pas systématiquement un échec de la discrimination entre le soi et le non-soi, mais elle obéit à d'autres règles biologiques de plus grande importance, en l'occurrence l'économie de l'énergie vitale. Un antigène immunogène peut devenir à la longue tolérogène. Un antigène tolérogène peut devenir immunogène si les mécanismes de tolérance se rompent pour une raison ou une autre. Une tolérance immunitaire peut impliquer une reconnaissance de l'antigène sans que l'activation ait lieu. Soit le signal d'activation est bloqué, soit c'est la signalisation intracellulaire qui est mise en échec. Il se pourrait que les cellules mémoires hyper-stimulées par l'antigène entrent dans un état de sénescence.

Les phénomènes immunologiques résistent à leur unification dans une seule théorie, ce qui reflète la nature complexe de l'immunité. La théorie du danger tient sa part de vérité. Un antigène causant des dégâts tissulaires va probablement déclencher une réaction immunitaire, en revanche de tels dégâts surviennent bien après l'entrée du parasite et sa multiplication. Cette fenêtre d'opportunité laissée au parasite est un paradoxe au sein de la théorie du danger : comment est-il possible que l'immunité entre tardivement en jeu, après que l'organisme soit infecté par du non-soi ? Les bactéries ou virus sont très rares au début de l'infection, ce qui leur permet de passer inaperçus et d'entamer leurs cycles de réplication. D'autres parasites entrent d'emblée en latence en s'installant discrètement dans les tissus. Citons encore l'exemple de l'infection tuberculeuse latente. Le bacille tuberculeux, une fois dans l'organisme, peut rester à l'état dormant ; il ne provoque pas de maladie tout en restant vivant. La personne infectée n'est pas malade, ne présente aucun symptôme et n'est pas contagieuse, mais d'une certaine façon elle héberge les mycobactéries. Cette infection peut durer des années ou des décennies. Après ce temps d'infection latente inapparente, 10% environ des personnes infectées développeront une tuberculose plus ou moins rapidement durant leur vie selon leur âge et leur état immunitaire. Le risque de développer la maladie après une infection concerne particulièrement les personnes dont les défenses immunitaires sont affaiblies par des facteurs comme la malnutrition, le diabète, le tabagisme, une maladie chronique ou certains médicaments. Une personne atteinte de tuberculose pulmonaire est contagieuse et peut contaminer d'autres personnes surtout pendant la phase aigüe de la maladie microbienne ou sa réactivation pendant laquelle le nombre de microbes circulant croît considérablement dans les liquides biologiques. Un porteur asymptomatique est de ce fait beaucoup moins contagieux.

Citons aussi l'exemple d'un cancer pour lequel l'apparition de tumeurs représente un échec de l'immunité qui aurait pu, sinon, les éliminer au moment même de leur apparition. Or, une fois installée, une tumeur résiste à la réaction immunitaire et prend le dessus. Si l'on considère la théorie du danger, ces phénomènes indiqueraient que l'immunité entre en scène seulement quand des tissus sont endommagés, en procédant à l'élimination de l'antigène responsable. Le problème réside dans le fait que cette théorie ignore la présence discrète de l'antigène alors même qu'elle représente une invasion du soi.

Une théorie unifiée en immunologie doit concilier les deux contraires : expliquer à la fois pourquoi un antigène est immunogène et pourquoi un autre est tolérogène. Il est difficile de croire que l'immunité intervient tardivement, après que le mal soit fait dans les tissus. En effet, nous pourrions considérer que des mécanismes sont activés dès que le non-soi entre dans l'organisme. Nous pourrions même envisager un scénario dans lequel l'immunité serait un système qui engloberait divers mécanismes dont chacun répondrait à une circonstance spécifique. Ainsi, chaque antigène active un mécanisme qui lui est spécifique. La théorie du danger serait un mécanisme parmi d'autres, spécialement dédié aux antigènes cytolytiques. Il faut alors comprendre le SI comme un système flexible et adaptatif qui neutralise chaque contrainte selon un mode qui lui est propre, le plus économique et le moins destructeur à la fois. En fait, l'immunité se déroule dans le soi qu'elle doit épargner en en éliminant le non-soi ou le soi altéré.

Nous avons vu que nos illustres prédécesseurs dans le domaine de la biologie et de la microbiologie ont ouvert des voies, débroussaillé les chemins jusqu'à nous, immunologistes, chercheurs ou étudiants. Les vieux modèles recèlent en eux la nouveauté présente et future ; il suffit d'en extraire tout le suc. L'originalité d'une approche ne procède pas toujours de découvertes nouvelles, d'inventions inédites et spectaculaires, mais d'un éclairage nouveau sur les connaissances disponibles. D'une autre digestion, pour user de la métaphore physiologique. Le cas en immunologie est intéressant, car divers concepts ou modèles formulés à différentes époques cohabitent aujourd'hui sans qu'il y ait de véritable opposition et de contradiction entre eux ; ils se recoupent et se complètent pour expliquer les forces motrices de l'immunité.

Je vous invite donc à continuer sur le sentier de l'immunologie et à aborder le deuxième pilier de sa théorie : la sélection clonale des lymphocytes.

La sélection clonale des lymphocytes

Dans ce chapitre, je commencerai par vous proposer un récapitulatif du déroulement *in vivo* de la sélection clonale des lymphocytes. Dans un deuxième temps, je discuterai de sa cohérence en mettant l'accent sur les points-clefs de la théorie. Étant donné la multitude des connaissances à disposition, je ne vise surtout pas ici l'exhaustivité mais plutôt à mieux appréhender la logique qui sous-tend ses principes-clefs pour la situer dans le cadre plus global de l'immunologie.

En 1901, Paul Ehrlich avançait la thèse selon laquelle la réponse immunitaire était centrée sur l'interaction entre les antigènes et des récepteurs exprimés par les cellules. Cinquante ans plus tard, en 1955, Niels Jerne (1911-1994) fut le premier à décrire un mécanisme de sélection des anticorps généré aléatoirement en fonction de leur affinité pour les antigènes. Cette hypothèse fut développée ensuite par Franck Burnet qui la fit évoluer en ce qui, aujourd'hui, est considéré comme un paradigme fondamental de l'immunité adaptative : la théorie de la sélection clonale. Burnet l'a posée en 1962 et finalisée en 1976[67] (Arthur M Silverstein, 2003). Ainsi, il énonce que, suite à l'activation spécifique des LB naïfs par un antigène, ceux-ci prolifèrent et se différencient en cellules effectrices qui éliminent l'agent pathogène, et en cellules mémoires, sorte de réservistes prêtes à agir en cas de seconde réponse immunitaire, ce mécanisme permettant de maintenir l'immunité. Du fait de la diversité d'origine et de structure des antigènes que peut rencontrer un organisme, la diversité de son répertoire lymphocytaire se doit d'être d'une ampleur équivalente (Jerne, 1972)[68] (Askonas and Howard, 2022). Ainsi, si chaque cellule exprime un seul et unique récepteur spécifique, cette théorie implique qu'il faudrait que l'organisme produise autant de lymphocytes que d'antigènes potentiels. Or, les expériences de Karl Landsteiner (1868-1943) ont démontré au début du 19ème siècle qu'il n'était pas possible que l'animal puisse posséder dans son génome « fini » les informations nécessaires pour produire un nombre infini d'anticorps[69] (Cziko, 1997). De ce fait, la théorie de la sélection clonale, bien que reconnue comme cruciale, s'avérait incomplète. Finalement, ce paradoxe fut expliqué par S. Tonegawa qui décrivit le mécanisme de recombinaison somatique à l'origine de la diversité des anticorps[70] (Tonegawa S, 1974) puis des TCR[71] (Chien et al., 1984).

La sélection clonale nous enseigne donc comment les LT à médiation cellulaire et les LB à médiation humorale sont activés par les antigènes. Elle nous décrit, étape par étape, la séquence des événements aboutissant au déclenchement de la réponse immunitaire adaptative. Dans les paragraphes suivants, je vous invite à un rappel purement théorique concernant la mécanique à l'œuvre dans le déclenchement de la réponse immunitaire à partir de la sélection clonale.

Le condensé ci-dessous représente une sorte de récapitulatif des connaissances académiques sur le sujet de la sélection clonale, il a été construit à partir de diverses sources bibliographiques. Sa présentation peut être rébarbative mais elle m'a semblé nécessaire puisque la suite de mon argumentation s'appuiera sur ces données pour les discuter.

Voyons dans un premier temps le cas du LT.

Chaque LT exprime à sa surface des milliers de copies du même récepteur TCR. Cet hétérodimère est formé par l'appariement de deux chaînes polypeptidiques transmembranaires appartenant à la superfamille des immunoglobulines (Ig) : une chaîne lourde et une chaîne légère. Chez l'homme et la souris, 95% des LT expriment un TCR composé d'une chaîne α (légère) et d'une chaîne β (lourde), les 5% restant exprimant un TCR γδ. Chaque chaîne du TCR possède un domaine N-terminal variable (V) et un domaine C-terminal constant (C). La partie variable des deux chaînes α et β possède trois domaines hypervariables (dits *Complementarity Determining Regions,* CDR) : les régions CDR1 et CDR2 vont interagir avec le CMH alors que les CDR3 seront directement en contact avec le peptide au sein du complexe CMH-peptide. C'est donc la conformation du domaine variable de chaque chaîne qui va déterminer la spécificité du TCR à un type d'antigène. Les LT naïfs peuvent vivre des années sans se diviser. Ces petites cellules au repos ont une chromatine dense, un cytoplasme peu abondant et une faible synthèse protéique. Après leur activation par l'antigène, ces cellules entrent en cycle et se divisent rapidement pour donner naissance à de nombreuses cellules filles qui se différencieront en cellules effectrices activées. L'activation des LT naïfs nécessite la reconnaissance d'un fragment peptidique étranger fixé sur une molécule du CMH autologue. Si cet événement de reconnaissance est nécessaire, il ne peut, à lui seul, permettre l'activation du LT. Celle-ci requiert également la présence de signaux de costimulation délivrés au LT par les cellules présentatrices de l'antigène (CPA). Seules les CPA expriment à leur surface, à la fois le complexe CMH-peptide, et les molécules de costimulation nécessaires à l'expansion clonale des LT naïfs et leur différenciation en cellules effectrices activées. C'est pourquoi les CPA, en particulier les cellules dendritiques, sont la clef de démarrage du processus de la sélection clonale (à la seule exception de l'activation polyclonale des lymphocytes par des mitogènes).

La réponse immunitaire adaptative n'est pas amorcée au site d'entrée du pathogène dans l'organisme. Elle se développe dans les organes lymphoïdes périphériques dans lesquels le micro-organisme ou ses produits sont transportés via le réseau lymphatique. Certaines cellules, comme les cellules de Langerhans, (cellules dendritiques de la peau) sont capables de capter localement l'antigène et de le transporter dans les organes lymphoïdes secondaires. Les LT circulent de façon continue entre le sang et les organes lymphoïdes secondaires favorisant ainsi le contact entre les LT et les CPA du ganglion. Ce phénomène augmente considérablement la probabilité de rencontre entre un complexe CMH-peptide et le LT porteur du TCR spécifique ; il est crucial pour le déclenchement d'une réponse immunitaire adaptative puisque qu'environ un LT sur un million est spécifique d'un complexe CMH-peptide particulier. La réponse immunitaire adaptative dépend de l'expansion et de la différenciation de ces rares LT spécifiques. Les LT qui ne rencontrent pas leur antigène dans le ganglion demeurent bloqués dans leur état de quiescence. Ceux qui rencontrent l'antigène présent à la surface d'une CPA arrêtent leur migration, prolifèrent et se différencient en cellules effectrices activées. Les trois principales CPA présentes dans les organes lymphoïdes périphériques sont les CD, les macrophages et les LB. Chacune de ces cellules est spécialisée pour apprêter et présenter l'antigène aux LT spécifiques. Seuls ces trois types cellulaires expriment les molécules de costimulation indispensables à l'activation des LT naïfs. Toutefois, les CD sont les seules à exprimer constitutivement ces molécules qui ne seront induites sur les macrophages et les LB qu'après leur contact avec le micro-organisme pathogène. La génération de cellules effectrices prend quelques jours.

À la fin de cette période, les cellules effectrices activées quittent les organes lymphoïdes, repassent dans le sang, et migrent finalement au site de l'infection. Au cours de leur migration à travers la zone corticale des ganglions lymphatiques, les LT naïfs se fixent de façon transitoire sur chaque CPA qu'elles rencontrent. Les CPA professionnelles peuvent interagir efficacement avec les LT naïfs par l'intermédiaire de molécules d'adhérences. Ces molécules stabilisent la fixation des LT sur la CPA. Cette fixation transitoire entre la cellule naïve et la CPA permet au LT d'avoir le temps nécessaire pour tester un grand nombre de complexes CMH-peptides présents à la surface de la CPA. Dans les rares cas où le LT reconnaît un complexe CMH-peptide, les signaux induits par le TCR conduisent à des modifications conformationnelles des molécules d'adhésion ayant pour effet d'augmenter l'affinité de l'interaction entre les deux types cellulaires. Cette association peut persister pendant plusieurs jours pendant lesquels les LT naïfs prolifèrent et se différencient en cellules effectrices activées. Les LT sont activés lorsque le complexe TCR/co-récepteur CD4 ou CD8 reconnaît un complexe CMH-peptide à la surface d'une CPA. Toutefois, cette interaction ne peut à elle seule stimuler la prolifération des LT naïfs et leur différenciation en cellules effectrices.

L'expansion clonale des LT spécifiques de l'antigène nécessite un deuxième signal qui doit être délivré au LT par la même cellule que celle qui présente l'antigène. Les LT CD8+ semblant requérir un signal de costimulation plus fort que les LT CD4+, l'expansion clonale des LT CD8+ dépendra en grande partie de la coopération cellulaire des LT CD4+ interagissant avec la même CPA.

Les molécules de costimulation les mieux caractérisées sont les molécules B-7 (B7-1 ou CD80 et B7-2 ou CD86). Ces molécules ont une structure homodimérique. Elles appartiennent à la superfamille des immunoglobulines (Ig). B7-1 et B7-2 sont exprimés exclusivement à la surface de cellules capables de stimuler la prolifération des LT. Les molécules B7 interagissent avec deux types de récepteurs présents à la surface des LT : CD28 et LTCA-4. La ligation B7/CD28 stimule la prolifération des LTC. CD28 est le seul récepteur des molécules de costimulation exprimé sur les LT naïfs. Après leur activation, les LT peuvent exprimer le second récepteur des molécules B7, c'est à dire LTCA-4. LTCA-4 a une forte homologie de séquence avec CD28 et les deux molécules sont codées par des gènes voisins sur le génome. LTCA-4 se fixe sur les molécules B7 avec une affinité vingt fois supérieure à celle de CD28 et induit un signal inhibiteur aux LT activés. De ce fait, LTCA-4 joue un rôle primordial dans le contrôle de la réponse immunitaire en limitant une expansion trop importante des LT activés par l'antigène et en permettant l'arrêt de la réponse immunitaire. Ce rôle de LTCA-4 a été confirmé chez des souris invalidées pour ce gène. Ces souris présentent en effet un syndrome lymphoprolifératif massif fatal. Bien que de nombreuses molécules aient été impliquées dans les phénomènes de costimulation, jusqu'à présent, seuls B7-1 et B7-2 sont capables, lors de leur interaction avec CD28, de produire les signaux nécessaires à l'induction d'une réponse immunitaire normale.

La seule fonction connue des CD est la présentation de l'antigène aux LT. Cette aptitude n'est pas partagée par les CD immatures retrouvées dans la plupart des épithéliums et au sein des organes solides comme le cœur et les reins. Les CD proviennent de progéniteurs médullaires. Les cellules ainsi produites migrent dans la circulation et gagnent les sites périphériques. À ce niveau, elles ont un phénotype immature qui se caractérise par une faible expression des molécules CMH de classe-2 et par l'absence de molécule de costimulation à leur surface. Les CD immatures sont donc incapables d'activer les LT naïfs. En revanche, elles sont particulièrement efficaces pour capter les antigènes par endocytose grâce à des récepteurs spécifiques comme DEC 205, ou par macropinocytose. Les CD immatures persistent dans les tissus pendant de longues périodes. Les CD immatures typiques sont les cellules de Langerhans de la peau. Elles sont activées pendant l'infection et migrent alors par les vaisseaux lymphatiques vers le ganglion loco-régional. À ce niveau, le phénotype des CD se modifie. Les CD matures perdent leur capacité d'endocytose et de pinocytose mais expriment à présent des niveaux élevés de molécules du CMH, de molécules d'adhésion et de molécules de costimulation. Les CD matures sécrètent en outre de grandes quantités de chimiokine DC-CK1 qui attirent spécifiquement les LT naïfs. Toutes ces propriétés expliquent l'efficacité des CD matures pour stimuler les LT naïfs. Parmi les antigènes susceptibles d'être présentés par les CD, on retrouve des protéines de l'environnement, des virus des bactéries et éventuellement des allo-antigènes provenant d'un organe transplanté.

La prolifération et la différenciation sont induites par un facteur de croissance protéique, une cytokine, appelé interleukine-2 (IL-2) et produite par le LT activé lui-même. Au cours de son activation, le LT exprime rapidement à sa surface le récepteur de l'IL-2. La fixation de l'IL-2 sur son récepteur induit la prolifération du LT. La production d'IL-2 est le principal effecteur de la prolifération et de la différenciation des LT en cellules effectrices. Le rôle majeur des molécules de costimulation est d'induire la synthèse d'IL-2.

La reconnaissance du complexe CMH-peptide par le TCR induit une cascade d'événements intracellulaires aboutissant à la translocation nucléaire du facteur de transcription NF-AT. Ce dernier se fixe sur des régions promotrices du gène de l'IL-2 et induit sa transcription. Cependant, cette seule interaction est insuffisante pour que la protéine IL-2 soit produite. En effet, les ARN messagers de l'IL-2 possèdent dans leur région 3' non traduite une zone d'instabilité qui diminue très fortement la demi-vie des transcrits de l'IL-2. Cette région d'instabilité est en outre un facteur primordial dans le contrôle de la production de cette cytokine. L'interaction des molécules de costimulation B7 avec CD28 exprimé sur les LT permet de stabiliser les transcrits pour l'IL-2. Ce phénomène permet d'augmenter trente fois la traduction de l'IL-2. De plus, le CD28 active en parallèle d'autres facteurs de transcription comme NF-kB et AP-1 qui augmentent encore la transcription du gène de l'IL-2. Au final, l'interaction B7/CD28 multiplie par 100 la quantité d'IL-2 produite par les LT. Le rôle central de l'IL-2 dans la réponse immunitaire adaptative est en outre illustré par les médicaments utilisées pour bloquer la réponse immunitaire comme le rejet de greffe.

Lorsqu'un LT reconnaît un antigène en l'absence de signaux de costimulation, très peu d'IL-2 est produit et la cellule naïve ne prolifère pas. Dans ce cas, la cellule naïve entre dans un état de paralysie fonctionnelle appelée anergie. La caractéristique principale d'une cellule anergique est son incapacité à produire de l'IL-2. Cet état empêche la prolifération et la différenciation des cellules naïves en cellules effectrices. Il permet en outre d'assurer la tolérance des LT aux antigènes du soi. Lorsque l'antigène et des molécules de costimulation interviennent, l'IL-2 produite favorise l'expansion clonale des cellules naïves. Après 4 à 5 jours d'intense prolifération, ces LT se différencient en cellules effectrices capables de synthétiser toutes les protéines nécessaires à leur fonction de LT-CD8+ cytotoxique (LTC) ou LT-CD4+ auxiliaire ou helper (LTh). Les cellules effectrices subissent des changements qui les distinguent des cellules naïves. Ainsi, une cellule effectrice ne requiert plus la présence de molécule de costimulation pour exercer son effet sur sa cellule cible : les LT-CD8+ activés peuvent détruire n'importe quelle cellule infectée par un virus, qu'elle exprime ou non des molécules de costimulation.

Parmi les autres modifications qui distinguent les cellules naïves des cellules activées, on notera l'expression différentielle de certaines molécules d'adhérence. Les cellules effectrices n'expriment plus la L-sélectine, ce qui empêche leur circulation à l'intérieur du ganglion, mais expriment VLA-4 qui favorise la fixation des cellules activées au niveau de l'endothélium vasculaire des sites infectés.

Nous pouvons ainsi considérer deux grandes classes de LT : les LT CD8+, vus comme des cellules cytotoxiques (LTC) et les LT CD4, perçus comme les « chefs d'orchestre » de la régulation de la réponse immunitaire. Les LT CD8+ reconnaissent des peptides présentés par les molécules du CMH-1, tandis que les LT CD4+ reconnaissent des épitopes restreints au CMH-2. Les molécules du CMH-1 sont exprimées sur toutes les cellules nucléées et présentent des peptides endogènes provenant du cytoplasme de la cellule. Les molécules du CMH-2 se trouvent uniquement sur les CPA, et présentent des antigènes provenant du milieu extracellulaire. Les LT CD8+ naïfs se différencient en effecteurs cytotoxiques (Lympocytes-T cytotoxiques ou LTC). L'activation des LT CD8+ naïfs nécessite des signaux de costimulation plus intenses que les LT CD4+. Les LT CD8+ peuvent être activés par les CD qui possèdent un pouvoir de costimulation élevé. Les CD peuvent induire directement la synthèse d'IL-2 par les LT CD8+ et ainsi leur prolifération et leur différenciation. La réponse T cytotoxique contre certains virus ou celle opérant au cours du rejet de greffe nécessite cependant la présence des LT CD4+. Dans ce cas, les deux types cellulaires doivent reconnaître des complexes CMH-peptides présents à la surface de la même CPA. Les LT CD4+ compensent dans ce cas le faible pouvoir de costimulation de certaines CPA. Cette coopération cellulaire peut revêtir deux aspects. Si le LT CD4+ est une cellule effectrice, elle peut activer la CPA et favoriser l'expression des molécules de costimulation. Si elle est une cellule naïve elle s'active au contact du complexe CMH-peptide et libère de l'IL-2 qui pourra agir de manière paracrine sur le LT CD8+ voisin. Une fois activé, le LT CD8+ devient cytotoxique capable de tuer des cellules exprimant le même antigène en complexe avec le CMH-1. La destinée de la cellule CD4 sera différente suivant les cytokines produites par la CPA qui l'active. On distingue ainsi :

1- Les LT-H1 obtenus grâce aux interleukines IL-12, IFN-γ et TNF-β. Les LT-H1 sont également responsables de l'augmentation de l'expression du récepteur B7 sur les CPA indispensable à la formation des LT-CD8+ cytotoxiques.
2- Les LT-H2 obtenus grâce à l'interleukine IL-4. Ils jouent un rôle dans l'activation des LB.
3- Les LT-H17 obtenus grâce à l'interleukine IL-23.

Voyons maintenant le cas des LB et comment ils entrent en jeu dans la réponse immunitaire adaptative. Les LB naïfs entrent dans les ganglions lymphatiques par la circulation sanguine. Ils migrent ensuite vers leur zone B guidés par les chimiokines spécifiques des LB et stationnent pendant une journée. Les antigènes arrivent par les canaux lymphatiques afférents. Si les LB ne rencontrent pas leur antigène, ils retournent dans la circulation pour laisser la place à d'autres LB. S'ils les reconnaissent (l'antigène est souvent sous forme soluble), ils s'y lient par leur récepteur de surface BCR (IgM/IgD de surface). Contrairement au TCR, le BCR peut reconnaître l'antigène sous sa forme native, non apprêté par une CPA. Ensuite, il a y internalisation du complexe BCR-antigène et formation de vésicules d'endocytose pour la dégradation de l'antigène conduisant à la génération de peptides susceptibles de s'associer aux molécules du CMH-2. L'exposition de ces peptides à la membrane du LB a pour objectif sa présentation à un LT-CD4+. L'activation réciproque des LB et LT-CD4+ spécifiques du même antigène est nécessaire. Chaque lymphocyte reconnaît ensuite son antigène dans sa zone respective, puis il y a migration des deux types de cellules à l'interface entre les zones T et B (Grâce à l'expression de nouveaux récepteurs de chimiokines). L'interaction antigène-BCR est insuffisante à elle seule pour l'activation du LB. Il faut un second signal apporté par les LT-CD4+ folliculaires auxiliaires.

Dans cette coopération T/B, le LB se comporte comme une CPA vis-à-vis du LT-CD4+ qui a été préalablement activé par le même antigène. On parle d'activation mutuelle des LB et LT. À l'instar du LT, des signaux de costimulation sont indispensables à une activation totale du LB, et sont transmis par un certain nombre de corécepteurs (CD19, CD21 et CD81) qui vont amplifier le signal. LB et LT-CD4 coactifs commencent alors chacun leur cycle de division cellulaire. Cette activation du LB dépendante d'une coopération avec le LT-CD4 est appelée « thymo-dépendante », elle est la plus fréquente.

Suite à cette activation, les LB obtenus se multiplieront intensément et certains d'entre eux donneront des plasmocytes qui produiront alors des IgM de basse affinité pour l'antigène. Ces plasmocytes ne quitteront pas les organes lymphoïdes secondaires. Les autres cellules continueront de se multiplier dans les follicules primaires afin de former des centres germinatifs, ces cellules sont alors appelées des centroblastes. Ces derniers n'expriment plus de BCR, car des mutations s'effectuent au niveau des gènes codant pour les parties variables des chaines lourdes et des chaines légères au fur et à mesure des divisions : on parle d'hypermutation somatique. Les centroblastes vont ainsi devenir des centrocytes qui ne se divisent plus et qui réexpriment à leurs surface un BCR qui reconnaît toujours le même antigène de départ mais avec une affinité modifiée. Ces centrocytes vont être sélectionnés par des complexes antigènes-BCR présents au niveau de CD folliculaires, et de cette manière, seuls ceux exprimant des BCR ayant une forte affinité pour l'antigène recevront le signal de survie. Les centrocytes sélectionnés vont à ce stade de nouveau interagir avec les LT-H2 permettant ainsi la formation de deux types de cellules :

1- Des plasmocytes qui vont produire des IgM de haute affinité pour l'antigène. La sécrétion d'ILs va permettre la commutation de classe et, de cette manière, il n'y aura plus de sécrétion d'IgM mais d'IgA, d'IgE ou d'IgG.
2- Des LB mémoires qui vont quitter les follicules secondaires pour aller dans la circulation, ceci afin de faciliter la rencontre avec l'antigène.

Ces cellules ont la caractéristique de pouvoir sécréter directement, sans temps de latence, des anticorps de haute affinité lors d'une deuxième infection par le même antigène. La réponse obtenue se produit pour des taux beaucoup plus faibles d'antigènes et est considérablement plus importante en intensité.

Contrairement à l'activation thymo-dépendante, les activations thymo-indépendantes ne nécessitent pas l'aide des LT-H2 pour produire les anticorps. On les classe en 2 catégories :

1- L'activation thymo-indépendante de type 1 entraîne une stimulation polyclonale des LB. Cette activation ne passe pas par le BCR mais par des récepteurs communs à tous les LB qui reconnaissent les pathogènes que l'on appelle des mitogènes.
2- L'activation thymo-indépendante de type 2 entraîne une stimulation monoclonale des LB. Cette activation passe cette fois-ci par le BCR qui reconnaît des déterminants sucrés répétitifs. On observera cependant essentiellement une production d'IgM.

Après ce détour théorique sur le mécanisme de la sélection clonale, je vous propose de la discuter au regard des connaissances admises en immunologie. Une mise en perspective qui, je l'espère, vous permettra de mieux l'appréhender.

La sélection clonale est sans l'ombre d'un doute un pilier de la théorie actuelle de l'immunologie, principalement parce qu'elle nous explique comment les anticorps sont produits dans l'organisme et comment des lymphocytes sortent de leur quiescence en proliférant tout en exerçant leurs fonctions. Revoyons l'image globale. Chacun des milliards de LT et LB présents dans l'organisme, exprime respectivement un TCR ou un BCR unique. Chaque TCR ou BCR reconnaît un seul épitope qui lui est spécifique. L'épitope se fixe sur son récepteur qui subit en conséquence un subtil changement conformationnel, qui à son tour active les enzymes impliquées dans la transmission des signaux depuis la membrane plasmique jusqu'à l'ADN, ce qui constitue la voie de la signalisation intracellulaire. Par la suite, le lymphocyte tout entier change d'état, autrefois quiescent et en état de repos, il commence désormais à se diviser, secréter des protéines et entrer en interaction avec d'autres cellules. Ce changement subi par le lymphocyte est associé à l'activation de la transcription de certains gènes jusque-là inexprimés (comme ceux des cytokines ou des immunoglobulines). Après leur activation, les LB prolifèrent en sécrétant des formes solubles de leur BCR (représentant les anticorps) alors que les LT deviennent cytotoxiques (LTC) ou bien des LTh qui sécrètent des cytokines, notamment IL-2.

Ce concept explique à lui seul plusieurs faits bien documentés en immunologie :

1- La coexistence des lymphocytes-T naïfs (exprimant le CD45RA) et mémoires (exprimant le CD45RO) dans l'organisme.
2- La capacité intrinsèque de l'organisme de neutraliser une grande diversité des antigènes naturels en composant un répertoire colossal constitué de milliards de récepteurs TCR ou BCR.
3- L'efficacité de la réponse immunitaire adaptative du fait de la sélection du clone spécifique de l'antigène
4- L'apparition de la réponse humorale ou cytotoxique ayant pour effet d'éliminer l'antigène de l'organisme.
5- La constitution d'une mémoire immunitaire ou des lymphocytes mémoires.
6- L'obtention in vitro d'un clone LB spécifique qui synthétise un anticorps monoclonal spécifique.

L'idée centrale du concept de la sélection clonale repose sur le postulat que chaque lymphocyte a un récepteur unique qui réagit avec un épitope unique. À y regarder de près, le point-clef de la séquence d'événements au cours d'une sélection clonale est le moment précis où l'épitope entre en contact avec le TCR ou BCR. Aujourd'hui, nous disposons de preuves directes, obtenues par la cristallographie aux rayons X, qui montrent un antigène en contact direct avec un anticorps. Nous voyons bien que l'anticorps s'associe à l'antigène par ses parties variables. Cette technique nous offre l'opportunité de déterminer avec précision les séquences d'acides aminés de l'antigène et de l'anticorps qui rentrent en contact (qui forment leur surface de contact). S'agissant du TCR, les mêmes clichés de la cristallographie le montrent en interaction avec les complexes constitués de molécules CMH associées aux peptides antigéniques logés dans leurs sillons. *Leur contact ne prouve pourtant en rien la spécificité de l'interaction.* Il faut toujours interpréter une observation à sa juste mesure. Pour prouver la spécificité de leur contact, il est nécessaire de démontrer qu'il a lieu seulement avec un seul antigène ou épitope. Nous pourrions, par exemple, muter des acides aminés de l'épitope, voir ce qu'il adviendrait de la zone de contact entre les deux molécules, et ainsi identifier les résidus impliqués dans leur contact. La spécificité du contact est d'une importance cruciale. D'abord, mettons-nous d'accord sur ce que signifie une spécificité. Il faut se placer à l'échelle de l'épitope et à celle de l'antigène dans leur conformation globale. Le paratope d'un anticorps est spécifique d'un épitope s'il le reconnaît parmi plusieurs autres et s'y fixe en formant un complexe assez stable pour être détecté. C'est d'ailleurs le principe de tous les tests sérologiques en immunologie, en l'occurrence celui de l'immunodiffusion double d'Ouchterlony. Dans ce test, le complexe immun crée un précipité blanc en forme de ligne ou d'arc, ce qui est une signature visuelle de la présence d'un complexe immun antigène-anticorps.

L'épitope peut être présent sur une seule ou plusieurs protéines. Dans le premier cas, c'est l'idéal recherché, l'épitope est l'unique structure reconnue par le paratope. Par contre, dans le second cas, on est en présence d'une réaction croisée. Le premier cas correspond aux anticorps monoclonaux. Comme leur nom l'indique, ce sont des anticorps produits par un seul clone LB. Mais, un anticorps monoclonal n'est pas forcément monospécifique. La spécificité d'un anticorps monoclonal signifie seulement qu'il reconnaît un seul épitope qui, par ailleurs, peut être présent sur plusieurs protéines. Il se pourrait même qu'une séquence d'acides aminés, complètement différente de celle de l'épitope, offre le même nuage électronique au paratope et, dans ce cas, l'anticorps reconnaîtrait deux protéines différentes. L'affinité est un bon indice car une haute affinité entre un anticorps et son épitope signifie une complémentarité élevée. Pourtant, les réactions croisées ne sont jamais exclues à 100%. Nous ne pouvons jamais être certain qu'un anticorps monoclonal reconnaît une protéine unique. Existe-t-il quelqu'un qui aurait testé un anticorps monoclonal vis-à-vis de toutes les protéines existant dans la nature pour confirmer sa spécificité ? Les tests sérologiques se déroulent dans des conditions très optimisées pour faciliter et accélérer le contact entre le paratope et l'épitope. L'antigène est fixé sur le support solide et l'anticorps est rajouté par-dessus. L'approche idéale pour tester la spécificité d'un anticorps monoclonal serait d'obtenir un mélange de X protéines contenant l'antigène que nous recherchons, et comme contrôle négatif, le même mélange qui en est dépourvu. N'oublions pas qu'au sein de l'organisme, l'anticorps reconnaît l'antigène dans un environnement très riche en protéines. Ceci nous permettrait de savoir si la spécificité d'un anticorps monoclonal est supérieure au taux de réactions croisées calculé dans le contrôle négatif. Plus le nombre X de protéines testées est grand, plus le résultat est fiable. Il est vrai que le Western Blot est une technique qui permet d'isoler l'antigène ainsi présent dans une bande constituée de plusieurs protéines ayant la même taille que lui. Cependant, dans cette technique, des lavages avec des détergents ont pour conséquence de supprimer des complexes immuns de moindre affinité. Il y a une différence entre un anticorps qui se lie à son antigène dans un test *in vitro* conditionné pour faciliter leur contact alors que, dans l'organisme, une faible affinité entre un anticorps et son épitope peut suffire à délivrer le signal d'activation. L'idéal serait de comparer l'intensité de la bande test à celle du contrôle négatif. Dans ces tests sérologiques, il existe aussi le phénomène d'absorption des anticorps sur la phase solide qui peut compter dans le bruit de fond. Et même si on neutralise le bruit de fond par des lavages, les réactions croisées vont toujours persister, que l'anticorps soit monoclonal ou soit un sérum polyclonal. Dans le cas d'un sérum polyclonal, les réactions croisées proviennent en partie des liaisons des anticorps de différentes spécificités mais on ne peut toujours pas exclure une réaction croisée des anticorps spécifiques qui nous intéressent.

Dans le cas d'épitopes séquentiels, on pourrait à la rigueur composer deux mélanges d'un grand nombre de peptides qui diffèrent seulement par la présence ou l'absence d'un seul peptide constituant l'épitope que nous cherchons à détecter. Leur séquence pourrait être aléatoirement générée par un logiciel. Combien pourrions-nous en mettre ? 100, 1000, 10 000, … ? Après, nous testerions leur réactivité à un seul anticorps monoclonal (ou son fragment Fab- Fragment antibody binding). Nous saurions si l'épitope est l'unique structure reconnue. Par contre, il serait difficile de savoir si c'est une structure identique à celle de l'épitope qui est responsable des réactions croisées. En d'autres termes, il y a deux manières d'expliquer une réaction croisée : 1) L'épitope recherché a des homologies structurales avec d'autres épitopes, d'où leur reconnaissance commune par l'anticorps ; 2) L'épitope recherché à la même topographie ou le même nuage électronique qu'un ou plusieurs autres épitopes, même en l'absence de toute homologie structurale. Dans ce dernier cas, on peut parler d'épitopes « accrocheurs » qui fixent l'anticorps grâce à une complémentarité de liaisons et, dans ce cas, on ne peut plus invoquer la spécificité.

Les anticorps monoclonaux sont des outils précieux car ils permettent de neutraliser la fonction biologique d'une protéine en ciblant spécifiquement un de ses épitopes. Ils sont utilisés en immunothérapie. Dans le cas où l'épitope est présent sur plusieurs protéines, les résultats déduits de l'anticorps sont biaisés. Il est important de tester la spécificité d'un anticorps vis-à-vis des protéines homologues à l'antigène qu'il reconnaît. Nous pourrions pousser l'analyse en incluant des protéines divergentes de l'antigène à des degrés progressifs. Un anticorps monoclonal de spécificité élevée aurait une réactivité qui serait directement corrélée au degré d'homologie et, inversement, à celui de la divergence phylogénétique entre l'antigène qu'il reconnaît et d'autres protéines. Sa réactivité se calquerait sur le fil phylogénétique.

Aussi exigeante ou excessive que cette approche puisse vous paraître, n'oubliez pas que la théorie de la sélection clonale ne devient valide que si un épitope est absolument spécifique d'un seul TCR ou BCR. Dans le cas contraire, toute notre compréhension du SI est remise en question. Vous réalisez que le concept même de spécificité est quasi-impossible à démontrer, même dans les conditions les plus proches du contexte *in vivo*. Et même quand un anticorps monoclonal s'avère bénéfique *in vivo* pour soigner une maladie, il y a toujours des effets secondaires qui sont majoritairement dues à ses réactions croisées, même s'il est réduit à son fragment Fab.

Ne perdez pas de vue la possibilité qu'un épitope pourrait recruter de nombreux clones qui ont des TCR qui le reconnaissent avec une affinité au-delà de leur seuil d'activation. Dans ce cas, un épitope immunogène stimulerait beaucoup plus de clones qu'un épitope tolérogène. Est-ce-que l'activation d'un seul clone *in vivo* serait suffisante pour produire un nombre suffisant de LT (réponse immunitaire cellulaire) ou LB (réponse humorale) afin d'éliminer l'antigène de la circulation ? Imaginez que les cellules naïves soient extrêmement rares à un moment où l'organisme infecté a besoin que l'antigène soit éliminé, ce serait, dans le cas de stimulation d'un seul clone, un pari très risqué. Tandis qu'une stimulation polyclonale va générer rapidement un nombre suffisant de clones pour éliminer l'antigène. Même si le SI cible plusieurs épitopes de différentes protéines virales par exemple, souvent, seuls un ou deux épitopes sont déterminants du fait qu'ils sont neutralisants, les autres boostent la phagocytose des particules virales mais n'empêchent pas le virus de se propager ni d'entamer une nouvelle infection. Ainsi, si l'anticorps n'est pas neutralisant, l'immunité adaptative perdrait toute son efficacité, d'autant plus si l'on considère le délai laissé au virus pendant qu'elle se met en place. Une fonction de l'organisme doit être efficace et précise, un organisme en danger n'attend pas, il faut que la fonction de réaction soit rapide et efficace. Un délai plus ou moins long avant qu'elle ne devienne opérationnelle peut être fatal et contrarie même le principe darwinien qui suggère que seules les fonctions les plus efficaces sont présentes dans un organisme vivant (après action de la sélection naturelle).

En thérapie, l'anticorps monoclonal est administré à un instant où on sait que l'antigène est exprimé, on pourrait même le délivrer au pic d'expression de l'antigène pour éviter que les réactions croisées prennent le dessus et occasionnent des effets secondaires.

Considérons maintenant le cas de sérum polyclonal. Les réactions croisées ont plus de chances d'interférer négativement, mais elles seront moins prononcées si plusieurs anticorps dans le sérum reconnaissent différents épitopes au sein du même antigène. Ce point qui peut vous sembler un peu technique a pourtant des répercussions importantes sur la sélection clonale. En fait, l'existence de réactions croisées suggère qu'un épitope va activer plusieurs clones qui diffèrent seulement par l'affinité de la liaison de leurs récepteurs. D'une façon symétrique, un clone produit un récepteur qui reconnaît plus d'un déterminant antigénique. Dans ce cas, le concept de sélection clonale perd sa signification ; la réponse immunitaire ne serait pas le fait d'un seul clone spécifique mais plutôt d'une réponse de plusieurs clones variant seulement par le degré d'affinité de leur liaison à l'épitope du même antigène.

De surcroît, un antigène entrant dans l'organisme pourrait être neutralisé par un anticorps sans même enclencher le processus de sélection clonale : c'est le cas des anticorps naturels cross-réactifs. Si un antigène est neutralisé par un anticorps naturel, ils forment alors des complexes immuns, ce qui facilite à la fois l'élimination de l'antigène et sa présentation par les CPA qui vont capter les complexes immuns par le RFc. L'antigène pourrait aussi se fixer sur des BCR de LB mémoires préexistantes, et les stimuler de façon à qu'ils produisent des anticorps. Nous voyons bien qu'une réponse humorale peut survenir sans que l'antigène induise une nouvelle sélection clonale en stimulant des LB naïfs.

La sélection clonale est spécifique d'un épitope et non de l'antigène. C'est ce qui explique l'auto-immunité par mimétisme moléculaire où un épitope reconnu sur un antigène du non-soi ressemble à un épitope du soi. L'épitope serait le point d'ancrage sur lequel se fixe un anticorps pour évacuer l'antigène. Un anticorps reconnaîtra toujours le déterminant antigénique qui a induit sa sécrétion, et si l'épitope mute, l'anticorps devient inopérant. Ce qui est vrai pour les anticorps l'est aussi pour les TCR. On voit bien que l'élimination efficace d'un antigène requerrait plusieurs types d'anticorps qui ciblent différents épitopes. C'est d'autant plus vrai que l'antigène est de grande taille et de structure complexe (réaction polyclonale). L'obstacle majeur sur lequel achoppe l'immunité humorale est bien le fait que les déterminants antigéniques soient masqués par des modifications post-transcriptionnelles, comme une glycosylation, ou par l'encombrement stérique qu'engendrerait le repliement spatial de la protéine. D'où l'importance de l'immunité cellulaire qui, elle, reconnaît des fragments peptidiques résultant de la dégradation de l'antigène dans les CPA. On pourrait alors comprendre la raison pour laquelle la réponse LTC joue un rôle majeur dans l'élimination des infections virales, alors que les anticorps peuvent rater leur cible antigénique suite à des mutations de leur paratope ou parce qu'ils n'auraient pas eu accès à leur déterminant antigénique.

La sélection clonale me semble avoir des affinités avec le concept évolutif de la sélection naturelle, au point que je le considère comme une résurgence ou une extrapolation de celui-ci, non seulement du fait de son caractère sélectif, mais aussi de son caractère aléatoire (un déroulement au gré du hasard). Les lymphocytes circulent et croisent l'antigène au hasard. Hormis l'effet des chémokines produites par les CD qui attirent les LT naïfs vers elles, aucun autre mécanisme n'est connu qui facilite la rencontre entre un lymphocyte et une CPA. N'oublions pas qu'il existe des milliards de récepteurs qui, comme le postule la théorie, attendent leurs stimuli antigéniques. Le bon clone sera retrouvé de façon totalement aléatoire par la CPA, et ce sera lui, l'heureux élu, qui sortira de sa quiescence pour se multiplier : c'est donc le clone adapté à la situation qui survit et qui va constituer une mémoire ou une sorte d'héritage. C'est une réplication exacte du postulat darwinien de l'évolution.

La nature gagnerait-t-elle en produisant des récepteurs cross-réactifs ou des récepteurs hautement spécifiques ? Si on suppose qu'il existe un 10^9 de BCR au sein du répertoire, la probabilité d'une rencontre absolument spécifique entre un épitope et son paratope serait de 10^{-9}. En d'autres termes, si on est infecté par un virus mortel ayant un seul épitope dominant, nous aurions une chance de 10^{-9} de survivre grâce à notre immunité adaptative. Avec cette chance infinitésimale de survie, et étant donné qu'une grande proportion de l'humanité vit dans des conditions très précaires en matière d'hygiène et d'alimentation et de surcroît dans des déserts médicaux, on devrait s'attendre à des pandémies récurrentes dans le monde entier. Étrangement, quand ceci survient, c'est souvent dû à des micro-organismes génétiquement variables que le SI est incapable de contrôler, d'où l'exhortation à la vaccination massive. Aussi effrayant que ceci puisse vous paraître, les laboratoires de virologie qui fabriquent aujourd'hui des virus artificiels dans le cadre de leurs programmes de recherche représentent un danger bien réel. Une fuite ou un accident peut avoir des effets sanitaires catastrophiques. Malgré tout, l'humanité a survécu des millénaires. Comment expliquer notre résistance naturelle aux maladies infectieuses ou même à des désordres internes malgré cette infime probabilité de rencontre entre un épitope et son récepteur, comme le postule la théorie de la sélection clonale ? J'aurais l'occasion de revenir sur ce point.

La théorie de la sélection clonale est corroborée expérimentalement, que ce soit par la production d'anticorps monoclonaux, ou par l'efficacité observée des vaccins, les deux dépendent du déclenchement spécifique de la réponse immunitaire adaptative. Toutefois, comme nous le verrons à la fin de cet ouvrage, ce concept, quoique robuste, continue à soulever des questions.

La sélection clonale est une émanation ou un prolongement de la discrimination entre le soi et le non-soi, car seuls les antigènes reconnus par un TCR ou un BCR sont capables d'induire une activation immunitaire. D'après la théorie, ces antigènes font partie majoritairement du répertoire du non-soi, et l'auto-immunité demeure un événement rare.

Un antigène-immunogène provenant de l'environnement extérieur pénètre dans l'organisme, se lie à un TCR ou BCR, et déclenche toute une cascade d'événements allant de la prolifération cellulaire jusqu'à la production de médiateurs solubles, notamment les cytokines. L'antigène est finalement neutralisé. L'organisme a donc survécu à une contrainte car l'antigène pouvait être toxique. L'immunité permet donc au vivant de s'adapter à son milieu et de survivre. N'est-ce pas une illustration parfaite de l'axiome darwiniste « s'adapter pour survivre ».

La sélection clonale suggère de surcroît que le vivant déchiffre son environnement par l'entremise d'interactions entre un ligand et son récepteur, il décode les informations reçues, les interprète et réagit d'une manière mesurée. Tout dépend de l'affinité des interactions. La sélection clonale opère sans cesse (les récepteurs cherchent leur ligand potentiel à tout moment). L'organisme possède des gènes codant pour des récepteurs immunitaires qui lui permettent de neutraliser les contraintes, mais les gènes ne suffisent pas en eux-mêmes pour expliquer la réponse immunitaire ; d'autres facteurs de l'environnement interne ou externe modulent cette dernière. Il ne faudrait pas croire que tous les antigènes de l'environnement ont cette capacité d'enclencher une sélection clonale ; l'affinité de leur liaison aux paratopes ou aux TCR doit être assez élevée pour transmettre le signal d'activation. Leur liaison peut être renforcée par une costimulation ou annulée par une inhibition. En absence de costimulation ou en présence de conditions immunosuppressives, la réponse ne démarre pas. C'est pour cette raison qu'il est difficile de comprendre la nature de l'immunité en se focalisant uniquement sur la nature des antigènes. Ce n'est pas seulement l'antigène qui est la clef de la stimulation, d'autres facteurs de régulation opèrent concurremment et déterminent la réponse immunitaire (elle s'enclenche ou non). Ce qui est sûr et certain, c'est qu'il y a un seuil d'activation et d'inhibition opérant en premier lieu au niveau du TCR ou BCR. Au-dessus des seuils d'activation et au-dessous des seuils d'inhibition, la réaction démarre. La réponse n'apparaît pas si le signal est peu stimulant ou s'il est neutralisé par des mécanismes inhibiteurs opérant au niveau du récepteur ou en aval. C'est seulement lorsque le signal d'activation est transmis et renforcé par des signaux de costimulation que la sélection clonale opère. Par conséquent, la sélection clonale n'est pas une propriété commune à tous les antigènes possibles mais seulement à ceux qui sont capables d'enclencher la cascade d'activation. Elle ne dépend pas non plus de l'étrangeté de l'antigène ou du fait qu'il soit inédit pour le SI comme le postule le concept de continuité ; elle dépend surtout de facteurs endogènes qui, eux seuls, déterminent si l'antigène est immunogène ou pas. Certains antigènes peuvent même être des inhibiteurs de l'immunité, soit en induisant directement une anergie dans les lymphocytes, soit en induisant la sécrétion de cytokines immunosuppressives comme le TGFβ. Nous repérons les antigènes activateurs (car ils induisent une réponse cellulaire ou humorale observables) mais nous perdons de vue ceux qui passent inaperçus ou à côté de l'immunité. Ceci nous apprend que l'immunité comprend deux pôles opposés : un état d'activation et un état d'inhibition. Les antigènes auxquels on est exposé fréquemment finissent par induire une tolérance en inhibant la réponse immunitaire. La sélection clonale est seulement la face visible de l'immunité adaptative ; la délétion clonale ou l'anergie (la face cachée) joue un rôle tout aussi important. La prolifération d'un clone ou sa délétion sont diamétralement opposées (dans leur manifestation) mais relèvent du même mécanisme de sélection clonale. Un antigène peut être stimulant ou inhibiteur, ceci dépend de sa nature et de sa fréquence d'apparition dans l'environnement de l'organisme ainsi que de sa quantité (ou dose). On remarque à quel degré le concept de sélection naturelle des darwinistes a façonné la pensée en immunologie dans la mesure où il est fréquemment admis que le clone spécifique de l'antigène est bien celui qui sera activé et qui va proliférer. À y regarder de près, la sélection clonale n'est pas un mécanisme à sens unique. Nous ne devrions pas croire qu'un seul clone enclenche la réponse immunitaire. En fait, plusieurs clones entrent en jeu pour un seul antigène, car une protéine peut produire au moins deux types d'épitopes différents qui s'associent aux molécules de CMH de classe 1 et 2 ainsi que des épitopes qui se lient aux BCR.

Un antigène viral par exemple doit pouvoir stimuler les LT CD4 en produisant des peptides qui s'associent aux CMH-2 pour activer les LTh, ainsi que des épitopes qui s'associent aux molécules de CMH-1 pour activer les LTC. De même, les antigènes thymo-dépendants, sous leur forme native, doivent à la fois activer le LB en se liant à ses BCR, et produire des peptides qui s'associent aux molécules CMH-2 pour activer les LTh. Les protéines de grande taille peuvent générer un nombre conséquent d'épitopes. Une seule exception, les antigènes thymo-indépendants qui, à eux seuls, activent un ou plusieurs clones de LB. Les TCR ou BCR ne seraient pas aussi spécifiques que nous le pensons communément, c'est d'ailleurs ce que suggère l'immunité hétérologue. Ils seraient plutôt cross-réactifs. Dans cette perspective, seule une partie des antigènes est immunogène, et la réponse qu'ils induisent éliminerait d'autres antigènes par des réactions croisées. Ceci signifie qu'un antigène pourrait être éliminé de l'organisme sans même déclencher une sélection clonale. Un organisme ayant connu plusieurs épisodes d'immunisation naturelle serait ainsi plus apte à se défendre : c'est le principe même de l'immunité hétérologue que je discuterai plus loin.

L'immunité est un terrain idéal pour comprendre l'interaction du récepteur avec son ligand. Cette interaction joue un rôle capital dans l'enclenchement de la sélection clonale. La liaison du ligand (endogène) à son récepteur est dans la plupart des cas non covalente. D'une manière similaire, les antigènes doivent recruter un nombre suffisant de récepteurs BCR et TCR pour que le signal d'activation soit atteint. Plus l'affinité est grande, plus l'activation est rapide. Les antigènes doivent être assez flexibles pour s'orienter dans l'espace afin de se fixer aux anticorps. Des épitopes pourraient en fait être moins exposés en raison de l'encombrement stérique au sein des protéines. D'autres antigènes ont des épitopes répétés engageant plusieurs récepteurs à la fois. C'est surtout l'affinité qui va être déterminante. Bien que d'autres molécules d'adhésion intercellulaire approchent les deux cellules (CPA et lymphocyte), c'est surtout l'intensité du signal délivré par le TCR qui compte. On comprend donc que les interactions chimiques entre les atomes de l'antigène et ceux du récepteur représentent l'élément déclencheur de la réponse immunitaire. Elles dépendent surtout de la structure de l'épitope et de la conformation tridimensionnelle de l'antigène. Les épitopes de haute affinité vont délivrer le signal d'activation mais ce n'est pas suffisant en soi, d'autres signaux en aval doivent être intégrés avant que la cellule ne s'active. Le chemin est long entre le signal d'activation du TCR et/ou BCR et l'induction de l'expression des gènes au niveau de l'ADN.

Chaque enzyme impliqué dans la transmission du signal d'activation est soumis à une stricte régulation. Tous ces paramètres de contrôle d'activité enzymatique opèrent continuellement dans la cellule, c'est ce qui permet à la cellule vivante de fonctionner d'une manière ordonnée. Ces paramètres ont été évoqués ici pour montrer que la réponse immunitaire ne dépend pas seulement de l'antigène et de ses récepteurs mais de toute une cascade de signalisation intracellulaire ainsi que de la fonctionnalité des gènes au niveau de l'ADN.

Ce simple rappel vous montre à quel point il est difficile de proposer des modèles ou des concepts englobants en biologie. Dans le cas de l'immunologie, on ne peut pas prédire qu'un antigène X va induire une réponse immunitaire par sélection clonale ou par un autre type de réponse. La réponse immunitaire résulte d'un mécanisme complexe incluant différents paramètres, endogènes et exogènes, qu'il n'est pas facile de contrôler expérimentalement. L'immunité nous apprend que la réponse cellulaire obéit à plusieurs facteurs de régulation dont la résultante sera soit positive soit négative.

La compréhension d'ensemble des mécanismes propres à la biologie nous glisse à chaque fois entre les doigts ; il est difficile de les contenir dans un cadre théorique précis. La vie demeure un phénomène mystérieux et il serait temps de l'aborder sous d'autres angles. Tout ce que l'on sait, c'est que le métazoaire évolué vit un certain temps avant de mourir, par accident, maladie ou naturellement par vieillesse. Mais comment la vie est-elle maintenue ? Pour répondre à cette question, on est contraint de se placer aux deux échelles extrêmes : l'infiniment petit et l'infiniment grand. Le niveau microscopique et le macroscopique. Atomes, molécules et cellules d'un côté, et organes, tissus et organismes de l'autre. Nous nous trouvons devant ce même dilemme auquel se heurtent les sciences physiques. L'immunité n'échappe pas à cette règle, elle aussi se déroule dans deux espace-temps différents : au niveau des atomes et au niveau de la cellule et de l'organisme. Dans l'idéal, il faudrait pouvoir trouver un modèle explicatif qui unifierait ces deux extrêmes. Peut-être la compréhension de la biologie doit-elle emprunter la même voie que la physique, et si cette dernière unifie les deux mondes, quantique et mécanique, alors la biologie devra emprunter cette voie-là. Car la vie, en tant que phénomène biologique, se déroule au niveau des interactions entre les particules élémentaires de la matière (électrons et noyaux atomiques, charges électriques, champs électromagnétiques). La vie qui se manifeste à l'échelle du visible tient son origine de l'infiniment petit, et la ligne qui relie les deux échelles n'est pas droite ou continue comme on pourrait se l'imaginer d'emblée. Il se pourrait même qu'il y ait une discontinuité spatio-temporelle entre la micro et la macro échelle et que l'information transite entre elles par des flux et reflux d'énergie (comme le font les ondes par exemple).

Une seule boucle de la sélection clonale est toujours initiée par l'antigène (ou le motif antigénique, épitope), la même boucle qui opère de la même manière pour tous les antigènes. C'est la boucle qui traduit le signal antigénique en réponse immunitaire. Elle permet le décodage du signal antigénique. C'est la raison pour laquelle la spécificité de la réponse immunitaire tient uniquement à l'interaction antigène-TCR/BCR, le reste de la cascade d'activation cellulaire a lieu pour tous les antigènes immunogènes. Les TCR ou BCR agissent comme des interrupteurs qui, une fois fermés par l'antigène, vont activer leur lymphocyte. Nous ne savons pas si des récepteurs autres que le TCR peuvent avoir un effet similaire sur le lymphocyte naïf, à part peut-être des récepteurs de cytokines qui vont induire un background de réplication pour maintenir les lymphocytes naïfs en vie. Même si l'antigène délivre son signal d'activation, si la cascade de signalisation est interrompue par un facteur inhibiteur ou si les facteurs de transcription n'accèdent pas à leurs promoteurs, le lymphocyte ne s'active pas. Il est possible que l'ADN des lymphocytes mémoires ait subi des modifications épigénétiques (comme une décondensation de la chromatine facilitant l'accès des facteurs de transcription à leurs promoteurs), ce qui expliquerait leur plus rapide réponse à l'antigène. Il se pourrait aussi que la signalisation soit raccourcie dans les cellules mémoires. Les modifications ayant lieu entre le stade naïf et le stade mémoire expliquent comment le SI garde trace de l'antigène et pourquoi la réponse secondaire est plus efficace. J'aurais l'occasion de préciser ce point plus tard et de revenir sur l'importance du jeu récepteur-ligand, sorte de langage chimique acquis au cours de l'évolution du vivant. Si on y regarde de près, que ce soient les récepteurs avec leurs ligands, ou les enzymes avec leurs substrats, le jeu est le même malgré des modes opératoires différents.

L'immunologie nous fascine toujours, en ce qu'elle nous donne des leçons édifiantes sur la façon dont le vivant s'adapte à son milieu et y survit, et on assiste, ébahis, à cette harmonie au sein de laquelle chaque acteur joue son rôle selon un scénario prédéfini. Quand on explore les mécanismes d'action du SI et que l'on observe comment il orchestre sans faillir des interactions pour éliminer un antigène de l'organisme (comme un musicien qui joue sa partition), nous ne pouvons qu'être émerveillés. Jusque-là, ce système a permis aux métazoaires les plus évolués de survivre dans un milieu où existent d'innombrables êtres vivants microscopiques aux aguets qui profiteraient de la moindre brèche pour parasiter les cellules de l'organisme et le mener à sa déchéance. Je me demande si cette compréhension guerrière de l'immunologie est bien pertinente ! Il se pourrait que la réponse immunitaire soit une réaction de dernier recours, comme le suggère d'ailleurs le principe de continuité de T. Pradeu. En d'autres termes, l'immunité serait un ensemble de réactions visant à restaurer l'équilibre rompu de l'organisme. C'est ainsi que nous pouvons retracer le long chemin effectué depuis Ehrlich.

En effet, c'est ce dernier, en 1891, qui utilise pour la première fois le terme « anticorps » et travaille sur la théorie chimique de l'immunité dite théorie des « chaînes latérales ».

« Ehrlich a supposé que les cellules vivantes ont des chaînes latérales (…) qui peuvent se lier à une toxine particulière (ou à n'importe quel antigène), tout comme Emil Fischer a déclaré que les enzymes doivent se lier à leurs récepteurs "comme clé et serrure". Ehrlich a émis l'hypothèse qu'une cellule menacée a développé des chaînes latérales supplémentaires pour lier la toxine, et que ces chaînes latérales supplémentaires se sont rompues pour devenir les anticorps qui circulent dans le corps. (…) Ce sont ces anticorps qu'Ehrlich a d'abord décrits comme des « balles magiques », des agents qui ciblent spécifiquement les toxines ou les agents pathogènes sans nuire à l'organisme. Ehrlich a suggéré que l'interaction entre un agent infectieux et un récepteur lié à la cellule induirait la cellule à produire et à libérer plus de récepteurs avec la même spécificité. Selon la théorie d'Ehrlich, la spécificité du récepteur a été déterminée avant son exposition à l'antigène, et l'antigène a sélectionné le récepteur approprié. »[72]

La théorie des « chaînes latérales » ressemble de près à celle de la sélection clonale, plus tard attribuée à Burnet. Mais, Ehrlich avait ouvert la voie grâce à la description du mécanisme par lequel l'antigène injecté se lie à l'anticorps spécifique produit : il est l'inspirateur du concept de la sélection clonale. L'intuition est un auxiliaire précieux des grands scientifiques, elle œuvre en coulisses mais n'en est pas moins déterminante comme l'est l'étincelle au feu qu'elle fait jaillir. Mais, nécessité faisant loi, il faut avant tout que le modèle théorique soit compatible avec la réalité des faits. Une étape déterminante dans les travaux d'Ehrlich a été l'observation selon laquelle les sérums des animaux immunisés neutralisent l'infection après leur transfert chez des animaux non-immunisés, ce qui suggère une interaction entre un facteur soluble du sérum et l'antigène (dans le cas présent, la toxine diphtérique). Puisque la même observation a été réalisée avec d'autres antigènes, les faits suggèrent que chaque antigène induit la production d'un facteur soluble sérique qui lui est spécifique. Puisque ces facteurs solubles proviennent de cellules, il a fallu imaginer un scénario qui explique ces faits, d'où la théorie des chaînes latérales. Ainsi, la construction d'une théorie commence après avoir relevé une observation précise et reproductible, et avoir défini les conditions exactes de sa survenue. Ensuite, le mécanisme proposé pour l'expliquer doit, non seulement expliquer la cause initiale de l'observation, mais aussi correspondre à la réalité physiologique. Après, il faut déterminer la nature biochimique du facteur soluble du sérum (de quel type de protéine il s'agit) et les cellules qui le produisent.

Voyons, résumé brièvement, l'histoire des découvertes majeures en immunologie sur la réponse humorale qui révèle une accélération incroyable dans le tournant du 19ème siècle et tout au long du 20ème : Au cours des années 1920, Michael Heidelberger (1888-1991) et Oswald Avery (1877-1955) ont observé que des antigènes sont précipités par des anticorps ; ils ont aussi montré que les anticorps sont des protéines. John Marrack (1886-1976) démontre dans les années 30 que les sérums immuns protecteurs neutralisent et précipitent les toxines, c'est pourquoi la biomolécule responsable de ces actions fût nommée antitoxine. L'hypothèse de la fixation d'un anticorps à un antigène a été soulevée par Marrack en 1938. La même année, Elvin Abraham Kabat (1914-2000) a également montré l'hétérogénéité des anticorps par l'étude des sérums des chevaux, de lapins et de singe. En 1948, Astrid Fagraeus (1913-1996) découvrit que les anticorps sont produits dans le plasma sanguin par les LB. Niels Kaj Jerne, David Talmage (1919-2014) et Frank Macfarlane Burnet ont posé la théorie de la sélection clonale vers la fin des années 1950. Gustav Nossal (1931-) a apporté la preuve qu'un clone de LB produit toujours un même anticorps. Pendant les années 1960, Gerald Edelman (1929-2014) et Rodney Porter (1917-1985) ont élucidé la structure primaire et secondaire des anticorps. En 1974, le rôle du CMH dans la présentation des antigènes a été expliqué par Rolf Zinkernagel (1944-) et Peter C. Doherty (1940-).

En ce qui concerne la réponse cellulaire, nous retrouvons les découvertes majeures que nous avons déjà eu l'occasion d'aborder. Les avancées scientifiques du 20ème siècle inaugurent tout autant l'avènement de l'immunologie en tant que savoirs constitués. La série en est tout à fait impressionnante : Metchnikoff pensait que l'on pouvait transférer les cellules blanches pour transférer l'immunité mais il n'avait pas à sa disposition la technique d'isolement pour le prouver. Merrill Chase (1905-2004) démontre la véracité de cette théorie plus tard dans les années 1940. Le rôle fondamental des lymphocytes dans les réactions immunitaires a été établi par deux séries d'expériences. Chase et Karl Landsteiner (1866-1943) étudiaient les mécanismes de l'hypersensibilité induite par application cutanée de substances chimiques simples chez le cobaye. Les animaux exposés une première fois à ces substances présentaient lors d'un deuxième contact une réaction allergique locale, spécifique, vis-à-vis de l'allergène. Afin d'identifier le support de cette allergie, Merrill Chase cherche à transmettre cette réponse spécifique à des cobayes non préalablement exposés à l'allergène. Il constate que ce transfert ne peut pas être réalisé à l'aide du sérum contenant des anticorps mais seulement avec des lymphocytes vivants, extraits de la rate, des ganglions lymphatiques ou de la cavité péritonéale du donneur sensibilisé vis-à-vis de l'allergène. Ceci signe l'implication des LT dans l'immunité. L'immunité est donc ambivalente : humorale et cellulaire. Notons ici que Metchnikoff et Ehrlich avaient vu chacun une partie de l'édifice. En étudiant le rejet de greffes, Peter Gorer (1907-1961) découvrit le premier antigène de ce qu'on appellera ensuite le CMH (MHC en anglais pour *Major Histocompatibility Complex*). Toujours par l'étude du rejet de greffe, Peter Medawar et Thomas Gibson découvrirent d'importantes fonctions des cellules immunitaires. C'est par leurs travaux que le concept d'immunité cellulaire fut établi. Burnet et Frank Fenner (1914-2010) publiaient leurs hypothèses sur la tolérance immunologique, qui fut validée quelques années plus tard par Jacques Miller (1931-) qui, lui, découvrit le mécanisme d'élimination des lymphocytes autoréactifs dans le thymus. Burnet et Fenner reçurent le prix Nobel de médecine en 1960 pour leurs travaux sur la tolérance. En 1957, Burnet décrit le principe fondamental de l'immunité adaptative comme relevant de la sélection clonale. « La sélection clonale est la sélection des acteurs capables de s'attaquer spécifiquement à l'antigène correspondant à un épitope particulier. Par exemple, les lymphocytes T. Les acteurs ainsi sélectionnés subissent ensuite une phase de prolifération durant laquelle ils se répliquent à l'identique, menant à la formation d'une population cellulaire dirigée contre l'antigène initialement repéré »[73] (FM Burnet, CA : *a cancer journal for clinicians*, vol. 26, no 2, mars 1976).

Nous terminons ce chapitre avec T. Pradeu[49] qui, évoquant Burnet, montre le lien entre sélection clonale et la discrimination soi/non soi, et leur imbrication.

« Burnet affirme dès 1959 l'idée d'une sélection des cellules immunitaires compétentes suite à la pénétration d'un antigène dans l'organisme adulte, il faut ajouter une autre idée, celle d'une sélection qui, pendant la vie embryonnaire, élimine les cellules immunitaires qui reconnaissent les constituants du « soi ». (…) Au sein d'une seule et même théorie, celle de la sélection clonale, Burnet associe une hypothèse relative au développement et une autre relative à la fonction effectrice. Concernant le développement, l'idée de Burnet dès 1959 est que les récepteurs portés par les cellules immunitaires sont l'immunité générés au hasard, ce qui rend possible l'apparition de cellules autoréactives, mais qu'ensuite ces dernières sont éliminées si jamais, pendant cette période de maturation, elles réagissent à un antigène du soi. (…) Burnet écrivit : « La reconnaissance du soi et du non-soi signifie simplement que tous les clones qui reconnaîtraient (c'est-à-dire, produiraient des anticorps contre) un composant du soi ont été éliminés pendant la vie embryonnaire. Tous les autres sont conservés ».

Partie 5 - les zones d'ombres de la théorie actuelle de l'immunologie (1) :
la discrimination soi/non-soi

Le système nerveux (SN) et le SI coopèrent pour maintenir l'intégrité du soi

Contrairement à ce que pourrait penser un évolutionniste, l'être vivant est mû autant par un principe conservateur qu'adaptatif ou tourné vers un « progrès » inéluctable. Il réutilise les mêmes schémas fonctionnels en réponse à des stimuli différents. Un partisan de la sélection naturelle s'attendrait à ce que diverses solutions soient adoptées par le vivant, vu qu'elle opère au hasard, mais encore une fois les mêmes solutions sont réinvesties, indiquant plutôt que le vivant obéit à un programme au sein duquel les solutions possibles à un problème sont archivées. La même solution est alors réutilisée quand elle a prouvé son efficacité.

Dans ce chapitre, je montre que le SI et le SN utilisent des schémas fonctionnels similaires. D'ailleurs, ce qui m'a guidé dans cette approche, c'est l'étrange ressemblance de la morphologie des cellules dendritiques (CD), décrites pour la première fois par Paul Langerhans vers la fin du 19ème siècle, avec les dendrites du neurone. Ce n'est que dans les années 70 que la véritable fonction des CD, auparavant considérées comme faisant partie du système nerveux, fut découverte ; avec leurs prolongements ou dendrites, ces cellules devenues matures fournissent le signal d'activation aux LT en formant une sorte de synapse. La CD est capable de sonder le phénotype des lymphocytes naïfs à la recherche de TCR spécifiques de l'antigène qu'elle présente. Elle est capable de sonder un millier de cellules par heure. Cependant, le point le plus important est le fait que la maturation des CD a lieu au moment où elles détectent des cytokines inflammatoires comme le TNFα et IL-6 produites par les effecteurs de l'immunité innée, dont principalement les macrophages. Ces mêmes cytokines alertent le cerveau sur la survenue d'une infection. La CD atteint un haut degré de décodage de l'information en captant le signal inflammatoire, d'un côté, et en induisant une réponse immunitaire adaptative, de l'autre. Ceci montre bien qu'à l'instar du SN, le SI est doté de capacités remarquables de traitement et de décodage de l'information. Une comparaison entre les deux systèmes est alors utile.

Les manuels d'enseignement présentent le SI comme étant un système isolé, remplissant à lui seul la fonction de protection de l'organisme. Mais, en réalité, le SI est intégré dans le fonctionnement global de l'organisme. L'immunité n'est pas restreinte au SI mais elle est garantie par tout notre métabolisme. Comme toutes les autres fonctions du corps, l'immunité est sous contrôle du SN. Quand nous observons les deux systèmes, le SI et le SN, nous nous rendons compte qu'ils présentent des similitudes remarquables. Ces similitudes concernent tout un ensemble de fonctions et d'organisations cellulaires qui se sont avérées efficaces au cours de l'évolution. L'être vivant adopte souvent les mêmes schémas d'interactions fonctionnelles pour se protéger et se conserver. On peut affirmer qu'il utilise des stratégies visant d'abord la conservation tant il adopte les mêmes solutions (ancestrales) aux contraintes qui s'opposent à lui. Malgré la force de la sélection naturelle qui incite l'être vivant à innover, ce dernier semble puiser les solutions aux problèmes à partir d'un tronc commun. Voyons alors les schémas conservés, ce conservatisme, chez le SI et le SN.

Dans les deux systèmes, l'information est d'abord captée avant d'être transmise et intégrée. Un neurone comme un lymphocyte est excitable quoique selon des modalités différentes. Dans les deux cas, un seuil critique doit être dépassé avant que la cellule réponde. Les deux cellules, neurones ou lymphocytes, forment des synapses (synapses nerveuses et immunologiques) à travers lesquelles les signaux d'activation sont transmis.

En biochimie, une excitation génère une modification de l'état électrique d'une cellule excitable sous l'effet d'un stimulus qui pousse cette cellule à augmenter son activité. C'est l'excitation neuronale. Excitabilité et conductibilité sont deux propriétés inséparables du neurone. La première lui permet d'émettre un potentiel d'action (PA) à la suite d'une excitation supraliminaire, la seconde lui permet de propager ce même PA jusqu'à l'arborisation terminale de l'axone sans atténuation.

Quoique la synapse immunologique soit structuralement différente de son homologue dans le SN, elle implique également un contact renforcé entre deux cellules parmi lesquelles nous discernons une cellule émettrice d'une information et une autre qui la reçoit. L'intégration de l'information se traduit par une réponse de la cellule receveuse de l'information. Le terme de « synapse immunologique » est apparu récemment[74] (Grakoui A et al, 1999). Il désigne la zone de contact entre une cellule du SI à vocation effectrice (LT ou LB, cellule natural killer/NK) et CPA qui peut être un LB, un macrophage, une CD ou toute cellule cible ayant à sa surface des déterminants antigéniques reconnus spécifiquement par la cellule répondeuse. Il n'existe pas une synapse immunologique unique mais des synapses immunologiques distinctes compte tenu des caractéristiques moléculaires des différents acteurs cellulaires en jeu et des différentes fonctions assurées, à savoir : détecter la présence d'un antigène à la surface d'une CPA dans le cas d'un LT naïf avant que ce dernier ne soit activé et qu'il ne prolifère, ou détecter la présence d'un antigène à la surface d'une cellule cible et la tuer dans le cas d'un LTC activé, ou enfin délivrer des cytokines localement à un LB pour provoquer sa différenciation dans le cas d'un LTh activé. La synapse immunologique la plus étudiée est celle formée par une cellule T et une CPA.

La synapse immunologique est composée d'anneaux concentriques, chacun contenant des groupes (clusters) de protéines :

- c-SMAC (central-SMAC) composé de l'isoforme θ de la protéine kinase C3, CD2, CD4, CD8, CD28, Lck, et Fyn4.
- p-SMAC (peripheral-SMAC) au sein duquel la protéine LFA-1 (Lymphocyte Function-associated Antigen-1) et la protéine Taline du cytosquelette sont agrégées
- d-SMAC (distal-SMAC) enrichi en molécules CD43 et CD45.

Ce complexe dans son ensemble est supposé avoir plusieurs fonctions incluant, entre autres, la régulation de l'activation des lymphocytes, le transfert des complexes CMH-peptides de la CPA aux LT et les sécrétions dirigées de cytokines ou de granules lytiques.

La différence principale entre une synapse neurologique et une synapse immunologique c'est que la première est préformée et attend son signal, alors que la deuxième se forme seulement pendant que l'antigène fournit un signal de stimulation. C'est pour cette raison que la transmission de l'information dans le SN est plus rapide que dans le SI. Pourtant d'une manière similaire au SN, le SI fait appel à des médiateurs solubles qui transmettent l'information d'une cellule à une autre. La différence entre les deux systèmes réside dans le fait que dans le SN, le médiateur chimique, le neurotransmetteur, est libéré dans la fente synaptique, alors que dans le cas des cellules immunitaires, le médiateur, principalement une cytokine, peut agir en boucle sur la cellule productrice, sur celle qui est en contact avec la cellule productrice ou sur des cellules à distance. Dans le SN, l'information est transmise sur une longue distance, de son point de naissance à travers les axones, elle peut atteindre une cellule distante comme dans le cas de la contraction musculaire. D'une manière analogue, au cours d'une réponse immunitaire, l'information est transmise à distance par des CPA (dont principalement les CD immatures) qui migrent vers les ganglions lymphatiques après avoir capté l'antigène dans les tissus, ou par des cytokines. Les cytokines représentent un groupe diversifié de protéines qui agissent en tant que médiateurs entre cellules. Elles ont été initialement identifiées comme des produits des cellules immunitaires qui agissent comme médiateurs et régulateurs de processus immunitaire. Toutefois, de nombreuses cytokines sont maintenant connues pour être produites par des cellules autres que les cellules immunitaires et peuvent avoir des effets sur des cellules hors du SI. Rappelons que le terme « cytokine » est un terme générique utilisé pour décrire ce groupe important de protéines. D'autres dénominations sont utilisées pour décrire certains types spécifiques de cytokines. Notamment, les monokines produites par les phagocytes mononucléés (monocytes, macrophages), les lymphokines produites par des lymphocytes activés (lymphocytes helper ou auxiliaires), les interleukines (ILs) qui agissent comme médiateurs entre leucocytes, les chimiokines qui sont de petites cytokines responsables de la migration des leucocytes.

Les cytokines se lient à leurs récepteurs spécifiques sur les cellules cibles avec une haute affinité, et les cellules qui répondent à la cytokine sont, soit la même cellule qui a sécrété la cytokine (mode autocrine), soit une cellule voisine (mode paracrine), soit une cellule à distance atteinte grâce à la circulation (mode endocrine).

Rappelons également que les réponses cellulaires aux cytokines sont en général assez lentes car elles nécessitent une synthèse d'ARNm et de protéines

Dans le SN, la réponse du neurone dépend du dépassement du seuil critique mais aussi de la fin de la phase de dépolarisation et du retour au seuil normal. Dans les synapses neuronales, un neurone reçoit des influx inhibiteurs et stimulateurs dont la sommation va être décisive en ce qu'elle sera soit activatrice soit inhibitrice. Le niveau d'activité basal (niveau d'excitabilité) des réseaux neuronaux est défini par la balance entre les entrées excitatrices et les entrées inhibitrices reçues (balance E/I). Par conséquent, la régulation de la balance E/I est capitale pour le bon fonctionnement des processus corticaux. Un déséquilibre de la balance E/I est à l'origine de diverses pathologies neurologiques comme l'épilepsie, l'autisme ou encore la schizophrénie. Le SI obéit à la même règle : un lymphocyte au cours de la formation d'une synapse immunologique avec une CPA va recevoir des signaux de costimulation ou de coinhibition. Leur sommation décide ou non de l'entrée du lymphocyte en état d'activation.

Le SI est contrôlé par des mécanismes immuno-régulateurs : une réponse immunitaire est toujours régulée. Comme sur une autoroute où les voitures sont contrôlées à l'entrée et à la sortie du péage. Pareillement, la réponse immunitaire est contrôlée au moment de l'interaction du lymphocyte avec des CPA, et au moment de son exécution. Quand la quantité d'antigène en circulation diminue, les cellules activées meurent par apoptose, ce qui épargne aux tissus des dégâts supplémentaires.

L'ampleur de la réponse immunitaire est déterminée par l'équilibre entre l'activation des lymphocytes déclenchée par l'antigène et l'influence de régulations négatives qui empêchent ou freinent leur réponse. Les mécanismes de régulation peuvent agir sur les phases de reconnaissance, d'activation ou effectrices d'une réponse immunitaire. En voici des exemples :

- La reconnaissance de l'antigène en absence de costimulation conduit à l'anergie ;
- La reconnaissance de l'antigène concomitante à l'interaction de TCLA-4 avec B7 conduit à une régulation négative de l'activation des LT ;
- Les activités stimulatrices ou inhibitrices de cytokines sur les cellules immunitaires ;
- La dose et la voie d'entrée de l'antigène qui induiront des réponses différentielles des LTh pouvant être associées à de la protection ou de la tolérance.

D'autres mécanismes d'immuno-régulation englobent la régulation par les anticorps. Les anticorps solubles peuvent entrer en compétition avec les BCR des LB non encore stimulés et bloquer ou empêcher leur activation. De plus, des complexes antigènes-anticorps peuvent se lier aux récepteurs Fc (RFc) présents sur les LB, ce qui conduit à l'émission d'un signal inhibiteur pour les LB. Dans ce cas, la régulation intervient au niveau même de la reconnaissance et de l'activation. Les anticorps peuvent également réguler l'activation (dans le sens d'une augmentation) en permettant le maintien d'une source d'antigènes pour les CPA. Dans cet exemple, l'anticorps se lie à l'antigène pour former un complexe immun, lequel se lie aux récepteurs RFc présents à la surface des CPA.

D'autre part, l'immuno-régulation peut aussi s'accomplir par les cytokines. Les cytokines sont des régulateurs positifs ou négatifs. Elles agissent à de nombreux stades de la réponse immunitaire mais leur activité est dépendante des autres cytokines présentes dans le micro-environnement ainsi que de l'expression des récepteurs sur les cellules effectrices. Les cytokines régulent ainsi le type et l'ampleur de la réponse immunitaire générée.

L'immuno-régulation est aussi assurée par les Treg qui constituent une population récemment décrite de cellules qui peuvent réguler les réponses immunitaires. Elles n'empêchent généralement pas l'activation initiale des LT mais inhibent le maintien de la réponse et empêchent les réponses chroniques et potentiellement dommageables. Elles peuvent supprimer les réponses Th1 et Th2. On distingue les Treg naturels induits, et les Treg CD8+ (le lecteur est invité à consulter la bibliographie afférente pour plus de détails).

Les produits des gènes du CMH participent, à leur tour, à la régulation de l'immunité. Seuls les peptides qui s'ancrent aux molécules CMH et s'emboîtent dans leurs sillons sont susceptibles de déclencher une réponse immunitaire des LT ; la restriction CMH est donc un mécanisme de contrôle en amont de la réaction du SI. Certains haplotypes du CMH sont retrouvés chez des personnes qui sont soumises à un stimulus immunitaire ; ils prédéterminent la sensibilité ou la résistance à une infection donnée. Les produits des gènes non liés au CMH sont également impliqués dans l'immuno-régulation. Un exemple bien connu est celui d'un gène lié à l'activité des macrophages codant pour une protéine de transport impliquée dans le transport de nitrite (NO2-) dans le phagolysosome : il s'agit de la *Natural Resistance-Associated Macrophage Protein-1* (Nramp1). Des polymorphismes de ce gène pourraient modifier l'activité des macrophages. Des cytokines, des chimiokines et leurs récepteurs sont aussi impliqués dans la régulation immunitaire. Des polymorphismes dans les gènes codant pour ces molécules ou leurs récepteurs ont également pu être corrélés avec la susceptibilité aux infections ou avec l'apparition de maladies auto-immunes.

Le SN et le SI ne se distinguent pas des autres systèmes fonctionnels de l'organisme par le fait qu'ils sont régulés, car tout est régulé dans l'organisme, mais parce qu'ils captent de l'information provenant de l'environnement exogène (ou endogène), qu'ils la transmettent à distance après l'avoir intégrée. Les deux systèmes sont en effet dotés de la capacité de mémorisation. Le SI adaptatif serait un cerveau dédié uniquement à l'archivage des épitopes ayant servi à stimuler l'immunité. Quant à l'immunité innée, elle serait le cerveau de toute l'espèce qui archive les antigènes les plus fréquents, structuralement plus simples du fait qu'ils sont constitués de motifs répétitifs ; ils sont exprimés chez la majorité des micro-organismes, les bactéries principalement. Cette capacité d'archiver les traces des antigènes confère un grand avantage au SI, celui de réagir plus rapidement avec une grande efficacité. La mémoire, qui stocke des informations et les archive, requiert un minimum d'entretien. Le SN et le SI partagent aussi la propriété d'être diffus, c'est-à-dire formés d'organes dispersés dans l'organisme entre lesquels circulent les informations. On parle même d'organe temporaire, dans le cas du SI, lorsque les cellules immunitaires effectrices s'agrègent au niveau des tissus infectés ou au niveau des sites d'inflammation pour exercer leurs fonctions.

Le SI se subdivise en deux pôles : immunité innée et immunité acquise, tandis que l'on distingue des réflexes innées et acquis dans le cas du SN. Dans les deux systèmes, il est fait état d'un apprentissage qui conduit, soit à l'établissement d'une mémoire, soit à une tolérance. La tolérance est aussi une mémoire. Les réflexes nerveux innés sont programmés génétiquement et présents dans tous les organismes. Une fois qu'un réflexe inné devient actif, il génère automatiquement une réponse motrice sans nécessité d'un recours à un activation corticale (de type impulsion volontaire) ou à un contrôle direct. Les réflexes acquis sont des réponses motrices plus complexes et apprises qui se développent après la naissance. Dès qu'un nouveau-né apprend à contrôler et à diriger ses réponses motrices innées, il acquiert par l'entrainement et l'apprentissage ses premières réponses motrices de réflexes appris. D'une manière analogue, l'immunité innée est génétiquement programmée et existe chez tous les individus de notre espèce. Elle s'exécute automatiquement suite à l'interaction entre les récepteurs innés et leurs ligands présents sur les micro-organismes. Tandis que l'immunité adaptative est en quelque sorte apprise car l'antigène, auquel l'organisme a été confronté une fois, est mémorisé. Lors d'une seconde confrontation, la réponse est rapidement efficace. La tolérance serait elle-même un réflexe acquis, le fait de ne pas réagir à un antigène permet d'épargner une dépense énergétique et des dégâts collatéraux dans les tissus. Car ne l'oublions pas, une réponse immunitaire génère toujours des effets collatéraux à cause de la diffusion des cytokines qui agissent sur d'autres cellules de l'organisme ou du fait de la diffusion d'enzymes qui peuvent agir sur des composants de la matrice extra-cellulaire ou sur les cellules elles-mêmes. L'orage cytokinique est une parfaite illustration des dégâts que peut causer un emballement de la réponse immunitaire.

Dans les deux systèmes, il y a des processus d'apprentissage et de mémorisation. Dans les deux, on discerne également des fonctions instinctives et innées (animales) et des fonctions supérieures liées à la capacité d'apprentissage (mémoire). Dans le cas du SNC[1] (système nerveux central), notre cerveau est très organisé. Il est composé de plusieurs zones dont chacune joue un rôle spécifique tout en étant complémentaire les unes des autres. Exactement comme dans nos sociétés dans lesquelles chacun a un rôle à jouer mais où nous contribuons tous à la cohésion d'ensemble. Le cerveau est le centre de pilotage par lequel notre identité se construit (notre soi), qui nous permet de réagir aux stimuli de l'environnement et même d'adapter notre environnement à nos besoins vitaux. Le SI, quant à lui, protège notre soi et notre intégrité en éliminant des antigènes exogènes ou endogènes qui peuvent nuire au fonctionnement de l'organisme. Les deux systèmes sont les gardiens de notre identité immunologique.

Le SI s'organise en une immunité plus élaborée qui est l'immunité adaptative (une fonction supérieure) et une immunité directe et s'exécutant automatiquement en faisant appel à des facteurs préformés prêts à entrer en action (fonction ancestrale héritée de l'évolution de l'espèce). Au contact avec l'antigène, l'immunité innée s'exécute la première, l'immunité adaptative n'entre en action que plus tard, sauf si le compartiment mémoire est réactivé. L'immunité adaptative est hautement organisée, dotée d'un répertoire colossal de récepteurs préfabriqués. Ils rentrent en action après le processus de la sélection clonale.

Dans le cas du SI, l'immunité adaptative serait la fonction supérieure acquise par l'apprentissage, l'expérience et la mémoire. Mis à part le SN, le SI est sans doute le seul système capable d'intégrer et de mémoriser l'information. L'information ne circule pas comme un influx nerveux mais elle est transmise de deux manières : par contact intercellulaire et par des médiateurs solubles. L'information voyage beaucoup plus rapidement dans le SN que dans le SI. C'est la raison pour laquelle le SN s'informe d'une infection ou d'une anomalie tissulaire bien avant le SI, ce qui laisse à penser que *c'est bien le SN qui gouverne l'élaboration de la réponse immunitaire en mobilisant les cellules immunitaires.* Par exemple, la CD immature a besoin de

[1] Le système nerveux central est ainsi nommé parce qu'il contient la majeure partie du système nerveux, mais aussi et surtout parce qu'il intègre les informations qu'il reçoit et coordonne ces signaux centraux pour influer sur l'activité de toutes les parties du corps. (wikipedia)

signaux d'activation fournis par des cytokines inflammatoires (IL-1 ou TNF α) pour acquérir la capacité de présentation d'antigènes aux lymphocytes naïfs. L'inflammation est avant tout un mécanisme contrôlé par des circuits nerveux. L'information provenant des tissus lésés est captée puis traitée par le SN qui déclenche le processus inflammatoire et, par la suite, une réponse immunitaire.

Les deux systèmes veillent par conséquent sur le soi à des niveaux différents : le SI veille sur notre soi en tant qu'entité organique constituée majoritairement de protéines, alors que le SN veille sur notre soi en tant qu'individu et nous dicte le comportement à adopter pour neutraliser les contraintes du milieu et y survivre.

Le SI serait un subalterne aux commandes du SN. Il serait juste un exécutant puisque la réaction immunitaire est, de prime abord, enclenchée par le SN, et c'est aussi lui qui peut la freiner pour éviter des dégâts tissulaires. Le SN peut détecter le danger (piqûre, blessure, par exemple) bien avant le SI. Il procède à la réparation locale du tissu en lançant des signaux d'alertes au SI, ce qui a pour effet de mobiliser les cellules sentinelles immunitaires. Les microbes qui pénètrent discrètement dans l'organisme, par inhalation par exemple, passent inaperçus au SI, ils ne seront repérés qu'au moment où leurs dégâts se manifestent. Le SN peut repérer des anomalies tissulaires, un cancer ou une infection virale par exemple, avant que l'immunité n'entre en jeu.

Le mécanisme par lequel le SN enclenche l'immunité est une question qui me semble éminente. La réaction immunitaire commencerait dans le SN puis s'exécuterait ensuite au niveau cellulaire par le jeu de médiateurs solubles et d'interactions intercellulaires. L'intégrité du soi est sauvegardée par le SI et le SN. Les deux systèmes coopèrent pour maintenir un soi intègre et unique. Cette coopération implique l'échange de signaux entre les deux systèmes.

Nous sommes programmés pour défendre notre organisme, le SN et plus précisément le SNC, est le premier à assurer notre protection ou notre « immunité au sens général ». Si quelque chose vous brûle, vous retirez automatiquement la main. C'est ce qu'on appelle l'arc-réflexe. Le réflexe est une réaction musculaire involontaire qui fait suite à un stimulus (chaleur, choc, etc..). Il permet de réagir très rapidement face à un danger sans attendre l'intervention du cerveau et de sa réponse volontaire. Cette réaction est donc inconsciente, stéréotypée. Les réflexes sont souvent des réactions de défense qui s'enclenchent avant que le cerveau n'ait perçu la douleur. Toutes les réponses face à un danger perçu qui protègent notre organisme peuvent être considérées comme faisant partie de l'immunité. Le cerveau est notre gardien principal, c'est bien lui qui nous permet de nous ancrer dans notre réalité biologique et environnementale et de l'affronter.

Le cerveau contribue à notre survie et à la préservation de notre organisme en remplissant un certain nombre de fonctions : 1) Il assure une communication entre les différents composants de notre corps à une vitesse plus rapide que d'autres médiateurs, notamment les hormones ; 2) Le SN autonome synchronise l'action de nos organes aussi bien en cas de stress (SN orthosympathique) que dans le repos (SN parasympathique) ; 3) Le cerveau reçoit et transmet des informations émanant de l'extérieur (environnement) et de l'intérieur par nos sens : ces sensations prennent la voie ascendante des nerfs sensitifs ; 4) Il coordonne nos actions avec l'extérieur. Le cerveau peut commander la contraction de nos muscles : ces messages prennent la voie descendante des nerfs moteurs ; 5) Il garde en mémoire les actions passées et permet de prévoir les actions futures ; 6) Il est le siège de la pensée, des sentiments et des émotions. Grâce à lui, nous sommes informés sur notre environnement et, grâce à notre mémoire, nous apprenons à survivre en évitant des situations périlleuses mettant notre existence en danger. Notre SN est programmé pour repérer le danger. N'est-ce pas le SN qui se trouve à l'interface entre nous et le monde extérieur ? N'est-ce pas lui qui nous permet de capter, assimiler, organiser, moduler, délivrer et stocker l'information ? Impossible de comprendre l'immunité sans comprendre notre cerveau. Ne l'oublions pas, pour nous maintenir en tant qu'individu doté d'une identité unique, notre cerveau déchiffre les informations reçues de l'environnement. C'est lui qui nous permet de réagir aux stimuli émanant de notre milieu ambiant et de garder notre intégrité. L'immunité est contrôlée par notre cerveau, disons qu'il s'en sert pour évacuer les microbes ou toute substance identifiée comme toxique et indésirable.

Le SN étant en activité perpétuelle, il génère en continu des déchets et a besoin d'être entretenu en permanence pour exercer proprement sa fonction. Le cerveau doit être débarrassé des cellules mortes produites en quantités énormes chaque jour, notre survie en dépend. Certaines anomalies du cerveau pourraient bien résulter d'agrégats de protéines malformées qui se précipitent et résistent à l'élimination. Les travaux menés sur l'encéphalopathie spongiforme bovine (ESB) ont été les premiers à mettre en évidence un nouvel agent infectieux qui n'était ni une bactérie ni un virus, mais une protéine de forme anormale : le prion. Les chercheurs savent désormais que la plupart des maladies neurodégénératives sont dues à une accumulation pathologique dans le cerveau de protéines déficientes. Raison pour laquelle on les nomme aussi protéinopathies. C'est le cas de la maladie d'Alzheimer, dont on sait depuis longtemps qu'elle est liée à une accumulation anormale de protéines Tau dans les neurones. Mais c'est aussi le cas de la maladie de Parkinson qui touche 1% des Français de plus de 65 ans et se place ainsi au deuxième rang des maladies neurodégénératives en France, juste après la maladie d'Alzheimer. La maladie de Parkinson serait due à des dépôts nommés « corps de Lewy » qui s'accumulent d'abord dans les tissus du bulbe olfactif et du tronc cérébral avant d'envahir tout le cerveau. Ces corps de Lewy sont des agrégats d'une protéine naturellement présente dans le cerveau mais dont on ne connaît pas encore la fonction exacte, l'α-synucléine. Cette dernière devient toxique pour les cellules nerveuses lorsqu'elle s'agglomère (agrégats ou fibrilles). Par leur agrégation et leur persistance, ces protéines stimuleraient une réponse immunitaire qui cause des dégâts au niveau du cerveau et occasionne la pathologie. L'accumulation de la β-synucléine dans le cerveau de rats de laboratoire entraîne l'infiltration de la matière grise par les LT, causant des symptômes de dysfonctionnement du SN évoquant la sclérose en plaques[75] (Lodygin et al, 2019). Le cerveau n'est pas seulement constitué de neurones, il contient également les cellules gliales, 10 fois plus nombreuses que les neurones, qui ont pour fonction d'alimenter les neurones mais aussi de débarrasser le cerveau des cellules mortes et des substances indésirables. Cette fonction de nettoyage est d'une grande importance sachant que le cerveau perd continuellement un nombre substantiel de neurones. Quand la fonction de nettoyage dans le cerveau n'est pas suffisante pour éliminer les déchets ou les protéines malformées, le SI entre en jeu et il augmente l'ampleur des dégâts tissulaires. L'immunité veille au maintien de notre intégrité de deux manières : directement, en éliminant les antigènes toxiques de notre organisme et indirectement, en veillant au bon fonctionnement de notre cerveau. Si le cerveau commande notre SI, son fonctionnement dépend de son action immunitaire qui intervient en cas de lésions et d'infections. Dans ce contexte, les cellules gliales forment l'environnement des neurones. Elles assurent le maintien de l'homéostasie, produisent la myéline et jouent un rôle de soutien et de protection du tissu nerveux en apportant les nutriments et l'oxygène, en éliminant les cellules mortes et en combattant les pathogènes. Les cellules gliales représentent environ 50% du volume cérébral et au plus 50% des cellules du cerveau. On distingue en général 4 principaux types de cellules gliales : les astrocytes ; les oligodendrocytes et les cellules de Schwann ; les épendymocytes ; la microglie. Cette dernière est constituée des macrophages que l'on retrouve dans le SNC (cerveau, moelle épinière et rétine) et représente la principale défense immunitaire active grâce à ses capacités phagocytaires. Les cellules microgliales représentent de 5 à 25 % de toutes les cellules du SNC. Elles peuvent proliférer lorsque des lésions surviennent dans le SNC. Elles deviennent CPA. Quand elles sont actives, elles expriment à leur surface les molécules CMH-1 et 2. Elles sécrètent en outre des cytokines, des protéines et des radicaux libres (par exemple, des anions superoxydes) qui peuvent aggraver les lésions. Ne dirait-on pas qu'il existe tout un SI spécifiquement dédié au cerveau ?

« On a longtemps cru que le SNC était à l'abri de la majorité des effets dévastateurs de la réaction inflammatoire. On le disait immuno-privilégié, il semblait être protégé des agressions étrangères par la barrière hémato-encéphalique et dissimulé du SI par le peu d'expression des produits du CMH et l'absence de drainage lymphatique. (…) l'accumulation des évidences a fait s'écrouler le paradigme. Aussi différente soit-elle de l'inflammation, la neuro-inflammation demeure un pari risqué pour un tissu aussi fragile que celui du SNC, si on se réfère aux pertes fonctionnelles auxquelles on l'associe dans les maladies neurodégénératives telles que la maladie d'Alzheimer, la maladie de Parkinson ou la sclérose en plaques ».[76] (Justine Renaud et al, 2015).

Retenons donc que notre cerveau veille sur notre intégrité en tant qu'individu unique. Il a besoin d'être constamment remis à neuf en éliminant les cellules mortes et les déchets. Par ailleurs, le SNC commande les fonctions effectrices de l'immunité en limitant leur ampleur afin d'éviter des dégâts incontrôlés au niveau des tissus. Cette interaction entre le SN et l'immunité sera certainement un sujet d'avenir des plus prometteurs.

Les neurones sont des cellules qui diffèrent largement des autres puisqu'ils sont regroupés en un immense réseau de communication. En plus d'être 100 milliards dans notre cerveau, ils s'étendent à tout notre corps à l'intérieur du SN (cerveau, moëlle épinière et nerfs). Plusieurs types de traumatismes et de pathologies peuvent raccourcir la durée de leur existence. Les neurones qui disparaissent ainsi sont rarement remplacés car il subsiste peu de cellules souches capables de se différencier en neurones dans le SN mature. Comme la plupart des cellules, les neurones peuvent mourir de deux manières différentes : par nécrose ou par apoptose. La nécrose est produite par un traumatisme aigu, chimique ou mécanique. La cellule gonfle puis se détruit (lyse) et son contenu se disperse dans le milieu extracellulaire. Cette dispersion provoque généralement une réaction d'inflammation et inflige un traumatisme secondaire au tissu environnant. L'apoptose peut survenir dans une grande variété de situations. Le noyau de la cellule se condense, la cellule se fragmente sans disperser son contenu et les fragments sont rapidement éliminés par le tissu environnant. Cette forme de mort cellulaire requiert souvent la production par la cellule de protéines spécialisées, ce qui fait dire que la cellule prend part de façon active à sa propre élimination (on parle de « suicide cellulaire » ou de « mort cellulaire programmée ») afin de ne pas endommager le tissu voisin. Notre soi émerge avant tout de ce réseau extraordinaire constitué de neurones interconnectés. L'immunité, quant à elle, veille sur notre intégrité en accomplissant deux tâches capitales : éliminer les intrusions provenant du milieu ambiant, et éliminer les cellules devenues anormales ou mortes. C'est une fonction de nettoyage.

Quand vous êtes au repos, certains de vos organes se trouvent, eux, dans un repos tout relatif : votre estomac l'est en dehors de la digestion, vos muscles le sont aussi, mais votre cerveau, votre cœur et votre respiration fonctionnent en continu. Leur arrêt signifie la mort. Vos neurones ont besoin d'énergie de manière ininterrompue. Par conséquent, des déchets sont produits en continu d'où l'importance d'un système de nettoyage et de drainage. En plus, des particules peuvent traverser la barrière hémato-encéphalique et entrer en contact avec les neurones. Elles doivent à leur tour être éliminées. Ce ménage régulier qui s'exerce en permanence peut être considéré comme une immunité car, en évacuant les déchets, il contribue au bon fonctionnement du cerveau. Ici, l'immunité exerce plutôt une fonction de *household keeping* (garder la maison propre). L'existence même de notre métabolisme requiert l'existence d'un système de nettoyage. La persistance des déchets peut réactiver une réaction immunitaire qui cause des dégâts tissulaires. Les microbes, par exemple, sont aussi éliminés par les systèmes d'évacuation mécanique (urine et selles).

En somme, le soi est sauvegardé par le SN et le SI qui coopèrent mutuellement. Tous les mécanismes de défense, y compris les réflexes nerveux, doivent être considérés comme faisant partie de notre immunité. L'immunité doit donc englober toutes les fonctions de l'organisme car toutes concourent à sa conservation. Cette notion mérite d'être redéfinie d'une manière plus appropriée. *Le SN veille sur notre soi en tant qu'individu conscient, alors que le SI veille sur notre soi chimique en tant qu'entité organique unique*. Le SN est le premier qui détecte les anomalies au sein de l'organisme ou les agressions venant de l'extérieur, il coordonne par conséquent la réaction immunitaire. Le SN a symétriquement besoin de l'activité immunitaire pour se débarrasser de ses déchets et des cellules mortes. Le SN et le SI développent chacun une mémoire qui permet une économie d'énergie tout en faisant face de façon adaptée aux stimuli endogènes ou exogènes. Les deux systèmes sont subdivisés en deux composantes fonctionnelles : une fonction primitive et une fonction plus élaborée et plus évoluée. La première répond immédiatement et automatiquement aux stimuli alors que la deuxième garde trace des stimuli, les enregistre et répond d'une manière spécifique et adaptée à une re-stimulation. Le SN joue ainsi un rôle crucial dans le mécanisme de la réponse immunitaire. Nous savons tous que le stress, l'anxiété ou l'asthénie fragilisent nos défenses immunitaires, ce qui montre que les facteurs psychologiques régulent notre immunité par le biais d'un mécanisme nerveux. L'immunité veille sur les tissus de l'organisme, et quand il s'agit du SN, une neuro-inflammation peut causer des dégâts irréparables. Un soi robuste et bien constitué est indispensable pour que l'immunité et le cerveau puissent remplir de façon optimale leur fonction. Toutes les fonctions du SN sont des réactions de défense visant à neutraliser une contrainte qui mettrait le soi en danger. Le SNC est responsable de l'édification de notre identité qui, elle-même, établit la différenciation entre soi et les autres (car en étant conscients de nous-mêmes, nous sommes conscients des autres). D'une manière similaire, le SI différencie le soi du non-soi. Pour être soi-même, nous devons garder notre intégrité car son altération nous met en danger de mort. Grâce à nos réflexes nerveux innés ou acquis et à notre conscience, nous pouvons éviter les dangers qui nous menacent. De la même manière, grâce à notre SI, nous évitons que des organismes étrangers prélèvent notre matière organique, détournent notre métabolisme en leur faveur et détruisent notre intégrité. La vie est un bien précieux et fragile ; elle a besoin d'être entretenue en permanence. À chaque instant de notre vie, des mécanismes de défense, d'origine nerveuse ou immunitaire, veillent sur notre intégrité et sur le maintien de notre soi. Le conservatisme chez l'être vivant lui permet de réinvestir une stratégie qui s'est avérée efficace, pour résoudre de nouveaux problèmes. Les mêmes schémas reviennent. Ceci prouve encore qu'un programme est à l'œuvre. Tout se passe comme si l'être vivant disposait de programmes tout prêts à s'exécuter quand les conditions favorables surviennent.

Le vivant interagit avec d’autres êtres vivants selon plusieurs modalités allant de la symbiose à la lutte pour survivre. Le principe à retenir est le suivant : en tant qu’entité autonome, le vivant doit maintenir un certain niveau de séparation d’avec le milieu extérieur. Il doit intégrer l’information qu’il reçoit selon sa propre machinerie de décodage. Nous sommes des êtres informationnels, constitués d’informations et réagissant en permanence à celles-ci. Échangeant continument avec notre milieu, nous sommes des décodeurs d’information. Nous avons enregistré des informations sur notre environnement depuis le début de notre existence sur Terre et chaque génération dispose dès sa naissance d’une mémoire hautement élaborée, héritée des générations précédentes, qui l’aide à vivre en harmonie avec son milieu. Le vivant a appris depuis longtemps la flexibilité et l’adaptation selon un mode à la fois économique et efficace. Ce sont plutôt des interférences incontrôlées avec le soi (d’autant plus pernicieuses à l’âge précoce quand l’individu est en cours de formation), qu’il s’agisse d’un environnement dégradé, d’une mauvaise alimentation ou de conditions de stress qui vont altérer cette harmonie et rompre l’équilibre. Le stress ou l’anxiété, par exemple, peuvent, à eux seuls, perturber tout notre système de décodage de l’information et perturber notre réponse à l’environnement. Les guerres et les crises, même si notre corps physique n’est pas directement engagé dans le conflit, causent la disruption de notre équilibre, sursollicitent notre immunité, surexcitent notre SN et nous précipitent sur la voie de la décompensation. Guerres ou crises extérieures se traduisent par une guerre intérieure en nous. Et ce qui est, en situation normale, notre nourriture, c’est-à-dire l’échange harmonieux avec notre milieu, devient source de danger et de toxicité. Ce phénomène endogène du vivant transforme notre force (notre solide immunité développée et renforcée génération après génération) en vulnérabilité. À considérer que des esprits malveillants veuillent détruire l’être humain, singulier et conscient de lui-même et des autres, il leur serait facile de cibler cette vulnérabilité en fabriquant un environnement pathogène et anxiogène pendant une longue période de temps. Ils chroniciseraient l’anxiété et la peur en installant définitivement un climat délétère. Notre humanité a traversé des millénaires, signe que notre constitution biologique et psychologique est d’une très haute robustesse, c’est pourquoi ces esprits malveillants devront s’échiner à générer le chaos dans cette harmonie gagnée après plusieurs générations de lutte pour la survie. Comme le dit le proverbe arabe : « il faut casser la coque de la noix pour en recueillir la chair. » C'est ainsi que des esprits hostiles pourraient s'employer à nuire à l'humanité : à travers l'obstination. Ne pas cesser de frapper sur la coquille pour en extraire le fruit.

Le soi est un concept ancien que l'immunologie s'est approprié pour rendre compte des réalités qu'elle observe

Le concept de la discrimination entre le soi et le non-soi s'est progressivement élaboré au long de l'histoire de l'immunologie. Le concept est né dans l'histoire des Idées. L'anthropocentrisme considère l'homme comme étant au centre de l'Univers en tant qu'il appréhende la réalité à partir de sa seule perspective. Mais peut-il en être autrement ? L'homme transpose sa propre vision du monde aux phénomènes biologiques observés pour les expliquer. La communication entre individus au sein d'une société, et les échanges biochimiques entre cellules au sein d'un organisme tels qu'ils sont décrits, ne possèdent-ils pas quelque analogie ? Le cerveau comme centre de commande des fonctions corporelles, et la hiérarchie sociale comme structure des relations humaines, ne sont-ils pas empreints de la même logique fonctionnelle ? L'être humain déchiffre l'univers à travers sa propre réalité, c'est sans doute sa limitation majeure ; il ne peut accéder à la compréhension de l'univers que par sa raison et les capacités de son cerveau.

L'univers est-il réellement ce que l'être humain pense qu'il est ? L'univers pourrait être multiple, constitué de plusieurs mondes, et nous, nous ne percevrions qu'un de ces mondes dont nous fabriquerions toute la réalité, celle que nous pouvons appréhender. Nous décodons les signaux de l'univers et les interprétons pour fabriquer notre réalité. L'univers que nous percevons serait une projection de notre pensée. Sauf à considérer que de bienveillants extra-terrestres nous enseignent un jour leur perception de l'univers ! À ce moment-là, nous saurions si nos lois physiques sont universelles comme nous le prétendons. Nous saurions si l'univers est en réalité comme il apparaît à nos sens. Probablement, notre incapacité à capter des signaux physiques émanant de civilisations lointaines extraterrestres résulte de l'espace-temps à 4 dimensions (nos trois dimensions + le temps) dans lequel nous sommes emprisonnés, et dont nous ne pourrions nous extirper qu'après avoir déchiffré les lois de la matière et de l'espace. En biologie, notre connaissance est relative et limitée ; la vie en tant que phénomène recèle encore d'innombrables mystères. L'univers et le phénomène de la vie sont les plus grands défis lancés à l'être humain épris de science et de connaissance. La science n'en est peut-être qu'à ses balbutiements.

La discrimination entre le soi et le non-soi est évidemment un concept tiré de notre propre perception (limitée) du monde. Nous sommes ce que nous sommes, et ce que nous sommes nous définit par rapport aux autres ; nous et les autres, nous et les étrangers, nous et les intrus, ce que malheureusement des politiques racistes exploitent pour exécuter leur agenda. Certains concepts en biologie semblent être importés de notre propre perception de la réalité humaine, ils sont dérivés de l'anthropocentrisme. Avant même de parler de parasitisme biologique, n'y a-t-il pas un parasitisme social basé sur l'exploitation et la prédation ?

« Le parasitisme social peut prendre des formes très variées, depuis la délinquance, l'exploitation, le chantage, la corruption, la violence pour s'assurer des moyens ordinaires d'existence jusqu'à la prostitution et la mendicité »[77] (extrait de www.lalanguefrancaise.com).

Prenons un autre exemple, celui de l'esclavagisme que des entomologistes rapportent chez les fourmis, une sorte de parasitisme basé sur l'organisation hiérarchique des rôles au sein de la communauté.

« (…) ces fourmis capturent et utilisent comme esclaves une espèce voisine, Formica. Périodiquement, des armées de quelque 1 500 Polyergus partent en raid (elles vont parfois jusqu'à 150 mètres de leur propre nid), pénètrent dans une fourmilière construite par l'espèce Formica, expulsent la reine et les ouvrières, et capturent les cocons. (…) les ouvrières Formica que les cocons contiennent, une fois prêtes à en sortir, se chargent alors de toutes les tâches nécessaires au maintien de la colonie (de leurs maîtres), par exemple de l'approvisionnement en nectar et en insectes morts, de régurgiter de la nourriture pour leurs maîtres et d'entretenir la fourmilière en enlevant les détritus et en creusant de nouvelles chambres. »[78] (Howard Topoff, 2013).

La fourmi n'est pas du tout consciente du fait qu'elle rende esclave une autre espèce de fourmi. La seule manière de comprendre une fourmi c'est de devenir soi-même une fourmi, et ainsi nous percevrions une micro-réalité complètement différente de celle dans laquelle nos facultés d'entendement s'exercent. Nous interprétons le comportement de l'insecte comme s'il vivait dans nos sociétés humaines alors qu'il a sa propre réalité. L'insecte ne fait qu'exécuter un programme génétique en fonction des stimuli qu'il reçoit de son milieu. C'est nous qui appliquons les termes de hiérarchie, de rôle, d'esclaves pour rendre compte de la réalité de l'insecte. C'est bien que nous sommes anthropocentrés. Et à ce titre, sommes-nous capables de comprendre les phénomènes biologiques sans référence à notre propre perception de la réalité ? En immunologie, nous remarquons facilement cette projection du vécu humain pour expliquer les mécanismes de l'immunité. « Soi » et « non-soi » : ces termes ne sonnent-ils pas familièrement à nos oreilles ?

En tant qu'humains, nous avons une origine et une identité fondées sur une histoire commune. Les pays ont dû apprendre à vivre en paix avec leurs proches voisins pour des raisons évidentes d'intérêts commerciaux et d'échanges d'informations. Ils ont formé des alliances pour se protéger d'autres pays hostiles. Les frontières ont fait l'objet de délibérations post-conflits pour en fixer les tracés. Elles correspondent toujours à des décisions politiques entre États vainqueurs qui fixent ainsi leurs aires d'autorité.

« Au temps de la féodalité, en Europe, on ne conçoit pas clairement la notion d'État ni de ses limites territoriales. L'autorité des puissants s'exerce sur les hommes plutôt que sur les territoires qui s'étendent ou rétrécissent au gré des victoires ou des défaites. Les aires sur lesquelles s'exerce l'autorité des souverains varient donc en fonction des guerres et de la fidélité dont font preuve les vassaux envers leurs seigneurs. » https://www.rts.ch/decouverte/monde-et-societe/monde/les-frontieres.

Ainsi se sont établies les limites entre nations distinctes et souveraines en Europe occidentale depuis l'antiquité, de l'ère féodale jusqu'à Yalta, en passant par le Moyen Âge, les monarchies, les Empires, les républiques : par le tracé des frontières, initié et modifié à chaque fois par les vainqueurs des conflits successifs.

Le concept de soi a été introduit pour la première fois en psychologie par William James (1842-1910) dans son ouvrage « *The Principles of Psychology* » (1890)[79]. « La façon dont une personne se perçoit, la manière dont elle est appelée à répondre lorsqu'elle s'interroge, ou qu'on l'interroge, sur son identité, font intimement partie de sa personnalité. L'ensemble des réponses à ces diverses interrogations constitue, pour le psychologue, le soi, soi personnel ou soi intime, soi social ou image sociale de soi. » Ce concept, fondamental en psychologie, a été repris par d'autres théoriciens et praticiens éminents, tels que Carl Gustav Jung et Sigmund Freud, pour les plus connus.

Notons que la notion de soi a été introduite bien plus tard en biologie par Burnet[74] pour désigner, comme nous l'avons déjà vu, l'identité de l'organisme. Ce dernier tolérant ses propres constituants et rejetant tout ce qui lui est étranger (comme dans le cas de rejet de greffe). Nous le voyons bien, la notion de soi/non-soi n'est pas une nouveauté, c'est même une idée archétypale qui puise dans un répertoire très ancien même si elle n'était pas formulée scientifiquement à l'époque. Elle est sans doute apparue au moment où les premières sociétés humaines devenaient conscientes des liens qui les soudaient entre elles, et de ce qui les distinguait des autres. Elle n'était pas encore un concept philosophique à ces époques lointaines mais elle était perçue et vécue par chacun dans ses rapports avec les autres et le monde, cette perception organisant toute la vie sociale. Distinction du soi par rapport au non-soi qui fonde également les systèmes de valeurs, de référence, et de comparaison. Systèmes à partir desquels s'ancrent les frontières et les discriminations, qu'elles s'appuient sur la couleur de la peau, la différence culturelle ou religieuse, ou sur les conflits passés entre nations. L'étrange ou l'étranger peut vite devenir ainsi l'ennemi tant qu'il représente une menace pour l'intégrité (du peuple ou des personnes, de la race, de la culture…).

En immunologie, l'organisme dans toute son intégrité représente le soi, tout ce qui est en dehors de lui est considéré comme le non-soi. Nous avons vu dans le chapitre précédant que le non-soi était associé au danger par les premiers immunologistes. Le parallèle est notable avec l'histoire de nos sociétés humaines ! Le concept soi/non-soi est évidemment importé par l'immunologie. La nouveauté vient seulement du fait que le concept ait été introduit en biologie à une époque où les prix Nobel récompensaient les fondateurs de la théorie de l'immunité. Le concept de soi est aussi vieux que le monde, rien de nouveau sous le soleil.

« C'était alors un lieu commun de la pensée humaine d'admettre que toutes choses recommençaient, reparcouraient le cercle de leurs saisons premières, et qu'il n'y avait rien de nouveau sous le soleil. » (H. G. Wells dans *Anticipation*-1901)

Notre soi est un réseau d'interactions moléculaires interconnectées

En biologie, tout est interaction, aucun phénomène ne peut être compris isolément. La vie est entretenue par des interactions moléculaires organisées en réseaux et en circuits interconnectés. Cette idée, quoique évidente, n'est pas considérée à sa juste valeur. Prenons l'exemple de la façon dont l'organisme assimile un médicament. Tout produit pharmaceutique a des effets secondaires. Quand nous visons une cible précise avec un médicament, nous affectons tout un circuit d'interactions car la cible est un élément faisant partie d'un micro-réseau au sein de l'organisme. Les facteurs connectés à la cible sont affectés dans leur fonction ou dans leur régulation. Les réseaux du vivant subissent en permanence des perturbations mais retrouvent leur équilibre initial tant que le système régulatoire fonctionne normalement. Justement, la réponse immunitaire est une réaction à une perturbation, elle tente de ramener l'organisme à son équilibre initial. Les perturbations que subit le vivant déclenchent des mécanismes de restauration et de réparation. Ce sont en effet les maladies infectieuses qui ont permis la mise en évidence de l'existence du système immunitaire (SI). L'injection de protéines vaccinales issues de particules virales ou bactériennes ne va pas seulement susciter une réaction immunitaire. Il est faux de croire que ces protéines vont juste servir d'immunogènes, puisqu'elles interférent avec d'autres fonctions dans l'organisme. Une protéine, quelle qu'elle soit, est une séquence d'acides aminés qui peut interagir avec d'autres protéines dans l'organisme, soit par sa conformation native, soit après son clivage par des protéases. Elle va interférer avec le fonctionnement de certains réseaux dans l'organisme et produire ce que nous qualifions d'effets secondaires. Elle pourrait induire une réponse immunitaire ou pas en fonction de sa structure. Dans le premier cas, l'immunité intervient pour l'éliminer de l'organisme et les effets secondaires s'estompent ; dans le cas contraire, elle persiste et aggrave les problèmes. Il est impossible de prédire avec précision ce que va devenir une protéine une fois introduite dans l'organisme, cela reviendrait à chercher une aiguille dans une botte de foin. Sauf à la marquer avec une sonde et suivre son trajet, nous ne saurons jamais comment et avec quelles molécules de l'organisme elle interagit. Étant donné que notre organisme contient un nombre colossal de protéines qui forment des réseaux d'interactions, une protéine étrangère pourrait s'y intégrer et détourner des mécanismes moléculaires de leur cheminement normal. Une protéine étrangère va agir au sein d'un collectif de protéines, il faut donc toujours s'attendre à des effets collatéraux.

La similitude entre les réseaux informatiques et le système vivant est remarquable. Pour comprendre le fonctionnement de ce dernier, il est même utile d'avoir de solides connaissances en bio-informatique (je ne prétends pas que ce soit mon cas, cependant).

Dans l'organisme tout est lié et chaque élément fait partie d'un tout, il ne faut jamais l'oublier. Si vous pouviez décrire en détail le réseau de toutes les interactions au sein d'une cellule vivante d'un tissu donné et son réseau métabolique, si vous pouviez décrire le réseau neuronal au sein du cerveau, saisissez alors toutes vos données sur un ordinateur puissant doté du logiciel approprié, et vous verriez la toile globale de toutes les interactions. Vous seriez fasciné par cette beauté extraordinaire qui s'affiche sur votre écran. Un super-réseau où tous les points sont reliés les uns aux autres. Toute cette toile ne représente rien d'autre que de l'information qui circule d'un point à un autre sous forme de matière et d'énergie. C'est de cette toile (qui inclue tous les réseaux métaboliques) qu'émane la vie de la cellule, du tissu et de tout l'organisme. De la même manière que vous protégez le disque dur de votre ordinateur, cette toile a besoin d'être protégée des interférences extérieures et des anomalies internes. Cette toile s'autorégule et maintient une ligne d'équilibre. L'information doit suivre des trajets spécifiques, l'énergie doit se diffuser et s'absorber selon des rapports bien définis. Rien ne se perd dans cette toile, l'énergie produite sous forme d'Adénosine Triphosphate (ATP) sert à enclencher une réaction chimique nécessitant un apport énergétique. La chaleur produite permet de maintenir une température optimale pour le fonctionnement de la toile. La cellule est une machine autopoïétique dans la mesure où elle gère le flux de la matière et de l'énergie d'une manière autonome[78-79-80] (Maturana. H. & Varela. F, 1973 ; 1980 ; Mingers. J, 1989).

« L'autopoïèse c'est une théorie qui suggère que les systèmes vivants ont la capacité de se produire eux-mêmes, de s'auto-entretenir et de se renouveler eux-mêmes. Cette capacité nécessite la régulation de sa composition et la conservation de ses limites ; c'est-à-dire le maintien d'une forme particulière malgré l'entrée et la sortie des matériaux. (…) Cette capacité d'autoreproduction est ce ces chercheurs appellent l'autopoïèse. Ainsi, ils ont défini le système autopoïétique comme un système qui reproduit constamment de nouveaux éléments à travers ses propres éléments. L'autopoïèse implique que différents éléments du système interagissent d'une manière qui produit et reproduit les éléments du système (…) Une cellule vivante est le plus petit exemple d'un système autopoïétique. Une cellule reproduit ses propres éléments structurels et fonctionnels, tels que les acides nucléiques, les protéines, les lipides, entre autres. Autrement dit, ils ne sont pas seulement importés de l'extérieur, mais sont fabriqués par le système lui-même (…) Ainsi, un organisme plus complexe, comme une plante ou un animal, a également la capacité de se produire et de s'auto-entretenir grâce à l'échange d'éléments et d'énergie avec l'environnement extérieur. Ce sont encore des systèmes autonomes, séparés des milieux externes par des membranes ou par des organes tels que la peau ; de cette manière, il (l'organisme) maintient l'homéostasie et l'autorégulation du système. Dans ce cas, le système est l'organisme lui-même ». [81]

Tant que le flux de l'information suit les trajets du réseau qui lui correspond, l'équilibre est maintenu. Le problème se pose quand une perturbation exogène ou endogène n'est pas neutralisée et génère du chaos au sein de la cellule et du tissu. Dans ce cas, la cellule ou le réseau cellulaire, étant eux-mêmes une partie du réseau global de l'organisme, vont émettre des signaux spécifiques et c'est à ce moment-là qu'une réparation s'imposera. L'immunité agirait pour annuler les interférences en éliminant la molécule responsable ou en éliminant les cellules où la toile (vue comme le réseau de toutes les fonctions de l'organisme) a perdu sa capacité d'autoréparation. Imaginez que votre ordinateur soit attaqué par un virus informatique, vous placerez tout votre espoir dans un logiciel anti-virus. Ce qu'on appelle antigène n'est qu'une information parasite qui interfère avec la circulation de l'information dans la toile de la cellule. Ceci ne signifie pas que la toile va tomber en panne et perdre sa fonctionnalité, elle peut annuler l'interférence. Mais si l'interférence persiste, la toile consommera davantage d'énergie. À la longue, l'énergie va manquer et la toile deviendra dysfonctionnelle jusqu'à être anéantie. Pour vous donner une idée concrète de ce qu'est le réseau métabolique, je vous invite à consulter la page https://bioinfo-fr.net/representer-le-metabolisme-les-reseaux-metaboliques.

L'idée que tout fonctionne en réseau dans la cellule est pour certains contre-intuitive car nous avons l'habitude de comprendre les mécanismes moléculaires de la cellule comme étant individualisés alors qu'ils sont tous interconnectés en réalité.

Quand vous regardez un match de football, par exemple, vous voyez le ballon se déplacer d'un joueur à l'autre, vous le suivez attentivement du regard mais vos capacités de mémoire sont limitées. Vous ne mémorisez pas tous les trajets du ballon sauf lorsqu'un but est marqué, alors vous pouvez vous souvenir des passes qui ont précédé. Maintenant, vous enregistrez le match. Vous disposez d'un logiciel qui vous montre tous les mouvements du ballon pendant les 90 minutes que dure le jeu. Par exemple, à la 50ème minute, l'ailier droit (A) lance le ballon, qui est intercepté par un joueur du centre (B), qui la passe à un attaquant (C), qui l'envoie heurter la barre du but de l'équipe adversaire (D). Vous aurez donc une figure reliant A, B, C et D. Si vous demandez à votre logiciel de vous fournir tous les trajets du ballon depuis le début, vous ne verriez pas grand-chose à part un enchevêtrement de lignes et de points. Vous ne verriez de la trajectoire suivie par le ballon que de multiples entrelacements sans en distinguer le déroulé séquentiel, exactement comme le fil de laine dans la pelote.

Mais vous pourriez aussi bien représenter les trajets du ballon à l'aide d'un repérage tridimensionnel : mouvement longitudinal, transversal et en hauteur. Et suivre ainsi, en temps différé, le déroulement du match par le biais du seul ballon qui se déplace d'un point à un autre. Tous les points qui apparaitraient sur votre écran correspondraient aux positions de la balle et les lignes indiqueraient sa trajectoire. Vous pourriez facilement repérer les instants où le ballon sort du jeu, au moment d'un corner, d'une faute, d'un but. La majorité du temps, la balle suivrait une trajectoire.

Que conclure de cet exemple ? D'abord que votre cerveau ne peut assimiler un match que séquentiellement (étape par étape), il suit un cheminement. En effet, si vous considérez la trajectoire globale du ballon en une seule représentation figée (une toile), vous n'aurez aucune idée du processus sous-jacent et n'aurez donc aucune information ni sur la qualité du jeu ni sur le jeu lui-même. Et c'est ce qui est le plus intéressant à noter : la position du ballon à un instant t dépend strictement de sa position antérieure à un instant t-x. Et ainsi de suite.

En biologie, nous observons des phénomènes dans leur globalité mais nous ignorons tout de la séquence d'événements les ayant produits sauf si vous réalisez des expériences précises pour observer tel ou tel constituant. Et quand vous le faites, vous perdez de vue tous les autres constituants. Exactement comme le ferait un rapace qui se focalise sur sa proie en ignorant tout le reste. Pour remédier à ce problème, vous allez procéder étape par étape ou analyser un constituant après un autre, et c'est une course sans fin. Le vivant est une résultante, à l'image de l'issue d'un match résultant de la trajectoire complète du ballon, dans l'exemple ci-dessus. Vous observez le vivant à un instant t et vous ne pouvez prédire ni son passé ni son futur sauf si vous l'altérez d'une manière délibérée. La vie est un phénomène imprévisible et complexe. Prenons un autre exemple : le passage de la cellule-œuf à un organisme viable et cohérent. Vous pouvez imaginer une sphère qui se dédouble un certain nombre de fois et produit ainsi plusieurs sphères qui restent interconnectées et constituent toutes un nouvel ensemble. La vie possède une propriété unique : celle de se reproduire sans perdre sa nature initiale. Le passage de la vie dans une cellule-œuf à celle de l'organisme suit une trajectoire précise, contrairement à ce qui se passe lors de la survenue d'un cancer où la vie se reproduit à l'infini sans pouvoir former un ensemble cohérent. La différence entre la division de la cellule-œuf et celle d'une cellule cancéreuse réside dans le fait que la première obéit à un programme qui guide sa reproduction tout en produisant des tissus différenciés et interconnectés, alors que dans le deuxième cas, la reproduction est non-dirigée. Le cancer serait donc une disruption du programme original, celui qui a présidé à la constitution de l'organisme à partir de la cellule-œuf.

Dans une cellule, quand vous analysez une étape enzymatique par exemple, vous percevez une réalité momentanée mais quand vous regardez toute la cellule sous un microscope, vous la voyez dans sa globalité, elle est vivante, mais vous ne voyez pas le réseau d'innombrables interactions qui la sous-tendent et la maintiennent en vie. Quand vous fixez une cellule, vous perdez les interactions dynamiques, et seule la colocalisation de certaines molécules pourrait vous indiquer qu'elles étaient en interaction. Dans la cellule, toutes les interactions entre toutes les molécules ont lieu à chaque instant (les interactions pouvant être des inhibitions ou des activations). Quand vous étudiez un réseau spécifique, par exemple le cycle de Krebs, vous mettez l'accent sur ses réactions en chaîne, mais perdez de vue toutes les autres interactions ayant lieu en même temps. En fait, vous regardez juste un élément isolé de l'image globale (un pixel de l'image). Le cycle de Krebs n'est qu'un élément de l'ensemble du réseau, et son fonctionnement local dépend de l'harmonie globale. Nous en revenons invariablement à ce constat : la vie fonctionne en réseau, et le véritable rôle de l'immunité est d'éliminer les interférences qui le perturbent. Un antigène est avant tout une information qui va s'intégrer dans le réseau et interférer avec son fonctionnement. En élimant un antigène, l'immunité veille à l'équilibre des réseaux de l'organisme. Un virus, par exemple, peut infecter discrètement une cellule et s'y multiplier. Mais le SI va repérer les complexes CMH-peptides à la surface de la cellule dont certains exposent des peptides du virus et ainsi détruire la cellule infectée.

Prenons un autre exemple, celui de la toxine diphtérique. La diphtérie est une maladie bactérienne dont les symptômes cliniques sont liés à la production d'une protéine extracellulaire (exotoxine) par *Corynebacterium diphtheriae*, un bacille de forme incurvée. La toxine diphtérique est une protéine constituée de deux fragments A et B. Le fragment B permet son attachement à des récepteurs cellulaires et son internalisation. Le fragment A est responsable de l'action toxique par une réaction enzymatique inhibant la synthèse protéique, entraînant ainsi la mort des cellules. La toxine diphtérique diffuse dans l'organisme et agit plus particulièrement sur le cœur (myocardite) et le SNC et périphérique (occasionnant une atonie pouvant aller jusqu'à la paralysie). Nous voyons ici un effet sur le réseau global car en inhibant la synthèse protéique, toute la roue cesse de tourner, c'est la mort certaine. La réponse immunitaire contre la toxine diphtérique est médiée par des anticorps. L'anticorps désigné sous le terme d'antitoxine est de type IgG. Cette antitoxine circule à travers tout l'organisme et passe aisément la barrière placentaire, procurant ainsi une immunité passive au nouveau-né durant les premiers mois de sa vie. L'antitoxine peut être induite, soit directement par la toxine diphtérique produite par *C. diphtheriae* chez le malade ou le porteur sain, soit par la vaccination avec l'anatoxine diphtérique. L'antitoxine sert à restaurer le réseau en éliminant l'interférence négative, ce qui montre que l'immunité a pour fonction principale de maintenir la fonctionnalité du réseau métabolique de l'organisme.

Nous sommes habitués au principe selon lequel un anticorps sert toujours à éliminer un antigène du non-soi et que, s'il réagit contre un composant du soi, c'est le signe d'une auto-immunité. Or, aussi surprenant que cela puisse paraître, un anticorps peut jouer un rôle endogène en éliminant des interférences négatives. Autrement dit, il peut réagir contre des protéines du soi sans pour autant causer une auto-immunité. Un anticorps peut, par exemple, interférer avec le fonctionnement d'un ligand au sein de l'organisme. Dans certaines circonstances, un anticorps peut même servir à bloquer une fonction devenue dangereuse pour l'organisme. Comme l'a postulé Niels Jerne, le SI est autocentré, il agit en permanence pour rétablir l'équilibre de l'organisme.

Afin de mieux cerner le fonctionnement en réseaux de notre organisme, considérons l'exemple de l'infection VIH. Le problème majeur lié à cette infection a été de déterminer la cause de la mort des LT CD4+.

« L'intérêt porté à la quantification de la charge virale a été exacerbé par les premières données sur le sujet, qui posaient un problème de compréhension des phénomènes concourant à l'évolution de l'infection par le VIH. Les études initiales (...) montraient en effet que seule 1 cellule sur 10 000 ou 100 000 était infectée, cela même chez les patients symptomatiques. De plus, le virus ne pouvait être isolé que chez une faible proportion de patients. Le paradoxe était alors le suivant : comment un taux d'infection aussi bas peut-il permettre la destruction totale des cellules CD4 ? Certains ont soutenu que le VIH n'était pas responsable de la maladie. D'autres ont proposé (...) l'action de mécanismes indirects : induction de phénomènes auto-immuns, présence nécessaire de cofacteurs inducteurs, toxicité des protéines virales isolées, etc. De nombreux points sur ces hypothèses restent à explorer »[82-83] (Florence Buseyne, 1993 ; Pierre Barthélémy, 2014).

L'équation VIH=SIDA n'est pas admise de façon unanime par la communauté scientifique. Il existe un mouvement important bien qu'hétérogène de chercheurs qui met en doute l'origine virale du sida. Pour les lecteurs intéressés, je conseille vivement la lecture du livre intitulé « Virus Mania » de Torsten EngelBrecht et al [84]. Ces derniers soutiennent que le consensus officiel de la communauté scientifique au sujet du rapport de causalité entre le VIH et le sida est responsable de diagnostics inexacts, d'une peur collective entretenue sciemment, de traitements toxiques et d'un gaspillage des fonds publics inconséquent. Ils évoquent en même temps un mésusage sans précédent des normes et des méthodes scientifiques. En effet, la difficulté d'isoler le VIH chez les malades et de le détecter dans les LT CD4+ des patients infectés ne permet pas de donner une explication satisfaisante de la baisse des LT CD4+ constatée. Le problème majeur est d'expliquer la baisse des LT CD4+ malgré le fait qu'elles ne répliquent pas toutes le virus. Quant à Luc Montagnier (1932-2022), le célèbre codécouvreur du VIH, il soutient que la mort massive des LT CD4+ non infectées serait due à leur apoptose provoquée par des facteurs libérés par les cellules infectées par le VIH causant ainsi un stress oxydatif.

Nous avons coutume de croire que le virus infecte un organisme sain, qu'il détourne sa machinerie métabolique pour se répliquer jusqu'à provoquer la mort des cellules hôtes et ainsi entrainer un dysfonctionnement dans l'organisme. Pourtant, dès les premiers signaux d'une infection, le réseau vivant de l'organisme se réajuste pour neutraliser les effets du virus. Le virus profiterait-il de ce temps de réajustement pour entamer rapidement sa réplication et mettre le réseau en échec ? Nous pouvons en douter car le réseau est flexible et contourne le danger très rapidement. Et si nous renversions la vision classique et considérions que les virus exercent plutôt un rôle bénéfique dans l'organisme en « obligeant » le réseau à éliminer déchets et toxines, en réactivant d'autres branches du programme et en facilitant le retour à l'équilibre ! Néanmoins, si le réseau est déjà perturbé par des cofacteurs, il mettra plus de temps avant de venir à bout du virus, et celui-ci pourrait alors devenir délétère. En d'autres termes, un virus sonnerait l'alarme quand notre organisme souffre d'une perturbation persistante ou critique. Une personne VIH+ serait une personne souffrant de déficiences majeures avant même son infection, le VIH serait en lui-même opportuniste. Il serait un virus dormant ou quiescent pour une personne saine qui l'éliminerait rapidement. Sa persistance trahit la présence d'une perturbation chronique de l'organisme. Ce n'est pas un hasard que le VIH ait été découvert dans un cercle d'homosexuels américains intoxiqués par les drogues dures, et en Afrique dans des pays souffrant de famine, de sous-nutrition et du manque d'hygiène. D'ailleurs, Wuhan, la ville où les premiers cas de Covid-19 ont été rapportés, est extrêmement polluée, air et eau compris (https://fr.numbeo.com/la-pollution/ville/Wuhan). C'est aussi à cet endroit qu'ont été installées massivement les premières antennes 5G. Certains suspectent ces ondes de causer des perturbations dans le SI bien que cela ait été démenti par les médias officiels.

Je pense néanmoins que ce n'est pas tant le virus qui est responsable de nos malheurs, mais nos conditions de vie et notre environnement. Quand un virus apparaît dans l'organisme, l'autopoïèse ne va pas seulement cibler le virus, mais aussi corriger le défaut dont le virus a profité pour faire irruption dans l'organisme et s'y multiplier. Pour user de la métaphore policière, je dirais que les virus travaillent comme le font les indics ! Les indics fournissent aux policiers des informations précieuses sur le réseau mafieux mais, en même temps, ils continuent à mener leurs transactions sous la protection des mêmes policiers en contrepartie de leurs services. Les virus nous alertent sur un défaut au sein de l'organisme tout en en profitant pour se multiplier. L'organisme laisse faire parce qu'il a besoin de temps pour monter une réponse antivirale protectrice.

La pollution cause, à elle seule, des troubles respiratoires dont des virus naturels pourraient profiter pour s'activer et se répliquer. Nous accuserions alors trop rapidement le virus d'être le responsable de la maladie respiratoire alors que le vrai coupable est la pollution. Mieux encore, le réseau de l'organisme pourrait avoir lui-même déclenché la maladie pour empêcher l'entrée de particules toxiques dans l'organisme (en bloquant une fonction par exemple ou en abaissant l'échange entre le sang et l'air). Le malade souffre certes de malaise respiratoire mais, de toutes façons, s'il respirait normalement, les polluants causeraient des dégâts encore plus catastrophiques. Un asthmatique, s'il respire mal, c'est pour réduire l'entrée des allergènes responsables de l'altération de ses vacuoles pulmonaires.

La solution apportée par le réseau est toujours efficace et mesurée. Le réseau pourrait même causer la mort cellulaire pour freiner la propagation d'une perturbation interne. Dans ce contexte, l'apoptose permet à une cellule de mourir sans déverser son contenu dans la matrice extracellulaire, elle permet d'éliminer les cellules qui sont des foyers de la réplication virale.

Une infection virale est une précieuse source d'informations qu'il faut savoir déchiffrer. Elle trahit la présence d'une anomalie nichée profondément dans le réseau de l'organisme. C'est vrai aussi pour un désordre tissulaire ou un cancer. Il faut donc cerner la perturbation et renforcer la capacité réparatrice du réseau. Comme mentionné plus haut, le réseau est un flux constant de matière et d'énergie. Normalement, l'information circule en empruntant la voie la plus économique mais des voies alternatives existent, plus coûteuses en énergie. Donc, lorsque le réseau est perturbé, une information dévie de sa trajectoire économique habituelle et emprunte d'autres circuits, ce qui cause une fuite d'énergie et un épuisement de l'organisme. Par conséquent, une maladie se déclenche pour forcer l'organisme à une consommation plus restreinte en énergie, c'est la raison pour laquelle la réponse à de multiples maladies consiste à enrayer la fuite d'énergie en améliorant sa qualité de vie, par exemple. Les médicaments, de par leur nature chimique, vont corriger localement un défaut mais la perturbation globale persistera. Pour autant, l'annulation locale de la contrainte initiale va, avec le temps, infléchir le réseau dans sa globalité et le ramener à l'équilibre. Cela dépendra de facteurs conjoints dont, la gravité des lésions initiales, la composition moléculaire du médicament et sa pertinence thérapeutique, et la réceptivité du patient vis-à-vis de ces molécules chimiques. Un point important : le réseau, même s'il est constitué d'innombrables nœuds connectés, est sensible à toute modification locale. On pourrait même aller jusqu'à postuler que toute perturbation locale a une répercussion globale. Un simple exemple peut vous le démontrer : celui de la consommation de drogues ou d'alcool qui affecte l'organe où se déroule la transformation métabolique avant de se généraliser à l'organisme dans son entier, et même au comportement et au mode de vie du consommateur dans une spirale fatidique. Toute sa vie sociale pourra se trouver affectée par cette addiction, pas seulement la santé physique. Toute substance étrangère à l'organisme a un effet local et global. En revanche, l'immunité intervient pour empêcher qu'une substance étrangère soit métabolisée et intégrée dans le réseau, justement pour annuler son effet sur le réseau pris globalement. L'immunité, en rétablissent un débit normal d'énergie, permet à l'organisme de prospérer au lieu de survivre.

Pour le moment, revenons à l'infection VIH telle qu'elle est appréhendée par la science officielle, et imaginons certaines des possibilités qui s'offrent à l'organisme pour annuler son effet sur son réseau.

L'infection VIH régule les mécanismes de l'apoptose dans les LT-CD4+. Dans la cellule qu'il infecte, le VIH va inhiber l'apoptose en induisant la production de protéines anti-apoptotiques comme la Bcl-2, ce qui lui permet de se reproduire[84-85] (Zheng L, 2007 ; Bahbouhi et al, 2004). Il va même jusqu'à bloquer son cycle cellulaire. Il prend contrôle de toute la machinerie de la cellule qu'il infecte. Mais, puisque les composants de l'organisme sont tous liés par des connexions en réseau, le virus finit par se trahir : 1) en se répliquant, il produit des protéines dont certaines sont libérées dans l'espace extracellulaire ; 2) la baisse du nombre des LT-CD4+ va causer des conséquences sur les réseaux d'interactions immunitaires.

Les protéines virales produites dans la matrice extracellulaire, la gp120 soluble, vont se lier au CD4 des LT-CD4+ non-infectées, ce qui active la cascade de l'apoptose. Le virus a deux effets opposés dans ses cellules cibles : il bloque l'apoptose dans les cellules où il se réplique mais l'induit dans celles non infectées par un mécanisme indirect, notamment par l'action de ses protéines solubles (gp120, tat). Cette dichotomie aboutit à un même effet : la déplétion progressive des LT-CD4+. Le réseau est, par conséquent, affecté car les LT-CD4 libèrent des facteurs indispensables à la multiplication des lymphocytes activés, en l'occurrence l'IL-2. Ceci aboutit à une immunosuppression. Bientôt, tout le réseau immunitaire entre dans un état d'immunodépression qui le rend incapable d'éliminer les antigènes immunostimulants.

Le réseau autopoïétique frappé en son cœur va, de toutes façons, repérer la cause initiale, ensuite se moduler pour annuler ses effets. Il finit par débusquer le virus, et active différents mécanismes pour le contrôler. Il peut l'éliminer en tuant les cellules infectées et le contraindre à entrer en latence. Ce n'est pas toujours une réponse cytolytique qui s'enclenche en réponse au virus ; le réseau va aussi essayer d'assimiler le virus, en tant que nouvel élément, sous forme d'un provirus intégré dans le génome. Le vivant, menacé de disparaître, peut aller jusqu'à intégrer une information parasite dans son réseau, et le modifier globalement pour survivre. Notre génome n'est pas homogène à 100%, il contient des gènes étrangers qui peuvent être fonctionnels. Une cellule humaine devient ainsi capable de produire des protéines étrangères dérivées d'autres espèces. Un lymphocyte contenant un virus en état de latence exprime malgré tout un certain niveau de protéines virales comme la réverse transcriptase ou d'autres protéines ayant des effets locaux ou à distance. Le virus essaie à son tour de pervertir le système et de le retourner à son avantage. Cette cohabitation risquée va durer le temps que le réseau est fonctionnel. Quand le virus sort de sa latence, le réseau peut aller jusqu'à réduire le taux de renouvellement des LT-CD4+ pour freiner la propagation horizontale du virus. Justement, l'apoptose se déclenche quand un signal parasite étranger est intégré dans une cellule. Les cellules infectées produisent de surcroît des facteurs déclencheurs de l'apoptose dans ses sœurs voisines non encore infectées. Cette stratégie peut s'avérer payante, au point que le réseau élimine complètement le virus.

Il est bien rapporté que : « … les lymphocytes T de personnes infectées par le VIH meurent rapidement d'apoptose après leur mise en culture, et cette exagération d'un processus physiologique de délétion cellulaire est associée à l'activation chronique du système immunitaire et corrélée à la pathogénèse du sida. La majorité des lymphocytes qui meurent d'apoptose ne sont pas infectés par le VIH, y compris au sein des ganglions (…) Les mécanismes moléculaires responsables de l'augmentation d'apoptose dans le sida sont encore mal connus. L'activation chronique du système immunitaire est probablement responsable de l'expression importante de la molécule Fas et peut-être de son ligand. Les protéines du VIH semblent aussi jouer un rôle significatif. En effet, la liaison de la gp120 soluble du VIH au récepteur CD4 de lymphocytes T de donneurs contrôles induit l'expression à leur surface des molécules Fas et Fas-L et conduit à l'apoptose des lymphocytes T CD4 non infectés. (…) Ces différents mécanismes peuvent contribuer in vivo à la déplétion des lymphocytes T CD4 Fas+ associée à l'infection par le VIH ; la réduction du niveau pathologique d'apoptose Fas-dépendant à un niveau physiologique pourrait permettre le maintien d'un système immunitaire fonctionnel »[86] (Marie-Lise Gougeon, 1996).

La lymphopénie CD4, caractéristique majeure de l'infection à VIH, fait suite à la destruction des LT CD4+ infectés par le virus et à leur suicide accru par apoptose, conséquences de la suractivation du SI. À ces pertes de LT CD4+, s'ajoute la diminution de leur production par le thymus et leur multiplication dans les ganglions, conséquences de l'altération de ces organes par l'infection. Ainsi, l'infection par le VIH se caractérise par une défaillance qualitative d'abord puis quantitative du compartiment des lymphocytes CD4, entraînant rapidement un dysfonctionnement important de l'arc réflexe immunitaire.

Je suggère que notre organisme, étant un réseau autopoïétique, contrôle la multiplication du VIH en réduisant le taux de renouvellement des LT-CD4+. La baisse de leur nombre ne serait pas uniquement due au virus, l'organisme y contribuerait aussi car, en réduisant le pool de ces cellules, il freine la multiplication et la transmission du virus. Le réseau annule les effets d'une perturbation en modulant les conditions initiales responsables de sa survenue. Ceci entraîne des réactions en chaîne jusqu'à l'élimination totale du virus et le retour du réseau à son état d'équilibre initial.

Nous avons souvent tendance à nous obstiner sur des idées préétablies, les considérant comme des vérités immuables. Or, la connaissance scientifique se développe à partir de paradoxes à résoudre et aux controverses qui l'anime. La science aime le risque, l'inédit, l'audace et les réflexions qui sortent de la norme. Nous avons appris que l'organisme fabrique des anticorps pour éliminer des antigènes exogènes ou endogènes (dans le cas d'auto-immunité). Ceci est vrai, mais cette vérité rend-elle compte de la complexité du mécanisme de l'immunité ? Il est intéressant de considérer d'autres éventualités. Par exemple, nous pourrions supposer que les anticorps peuvent également servir à éliminer des protéines du soi devenues sources de danger pour l'organisme comme dans le cas du CD4 au cours de l'infection VIH. Le SI pourrait réguler la fonction des protéines de l'organisme en les éliminant par des anticorps quand leur présence devient compromettante. Le SI opère en continu dans l'organisme, il joue un rôle endogène. L'auto-immunité nous le prouve : le SI est capable de cibler des composants du soi de la même manière que le non-soi. L'auto-immunité serait cette situation particulière où l'intervention du SI a des effets négatifs sur l'organisme, mais le SI a aussi des effets endogènes discrets qui contribuent à maintenir l'organisme dans son état fonctionnel. Certaines protéines du soi pourraient être éliminées par le SI sans que ceci aboutisse à des manifestations auto-immunes.

Dans le cas de l'infection VIH, c'est un pari très risqué pour l'organisme de réduire le pool des LT-CD4+ puisque ces derniers jouent un rôle central dans l'immunité adaptative. Pourtant, lorsque le VIH atteint un niveau critique de réplication, l'organisme peut lui soustraire les récepteurs nécessaires à sa réplication dans les cellules. Il est bien rapporté que la liaison au CD4 entraine un changement de conformation de la gp120 permettant au virus de se lier à deux autres récepteurs membranaires exprimés par la cellule hôte (les récepteurs CCR5 ou CXCR4 selon que le VIH infecte un macrophage ou un lymphocyte CD4). Après le changement structural d'une autre protéine virale (gp41), le VIH insère un peptide de fusion dans la cellule hôte, permettant ainsi la pénétration du virus dans la cellule. Le changement que subit la gp120 au moment de sa liaison au CD4 pourrait débusquer des épitopes qui étaient inaccessibles. Non seulement au niveau de la gp120, mais également au niveau du CD4 et de la zone de contact entre les deux protéines. Le SI ne reconnaît pas seulement des protéines prises séparément, il peut également les reconnaître dans les complexes qu'elles forment avec d'autres protéines au moment de leurs interactions. La zone de contact entre deux protéines pourrait être une cible de la réponse immunitaire. L'organisme autopoïétique peut aller jusqu'à bloquer le récepteur CD4 ou le complexe gp120-CD4 par des anticorps. D'autre part, nous pourrions supposer que les cellules, devenues sénescentes ou mortes, sont éliminées de l'organisme par des anticorps dirigés contre des marqueurs de surface exprimés dans ces cellules. Ces anticorps les éliminent par ADCC (*Antibody-Dependent Cell Death*). Une protéine de soi est tolérée sous une conformation donnée, mais elle pourrait devenir une cible au moment où elle se lie à une protéine étrangère, surtout si cette liaison lui cause des changements conformationnels qui exposent des motifs antigéniques jusque-là inaccessibles au SI. Ceci pourrait avoir lieu avec la gp120 soluble ou celle ancrée dans l'enveloppe de la particule virale pendant leur liaison au CD4. Les anticorps de petite taille par rapport au virus pourraient diffuser et reconnaître les nouveaux épitopes exposés sur la gp120 ou le CD4. Un LB pourrait en l'occurrence réagir avec le complexe formé par une gp120 soluble et le CD4 à la surface des LT CD4+. Nous pourrions supposer qu'un anticorps ne reconnaît pas seulement des épitopes conformationnels d'une seule et même protéine, mais qu'il peut aussi bien reconnaître la zone de contact entre deux protéines. D'ailleurs, des anticorps spécifiques du complexe soluble gp120-CD4 et ayant la capacité de neutraliser l'infection au VIH-1 ont été rapportés[87] (C Y Kang et al, 1994).

Étant donné que la gp120 soluble est produite en quantité au cours de la réplication VIH dans l'organisme, la déplétion des LT CD4+ n'est pas seulement due à leur mort par apoptose mais probablement à l'action d'anticorps spécifiques des complexes gp120-CD4. Les anticorps reconnaissant cette zone de contact pourraient être des anticorps polyvalents naturels et pas forcément néoformés par une sélection clonale. Une piste de recherche intéressante consisterait à détecter les anticorps dirigés non pas contre le VIH mais contre les composants du soi, notamment le CD4 au cours d'une infection VIH. Pour cela, il faut disposer de complexes CD4-gp120, ou du CD4, présents à la surface de cellules infectées. Il est possible que les cellules infectées expriment des protéines jusque-là inédites, reconnues par le SI, lui permettant ainsi de les éliminer de l'organisme. Il ne s'agirait pas forcément de protéines d'origine virale, elles pourraient être d'origine cellulaire. Le système autopoïétique est un système intelligent et logique qui trouve la solution idéale pour résoudre un problème même si cette dernière présente un risque. Que se passait-il dans les guerres d'antan ? Les villageois menacés par une invasion imminente brûlaient tous leurs biens (maisons et récoltes) avant de prendre la fuite afin de priver l'envahisseur de moyens d'approvisionnement. L'organisme peut avoir recours à la même stratégie suicidaire : tuer ses propres cellules pour freiner la propagation d'un parasite ou inhiber l'apparition d'une tumeur. Les symptômes d'une infection seraient alors des réactions calculées de l'organisme pour freiner la réplication virale, et surtout, pour réparer la défaillance à l'origine de l'infection. Ceci suggère que les individus VIH-positifs souffraient d'anomalies importantes de leur immunité avant l'infection par le virus. Dans cette optique, le virus serait notre allié, il nous renseignerait sur nos défaillances et nous aiderait à déclencher les mécanismes réparateurs.

Parce que l'organisme est un réseau où tout est connecté, un virus se trahit dès lors qu'il entre en contact avec une protéine du soi. Cette dernière a une fonction prédéterminée, et quand le virus s'y fixe ou altère son expression ou sa fonction, une perturbation du réseau global s'ensuit inévitablement qui, par rétroaction, déclenchera un mécanisme compensatoire. Dès qu'un virus pénètre dans une cellule, l'anomalie qu'il cause dans le réseau cellulaire va être signalée aux cellules voisines par les médiateurs de la communication intercellulaire. C'est pourquoi le virus mise sur une réplication très rapide après la primo-infection, ce qui entraîne souvent une virémie importante (le pic de la réplication virale ou phase aigüe). Après quoi, les signaux de danger libérés par les cellules infectées et l'effet compensatoire du réseau agissent de concert pour stimuler l'immunité, d'une part, et pour rendre les cellules résistantes au virus, d'autre part. La réplication virale baisse en conséquence. Si le virus persiste, l'organisme déclenche l'apoptose dans les cellules non infectées tout en activant les effecteurs immunitaires pour éliminer les particules virales. Seuls les virus dont le taux de réplication s'accorde avec le fonctionnement du réseau persistent et évoluent sous la forme d'infections chroniques. Mais leur présence va toujours déclencher des mécanismes compensatoires, ce qui, à la longue, aboutira à un dysfonctionnement du tissu infecté, notamment à un processus de cancérogénèse. Le cancer a lieu quand les mécanismes compensatoires atteignent leurs limites extrêmes de réparation. Le réseau est programmé génétiquement pour fonctionner selon des schémas préétablis, et quand une anomalie persiste, le réseau se rééquilibre sans cesse et établit de nouveaux circuits qui ont l'inconvénient de consommer davantage d'énergie. Les anomalies persistantes sont multifactorielles et impliquent aussi bien des facteurs génétiques que des facteurs liés au terrain. Notre vision des maladies changerait considérablement si nous considérions le fonctionnement de l'organisme comme un réseau interconnecté. Si l'organisme était constitué de compartiments fonctionnellement séparés, le virus ferait des dégâts locaux, seulement dans le tissu qu'il infecte. Mais l'intrication des diverses fonctions de l'organisme font qu'un dégât local se propage et entraîne des répercussions globales. L'excès de nicotine, par exemple, n'agit pas seulement sur vos poumons mais aussi sur l'ensemble de votre organisme car le fonctionnement des poumons est en rapport avec la circulation sanguine et donc avec l'ensemble des tissus de l'organisme.

L'organisme n'est pas seulement un réseau ordonné complexe, il ressemble plutôt à un réseau intelligent capable par lui-même de repérer l'erreur et de la corriger. Nous connectons ainsi avec l'idée de Niels Jerne, mentionnée plus haut, selon laquelle le SI est autocentré, ne s'occupant que du soi, le non-soi serait équivalent à du soi altéré. Cette conception de l'immunité est compatible avec la « continuité » énoncée par T. Pradeu, dans la mesure où le SI serait en interaction permanente avec l'organisme et interviendrait pour répondre à toute discontinuité antigénique. Un virus agit comme une information qui détourne le réseau cellulaire pour favoriser sa multiplication. En éliminant la particule virale et les cellules infectées, l'immunité corrige le défaut et restaure le réseau. Non seulement les cellules infectées par le virus seront éliminées (par le SI), mais une fraction des cellules non-infectées serait aussi supprimée par des mécanismes suicidaires (encore mal définis). La cellule cible non-encore infectée peut internaliser ses récepteurs de surface nécessaires à l'entrée du virus ou entamer un processus d'autophagie.

Le scénario classique stipule que l'organisme va produire des anticorps après que le virus ait pu se multiplier et/ou éliminer les cellules infectées par cytotoxicité en reconnaissant leurs molécules de CMH présentant des peptides du virus. Cependant, l'immunité adaptative met du temps à se mettre en place avant de gagner en efficacité (la réponse secondaire suit la réponse primaire). Dès que les premiers signaux de danger sont détectés, le réseau de l'organisme adopte les solutions drastiques qui s'imposent car sa survie n'est jamais laissée au hasard. Les cellules cibles pourraient être détruites par l'organisme lui-même pour endiguer la propagation du virus. Une fois le virus détecté, l'immunité et d'autres mécanismes entrent consécutivement en jeu pour l'éliminer. Le réseau cellulaire a une capacité d'auto-réparation et il peut se débloquer par lui-même. Le réseau fonctionne selon un mode logique : si une toxine bloque le réseau, comme c'est le cas pour la toxine diphtérique, alors en éliminant cette toxine par un anticorps spécifique, le réseau fonctionne de nouveau normalement. Si un virus détourne la machinerie cellulaire pour s'y multiplier alors, en supprimant les cellules hôtes, le virus est piégé dans l'espace extracellulaire et sera éliminé par les acteurs de l'immunité. Nous ne pouvons exclure le scénario selon lequel une simple infection virale perturbe le réseau global de l'organisme en son entier, auquel cas des mécanismes compensatoires de haut niveau impliquant des circuits nerveux entrent en jeu pour annuler la perturbation et endiguer l'invasion virale. En d'autres termes, une infection virale est un événement traduit en une nouvelle information que le réseau identifie et intègre. Puisque le réseau tend toujours vers son équilibre, la nouvelle information devient une entrave au retour à l'équilibre. C'est ainsi que le réseau met en place tout un mécanisme pour contourner le défaut tout en annulant ses effets. Le réseau cible toujours la cause initiale du défaut.

Cependant, le cancer constitue une mystérieuse exception. Le principe décrit plus haut d'une homéostasie fonctionnelle n'opère pas. Comment est-il possible que le réseau s'emballe et perde sa capacité d'auto-réparation ? Comment est-il possible que le SI ne soit plus capable de repérer les cellules cancéreuses et de les détruire ? Comment est-il possible que des cellules deviennent rebelles, suivent leurs propres rythmes et prolifèrent sans arrêt ? Ceci laisse à penser que le cancer n'a pas une cause locale (c'est-à-dire limitée au tissu cancéreux) mais résulte d'une origine plus globale qui renvoie à l'organisme en son entier et donc à la qualité de ses connexions avec le milieu externe. Le réseau global de l'organisme est perturbé et le cancer en serait une conséquence. Il apparaitrait dans les tissus les plus fragiles de l'organisme. En effet, quand un tissu souffre d'une anomalie, deux mécanismes réparatoires entrent en jeu : localement dans le tissu, et globalement. Mais quand le système général est perturbé, l'anomalie locale prend le dessus et détruit le tissu. Détruire les cellules tumorales par des traitement anti-cancéreux va corriger l'anomalie localement mais pas celle qui affecte plus profondément le système, d'où les rechutes. Il se pourrait que les facteurs de l'environnement ou des motifs d'ordre psycho-émotionnel jouent un rôle crucial dans l'apparition de cancers. Un choc émotionnel intense a la capacité de fragiliser l'organisme et ses défenses immunitaires en le rendant susceptible à des dysfonctionnements en cascade. Le fait que l'organisme fonctionne en réseau, c'est-à-dire selon des réactions qui s'enchaînent selon un ordre spécifique dans l'espace et dans le temps, le rend fragile et certaines interférences pourraient avoir un effet dévastateur. Il se pourrait même qu'un cancer touchant un tissu donné résulte d'une perturbation extérieure à ce tissu : par exemple, un facteur de croissance produit en excès, une hormone faisant défaut, une alimentation mal équilibrée ou une carence en minéraux et vitamines. Des virus pourraient-il causer des altérations au niveau de l'expression des gènes et provoquer un cancer ?[88] Oui, s'ils sont responsables d'une mort cellulaire récurrente car, alors, ils auraient tendance à bloquer le cycle cellulaire et à perturber l'homéostasie tissulaire. Dans cette hypothèse, le tissu accélère les divisions cellulaires dans les zones non encore infectées pour compenser le défaut de croissance qui résulte du virus. Cette frénésie pourrait dérailler et causer un cancer. L'immunité est complexe car le SNC est impliqué et contribue aussi à la défense de l'organisme. Le stress, la peur, la déception ou des chocs émotionnels peuvent affaiblir nos défenses à tous les niveaux et nous rendre susceptibles à des anomalies profondes de notre réseau métabolique. Ainsi, il est peu probable qu'un virus naturel, seul, puisse causer des dommages tels qu'une multiplication cellulaire incontrôlée. Mais il pourrait en être un déclencheur. Avant que le SI puisse discriminer le soi du non-soi, il faut que le soi soit robuste et fonctionnel car un soi altéré signifie aussi une immunité altérée. Les effecteurs immunitaires font eux-mêmes partie du soi.

Dans les réseaux biologiques du vivant, les virus portent la même signification que les virus informatiques sur le plan de l'électronique. Si les réseaux sont anormalement perturbés ou détournés vers d'autres voies d'interactions moléculaires, des effets se manifestent à l'échelle organismique. Rien n'est isolé au sein de l'organisme, tout est interconnecté. Une simple blessure va mobiliser le SI, le SN, le réseau sanguin et toute une panoplie de mécanismes de régénération tissulaire. La blessure agit comme un switch/on qui allume tout un ensemble de circuits d'interactions moléculaires. Les éléments d'un réseau sont toujours liés par un transfert spécifique d'énergie qui a lieu à tout moment, c'est ce qui constitue le métabolisme de base. Le métabolisme n'est en fait qu'un transfert d'énergie qui s'accomplit selon des modes préétablis. Lorsque les réseaux sont perturbés par un facteur donné, la fréquence du transfert énergétique varie : soit elle augmente, soit elle diminue. La perturbation dure un certain temps jusqu'à ce que le réseau retrouve son équilibre. Notre organisme, pour se maintenir en vie, interagit en permanence avec l'environnement, et donc les réseaux sont constamment actifs mais restent dans un état d'équilibre dans les conditions normales. Au vu de tous ces éléments, le soi au sens immunologique du terme représente un nombre incalculable d'interactions moléculaires ayant lieu dans chaque cellule des tissus de l'organisme. De plus, les tissus sont tous reliés au cerveau central qui commande l'ensemble. C'est seulement avec cette idée dans l'esprit que l'on peut comprendre la fonction de l'immunité : celle de maintenir ses circuits en état de marche et d'éliminer les interférences (extérieures et intérieures). Elle intervient quand ses réseaux sont détournés par des parasites. Il ne faut pas s'étonner du fait qu'une seule molécule bioactive peut perturber tout le SI, par exemple un antagoniste d'une cytokine. Imaginez l'effet d'une molécule qui inhiberait l'interleukin-2 (IL-2) : tout le SI s'effondrerait. Le réseau pourra toujours compenser cette absence de l'IL-2 en ayant recours à des cytokines à effets similaires, sauf que ce circuit alternatif est plus coûteux en énergie et le réseau finira par se saturer.

Serait-il possible un jour de voir en temps réel les circuits des interactions moléculaires fonctionner au sein d'une seule cellule de l'organisme ? Le nombre de cellules dans le corps humain est estimé à environ 10^{13} (dix mille milliards). Chaque cellule contient plusieurs milliers de types de molécules différentes. On estime qu'une cellule simple contient 42 millions de protéines sans compter les autres composants organiques (glucides et lipides). Comment tracer les 42 millions de protéines d'une cellule à un instant donné et suivre l'activité de chacune d'elle ? Il faudrait, en premier lieu, dresser un inventaire précis de toutes les molécules présentes dans la cellule (structurales et fonctionnelles), marquer chaque espèce de molécules avec une sonde spécifique et puis projeter sur un écran le film de la cellule vivante. On peut imaginer une sonde mobile qui passe d'une protéine à une autre dès qu'elles rentrent en interaction ; on peut alternativement marquer quelques protéines et suivre le transfert de la sonde. Nous verrions une super-galaxie de signaux qui se modulent mutuellement, qui s'intensifient à un endroit et qui s'atténuent à un autre : nous verrions le spectacle de la vie. Nous serions tous fascinés par la rapidité avec laquelle l'information circule entre les différents éléments du réseau. Ceci ressemble de près au cloud informatique[1]. Le métabolisme serait un cloud où sont programmées toutes les interactions ayant lieu dans la cellule. Quand un stimulus est délivré à la cellule, le cloud cellulaire va lui fournir le circuit d'interactions qui se charge d'y répondre. Le vivant est un système autonome et intelligent d'informations stockées et mobilisées pour neutraliser les contraintes qui perturbent sa survie.

Visualiser ce cloud est un rêve impossible à l'heure actuelle. Comment tracer chacune des molécules de la cellule pour y parvenir ?

---

[1] Cloud est un terme anglais qui signifie « nuage ». En informatique, il désigne un ensemble de systèmes de stockage en ligne distants. Ce système permet de stocker vos données sur des serveurs distants, accessibles par internet. L'ordinateur de bureau ou le smartphone, la tablette tactile et autres objets connectés deviennent des points d'accès pour exécuter des programmes ou consulter des données hébergées sur les serveurs.

Dans l'organisme, tout est information. La structure d'une protéine, par exemple, est une information tout comme l'est la séquence des bases ATGC dans un gène. Quand une protéine se replie sur elle-même dans l'espace, une nouvelle information en résulte. De la même façon, une nouvelle information apparaît quand deux protéines forment un complexe. Le vivant serait un ensemble d'informations organisées, toutes reliées les unes aux autres et interdépendantes.

Les cellules sont constituées d'un grand nombre de molécules (chacune porteuse d'une information) qui forment des réseaux fonctionnels ou informationnels. Certaines de ces molécules s'organisent en assemblages supramoléculaires que l'on appelle organites ; le noyau contient l'information génétique stockée dans la molécule d'ADN, les vésicules servent à transporter des matériaux entre les milieux intracellulaires et extracellulaires, le cytosquelette sert à organiser l'espace cellulaire et permet aux cellules de prendre des formes variées, de bouger et de se diviser. Cette organisation de la matière vivante pose un problème fondamental : comment l'ensemble des molécules chimiques qui composent les cellules (protéines, acides nucléiques, lipides, etc.) interagissent-elles pour donner naissance à ces structures cellulaires qui acquièrent, non seulement des formes dynamiques complexes, mais aussi des comportements spécifiques ?

D'interminables interactions moléculaires maintiennent la vie en nous à chaque instant. Suffirait-il (si tant est que cela soit fait un jour) de cartographier toutes ces interactions pour expliquer comment la vie est maintenue à l'échelle de la cellule ? Ne parlons même pas de celles de l'organisme, le supra-réseau qui chapeaute tous les réseaux cellulaires. La vie est-elle un phénomène émergent ? Traduit-elle l'apparition de propriétés nouvelles au niveau d'un Tout qui, par nature, serait irréductible à ses propriétés ou à leur organisation, et donc ne pourrait être ni cerné ni prédit à partir de ces mêmes éléments ? Y a-t-il une continuité entre l'infiniment petit et le niveau plus macroscopique chez le vivant, ou sont-ils séparés par des interfaces vides de matière où l'énergie circulerait dans les deux sens, projetant la structure quantique de la matière vivante dans la structure achevée, hautement organisée, de l'organisme, et inversement ?

Notre soi, au sens immunologique du terme, est la résultante de toutes ces interactions, c'est une entité émergente en ce sens qu'il en est le pur produit. Le soi est constitué d'un nombre incalculable de molécules en interaction, il possède une individualité et une unicité génétique et il englobe divers systèmes fonctionnels dont chacun, avec ses modes d'action spécifiques, poursuit le même but : maintenir, voire renforcer l'adaptation au milieu. Dans cet hyper-réseau de circuits qu'est le soi, circulent en permanence des signaux. Nous observons la cellule et ses constituants grâce au microscope électronique, mais les données collectées ne sont que des images de structures figées dans le temps. Ce qui fait défaut c'est l'observation des molécules en action, en temps réel. Car le soi est une structure dynamique, évoluant à chaque instant, un hyper-réseau où matière et énergie circulent d'un point à un autre sans cesse. La stagnation signifie la mort. Ce circuit autonome a pourtant besoin de l'énergie qu'il puise de l'extérieur pour s'activer. Le vivant est un système d'une ingéniosité extraordinaire dans lequel l'information est captée, analysée, intégrée, remobilisée, remodelée et mémorisée à court et long terme. Comme dans un système électrique, des pannes arrivent. Le SI n'est pas le seul agent de maintenance mais il se mobilise pour éliminer des informations parasites qui détournent les circuits à leur profit ou qui interfèrent avec leur fonctionnement. La cellule est vivante, elle est dotée d'une intelligence émergente dont on n'est pas encore parvenu à connaître toutes les finesses d'action.

L'organisme est un hyper-réseau qui fonctionne à la fois en des points localisés et au plan global. On peut dire ainsi qu'il a une double identité, ponctuelle qui correspond à chacun de ses éléments constitutifs, et émergente qui englobe le tout.

Imaginons un réseau de 4 éléments interconnectés A-B-C-D. Supposons que ce réseau absorbe un photon qu'il restitue sous forme de chaleur à un élément extérieur E, lui-même lié à d'autres réseaux non représentés (X). On a donc A-B-C-D — E — X. A, B, C et D portent chacun une identité ponctuelle du réseau, les 4 sont indispensables à son fonctionnement. Mais A-B-C-D interconnectés constituent ensemble l'identité émergente du réseau, c'est à dire sa fonction. Quand A absorbe le photon, elle devient A*, et donc l'identité ponctuelle du réseau change en A ainsi que son identité globale car la séquence devient A*-B-C-D. L'information circule dans un sens unique : A-B*-C-D, A-B-C*-D, A-B-C-D*, A-B-C-D — E° — X, et enfin A-B-C-D — E — X°. Le photon emprunte toujours le même trajet car si B le reçoit sans passer par A, son énergie augmentera et déstabilisera l'ensemble en émettant plus de chaleur. Le vivant est ainsi organisé : l'information suit un trajet spécifique pour produire l'effet escompté. Par exemple, l'activation des LT par l'antigène passe toujours par sa présentation par les CPA et ainsi elle produit toujours la même cascade d'événements. Citons aussi l'exemple de nos sens, odorat, ouïe et vue, pour lesquels l'information captée (molécules volatiles, son, lumière) emprunte toujours le même itinéraire pour atteindre le cerveau où elle sera interprétée.

Un réseau est une construction dans laquelle une information est intégrée par un élément de ce réseau puis transmise aux autres. Il se pourrait qu'il y ait des zones plus spécialisées que d'autres dans la réception des informations, jouant ainsi le rôle d'antennes. Toute information véhicule un message et une énergie à la fois. Par exemple, la lumière visible, les sons que l'on perçoit, sont des ondes (donc de l'énergie) qui véhiculent une information. Nos sens les captent, elles sont véhiculées via le SNC puis analysées. Une réaction s'ensuit ou pas. Le réseau la mémorise. Chaque information emprunte un trajet spécifique le long du réseau mais, arrivée à un nœud, elle peut dévier vers d'autres nœuds. Elle suivra toujours le même trajet, ceci semble la règle : une onde sonore emprunte un trajet précis jusqu'au cortex une fois qu'elle est captée par l'organe de l'ouïe. C'est vrai aussi pour la lumière qui excite notre rétine, et pour nos autres sens.

Avec le temps, si l'information captée est récurrente, le vivant la retraite avec un minimum d'énergie, son trajet est réadapté, raccourci ou court-circuité, lui évitant ainsi les étapes intermédiaires, il véhicule l'information toujours dans le même sens (le chemin de la moindre contrainte).

La fonction de la mémoire vise à économiser de l'énergie vitale : le vivant réserve une grande part de ses ressources aux fonctions vitales immédiates comme la respiration, l'alimentation et les fonctions du SN. La mémoire immunitaire permet un déclenchement plus rapide de la réaction immunitaire. Au cours de la réponse immunitaire secondaire, l'antigène n'est pas reconnu par des cellules naïves en quiescence mais par des cellules mémoires, activées ou proche de leur état d'activation, qui rapidement déclenchent la cascade d'événements aboutissant à l'élimination de l'antigène. La mémoire immunitaire se traduit par un décalage dans le seuil d'activation des lymphocytes. Si le seuil d'activation des lymphocytes naïfs est nul, leur mitose est bloquée. Au cours de la réponse immunitaire primaire, il s'élève au-delà du zéro pour atteindre un niveau donné qui se maintient tant que l'antigène est présent. Une fois l'antigène éliminé, le seuil d'activation des lymphocytes mémoires diminue mais ne redevient pas nul, il reste au-delà du zéro et, par conséquent, la cellule s'active très rapidement après sa re-stimulation par le même antigène. C'est cette différence dans les seuils d'activation des lymphocytes naïfs et des lymphocytes mémoires qui constitue la trace de l'antigène et la mémoire immunitaire, l'antigène est enregistré comme étant le stimulus déclencheur de la division cellulaire. C'est pourquoi les cellules mémoires se divisent rapidement après leur re-stimulation antigénique, déclenchant rapidement la réaction immunitaire secondaire. On pourrait aussi supposer que les cellules mémoires ont entamé leur cycle cellulaire mais restent bloquées à une de ses phases. La restimulation antigénique force le cycle cellulaire à redémarrer et à boucler sa boucle. Tandis que le LT naïf est au point zéro, et entame à peine son cycle cellulaire après sa rencontre avec l'antigène.

La différence entre le seuil d'activation des lymphocytes naïfs et mémoires est une information enregistrée qui se traduit par une réactivité accrue de la cellule mémoire. Les cellules mémoires ont des propriétés particulières qui leur permettent d'être plus réactives face à l'antigène grâce, notamment, à l'expression de très nombreuses molécules qui sont absentes ou très faiblement exprimées à la surface des LT naïfs. Certaines de ces molécules sont impliquées dans les interactions avec les autres cellules (les molécules d'adhésion, les récepteurs de facteurs de croissance, de chimiokines ou de cytokines), qu'elles fassent partie du SI ou non. Ceci permet aux LT mémoires d'établir des interactions différentes avec leur environnement.

Quand une information est absorbée par un élément du réseau, son identité émergente varie et le réseau est globalement perturbé. L'information est alors traitée de telle sorte que le réseau retrouve son équilibre initial tout en gardant une trace de son passage en mémoire. Le réseau est modulé par toutes les informations qu'il reçoit et qu'il mémorise, il se réinitialise en permanence pour mettre en place des circuits rapides et économes. Comment expliquer ce qu'est la mémoire pour un biologiste ? Une information mémorisée (un souvenir) serait un réseau qui fonctionne en boucle, déconnecté des réseaux actifs par un mécanisme inhibiteur, par exemple.

De façon analogue, on peut définir le zéro comme étant la résultante de deux forces à intensité égale mais dont les polarités sont opposées, s'annulant donc mutuellement en permanence. Le zéro ne serait pas le néant où toute matière est annihilée mais plutôt le vide au sens physique, c'est-à-dire un milieu où la matière et l'antimatière s'annulent en permanence. Mais si l'énergie est fournie au vide ou s'il est déstabilisé localement, la matière ou l'antimatière peut en émerger. Ceci est bien établi par la physique des particules. En 2011, des physiciens autrichiens et allemands ont voulu fournir pas moins de plusieurs trillions (10^{18}) de volts au vide pour en extraire des paires de particules et d'antiparticules ! Si le hasard existe, alors il résiderait dans le vide uniquement, là où l'entropie serait à son maximum et où l'énergie serait nulle. Pour créer un évènement ordonné à partir du vide aussi hautement organisé que la vie, que l'univers même, un programme hautement élaboré était nécessaire. Il fallait la combinaison exacte des conditions atmosphériques, physico-chimiques, pour qu'il s'exécute sur Terre.

Revenons à notre échelle d'être humain : un souvenir est une information plongée dans le vide, mais quand un stimulus la réévoque, elle en sort et se connecte aux informations actives.

Dans le SI, les cellules mémoires tournent en boucle en l'absence de l'antigène (elles n'exercent pas de fonction mais se maintiennent en vie). Elles se localisent préférentiellement dans les tissus où s'est produite la première infection. Il existe deux types de LT mémoires : 1) Les LT mémoires effecteurs que l'on trouve essentiellement dans les tissus périphériques. Cette localisation dans de différents tissus, au plus près du site d'entrée de l'antigène, favorise leur rencontre ultérieure avec ce dernier. 2) Les LT de la mémoire centrale que l'on trouve principalement dans les organes lymphoïdes. En l'absence de stimulation antigénique, la première population évolue lentement jusqu'à muter en la deuxième. Les LT mémoires sont des cellules à longue durée de vie. Elles sont sensibles à l'IL-7 qui augmente leur résistance à l'apoptose, et à l'IL-15 qui engendre une prolifération suffisante permettant de compenser les cellules qui meurent. Mais dès qu'elles entrent en contact avec l'antigène, elles réagissent et affectent d'autres éléments dans les réseaux immunitaires. Les cellules naïves n'enregistrent pas l'information antigénique, elles sont programmées génétiquement pour répondre à un antigène spécifique par le TCR qu'elles expriment à leur surface.

Le vivant est un réseau dynamique subissant un remodelage permanent. Il traite l'information avec un minimum d'énergie, il y répond et l'enregistre. Quand l'information est nouvelle, tout le réseau se met en action pour l'intégrer et la traiter, une information récurrente est très rapidement traitée puisque le réseau vivant en a gardé une trace dans sa mémoire. Après plusieurs stimulations par le même stimulus, le vivant réorganise le trajet emprunté par l'information pour le rendre plus économe et direct. La mémoire serait donc un trajet stimulus/réponse raccourci où l'information circule en boucle isolément du reste. Quand un stimulus active la mémoire, l'information sort de la boucle et emprunte un réseau dynamique donné. Nos souvenirs sont des informations dormantes circulant en boucle, et quand une situation nouvelle surgit, si elle est associée à l'information mémorisée, celle-ci sort de sa boucle et s'intègre dans un circuit actif pendant un instant avant de reprendre sa boucle initiale. Dans cet exemple, on voit que la mémoire sert avant tout à économiser l'énergie : elle ne mobilise l'information stockée que lorsque c'est nécessaire. Dans le cas du SI, la mémoire empêche la réaction immunitaire de causer des dégâts aux tissus (le plus grand nombre des cellules activées meurent par apoptose et seule une fraction minoritaire devient cellules mémoires). Quand le stimulus est capté pour la première fois, l'organisme y est sensible, mais à force de stimulations, il le devient de moins en moins. La réactivité s'estompe à force de stimulations. Considérons le phénomène de plus près : un antigène donné induit une réponse primaire qui s'évanouit rapidement, laissant quelques cellules mémoires en circulation. La deuxième fois, l'antigène entraîne l'expansion des cellules mémoires qui, une fois l'antigène éliminé, redeviennent rares. À force de stimulation, des erreurs génétiques s'accumulent dans les cellules mémoires qui vieillissent. Au bout du compte, l'antigène n'est neutralisé que par les résidus d'anticorps qui disparaissent à leur tour avec le temps. L'antigène sera complètement ignoré à la fin, c'est ce que nous appelons la tolérance. La tolérance signifie l'absence de réponse immunitaire ou l'inhibition de cette réponse dirigée contre un antigène. L'antigène récurrent induit au final la tolérance immunitaire. En effet, l'organisme ne tolère que les antigènes dont les effets toxiques sont réparés dans un laps de temps compatible avec sa survie. Un virus à virulence modérée va détruire des cellules qui sont remplacées en même temps que le SI force le virus à diminuer son taux de réplication. Avec le temps, le virus sera toléré sous une forme bénigne et pourra être hébergé au sein de l'organisme. Dans le cas où le virus est très virulent, il détruit une grande partie du tissu qu'il infecte, et deux cas se présentent : soit le SI réussit à forcer le virus à entrer en phase chronique, soit ce dernier prend le dessus entrainant une pathologie importante. Les virus qui entraînent une maladie chronique ne sont pas vraiment tolérés, ils gardent un taux faible de réplication tant que le SI fonctionne normalement. Une immunosuppression, par exemple, va activer leur réplication occasionnant des dégâts tissulaires. C'est le cas du VIH dont la réplication est activée par les mycobactéries de la tuberculose. Les virus capables de sortir de leur phase de latence ou de chronicité sont souvent capables de tirer profit de leur taux élevé de mutations. Ces exemples soulignent le fait que l'immunité évolue avec le temps et optimise ses réponses vis-à-vis de l'antigène. Par ailleurs, la transmissibilité du virus d'un hôte à un autre s'observe surtout pendant le pic de sa réplication dans l'organisme de l'hôte qui devient, par conséquent, contagieux. L'immunité ne permet pas seulement d'avorter la réplication virale chez l'hôte infecté, elle bloque aussi sa transmission entre les individus de l'espèce (on voit ici son rôle dans la conservation de l'individu et de l'espèce). Les mécanismes biologiques obéissent toujours à la loi de la dépense minimale d'énergie et leur réponse à un stimulus n'est pas statique, elle peut varier en s'atténuant ou en se déclenchant plus rapidement (en empruntant des circuits raccourcis).

D'autre part, une information peut s'intégrer dans un réseau par différentes voies d'entrée selon ses caractéristiques. Ceci permet de faire converger diverses informations vers un même nœud servant de relais, relais qui va ensuite activer les réseaux de réponse. Mais la finalité est la même dans tous les cas. Considérons à ce titre l'activation des LB. Alors que l'activation des LT passe par les CPA qui apprêtent l'antigène, celle des LB emprunte d'autres voies. Outre leur rôle de reconnaissance de l'antigène sous forme native, les BCR transmettent le même signal d'activation aux LB alors que l'antigène change de nature : il est thymo-dépendant ou thymo-indépendant. La densité avec laquelle les antigènes thymo-indépendants agrègent le récepteur est déterminante. Il faut qu'elle soit optimale : lorsqu'elle est trop faible, elle ne peut activer la cellule, lorsqu'elle est trop forte, la cellule devient anergique. L'activation thymo-indépendante dépend principalement de la dose et de la structure de l'antigène, tandis que celle des thymo-dépendants est régie par les LTh qui sont génétiquement programmés pour délivrer le signal optimal aux LB. Par conséquent, deux mécanismes au moins aboutissent à l'activation du LB. Il se pourrait que les antigènes thymo-indépendants soient les premiers qui aient façonné la réponse anticorps au cours de l'évolution avant que la réponse B ne bifurque et ne devienne dépendante des LTh. Cette transition aurait eu lieu après que les molécules CMH soient devenues des molécules spécialisées dans la présentation des antigènes. Les BCR ancestraux devaient être d'une structure invariable et simple, mais avec l'apparition des mécanismes de recollage des morceaux géniques V(D)J,[1] des BCR uniques de structures variables ont vu le jour. Cette

[1] La recombinaison V(D)J est un mécanisme de recombinaison de l'ADN qui se produit uniquement au cours des premiers stades de la maturation des lymphocytes B

innovation a un revers : les nombreux BCR générés peuvent s'attaquer aux autoantigènes, d'où le rôle clef du système de régulation.

Nous remarquons que, dans le cas des antigènes thymo-dépendants, deux interactions jouent un rôle décisif : l'antigène avec le BCR, et le complexe peptide-CMH-2 avec le TCR/CD4 à la surface des LTh. Si le fragment issu de l'antigène est du soi ou lui est homologue, les LTh ne fournissent pas leur signal, ce qui empêche les LB de proliférer. Le mécanisme ancestral, fonctionnant d'une manière autonome et indépendante, se trouve alors soumis au contrôle d'un nouveau mécanisme apparu plus tard au cours du processus évolutif. Nous voyons ici que l'information (stimulation antigénique) emprunte diverses voies qui, toutes, convergent vers le même point relais (le BCR). Cette diversification permet au SI de traiter des antigènes de différente nature en déclenchant le même mécanisme (production des anticorps). Tandis que les thymo-dépendants sont surtout des protéines qui empruntent la voie passant par les CPA, les antigènes thymo-indépendants, de nature chimique différente, empruntent la voie directe d'activation. Le vivant n'est pas constitué de réseaux immuables et figés dans leur structure et mode d'action, il est constitué de réseaux dynamiques qui s'adaptent à la nature de l'information provenant du milieu ambiant. Évidemment, l'information première à laquelle le vivant obéit est celle émanant de ses gènes, c'est elle qui donne au réseau son identité locale et globale. L'information extra-chromosomique venant de l'organisme ou de l'extérieur est couplée à celle des gènes pour produire un effet. Un réseau principal peut se ramifier en sous-réseaux dont chacun traite une information spécifique. La réponse finale sera une synthèse des informations reçues des diverses branches.

Par exemple, quand vous visitez un appartement que vous voulez louer pour les vacances, le contact sensoriel avec l'atmosphère ambiante vous renseigne sur certaines de ses caractéristiques. Supposez

---

et les lymphocytes T. C'est une recombinaison site-spécifique sur le chromosome support de la protéine, qui retient de manière presque aléatoire l'un des nombreux allèles homologues utilisables dans le domaine « variable », pour ses différents segments « variable » (V), de « jonction » (J) au domaine constant, et pour certaines protéines, de « diversité » (D). Cette recombinaison assigne à chacun de ces lymphocytes une configuration unique de la protéine qui sera potentiellement traduite. Elle est à l'origine de la grande diversité de récepteurs des cellules T et d'immunoglobulines nécessaires à la reconnaissance spécifique de l'immense variété des antigènes étrangers.

que vous rentriez dans la chambre à coucher : vous allez évaluer sa température, sa luminosité ou le niveau sonore qui y règnent. Votre cerveau fait une synthèse des trois perceptions ; pièce chaude, calme et claire. Ceci concorde avec la description qu'en a faite le propriétaire et vous ne regrettez pas de dépenser votre argent pour y séjourner. Votre satisfaction résulte du fait que les informations qu'on vous a transmises sont en adéquation avec celles que vous recueillez sur place. En fait, les informations stockées dans votre mémoire se sont mobilisées pour s'imbriquer avec celles que vous collectez *in situ*. Car vous détenez un registre en mémoire des caractéristiques du confort (qui d'ailleurs vous sont personnelles) : thermique, sonore, etc. C'est ce qui se passe au cours de la réponse immunitaire secondaire où l'information stockée sur un antigène se superpose à la nouvelle information collectée au cours d'un second contact. La réponse sera d'autant plus efficace que les deux informations, ancienne et nouvelle, seront en synergie.

Il faut imaginer le vivant comme un microcosme organisé selon un ordre tellement complexe qu'il nous apparaît chaotique. Même l'architecte le plus doué du monde s'inclinerait avec humilité devant l'ingéniosité extraordinaire qui réside au cœur du phénomène même du vivant : des organismes complexes créés à partir de cellules. L'idée que le vivant fonctionne en réseau signifie qu'un stimulus donné va engendrer une réponse locale et globale dans le réseau, de telle sorte que les deux se superposent au point de se confondre. Imaginez le nombre incroyable d'informations issues du milieu que le vivant intègre à chaque instant, et vous comprendrez à quel point sa nature est dynamique, variable, intelligente et ordonnée. Lorsque vous actionnez votre télévision ou votre téléphone portable, il suffit que vous appuyiez sur une seule touche pour que tout s'actionne en bloc car tout est relié par des circuits intégrés.

L'objectif d'une théorie en sciences expérimentales est d'unifier des informations éparses, les ordonner, les hiérarchiser de façon à pouvoir prédire où se trouve la panne en cas de dysfonctionnement. Pour y arriver, une connaissance subtile des réseaux s'avère nécessaire.

« Un réseau est un ensemble d'entités interconnectées qui assurent l'échange et la circulation de biens matériels ou immatériels. » selon le dictionnaire. Réseaux sociaux, réseaux de transport, réseaux informatiques sont des exemples de réseaux dont notre quotidien regorge. Dans le cas des réseaux biologiques, c'est l'information qui est véhiculée par le biais d'un transfert de matière ou d'énergie. Toujours selon la définition du dictionnaire : « Dans un réseau de communication, un nœud est un point de connexion qui reçoit, crée, stocke et envoie des données via les axes (ou liens) qui maillent ce réseau. Chaque nœud, qu'il s'agisse d'un terminal de transmission de données ou d'un point de redistribution, possède une capacité intégrée ou programmée qui lui permet de reconnaître, traiter et transmettre des données vers les autres points du réseau. Les nœuds et les liens sont les composants de base d'un réseau. Les nœuds représentent les unités du réseau, tandis que les liens (aussi appelés arcs) représentent les interactions entre les unités. » Il est clair que le métabolisme est un réseau, la cellule elle-même est un réseau, comme les organes et les tissus, ainsi que l'organisme en son entier que l'on peut considérer comme un hyper-réseau (l'univers lui-même serait un méga-hyper-réseau de matière et d'énergie). La vie émerge donc d'un hyper-réseau génétiquement programmé qui répond à chaque stimulus provenant de l'environnement extérieur ou du milieu interne. Des stimuli de différentes natures affectent des nœuds spécifiques qui se chargent d'émettre des signaux empruntant les liens du réseau. Les sons que nous entendons, les objets que nous percevons, l'oxygène que nous respirons, les aliments que nous ingérons, sont tous des stimuli qui activent des circuits reliés entre eux. Les composés chimiques d'une cellule vivante sont liés par des réactions biochimiques qui convertissent un composé en un autre. Les réactions sont catalysées par des enzymes. Ainsi, tous les composés d'une cellule font partie d'un réseau biochimique complexe de réactions appelé réseau métabolique.

J'ai défendu, plus haut, l'argument selon lequel la vie serait le produit d'un programme hautement intelligent et élaboré. Je réitère ici, en ce sens que le fonctionnement de l'organisme en réseau est, pour moi, la signature même de l'exécution d'un programme. Nous ne connaissons pas le programme, nous percevons seulement son exécution dynamique, ordonnée et synchronisée. Une information captée par l'organisme emprunte un chemin déjà tracé. L'être vivant n'est pas fait que de matière et d'énergie, il obéit aussi à un programme. Et peu importe que l'information programmée s'exécute ou pas, elle existe en tant que potentialité et en tant qu'avenir possible parmi d'autres.

Un grand défi pour la science serait de considérer la cellule comme un tout. Ce faisant, elle mettrait au point un système qui permettrait de visualiser les interactions moléculaires en temps réel à la suite d'un stimulus, afin d'observer le réseau fonctionnel en action. Une fois ces informations disponibles, en ciblant une fonction donnée, il serait possible de repérer toutes celles auxquelles elle est connectée, et ainsi on pourrait définir avec précision son rôle. Nous connaissons la fonction de plusieurs protéines, mais pas les circuits et les réseaux dont elles font partie et le rôle précis qu'elles tiennent au sein de ces derniers. La conception classique en biologie postule que chaque protéine a une fonction spécifique, cependant, une même protéine peut faire partie de plusieurs circuits et aura, en conséquence, une fonction différente selon le circuit qu'elle emprunte. Par exemple, un BCR membranaire fixe l'antigène par sa partie variable et transmet le signal d'activation au sein de la cellule par la protéine CD79 avec laquelle il forme un hétérodimère (notons que le BCR est formé d'un hétérodimère constitué d'une immunoglobuline et de CD79). Mais un BCR sécrété (un anticorps) fixe toujours le même antigène avec sa partie hypervariable et là, il va activer des cellules immunitaires, comme les macrophages par exemple, par sa région constante Fc. L'anticorps induit les fonctions de phagocytose et de cytolyse par le complément. On voit ici que la même protéine, membranaire ou sécrétée, n'exerce pas la même fonction. À vrai dire, le BCR remplit trois fonctions : 1) Avec sa partie variable, il reconnaît l'antigène et le capte. 2) Avec sa partie constante, il émet le signal aux LB pour internaliser les complexes BCR-antigène. Il émet aussi le signal au CD79. 3) Avec sa partie constante, le BCR sous forme soluble ou anticorps active la phagocytose en se liant au RFc. Voici deux réseaux pour l'activation des lymphocytes T : antigène-CPA_LTh_LTC_Tissus ; et pour l'activation du LB : antigène-LB ou antigène_LTh_LB_Phagocytes-tissus.

La notion de réseau est déterminante pour comprendre le fonctionnement de l'immunité et la nature interactive du fonctionnement du SI. Un antigène est capté et apprêté par les CPA qui stimulent les LT naïfs qui deviendront des cellules mémoires. Ceci est un micro-réseau par lequel l'information issue de l'environnement (antigène) a été captée, analysée puis archivée en mémoire. Tous les antigènes de cette nature vont suivre cette voie. Pour les LB, un réseau similaire entre en jeu mais dans les deux cas, réponse B ou T, l'antigène est voué à sa dégradation puis à son élimination de l'organisme. Au début du processus évolutif, on suppose qu'un seul réseau traitait tous les antigènes mais, au fil des générations, le réseau s'est ramifié en sous-réseaux dont chacun traite un type particulier d'antigènes. Le réseau du vivant se perfectionne et s'adapte au milieu. La vie est un continuum, une chaîne de maillons qui se succèdent en un mouvement continu.

Une fonction cellulaire donnée est intégrée dans le réseau global de l'organisme, elle peut être secondaire ou constituer une étape parmi toutes celles qui concourent à une fonction supérieure. Par exemple, notre mémoire cérébrale résulte du fonctionnement de plusieurs zones dans notre cerveau qui toutes concourent à la possibilité de stocker et de restituer des informations-souvenirs. Les fonctions cellulaires ne sont pas toutes au même niveau. Ainsi, la réplication de l'ADN est une fonction supérieure qui met en jeu plusieurs facteurs, dont l'ADN polymérase ou l'hélicase (qui ne sont que des fonctions partielles). Les réseaux de régulation transcriptionnelle, ou réseaux génétiques, ont effectivement un niveau de complexité plus élevé. Ils constituent des réseaux de réseaux car ils intègrent certaines voies métaboliques, des interactions protéine-protéine et des interactions plus spécifiques entre protéines et ADN comme la fixation d'un facteur de transcription sur sa séquence régulatrice. Dans les réseaux de régulation transcriptionnelle, les nœuds représentent indifféremment des gènes ou des protéines, les arcs définissent le rôle d'un gène sur l'expression d'un second. Parallèlement, l'immunité serait la résultante de l'intrication et de l'enchaînement dans le temps et dans l'espace de plusieurs fonctions.

La cellule vivante est un système extrêmement complexe. Des dizaines de milliers de gènes, des centaines de milliers de transcrits, des millions de protéines, des dizaines de millions de petites molécules, interagissent entre elles à chaque instant au sein de la cellule pour la maintenir vivante. Comprendre la structure et la dynamique des réseaux biologiques devrait nous permettre à terme de définir leurs propriétés : leur rôle dans les réponses cellulaires engendrées par des perturbations intrinsèques ou extrinsèques, leur stabilité par rapport à ces perturbations et enfin leur impact sur l'établissement d'un phénotype cellulaire. La plupart des réseaux biologiques partagent de nombreuses propriétés avec les autres types de réseaux. Au sein des réseaux biologiques, la majorité des nœuds sont très peu connectés alors que quelques nœuds, au contraire hyperconnectés, agissent comme des nœuds centraux. Ces nœuds centraux joueraient un rôle prépondérant pour conduire la réponse de la cellule à une perturbation.

À l'instar de tous les systèmes fonctionnels de l'organisme, le SI est un hyper-réseau. Il est constitué d'un ensemble complexe d'organes individualisés et de tissus entre lesquels circulent de façon constante des cellules immunocompétentes de l'immunité innée et de l'immunité adaptative. L'organisation du SI en réseau de communication lui confère trois propriétés essentielles :

1- Une importante capacité d'échange d'informations par des contacts membranaires intercellulaires ou par la libération de médiateurs solubles. Ces échanges ont lieu au sein même du SI (interactions entre les cellules de l'immunité innée et celles de l'immunité adaptative), ou avec d'autres systèmes d'adaptation en l'occurrence le SN et endocrinien.
2- Une forte régulation permettant de préserver en permanence l'équilibre du SI (appelée homéostasie) pour aboutir à une réponse immunitaire adaptée.
3- Un rôle effecteur performant capable de protéger l'intégrité de l'organisme. La perturbation de l'un de ces systèmes est à l'origine de graves dérèglements pathologiques comme des déficits immunitaires, des maladies auto-immunes ou des états d'hypersensibilité.

Les connaissances en immunologie et en biologie cellulaire demeurent éparses mais nous pouvons nous exercer à tisser des liens entre elles, et même identifier les rapports distants avec d'autres fonctions inhérentes à la vie. Parallèlement, nous pouvons essayer de voir si des informations indépendantes convergent vers un point central en adoptant la posture de celui qui cherche à unifier ses connaissances de façon à ce qu'elles constituent un ensemble cohérent. Considérons une seule cellule immunitaire activée et imaginons l'ensemble des interactions moléculaires ayant lieu en son sein et la façon dont elles changent au contact d'un stimulus donné. Malgré toutes les évidences établies au sujet des interactions moléculaires identifiées au sein du vivant, la vérité est peut-être ailleurs. En effet, la cellule peut aussi bien être reliée à un autre circuit d'interactions que nous ignorons ; nous avons une vision parcellaire et la toile globale nous échappe.

Pourquoi vous inviter à un tel exercice d'imagination ? Pour vous rappeler que le but de la théorie est justement de prédire l'évolution du réseau cellulaire dans sa globalité en fonction des conditions ambiantes. C'est vraiment à cette condition que la théorie se vérifie. Qui dit réseau, dit communication et circulation de l'information, et une information entrante peut avoir un effet local ou distant comme dans le cas du SN.

Retenons ici l'exemple des neurones pour illustrer le phénomène d'échange d'informations.

Le neurone est une cellule très spécialisée composée du corps cellulaire contenant le noyau, de dendrites, de l'axone et de l'arborisation terminale ou terminaison neuronale. Les neurones sont connectés à d'autres neurones, à des récepteurs ou à des effecteurs comme les muscles par exemple. L'information entrante passe par les dendrites et l'information sortante est conduite par l'axone. Cette information est codée sous la forme d'une impulsion électrique appelée PA (potentiel d'action), générée à la surface du neurone (sur la membrane) et qui se transmet de proche en proche. La membrane du neurone répartit différemment les ions calcium et potassium entre l'intérieur et l'extérieur de la cellule, ce qui fait qu'il y règne une différence de potentiel électrique. Lors du déclenchement d'un PA, cette répartition est modifiée et la zone perturbée affecte l'équilibre de la zone immédiatement à proximité, cette dépolarisation va alors se déplacer à la surface du neurone. C'est ainsi que l'information va être conduite par le neurone jusqu'à une synapse pour être transmise à un autre neurone ou au muscle. Au niveau de la synapse, l'information électrique va être transmise sous forme chimique à la prochaine cellule. La vitesse de conduction de l'information nerveuse dépend du diamètre de la fibre nerveuse, elle est comprise entre 100 et 200 km/h. Toute information et toute action correspond à un grand nombre de PA transmis à grande vitesse et à grande fréquence. Pour communiquer avec le reste du corps, le cerveau envoie des messages vers les nerfs périphériques via la moelle épinière, ce qui lui permet d'activer et de contrôler les muscles et les organes internes. Le SN somatique est composé de neurones connectant le SNC avec des parties de l'organisme qui interagissent avec le monde extérieur. Fondamentalement, notre cerveau est un réseau tentaculaire de 100 milliards de neurones avec au moins 1 million de milliards de points de connexion, les synapses. Un neurone reçoit un flot continu d'informations et il doit à tout instant les combiner et en faire une synthèse avant de les transmettre plus loin. Le neurone intègre l'ensemble des messages électriques qu'il reçoit par ses dendrites et les transmet par son axone. Dans le cas de la motricité, la séquence d'activation des différents muscles est construite au niveau du cerveau (cortex moteur) puis transmise par l'intermédiaire de la moelle épinière jusqu'aux neurones moteurs (motoneurones) qui sont connectés aux muscles. L'information électrique est ainsi transmise sous forme chimique à la surface du muscle qui va se contracter en réponse aux PA. On constate ici qu'une anomalie dans une fonction du corps peut provenir d'une cause distante et non locale. Ceci constitue la caractéristique majeure des réseaux : une anomalie en amont a des effets à distance et en aval. Pour s'en convaincre, retenons l'exemple de la tension musculaire. Une tension musculaire normale se produit lorsque le cerveau transmet des signaux au muscle à travers les liaisons nerveuses sous forme d'impulsions électriques. L'excitation d'une fibre nerveuse est transmise à la fibre musculaire au niveau de la connexion entre les nerfs et le muscle, c'est ce que l'on appelle la plaque motrice. Là, l'impulsion électrique est transformée en signal chimique au moyen d'un neurotransmetteur (l'acétylcholine) puis transmise au muscle. L'acétylcholine libérée par la fibre nerveuse se lie aux récepteurs cholinergiques (comme une clé dans une serrure) à la surface des cellules musculaires, ce qui ouvre des canaux ioniques. Cela a pour effet d'activer le muscle : il se tend et se contracte. Ensuite, l'acétylcholine est à nouveau absorbée par les neurones où elle est stockée jusqu'à l'arrivée du prochain signal ; alors, le cycle se répète. Par conséquent, une détérioration des zones responsables du mouvement dans le système nerveux central (SNC), à savoir le cerveau et la moelle épinière, engendre des anomalies au niveau moteur. Lorsque cette voie est endommagée, on observe soit une paralysie soit une augmentation incontrôlée de la contraction musculaire (une spasticité). Généralement, on observe, immédiatement après les lésions de cette voie, une paralysie flasque ; ce n'est qu'au bout de quelques heures, voire de quelques jours ou semaines, que la spasticité se développe. Le cas du SN nous offre, par conséquent, une image précise d'un fonctionnement en réseau. Dans le cerveau, l'information circule dans un sens unique, soit au niveau du neurone, soit du neurone au tissu. Il arrive que des neurones transmettent l'information du tissu au cerveau mais c'est toujours le SN qui commande le tissu. Les cellules du tissu équipées de récepteurs captent des ligands qui transmettent l'information à l'intérieur de la cellule jusqu'à l'ADN qui y répond par l'activation ou la répression d'un gène.

Le vivant ressemble bien à une sorte de programme ou d'algorithme qui décode les signaux reçus de l'environnement externe ou interne et les traduit sous forme de réactions biochimiques. Nous sommes des êtres vivants hautement organisés. Tout est à sa place. Tout biologiste est amené à constater cet ordre stupéfiant. C'est, paradoxalement, de cet ordre que provient notre fragilité vis-à-vis de la maladie et des désordres car nous ne pouvons vivre qu'avec lui. L'immunité est avant tout un gardien de cet ordre, elle élimine les parasites et les interférences.

Notons, malgré tout, que le vivant n'intègre qu'un genre spécifique d'informations, comme une radio ne capte que les ondes d'une certaine fréquence ou que notre vision ne s'exerce que dans le spectre visible.

Pourtant, d'autres types d'informations peuvent dérégler l'organisme et perturber sa réponse aux stimuli comme c'est le cas lors d'une infection par un virus. L'immunité est ainsi la gardienne de notre intégrité car toute lésion ou inflammation dans notre SNC ou dans un tissu vital est capable de nous mettre en péril. L'infection doit être endiguée avant que les dégâts tissulaires ne deviennent irréparables. L'immunité est présente, prête à neutraliser les infections dès leur survenue. Les infections les plus graves sont celles qui génèrent des informations parasites qui vont perturber les réseaux du métabolisme comme dans le cas de la toxine diphtérique qui bloque la synthèse des protéines. Nous sommes fragiles car nous sommes constitués de matière organisée qui ne peut fonctionner que selon un ordre spécifique. Pour vous en donner une autre idée, considérons l'effet des venins neurotoxiques des serpents. Il suffit de perturber l'action d'un seul neurotransmetteur pour que nous risquions la mort. Les venins neurotoxiques sont composés de protéines toxiques. D'abord, celles qui inhibent la libération d'acétylcholine, dites pré-synaptiques. Ensuite, celles qui se fixent à la place de l'acétylcholine sur les récepteurs cholinergiques, dites post-synaptiques. Enfin, des protéines qui potentialisent la libération d'acétylcholine présynaptique en synergie avec des fasciculines qui inhibent le cholinestérase, entrainant ainsi un syndrome cobraïque secondaire (action curarisante acétylcholinomimétique). Le venin neurotoxique est un poison paralysant comparable au curare. Les paralysies apparaissent dans un laps de temps d'une à trois heures. Elles affectent d'abord les muscles striés, puis remontent pour atteindre les paupières, les muscles de la déglutition et enfin les muscles respiratoires. Le traitement consiste en une assistance respiratoire en "soins intensifs" afin de passer la phase critique. En l'absence de traitement, la victime peut mourir par asphyxie. Les autres signes de l'intoxication par les venins neurotoxiques sont les troubles visuels, l'hypersalivation, le larmoiement, les sueurs, l'accélération de la motricité digestive (diarrhées, vomissements), le ralentissement du rythme cardiaque et les troubles du comportement avec agitation ou somnolence. Il suffit de la morsure d'un serpent pour que nous perdions notre autonomie et notre vie. Un système hautement organisé où toute information est canalisée demeure, de ce fait, fragile car une seule interférence peut le bloquer en entier. Cet exemple nous montre que le blocage d'une seule molécule (l'acétylcholine) met tout un organisme en péril. Le blocage d'une étape dans la transmission d'informations neuronales induit la perturbation de toute la fonction organismique, preuve que l'organisme fonctionne en réseau,

On pourrait se demander à quoi sert notre SI dans cette situation. Sans secours extérieur, nous n'avons aucune chance contre le venin. Le réseau tombe en panne puisque sa réparation nécessite davantage de temps que l'action de ce poison ne lui en laisse, les venins contenant des facteurs qui interférent avec plusieurs fonctions vitales. Nous réalisons à quel degré notre constitution, aussi sophistiquée soit-elle, est fragile.

Nous savons qu'avant que le SI puisse discriminer le soi du non-soi, il faut qu'il agisse au sein d'un soi robuste et fonctionnel. Autrement dit, l'organisme doit préserver son intégrité pour que l'immunité opère. L'immunité n'est utile que lorsque l'organisme maintient son intégrité malgré une infection ou une anomalie endogène. Elle peut alors opérer. Mais un venin neurotoxique ou hémotoxique, en perturbant des fonctions vitales, va empêcher la réponse immunitaire. Notre intégrité résulte du fonctionnement en réseaux interconnectés de notre organisme, si bien que toute interférence négative avec la capacité de l'organisme à traiter l'information qu'il capte de son environnement peut abolir la fonction immunitaire. Une anomalie dans les CD et leur capacité à présenter les antigènes suffit à abolir l'immunité adaptative. Quand on stipule que le SI protège le soi, nous n'avons pas tout à fait raison, car sans un soi fonctionnel, le SI ne fonctionnerait pas. D'ailleurs le soi se constitue avant que le SI atteigne sa maturité, doté dans les premiers temps de la vie seulement d'une immunité innée et acquise passivement. Plus l'organisme se complexifie, plus le SI devient indispensable. Comme le postule Niels Jerne, le SI, dont la mission centrale est de maintenir un soi robuste et viable en éliminant les anomalies endogènes, est autocentré. Mais, comme on le voit dans l'exemple précédent, le SI ne peut pas neutraliser toutes les attaques extérieures comme les morsures vénéneuses, les blessures et lésions graves d'un tissu. Le SI veille à l'intégrité du soi de l'intérieur, comme le décorateur s'occupe de l'aspect intérieur de la maison en occultant les extérieurs. Dire que le SI discrimine entre le soi et le non-soi en sous-entendant que ces trois entités sont séparées, nous conduit à l'erreur. En fait, le SI fait partie du soi, et c'est le soi qui se reconnaît et se discrimine par rapport au non-soi en employant le SI. Il s'en sert aussi pour faire le ménage et éliminer déchets et antigènes. Jerne a raison sur ce point : le SI étant du soi, il ne peut agir qu'au sein du soi. Vu de l'intérieur de l'organisme, le non-soi serait du soi modifié.

Le fait que notre réseau cellulaire soit d'une complexité extraordinaire, alors qu'*a contrario* il a une capacité très limitée d'autoréparation reste, pour moi, une source d'interrogation. Comment est-il possible que nous soyons si vulnérables malgré le long processus évolutif (qui s'appuie sur une sélection naturelle *a priori* infaillible) dont nous sommes issus ? La fragilité des êtres humains défie l'idée même d'évolution, l'évolution darwinienne. La science-fiction présente des humanoïdes qui, quand on les crible de balles, se relèvent aussitôt, les trous causés dans leur peau disparaissent, ils s'autoréparent à la vitesse de l'éclair. Certains de ces personnages sont gouvernés par un programme sophistiqué qui intègre les informations à une grande vitesse et qui répond avec une précision infaillible. Il faut parasiter le programme qui les contrôle si on veut les désorienter et les détruire. Quant à nous, pauvres humains, malgré notre organisme hautement évolué, une seule balle logée dans le cœur nous emporte dans l'au-delà aussi sec. Un coup sur la tête, une blessure profonde, une morsure de serpent, et c'en est fait de nous. Si Darwin ou Lamarck disaient vrai, nous aurions été faits d'une carapace résistant aux blessures et aux morsures, nous aurions eu des capacités d'autoréparation très rapides. Nous aurions été capables de détruire les protéines présentes dans le venin avant qu'elles n'agissent. Rêvons un peu : il n'y aurait pas d'handicaps physiques. Mais, force est de constater que notre organisme ne s'autorépare pas aussi rapidement que ceux des superhéros ou autres cyborgs des films de science-fiction. Ses mécanismes de réparation sont très lents, nos nouveau-nés sont tellement fragiles qu'ils demandent une surveillance et des soins constants. Nos vieux oscillent entre le handicap et la dépendance. Nous comprenons alors pourquoi les cerveaux de la Silicon Valley rêvent de l'homme augmenté qui, grâce à la technologie, sera exonéré de la fragilité et de la déchéance, vils lots de l'homme ordinaire. Qui sommes-nous alors ? Que faisons-nous ici sur la Terre ? Malgré sa grande vulnérabilité, le réseau intelligent qu'est notre organisme a la capacité extraordinaire de capter, d'analyser et de répondre aux informations de l'environnement. Un antigène peut nous nuire de deux manières : rompre notre intégrité (un virus ou une bactérie qui se multiplie et tue nos cellules) ou interférer avec la circulation de l'information au sein de notre réseau. Dans les deux cas, les effets sont délétères.

Si j'insiste longuement sur notre fonctionnement organique en réseau, c'est pour souligner le fait que nous pouvons être la cible de parasites qui agissent à la manière de virus informatiques. D'ailleurs, des inquiétudes causées par le développement des nanoparticules et de la nanotechnologie sont légion, qu'elles proviennent de simples citoyens ou de scientifiques, car justement nous savons que nous disposons d'une technologie capable d'interférer avec notre fonctionnement en réseau. Le programme naturel de décodage d'informations qu'est notre système neuronal peut être parasité, piraté même ! Avec cette idée à l'esprit, nous comprenons que l'immunité agit à deux niveaux : protéger notre intégrité et notre réseau informationnel des interférences parasites. Non seulement nous sommes physiquement fragiles mais nous pouvons être (facilement) conditionnés mentalement. Pas seulement par des systèmes biochimiques ou bio-informatiques, mais par la suggestion. La manipulation mentale consiste à implanter dans le cerveau des idées étrangères qui peuvent être contraires à nos propres valeurs et convictions, de façon à nous contraindre à penser et à agir dans le sens voulu (par un tiers). En termes clairs, nous sommes « programmables ».

Un réseau est, pour résumer, une succession d'étapes dont l'exécution dépend, pour chacune d'entre elles, de l'activation de l'étape amont. Prenez la digestion par exemple. Il suffit que vous avaliez un aliment sans le mastiquer pour avoir des douleurs d'estomac car vous aurez sauté l'étape de l'action salivaire. Même notre quotient intellectuel résulte de la vitesse de circulation et de l'intégration de l'information dans notre réseau neuronal. Nous sommes fragiles sur deux plans : nous sommes constitués de matière destructible et nous dépendons du bon fonctionnement de notre réseau interne de traitement de l'information. Or, tout, autour de nous, est information et peut donc interférer avec notre fonctionnement. Nous nous appuyons sur notre SN pour décoder les informations et sur notre SI pour sauvegarder notre intégrité.

Je ne pourrais en dire davantage sur les réseaux, c'est un sujet qui a ses spécialistes. L'important pour moi est de souligner le fait que nous sommes des créatures faites de matière continue dont les constituants sont imbriqués les uns aux autres comme les pièces d'un puzzle. Le cancer, par exemple, est un amas de cellules qui ne sont plus connectées au réseau global et qui suivent leur propre programme. Un cancer est le résultat d'un échec du réseau cellulaire et moléculaire de l'organisme.

Pouvoir et savoir reconstituer les réseaux moléculaires au sein de notre organisme exigerait le concours de diverses connaissances qui permettraient une vision transversale et non compartimentée de la biologie. Cela s'apparenterait à l'édification d'un puzzle géant à plusieurs mains et cerveaux. Je tente à ma manière de relier des connaissances éparses, de les adosser aux deux concepts, discrimination soi/non-soi et sélection clonale, dans le but d'inciter à de nouvelles réflexions en immunologie. Ces deux concepts constituent un ensemble suffisamment cohérent pour permettre de prédire et de comprendre le rôle de l'immunité. En explorant les phénomènes immunitaires à la lumière de ces deux concepts, des liens auparavant obscurs deviennent visibles et nous accédons à une vision globale des interactions immunitaires, l'idée étant de disposer d'une carte globale de l'immunité, de sa fonction et de ses mécanismes. Ainsi, vais-je me pencher sur d'autres importantes questions qu'elle soulève : quelle est sa véritable nature ? Comment a-t-elle pu émerger chez les hauts vertébrés ? Serait-elle une extension d'une fonction préexistante de notre organisme ?

La nature chimique du soi

L'organisme est un tout fonctionnel. Il est autonome et isolé du milieu par des barrières. Il possède une identité génétique unique. Un être humain est en effet identifié par ses empreintes génétiques. Même si nous avions les mêmes gènes aux mêmes loci, il existe une variabilité entre chacun d'entre nous, et c'est ce qu'on appelle la diversité génétique. Ce qui nous intéresse ici, c'est l'ADN codant pour une protéine qui, une fois traduite, possède une séquence et une conformation tri-dimensionnelle spécifiques. Une protéine structurale fait partie des constituants de l'organisme alors qu'une protéine fonctionnelle exerce une fonction spécifique au sein de l'organisme. En fait, 98% de notre ADN est non-codant. Les uns pensent qu'il ne sert à rien tandis que d'autres pensent qu'il régulerait l'expression de son homologue codant. C'est des 2% de l'ADN codant qu'émerge notre soi au sens chimique du terme. Pour comprendre la nature du soi en immunologie, il nous faut savoir de quoi il est constitué. C'est dans les caractéristiques de notre organisme et son unicité que prend racine notre immunité.

Notre soi est chimique avant d'acquérir une signification immunologique. Il est donc important de préciser la constitution chimique de l'organisme pour comprendre l'émergence du soi au sens immunologique. Malgré leur nature opposée, le soi et le non-soi obéissent aux mêmes lois de la chimie, ils sont constitués des mêmes atomes et fabriquent le même type de molécules organiques. Ils n'ont pourtant pas le même langage chimique. Pour illustrer ce fait, considérez l'anglais et le français qui possèdent le même alphabet mais dont le vocabulaire, la grammaire et la syntaxe sont différents. En un instant à peine, nous déterminons si une phrase est en anglais ou en français. La discrimination soi/non-soi est la lecture du langage chimique, elle est programmée pour reconnaître un seul type de langage, et tout ce qui diffère est étiqueté comme du non-soi. Chacun de nous a son propre langage sauf peut-être deux vrais jumeaux. Ce langage correspondrait aux types de protéines, glucides et lipides qui constituent notre organisme. Tant que la lecture ne repère pas une erreur ou une étrangeté, l'immunité demeure autocentrée.

Voyons alors de quoi nous sommes constitués. Les molécules organiques de l'organisme sont les glucides, les lipides, les protides, les vitamines et les acides nucléiques. Ces molécules contiennent des atomes de carbone associés à des atomes d'hydrogène, d'oxygène et, pour les protides, des atomes d'azote. Ces molécules organiques sont spécifiques de la matière vivante. Le corps humain est constitué d'environ 10^{13} cellules de 300 sortes différentes. Il héberge également de l'ordre de 4 10^{13} bactéries de près de 500 espèces différentes. Il a une structure ordonnée et hiérarchisée. Les cellules s'organisent en tissus qui, eux-mêmes, s'organisent en organes qui, à leur tour, forment des appareils et des systèmes. Un tissu est un ensemble de cellules semblables et de même origine qui concourent à une même fonction. Le niveau d'organisation supérieur est représenté par les appareils et les systèmes qui remplissent un ensemble de fonctions complémentaires. Un appareil est composé d'organes bien délimités (appareil digestif ou respiratoire), alors qu'un système est composé de structures mal délimitées et diffuses dans tout l'organisme (SI ou SN).

Les constituants de notre organisme sont figés en une structure solide et organisée. Si vous prélevez un fragment d'un tissu, il faut le soumettre à une digestion protéolytique pour pouvoir récupérer les cellules qui le constituent. Nos organes et nos tissus sont comme les parties d'une maison. Notre corps est une construction tridimensionnelle : les molécules s'organisent en macromolécules qui forment les cellules qui, à leur tour, forment les tissus. Un tissu est un ensemble homogène de cellules spécialisées dans une fonction (on parle alors de différentiation, au contraire des cellules souches non encore spécialisées). La plupart des organes sont composés de plusieurs tissus, donc de différentes couches de cellules spécialisées. Les organes s'agencent dans les trois dimensions de l'espace pour former notre organisme. Les cellules de notre organisme ne sont pas seulement des unités fonctionnelles vivantes, elles sont aussi des unités structurales servant de briques pour former un organisme solide et cohésif. Les cellules, constituants robustes et solides, vont s'assembler dans l'espace pour former les tissus et les organes, mais pour que l'édifice soit résistant, un ciment doit lier les cellules les unes aux autres, c'est le rôle de la Matrice Extra-Cellulaire (MEC).

Les principales macromolécules de la MEC sont des polysaccharides (glycosaminoglycanes et protéoglycanes) et des protéines fibreuses de structure (collagènes et élastine) ou d'adhérence (la fibronectine et la laminine). Ces constituants de la MEC ont de nombreux domaines de liaison avec les cellules, facilitant l'adhésion de celles-ci et leur organisation en tissus. Elle joue par conséquent un rôle dans le soutien structural, l'adhérence, le mouvement et la régulation de la cellule. C'est une substance qui se trouve, chez les animaux pluricellulaires, dans les espaces intercellulaires, et les tissus riches en MEC ont été désignés comme « tissus conjonctifs ». Tous les tissus contiennent de la MEC en quantité variable, et la transition entre les tissus parenchymateux, tel le foie par exemple, et les tissus appelés conjonctifs, comme une lame tendineuse, n'est que quantitative. Ce sont les fibroblastes qui synthétisent les macromolécules protéiques et polysaccharidiques de la MEC du tissu conjonctif. Les fibroblastes sont aussi capables de sécréter de nombreuses autres molécules (cytokines, facteurs de croissance, enzymes) et jouent un rôle important dans les processus de réparation tissulaire ou dans l'entretien des réactions inflammatoires.

La vie de notre organisme repose de façon indubitable sur la communication et les interactions entre les cellules qui le composent. Il existe deux grands types de communication : 1) la communication verticale qui n'est autre que l'hérédité, c'est à dire la transmission de parents à enfants des caractères de l'espèce et des spécificités individuelles liées à la recombinaison et à la redistribution des gènes qui s'opèrent pendant la gamétogénèse (méiose) et la fécondation ; 2) la communication horizontale qui s'effectue à l'intérieur d'un même individu et qui, pour l'essentiel, correspond, soit aux contacts directs entre cellules (molécules d'adhérence et systèmes de jonction cellule-cellule), soit à l'action de molécules de signalisation ou de médiation. Les molécules de signalisation sont plus ou moins diffusables, synthétisées et sécrétées par différents types cellulaires (en particulier dans le SN, les régulations hormonales, les processus immunitaires, l'hématopoïèse) et se lient après un trajet plus ou moins long à des récepteurs membranaires, cytoplasmiques ou nucléaires de cellules-cibles, capables de les reconnaître. Dans ces différents modes de communication horizontale, la MEC joue un rôle de premier plan. En effet, comme elle emplit l'espace entre les cellules, elle est impliquée aussi bien dans les contacts directs entre cellules que dans l'action des diverses molécules de signalisation. Grâce à son architecture et à la communication organisée entre ses cellules, notre organisme est solide, robuste et viable.

Si nous n'avions pas été aussi robustes, notre histoire n'aurait pas été la même. Notre organisme est une construction, non pas inerte et intangible comme l'est un immeuble par exemple ou n'importe quel édifice de matière inerte, mais vivante. Nous distinguons la vie à l'échelle de l'organisme et à l'échelle de la cellule sans jamais pouvoir affirmer que la vie de l'organisme est la somme des vies de toutes ses cellules. Ce qui est certain, c'est que la vie de l'organisme dépend d'un échange organisé et régulé entre ses différentes cellules. La vie est une mélodie harmonieuse. L'organisme est un ensemble harmonieux parce qu'il résulte d'un unique programme génétique contenu dans la cellule-œuf. Cette dernière s'est divisée en plusieurs cellules comme une sphère qui se reproduit dans l'espace-temps produisant des sphères communiquant entre elles par des liens dynamiques. Saisissant quand on y pense ! Notre organisme provient d'une seule cellule dotée d'un programme génétique qui, en se différenciant dans l'espace-temps, a produit une diversité incroyable de tissus remplissant chacun une fonction spécifique. L'organisme est différent d'un clone par le fait que les cellules filles résultant de la division de la cellule-œuf ne sont pas toutes identiques malgré qu'elles contiennent le même génome. La différence entre elles vient de ce que les gènes fonctionnels dans chacune d'elles ne sont pas les mêmes.

Afin de saisir le degré de cohésion et de robustesse du corps humain, il suffit de considérer sa crémation pendant les funérailles qui durent en moyenne une heure et demie ! Le cadavre est placé dans un cercueil, et celui-ci dans un four crématoire chauffé à 850°C ou plus. C'est la chaleur, davantage que les flammes, qui réduit en cendres le cercueil et le corps. Tous ces éléments prouvent que notre organisme est une construction au sens propre du terme, une architecture extraordinaire. D'une seule cellule-œuf, un organisme cohésif et solide se forme. Chaque naissance peut être considérée comme un miracle !

Nous procédons de la combinaison chimique de nos propres cellules puisqu'elles constituent notre soi chimique (au sens immunologique). Notre organisme est une construction, ce qui signifie que chaque organe occupe une place spécifique. Dans une construction, les constituants sont bien déterminés et délimités, tout en remplissant un rôle. Nous ne pouvons pas changer le lieu d'un organe : le cœur, par exemple, ne peut fonctionner que là où il est. C'est de cette structure hautement ordonnée que résulte notre intégrité. Notre vie en dépend et il suffit d'un désordre localisé quelque part pour que celle-ci soit menacée.

Notre organisme a une certaine résistance aux mécanismes de destruction, mais une résistance limitée. Certaines parties de notre corps sont plus fragiles que d'autres. Un point corporel sensible se définit par une zone plus ou moins large qui peut provoquer des troubles (perte de connaissance), des perturbations physiologiques (troubles nerveux, paralysie), des pathologies, voire la mort si elle est sollicitée de manière violente (coup, compression, piqûre, brûlure) ou si elle est exposée à un environnement hostile (froid ou chaleur extrême, par exemple). La tête, abritant la boîte crânienne et donc le cerveau, est une zone très sensible. Si elle est touchée d'une manière ou d'une autre (agression, accident), les conséquences varieront des pertes d'équilibre aux troubles neurologiques irréversibles, voire à la mort cérébrale dans le pire des cas. Citons un autre exemple. Le cou est une zone fragile qu'on protège souvent spontanément. Siège de la respiration, il renferme la carotide qui, en cas de compression, peut causer un arrêt momentané de l'afflux sanguin vers le cerveau et entraîner perte de connaissance et évanouissement. Cette fragilité nécessite donc une protection ou une immunité à deux niveaux : au niveau de l'organisme en tant qu'entité physique et au niveau cellulaire. La première immunité est assurée par le SN, comme je l'ai discuté plus haut, qui nous permet les réflexes nécessaires pour éviter les dangers alors que la deuxième immunité est principalement assurée par le SI. Notre fragilité découle du fait que notre organisme n'est pas capable de s'autoréparer rapidement. Une blessure laisse couler du sang jusqu'à sa cicatrisation qui est lente, et donc les microbes ont largement le temps de s'insinuer dans nos tissus.

À l'intérieur de notre organisme, nos cellules se reconnaissent, elles communiquent entre elles localement ou à distance. En définitive, l'immunité résulte de ces systèmes de reconnaissance entre nos cellules, si bien que toute substance étrangère se laisse trahir. Notre organisme offre un terrain propice aux parasites qui peuvent s'y nourrir et s'y reproduire. Dans ce cas, la phagocytose est largement suffisante pour les éliminer. Chacun de nous a un système de reconnaissance qui lui est spécifique car nos protéines sont uniques. C'est la raison pour laquelle les allo- ou xénoantigènes sont rapidement reconnus. Les cellules d'un même tissu expriment les mêmes types de récepteurs et exercent les mêmes fonctions, par conséquent, un virus qui infecte une cellule peut infecter aussi les autres. L'existence de liquide interstitiel facilite la dissémination de microbes et de cellules cancéreuses. L'existence des liquides comme le sang et l'interstitium, chargés en nutriments et en protéines, facilite la multiplication bactérienne, et les virus peuvent conserver intacte leur structure. De plus, les virus ou bactéries peuvent détourner les circuits métaboliques ou les systèmes de reconnaissance entre protéines et cellules pour se propager ou altérer des fonctions de l'hôte qui leur sont défavorables. Notre immunité résulte du fait que nos cellules, étant issues d'une cellule-œuf unique, expriment toutes de mêmes gènes, comme ceux du CMH, ce qui constitue en quelque sorte une marque de fabrique. Ainsi, l'identité de notre soi provient de nos cellules et de nos protéines. Pour être plus précis, nous avons tous le même système de reconnaissance entre nos protéines, seule une partie de ces dernières varie d'un individu à un autre.

Nous sommes donc des organismes pluricellulaires de structure complexe. Mais lequel de nos constituants est le plus déterminant dans l'articulation de notre langage chimique et de notre immunité ? Ce sont les protéines qui représentent le constituant organique le plus répandu dans le corps (17%), devant les lipides (14%) et les glucides (1.5%). Les protéines sont abondantes dans le corps humain : elles représentent 10 à 12 kilos du corps d'un homme adulte, dont 250 à 300 g sont renouvelées chaque jour. Environ 40 % des protéines corporelles sont localisées au niveau des muscles, mais elles entrent dans la structure de l'ensemble des cellules. Les os sont ainsi constitués d'une matrice protéique (du collagène principalement) sur laquelle vient se fixer le calcium.

Les protéines sont les seules à être codées par l'ADN. Elles traduisent donc nos codes génétiques en caractères phénotypiques. La diversité génétique au sein d'une espèce est attribuée aux protéines. Notre organisme en fabriquerait quelque chose comme 10^5, différentes les unes des autres. Chaque protéine possède une structure tridimensionnelle et des propriétés chimiques qui lui sont spécifiques. Elles agissent à différents niveaux. Parmi leurs fonctions, nous pouvons souligner les huit suivantes :

1. Structure : les fibres protéiques.
2. Mouvement des cellules.
3. Transport de substances dans le sang.
4. Transport de substances à travers la membrane des cellules.
5. Système endocrinien.
6. Identification des cellules.
7. Défense : les anticorps.
8. Fonction enzymatique.

Étant codées par l'ADN, les protéines peuvent varier d'un individu à un autre et peuvent perdre leur fonction à la suite de mutations. Citons un exemple : la drépanocytose, ou anémie falciforme, est une maladie caractérisée par des difficultés respiratoires chez les individus atteints. Les malades possèdent une hémoglobine, protéine impliquée dans le transport du dioxygène dans le sang, anormale et non fonctionnelle. Cette maladie est héréditaire et peut donc être transmise de génération en génération. L'origine de cette anomalie est liée à une modification du programme génétique de l'individu. La comparaison des séquences d'ADN du gène codant pour une hémoglobine normale et de celui codant pour l'hémoglobine drépanocytaire montre une différence unique entre elles, un nucléotide (A) étant remplacé par un autre (T). En effet, même si nous avons tous les mêmes gènes, nous n'avons pas tous les mêmes versions de ces gènes. Un gène peut exister sous plusieurs versions dites allèles. Selon l'allèle dont nous avons hérité, nous aurons certains caractères et certaines particularités au niveau de nos cellules. Nous sommes tous de la même espèce mais nous ne sommes pas identiques. Nous ne sommes pas des clones. En fait, plusieurs mécanismes concourent à créer de la diversité au sein d'une espèce.

Le polymorphisme qui caractérise les protéines est le moteur de l'immunité car il lui sert de repère pour pouvoir s'identifier soi-même et identifier le non-soi. Chez un clone d'humain, il n'y aurait pas ou peu d'immunité, il n'y aura pas de phénomène de rejet de greffe non plus. Mais la réalité humaine est toute différente. Si une protéine étrangère est introduite dans l'organisme, il est très probable qu'elle soit reconnue par le SI et qu'elle enclenche une réaction immunitaire. Une réponse humorale contre un virus n'est en fait qu'une réponse immunitaire contre une de ses protéines. C'est la même chose pour les toxines bactériennes. Une protéine étrangère induit d'autant plus une réponse immunitaire qu'elle est divergente des protéines du soi. La discrimination soi/non-soi est d'autant plus prononcée que l'origine phylogénétique des antigènes est divergente. Dans le rejet de greffe, le SI cible aussi des protéines issues d'individus de la même espèce. Le rejet de greffe nous apprend que l'espèce interdit l'échange de matière vivante ou organique (les protéines par exemple) entre ses individus, sauf s'ils sont génétiquement compatibles.

Le métabolisme est l'ensemble des réactions biochimiques ayant lieu dans le corps et implique des transformations chimiques, soit pour dégrader des protéines (catabolisme), soit pour en fabriquer (anabolisme). Nos protéines font partie du circuit métabolique, et des protéines étrangères, quoique issues des mêmes gènes, ne conviennent pas à notre métabolisme. Ces dernières, non métabolisées, si elles persistent dans l'organisme, activent le SI qui va produire des anticorps qui leur sont spécifiques afin de les éliminer de la circulation. Quand il s'agit d'infection des cellules par des virus, le SI repère leurs protéines étrangères, soit au niveau de la membrane plasmique, soit dans le milieu extra-cellulaire. Des anticorps peuvent aussi reconnaître la particule virale. Le métabolisme implique des réactions de catalyse par des enzymes et des interactions protéine-protéine. Comme dans un véhicule, le métabolisme fonctionne avec ses propres pièces bien emboîtées, et il suffit qu'il y ait une modification dans l'une des pièces pour que les interactions avec l'ensemble soient perturbées ou bloquées. Le SI participe à la réparation du système métabolique en éliminant du circuit des protéines malformées ou issues d'autres individus qui sont non-compatibles génétiquement. Tout ce qui ne rentre pas dans le réseau métabolique doit être éliminé de l'organisme. C'est comme si nos protéines se reconnaissaient entre elles, écartant les intrus. L'immunité résulte donc de l'ensemble des interactions moléculaires au sein de notre organisme. Imaginez un puzzle qui contient une pièce étrangère au jeu. À un moment de la construction de votre puzzle, vous allez vous en apercevoir et la mettre de côté. Notre métabolisme serait le puzzle et les protéines, les pièces qui interagissent entre elles pour que l'organisme puisse fonctionner au meilleur de ses possibilités dans un milieu donné.

Cette diversité génétique constituée à partir de protéines est le moteur de la sélection naturelle (d'un point de vue évolutionniste), elle permet à l'espèce de survivre dans des conditions variables du milieu. Par exemple, si un allèle au sein de l'espèce la rend plus susceptible à une infection, d'autres allèles viennent en support pour lui procurer la résistance nécessaire et la conserver face au danger qui la menace.

Quel rôle joue la diversité génétique au sein d'une espèce ? La variabilité entre des espèces différentes et la diversité génétique au sein d'une même espèce résultent des mêmes mécanismes de mutation de l'ADN et de recombinaison génétique. Nous nous distinguons de notre prochain par notre séquence ADN. Si la différence se situe au niveau d'un codon qui code pour un acide aminé au sein d'une protéine, alors elle entraînera un changement de sa structure ou altérera sa fonction. Une mutation peut rendre une protéine plus performante ou, à l'inverse, bloquer la traduction de l'ADN et abolir en conséquence sa fonction. Certaines mutations dites « neutres » n'altèrent pas la fonction de la protéine. Quand nous évoquons la diversité génétique au sein d'une espèce comme la nôtre, il faut donc considérer l'ADN et les protéines comme étant ses supports. Plus précisément, nous pouvons considérer l'ADN comme étant un programme, un cerveau central, situé dans le noyau cellulaire, il n'est pas impliqué dans les fonctions de l'organisme. Celles-ci reviennent aux protéines qui, en tant qu'exécutantes, traduisent le code de l'ADN et remplissent les diverses fonctions au sein de l'organisme vivant. Nos caractères phénotypiques spécifiques sont dus aux protéines. Nous pouvons donc affirmer que les protéines fabriquent notre soi chimique.

Notre soi n'est pas ouvert, interchangeable ou perméable, il est confiné dans son espace et isolé du milieu et des autres individus par des barrières physiques et immunitaires. Notre immunité découle de notre unicité génétique, nous sommes des individus uniques. Notre espèce a mis des barrières en place qui interdisent le transfert de la matière vivante ou organique d'un individu à un autre sauf dans certains cas de comptabilité génétique. Si l'espèce interdit ce transfert, c'est probablement pour éviter que des infections virales ou bactériennes ne se propagent entre ses individus. Le transfert de la matière vivante entre les individus d'une espèce peut faciliter la propagation de microbes. Par exemple, le virus de l'hépatite C (VHC) est transmis du donneur au receveur au cours de la transplantation du foie. Jusqu'en 1992, la principale cause de contamination par le VHC était la transfusion de produits sanguins. Depuis 1992, les dons de sang sont testés pour le VHC. En 2001, un nouveau test a permis de détecter le matériel génétique du VHC dans les dons de sang et a rendu la contamination par administration de produits sanguins extrêmement rare.

Un organe prélevé peut véhiculer, non seulement des microbes, mais des protéines immunogènes qui vont causer son rejet par l'organisme du receveur. L'espèce dresse des barrières contre tout échange de matière vivante entre ses individus. Cependant, cette interdiction n'est pas totale car, quand nous nous alimentons, nous introduisons de la matière organique dans notre organisme. Mais dans ce cas, la matière est sujette à des transformations enzymatiques le long du tube digestif, ce qui la réduit à ses constituants unitaires. Néanmoins, on peut considérer que la digestion est un mécanisme de rejet, en ce sens qu'elle implique une destruction programmée de la matière ingérée. L'introduction par d'autres voies de protéines antigéniques déclencheront une réaction immunitaire si elles ne sont pas dégradées rapidement. L'alimentation comporte cependant un risque lié à l'introduction de matières organiques infectées ou toxiques. L'espèce a limité les échanges avec le milieu extérieur aux besoins les plus vitaux : respiration, alimentation, et reproduction. Pourtant, c'est par ces voies qu'un grand nombre de microbes sont transmis d'un individu à un autre au sein de l'espèce.

Dès lors, rien d'étonnant à ce que des mécanismes d'origine immunitaire détruisent les transplants, d'autant que d'autres paramètres concourent à augmenter ces risques. L'organe a-t-il été bien greffé ? Est-il bien irrigué ? Convient-il à l'organisme qui l'accueille ? Fonctionne-t-il normalement ? À défaut d'une chirurgie exempte de tout défaut, l'accumulation de protéines mal exprimées ou des déformations au niveau des membranes cellulaires entraîneront immanquablement le rejet immunitaire qui serait, dans ce cas, une conséquence et non la cause de la défaillance fonctionnelle de l'organe. Pour illustrer ce fait, considérons l'analogie entre le corps humain et une automobile puisque tous deux forment un système fonctionnel composé de plusieurs appareils connectés entre eux et dotés d'une fonction spécifique. Comme pour la voiture qui a besoin d'essence pour fonctionner, chacun de nos organes (estomac, intestin, foie, cœur, poumons, muscle, cerveau-moelle, etc.) a besoin d'énergie véhiculée par le sang et provenant des ressources de la nature : alimentation, eau, oxygène. Il a aussi besoin d'être maintenu dans un environnement thermique et hygrométrique favorable. Cela n'a échappé à personne : il faut entretenir son corps si on veut le garder longtemps en bon état. La différence avec la voiture, c'est qu'un mécanicien peut changer les pièces usagées, avec le corps c'est plus difficile. Tout au long de notre développement, nous rodons nos organes de façon à ce que l'organisme en son entier fonctionne « en vitesse de croisière ». Même chose pour les voitures dont le rodage permet aux pièces neuves de s'ajuster parfaitement les unes aux autres. Une conduite souple et équilibrée sans changement de régime brusque permet au véhicule de durer plus longtemps et à moindre frais. De la même manière, un organe transplanté a besoin d'une période de rodage et de rééquilibrage avec les autres organes, et si l'état de santé du receveur est compromis, l'organe finira par s'atrophier avec le temps. Encore une fois, le SI intervient pour faire le ménage, sans être la cause initiale du dysfonctionnement. Les rejets d'organe associés au SI ont été décrits chez des animaux de laboratoires, conditionnés et bien calibrés, mais quand il s'agit d'extrapoler les observations expérimentales tirées de ces modèles animaux à l'être humain, il faut être prudent.

Au cours de leur croissance, chaque individu développe un métabolisme propre. Nous différons entre nous par la vitesse de notre métabolisme et par nos caractéristiques génétiques, si bien que nos organes et notre organisme sont ajustés à notre terrain, conformés par celui-ci. Un organe adapté à un métabolisme rapide risque de mal fonctionner chez un individu doté d'un métabolisme lent. Des facteurs liés à l'hygiène de vie peuvent interférer avec la fonction d'un organe transplanté. Si les cellules de l'organe produisent des protéines aberrantes, ils peuvent sensibiliser le SI. Les lois de l'espèce s'opposent ainsi au transfert de matière vivante surtout parce qu'elle peut véhiculer des micro-organismes pathogènes, des virus en particulier, voire des séquences génomiques sous forme d'ADN génomique ou extra-chromosomique. Il est possible que l'information génétique du greffon soit transmise aux cellules du receveur, soit par un virus, soit par d'autres mécanismes non élucidés. On ne pourra jamais tester la compatibilité entre donneur et receveur pour toutes les protéines constituant leur organisme. Même s'ils sont compatibles pour les gènes immunitaires (CMH), d'autres protéines exprimées et dotées de déterminants antigéniques peuvent être reconnues par le SI et causer une destruction du tissu. Quand on outrepasse les obstacles propres aux lois de l'espèce, il faut s'attendre à des mécanismes de réaction hostile. L'espèce a mis en place l'immunité pour interdire ce transfert horizontal de matière vivante entre deux individus de la même espèce ou de deux espèces différentes. L'immunité assure cette discrimination entre le soi et le non-soi, ce dernier englobe les autres individus de la même espèce et les autres êtres vivants. L'immunité semble même opérer en fonction de la divergence phylogénétique : plus deux espèces sont éloignées l'une de l'autre, plus la discrimination est rapide et efficace. Au sein de l'espèce, chaque individu est un microcosme qui rejette toute matière vivante ou organique issue de ses congénères. C'est ce que l'on désigne par l'immunité au sens immunologique du terme. Cependant, comme je l'ai souligné plus haut, la notion d'immunité doit être révisée, elle doit englober tous les mécanismes qui maintiennent la normalité fonctionnelle de l'organisme, comme les réflexes nerveux, le métabolisme (surtout le catabolisme), les systèmes d'évacuation de la matière liquide (urine, écoulement nasal) ou solide (selles), voire la transpiration, la digestion, la fièvre.

On peut donc affirmer que toute matière organique ou vivante issue d'autres sources représente une contre-nature que l'on nomme antigène. Que signifie ce terme au juste ? Considérons son origine grecque *antigenos* : anti (au lieu de, en comparaison de, contre, opposé à) et génos (naissance, origine, descendance, race, famille, parenté). Nos protéines nous sont spécifiques et sont donc différentes de celles de nos congénères. Une protéine d'un autre individu introduite dans notre corps est contre-nature (contre-origine) et, de ce fait, constitue un antigène. Nos propres protéines sont des auto-antigènes (antigènes originaires du soi). Protéines, ADN, glucides, lipides ou leurs combinaisons peuvent tous être qualifiés d'antigènes puisqu'ils en ont les attributs. Notre organisme a la capacité de faire la différence avec une précision incroyable entre ses auto-antigènes et les autres antigènes, que ce soient les allogènes (provenant des individus de la même espèce) ou xénoantigènes (provenant d'espèces différentes). Comment ? La théorie nous enseigne que de très courtes séquences d'acides aminés au sein des récepteurs BCR (paratope) ou TCR (régions hypervariables) reconnaissent spécifiquement les déterminants antigéniques (épitopes) des antigènes. Les anticorps solubles peuvent reconnaître la protéine antigénique entière dans toute sa conformation spatiale. C'est donc par un jeu de récepteur-ligand que le SI discrimine le soi du non-soi. Ainsi, une protéine, circulant dans le corps ou métabolisée au sein des cellules, va présenter des épitopes aux récepteurs BCR et TCR (sans parler des récepteurs innés qui reconnaissent des motifs glucidiques et lipidiques présents dans les bactéries). Nous avons en effet des anticorps naturellement présents dans notre sang qui sondent les protéines circulantes, dont certaines peuvent enclencher une nouvelle production d'anticorps ou être reconnues si elles présentent un épitope spécifique. La production *de novo* d'anticorps nécessite d'abord la liaison de l'antigène aux BCR membranaires des LB, une étape clef qui précède la sécrétion d'anticorps. Par le biais de la sélection négative, les BCR et TCR autoréactifs sont majoritairement éliminés du répertoire des immuno-récepteurs, dans la moelle osseuse et le thymus respectivement. Donc, les anticorps circulants, par exemple, ne sont pas censés lier un épitope au sein de l'organisme sauf en cas d'auto-immunité (ce qui est exceptionnel) ou de cross-réactivité. La région constante Fc des anticorps, seule ou dans des complexes immuns liés à l'antigène protéique, se fixe sur ses récepteurs à la surface des cellules immunitaires équipées en cocktail enzymatiques protéolytiques. Ils y seront dégradés. Le TCR, quant à lui, lie des épitopes associés aux molécules CMH ancrées dans la membrane plasmique des CPA. Si le même épitope est détecté à la surface d'une cellule du soi par le TCR, le SI le traite comme du non-soi (soi altéré) et le détruit. La stratégie reposant sur la liaison entre le BCR ou TCR et l'épitope de l'antigène permet d'acheminer l'antigène protéique vers les mécanismes de la dégradation protéolytique. On pourrait même avancer que les anticorps servent d'’éboueur' acheminant leurs ligands vers l'usine de destruction.

L’immunité et la multicellularité

Le passage de l'être unicellulaire au métazoaire a été progressif et a été marqué par l'apparition de mécanismes très ingénieux dont la communication entre cellules proches ou distantes. Sans cette communication, les métazoaires auraient été une simple colonie d'êtres unicellulaires. Avant même leur apparition, les protozoaires se sont assemblés sous forme de colonies. Ils ont été observés pour la première fois il y a 350 ans. Ce sont des êtres unicellulaires, mobiles au moins à un stade de leur développement. Aujourd’hui, ils sont catégorisés comme appartenant au règne des protistes. Des colonies existent chez les choanoflagellés : elles varient de quelques individus à plusieurs milliers. Il peut même y avoir une différenciation des individus (végétatifs/reproductifs). Par ces adaptations, les protozoaires coloniaux se rapprochent de l’organisation des pluricellulaires. La notion de multicellularité est importante pour comprendre la nature de notre immunité. Cette dernière est avant tout destinée à sauvegarder le fonctionnement de notre organisme dans sa globalité. Ne l’oublions pas, l’organisme est un tout indivisible.

La multicellularité ne définit pas seulement un organisme vivant composé de plusieurs cellules, il faut une coordination d’au moins une fonction dans ses cellules pour le ranger dans cette catégorie. Par exemple, une colonie de bactéries n’est pas un organisme multicellulaire malgré le fait qu’elle démontre occasionnellement une croissance organisée. En fait, chez ces organismes, il existe une différenciation cellulaire qui implique une spécialisation. La multicellularité est apparue de façon indépendante au moins 25 fois chez les procaryotes (par exemple, les cyanobactéries, les myxobactéries). Par contre, la multicellularité complexe est seulement apparue dans six groupes eucaryotes : les animaux, les champignons, les algues brunes, rouges et vertes, ainsi que les plantes. Elle a pu voir le jour par des mécanismes différents, probablement en raison des avantages sélectifs qu'elle confère, comme la possibilité d'une augmentation de la taille de l'organisme ou d'une spécialisation des différentes cellules. La multicellularité entraîne cependant l'apparition de conflits génomiques et de lignées cellulaires égoïstes telles que les tumeurs. Ces conflits peuvent se résoudre grâce à des mécanismes de prévention contre ces cellules tricheuses, ou encore par un retour à l'unicellularité. L’immunité est née de ces mécanismes de réparation.

Les mécanismes profonds de l'immunité innée sont communs à tous les animaux, depuis les éponges jusqu'à l'être humain, et sont apparus avec la multicellularité, probablement il y a un milliard d'années. L'immunité jouerait principalement un double rôle endogène, pour éliminer des cellules devenues aberrantes, et pour capter des substances toxiques qui interféreraient avec la communication entre les cellules. La première fonction est accomplie par l'immunité cellulaire alors que la deuxième est l'apanage de la réponse humorale, des anticorps principalement.

La communication intercellulaire est la caractéristique principale des organismes pluricellulaires, elle repose en partie sur la sécrétion de signaux chimiques ou ligands qui agissent localement ou à distance sur des cellules cibles. Ces dernières expriment des récepteurs qui reconnaissent et fixent ces ligands, puis envoient des signaux d'activation à la cellule qui modifient l'expression de certains de ses gènes. Citons l'exemple de la transmission d'une information biochimique par l'intermédiaire des hormones (sécrétées par des cellules endocriniennes) qui agissent sur le métabolisme cellulaire, et déclenchent la synthèse de nouvelles molécules, la dégradation de molécules ou qui transmettent une information biologique pour stimuler la croissance cellulaire nécessaire au développement tissulaire. Un ligand (du latin ligandum, liant) est une molécule de signalisation qui, en se fixant sur un récepteur spécifique (de surface ou intracellulaire), déclenche une réponse cellulaire. Le ligand est de type endogène (les hormones, les neurotransmetteurs, les cytokines) ou exogène (les médicaments qui miment ou bloquent les effets d'un ligand endogène). Selon le mode de libération et d'action d'un ligand, on distingue trois types de signalisation : neurocrine, endocrine, paracrine. Quant aux récepteurs, ce sont des protéines exprimées, soit à la surface des cellules cibles (membranaires, comme les récepteurs ionotropes et métabotropes), soit à l'intérieur des cellules cibles (les récepteurs intranucléaires et extranucléaires). L'interaction ligand-récepteur est réversible. Le ligand s'associe à son récepteur et s'en sépare après un certain temps. La liaison se réalise grâce aux forces électriques et aux forces chimiques (les liaisons ioniques, les liaisons d'hydrogène). Elle est définie par l'affinité de liaison (autrement dit la force de liaison) entre ces deux éléments. Elle aboutit à la formation d'un complexe réversible transitoire ligand-récepteur dont la durée de vie dépend de son affinité. À la formation de ce complexe, un signal est transmis à l'intérieur de la cellule par ses voies de signalisation qui va moduler l'expression de certains gènes. En somme, une cellule libère le ligand qui va aller modifier la fonctionnalité d'une autre cellule, à l'image de ce qui se passe dans le SN où un neurone modifie le phénotype d'une cellule répondeuse, une cellule musculaire par exemple.

Cette stratégie de communication permet de délivrer des messages spécifiques à distance, d'une cellule à une autre, et participe ainsi à la cohésion de l'être multicellulaire. Pour tenter une autre analogie, on peut considérer que cette communication entre cellules exerce une fonction similaire à celle de la langue ou des coutumes qui rendent cohésive une nation en conférant à leur peuple une identité propre. Retenons donc que la communication intercellulaire est au cœur de l'apparition des métazoaires.

La théorie de l'évolution nous enseigne que, face à une contrainte menaçant la survie d'une espèce, la sélection naturelle opère par divers mécanismes. Des mutations bénéfiques confèrent un avantage sélectif au vivant et lui permettent, soit de surmonter la contrainte, soit d'activer un mécanisme pour la neutraliser. Alternativement, un mécanisme préexistant peut être détourné de sa fonction ou chargé d'une fonction supplémentaire. Avec l'évolution des métazoaires, la communication intercellulaire au niveau du même tissu ou entre tissus distants est devenue cruciale pour assurer la coordination entre les fonctions des divers organes. Ainsi, une molécule libérée va diffuser et ne sera retenue que par les cellules ayant un récepteur spécifique. Ceci permet d'envoyer un signal spécifique pour des cellules cibles précises. C'est bien ce mécanisme de communication intercellulaire qui a donné naissance à ce qu'on désigne aujourd'hui par le SI. L'immunité fait face à des ligands (antigènes) issus tant du milieu endogène que du milieu exogène. L'antigène va engendrer une réponse dédiée exclusivement aux cellules équipées de récepteurs qui lui sont spécifiques. Tout le répertoire d'immuno-récepteurs qui a échappé à la sélection négative dans le thymus ou la moelle osseuse est orphelin jusqu'à sa rencontre avec l'antigène. Le fait qu'une variété colossale de récepteurs soit produite à la surface des lymphocytes accroît les chances de capturer des ligands antigéniques. Après que le récepteur liant l'antigène émet son signal, une cascade de communication intercellulaire a lieu par contact direct ou, à distance, par des médiateurs solubles. Par conséquent, les mêmes mécanismes opérant dans la communication inter-cellulaire chez les métazoaires évolués, opèrent pour reconnaître les substances étrangères du non-soi et répondre aux stimuli provenant du milieu. Autrement dit, l'information captée est intégrée dans les circuits métaboliques de l'organisme. L'ingéniosité de ce mécanisme ligand-récepteur montre la grande inventivité du vivant pour neutraliser les contraintes de son milieu. La molécule du non-soi active elle-même les mécanismes qui aboutissent à sa dégradation. Ces récepteurs orphelins à la surface des LT et LB naïfs agissent comme la porte qui s'ouvre sur une usine de destruction et de recyclage. La même stratégie de communication entre cellules au sein de l'organisme sert aussi de communication avec le milieu extérieur, elle se déroule en deux étapes : 1) un récepteur capte un ligand ; 2) il active la cascade de signalisation et de réponse cellulaire.

Le soi est sondé en permanence par le mécanisme de l'immunosurveillance

Le concept de discrimination soi/non-soi suscite pourtant des réserves car il laisse des questions en suspens sur la nature réelle du mécanisme de l'immunité. En fait, le soi s'auto-identifie en permanence afin de pouvoir se distinguer du non-soi (comme un animal qui marque son territoire). Il doit continuellement confirmer sa propre identité pour repérer tout ce qui lui est étranger. C'est cette autoidentification qui est à la base de la discrimination entre le soi et le non-soi. Cette autoidentification (nommée en langage immunologique immunosurveillance) est une des fonctions principales du SI. Elle est pourtant assez peu soulignée du fait que l'accent est mis sur son rôle de « nettoyage » (l'élimination des antigènes exogènes par les mécanismes humoraux ou cellulaires). C'est par l'immunosurveillance que le SI repère des foyers de transformation maligne ou d'aberrations cellulaires qu'il détruit avant qu'ils ne s'amplifient. Les mécanismes de l'immunosurveillance demeurent encore mal définis. Il est probable que celle-ci soit distincte de l'immunité effectrice qui neutralise/élimine les antigènes exogènes. Elle impliquerait une circulation des cellules immunitaires et leur contact permanent avec toutes les cellules de l'organisme, à l'exception des sites immuno-privilégiés (s'il en existe réellement).

Trois mécanismes immunitaires semblent essentiels pour prévenir l'oncogenèse. Premièrement, l'immunité protège contre les infections virales et ainsi contre la formation de tumeurs induites par les virus. Deuxièmement, le SI protège des agents pathogènes et permet ainsi la résolution rapide des phénomènes inflammatoires qui favorisent l'oncogenèse. Enfin, le SI a la capacité d'identifier et de détruire les cellules tumorales directement. Il est en effet capable de détecter les cellules dysplasiques ou cancéreuses et de les détruire avant que la tumeur ne se développe. Ce phénomène est appelé l'immunosurveillance antitumorale. Cependant, malgré cette surveillance opérée par le SI, certaines cellules tumorales peuvent se développer. Le concept d'immunosurveillance antitumorale a donc été prolongé par la théorie de l'immunoédition qui définit les relations entre les cellules transformées et le SI selon 3 phases : l'élimination, l'équilibre et l'échappement.

Le cancer constitue la menace la plus importante pour l'organisme métazoaire car les cellules malignes obéissent seulement à leur programme génétique altéré par des mutations, leur communication avec les autres cellules étant rompue. Elles suivent leur nouveau programme de cancérogénèse et s'écartent de la ligne d'équilibre indispensable au fonctionnement normal de l'organisme. L'altération du génome des cellules normales conduit à une modification des voies de signalisation intracellulaire pouvant entraîner leur transformation et causer le développement de tumeurs. Au vu des connaissances actuelles, les processus d'oncogenèse se caractérisent par 6 points essentiels : 1) l'indépendance vis-à-vis des facteurs de croissance ; 2) la résistance aux inhibiteurs de la prolifération ; 3) la résistance à la mort cellulaire ; 4) l'immortalisation ; 5) la capacité à promouvoir l'angiogenèse ; 6) la capacité à envahir les tissus et à traverser les membranes basales. Dans sa thèse parue en 2011, E. Mayola précise : « Récemment, l'hypothèse a été émise selon laquelle l'échappement au SI pourrait constituer la septième caractéristique des cellules cancéreuses »[89].

Résumons donc le rôle de l'immunité dans l'élimination des tumeurs. L'interaction entre le SI et la cellule tumorale peut conduire à :

1- L'élimination de la tumeur.
2- Un état d'équilibre (maîtrise de la prolifération des cellules tumorales sans éradication).
3- L'échappement de la cellule tumorale au contrôle immunologique. Au cours de la progression tumorale, la tumeur développe différents mécanismes d'échappement à l'attaque immunologique. Le SI devient alors inefficace dans le contrôle de la croissance tumorale.

Intéressons-nous de plus près à l'immunosurveillance. Celle-ci implique la recirculation en permanence des lymphocytes dans le sang, puis dans les tissus, les organes lymphoïdes périphériques, la lymphe, le canal thoracique et enfin leur retour dans le sang. Leur circulation dans le sang s'arrête lorsqu'ils aboutissent dans une veinule postcapillaire à haut endothélium. Ces structures appelées HEV (High Endothelial Venules) sont, comme leur nom l'indique, caractérisées par leurs cellules endothéliales très hautes et très rondes, tapissées de molécules d'adhésion. Ces dernières sont reconnues par les molécules d'adhésion correspondantes, portées par les lymphocytes en cours de recirculation qui s'arrêtent donc et entament le phénomène de diapédèse pour coloniser le tissu où ils se sont arrêtés. Les HEV sont présentes dans tous les tissus muqueux. La peau est moins riche en cellules immunitaires que d'autres muqueuses comme celles des bronches ou du tube digestif. En effet, elle est davantage protégée que ces dernières de l'environnement, notamment par l'étanchéité de son épithélium stratifié et kératinisé, par ailleurs riche en cellules sentinelles, les CD épithéliales de Langerhans. Elle est cependant capable, si nécessaire, de transformer ses veinules postcapillaires en HEV pour attirer des lymphocytes et autres cellules inflammatoires. Physiologiquement, cela passe pratiquement inaperçu car une très grande régulation conduit à l'élimination des dangers avec le moins d'inflammation possible. C'est donc par leur mouvement entre le sang et les tissus que les lymphocytes assurent l'immunosurveillance.

Au site de l'inflammation, des cytokines comme le TNF-α et des chémokines augmentent l'expression des molécules d'adhésion sur l'endothélium, ce qui favorise la transmigration lymphocytaire.

À la détection d'un antigène, l'immunosurveillance cède la place à l'immunité effectrice qui se charge de l'éliminer. Par sa surveillance sans relâche, l'immunosurveillance confère la capacité au SI de discriminer le soi du non-soi. Autrement dit, l'immunosurveillance trace les frontières du soi et, de ce fait, pré-délimite le non-soi. Elle serait un levier à part entière de l'immunité et peut même être considérée comme la pierre angulaire de la discrimination soi/non-soi. Elle est discrète et passe à l'arrière-plan, d'autant que nous prêtons toute notre attention à l'aspect guerrier de l'immunité qui détruit des cellules cibles ou qui produit des anticorps neutralisants. Elle est discrète car elle opère dans la normalité qu'elle-même instaure. Votre respiration comme votre faculté de marcher ou de penser, votre santé même, ne sont-elles pas reléguées loin de vos préoccupations quand rien ne les altère ? En fait, les fonctions de l'organisme s'exercent dans le dialogue par lequel deux forces opposées s'équilibrent si bien que nous sommes inconscients de leurs effets. C'est seulement quand la ligne d'équilibre est rompue et qu'une altération survient que nous devenons capables d'en percevoir les effets négatifs. Toute la science de l'immunologie provient des observations faites sur l'organisme suite à son altération expérimentale ou naturelle, et sur son retour à l'équilibre. Or, l'immunité est active en permanence, que ce soit par une réponse LTC ou humorale, et ne devient manifeste que lorsqu'un antigène persiste face aux mécanismes immunitaires. Dans ce dernier cas, il y a toujours une perturbation du terrain, soit génétique, soit issue de l'environnement.

Nous réalisons donc pourquoi la discrimination soi/non-soi est un pilier de la théorie de l'immunité. Comme les deux faces d'une même pièce, le soi se définit par rapport au non-soi et vice versa. Cette discrimination n'est pas infaillible et, dans certains cas, le SI attaque un auto-antigène, soi contre soi, causant des maladies auto-immunes. Pour le moment, il est important de souligner le fait que cette discrimination n'est pas unimodale, elle se réalise selon deux modes distincts.

Le SI cible des antigènes du non-soi qui sont très fréquents, il s'agit de composants structuraux répétitifs exprimés en surface des micro-organismes. Cette stratégie est payante car le fait que l'antigène soit fréquent et commun à plusieurs espèces de microbes élargit le champ de ciblage/reconnaissance du SI. Ceci représente le premier mode de discrimination désigné par l'immunité innée. La rapidité de la réponse innée résulte du fait que cette immunité ancestrale utilise des récepteurs préformés ; *Pattern Recognition Receptors* (PRR) qui reconnaissent des motifs moléculaires conservés des micro-organismes ou *Pathogen Associated Molecular Pattern* (PAMP), définis par les trois propriétés suivantes : 1) Ils sont caractéristiques des micro-organismes mais sont absents des cellules de l'hôte. 2) Ils sont communs à de nombreuses espèces de micro-organismes pathogènes, ce qui permet de compenser le nombre limité de PRR par rapport à l'énorme diversité des micro-organismes potentiellement infectieux. 3) Les molécules formant ces motifs sont essentielles pour la survie des micro-organismes, ce qui limite l'apparition de mutants échappant à la reconnaissance. Les lipopolysaccharides (LPS) des bactéries à Gram négatif ou les peptidoglycanes (PGN) des bactéries à Gram positif sont des prototypes de PAMP puisque ces molécules sont essentielles à la structure de la paroi des bactéries.

Le deuxième mode de reconnaissance est l'immunité adaptative. Cette fois-ci, le SI va réagir contre un antigène précis (un épitope). Ce dernier est reconnu par deux types de récepteurs immunitaires : le BCR le TCR. Chacun de ces récepteurs ne reconnaît qu'un seul type d'antigène (en théorie). Pour un antigène donné, l'organisme va fabriquer une molécule soluble qui lui est spécifique, l'anticorps. Après la liaison du récepteur membranaire du LT (TCR) à l'antigène, et en présence d'autres signaux de stimulation, le LT va entrer dans un état d'activation, il va changer de phénotype et acquérir la capacité d'exercer des fonctions effectrices. Ce mode de reconnaissance est très ingénieux, l'antigène sert de modèle pour fabriquer la molécule qui va le neutraliser, que ce soit pour le BCR (l'anticorps lié à l'antigène forme des complexes immuns où l'antigène est neutralisé) ou le TCR (le LT s'active et détruit les cellules où l'antigène est exprimé). C'est donc l'antigène qui sélectionne le BCR ou le TCR qui lui est spécifique, et c'est pourquoi on parle de sélection clonale.

Résumons les choses de la façon suivante : la discrimination soi/non-soi = immunosurveillance + immunité innée + immunité adaptative (sélection clonale).

La sélection clonale est un mécanisme qui participe au processus de la discrimination entre le soi et le non-soi. Notons que l'immunosurveillance est un mécanisme à part, distinct de la réponse immunitaire et jouant le rôle de trigger (déclencheur) de la discrimination soi/non-soi. C'est un mécanisme qui implique seulement la circulation des cellules immunitaires et leur distribution dans l'organisme. Mais une fois qu'elles sont retenues dans un tissu par un antigène et qu'elles entament leur activation, l'immunité effectrice (innée, cellulaire ou humorale) prend le relais et se charge d'éliminer l'antigène. L'immunosurveillance agirait comme le vigile qui, lorsqu'il détecte une anomalie, prévient l'unité centrale qui dépêche des renforts sur place. Ce sont ces derniers qui vont procéder à son élimination. On pourrait alors suggérer que la réponse immunitaire a toujours besoin d'un signal (de danger ou d'une autre nature) délivré par les mécanismes de l'immunosurveillance avant de mobiliser ses effecteurs innées ou adaptatifs. Ce tout premier signal est un mystère, il est sans doute issu du SNC ou d'un autre mécanisme non encore identifié. L'immunologie nous enseigne qu'il résulte souvent des cytokines proinflammatoires produites par les cellules de l'immunité innée, dont principalement les macrophages au moment où ils détectent une particule antigénique. Ces cytokines vont déclencher la maturation des CD. Mais il se pourrait que le premier signal soit d'ordre psychologique et donc cérébral. Par exemple, à l'approche de l'hiver, nous savons que la grippe sera de retour, et notre immunité semble s'auto-activer pour s'y préparer. De nouvelles approches en immunologie, que je ne peux pas développer ici, attestent que le stress et la dépression ont une origine immunitaire. Quoiqu'il en soit, il semble qu'un signal est nécessaire avant que l'immunité effectrice entre en jeu, pas forcément un signal de stress cellulaire comme le suggère la théorie du danger, mais un signal de nature discrète qui initie le passage d'une immunité quiescente à une immunité activée. Ce signal pourrait être un neurotransmetteur, une hormone, de nature vasculaire, ou en rapport avec la communication entre cellules au sein d'un même tissu. L'immunosurveillance est la première à le détecter avant de sensibiliser les CD qui sont le chef d'orchestre de la réponse adaptative. C'est par son interception et sa reconnaissance que l'immunité passe d'un état passif d'immunosurveillance à un état actif où divers effecteurs entrent en jeu pour éliminer l'antigène. De même, quand l'antigène est évacué, un autre signal de même nature va être émis pour que l'immunité réduise son activité et entre en quiescence. Ce double contrôle suggère qu'un mécanisme conservé est impliqué, probablement par le SNC ou par l'intervention de cellules régulatrices. Le SI mobilise diverses fonctions qui s'enchaînent les unes aux autres, au point que nous ne discernons plus leur séquence de déroulement. Deux moments sont capitaux, celui où l'immunité se déclenche et celui où elle s'estompe. L'immunosurveillance joue certainement un rôle dans ces deux retournements de l'immunité.

Les antigènes dominants sont des protéines

Dans notre génome constitué de 3 milliards de bases nucléotidiques (ATGC), seulement 25 000 gènes codent pour des protéines. Quels sont les constituants des organismes vivants les plus immunogènes, c'est-à-dire capables de déclencher une réaction immunitaire ? Les protéines évidemment. Elles constituent notre carte d'identité chimique, elles portent notre signature génétique unique. Il n'est donc pas surprenant que notre immunité ait mis en place plusieurs mécanismes pour cibler les protéines antigéniques du non-soi. Les autres molécules organiques, ADN, ARN, glucides et lipides, sont formées d'unités structurales répétitives présentant toujours les mêmes déterminants antigéniques. Les protéines, quant à elles, ont des structures (conformations spatiales) plus complexes pouvant produire une multitude de déterminants antigéniques différents, ce qui accroît les chances d'une réaction immunitaire. Une protéine peut être reconnue tout entière par un ou même plusieurs anticorps. Étant donné son repliement spatial, elle présente une topographie particulière offrant des épitopes conformationnels pour des anticorps de spécificités diverses. C'est ainsi que des virus mutants échappent à la réponse humorale : les mutations affectent des épitopes logés à la surface de leurs protéines. Quand les protéines sont clivées par des endoprotéases intracellulaires, des peptides de courtes séquences logés dans le sillon des molécules du CMH sont reconnus par des TCR des LT.

Les protéines, constituants chimiques majeurs du soi, sont les antigènes prédominants auxquels le SI réagit. Au cours de l'évolution, le SI a appris à distinguer les protéines du soi de celles du non-soi. Cette distinction se fait par la lecture des épitopes présents dans les antigènes, dont certains vont activer la cascade correspondant à la réponse immunitaire. Une protéine devient antigénique dès qu'elle est reconnue en tant que substance étrangère à l'organisme. Certaines protéines sont utilisées pour la fabrication de vaccins ou pour la production d'anticorps monoclonaux dans le cadre de traitement de pathologies chroniques, maladies auto-immunes, cancers par exemple. Les vaccins servent à induire une réponse immunitaire primaire et secondaire avant que l'organisme ne soit infecté (ou qu'il rentre naturellement en contact avec l'antigène inclus dans le vaccin). Tandis que les anticorps monoclonaux servent à bloquer l'activité d'une protéine contre laquelle ils sont dirigés. Les anticorps polyclonaux, quant à eux, conférent aux individus injectés une immunisation passive contre un antigène ou une particule antigénique (virus et bactérie) qui vient à peine de pénétrer l'organisme. Les antigènes prennent diverses formes, mais suscitent toujours les mêmes réponses immunitaires : innée, humorale ou cellulaire. Ils peuvent être : 1) particulaires (particules infectieuses, bactéries, virus, parasites). 2) solubles (peptides et protéines). 3) des glucides ou polysaccharides. 4) des glycoprotéines, des glycopeptides et des glycolipides (fortement immunogènes). 5) des acides nucléiques (ADN, ARN, peu immunogènes). 6) des lipides (non immunogènes). Les antigènes peuvent être synthétiques ou artificiels. En d'autres termes, ce sont soit des molécules naturelles soit des molécules modifiées chimiquement. On ne peut prédire en aucun cas le caractère immunogène d'une substance avant de l'avoir testée sur des cobayes en laboratoire. L'immunogénicité varie selon :

1- La nature chimique de l'antigène.
2- La taille de l'antigène (les haptènes sont des molécules antigènes dont la taille est trop faible pour être immunogènes).
3- La quantité de l'antigène.
4- Le nombre d'épitopes présents sur l'antigène.
5- L'origine de l'antigène (xénogénie) : plus l'antigène provient d'une espèce éloignée, plus l'immunogénicité est forte.
6- La voie d'entrée de l'antigène dans l'organisme.
7- La présence simultanée d'autres antigènes qui favorise l'immunogénicité.

Bien que tous les immunogènes soient des antigènes, tous les antigènes ne sont pas des immunogènes.

Les protéines sont constituées à partir des 22 acides aminés de configuration L, dont les radicaux libres, chargés ou non, polaires ou apolaires, leur confèrent des nuages électroniques caractéristiques. La condensation d'acides aminés au sein d'une protéine produit des contraintes de proximité, et la protéine se replie sur elle-même pour les neutraliser en adoptant une conformation stable. Des acides aminés dans la protéine, les uns chargés et d'autres polaires, se regroupent pour former un déterminant antigénique qui sera reconnu (ou pas) par le SI selon son accessibilité.

Les protéines subissent de surcroît des modifications post-transcriptionnelles par ajout de glucides ou de lipides formant respectivement des glycoprotéines et des lipoprotéines. Les conformations des protéines comprennent les structures secondaires, tertiaires ou quaternaires. Ces dernières résultent des repliements de la protéine dans l'espace (conformation tri-dimensionnelle) ; elles sont déterminées par la technique de diffraction aux rayons X après avoir obtenu des cristaux de la protéine. Des ponts disulfures se forment entre les cystéines (acides aminés) d'une protéine, ce qui crée des boucles qui rendent leurs structures plus compactes. Les protéines produisent deux sortes d'épitopes : linéaires et conformationnels. Rappelons qu'un épitope est la plus petite structure chimique qui entre en contact avec le paratope des anticorps ou le site de reconnaissance des TCR. L'épitope séquentiel est un enchaînement continu d'acides aminés, il est lié à la structure primaire (l'épitope émerge de l'enchainement des acides aminés). Tandis qu'un épitope conformationnel est un court domaine de la protéine résultant de sa conformation spatiale. Un épitope séquentiel peut donc être masqué par les enroulements de la protéine en conditions non dénaturantes et, dans ce cas, il ne sera accessible qu'en condition dénaturante. Dans l'organisme, les épitopes linéaires sont produits après le clivage des protéines par des endoprotéases spécifiques. Une seule protéine peut produire des types différents d'épitopes contre lesquels une réponse immunitaire pourrait s'enclencher. Une protéine sera dite antigénique si elle a la capacité de se lier spécifiquement aux récepteurs du SI adaptatif : BCR, TCR ou anticorps (à distinguer de son immunogénicité). L'immunogénicité d'une protéine est sa capacité à induire une réponse immunitaire humorale et/ou à médiation cellulaire. Pour être immunogène, une molécule doit posséder au moins 2 épitopes différents (multivalent) de poids moléculaire > 1000 Da, et une certaine diversité de structure.

Par conséquent, les protéines, à elles seules, expliquent la majorité des phénomènes immunologiques adaptatifs. Elles constituent la plus grande source d'épitopes. Étant donné qu'elles sont codées par l'ADN génomique, elles subissent des mutations et sont également la source de la diversité génétique entre les individus de l'espèce. Ces caractéristiques expliquent le phénomène de rejet de greffe ainsi que les réponses anticorps et les réponses cellulaires associées, car des épitopes peuvent varier d'un groupe d'individus à un autre selon l'allèle du gène dont ils ont hérité. Par conséquent, notre soi tire son identité immunologique des protéines structurales et fonctionnelles de l'organisme. Les micro-organismes se trahissent souvent par leurs protéines qui alertent le SI car elles expriment des épitopes divergents. Nous comprenons ainsi pourquoi les vaccins ciblent presque toujours des protéines.

Une protéine introduite dans un organisme peut être dégradée et perdre son immunogénicité. Les protéases extracellulaires ou membranaires jouent un rôle dans la destruction et la détoxification des protéines étrangères. Seules les protéines empruntant le circuit immunitaire de présentation d'antigène par le CMH à la surface des CPA sont capables d'induire une réponse immunitaire adaptative. D'autre part, une petite molécule de type haptène devient immunogène dès qu'elle se fixe sur une protéine qui lui sert de véhicule.

Les anticorps reconnaissent des épitopes situés à la surface de la molécule de l'antigène, alors que le TCR reconnaît des peptides dérivés de l'antigène transformé à l'intérieur de la cellule. Tandis qu'un anticorps reconnaît 10 à 20 acides aminés d'une protéine ou 5-6 sucres d'un polysaccharide, le TCR reconnaît un peptide en fonction de sa présentation par les molécules CMH de classe-1 ou -2. Quand un anticorps réagit avec un épitope conformationnel au sein d'une protéine, il en résulte une interaction protéine-protéine similaire à celle qui a lieu au cours du métabolisme cellulaire. Un anticorps possède quatre domaines variables situés aux extrémités de ses deux bras. L'association entre un domaine variable porté par une chaîne lourde (VH) et le domaine variable adjacent porté par une chaîne légère (VL) constitue le site de reconnaissance (ou paratope) de l'antigène. Ainsi, une molécule d'immunoglobuline (Ig) possède deux sites de liaison à l'antigène, soit un au bout de chaque bras. Ces deux sites sont identiques (mais destinés à différents épitopes), d'où la possibilité de lier deux molécules d'antigène par un seul anticorps. Les domaines constants sont caractérisés par une séquence en acides aminés très proche d'un anticorps à l'autre, caractéristique de l'espèce et de l'isotype. Chaque chaîne légère en possède un exemplaire noté CL. Les chaînes lourdes comportent, selon l'isotype, trois ou quatre domaines constants CH1, CH2, CH3 et CH4. Les domaines constants ne sont pas impliqués dans la reconnaissance de l'antigène, mais interviennent dans l'activation du système du complément ainsi que dans l'élimination des complexes immuns (anticorps lié à son antigène) par les cellules immunitaires possédant les récepteurs aux fragments constants RFc.

Certaines séquences d'acides aminés au sein des protéines constituent les domaines fonctionnels, et c'est par eux que la protéine interagit avec d'autres protéines ou d'autres molécules. Chaque protéine a une identité unique. Notre unicité génétique est inscrite dans nos protéines. Ainsi, ces dernières sont les vecteurs privilégiés de l'immunité en tant qu'elles discriminent entre le soi et le non-soi. Le non-soi possède aussi sa propre unicité car il est constitué de tous les êtres vivants qui cohabitent avec l'organisme. C'est ainsi que le SI opère en ciblant les caractéristiques singulières de chaque non-soi, en ciblant ses déterminants antigéniques. Les protéines les plus immunogènes sont celles qui portent des domaines variables, spécifiques selon les individus. Il faut que l'interaction soit assez affine pour imprimer un changement conformationnel aux BCR ou TCR nécessaire à l'émission du premier signal d'activation aux lymphocytes. Ce twist du récepteur est le tout premier maillon de la cascade aboutissant à une réaction immunitaire adaptative. Par conséquent, la réponse cellulaire à un signal extérieur émanant de l'environnement dépend de la fixation affine du ligand à son récepteur.

L'analyse des voies de transduction utilisées par ces différents récepteurs a permis de proposer un schéma général des événements intracellulaires qui déclenchent l'activation des cellules du SI. La fixation du ligand au récepteur induit un changement de conformation qui se propage, comme une onde, par son segment transmembranaire jusqu'à la partie intracellulaire où sera déclenchée une cascade de réactions aboutissant à la réponse cellulaire : c'est la signalisation. En l'absence de ligands, les différentes sous-unités transductives sont maintenues sous forme non phosphorylées. L'engagement des récepteurs rompt cet équilibre et induit la phosphorylation des résidus tyrosine des ITAM et le recrutement de différentes tyrosine-kinases de la famille Src. Les ITAM, phosphorylés sur les deux résidus tyrosine de certaines des sous-unités, sont alors reconnus par les deux domaines SH2 (*Src Homology domain* type II) des tyrosine-kinases Syk ou ZAP70, en fonction des types cellulaires. Le recrutement de Syk ou de ZAP70 est à l'origine de l'induction conjointe de différentes voies d'activation cellulaire. Tout d'abord, l'activation de la phospholipase Cγ qui hydrolyse les phospholipides membranaires en diacylglycérol (activateur de la protéine-kinase C) et en inositol 1,4,5 phosphate (IP3), permettant l'élévation de la concentration calcique intracellulaire et donc l'activation de protéines dépendantes du calcium. Parallèlement, les tyrosine-kinases de la famille Syk activent la voie du ras qui aboutit à l'activation des MAP kinases et à la translocation vers le noyau de protéines induisant la transcription de nombreux gènes. À la suite de cette cascade d'événements, la cellule sort d'un état de quiescence pour entrer dans un état activé où elle produit des médiateurs capables d'agir à distance et d'activer d'autres types de cellules. Cette vague d'activation aura des effets sur les tissus et les vaisseaux sanguins qui constitueront le terrain de la réponse immunitaire. On voit bien ici que le mécanisme de signalisation cellulaire, qui opère dans les cellules de l'organisme en leur permettant de répondre aux divers stimuli, a été réinvesti au cours de l'évolution pour répondre à des ligands émanant de l'extérieur de l'organisme, en l'occurrence les antigènes. Une réponse immunitaire n'est en fait qu'une réponse de la cellule aux stimuli qu'elle reçoit de son environnement immédiat ou de son milieu ambiant.

Étant donné que les TCR et BCR sont membranaires et couplés aux cascades de la signalisation de la cellule, la réponse immunitaire offre une bonne opportunité pour comprendre comment la cellule analyse les informations qu'elle reçoit de son milieu et comment elle élabore une réponse visant à tirer un maximum de bénéfices de ces informations. L'immunité tire un bénéfice de l'antigène puisqu'elle l'emploie comme facteur de croissance permettant la division et la multiplication des lymphocytes, ainsi que pour l'instauration de cellules mémoires conférant une protection robuste et durable contre l'antigène. Ce dernier est, en même temps, l'inducteur de sécrétion de médiateurs solubles, comme les cytokines, dont le rôle principal est d'accroître le potentiel d'amplification et de propagation de la stimulation initiale de l'antigène d'une cellule immunitaire à une autre.

Par ailleurs, l'une des caractéristiques de la reconnaissance de l'antigène par le LT est sa capacité d'autorégulation. En effet, l'interaction TCR/CMH-peptide induit une diminution de l'expression des complexes TCR qui ont été stimulés. Par conséquent, la diminution d'expression du TCR conduit à l'extinction du signal donné par la formation des conjugués T-CPA. Le fait qu'un TCR (ou le complexe CD3/TCR) ne puisse être stimulé qu'une fois, puisqu'il est ensuite internalisé, assure un contrôle strict de la durée et de l'intensité de l'activation des LT par le nombre de déterminants antigéniques disponibles. Le BCR et la plupart des FcR sont impliqués, non seulement dans l'activation cellulaire à travers la reconnaissance de l'antigène sous forme soluble ou complexée à des anticorps, mais aussi dans l'internalisation puis le ciblage des antigènes vers des compartiments de la voie endosomique où des peptides (issus de l'antigène par dégradation de celui-ci) s'associent aux molécules de CMH. En conséquence, FcR et BCR transmettent un signal intracellulaire pendant qu'ils sont dirigés vers la voie endosomique.

Nous pouvons distinguer alors trois étapes dans le montage de la réponse immunitaire : une phase d'ignition (signalisation par les immunorécepteurs), une phase d'activation cellulaire (expression de médiateurs comme les cytokines) et une phase d'amplification de l'activation cellulaire (localement et à distance) et sa généralisation aux tissus. C'est donc une longue cascade d'évènements depuis le signal antigénique jusqu'à la manifestation de la réponse immunitaire à l'échelle de l'organisme. La réponse immunitaire fonctionne donc en circuit constitué de trois nœuds : antigène, récepteur, cellule. Le signal initial est amplifié à deux niveaux : au sein de la cellule pour activer l'expression des gènes, et d'une cellule à une autre grâce à des médiateurs solubles. Cette organisation sophistiquée montre que la réponse immunitaire constitue un grand exploit du vivant pour neutraliser les agressions du milieu.

Le véritable danger représenté par les microbes ou des antigènes toxiques réside dans le fait que leur pénétration dans l'organisme est souvent discrète ; c'est seulement à la manifestation de leurs effets que le SI entre en action. C'est une réaction en différé. En revanche, des antigènes solubles peuvent immédiatement être reconnus par des anticorps naturels ou cross-réactifs préexistants. De ce fait, les anticorps naturels et le système de complément sont notre première ligne de défense quand l'antigène a réussi à pénétrer dans l'organisme.

Dans le cas d'infections virales, les antigènes doivent être détectés très rapidement avant que le virus n'atteigne un degré élevé de réplication. La réponse adaptative se met en place seulement après un certain délai durant lequel les défenses innées prennent le contrôle de l'infection. Quand l'antigène est phagocyté par des CPA, la réponse adaptative a des chances d'apparaître. Ces faits suggèrent que la réponse immunitaire est apparue après que l'ADN des métazoaires ait subi des réarrangements génétiques et des mutations, ceux-ci générant différentes familles de protéines qui, avec le temps, se sont intégrées dans des réseaux d'interactions allant de l'antigène lié à son récepteur jusqu'à l'activation de la cellule immunitaire et sa division. L'ADN est, comme on le voit, hautement organisé en gènes bien déterminés et dont les expressions sont régulées par des facteurs endogènes et exogènes. La réponse immunitaire est en effet contrôlée par une pléiade de gènes, dont le CMH ou ceux codant pour les cytokines, et qui appartiennent à la même superfamille des Ig. Chez les métazoaires hautement évolués comme les mammifères, l'ADN a atteint un niveau élevé d'organisation, ce qui a donné naissance à des systèmes fonctionnels très robustes, en particulier le SN et le SI. La relation structure-fonction des protéines reste donc la pièce maîtresse de toutes les interactions ayant lieu dans l'organisme. L'ADN n'est pas une structure constante et invariable, il est dynamique et il change avec le temps. De nouveaux gènes apparaissent, des gènes se dupliquent, des recombinaisons ont lieu entres des gènes différents, et tous ces phénomènes se traduisent par l'expression de nouveaux gènes et protéines qui vont complexifier les interactions cellulaires préexistantes. Dans la majorité des cas, ces variations de l'ADN offrent des avantages sélectifs aux vivants, ce qui explique leur apparition et leur longévité.

Des parasites, ces organismes incapables de se nourrir ou de se reproduire d'une manière autonome (bactéries, champignons), mettent l'intégrité des organismes qu'ils colonisent en danger. Certains virus ont réussi cet exploit digne d'admiration de s'intégrer au sein du génome de leurs hôtes et de se comporter comme leurs gènes. Une infiltration parfaite qui est, au demeurant, une cause de la variation de l'ADN des espèces au cours de leur évolution. Il est communément admis que les vertébrés ont développé le SI en réaction contre les intrusions des parasites. L'immunité a évolué en lien étroit avec les parasites. Une lutte continue qui aboutit, comme on le voit bien dans la plupart des cas, à une cohabitation. L'immunité se serait donc forgée au travers de sa lutte contre les parasites, comme le postulent de nombreux immunologistes. Mais en est-on vraiment sûrs ? Le SI des vertébrés s'est-il constitué en défense contre des parasites qui traversent les barrières de leur organisme pour s'y reproduire à leurs dépens ?

Dans la nature, il existe une diversité incroyable d'êtres unicellulaires (protozoaires) et multi-cellulaires (métazoaires). 37 millions de milliards de cellules chez l'éléphant ! 30 mille milliards chez l'humain ! On peut aisément comprendre que, compte tenu de ces quantités, l'instauration d'une organisation sophistiquée ait répondu à la nécessité d'une communication intercellulaire harmonieuse et fonctionnelle. Chaque cellule porte ses marqueurs d'identification et de localisation tissulaire, de telle sorte que l'organisme puisse remplir diverses fonctions. Comme nous l'avons vu, la fonction de « nettoyage » est la fonction de base de l'immunité. Les métazoaires ne pouvaient tout simplement pas exister sans cet entretien permanent. C'est pourquoi le cancer constitue aujourd'hui la menace la plus importante pour des organismes métazoaires tels que les hauts vertébrés : les cellules cancéreuses ne communiquent plus normalement avec les autres cellules. Seuls des dysfonctionnements majeurs du SNC peuvent engendrer un chaos pareil dans l'organisme. Étant donné que le SNC contrôle des fonctions cruciales pour la survie de l'organisme, les maladies neurodégénératives, dont les exemples les plus connus sont la maladie d'Alzheimer, la maladie de Parkinson, la maladie de Charcot, la sclérose latérale amyotrophique (SLA) ou encore la chorée de Huntington, causant un découplage et une disruption des fonctions de l'organisme, entraînent par voie de conséquence sa dissolution fonctionnelle.

On pourrait avancer que l'immunité n'est pas apparue *de facto* pour neutraliser des parasites mais d'abord pour maintenir la fonctionnalité de la multicellularité de l'organisme. L'immunité serait centrée sur la machinerie de l'organisme. Elle ne discrimine pas pour autant l'agression endogène de l'exogène ; que ce soit une infection virale, un cancer, une toxine bactérienne ou une protéine du soi devenue immunogène, le SI les combat en mobilisant les mêmes mécanismes en boucle. L'immunité, en tant que garante de la survie des êtres métazoaires pluricellulaires, veille sur leur intégrité et permet à des milliards de cellules de cohabiter efficacement.

Les cellules d'un même tissu ont des gènes spécifiques qui les différencient des autres cellules. Elles remplissent presque toutes une fonction principale. Ainsi, une cellule d'un tissu perturbé va le signaler aux autres cellules et les amener à dévier à leur tour de leur fonction. Si la perturbation perdure, tout le tissu sera affecté au point de ne plus remplir sa fonction. C'est seulement lorsque le facteur incriminé est immunogène que l'immunité sera capable d'intervenir. L'immunité intervient tout autant pour éliminer les cellules tissulaires mortes que des vésicules apoptotiques. L'infiltration d'un tissu par les cellules immunitaires peut s'exacerber, et pousser le SI à le détruire partiellement ou totalement. Ce scénario survient, par exemple, lorsqu'un virus a infecté rapidement une fraction importante du tissu tout en produisant une panoplie d'antigènes dans la cellule et dans l'espace extracellulaire. La mort des cellules par nécrose libère aussi les antigènes intracellulaires, habituellement séquestrés, qui peuvent stimuler à leur tour une réponse immunitaire. C'est pourquoi l'immunité innée joue un rôle déterminant en réduisant la quantité de virus infectieux au moment où elle les détecte au niveau des muqueuses, épargnant ainsi au tissu-cible une invasion rapide. Dans ce cas, l'immunité cible plus spécifiquement les cellules infectées et permet au tissu de se restaurer. Une infection virale, dans le pire des scénarios, est fulminante, soit que le virus ait infecté la totalité du tissu en s'y multipliant activement et en causant des cytolyses en série, soit que le SI ait infiltré le tissu et le détruise à une vitesse foudroyante. Cette attaque immunitaire excessive vise à conserver l'espèce au détriment d'un individu infecté qui peut transmettre l'agent pathogène à d'autres individus. Nous nous apercevons de la fragilité constitutive des métazoaires dans la mesure où les cellules d'un même tissu ont un destin commun, de sorte que la déchéance de quelques-unes peut causer la perte de toutes les autres. D'où l'importance de ce signal de stress émis par une cellule infectée aux autres au sein du tissu, et qui (leur) annonce la survenue d'une infection. La cellule infectée peut aussi se suicider par apoptose. Malheureusement, par un mécanisme insidieux, certaines anomalies (comme le cancer) activent leur cycle délétère plus rapidement que la mobilisation de la réponse des cellules tissulaires à ce signal de danger. Si on veut vraiment assigner un premier rôle à l'immunité innée, ce serait bien celui de réduire la quantité d'antigènes ou de microbes circulants pour éviter les infections fulminantes ou les réponses immunitaires destructrices.

L'immunité n'est pas seulement gardienne de l'individu mais de toute l'espèce et, en présence de signaux de dangers imminents menaçant sa survie comme des infections fulminantes, l'immunité tend à détruire les tissus touchés vecteurs de contamination. C'est comme si le SI se retournait contre l'organisme afin d'épargner l'espèce du danger qu'il porte en lui, car il est avant tout un instrument conçu par l'espèce, pour l'espèce, destiné à garantir sa conservation au détriment même de l'individu pris isolément.

L'induction artificielle de l'immunité par le vaccin

En pratique, quand on injecte un vaccin sans adjuvant, on obtient rarement une réponse immunitaire. Seuls les vaccins à base de pathogène atténué suscitent une réponse immunitaire sans adjuvant, c'est le cas des vaccins anti-rougeole et anti-rubéole. Certains nomment même les adjuvants « le sale petit secret des immunologistes » car la théorie est confrontée à ce fait : un antigène inoculé n'induit pas seul la réponse immunitaire. Des adjuvants sont ajoutés aux vaccins constitués d'antigènes synthétiques afin d'induire la réponse immunitaire. Un adjuvant est donc nécessaire pour améliorer la réponse immune. C'est même une obligation absolue, et non pas seulement une aide. On distingue 4 types d'adjuvants : 1) Végétal (saponine, extrait de glucane). 2) Bactérien (monophosphoryl lipide A). 3) Chimique (aluminium, hydroxyde surfactants, micro et nano particules). 4) Cytokinique (IFNγ, GM-CSF, DHEA). Il est intéressant de noter qu'un virus atténué a beaucoup plus de chances d'induire une réponse immunitaire en comparaison à une protéine virale recombinante, même injectée dans un vecteur qui booste son expression. C'est vrai aussi pour les bactéries. En France, par exemple, les vaccins disponibles contre la coqueluche sont tous des vaccins acellulaires (ne contenant pas les bactéries entières inactivées, mais des antigènes fragmentés) et contiennent des sels d'aluminium utilisés comme adjuvant. L'obligation d'inclure des adjuvants dans les vaccins indique que d'autres facteurs entrent en jeu pour stimuler la réponse immunitaire. Conformément à la théorie du danger de Matzinger, ils émettraient les signaux de danger nécessaires à l'activation du SI. Les adjuvants stimulent l'immunité innée et conservent l'antigène longtemps dans l'organisme, ce qui accroît les chances d'une réponse immunitaire. Sans adjuvants, de nombreuses molécules vaccinales sont peu ou pas immunogènes. Mais, d'autres facteurs pourraient-ils jouer le rôle de déclencheur, comme, par exemple, des signaux cellulaires, l'intervention des acteurs de l'immunité innée ou même des facteurs psychologiques ?

Il se pourrait, en effet, que notre état de conscience interfère avec l'efficacité vaccinale. Ce point mérite que nous nous y attardions. Nous sommes absolument inconscients des microbes ou d'autres substances qui pénètrent dans notre corps jusqu'au moment où ils produisent leurs effets. En revanche, nous sommes bien conscients du fait qu'un vaccin va nous être inoculé, ce qui peut générer de la peur ou du stress, tout en activant d'autres mécanismes qui concourent à la destruction du matériel introduit ou qui influent sur les mécanismes immunitaires. Comme je l'ai évoqué plus haut, la piqûre vaccinale peut activer des mécanismes de défense d'une autre nature. Notre expérience de vie et notre sensibilité propres peuvent agir sur nos perceptions et interférer avec notre immunité. Il est difficile de déterminer exactement comment notre psyché influe sur le fonctionnement du SI, probablement indirectement via le SNC, en interférant avec la synthèse de neurotransmetteurs ou avec des hormones, jusqu'à altérer les tissus. On sait qu'un stress persistant modifie le fonctionnement des tissus, en particulier de l'intestin. L'anorexie à elle seule peut causer des anomalies inquiétantes dans le fonctionnement de l'appareil digestif. Au vu de ces éléments, nous ne pouvons en aucun cas exclure l'influence de la psyché sur la réponse aux vaccins.

Il ne faut pas non plus sous-estimer le pouvoir de l'autosuggestion, l'effet placebo ou nocebo en médecine est largement documenté. Quand une proie sait que son prédateur est dans les parages, elle se prépare au combat ou à la fuite, alors que si elle est piégée ou prise par surprise, elle est tétanisée comme si le fait de savoir qu'elle va mourir produisait des effets inverses au réflexe de survie. Le fait de savoir qu'un antigène est introduit dans notre corps déclencherait-il des mécanismes non immunitaires qui faciliteraient son élimination ? À l'inverse, la défiance vis-à-vis de l'inoculation aurait-elle un effet contre-productif ? Notre état mental affecte notre immunité, ce n'est pas un postulat absurde, c'est un fait documenté qui pourrait devenir un des grands sujets de l'immunologie à l'avenir. Quand nous traversons une phase dépressive, par exemple, nous devenons très susceptibles aux désordres immunitaires et aux infections de toutes sortes. Ce que l'on réussit à faire *in vitro* sur des animaux de laboratoire conditionnés n'est pas extrapolable à l'organisme humain sous contrôle d'un cerveau hautement évolué. On a tendance à considérer le corps humain comme une usine chimique où il suffit d'introduire un principe actif pour que les mécanismes ciblés se déclenchent automatiquement, mais c'est sans compter sur le fait que notre état mental peut perturber leur déroulement. D'ailleurs, en cette période de crise Covid-19, les restrictions de liberté ont généré un haut niveau d'anxiété susceptible de causer des dégâts aussi catastrophiques que le virus lui-même. L'efficacité d'un vaccin peut être compromise par des circonstances dans lesquelles l'état mental est affecté. Imaginez qu'un vaccin soit administré à deux groupes de cobayes : l'un dont l'état de santé est normal, et l'autre dont les membres souffrent de dépression, de stress et d'anxiété. Pensez-vous que le vaccin aura la même efficacité dans ces deux groupes ? Non, sans doute ! (Vous risquez de trouver la même différence avec l'effet placebo !!). À l'inverse, si les candidats au vaccin le considèrent comme la solution à la menace pandémique (qui pèse sur eux), les conditions d'acceptation optimales peuvent, théoriquement et dans une certaine mesure, en améliorer la tolérance.

Les fabricants de vaccins affrontent deux obstacles : la formulation chimique et la stabilité de leurs vaccins. Il faut que le vaccin soit capable d'éliciter une réponse immunitaire et c'est ainsi que sont ajoutés des adjuvants et programmées les doses de rappel. Le vaccin à ARNm est un produit très fragile qu'il faut conserver à de très basses températures afin d'éviter sa dégradation. Tous les laborantins le savent, l'ARNm est très fragile et susceptible d'être dégradé par des endonucléases contaminantes, il faut éviter de surcroît les congélations/décongélations successives. Pour pallier ces difficultés d'ordre technique, on recommande de le maintenir à -70 ou -80°C pour une longue durée, puis à -20°C quelque temps avant son utilisation finale. Les difficultés d'ordre logistique liées à leur distribution partout dans le monde représentent aussi un facteur contrant l'efficacité de la réponse vaccinale à la pandémie. Il faut rajouter à la préparation vaccinale tout un cocktail de conservateurs chimiques pour freiner sa dégradation. Dans le processus de fabrication et de conditionnement, des contaminants peuvent subsister, en l'occurrence des débris de cellules, des résidus d'acides nucléiques et des traces de solvants organiques. Tout ceci est injecté dans l'organisme dans l'espoir que l'antigène vaccinal induise une réponse immunitaire. En phase expérimentale, toute l'attention est focalisée sur la réaction immunitaire induite par le vaccin en occultant toutes les autres réactions de l'organisme et les risques liés à la distribution à l'échelle globale d'une population.

Avec la crise Covid, nous assistons de façon inédite au déploiement à l'échelle du globe de vaccins dont la formulation est encore à ce jour partiellement connue. La principale inquiétude vis-à-vis de ces vaccins nouvelle génération réside donc dans leur composition exacte. Personne, à part leur fabricant, ne connaît la véritable composition de ces vaccins. L'État se porte néanmoins garant de son innocuité. Les populations, contraintes à la vaccination (par des voies détournées), sont sommées de mettre leur confiance dans les autorités sanitaires.

Mais cette dernière ne se décrète pas. Des conflits d'intérêts avec les laboratoires pharmaceutiques incriminent des donneurs d'ordres institutionnels et des médecins, les laboratoires qui fabriquent ces vaccins anti-covid ont pu être eux-mêmes condamnés à plusieurs reprises par le passé pour corruption et charlatanisme. Accepter d'être vacciné est, en quelque sorte, le signe d'une adhésion ou *a minima* d'une résignation à la pression gouvernementale. Refuser l'injection est, à l'inverse, le signe d'une attitude irresponsable, et au pire, criminelle ! N'est-elle pas plutôt le signe d'une opposition à la politique menée en la circonstance ? Pour gérer la crise de la Covid 19, la politique vaccinale s'est imposée quasiment sans débat. La prise de décision, déléguée entièrement à un conseil de défense non élu dans le cadre d'un état d'urgence sanitaire décrété de façon autoritaire, s'inscrit dans une forme de dictature. Si la situation perdure au mépris du réel, des questions qu'il pose et que formulent des milliers de scientifiques « atterrés » (la pandémie a-t-elle existé vraiment ? quels sont les effets du vaccin (sûreté, efficacité, utilité ?), « la guerre » contre le virus risque de se révéler pour ce qu'elle est vraiment, à savoir une guerre contre les peuples. L'avenir nous le dira.

Pendant cette crise, nous avons subi des changements radicaux dans notre manière de vivre, et notre organisme a pu en être perturbé. Le port du masque et le confinement limitent nos échanges avec notre environnement, nous recevons moins de microbes, notre immunité est moins sollicitée. Paradoxalement, le vaccin anti-Covid sollicite activement notre immunité, ce qui risque de produire des orages cytokiniques. Les mesures sanitaires mises en place ne réduisent pas seulement la circulation du Covid, mais également d'autres microbes avec lesquels nous entrons habituellement en contact qui stimulent notre immunité et la maintiennent à un certain seuil d'activation. Nous perdons notre immunité hétérologue (immunité acquise contre un antigène A qui protège contre un antigène B même si A et B sont différents). Son déclin pourrait même nous rendre susceptibles à d'autres complications endogènes, infections latentes ou même foyers « dormants » de tumeurs. Les mesures sanitaires nous rendent par conséquent plus vulnérables, le temps que l'immunité retrouve son seuil initial d'activation. (Un mal pour un bien, dira-t-on !) Il ne faut pas oublier que les virus circulent constamment et qu'il y a toujours un risque qu'une souche virulente fasse son apparition. N'oublions pas non plus que notre immunité est robuste, équipée d'un répertoire extraordinaire de récepteurs et dotée de mécanismes ingénieux de neutralisation des antigènes. La diversité génétique de notre espèce sert de dernier recours dans le cas où une souche s'avère pandémique, car les individus ne répondent pas de la même façon au virus, et certains peuvent même l'éliminer et devenir immunisés. Nous comprenons pourquoi certains pays, notamment en Afrique, ont préféré miser sur l'immunisation collective de leur population plutôt que de mener des campagnes massives de vaccination. Notre immunité est programmée pour sonder l'environnement à chaque instant de notre vie, c'est une lutte perpétuelle contre tous les antigènes qui réussissent à outrepasser nos barrières de protection. Plus l'immunité est rodée, plus elle est efficace, car notre mémoire immunitaire se diversifie et le spectre de nos anticorps naturels s'agrandit.

L'échec de vaccins sans adjuvants nous renseignent sur l'immunité. Deux cas se présentent : 1) l'immunité innée agit seule ; 2) elle induit de surcroît une réponse adaptative en activant les LB ou les LT. Dans le premier scénario, l'antigène vaccinal est phagocyté par des macrophages et éliminé du circuit. Dans le second cas, il est capté par des CD immatures qui, devenues matures, vont recruter les LT et donc induire l'immunité adaptative. C'est donc l'activation conférée par des CPA qui détermine si le vaccin est efficace ou pas. L'antigène vaccinal est artificiel et de nature différente de celle des antigènes naturels qui sont souvent des particules vivantes (bactéries) ou virales. Les bactéries et les virus expriment la totalité de leurs protéines au cours de leur multiplication, et ils activent les cellules immunitaires innées comme les macrophages, cellules NK, CD, qui sécrètent des cytokines et créent un environnement favorable à une entrée en jeu de la réponse adaptative. De plus, ces antigènes naturels génèrent des signaux de stress puisqu'ils causent la mort cellulaire comme le postule la théorie du danger de Matzinger. C'est seulement lorsqu'il y a un danger imminent (signaux de stress cellulaires, mort cellulaire, sécrétion de cytokines inflammatoires, activation des macrophages et CD) que l'immunité est stimulée au plus haut niveau, c'est à dire que des LB et LT entrent en scène. La théorie du danger offre une explication satisfaisante pour comprendre pourquoi les vaccins sans adjuvant sont non-fonctionnels (à l'exception de ceux basés sur des souches atténuées) : ils ne génèrent pas les signaux du danger. Ceci nous amène à penser que les déterminants antigéniques d'une protéine ne sont pas suffisants en soi pour induire une réponse immunitaire, d'autres facteurs comme la nature chimique de l'antigène, ses propriétés biochimiques au sein de l'organisme, le fait qu'il active ou pas l'immunité innée, interviennent également dans l'induction d'une immunité durable. L'étrangeté d'un antigène, comme le postule le principe de continuité soulevé par T. Pradeu[49], n'est donc pas le seul facteur déclencheur. Les adjuvants, en l'occurrence les sels d'aluminium, permettent de prolonger la présence de l'antigène et donc d'induire plusieurs stimulations. S'il est capté par les CD, dans un environnement cytokinique favorable, alors il y a une chance qu'il induise une réponse adaptative. La théorie vaccinale n'est pas le fruit d'une science exacte mais elle découle de calculs de probabilité. Personne ne peut prédire son efficacité chez un sujet X. Chaque individu développe sa propre réaction à une préparation vaccinale. Le vaccin obligatoire établit une sélection artificielle (par référence à la sélection naturelle) qui va conférer un avantage sélectif aux seules personnes qui y répondent favorablement.

Les inquiétudes croissantes au sujet des vaccins ne devraient pas être ignorées. Il s'agit avant tout d'une question de bon sens. Une substance organique introduite dans le corps peut emprunter des circuits métaboliques autres que l'immunité et engendrer des effets secondaires. C'est vrai pour tous les médicaments à base de principe actif chimique. Un vaccin qui fonctionne chez un individu provoquerait parallèlement chez lui moins d'effets secondaires car il aurait emprunté le circuit immunitaire, mais un vaccin inefficace risque de causer des effets non escomptés. Une protéine est une séquence de plusieurs acides aminés qui, après son clivage, libère des peptides longs ou courts qui peuvent interagir avec d'autres molécules et produire des effets secondaires. Un antigène ne contient pas uniquement des épitopes, il comprend d'autres domaines fonctionnels capables de l'engager dans des interactions avec d'autres molécules de l'organisme. Une idée fausse domine selon laquelle un antigène vaccinal ne serait destiné qu'au circuit immunitaire (on a tendance à penser que le vaccin produit juste la réponse immunitaire). Pourtant, une protéine vaccinale peut exercer d'autres effets dans l'organisme en fonction des circuits métaboliques qu'elle intègre. Un antigène ne devient immunogène que s'il subit des dégradations protéolytiques dans les CPA produisant des épitopes capables de stimuler les LT, ce qui va par la suite causer son élimination de l'organisme. Tandis qu'un antigène non immunogène échappe au circuit immunitaire, il emprunte d'autres circuits métaboliques et sa persistance dans l'organisme peut produire des effets négatifs. Une protéine immunogène est destinée à disparaître de l'organisme et ses effets secondaires sont limités dans le temps. Seulement, les effets secondaires d'un vaccin peuvent aussi provenir des adjuvants et des ingrédients chimiques rajoutés pour préserver l'antigène vaccinal. Il se pourrait aussi que la vaccination entraîne un orage cytokinique accompagné de graves symptômes cliniques. On ne peut déterminer tous les circuits métaboliques qu'une protéine étrangère empruntera une fois introduite dans l'organisme. On ne peut savoir si elle sera reconnue par le SI. Et même si les adjuvants boostent l'immunité innée, un antigène vaccinal ne va pas forcément induire une réponse immunitaire, sauf si les CPA produisent des épitopes immunostimulants. Par contre, la stimulation par les adjuvants peut provoquer une réaction de défense de l'organisme qui l'interprète comme le signe d'une véritable agression, il risque ainsi de déclencher une forte inflammation au niveau du site d'injection. L'antigène vaccinal risque d'être détruit par les médiateurs de l'inflammation réduisant les chances qu'il intègre les circuits immunitaires en étant apprêté par les CPA. On en conclut que l'efficacité d'un vaccin ne dépend pas seulement de l'effet adjuvant mais surtout de la capacité de l'antigène d'intégrer les circuits immunitaires. Il faut un rapport optimal entre les effets adjuvants et la persistance de l'antigène dans le site de l'injection (assez longuement pour être apprêté par les CPA).

La nécessité d'injecter des doses de rappel s'explique par le fait que l'immunité se développe progressivement par paliers. Elles vont induire la multiplication des cellules mémoires et accroître leur nombre. Mais ces dernières subsisteront en grand nombre seulement si leur antigène spécifique réapparaît. Elles retrouveront un taux faible de division s'il fait défaut. De plus, la mémoire immunitaire s'estompe si la vaccination n'est pas suivie d'une infection naturelle. C'est véritablement dans le cas d'une probabilité élevée d'infection que le vaccin peut s'avérer utile car une immunisation naturelle booste le pool mémoire engendré par le vaccin. Une vaccination inductrice d'immunité constitue une expérience immunitaire qui laisse des traces capables de protéger contre d'autres infections, par immunité croisée ou immunité hétérologue. Mais, comme vous le savez, il n'y pas de consensus global concernant la vaccination générale, et ses détracteurs affirment que, dans la plupart des cas, les immunisations naturelles renforcent suffisamment l'immunité pour aider l'organisme à réajuster son équilibre face aux agressions de l'environnement. D'ailleurs, ne devrions-nous pas être plus prudents dans la situation actuelle de vaccination massive contre la Covid, sachant que Pfizer, le fournisseur principal de vaccin ARNm, a été à maintes reprises poursuivi par la justice fédérale américaine et a payé des millions de dollars d'amendes pour manquements à la bioéthique, pour fraudes, conflits d'intérêts et autres ?[90] (Bastien L, 2021).

Comme le postule la théorie du danger de Matzinger, l'immunité innée et ses signaux de danger (stress cellulaire, nécrose tissulaire, etc.) jouent un rôle capital dans l'induction de la réponse immunitaire adaptative. L'échec relatif des vaccins est certainement dû à leur incapacité à reproduire le contexte d'une infection naturelle. Pour résumer, il semble que des « lanceurs d'alerte », signaux de danger et peut-être d'autres mécanismes non encore élucidés, stimulent et soutiennent l'immunité innée, alors qu'une immunisation artificielle n'est pas toujours capable de le faire. Les adjuvants interviennent pour pallier cette carence en ce sens qu'ils sont chargés de stimuler des lanceurs d'alerte ou de générer les signaux de stress. Alors, je pose la question suivante, question sacrilège compte tenu du crédit inconditionnel apporté à cette technique thérapeutique et à ses bienfaits supposés en matière de santé publique : le vaccin, tel qu'il est mis au point depuis Pasteur, est-il vraiment utile ? L'humanité a survécu des millénaires sans aucun vaccin. Laisser une immunisation naturelle s'installer vaudrait peut-être mieux que de chercher à la provoquer en courant les risques inhérents à l'injection de matériel étranger dans l'organisme. Cette idée entre évidemment en conflit avec des intérêts financiers énormes. Vous objecterez que la vaccination a permis d'éradiquer des maladies invalidantes ou mortelles comme la polio, la tuberculose, la diphtérie, etc. L'amélioration sensible des conditions de vie et d'hygiène, le meilleur accès aux soins, coïncident également avec la disparition de ces maladies ; ne seraient-ils pas un facteur au moins aussi déterminant ? Mais revenons à la maladie de la Covid 19.

La vaccination généralisée et obligatoire offre à nos gouvernements des solutions pratiques de gestion des populations, à savoir : 1) Traiter un grand nombre d'individus au sein de la population avec la même préparation vaccinale, ce qui permet de mieux cerner ses effets. 2) Faire face à une épidémie infectieuse provoquée par un virus nouveau quand d'autres traitements sont (soi-disant) inefficaces ou indisponibles. 3) Faire de la prévention à grande échelle et éviter d'engorger l'hôpital. 4) Établir un traçage des vaccinés.

Pourtant, cette politique du tout vaccinal comporte de sérieux écueils, légaux tout d'abord : la vaccination obligatoire contrevient aux droits fondamentaux et au consentement libre et éclairé ; scientifiques ensuite : la science offre la possibilité d'envisager d'autres alternatives mais les débats contradictoires ont été systématiquement rejetés ; sanitaires enfin : il s'avère que le vaccin est un échec, comme le montrent les observations plusieurs mois après la vaccination : ni efficace, ni sûr, ni (sans doute) utile.

Un vaccin est un traitement médical comme un autre, il ne doit pas être considéré comme une solution miracle mais comme une solution thérapeutique avec ses avantages et ses inconvénients. Occulter la réalité sur ces derniers ne va faire que discréditer davantage les injections.

Il faut tirer des leçons de l'expérience et comprendre la raison pour laquelle des antigènes immunogènes ne suscitent pas de réponse immunitaire par eux-mêmes. Cette question mérite d'être approfondie. Le fait que le vaccin ne reproduise pas les conditions d'une immunisation naturelle (un virus inactivé ne va pas produire des protéines virales en continu pour stimuler la réponse des LTC), ne devrait pas nous échapper. Une infection naturelle produit en continu des particules virales alors que le vaccin en contient une quantité limitée. Seules les protéines structurales faisant partie de la particule virale atténuée ou inactivée seront apprêtées par les CPA dans un premier temps. En d'autres termes, seules celles qui sont ancrées dans l'enveloppe de la particule leur servant de clef pour entrer dans la cellule peuvent induire des anticorps neutralisants ou une réponse-T efficace. En revanche, une particule virale atténuée peut se répliquer à un faible taux, ce qui accroîtra les chances d'une immunisation complète bien qu'il existe un risque que l'infection virale devienne incontrôlable après un certain nombre de cycles de réplication. D'autres protéines virales qui s'expriment *de novo* au cours de la réplication virale peuvent conférer une immunité protectrice, mais elles ne sont pas produites par des vaccins à virus inactivé. Pour résumer, une vaccination a pour fonction de bloquer l'infection virale ou d'empêcher le virus de s'installer et d'entamer ses cycles de réplication. Elle n'est efficace que dans ce cas. Mais, malgré cet effet protecteur du vaccin, une infection naturelle est meilleure car elle induit une immunité protectrice plus robuste étant donné qu'elle génère une variété d'épitopes et qu'elle sollicite davantage de mécanismes immunitaires. L'immunité, quand elle fonctionne bien, empêche le virus de se répliquer et réduit ses chances de muter, alors qu'un vaccin, ciblant un composant particulier, peut s'avérer inefficace si le virus mute.

Par ailleurs, le grand avantage que l'on peut tirer d'une immunisation naturelle des populations est le fait de pouvoir déterminer les protéines du microbe qui ont induit une protection afin de les utiliser ultérieurement pour réduire sa propagation par immunisation passive. C'est une approche plus sûre que l'approche vaccinale massive et préventive pour laquelle on ne sait pas si l'immunité a été induite et si elle est protectrice. Si un microbe déclenche une maladie que l'on peut traiter avec des médicaments (antibiotiques par exemple), il vaut mieux laisser la population s'immuniser naturellement. Tout en déterminant avec précision les protéines virales ou bactériennes ciblées par le SI, ce qui servira non seulement à combattre l'agent dont elles sont issues mais aussi d'autres types de pathogènes apparentés. L'immunisation naturelle peut servir d'observatoire pour comprendre comment l'immunité les neutralise.

Nous voyons donc qu'un vaccin administré pour combattre une nouvelle épidémie, sans le recul suffisant sur ses effets induits, demeure un pari très risqué. Quand nous sommes malades, nous prenons des médicaments. Pour le vaccin, nous préparons notre organisme à une maladie virale potentielle avant même qu'elle ne se déclare. Le vaccin induira la formation de nouvelles cellules mémoires spécifiques d'un antigène, et c'est cette mémoire qui compte. Mais le vaccin ne nous protègera que si la mémoire induite affronte naturellement l'infection. Avec le vaccin, on simule une infection sans pouvoir reproduire exactement son contexte naturel, ni prédire si le vaccin serait protecteur face à l'infection, ni même prédire la survenue de l'infection par contact naturel avec le virus. C'est seulement quand le vaccin est utilisé en cas de véritable pandémie (à la lumière des chiffres de Réseau Sentinelles[1] depuis 2020, on peut légitimement se poser la question pour la Covid) qu'il peut s'avérer efficace, si toutefois il induit une immunité neutralisante. Il est important de repenser la question de la stratégie vaccinale. Les individus qui ont été infectés et sont guéris naturellement représentent une source précieuse d'informations. Nous pourrions déterminer les épitopes contre lesquels leur sérum ou leurs LT réagissent et ainsi en déduire lequel est neutralisant. On pourrait aller jusqu'à produire des sérums ou des anticorps monoclonaux qui serviraient d'immunisation passive pour des individus particulièrement exposés ou vulnérables. C'est de cette manière que nous pourrions

[1] Ce système national de surveillance permet le recueil, l'analyse, la prévision et la redistribution en temps réel de données épidémiologiques issues de l'activité des médecins généralistes libéraux. Il s'intègre aux dispositifs de surveillance mis en place par Santé Publique France.

freiner la propagation virale. Et enfin, il s'agit de calmer les craintes au sujet des virus car la peur a été savamment orchestrée lors de l'épisode Covid ! Sachez qu'une épidémie a une durée limitée dans le temps, que les mutations successives des virus diminuent leur virulence et que, lorsque l'infection par un virus est endiguée, les virus qui lui sont apparentés perdent également de leur virulence et réduisent leur taux de réplication.

Ce que nous apprenons des vaccins c'est que la discrimination entre le soi et le non-soi n'est pas un processus immédiat, elle résulte d'un long processus. D'abord l'antigène est capté par des CPA qui vont l'apprêter en association avec les molécules CMH. Si l'antigène, virus ou bactérie, entraîne la lyse cellulaire, des signaux de danger vont activer les CPA. Ces dernières devront interagir avec les lymphocytes naïfs, ce qui va nécessiter un certain laps de temps. C'est seulement après une réponse immunitaire cellulaire ou humorale que l'on peut affirmer que le SI a pu discriminer entre le soi et le non-soi. En revanche, au cours de la réponse immunitaire secondaire, on peut suggérer que la discrimination soi/non-soi est quasi-immédiate. Plus l'antigène persiste dans l'organisme, meilleures sont ses chances d'induire une réponse immunitaire adaptative. L'introduction systématique d'adjuvants suggère que la réponse adaptative est exceptionnelle dans la mesure où elle ne peut pas apparaître sans l'activation de l'immunité innée. C'est pourquoi les adjuvants visent ces deux paramètres majeurs : la persistance de l'antigène et le renforcement de l'immunité innée. La sélection clonale semble être vouée à l'élimination des antigènes présents en grande quantité ou persistants dans le corps. Des bactéries ou des virus qui se reproduisent finissent par saturer les récepteurs des CPA et induire en conséquence une réponse adaptative. La discrimination entre le soi et non-soi fonctionne en deux temps : d'abord l'immunité innée, ensuite la sélection clonale. Les deux immunités coexistent tant que l'antigène circule dans l'organisme.

Comment est-il possible qu'un processus aussi vital que la discrimination soi/non-soi par la sélection clonale ne s'exerce qu'après un certain délai ? Ne devrait-elle pas être immédiate ? Ce délai laisse le temps à des microbes d'infecter les cellules et d'entamer leur cycle de réplication. Tout se passe comme si des signaux devaient être générés au préalable avant que l'immunité n'entre en jeu. Ceci corrobore le postulat de la théorie du danger : une bactérie ou un virus qui se réplique à un faible taux sans causer de nécrose va échapper au SI, et si une souche plus virulente fait son apparition, les tissus vont subir des dégâts avant que le SI n'entre en jeu. C'est comme si l'immunité était calibrée et n'entrait en jeu qu'une fois un seuil critique dépassé. Ce paradoxe met en évidence le problème posé par les maladies chroniques (comme le cancer) ou auto-immunes pour lesquelles une anomalie importante, supposément établie en dessous de ce seuil, est ignorée par le SI et ne sera repérée qu'une fois le seuil alarmant, quelquefois fatidique, dépassé. Ceci laisserait à penser que l'immunité adaptative est une solution de dernier recours. Le nouveau concept d'immunité hétérologue[47-48] apporte une solution pertinente à cette question : il suggère que c'est, en fait, notre passé immunologique constitué des infections passées, de nos anticorps naturels et du seuil d'activation de nos cellules mémoires en circulation, qui assure notre protection immédiate face à une infection (dans un premier temps). C'est seulement lorsqu'un nouveau pathogène possède des épitopes exceptionnels avec une discontinuité antigénique, qu'il aurait une chance de passer outre notre passé immunologique. On observe ce scénario avec des virus à ARN hypervariable.

Notre immunité évolue avec le temps. Au début de notre vie, nous acquérons une histoire immunologique qui évolue en parallèle avec les expériences vécues relatives aux conditions du milieu. Avec l'avancée en âge, nous sommes suffisamment équipés en anticorps et en cellules mémoires. Les infections naturelles renforcent notre immunité et nous dotent d'un arsenal incroyable de défenses naturelles. Nous devrions par conséquent privilégier un mode de vie où les contacts avec les autres et le milieu naturel seraient nombreux, plutôt qu'un mode de vie où tout est aseptisé et les contacts réduits ou protégés à outrance. Nos modes de vie sédentarisés dans des environnements artificiels ne nous ont-ils pas rendus plus fragiles du point de vue immunitaire ? N'ont-ils pas provoqué une contraction de notre pool mémoire et de notre immunité hétérologue, nous laissant désarmés face à des microbes entraînés ? Il faut savoir cohabiter et grandir avec nos adversaires comme on le fait avec nos alliés, les deux nous enseignent et nous renforcent. D'ailleurs, *les virus sont-ils réellement nos ennemis ? Ne sont-ils pas plutôt les protagonistes responsables de ce pool mémoire nécessaire à l'adaptation dans nos milieux sans cesse en transformation ?* Une immunisation artificielle est interprétée par l'organisme comme une rupture de son intégrité. Elle va certes générer des signaux de danger mais ceux-ci auront un impact au-delà de nos mécanismes immunitaires. Dans ce contexte, les organes et tissus sont mis sous stress, ce qui les rend plus susceptibles à de brusques anomalies. Une protéine vaccinale peut aussi interférer avec des réactions métaboliques et perturber la machinerie de la cellule. Afin de mieux éclaircir ce point, considérons ce simple exemple. Un voleur entre par effraction dans une maison en endommageant sérieusement la porte d'entrée et, au passage, en détruisant du mobilier avant de s'emparer du butin. Les préjudices sont de plusieurs ordres, et en même temps que l'on estimera la valeur du butin dérobé, il faudra inspecter les lieux, estimer les dégâts et les faire réparer ou remplacer, tout en renforçant les systèmes de sécurité pour éviter que la chose ne se reproduise. D'une manière analogue, l'organisme va concentrer ses efforts pour colmater la brèche causée par l'injection, et ensuite il s'assurera qu'un danger ne s'est pas infiltré à l'intérieur. Cette mobilisation immédiate se fait grâce à des mécanismes de réparation sous contrôle du SN. De sorte que la réponse attendue par la vaccination sera biaisée par cette réaction automatique du SN. C'est seulement quand cette étape sera dépassée que l'immunité entrera en jeu pour éliminer les antigènes qui ont persisté. Et même si l'on supposait qu'une vaccination est effectuée par une autre voie que celle de l'injection, le fait d'en être conscient mobilisera des mécanismes réactionnels contrôlés par le SNC. On pourrait alors se demander, sans entrer plus avant dans la discussion, si les effets d'une vaccination faite à l'insu du receveur (les effets nocébo ou placébo rendus inopérants par exemple) seraient significativement différents.

Le rôle endogène de l'immunité

L'immunité permet aux tissus différenciés des métazoaires évolués de fonctionner ensemble. Les infections virales ou bactériennes, qui surviennent inéluctablement à un moment ou un autre de la vie, sont traitées comme des anomalies du soi au même titre que des perturbations endogènes. L'immunité a toujours lieu au sein de l'organisme. Antigène exogène ou endogène, tissu cancéreux ou infecté par un virus, prolifération bactérienne, mobilisent tous le même mécanisme d'activation cellulaire. C'est au sein du soi que l'immunité rejette le non-soi. À l'image du bon grain séparé de l'ivraie lors de la récolte, le non-soi est retiré du soi, les deux étant entremêlés. Si la discrimination soi/non-soi est évidente à l'échelle de l'organisme en contact avec l'extérieur, elle est par contre plus complexe à l'intérieur de l'organisme où soi et non-soi cohabitent en continu. Par conséquent, l'immunité est une fonction permanente au sein de l'organisme. Parfois le SI est lui-même responsable de symptômes cliniques mais, la plupart du temps, il opère discrètement. L'immunité est aussi régulière que notre respiration. La vie semble être un phénomène qui se renouvelle à chaque instant, elle peut très bien disparaître si les forces de l'organisme sont incapables de neutraliser les dangers qui le menacent de l'intérieur ou à l'extérieur. Il est important de concevoir l'immunité comme étant une fonction endogène continue plutôt que de la réduire à une réponse induite par des immunogènes.

De la même manière, les anticorps ne devraient pas être perçus comme des récepteurs en attente d'antigènes exogènes issus de l'environnement extérieur ; ils jouent continuellement leur rôle au sein de l'organisme en contribuant au maintien de son métabolisme. Supposons qu'une protéine du soi soit malformée ou qu'elle ait subi une mutation qui altère sa conformation, elle pourra être détectée par des anticorps et éliminée d'une manière similaire qu'un antigène exogène. Une cellule cancéreuse exprimant une protéine membranaire immunogène sera repérée par des anticorps naturels cross-réactifs ou néosynthétisés suite à une activation des LB. Pour pouvoir cohabiter et survivre aux invasions virales et bactériennes qui ont produit une diversité d'antigènes au sein de l'organisme tout au long de l'évolution, les hauts vertébrés ont fabriqué un répertoire impressionnant de récepteurs qui empêchent que ces invasions ne bloquent le métabolisme de l'organisme. N'oublions pas que c'est le métabolisme qui contrôle le fonctionnement de l'organisme et que les êtres vivants partagent au moins 500 réactions métaboliques communes.

Une partie des récepteurs innés ou acquis sont dédiés à des pathogènes. Pourtant, les parasites ne sont pas toujours vaincus ou éliminés ; l'immunité peut s'atténuer à un point d'équilibre et les tolérer. Une réplication virale est, soit éradiquée, soit maintenue à un taux très faible. Pour les bactéries, une symbiose s'installe. Cela n'équivaut cependant pas à un traité de paix car les bactéries sont en symbiose tant que l'immunité les contrôle. Mais, comme on le sait, une immunodéficience acquise ou une perturbation des systèmes de régulation immunitaire peut activer les bactéries symbiotiques qui envahissent alors tout l'organisme. Celui-ci n'a pas d'autre choix que de signer un pacte de non-agression avec les pathogènes naturels, ce qui aboutit à l'hébergement du non-soi au sein même de l'organisme. Sans cela, ce serait la guerre perpétuelle, dévastatrice à cause des dégâts tissulaires qu'elle engendrerait (causés par la réponse immunitaire). D'ailleurs, seules de nouvelles souches virales ou bactériennes apparaissant subitement sont déclarées responsables des épidémies. La survenue des épidémies reste pourtant une énigme malgré les affirmations selon lesquelles un micro-organisme en serait le seul responsable. En effet, à l'âge adulte nous disposons d'une immunité assez robuste pour neutraliser toutes les infections naturelles, et la transmission d'un nouvel agent pathogène dans la population est un phénomène rare, même dans les pays défavorisés. C'est pourquoi on évoque, comme cause de la survenue d'une épidémie nouvelle, les zoonoses et les virus mutants. Il est d'ailleurs tout à fait possible techniquement que des souches virales artificielles, produites dans des laboratoires par hybridation de deux ou plusieurs virus pour décupler leur pathogénicité, aient été disséminées dans la population. Intentionnellement ou non. Dans le premier cas, les pandémies serviraient de faux-prétextes pour faire avancer un agenda politique occulte et mortifère. Un crime de masse parfait !

Nous disposons d'une immunité innée et de cellules mémoires qui réagissent efficacement au retour d'un pathogène dans l'organisme jusqu'à ce qu'il change de tactique ou de récepteurs afin de contourner ces lignes de défenses. On observe ce cas de figure avec les virus hypervariables (virus à ARN). Toutefois, l'immunité n'est pas aussi spécifique qu'on le croit, sinon elle aurait échoué à faire face à la quantité quasi-infinie d'antigènes. Elle est plutôt cross-réactive, et de ce fait, nos anticorps naturels, nos cellules mémoires, sont capables de neutraliser un certain spectre d'antigènes possédant des déterminants antigéniques homologues. Chez les virus hypervariables, certaines protéines cruciales pour leur cycle viral, sont immunogènes : leur ciblage par l'immunité permet d'abolir leur réplication. Les cellules hôtes infectées présentent des aberrations au niveau de leur membrane plasmique car il y a un échange permanent entre le cytosol et cette dernière, activant ainsi l'émission des signaux de stress et de danger. À défaut de détecter la particule virale elle-même, l'immunité peut repérer les cellules infectées et les détruire. Ces mécanismes opèrent à chaque instant dans notre organisme car nous sommes colonisés à tout moment par des virus et des bactéries qui s'introduisent dans notre organisme par les voies respiratoires, digestives et génitales. C'est seulement lorsque ces mécanismes sont inefficaces que les symptômes apparaissent. L'immunité peut échouer, et son échec n'est pas toujours une fatalité, il peut être causé par des perturbations provisoires ou des traitements médicamenteux.

L'immunité semble être centrée sur le fonctionnement de l'organisme, les agressions venant de l'extérieur sont traitées au même titre que les anomalies endogènes. Cette idée a été défendue par Niels Jerne dans son article fondateur publié en 1974 qui postule que le SI est autocentré, c'est-à-dire réagissant la plupart du temps au soi, et non au non-soi (Civello A, 2013) [49,91]. Le SI, comme tous les autres systèmes fonctionnels de l'organisme, a pour fonction principale de contribuer à la viabilité et à l'adaptabilité de l'être vivant. C'est justement l'établissement de l'identité du soi au cours de la croissance de l'organisme qui lui permet de repérer le non-soi.

Au long de l'évolution des espèces, l'immunité garde trace des envahisseurs, c'est ce qui explique l'origine de nos récepteurs immunitaires innées. Notre espèce a toujours connu des immunisations naturelles jusqu'à l'avènement des vaccins. La vaccination serait une nouvelle expérience pour notre espèce. N'oublions pas que cette dernière a une mémoire et que, par conséquent, ces immunisations artificielles étant mémorisées, de nouveaux mécanismes sont susceptibles de voir le jour pour neutraliser ces antigènes administrés artificiellement. L'espèce est constamment soumise à la pression sélective, toute expérience à laquelle elle est confrontée est enregistrée et devient une information qui induira une réaction au cours du processus évolutif. Les infections par les virus et les bactéries ont été perçues dès l'apparition de notre espèce comme une contrainte majeure à laquelle elle a dû s'adapter. Notre organisme s'est ainsi doté de barrières physiques et de mécanismes métaboliques pour maintenir ces infections à un seuil non critique. En définitive, l'espèce adopte toujours la solution optimale pour neutraliser le danger inhérent à la contrainte. Afin d'illustrer ceci, considérons l'effet de l'altitude qui agit sur l'organisme par la diminution de la pression partielle de l'oxygène dans l'air inspiré, par l'abaissement de la température, par l'action du rayonnement solaire. Ce phénomène induit, chez l'individu confronté à la raréfaction de l'oxygène, une hyperventilation, c'est-à-dire une augmentation du rythme de la respiration, une augmentation de la fréquence cardiaque et du nombre de globules rouges dans le sang (polyglobulie) pour réagir à l'hypoxie. L'altitude induit des changements au sein de notre organisme qui vont neutraliser ses effets. L'ensemble de ces changements mobilisés dans des conditions données constituent la meilleure solution apportée par l'espèce à la contrainte issue du milieu. De manière similaire, l'immunité innée serait constituée des traces des mécanismes de défense de l'espèce mis en œuvre au fil du temps pour neutraliser les infections les plus fréquentes dans son milieu. Elle serait la réponse optimale aux multiples microbes rencontrés depuis un passé lointain.

L'espèce s'est adaptée par ses propres moyens aux infections, si bien que les vaccins constituent une perturbation dans son mouvement naturel. Le temps long nous dira si cette intervention humaine dans le mécanisme de l'immunité est bénéfique ou non pour l'espèce ; soit elle réagira négativement aux vaccins (si elle les mémorise en tant que dangers), au mieux, en les bloquant par des mécanismes de dégradation et d'évacuation, au pire, en affectant durablement l'immunité naturelle, soit elle les mémorisera en tant que solution bénéfique aux infections (et dans ce cas, les vaccins gagneront en efficacité). Si le vaccin contribue réellement à la bonne santé de l'individu, il deviendra un outil positif de la sélection naturelle. Même si la vaccination représente une intervention artificielle, l'espèce va la mémoriser comme une expérience naturelle, et ainsi le vaccin peut avoir un impact sur son évolution. L'espèce est une entité animale, concernée par une seule chose : sa conservation. Pour elle, le vaccin est une nouveauté. Si, à cette échelle, il présente des caractéristiques globalement avantageuses, elle va probablement l'accepter. Si ce n'est pas le cas, elle mobilisera tous ses moyens pour le détruire et elle pourra conformer sa machinerie métabolique pour s'en débarrasser. Le vaccin serait une expérimentation, non seulement sur l'individu, mais également sur l'espèce toute entière. Elle seule décidera de son sort au long de son évolution.

Cette interférence avec l'histoire naturelle de notre espèce pourrait avoir des effets collatéraux dont personne ne peut aujourd'hui prédire l'importance. Quel que soit le mode d'administration des vaccins dans le corps, l'espèce va apprendre qu'il existe une nouvelle voie de contamination. Les vaccins sont des inventions relativement récentes dans l'histoire humaine qui n'agiront pas dans l'avenir seulement au niveau de l'individu mais aussi sur celui de toute l'espèce. Et ceci est d'autant plus vrai (et plus inquiétant) pour les vaccins ARNm à base de matériel génétiquement modifié.

Y aurait-il une transmission des caractères acquis de l'immunité ?

Tous les individus de notre espèce ont une histoire immunologique puisqu'ils ont connu une série d'infections depuis leur naissance. Cependant, la théorie actuelle en immunologie nous enseigne que seuls les récepteurs de l'immunité innée sont transmis de génération en génération, et non ceux de l'immunité acquise, TCR et BCR. Étant donné que les mutations ayant lieu dans les cellules somatiques ne sont pas transmises par l'hérédité, l'espèce ne tirerait aucun profit de son immunité acquise. Ses expériences ne peuvent être transmises de génération en génération que s'il y a une communication entre le soma et le germen par des mécanismes épigénétiques qui transmettraient de l'information aux futures générations. La théorie nous enseigne qu'il n'y a pas de transmission intergénérationnelle des caractères acquis (comme les récepteurs immunitaires adaptatifs). Pourtant, il se pourrait que les cellules somatiques transmettent des informations aux cellules germinales pour les guider à fabriquer des récepteurs adaptatifs, en particulier ceux qui ont procuré un avantage sélectif aux individus immunisés. C'est une question qui mérite d'être explorée et débattue. Il est difficile d'admettre que tous les changements ayant lieu dans les gènes immunitaires des lymphocytes, qui leur permettent de produire des TCR et BCR capables de neutraliser des antigènes, soient perdus à jamais et, qu'à chaque génération, le compteur est remis à 0.

Quand la théorie actuelle en immunologie postule que le mécanisme de genèse de TCR ou BCR redémarre à chaque génération avec le même risque de produire des récepteurs incapables de neutraliser des antigènes toxiques, en particulier ceux qui font partie intégrante de l'environnement, n'est-on pas devant un paradoxe ? L'évolution n'opère pas de marches arrière, et quand elle adopte une solution, elle la maintient en l'améliorant graduellement. Admettons que la théorie dise vrai, alors l'évolution ne serait pas unidirectionnelle comme on le croit, évoluant toujours du moins efficace au plus sophistiqué, elle évoluerait plutôt par phases successives, alternant progression et régression jusqu'à ce qu'elle trouve la solution optimale. Celle-ci serait alors adoptée comme réponse définitive. Le SI, tel qu'on le connaît aujourd'hui chez les mammifères, serait encore imparfait et nécessiterait des réajustements évolutifs. *L'immunité la plus parfaite serait entièrement invariante et innée.*

Nous pourrions malgré tout envisager un autre scénario en accord avec le modèle théorique. Imaginez que vous êtes un champion notoire de rallye tandis que votre enfant, n'ayant aucun goût ni pour la vitesse ni pour la mécanique, se trouve obligé de batailler pour obtenir son permis de conduire. Votre enfant n'a pas hérité de votre savoir-faire. Il doit tout (ré)apprendre par lui-même. L'immunité adaptative fonctionne pareillement : un individu fabrique des milliards de TCR et BCR lui permettant de neutraliser des antigènes avec une grande efficacité sans que cette information génétique vitale ne bénéficie à sa descendance car elle a lieu dans les cellules somatiques. Leur fabrication se répète à chaque génération. Pourtant, même si le mécanisme est aléatoire, il se déroule toujours de la même façon, c'est-à-dire qu'il aboutit aux mêmes recombinaisons et recollages des gènes V, D et J. Étant donné le nombre colossal de recombinaisons entre les segments V(D)J (plusieurs milliards de fois dans le même individu et plusieurs milliards de milliards de fois dans l'espèce entière), des résultats identiques pourraient survenir horizontalement (dans la même génération) ou verticalement (d'une génération à une autre). Plus le nombre de combinaisons générées est colossal, plus grandes sont les chances que des combinaisons identiques se reproduisent. Par conséquent, même si le mécanisme de recollage V(D)J s'actualise à chaque génération, étant donné le nombre colossal de possibilités, des récepteurs de mêmes spécificités réapparaissent par hasard. Notons que toutes les combinaisons V(D)J ne sont pas fonctionnelles, une partie d'entre elles ne sert à rien. Le hasard n'est pas aussi efficace qu'un déterminisme dont l'effet est prédictible. L'argument selon lequel la production aléatoire de TCR/BCR va toujours créer les récepteurs utiles de génération en génération est en contradiction avec l'idée évolutionniste selon laquelle les gènes utiles tendent à dominer dans l'espèce par le processus de la sélection naturelle. Or, dans l'immunité adaptative, la sélection naturelle opère une seule fois au niveau de la cellule germinale tandis qu'elle ignore les gènes des cellules somatiques qui ont conféré un grand avantage de survie à l'organisme. C'est le mécanisme de recombinaison et de recollage V(D)J qui est transmis en réalité. C'est comme si vous vendiez un logiciel et laissiez les acquéreurs l'utiliser librement. C'est ce qui se passe avec internet, ouvert à tous, et utilisé à la guise de chacun. On pourrait supposer, pour rester cohérent avec le modèle théorique, que l'espèce va plutôt améliorer le mécanisme VDJ (ou améliorer le logiciel) pour qu'il produise des récepteurs utiles, et ce, à chaque génération.

Ce mécanisme combinatoire se déroule théoriquement d'une façon unique dans chaque LT ou LB. Afin de valider le modèle théorique, il faudrait démontrer d'une manière directe que plusieurs individus possèdent plusieurs millions de TCR et BCR uniques, ce qui est techniquement très difficile. Le mécanisme de recombinaison se déroule toujours de la même façon. Seule la cellule somatique, LT ou LB, introduit des erreurs dans les gènes V(D)J, créant alors des récepteurs uniques, mais leur unicité se réduit à quelques nucléotides. Il est néanmoins surprenant que l'espèce mette en place un système qu'elle ne contrôlera plus, sachant que les erreurs surviennent aléatoirement dans les LT et LB.

Je suggère ici une autre possibilité : la marge d'erreur offerte aux lymphocytes est limitée de telle sorte que les LT et les LB produisent le même répertoire chez tous les individus. En d'autres termes, l'espèce a constitué le mécanisme combinatoire V(D)J en lui imposant des limites de variabilité. Envisageons plusieurs scénarios : 1) Le répertoire varie à l'infini et donc chaque récepteur est unique, la marge d'erreur serait alors illimitée. 2) Le répertoire varie d'une manière fixe et nous obtiendrons ainsi un certain nombre de récepteurs identiques. En d'autres termes, des clones de lymphocytes produisent le même récepteur. 3) Le répertoire est constitué de sous-groupes de telle sorte que la variabilité au sein d'un sous-groupe serait inférieure à celle régnant dans tout le répertoire. Dans les deux derniers cas, nous pourrions supposer que le répertoire serait identique chez tous les individus de la même génération ou d'une génération à l'autre. Ces hypothèses suggèrent que l'immunité adaptative serait innée car même la variabilité introduite par la cellule somatique est limitée à l'intérieur d'une marge définie dans la cellule germinale. C'est l'espèce qui fixe la marge de variabilité ; elle peut la réduire ou l'augmenter selon les conditions du milieu. La vision néodarwiniste de l'immunologie pourrait nous induire en erreur en attribuant au hasard tout ce que nous ne voulons pas comprendre. Mais si nous changeons d'angle de vue, en ayant à l'esprit que l'espèce est détentrice d'une mémoire qui archive et réutilise toutes les informations qu'elle a stockées à court, moyen et long-terme, nous comprendrons que toutes les fonctions de l'organisme obéissent à un programme. Comme je l'ai développé plus haut, pour parvenir à identifier ce programme, il faudrait d'abord construire tout le réseau fonctionnel d'une cellule, puis de tout un tissu. Ainsi, nous verrions l'information qui se transmet d'un point à un autre. Cette intégration de l'information dans le réseau suggère l'existence d'un programme. Tout serait ainsi écrit à l'avance.

Quoi qu'il en soit, en partant du postulat de la séparation entre le soma et le germen, la théorie de l'immunologie s'expose à des controverses qui renvoient à la délicate question de la transmission des caractères acquis. La reproduction sexuée qui a permis, grâce au brassage des gènes, l'évolution de nombreuses espèces animales, aurait conduit à la séparation d'une lignée germinale immortelle et du soma mortel. Le weismannisme, qui défend cette opposition entre la continuité du germen et la discontinuité du soma, a dominé la biologie du 19ème siècle. Cette doctrine rejette l'idée d'une hérédité des caractères acquis. Chaque individu hérite de l'ADN souche qui va subir des mécanismes de recombinaison génétique dans les lymphocytes pour produire les récepteurs TCR et BCR. L'immunité se reconstruit à chaque génération dans chaque individu d'une manière qui lui est propre, et seuls les mécanismes de l'immunité innée sont communs aux individus de l'espèce. Cette dernière est héritée tandis que l'immunité adaptative est acquise selon un schéma qui varie d'un individu à l'autre. Pourtant, nous sommes tous confrontés aux mêmes microbes et nous réussissons, dans la majorité des cas, à les neutraliser naturellement, et ce, depuis des millénaires. Nous répondons aussi aux mêmes antigènes vaccinaux alors que chacun de nous a sa propre immunité adaptative. Ces constats accréditent la thèse de l'immunité intégralement innée, thèse qui s'oppose à la théorie actuelle. Cette dernière suggère que des mécanismes aléatoires aboutissent aux mêmes récepteurs TCR et BCR chez plusieurs individus de l'espèce. Les mêmes gènes V(D)J produisent une quantité quasi-infinie de possibilités pour conserver l'espèce face aux multiples agressions qui la menacent, qu'elles émanent de l'intérieur ou de l'extérieur. Alors, cela reviendrait à dire que l'infini émerge du fini puisque la variabilité des TCR et BCR peut aller jusqu'à l'infini ! Cela n'est pas raisonnable ! L'espèce est très prudente : elle dépense le minimum d'énergie possible pour résoudre un problème. Si tous les êtres vivants (ou même les virus) sont apparentés, surtout ceux qui sont phylogénétiquement proches (ou ayant des homologies au niveau de leurs protéines), alors en ciblant une structure commune d'épitope ou en fabriquant des récepteurs polyspécifiques (avec un faible degré de variabilité), l'espèce pourrait réussir à contrôler les infections à moindre coût.

Si le répertoire variait au gré du hasard, nous ne connaîtrions jamais la proportion de récepteurs utiles et inutiles, ce qui contredit le principe selon lequel l'espèce choisit toujours le mode économique pour sélectionner ses mécanismes de réaction. Nous ne pouvons pas prédire le type de spécificité, ni des TCR, ni des BCR, ce qui indique que la vaccination reste une loterie ou un jeu de probabilités dont il n'est pas possible de mesurer finement l'efficacité. Par conséquent, une telle approche ne devrait pas être utilisée chez l'humain comme protection d'infections virales qui n'ont pas encore eu lieu. L'administration d'un remède devrait répondre à des critères de prédictibilité et de reproductibilité, ce qui n'est pas le cas pour les vaccins mis au point pour des souches nouvelles. Il est sans doute temps de s'ouvrir à d'autres hypothèses et de considérer la possibilité que le répertoire ne varierait pas à l'infini et qu'une marge de variations est fixée dans les cellules germinales. Probablement, nos récepteurs ont une spécificité relative et sont cross-réactifs, ce qui fait qu'un nombre fini de récepteurs suffirait à neutraliser la grande diversité des épitopes naturels. Ceci indiquerait que tous les épitopes ont une configuration commune, ou variable à l'intérieur d'une marge.

Néanmoins, mis à part les quelques dilemmes que je viens d'exposer, la théorie actuelle de l'immunologie est une très bonne école pour quiconque voudrait comprendre comment le vivant intègre l'information du milieu et y réagit au moyen d'interactions molécule-molécule, molécule-cellule et cellule-cellule. Elle nous apprend que l'ADN peut changer sa propre structure et réorganiser ses gènes en en privilégiant certains afin de trouver des solutions aux contraintes. Il suffit de comparer l'ADN d'un lymphocyte différencié (CD4+ ou CD8+) à l'ADN précurseur d'un lymphocyte double-positif (CD4+CD8+) pour s'en rendre compte. Le génome peut se réduire à l'expression de quelques gènes pour que la cellule se spécialise en une seule fonction (sécrétion des anticorps ou activité cytotoxique). C'est ce qui se passe naturellement au cours de l'évolution d'une espèce chez laquelle l'ADN se remodèle jusqu'à trouver la combinaison des gènes la plus efficace pour répondre aux contraintes du milieu. C'est ainsi qu'une cellule peut éteindre un grand nombre de ses gènes et n'en garder que quelques-uns en activité. C'est grâce à ce mécanisme que notre sang est chargé d'anticorps naturels car les LB, à la fin de leur différenciation, se transforment en cellules uniquement dédiées à la production et à la sécrétion des anticorps. C'est aussi par ce même mécanisme que les métazoaires ont fait leur apparition : ils se sont d'abord constitués en colonies de cellules et, avec le temps, des groupes de cellules se sont spécialisées en favorisant l'expression de certains gènes et en réprimant les autres. Un métazoaire est le résultat d'une expression différentiée de gènes dans les cellules (et non leur expression en bloc dans la même cellule comme chez les protozoaires ou les bactéries). Le dialogue entre les gènes de différentes cellules s'accomplit grâce aux protéines et à d'autres mécanismes de transmission d'information. Dans les cellules immunitaires, seuls les gènes spécialisés dans la production de protéines de défense ont été sélectionnés. Tout ceci est très instructif. Faut-il en penser pour autant que tous ces mécanismes se sont construits par hasard ? Comme vous l'avez compris, je soutiens l'idée qu'ils sont tous programmés dans la cellule-œuf. L'espèce prend le contrôle de tout ce qui se passe dans l'organisme et ne laisse rien au hasard. Faites l'analogie avec les jeux dits de « hasard ». Au loto, la combinaison gagnante est très rare, un simple calcul de probabilité vous le démontre. Mais quand, malgré tout, vous tentez votre chance et que, logiquement, vous perdez, vous allez vous consolez en vous disant que vous n'avez pas eu de chance. Or, le résultat était prédit longtemps à l'avance. Le concept de hasard est ici employé à une fin : il sert de consolation aux nombreux perdants et de mirage providentiel aux rares gagnants, perpétuant ainsi l'illusion qui attirent toujours plus d'émules, au plus grand bonheur de la Française des Jeux (en ce qui concerne le loto).

L'origine évolutive de l'immunité

Pourquoi le mécanisme combinatoire des gènes au sein des lymphocytes est-il apparu plus tard au cours de l'évolution chez les hauts vertébrés ? Probablement pour deux raisons : contrer les stratégies dynamiques des parasites et veiller au bon fonctionnement du métabolisme. Ce dernier s'est considérablement complexifié avec l'apparition de nouvelles fonctions et l'augmentation phénoménale du nombre de cellules et leur spécialisation, ce qui exigeait la présence en continu d'un système de nettoyage, de réparation et de surveillance.

Du point de vue de certains évolutionnistes, l'immunité adaptative serait apparue la première fois chez les vertébrés à mâchoires. Cette hypothèse nommée « Jaw hypothesis », a été présentée par T. Matsunaga et son équipe[92-93] (Matsunaga, 1998 ; Bleyzac et Fellah, 2005). Ces chercheurs divisent les vertébrés en deux principaux groupes : les agnathes (sans mâchoire) et les gnathostomes (avec mâchoire). « Si les agnathes ont dominé les mers du paléozoïque inférieur il y a 450 à 500 millions d'années, ils ne sont aujourd'hui plus représentés que par deux ordres et par moins de cent espèces : les pétromysontiformes (lamproies) et les myxiniformes (myxines). Le système multi-récepteur se trouverait à même de répondre aux nombreux types d'infections liés à l'apparition de nouveaux antigènes issus de la prédation, elle-même rendue possible avec la mise en place d'une mâchoire articulée. (…) Le SI adaptatif serait né dans la région gastro-intestinale des poissons primitifs ayant, avec l'acquisition d'une cavité buccale pourvue de mâchoires, adopté une vie prédatrice. Le SI adaptatif aurait ensuite évolué avec l'apparition d'autres organes lymphoïdes comme le thymus et la rate ».

L'immunité innée opère chez les invertébrés, la preuve en est que le TLR a été découvert chez les insectes. L'immunité adaptative, quant à elle, serait une innovation efficace maintenue par la sélection naturelle grâce à laquelle elle a atteint un très haut degré de sophistication chez les hauts mammifères. Ceci suggère que la complexification des organismes supérieurs les a rendus plus susceptibles à des anomalies endogènes comme le cancer, ou exogènes comme les infections microbiennes. Comme nous le savons, l'immunité adaptative découle du jeu récepteurs-ligands qui contrôle la communication entre cellules. Sans cette communication, les métazoaires n'existeraient pas. Cette communication, par le jeu de récepteurs-ligands, a été réinvestie pour élaborer l'immunité innée et adaptative. Cette dernière serait devenue opérationnelle quand la communication intercellulaire a atteint un haut degré de robustesse. Elle s'est traduite par la circulation de médiateurs qui communiquent le message à des cellules proches ou distantes.

La communication entre les cellules, qui a débuté chez les colonies des protozoaires, a évolué en gagnant de la vitesse et de la spécificité. Au début, l'information circulait localement, puis elle s'est délocalisée en se transmettant de plus en plus rapidement à des cellules distantes les unes des autres. Un neurone reçoit de l'information par un influx nerveux puis la délivre sous forme de neurotransmetteur qui agit sur des cellules cibles dotées de récepteurs spécifiques comme dans le cas de la contraction musculaire. L'organisme est par conséquent capable de se mouvoir d'une manière précise et ordonnée. Une hormone va être sécrétée par le tissu producteur, va circuler dans le sang et agir sur des tissus distants. Au sein des tissus, les cellules communiquent par contact direct, par des médiateurs qui circulent à travers la membrane plasmique ou par des molécules qui se fixent sur leurs récepteurs. Des cellules initialement indépendantes et autonomes ont appris à vivre ensemble en mettant en place un système très sophistiqué de communication. Malgré tout, la vie de l'organisme métazoaire n'aurait pas été possible sans les barrières physiques qui le séparent de son milieu ; ainsi, le vivant est devenu confiné en lui-même. Les protozoaires sont en contact direct avec le milieu, leur vie se déroule dans le milieu même où ils vivent. Tandis que la vie des métazoaires se déroule dans un espace clos, séparé du milieu par des barrières. L'être vivant métazoaire contrôle ses échanges avec le milieu, il en prélève de la matière et de l'énergie en fonction de ses besoins.

Il serait faux de croire que les métazoaires ont commencé à combattre les parasites après qu'ils soient devenus des organismes bien délimités. En effet, toutes les formes vivantes sont isolées du milieu, par exemple la cellule procaryote est délimitée par une membrane plasmique doublée ou pas d'une paroi. Les parasites ont toujours été présents et le métazoaire les a affrontés tout au long de son existence. Certains ont été tolérés, voire invités à s'installer à la surface ou au sein de l'organisme, d'autres ont été repoussés par des mécanismes de défense. Donc, dire que le non-soi est séparé du soi est un peu étrange, les deux ayant toujours évolué conjointement. Ici on retrouve le concept de continuité de T. Pradeu[49] qui suggère le même postulat : le soi interagit en permanence avec le non-soi. Il y a quand même un point à éclaircir. L'interaction entre le soi et le non-soi n'a pas toujours été la même, elle est passée par des stades évolutifs au cours desquels elle a pris des directions divergentes. Il n'y a que chez les métazoaires les plus évolués (les vertébrés à mâchoires) que l'immunité adaptative s'observe. Au cours de l'évolution, les métazoaires se sont séparés du milieu dont ils forment une structure distincte, mais ils ne peuvent subsister sans en prélever ses ressources. Comparons un agriculteur des époques anciennes, qui labourait son champ manuellement ou à l'aide de la traction animale, avec un agriculteur moderne doté d'équipements sophistiqués. Dans le premier cas, le paysan est en contact direct avec la terre alors que dans le deuxième cas, l'agriculteur utilise des machines et des ordinateurs avec lesquels il analyse les informations qu'il collecte à distance de ses champs. De même, les êtres vivants primitifs vivaient en contact direct avec le milieu, alors que les organismes évolués ont développé un SN si performant qu'ils captent les signaux de l'environnement pour les décoder. Chez les métazoaires, les échanges avec le milieu sont contrôlés par des appareils spécifiquement dédiés à cette fonction, comme l'appareil respiratoire qui capte et transforme l'air ou l'appareil digestif qui fait de même avec les aliments. Notre organisme est recouvert et protégé par un épiderme étanche, doté de propriétés mécaniques et physico-chimiques, qui lui permet de réduire la pénétration des particules étrangères. Or, ces mêmes voies d'échange transportent des micro-organismes dont le métazoaire freine la propagation au sein de son organisme. Notre appareil digestif est, par exemple, équipé d'enzymes, en plus de l'acidité de l'estomac, qui sont hostiles à ces micro-organismes.

L'immunité ne s'est pas exclusivement constituée par le biais des luttes successives contre les parasites. Elle est présente depuis toujours pour assurer les fonctions de nettoyage par la phagocytose et veiller ainsi au bon déroulement du métabolisme. Le métazoaire a développé des récepteurs qui entrent en interaction avec les ligands de parasites. Leurs interactions étaient, depuis l'origine, de nature symbiotique, assurant la bonne cohabitation de l'ensemble. La preuve en est que notre organisme contient plus de bactéries que de cellules. La survenue des épidémies signifie que la symbiose est rompue, menaçant l'intégrité de l'organisme. Ceci reste un mystère. Les uns incrimineront les mutations des parasites, d'autres diront que la sédentarité a facilité leur transmission au sein des populations. La sédentarité est un facteur de risque certain quand elle concerne des populations à forte densité vivant dans des conditions très précaires. La sous-alimentation, le manque d'hygiène, la terreur, la grande précarité, tous ces facteurs qui contribuent à l'effondrement de l'immunité, laissent la voie libre aux infections. Ce ne sont pas les micro-organismes en soi qui sont dangereux pour les populations car les humains ont toujours évolué en leur présence. Le problème vient d'ailleurs.

Le métazoaire a développé un système de décodage des informations provenant du milieu qui représente l'ensemble des circuits métaboliques. Au cours de son évolution, il a eu besoin de nouveaux types de molécules et de nouveaux mécanismes de transfert d'énergie. Ces circuits sont programmés dès sa conception pour s'exécuter selon des scénarios bien établis. Or, deux contraintes majeures se sont imposées à lui : 1) Une anomalie endogène ou exogène qui perturbe le déroulement du métabolisme dans les tissus. 2) Un micro-organisme qui détourne les circuits métaboliques en sa faveur.

Des molécules venant de l'extérieur peuvent s'insinuer dans les réactions chimiques métaboliques et perturber leur déroulement. Une toxine par exemple va abolir une fonction vitale, un virus va détourner la machinerie cellulaire à son profit. La multicellularité des métazoaires les rend fragiles : un virus infectant un tissu peut facilement se transmettre d'une cellule à une autre, et une bactérie, en utilisant le réseau sanguin, peut se disséminer partout dans l'organisme. Ainsi, il aurait fallu qu'ils soient dotés de la capacité de repérer et d'éliminer les anomalies, qu'elles soient des particules (bactérie, virus, protozoaires) ou des molécules capables de s'intégrer dans le métabolisme et le perturber. L'être métazoaire n'est pas parfait, lui-même produit des déchets, et ses propres gènes peuvent eux-mêmes perturber le système. C'est pour cette raison que la thèse, selon laquelle les parasites auraient déterminé seuls l'évolution de l'immunité, ne tient pas. Les métazoaires se sont équipés d'un SI pour neutraliser les anomalies endogènes ou les interférences négatives avec les circuits métaboliques. L'immunité sert avant tout à surveiller et entretenir le soi, le SI est aveugle quant à l'origine de l'anomalie : cancer ou infection virale, le défi est le même. Les anticorps naturels présents dans le sang captent toute molécule présentant un épitope particulier et la destinent à l'élimination. Les CPA échantillonnent le milieu extracellulaire et présentent des peptides en association avec le CMH aux lymphocytes et, en cas de détection d'un épitope étranger, une réponse adaptative s'enclenche. L'immunité veille en permanence sur notre fonctionnement interne. Alors que l'immunité innée cible des particules vivantes comme les bactéries, l'immunité adaptative cible surtout des motifs moléculaires et les empêche d'intégrer les circuits métaboliques. On voit que l'immunité adaptative évolue en parallèle avec le degré de complexification des circuits métaboliques afin d'y neutraliser des interférences nuisibles. Une protéine virale peut activer un gène qui ne s'exprime pas normalement jusqu'à induire un cancer. L'immunité adaptative va la capter et l'éliminer. Un virus infectant un protozoaire va seulement engendrer de nouveaux virus libérés dans le milieu, alors que s'il infecte un tissu, il se propagera d'une cellule à une autre sans forcément passer par le milieu extracellulaire. Les métazoaires ont dû inventer un système capable de sonder les cellules en analysant leurs récepteurs de surface. Si un changement à la surface cellulaire signale une perturbation des circuits métaboliques, l'immunité adaptative entre en jeu (ainsi que l'immunité innée) pour éliminer les cellules touchées.

Tous les êtres vivants possèdent des circuits métaboliques similaires et possèdent des gènes homologues. Mais une espèce donnée a recours spécifiquement à ses protéines pour accomplir son métabolisme. Une protéine étrangère peut être homologue à une protéine du soi et donc passer inaperçue, ou différer des protéines du soi par quelques déterminants antigéniques. Étant donné le nombre colossal de types de protéines dans un organisme, il est probable qu'une protéine du non-soi contienne des épitopes identiques à ceux d'une protéine du soi ; elle n'induira donc pas de réponse immunitaire et s'enrôlera dans un mécanisme de tolérance.

Examinons dans quels cas une protéine étrangère est détectée par le SI : 1) Quand elle se trouve dans un site où elle n'est pas normalement exprimée. 2) Quand elle n'est pas métabolisée et demeure piégée dans l'espace extra-cellulaire. Si elle résiste à la dégradation par des protéases extracellulaires, la protéine étrangère va persister dans l'organisme et diffuser, ce qui accroît les chances qu'elle soit captée par des CPA. Les protéines du soi sont soumises aux mécanismes de régulation qui fixent leur taux d'expression, alors que les protéines du non-soi échappent à la régulation interne de l'organisme ; elles s'accumulent dans la cellule ou la matrice extra-cellulaire, ce qui facilite leur capture par les CPA ou leur détection par des anticorps. Étant donné qu'elles obéissent à des mécanismes stricts de régulation de leur expression spatio-temporelle, les protéines du soi échappent aux circuits immunitaires. C'est surtout leur accumulation, leur agrégation ou leur persistance anormale dans l'espace extracellulaire qui activent l'immunité. Même si le soi et le non-soi apparaissent comme deux sphères distinctes, ils ne sont pas séparés en réalité. Un antigène du non-soi peut très bien intégrer les circuits métaboliques et produire des effets dans l'organisme. Le non-soi ne se manifeste que lorsqu'il n'est pas toléré par le SI (il n'est pas tolérogène).

Peu importe qu'un virus s'introduise dans l'organisme, l'immunité ne sera activée que lorsqu'il produit des antigènes différents du soi. Les particules virales ne deviennent elles-mêmes détectables qu'après un grand nombre de cycles de réplication. Quand le réseau de l'organisme est perturbé ou atteint sa saturation (l'information parasite a un impact sur le fonctionnement global du réseau), l'immunité entre en jeu. Ceci montre que le SI est doté de radars qui surveillent constamment le réseau des interactions moléculaires au sein de l'organisme. Ce système d'alerte n'est pas encore bien éclairci, mis à part les signaux normaux de stress cellulaire. Il se pourrait que tout un mécanisme agisse à l'interface entre l'organisme et le SI pour l'informer sur toute perturbation locale ou globale du réseau. Ceci ressemble de près au contrôle de la circulation sur une autoroute où un logiciel peut anticiper la survenue de bouchons en calculant la variation des vitesses autorisées et la distance de sécurité qui sépare les véhicules. On sait qu'une infection peut produire de la fatigue et de la fièvre, mais il se pourrait que ces deux états de l'organisme soient déclenchés par un système de contrôle qui signale la présence d'une anomalie. On peut supposer que le SNC, par toutes les propriétés que nous lui connaissons, soit le meilleur candidat pour remplir cette fonction de système d'alerte.

L'immunité adaptative semble être apparue à un moment où les circuits métaboliques, avec leur quantité énorme de catalyseurs, protéines ou enzymes, et de molécules, se sont complexifiés. Elle veille à ce que des protéines anormales, donc exclues des circuits métaboliques, ne s'accumulent pas dans l'organisme. Une protéine vaccinale peut intégrer le métabolisme et produire des effets non contrôlés, surtout si elle n'intègre pas les circuits immunitaires. Elle peut aussi détourner une interaction moléculaire ou l'inhiber. Seules des immunogènes, intégrant les circuits immunitaires très rapidement après leur introduction dans le corps, pourront servir de vaccins. Car, même s'ils ont des effets secondaires au début, ils seront neutralisés plus tard par l'immunité qu'ils vont engendrer. N'oublions pas que notre métabolisme est un hyper-réseau construit avec d'innombrables circuits que des protéines, immunogènes ou pas, peuvent parasiter en causant des dommages. C'est d'ailleurs le principe de tout poison qui bloque ou interfère avec le métabolisme.

Au fil de l'évolution, la discrimination soi/non-soi s'est complexifiée, elle englobe désormais divers mécanismes qui opèrent par des contacts cellule-cellule, molécule-cellule et molécule-molécule.

Ces mécanismes étaient déjà en place dès l'origine sous une forme moins élaborée et le vivant, grâce à son ingéniosité, les a juste réinvestis pour faire du neuf à partir du vieux. En imprimant des signatures précises au sein des protéines (les déterminants antigéniques sont caractérisés par un certain nuage électronique de surface) et en fabriquant les récepteurs correspondants, le vivant a inventé un nouveau système de reconnaissance, de signalisation et d'activation cellulaire. Les invertébrés ont inventé les récepteurs innés tandis que les hauts vertébrés ont, de surcroît, élaboré l'ingénieuse immunité adaptative. À l'instar du SNC, l'immunité traite les informations reçues du milieu.

L'immunité proviendrait-elle d'une fonction préexistante dans l'organisme ? Une fonction biologique garde trace de celle dont elle dérive. Par exemple, il y a des points communs entre le fonctionnement du SN et celui du SI (comme discuté plus haut). Dans les deux systèmes fonctionnels, les cellules forment des synapses pour communiquer. Ils utilisent tous deux des médiateurs solubles produits par des cellules sécrétrices qui vont aller se fixer sur la cellule répondeuse pour moduler sa fonction. Les deux fabriquent une mémoire de nature différente mais dont la fonction est la même, celle de garder trace du passé et de le réutiliser au besoin. Les deux répondent aux agressions internes ou externes, les deux ont des censeurs qui détectent le danger. Les deux sont des systèmes diffus. Les modes de communication entre cellules nerveuses et immunitaires sont similaires. Mais le cerveau demeure l'organe le plus complexe du corps avec ses milliards de neurones tous imbriqués les uns aux autres par un nombre inimaginable de connexions et de synapses. C'est ce qui fait notre supériorité sur le règne animal. L'immunité prise globalement serait sous le contrôle du SN. Ce dernier intègre l'ensemble des informations de l'organisme et en fait une synthèse. C'est le SN qui déclenche la fièvre pour bloquer la multiplication des micro-organismes, c'est lui qui contrôle la douleur et l'inflammation, il fabrique des immunomodulateurs pour contrôler la réaction immunitaire, et c'est lui qui contrôle la régénération tissulaire.

L'apparition de l'immunité adaptative suggère que l'être vivant a acquis une capacité élevée de traiter les informations provenant de l'organisme et de l'environnement tout en étant capable de les mémoriser. L'immunité aurait évolué parallèlement au SN. Chez les invertébrés et les métazoaires anciens, l'immunité s'exprime par des réponses automatiques et, même si elle garde une trace des antigènes, elle ne fabrique qu'une mémoire basique car l'antigène reconnu est fréquent et ubiquitaire (les PAMP). Mais en cas d'attaque par un pathogène exprimant de nouveaux antigènes qui lui sont spécifiques, donc non reconnus par les récepteurs innés PRR, la situation se complique, tournant à l'avantage de l'agresseur. Chez les métazoaires évolués, que ce soient les antigènes PAMP ou des antigènes spécifiques du pathogène, l'immunité résout le problème. Seulement, la situation se complique lorsque les antigènes mutent périodiquement. De plus, l'immunité évoluée garde une mémoire de tout antigène, alors que l'immunité innée ne garde trace que des motifs bactériens qu'elle reconnaît. Les métazoaires évolués ont appris à collecter de nouvelles informations et à les intégrer pour échafauder une réponse en cas d'attaque ultérieure. Cette capacité de l'immunité évoluée suggère que le SN a atteint en parallèle un niveau élevé d'organisation et de fonctionnement. *Ceci indiquerait que l'immunité adaptative a fait son apparition après que le métazoaire évolué ait pu développer un système de traitement d'informations qui sous-tend une mémoire.* C'est pourquoi je soutiens que le développement du SI et celui du SN se sont accomplis de façon concomitante, les deux partagent la même capacité à décoder l'information, respectivement antigènes et stimuli. La mémoire innée chez les invertébrés serait une forme archaïque d'archivage de l'information, la mémoire adaptative, quoique plus aboutie, représente une forme rudimentaire comparée à celle du SNC. L'immunité innée photographie les motifs antigéniques prépondérants chez les micro-organismes alors que l'immunité adaptative, en se munissant d'un répertoire colossal de récepteurs, photographie une quasi-infinité de motifs antigéniques spécifiques des protéines. Nous réalisons le saut évolutif incroyable qui existe entre immunité innée et immunité adaptative. Afin de prospérer dans leur milieu, les métazoaires ont été contraints de se doter d'un système de traitement de l'information. L'être vivant ne se limite plus à répondre aux contraintes du milieu au moment où elles se manifestent, il va plus loin, il les anticipe et se prépare à l'avance à leur survenue. Il se pourrait aussi que la multicellularité ait augmenté le degré de dépendance des métazoaires à leur milieu, les obligeant ainsi à développer des mécanismes multifonctionnels pour traiter l'information et l'enregistrer, pour se protéger des corps étrangers qui pénètrent leur organisme. La multicellularité est elle-même une source inépuisable d'informations que le réseau de l'organisme doit intégrer de telle sorte qu'il puisse fonctionner le temps qu'il faut pour assurer la conservation de l'espèce.

Toute espèce, quelle qu'elle soit, tend à se conserver et à résister aux forces hostiles. Le pire des scénarios est sa disparition.

« À cinq reprises au moins dans le passé, un grand nombre d'espèces ont disparu sur un intervalle de temps court (...) La disparition « normale » d'une espèce peut avoir des causes diverses : la morphologie d'une population peut changer suffisamment pour que les paléontologues décident de définir une nouvelle espèce ; une population peut se scinder en une ou plusieurs autres qui, en divergeant génétiquement, vont se séparer suffisamment pour constituer des espèces distinctes ; la compétition écologique entre espèces peut conduire à l'exclusion écologique de l'une d'entre elles, etc. (...) Mais le registre fossile, étudié depuis le début du 19ème siècle, a très tôt suggéré que les communautés vivantes ont connu des remaniements majeurs au cours de l'histoire de la Terre, durant desquels de nombreuses formes semblent avoir disparu simultanément, tandis que d'autres sont apparues ensuite. Ces bouleversements (au moins apparents) sont à la base des divisions majeures de l'échelle des temps géologiques. »[94] (C. Langlois, 2022).

En 1982, les paléontologues spécialistes de l'approche quantitative, Jack Sepkoski et David Raup de l'université de Chicago, ont fait l'inventaire des extinctions de masse les plus dévastatrices sur Terre et leur ont donné le nom de Big Five[95] (Sepkoski et Raup, 1982). Dans ce groupe figure notamment la fin du Permien, la plus grande extinction de tous les temps, survenue il y a 252 millions d'années environ, responsable de la disparition de 95 % des espèces marines.

Je considère que ces extinctions n'affectent pas seulement les espèces qui disparaissent mais l'ensemble des espèces qui cohabitaient avec elles. Ce sont des épisodes noirs de la Vie sur Terre, et les espèces qui survivent en gardent une trace en ce sens qu'elles se trouvent privées des bénéfices symbiotiques ou commensaux que leur conféraient celles qui ont disparu ; la réduction de la diversité des espèces reste comme une béance dans le patrimoine du vivant. Par conséquent, ce dernier devait, autant que possible, se prémunir des grandes catastrophes en se munissant de radars qui lui permettaient d'analyser d'une manière anticipative les informations qu'il recueillait de son milieu. Les êtres humains, (et les animaux, de façon plus instinctive) ont cette capacité d'anticiper les catastrophes. Ce puissant instinct d'autoconservation est le moteur même de l'évolution ;

l'espèce invente des mécanismes ingénieux et incroyablement efficaces pour survivre. L'immunité adaptative semble être une solution à ce problème éminent qu'est la survie et la résistance aux mécanismes responsables des extinctions. Il fallait à l'espèce des systèmes qui lui assurent un ancrage permanent dans son milieu. Des systèmes robustes, flexibles et capables de répondre à diverses contraintes du milieu. Le SNC est un grand atout, il est aussi bien capable de capter et de traiter les informations à l'instant présent que d'en tirer des leçons pour anticiper l'avenir. Il lui fallait un métabolisme capable d'assimiler et de dégrader les ressources du milieu (eau, oxygène, nourriture) et d'en extraire suffisamment d'énergie pour faire fonctionner les organes sans relâche. Il lui fallait, de surcroît, un système qui neutralise les interférences néfastes dans le métabolisme, que ce soient des infections parasitaires ou des anomalies endogènes. Toutes ces fonctions sont là, coordonnées par un centre de commande qui les combine en un ensemble cohérent.

Notre cerveau exige un apport constant en énergie même pendant le sommeil. Près de 20% de la consommation énergétique du corps résulte de son activité, alors qu'il ne pèse que 2% de son poids. Il y a vraisemblablement un lien étroit entre l'acquisition d'une mâchoire et ce besoin accru en énergie du SN. La mâchoire permet à l'espèce de puiser une grande quantité d'énergie mais elle l'expose en même temps aux risques de contracter des infections. Un système est nécessaire pour convertir les aliments en énergie tandis qu'un autre est nécessaire pour neutraliser les infections qu'ils véhiculent. Cette hypothèse relie donc les trois phénomènes : celui de l'apparition du SN, de l'immunité et de la mâchoire. Car ne l'oublions pas, l'immunité est avant tout un système qui capte, traite et mémorise l'information. Elle semble être apparue à un moment où le vivant est devenu capable de sonder son milieu afin d'en extraire de l'énergie et de l'information. L'acquisition d'une mâchoire constitue une ouverture importante sur le milieu car elle permet d'accroître les échanges entre l'organisme et celui-ci, même en dehors des prises d'aliments. L'acquisition de la mâchoire va permettre de répondre aux besoins énergétiques accrus du SNC et en même temps va révolutionner le rapport entre les métazoaires et les autres êtres vivants, en particulier les micro-organismes. Il était devenu nécessaire de cohabiter avec eux étant donné l'augmentation de leur nombre au niveau de l'appareil digestif. De plus, l'organisme tirait bénéfice de leur arsenal enzymatique pour achever la digestion de certaines molécules. Étant donné cette ouverture aux micro-organismes suite à l'acquisition de la mâchoire, l'immunité devait à son tour innover et mettre en place des mécanismes pour contrôler leur prolifération au sein de l'organisme. L'hypothèse de la mâchoire semble être pertinente pour expliquer la coévolution du SN et du SI.

Le SNC permet désormais à l'être vivant de se renseigner en permanence sur son milieu. La mémoire nous permet, non seulement, de réutiliser les informations du passé mais aussi de les projeter à l'avenir et d'anticiper. Les traces mnésiques des expériences vécues au plan immunologique, affectif et émotionnel, qu'elles soient réactivées, conscientisées ou pas, sont inscrites en nous dès la prime enfance jusqu'à notre mort, sauf si nous subissons des lésions cérébrales irréversibles. Retenons que la fonction mémoire possède des niveaux d'organisation et de complexité différents au sein de l'organisme évolué, et qu'elle est centrale aussi bien au niveau du SI que du SNC qui sont également interconnectés. La capacité de stocker des informations, de les réactiver au contact du milieu ne serait-elle pas une fonction transversale de notre organisme ?

L'immunité n'a pas une capacité comparable à celle du SN. Pendant la réponse immunitaire, les cellules s'agrègent au niveau des tissus lésés et fonctionnent d'une manière coordonnée (elles forment un organe temporaire). Ce regroupement facilite l'échange d'informations et instaure une coordination dans le rôle des différents acteurs. Dans le SN, les neurones établissent des connexions permanentes, comme des routes balisées, que les informations empruntent sous forme d'influx nerveux. C'est la raison pour laquelle l'information voyage plus vite dans le SN que dans le SI où l'information est d'abord intégrée avant d'être échangée. En d'autres termes, le SNC est une structure préformée prête à recevoir l'information et à la traiter immédiatement, alors que l'immunité se constitue au fur et à mesure qu'elle traite l'information. Notre mémoire peut se réactiver très rapidement, et même de façon automatique, alors que la mémoire immunitaire nécessite un double contact, parfois séparé par un long laps de temps, avec le même antigène pour se mettre en action. Tant que les cellules mémoires n'ont pas rencontré de nouveau l'antigène, elles demeurent rares et diluées dans un état proche de la quiescence. Il faut des facteurs endogènes, notamment les cytokines ou des traces résiduelles de l'antigène, pour leur conférer le minimum de stimulation qui les garde en vie.

Inviter le non-soi au sein du soi.

Une flore microbienne s'est installée au niveau de notre appareil digestif. Elle a pris sa place dans notre organisme avant même le SI, ce qui expliquerait pourquoi elle est tolérée. L'expérience de Medawar et Gibson, abordée plus haut, explique pourquoi des cellules étrangères introduites dans l'organisme de cobayes nouveau-nés sont tolérées à l'âge adulte par leur SI. Or, ce phénomène est plus complexe qu'il n'y parait. On pourrait supposer que cette flore aurait pu envahir tout l'organisme et le détruire. Or, la flore s'installe en symbiose alors que le SI n'est pas encore robuste. Le nouveau-né ne dispose au mieux que d'une immunité prématurée ou passivement acquise de la mère.

Nous pouvons alors admettre que la flore s'auto-régule ; des micro-organismes qui s'installent empêchent d'autres de le faire. Les micro-organismes installés se multiplient et produisent des substances qui inhibent la croissance d'autres envahisseurs mais, parmi ces derniers, ceux qui ont survécu peuvent contre-attaquer et réduire le nombre de leurs rivaux au sein de la flore. Quand une bactérie étrangère à la flore s'y introduit en se multipliant, elle va en même temps induire la multiplication des bactéries au sein de la flore qui vont la dépasser en nombre et ne plus lui laisser de place. Une fois cette dernière éliminée, les bactéries ralentissent leur multiplication et retournent au seuil de l'équilibre. Elles libèrent de surcroît des antigènes qui vont stimuler l'immunité et la rendre tolérante. Un antigène récurrent induit la tolérance immunitaire. La flore éduque le SI, le rode et contribue à sa maturation. Les virus mutants, à force de varier leurs épitopes, inhibent la mise en place de la tolérance et exacerbent l'immunité au point de causer une inflammation chronique pathogène. À chaque fois que la réponse immunitaire est modulée par les expériences passées, nous pouvons invoquer la fonction-mémoire. La tolérance est elle-même une mémoire car le même antigène continue de l'induire après plusieurs stimulations de l'immunité. Dans la tolérance, la réaction immunitaire s'évanouit progressivement. Les clones réactifs ont agi une première fois, une deuxième fois et, à force de stimulations, un système de régulation prend le relais et active les mécanismes de tolérance. On met souvent l'accent sur l'immunité réactive qui s'exprime par la réponse des cellules effectrices et des cytokines, mais la tolérance est une tactique d'une importance égale. L'organisme laisse le non-soi se réguler par lui-même sans intervenir. La tolérance consiste avant tout en une économie de l'énergie vitale et en une protection des tissus contre les emballements du SI. Les mécanismes de tolérance jouent un rôle important dans la survie de l'organisme confronté à un milieu riche en antigènes de différentes sortes.

« On définit la tolérance immunitaire comme l'état d'un individu qui, à la suite d'une injection d'un antigène A, devient spécifiquement incapable de réagir immunologiquement à une seconde injection de ce même antigène A, alors que sa compétence n'est pas modifiée à l'égard de n'importe quel autre antigène B, C ou D (...) Il faut donc, dès à présent, distinguer la tolérance immunitaire vraie des autres états physiologiques, pathologiques ou expérimentalement provoqués chez l'animal où l'on voit disparaître toutes les réactions immunitaires. (…) En réalité, les travaux ultérieurs montrent que la tolérance immunitaire peut aussi être induite chez l'adulte à condition d'utiliser des doses d'antigènes plus fortes ; et c'est ainsi qu'il a été possible d'identifier comme un seul et même phénomène, la tolérance immunitaire et la « paralysie immunitaire » qui avaient été réalisées chez des souris adultes à l'aide de polysaccharides purifiés.(…) Mais il nous paraît important de rappeler que chez les animaux, après l'état de tolérance et à condition qu'aucune injection d'antigène ne soit faite, il vient un moment où, spontanément, l'animal produit des anticorps spécifiques des antigènes inoculés . » [96] (Luffau et al, 1972).

Comme l'avait souligné Medawar (1960), la tolérance représente une incapacité spécifique du mécanisme immunitaire normal qui peut être attribuée à l'une des causes suivantes : 1) Prévention de l'accès de l'antigène au site de la réponse immunitaire ou inactivation de l'antigène ; 2) Incapacité de la réponse immunitaire provoquée par l'inactivation de l'ensemble des mécanismes immunitaires ; 3) Absorption d'anticorps ou effets efférents similaires. Selon Luffau et al, seule cette dernière cause peut être considérée véritablement comme mécanisme de tolérance parce que, dans le premier cas, il n'y a pas de mise en cause d'une modification de la physiologie de l'hôte et, dans le deuxième cas, il s'agit d'un phénomène non spécifique.

On peut aussi supposer que des stimulations répétées de l'organisme par le même antigène entraînent une élévation du seuil d'activation, voire une délétion clonale. Au début, les lymphocytes naïfs répondent vite et constituent un pool de cellules mémoires. Ces dernières répondent à leur tour à une seconde stimulation par l'antigène. Mais avec la répétition des stimulations, les cellules mémoires répondent de moins en moins vite et se diluent jusqu'à disparaître de la circulation. Il se pourrait qu'au cours de leurs mitoses successives des erreurs génétiques s'accumulent et réduisent la capacité de la cellule d'achever son cycle de division. Au cours de ce processus, les télomères subissent de nombreux changements et se raccourcissent. Ce phénomène a lieu dans toutes les cellules de l'organisme qui se divisent. Malgré des stimulations répétées avec leurs antigènes, les cellules immunitaires freinent leurs divisions et entrent dans une phase de sénescence. Plus l'antigène est récurrent, plus la longévité de la cellule-mémoire répondeuse diminue. Ce mécanisme pourrait jouer un rôle dans l'établissement de la tolérance vis-à-vis des antigènes qui stimulent le SI d'une manière récurrente. Le fait qu'un antigène pénètre l'organisme très tôt dans la vie, avant même l'entrée en jeu du SI, ne l'empêcherait pas d'être reconnu plus tard par l'immunité, mais sa dose élevée finirait par saturer les récepteurs et précipiter l'entrée des cellules répondeuses dans la sénescence. Cette tolérance induite est destinée à économiser l'énergie vitale car une réponse immunitaire est énergivore étant donné les nombreuses voies métaboliques qu'elle emprunte. Par conséquent, le mécanisme de tolérance semble avoir pris place très tôt au cours de l'évolution. N'oublions pas que notre organisme contient une flore microbienne qui dépasse le nombre de ses cellules. La flore microbienne va même jouer le rôle de SI avant que celui-ci ne devienne opérationnel. Les bactéries qui s'adaptent à l'environnement de notre système digestif vont constituer une barrière compétitive qui rivalise avec l'installation de nouvelles bactéries et, avec le temps, celles qui s'adaptent le mieux seront favorisées et persisteront en symbiose.

Le vivant est incapable de s'isoler complètement du milieu, il l'intègre même en son sein au point que le non-soi devient une partie du soi. En fait, le soi et le non-soi se confondent avec l'entrée en jeu des mécanismes de la tolérance. L'acquisition d'une mâchoire semble avoir été le premier déclencheur des mécanismes de tolérance : le vivant doit se nourrir sans se mettre en danger. La flore microbienne joue le rôle d'intermédiaire entre notre organisme et l'environnement extérieur. En hébergeant une flore microbienne, nous nous immunisons contre les bactéries qui sont partout autour de nous. Quand une bactérie pénètre par voie orale et atteint la lumière intestinale (qui est la partie centrale de l'intestin où circulent les aliments digérés), elle va se heurter à des milliards de bactéries de notre flore vivant dans un équilibre dynamique. Si elle rompt l'équilibre en se proliférant à un taux anormal, les autres bactéries libèrent des facteurs qui vont freiner sa multiplication et la réduire à un seuil d'équilibre, voire l'éliminer. Ces bactéries, qualifiées de commensales, forment un écosystème complexe au sein duquel se sont établies des relations mutualistes progressant du commensalisme à une véritable symbiose. En effet, bien que les bactéries du microbiote intestinal utilisent à leur profit les ressources disponibles chez leur hôte, elles exercent aussi des effets physiologiques bénéfiques pour celui-ci. Notamment, elles apportent des activités enzymatiques non codées par le génome de leur hôte, cruciales pour extraire l'énergie provenant de son alimentation, et elles modifient son métabolisme. Le microbiote intestinal favorise également la maturation de l'intestin et celle du SI intestinal[97] (Kau et al, 2011).

D'autre part, la flore fournit une pléiade d'antigènes endogènes qui stimulent l'établissement d'une immunité locale dans les muqueuses sur les voies d'entrées des microbes dans l'organisme. On suppose même que l'immunité des muqueuses serait la première forme de notre SI. Les antigènes bactériens dans les muqueuses vont activer des circuits immunitaires et diversifier le pool des cellules mémoires. La flore intestinale serait à l'origine de nos anticorps naturels. C'est aussi au sein de cette flore que l'immunité innée se forge en ciblant les antigènes bactériens les plus fréquents comme les lipopolysaccharides (LPS). Elle sert de vitrine à notre immunité, elle lui donne accès aux antigènes les plus répandus dans la nature. L'immunité ne s'est pas seulement constituée en affrontant les antigènes de l'environnement extérieur, elle est continuellement rodée par les antigènes provenant de micro-organismes vivant au sein de l'organisme. Ce dernier prélève de la matière vivante de son environnement et apprend à vivre avec elle en équilibre symbiotique. Les bactéries et les champignons sont nos alliés et non pas nos ennemis comme le suggère la relation causale que la microbiologie établit entre les microbes et les maladies. Ils sont plutôt à considérer comme des éboueurs nous débarrassant de nos déchets toxiques. Notre flore nous protège contre les pathogènes et stimule en permanence notre immunité, mais elle peut être fragilisée par la prise de certains médicaments comme les antibiotiques qui ont tendance à détruire les "bonnes" bactéries. Et une modification de la qualité ou de la quantité de la flore intestinale entraîne un déséquilibre (appelé dysbiose), potentiellement à l'origine de réactions immunitaires inappropriées ou de troubles métaboliques.

Les bactéries et champignons hébergés dans notre organisme restent inoffensifs tant que nos barrières sont intègres et robustes. Il faudrait que notre organisme dépense toute l'énergie vitale dont il dispose pour les éliminer et, quand bien même, l'immunité ne peut pas détruire le microbiote intestinal sans détruire tout l'appareil digestif. Notre vie est l'otage de ces micro-organismes étrangers. Le non-soi est capable de vivre au sein même du territoire du soi, et ainsi la discrimination entre le soi et le non-soi perd de sa substance : elle ne serait pas nécessaire au maintien d'une cohabitation entre êtres vivants de nature différente (à l'instar de cellules au sein de leur tissu). On pourrait ainsi qualifier notre organisme de chimère. Une bactérie pathogène qui s'introduit dans l'organisme fournit au SI des antigènes distincts de ceux de la flore et rompt la tolérance ; à ce moment-là, elle relargue de nouveaux antigènes en se divisant, elle finit alors par être détectée par les CPA environnants. La flore microbienne constitue une immense source de motifs antigéniques qui guide la mise en place de l'immunité innée et adaptative. C'est ainsi que le SI exercerait sa capacité de discriminer le soi du non-soi.

La mémoire immunitaire permet, non seulement une réaction plus rapide au contact d'un antigène X, mais elle entraîne en même temps une limitation de la réponse immunitaire : la réponse immunitaire anti-X va neutraliser tous les antigènes qui lui sont homologues. La mémoire agit en premier lieu pour couper court à une nouvelle stimulation de l'immunité et ainsi la garder en état de quiescence (la réponse secondaire n'implique jamais de lymphocytes naïfs). Non seulement nous disposons d'un répertoire colossal d'immuno-récepteurs TCR et BCR, mais notre mémoire immunitaire est en elle-même un répertoire de tous les déterminants antigéniques qui ont stimulé l'immunité par le passé. Un antigène qui entre dans l'organisme va être sondé par toutes les cellules mémoires préexistantes, et c'est seulement s'il leur résiste, qu'il aura une chance d'induire une nouvelle réaction immunitaire. Avec l'âge et l'expansion de notre mémoire immunitaire, très rares sont les antigènes qui outrepassent notre pool mémoire. Une des raisons de l'échec des vaccins à induire une réponse immunitaire serait leur neutralisation par une immunité mémoire entraînée. Cette immunité acquise avec l'âge réagit d'une manière très discrète sans rompre l'équilibre ambiant, ce qui indique la présence d'une tolérance. En réalité, un grand nombre d'antigène sont éliminés sans le moindre signe extérieur ou symptôme.

Cette cohabitation soi/non-soi est un phénomène surprenant. En quelques minutes après une blessure, nous sommes infectés par des micro-organismes. Nous sommes une chambre stérile dans un environnement où règne un nombre incalculable de germes prêts à se nourrir de notre matière organique dès qu'ils en ont l'opportunité. Notre vie dépend de la stérilité de nos organes. Nous réalisons à quel point notre peau est une structure parfaite pour maintenir ces germes à l'extérieur de l'organisme. Nos muqueuses aussi. Un grand nombre d'infections, comme les maladies sexuellement transmissibles, proviennent de muqueuses fragiles, lésées ou à l'immunité compromise. SN et immunité sont aux aguets sur toute la surface de nos muqueuses pour identifier toute aberration locale. Des neurones sensitifs et des lanceurs d'alerte immunitaires sont là pour repérer une infection locale et y répondre par la douleur, la fièvre et la mobilisation de plusieurs mécanismes de réparation y compris la coagulation sanguine en cas de saignement. Au niveau de nos barrières, le SN coopère avec les acteurs de l'immunité. Il faut différencier le soi altéré du non-soi. Le premier indique une anomalie endogène du soi comme c'est le cas pour une tumeur (ou une nécrose cellulaire) qui génère la libération d'antigènes séquestrés reconnus en tant que non-soi par l'immunité alors qu'ils proviennent du soi. Le non-soi *stricto sensu* désigne des antigènes qui n'ont aucun rapport avec l'organisme. La flore intestinale est ainsi qualifiée de soi importé (elle n'est pas soi, mais ne sollicite pas l'immunité).

Imiter la nature pour reproduire une immunisation naturelle

Nous sommes naturellement immunisés en permanence avec des antigènes provenant aussi bien du milieu endogène qu'exogène. Parfois, cette immunisation naturelle s'accompagne de symptômes cliniques. L'organisme reçoit continuellement des stimulations naturelles. La vaccination artificielle n'est que la reproduction de l'immunisation naturelle mais elle échoue à en être une parfaite réplique. La notice des vaccins contient la liste de tous ses ingrédients. Nous pouvons les diviser en trois groupes.

1- Éléments actifs : ce sont des parties de virus ou de reproduction de bactéries contre lesquelles une protection est construite.
2- Excipients : ce sont des substances ajoutées au vaccin pour en améliorer l'efficacité, en prolonger la durée de conservation et en faciliter l'administration.
3- Substances résiduelles : il s'agit des résidus de substances utilisées au cours du processus de production du vaccin. Après la production, ils sont retirés du vaccin autant que possible. De très petites quantités peuvent encore subsister dans le produit final.

Examinons la liste des principaux constituants d'un vaccin classique (mis à part l'élément actif) afin de nous rendre compte de la complexité qu'il y a à reproduire une immunisation naturelle. Les agents de conservation servent à éviter la croissance bactérienne dans le vaccin. Les principaux sont les suivants : le formaldéhyde, utilisé pour inactiver les microbes de certains vaccins pendant et après leur production. La purification l'élimine presque totalement du produit final. Ensuite, le phénoxyéthanol, le thimérosal (utilisé seulement dans les fioles multidoses du vaccin antigrippal), les antibiotiques : néomycine et polymyxine B.

Les agents de stabilisation permettent de maintenir la qualité du vaccin durant son entreposage. Les principaux stabilisants sont les suivants : l'albumine bovine et humaine, la gélatine, la glycine, le lactose, le sorbitol, le sucrose, les polysorbates.

Après le thimérosal (agent de conservation), qui a presque complètement disparu des vaccins, l'aluminium est devenu le nouvel adjuvant pour augmenter l'efficacité du vaccin.

La reproduction artificielle des phénomènes naturels liés à l'immunisation aboutit à l'introduction d'un véritable arsenal biochimique dans l'organisme. De plus, nous ne connaissons pas forcément la composition complète de tous les vaccins. Quelle que soit la nature de la préparation vaccinale, il y aura toujours des effets secondaires plus ou moins graves selon les individus. L'être humain apprend de la nature mais il ne peut pas maîtriser totalement ses phénomènes. Un vaccin est un produit fabriqué et, en tant que tel, il dévie de la réalité biologique reliée aux conditions naturelles de l'environnement. Quand nous essayons d'imiter la nature au sein d'un laboratoire, nous reproduisons un phénomène isolé qui, dans les circonstances d'origine, est lié à d'autres phénomènes impossibles à contrôler en situation expérimentale. Les infections virales ou bactériennes font partie des expériences naturelles rencontrées par l'espèce depuis des générations, alors que son système organique n'est pas préparé à l'administration d'un vaccin chimique. Nous ciblons l'immunisation par un antigène sauf que, dans la foulée, nous produisons des effets secondaires qui ne sont pas contrôlés.

Un vaccin a un objectif principal d'éliciter une mémoire immunitaire. Or, cette mémoire est un atout évolutif qui est apparu chez les vertébrés au sommet de leur évolution. Quand vous contractez naturellement une infection par un virus X, ce sont des particules virales infectieuses qui pénètrent dans votre organisme, véhiculées par l'air ou par contact avec un autre individu (salive, contact avec la peau, etc.). Pour fabriquer un vaccin contre le virus X, il faut l'isoler des cellules ou liquides biologiques des malades, le purifier, l'inactiver chimiquement ou l'atténuer, le conserver à de très basses températures, le doser, rajouter des adjuvants et des produits de conservation, le conditionner, le tester sur des cobayes, etc. Un processus marathonien. Pour la fabrication d'un vaccin à ARNm, il faut purifier le virus, séquencer entièrement son génome, déterminer la séquence codante du gène vaccinal avec précision, le cloner sous forme d'ADN, le transcrire en ARNm, purifier les ARNm, faire exprimer les ARNm, les doser, les conditionner, les conserver à moins de -80°C, etc. Un investissement de milliards de dollars pour mimer un processus naturel sans être sûr et certain qu'il produise les effets escomptés. Difficile de faire aussi bien que dame Nature, semble-t-il !

L'immunité établit un rapport naturel avec l'antigène qui dure un certain temps. Au fur et à mesure, elle induit le mécanisme le plus efficace pour l'endiguer. Idem pour les antigènes vaccinaux qui doivent passer la dure épreuve du temps. Ce n'est qu'après quelques années que l'immunité procurée par un vaccin apparaît en exerçant sa fonction de neutralisation de l'antigène. Des mécanismes de régulation négative entrent en compétition avec des mécanismes activateurs avant que l'issue soit tranchée : ils aboutiront, soit à la tolérance, soit à la réponse active. Des doses vaccinales de rappel répétées à court intervalle pourraient ne pas entraîner l'expansion du pool mémoire comme espéré mais, au contraire, perturber le dialogue entre les mécanismes suppresseurs et activateurs et entraîner, en conséquence, une altération profonde de l'immunité. Même si nous contrôlions tous les facteurs contribuant à l'immunogénicité de l'antigène vaccinal, nous n'aurions pour autant aucun contrôle sur les mécanismes endogènes qui prédétermineront la réponse immunitaire, elle sera soit effectrice ou, au contraire, tolérogène.

L'immunité et la digestion : deux mécanismes jumeaux ?

Dans le SN, l'information change de nature, électrique vs chimique, alors que dans le SI, l'information naît et se transmet par des interactions moléculaires. Au cours d'une réponse immunitaire, les cellules s'activent en enchaînant différents mécanismes jusqu'à la sécrétion d'anticorps ou l'acquisition de la capacité cytotoxique par les LTC. Alors qu'au cours d'une excitation nerveuse, les neurones captent l'information, la transmettent sous forme d'influx nerveux puis sous forme chimique avant que la cellule répondeuse n'exécute une fonction spécifique. La CPA transmet elle-même l'information en migrant des tissus aux ganglions lymphatiques et en présentant les épitopes associés aux molécules CMH aux lymphocytes. Dans le SN, les informations captées au travers de nos sens sont de nature physico-chimique. Elles sont traitées dans le cortex cérébral, ce qui déclenche alors une réponse physique ou émotionnelle ou cognitive ou les trois à la fois, et potentiellement une cascade d'évènements à sa suite. Dans le SI, l'information est toujours de nature chimique sous forme de déterminant antigénique et le répertoire des réponses possibles y est aussi ample que dans le SN.

Dans les deux systèmes, un phénomène physique précède toujours un phénomène chimique. L'influx nerveux de nature électrique se traduit par la libération du neurotransmetteur, alors que des interactions physiques par des forces de faible grandeur (électrostatique, van der Waals, ionique) entre l'épitope et le paratope ou les CDRs du TCR entraînent à leur tour des mécanismes de signalisation intracellulaire et la sécrétion de molécules. Le SN est dédié à la capture de l'information et à sa transmission au travers de tout son réseau neuronal jusqu'au cortex cérébral qui l'interprète et déclenche une action en retour ou la stocke en mémoire.

À noter que le SNC, via le cortex, est capable de créer de l'information nouvelle sans passer forcément par le SN, juste en en combinant d'autres, en créant des liens entre elles, grâce à la mémoire. Alors que le SI est seulement une archive des épitopes ayant stimulé l'immunité dans le passé. Il est évident que le SN dans son ensemble exerce une fonction supérieure et beaucoup plus sophistiquée que celle du SI. Il est probable que le SI adaptatif n'aurait jamais vu le jour sans la présence d'un système capable de traiter et d'archiver l'information. Il est même possible que la mémoire immunitaire soit dérivée de la mémoire nerveuse. Peu importe ! Que ce soit un antigène ou une trace mnésique, le mécanisme par lequel ils opèrent a pour but de répondre aux stimuli en reproduisant une réaction passée tout en accélérant son exécution de telle sorte à ce qu'elle devienne immédiatement efficace. Il semble que ce même mécanisme ait été adopté par le SN et le SI. Les deux affrontent une infinité de stimuli si bien qu'une archive devient indispensable pour réagir rapidement à un stimulus récurrent. En somme, tout se passe comme si l'énergie était réservée en priorité à la réponse aux nouveaux stimulus.

Le SI produit de l'information selon un processus simple et univoque alors que le SN intègre des signaux plus complexes et plus diversifiés appelant des réponses également plus diversifiées selon des répertoires rendus plus spécifiques aux individus qui les expriment.

L'information immunitaire dépend seulement de l'affinité entre l'antigène et son récepteur, qu'il soit inné ou adaptatif. Les fonctions de l'organisme n'évoluent pas à la même vitesse, certaines demeurent très proches de leur origine ancestrale comme si le temps n'existait pas. Étant donné qu'elles sont vitales, les espèces n'ont eu aucune autre alternative que de les reproduire à l'identique au fil des générations. Citons la respiration chez les mammifères qui consiste en un échange gazeux : du dioxygène qui rentre dans l'organisme et du dioxyde du carbone qui en est rejeté. Les poumons ont permis d'alimenter un grand nombre de tissus et de cellules en dioxygène en augmentant la surface d'échange entre l'air ambiant et l'organisme. La digestion est proche de sa forme ancestrale, et même si notre appareil digestif semble avoir évolué avec les transformations successives de notre alimentation, il ne fait qu'exécuter une fonction ancestrale, celle de la biodégradation de macromolécules organiques pour en extraire des nutriments.

Le SI, malgré sa capacité de traitement de l'information, ne fait que reproduire des mécanismes ancestraux de protéolyse de protéines antigéniques ou de cytolyse des cellules anormales. C'est la raison pour laquelle il pourrait être dérivé d'une fonction ancestrale très lointaine, active chez les invertébrés, voire chez les protozoaires. D'ailleurs, les mécanismes immunitaires chez ces organismes primitifs sont souvent stupéfiants. N'oublions pas que le TLR a été découvert chez les insectes et que des mécanismes de défense, comme les NETs dont usent nos neutrophiles pour détruire des parasites, existaient déjà chez les bactéries. La phagocytose est peut-être la fonction la plus ancienne de défense connue chez les formes unicellulaires primitives. Comme je l'ai discuté plus haut, le passage à la multicellularité a forcé l'immunité à innover et à inventer de nouveaux mécanismes de défense fondés sur la communication intercellulaire ; c'est ainsi que l'immunité adaptative se serait forgée. Son apparition a puisé dans les ressources préexistantes de l'organisme en lui empruntant des fonctions ancestrales (digestion) et une fonction plus sophistiquée (mémoire).

L'immunité adaptative n'est opérationnelle que chez les métazoaires et n'atteint son degré le plus élevé de robustesse que chez les métazoaires hautement évolués, dont les mammifères. Un créationniste s'en rendra compte en comparant horizontalement les êtres vivants (c'est-à-dire ceux existant à une même période), alors qu'un néodarwiniste qui croit à l'ancêtre commun tirera la même conclusion en les comparant verticalement (c'est-à-dire en élaborant l'arbre phylogénétique des espèces). Horizontale ou verticale, peu importe ! Le même résultat s'exprime. Le SI dans sa forme la plus aboutie opère chez l'humain. D'autres êtres, qui vivent plus longtemps que nous, n'ont pas forcément une meilleure immunité mais ils adoptent des structures solides qui résistent au temps long. Ce sujet mériterait toute notre attention, car l'étude de l'immunité chez les espèces animales ou même végétales pourrait bien être la voie royale d'une meilleure compréhension du SI humain.

Les similitudes entre le SN et le SI relèvent principalement du fait qu'ils gardent trace de leurs stimuli en transmettant l'information localement et à distance. Il est à noter que l'immunité adaptative est apparue à un moment de l'évolution où le SN avait atteint son degré de perfectionnement et que, par conséquent, l'immunité mobilise des mécanismes qui se sont avérés efficaces dans le SN, la mémoire en particulier. Nous avons déjà observé que le vivant a tendance à emprunter la voie de l'économie et de l'efficacité, le mimétisme en fait partie ; quand un mécanisme s'avère efficace pour l'adaptation du vivant, il peut être réinvesti dans d'autres fonctions (ce que j'ai nommé plus haut le conservatisme du vivant). Il est important de comparer les systèmes fonctionnels de l'organisme pour savoir si l'un aurait dérivé de l'autre, car ceci permet de comprendre la véritable nature de chaque fonction de l'organisme. L'embryologie, branche de la biologie qui se consacre à l'étude de la période de vie comprise entre la fécondation de l'œuf et la naissance, apporterait de précieuses informations sur la naissance de l'immunité. C'est sans doute à la naissance que l'immunité connaît la transition la plus critique puisqu'elle entre pour la première fois en contact direct avec le milieu externe. Que dire de la discrimination soi/non-soi pendant la vie intra-utérine ? Le fœtus est-il déjà un organisme en lui-même, en tant qu'il est différent de celui de sa mère ? Si oui, quels sont les mécanismes vitaux qui assurent son intégrité et son développement puisqu'il ne possède pas de SI constitué ?

Comme on le suppose, l'immunité adaptative serait apparue pour la première fois chez les vertébrés à mâchoire et il semblerait même que le SI, tel qu'on le connaît aujourd'hui, se soit développé là où les substances introduites dans l'organisme entrent en contact avec le sang et le réseau circulatoire de l'organisme, à savoir dans l'intestin. Il est probable que l'évolution de la digestion ait contraint le vivant à s'armer d'une immunité plus élaborée. Il se pourrait aussi que les mêmes mécanismes mis en place pour accomplir une digestion des aliments absorbés aient été réinvestis pour détruire les antigènes. La digestion des aliments est extracellulaire alors que celle des antigènes est intracellulaire.

Observons l'être unicellulaire eucaryote (protozoaires) en train d'ingérer par phagocytose de la matière solide qu'il dégrade pour en extraire les nutriments nécessaires à sa croissance. Ce petit être sait distinguer son matériel génétique d'un génome étranger. Chez lui, l'immunité et la digestion sont confondues. N'oublions pas que la digestion ne dégrade pas seulement les molécules organiques, elle leur enlève également toute leur capacité d'agir car en détruisant leur structure elle détruit leur fonction. Avec l'évolution, la digestion s'est séparée de l'immunité mais les deux semblent avoir une origine commune. Aliments comme antigènes sont dégradés et recyclés, ou rejetés comme déchets. Dans les deux systèmes, un cocktail d'enzymes protéolytiques sont mobilisés pour détruire les protéines et neutraliser leurs fonctions.

Dès que les aliments sont introduits dans la bouche et jusqu'à leur arrivée dans l'intestin, chaque type d'enzyme produit par l'appareil digestif joue un rôle précis :

1- Les enzymes des glandes salivaires sécrètent des amylases transformant l'amidon en maltose.
2- Le pepsinogène, une enzyme inactive sécrétée par l'estomac, se transforme en pepsine sous l'action de l'acide chlorhydrique. La pepsine décompose alors les protéines en peptides.
3- Le suc pancréatique contient plusieurs enzymes digestives qui catalysent la transformation chimique des glucides, des protides et des lipides. Parmi ces enzymes se trouvent : l'amylase pancréatique qui transforme l'amidon en maltose, la lipase pancréatique qui

transforme les lipides en glycérol en acide gras et les protéases pancréatiques qui décomposent les protéines en acides aminés.

La paroi de l'intestin grêle produit des enzymes digestives, dont la maltase, l'invertase et la lactase. Celles-ci transforment respectivement le maltose en glucose, le saccharose en glucose et fructose puis le lactose en glucose et galactose. L'intestin grêle sécrète également de l'aminopeptidase et de la dipeptidase, des enzymes qui agissent sur les protéines et les peptides pour les transformer en acides aminés. L'intestin produit aussi la désoxyribonucléase et la ribonucléase qui décomposent les acides nucléiques en sucre et en bases azotées.

D'autre part, les complexes immuns sont éliminés par la phagocytose qui est un système de défense non spécifique. Elle permet d'éliminer les débris cellulaires, les bactéries, les virus, des cellules cancéreuses, les complexes immuns, etc. Les étapes de la phagocytose sont les suivantes :

1- Adhésion de la cellule phagocytaire à un élément étranger.
2- Absorption de l'antigène grâce aux prolongements cytoplasmiques : la déformation de la membrane du phagocyte et l'ingestion de l'élément. Il est enfermé dans une vésicule, le phagosome.
3- Digestion intracellulaire de l'antigène : la fusion entre le phagosome et le lysosome. C'est la formation d'un phagolysosome et la digestion du contenu grâce aux enzymes lytiques.
4- Rejet des débris hors de la cellule phagocytaire.

Les cellules phagocytaires se caractérisent par la présence d'une membrane cellulaire déformable, un appareil de Golgi développé et une richesse en lysosomes et enzymes hydrolytiques pour digérer les éléments phagocytés.

La phagocytose opère de deux manières : 1) Sans opsonisation : l'antigène entre en interaction directe avec son récepteur à la surface des cellules phagocytaires. La reconnaissance se fait grâce aux PRR membranaires : récepteurs MMR (*Macrophage Mannose Receptor*), récepteurs aux lectines, et récepteurs scavengers. 2) Avec opsonisation : l'interaction entre l'antigène et un récepteur cellulaire nécessite cette fois-ci une molécule intermédiaire qui joue le rôle d'adaptateur et qu'on appelle opsonine. Les opsonines sont souvent associées aux anticorps mais on y trouve également les composants du complément, les protéines MBP (*Mannan Binding Protein*) et la protéine CRP (*C-Reactive Protein*).

La particule phagocytée ou le complexe immun sont dégradés dans le phagolysosome dont la formation est essentielle à la destruction intracellulaire des micro-organismes et des agents pathogènes. Il intervient lorsque les membranes du phagosome et du lysosome entrent en « collision », collision au cours de laquelle le contenu lysosomal, y compris les enzymes hydrolytiques, est rejeté dans le phagosome de manière explosive, et c'est ainsi que le phagolysosome digère les particules ingérées par le phagosome. Certains produits de la digestion sont des matériaux utiles et sont transférés dans le cytoplasme, d'autres sont exportés par exocytose. La phagocytose est une digestion, c'est le sort réservé aux antigènes ciblés par le SI. Quand la « digestion » n'est pas suffisante, l'antigène persiste et cause des dégâts à l'organisme. Des concentrations élevées de complexes immuns sont en effet retrouvés dans différentes situations pathologiques, auto-immunes, infectieuses ou néoplasiques. La phagocytose peut être saturée et donc incapable d'éliminer des complexes immuns qui constituent ainsi un réservoir d'antigènes.

À part la dégradation des antigènes, souvent d'origine extracellulaire, par phagocytose, la cytotoxicité constitue un autre mécanisme visant à détruire les cellules cibles infectées par un virus ou d'origine tumorale. La cytotoxicité est une des stratégies majeures employée par le SI. Les cellules cytotoxiques du SI font partie de la classe des grands lymphocytes granuleux (LGL) regroupant les cellules NK et les LTC. Le cytoplasme des LTC renferme des granules de stockage contenant des monomères d'une protéine de 65 kDa susceptibles de former des pores appelées perforines, ainsi que diverses sérines protéases appelées granzymes ou fragmentines. Lorsque les monomères de perforine entrent en contact avec la membrane de la cellule cible, elles subissent un changement conformationnel qui leur permet de s'insérer dans la membrane de la cellule cible, et ainsi elles se polymérisent pour former un grand nombre de pores cylindriques dans la région de formation du conjugué. Les pores facilitent l'entrée des granzymes dans la cellule cible. À la suite de l'introduction des granzymes dans la cellule cible, une fragmentation de l'ADN de la cellule cible en oligomères de 200 pb est observée dans les cinq minutes qui suivent le contact avec un LTC. Il s'agit d'une fragmentation typique de l'apoptose. Les granzymes activent donc une voie apoptotique au sein de la cellule cible.

L'action des granzymes, qui sont des protéases, consiste à initier une cascade de caspases. Les caspases sont présentes dans les cellules sous forme de proenzymes inactifs, les procaspases. Le clivage d'une procaspase produit une caspase initiatrice active qui clive d'autres procaspases, ce qui active leur activité protéolytique. Le résultat final est la désintégration de la cellule cible : il y a apoptose. L'autre mécanisme d'action des LTC est leur capacité d'induire la mort cellulaire par la voie de Fas. Fas est une protéine transmembranaire, membre de la famille des TNF (facteurs de nécrose tumorale). La protéine Fas ou CD95 peut délivrer un signal de mort lorsqu'elle effectue des pontages par l'intermédiaire de son ligand naturel, le FasL (Fas Ligand ou CD95L).

Les cellules NK sont des cellules « sentinelles » ayant pour vocation d'éliminer rapidement les cellules anormales (tumorales ou infectées) tout en préservant les cellules saines. La mise en place des fonctions NK est rapide car, contrairement à celles des LT et LB, elles ne passent pas les étapes de prolifération et de différenciation. La cytotoxicité directe des cellules NK vis-à-vis des cellules anormales est leur fonction la mieux connue. Elle peut s'exercer par différents mécanismes (en général similaires à ceux employés par les LTC) comme la cytotoxicité dépendante de la perforine. D'autres mécanismes cytotoxiques conduisent à la mort de la cellule cible par apoptose :

1- Les interactions CD95 (Fas) sur la cible - CD95L (Fas ligand) sur la cellule NK.
2- Les interactions TRAIL (tumoral-necrosis-factor related apoptosis inducing ligand) -TRAIL récepteur.
3- La sécrétion de TNF α (Tumor Necrosis Factor α).

L'apoptose présente l'avantage, par rapport à la mort par nécrose, de fragmenter la cellule en corps apoptotiques et d'éviter ainsi la libération des antigènes séquestrés dans l'espace extracellulaire. Le résultat final est leur phagocytose par des macrophages et leur digestion.

Quel que soit le processus d'élimination de l'antigène, les LTC ou l'immunité innée, il s'achève toujours par sa digestion. La dégradation intracellulaire des antigènes mobilise le même mécanisme enzymatique que celui utilisé pour le recyclage des protéines cellulaires. Dans les deux cas, le lysosome est impliqué. Le catabolisme des protéines est nécessaire pour éviter l'accumulation de protéines défectueuses. Il se sert de leur dégradation pour récupérer des acides aminés. Il élimine aussi les protéines en fin de vie. En effet, la demi-vie des protéines est très variable, elle va de quelques minutes à plusieurs semaines. Les voies de dégradation des protéines sont les lysosomes et le protéasome. Les lysosomes sont des vésicules issues de l'appareil de Golgi, enrichies en hydrolases (lipases, protéases, nucléases, osidases…) actives à pH acide. La membrane des lysosomes contient des pompes H+ et des canaux Cl- (pH=3.5-5). Lorsque le lysosome fusionne avec une vésicule d'endo-phagocytose, il y déverse ses enzymes. L'élimination par cette voie concerne des protéines membranaires, des protéines d'origine extracellulaire ainsi que des vieux organites. Quant aux protéasomes, il sert au recyclage des protéines. Il assure la dégradation de protéines mal repliées et celles en fin de vie ou ubiquitinylées. Toutes les cellules de l'organisme sont capables de dégrader des protéines. Cependant, les cellules immunitaires ont la particularité d'exprimer une panoplie de récepteurs, comme le RFc, récepteur au complément, les PRR et d'autres, qui augmentent leur capacité d'ingérer des particules ou des macromolécules et les destinent aux voies de dégradation des protéines par les lysosomes.

L'immunité détruit la protéine cible qui est étiquetée non-soi alors que l'appareil digestif dégrade les protéines pour en extraire les acides aminés. Parfois, l'antigène peut même servir de source d'acides aminés à la cellule. L'appareil digestif dégrade les protéines (ou autres types d'aliments) que nous ingérons volontairement, c'est du non-soi aussi, mais qui passe immédiatement par des étapes successives de digestion enzymatique jusqu'à sa dissolution totale. Dans l'appareil digestif, les protéines ne sont pas captées par des récepteurs mais destinées directement à la protéolyse extracellulaire. Alors que l'immunité a développé des récepteurs pour capter les antigènes avant de les destiner à une voie de dégradation.

L'immunité est un système sophistiqué de guidage de l'antigène jusqu'à son usine de destruction. Tous ces récepteurs immunitaires, innés ou adaptatifs, guident leurs antigènes, quelle que soit leur origine (bactérie, virus, cellule infectée ou tumorale), vers les lysosomes qui représentent un cimetière pour les protéines cibles. L'immunité est, au bout du compte, essentiellement une digestion ou une dégradation protéolytique des antigènes. Une digestion sophistiquée, au cours de laquelle l'antigène est d'abord reconnu puis guidé vers sa destruction. Des enzymes, de même nature que celles impliquées dans l'appareil digestif, sont recrutées pour détruire les antigènes. Justement, une protéine qui s'introduit dans l'organisme par la voie buccale va être dégradée par les enzymes digestives qu'elle va rencontrer au cours de son transit. Alors qu'une protéine entrant par d'autres voies, par exemple au cours de l'administration d'un vaccin ou au cours d'un accident, va d'abord déclencher une réaction immunitaire. La différence la plus importante entre la digestion des protéines et leur dégradation par les circuits immunitaires est la suivante : dans le premier cas, la protéine est immédiatement dégradée alors que, dans le cas du SI, la protéine va enclencher la production d'anticorps qui vont par la suite l'éliminer. L'immunité implique une étape de reconnaissance de l'antigène avant de le destiner à la destruction. Les métazoaires se sont donc dotés de deux mécanismes pour détruire la matière organique qui entre dans l'organisme : la digestion par l'appareil digestif et la dégradation par les circuits immunitaires. Un transplant non compatible serait digéré par les effecteurs immunitaires.

Toutes les protéines finissent par être dégradées au terme de leur vie. Les gènes produisent des protéines d'une manière régulée seulement quand ils sont activés par des facteurs de transcription. Les protéines du soi sont ainsi régulées et intègrent toutes des circuits métaboliques, leur expression évolue selon un mode spécifique dans l'espace-temps. Leur quantité ne dépasse pas un certain taux en fonction de la régulation négative ou positive de leur expression. Les protéines étrangères, par contre, qu'elles soient introduites par un vaccin ou sécrétées par des cellules infectées par un virus, s'accumulent dans l'espace extra-cellulaire même si elles se lient à des récepteurs cellulaires. Leur expression n'est pas régulée de la même manière que les protéines du soi et finissent par se distinguer. L'accumulation d'une protéine ou son long séjour dans l'espace extracellulaire accroît les chances qu'elle soit captée par des phagocytes ou des CPA. Supposons qu'une protéine sécrétée mute et ne se lie plus à ses récepteurs, elle s'accumulera dans l'espace intercellulaire et subira le même sort. De même, des particules virales libérées dans l'espace extracellulaire vont être captées par des phagocytes ou des CPA locaux. Un antigène vaccinal n'est, au final, qu'une protéine qui se trouve au mauvais endroit puisqu'elle n'est pas produite naturellement, d'où sa capture par des CPA. Un antigène quelconque persiste un certain temps dans l'espace extracellulaire jusqu'à ce qu'il soit phagocyté. Les CD intestinales captent les molécules circulant dans la lumière intestinale et c'est de cette manière que le SI sonde les molécules traversant les intestins. Une protéine délocalisée (qui se trouve dans un lieu où elle ne se trouve pas naturellement) est sur-exprimée à un taux anormal, une protéine qui n'intègre plus les circuits métaboliques auxquels elle est destinée, finit par être captée par les phagocytes ou des CPA. Selon le type de peptides produits suite au clivage par les endoprotéases des CPA et leur association aux molécules des CMH, les protéines vont enclencher ou non une réponse immunitaire adaptative. L'immunogénicité serait cette capacité à produire des peptides stimulant une réponse lymphocytaire. Ceci dépend avant tout de la structure primaire de la protéine ; les peptides issus de son clivage doivent avoir les acides aminés nécessaires pour s'ancrer dans la pochette des molécules du CMH. L'immunogénicité d'une protéine résulte de son étrangeté qui se traduit par son expression anormale dans les cellules ou l'espace extracellulaire. C'est cette étrangeté qui accroît les chances qu'elle soit captée par des CPA et qu'elle produise des épitopes qui s'associent aux molécules CMH.

Une autre différence importante entre l'appareil digestif et l'immunité réside dans le fait que la dégradation (protéolyse comprise) par le premier est extracellulaire (elle a lieu dans l'estomac et dans la lumière intestinale), tandis qu'au cours de la réponse immunitaire, la dégradation de l'antigène est majoritairement intracellulaire sauf dans les cas au cours desquels des protéases circulantes interviennent pour dégrader l'antigène. La digestion des aliments est effectuée par des enzymes libérées dans le milieu, alors que l'immunité implique des mécanismes classiques de dégradation intracellulaire des protéines, comme discuté plus haut. L'immunité et la digestion seraient les deux faces d'une même pièce. Dans le cas d'une infection virale ou d'une tumeur, l'immunité digère le non-soi ou le soi altéré. L'induction de l'apoptose permet surtout de garder confiné le contenu intracellulaire pour éviter sa dissémination dans l'espace extracellulaire. La cellule est d'abord fragmentée puis digérée. Par ces deux mécanismes, phagocytose et cytotoxicité, l'immunité surveille l'espace extra-cellulaire et les cellules elles-mêmes.

La protéolyse constitue un mécanisme capital dans la vie cellulaire. Elle fait partie des tout-premiers mécanismes qui entrent en jeu pour corriger un défaut ou éliminer une aberration au niveau d'une protéine. La réplication d'un virus qui échappe au contrôle cellulaire va produire des protéines dont le taux d'expression est élevé, ce qui va accroître leur dégradation par le système de protéolyse de la cellule et par conséquent accroître les chances de leur présentation par les molécules du CMH. D'ailleurs c'est le principe même de la vaccination à ARNm anti-Covid qui consiste en une surexpression de la protéine Spike qui, à son tour, subirait la protéolyse et la présentation par les molécules CMH. Le mécanisme ancestral de la protéolyse constitue un des piliers discrets de l'immunité. L'immunité serait une réplique de la fonction digestive étant donné qu'elle implique des mécanismes spécifiques de capture de substances étrangères dans le but de les destiner à la destruction. Les cellules de l'organisme sont toutes équipées de système de dégradation protéolytique, et les mêmes mécanismes de dégradation et de recyclage des protéines du soi sont réinvestis pour détruire le non-soi. Soi ou non-soi obéissent aux mêmes lois de la chimie, le même alphabet lu par la machinerie cellulaire. Autrement dit, les mêmes mécanismes qui recyclent le soi sont réinvestis pour neutraliser le non-soi. Ne l'oublions pas, soi ou non-soi sont constitués des mêmes éléments chimiques et forment des structures similaires. Protéine bactérienne, virale ou fongique sont toutes fabriquées selon le même mécanisme de transcription et de traduction, en enchaînant des acides aminés dans une séquence spécifique. Elles sont, par conséquent, enrôlées dans les mêmes mécanismes de dégradation des protéines du soi. Ceci est dû au fait que les sites de clivage des protéases sont très conservés chez un grand nombre d'espèces vivantes. Des autoantigènes du soi ou des antigènes du non-soi sont finalement réduits aux composants unitaires (acides aminés dans le cas des protéines) et ne se distinguent donc plus les uns des autres. Des acides aminés, parties d'une protéine du soi, peuvent provenir du recyclage d'une protéine du non-soi et vice versa. La digestion permet la restauration du vivant, elle détruit le vieux pour en faire du neuf. L'immunité ressemble à une digestion confinée (intracellulaire).

La digestion peut être poussée à son maximum dans le phénomène d'autophagie[1] qui est, avant tout, un mécanisme de défense qui permet de tout détruire pour tout reconstruire, c'est une solution drastique pour corriger les défauts et retourner à la ligne d'équilibre. Telle une voiture qui peut être démontée en pièces détachées, la cellule, étant elle-même un agencement d'innombrables molécules, peut se dissocier en une multitude de composants basiques qui, à leur tour, vont être réduits à leurs constituants unitaires. Digestion ou autophagie, la finalité est la même.

[1] L'autophagie (du grec αυτο : « soi-même », et φαγειν « manger »), autolyse ou autophagocytose, est un mécanisme physiologique, intracellulaire, de protection et de recyclage d'éléments cellulaires : les organites indésirables ou endommagés, un pathogène introduit dans la cellule, des protéines mal repliées sont ainsi collectés et transportés vers les lysosomes pour y être dégradés. Une partie du cytoplasme est ainsi recyclée par ses propres lysosomes. Ce mécanisme est aussi une source d'énergie et d'acides aminés dans des conditions stressantes pour la cellule, comme l'hypoxie, le manque de nutriments ou l'exposition à des traitements médicamenteux (wikipédia).

L'autophagie serait une immunité extrême. Étant, elle-même, une digestion des autoantigènes, elle peut aller jusqu'à la digestion par la cellule d'une partie d'elle-même. La cellule du soi s'attaque alors à elle-même, procédant à un suicide cellulaire par autodigestion. C'est aussi un mécanisme ingénieux par lequel la cellule élimine une partie aberrante d'elle-même ou se détruit entièrement pour freiner la propagation d'une anomalie au sein du tissu. L'apoptose, de la même manière, est une autodigestion de l'ADN, puis de la cellule, en corps apoptotiques, les caspases sont activées par une protéolyse spécifique. L'immunité exploite le fait que les molécules organiques possèdent des sites spécifiques reconnus pas des enzymes de digestion, ou de restriction dans les cas qui impliquent l'ADN. Elle les cible en mobilisant les enzymes afin de détruire le non-soi ou le soi altéré. Au vu de ses éléments, nous pouvons conclure que l'immunité est un processus de digestion et de dégradation. Les anticorps, par exemple, servent d'abord de système d'adressage de l'antigène aux systèmes de dégradation au sein des cellules immunocompétentes. D'autres composants du SI comme le complément sont aussi dotés de cette capacité de détruire les bactéries et les cellules infectées. La spécificité de la discrimination soi/non-soi se réduit donc à l'étape de reconnaissance du non-soi car les mécanismes qui suivent sont impliqués dans des processus classiques de recyclage des composants de la cellule.

L'immunité s'est perfectionnée au fil de l'évolution avec le perfectionnement des circuits cataboliques des cellules des métazoaires. Les cellules immunitaires, comme les phagocytes et les CPA, se sont spécialisées dans la fonction de biodégradation des antigènes. L'immunité adaptative a tiré profit de cette fonction en mettant en place des récepteurs, CMH et TCR, capables de reconnaître des peptides issus de la biodégradation des protéines. C'est ainsi que les LTC chargés en enzymes destructrices sont mis en contact avec les cellules exprimant l'antigène ou souffrant d'une aberration, comme c'est le cas pour une infection virale ou un cancer. Elles y déversent leur contenu cytolytique après que les LTC aient reçu les signaux d'activation. Les anticorps, quant à eux, véhiculent les antigènes pour qu'ils soient internalisés par des phagocytes ou des CPA. Nous comprenons donc que l'immunité adaptative est apparue à un moment de l'évolution des métazoaires au cours duquel leurs circuits métaboliques de recyclage des composants cellulaires et de dégradation des protéines ont atteint un haut degré d'organisation. Par ailleurs, l'immunité est un mécanisme énergivore qui mobilise des cellules, des médiateurs solubles et des mécanismes de protéolyse ou de dégradation de l'antigène. Puisque les mécanismes biologiques suivent la voie de la moindre dépense d'énergie, une réponse immunitaire se déclenche seulement quand tous les signaux d'activation sont intégrés par les effecteurs immunitaires. Les mécanismes immunitaires doivent économiser de l'énergie en se localisant aux endroits où les antigènes pénètrent dans l'organisme et dans les tissus où l'antigène atteint son maximum d'expression. Le bilan énergétique se stabilise au cours de la réponse immunitaire ; l'énergie est dépensée au début pour mobilier les effecteurs immunitaires et récupérée à la fin par le processus de digestion et de dégradation de l'antigène (le catabolisme est source d'ATP et d'énergie). En quelque sorte, l'organisme se nourrit des antigènes, ils lui apportent de l'énergie pour compenser celle qui a été dépensée pour les neutraliser. En somme, l'antigène fournit l'énergie qui sert à l'éliminer comme lorsqu'il sélectionne le LT ou LB qui lui est spécifique (sélection clonale). D'une manière similaire à la fonction digestive, l'immunité traite les antigènes comme un aliment qu'elle va détruire pour en extraire de la matière et de l'énergie. C'est pourquoi nous pouvons inférer que l'immunité a partie liée avec le métabolisme et que, si elle est aussi performante chez les hauts vertébrés, c'est bien parce que leur métabolisme a atteint un haut degré d'efficacité. Sa robustesse résulte du fait qu'elle a tiré profit du système de reconnaissance entre un ligand et son récepteur ; elle le pousse à l'extrême en produisant un nombre incalculable de récepteurs qui ont leurs sites de liaison aux ligands exposés à leurs surfaces. L'immunité a aussi tiré profit des interactions entre cellules et les utilise comme sources de co-stimulation ou de co-inhibition. Tous ces exploits ont été rendus possibles grâce à la fonction métabolique des vertébrés. Le métabolisme en lui-même est un mécanisme de défense, mais il a ceci de particulier qu'il obéit à des séquences de réactions chimiques rendant possible l'effet toxique d'une molécule étrangère qui l'aurait intégré. L'immunité intervient pour surveiller les protéines endogènes ou exogènes afin d'éviter toute interférence avec les circuits métaboliques. N'oublions pas que tout antigène, une fois dans l'organisme, peut être métabolisé et générer une toxicité.

L'immunité et la complémentarité

Comme tout bon biologiste, je mène mes propres investigations, guidé par les enseignements de mes prédécesseurs et contemporains. Ils m'ont appris que le vivant est constitué de cellules, elles-mêmes dotées d'un métabolisme par lequel elles fabriquent leurs propres constituants et les enzymes nécessaires pour catalyser les réactions métaboliques. Ce qui est remarquable chez le vivant c'est qu'il se fabrique lui-même, guidé par le programme génétique dont il a hérité. Les biologistes passent leur temps à analyser l'aptitude du vivant à se maintenir en vie. Ils officient dans des laboratoires entourés de leurs appareils, de puissants logiciels et d'une multitude de collaborateurs à leur disposition. De nos jours, la biologie est devenue une activité quasi industrielle aux moyens faramineux. La collecte et la recombinaison des données par de puissants ordinateurs sont devenues un enjeu capital, les bio-informaticiens sont sur la ligne de front. Il faut avoir le regard perçant, comme celui du rapace qui vole en cercles concentriques au-dessus de sa proie, pour repérer les éléments suffisamment significatifs qui guident l'investigation vers le résultat. La technologie de pointe domine la science du vivant et, ce qui est surprenant, c'est que, supposée accélérer la compréhension du vivant, elle n'a fait en définitive qu'amplifier sa complexité. Les biologistes du passé ne disposaient que de techniques rudimentaires et artisanales et ont, malgré cela, réussi des exploits dignes d'admiration et d'éloges. En effet, ils ne pouvaient pas approfondir leur recherche car leurs moyens étaient limités. Mais aujourd'hui, les biologistes qui disposent d'une technologie de pointe se heurtent à des obstacles purement scientifiques, en l'occurrence, la complexité du vivant. Autrefois, le microscope optique ne permettait d'observer que les trois parties principales d'une cellule : membrane, cytoplasme et noyau. Avec le microscope électronique nous pouvons observer maintenant les organites à l'intérieur de la cellule. Ceci ne fait qu'accroître la complexité de ce qui est observé. Supposons que vous examiniez en détail des organites au sein de la cellule, vous n'êtes cependant pas sorti de l'auberge : vous devez à chaque fois expliquer ce que vous observez et identifier le rôle de ces objets ou mécanismes dans la cellule. Imaginez qu'avec une technique puissante, vous observiez que la cellule n'est pas la plus petite unité vivante puisque, elle-même, constituée de sous-unités vivantes, vous devrez alors inventer toute une théorie en biologie. En sciences expérimentales, rien n'est absolu, vos connaissances évoluent en fonction des moyens techniques et théoriques à disposition. De plus, le savoir ne découle pas seulement de la sagacité des chercheurs, il est aussi influencé par les idées philosophiques, religieuses, politiques de leur temps, en bref, par la vision du monde qui a cours dans le système social dans lequel ils baignent.

La complémentarité est un concept important en biologie. On le retrouve également dans d'autres champs de la pensée humaine. Le Yin et le Yang par exemple sont un symbole de complémentarité très connu qui nous provient de la sagesse orientale. Dans les grands textes de la religion monothéiste, Adam et Eve ont engendré toute l'humanité, ils incarnent la complémentarité par excellence. J'emploie la notion de complémentarité également dans le sens d'une opposition, car quand un facteur produit l'effet inverse d'un autre, on peut dire qu'ils sont complémentaires. En biologie, si un facteur n'est pas inhibé, sa fonction va devenir excessive causant un effet négatif. L'inhibition pourrait, soit impliquer un contact, soit s'exercer à distance ou indirectement. Une régulation engendre des effets équilibrés. L'immunité doit éliminer l'antigène sans détruire les tissus, elle doit exprimer une réponse mesurée. À l'instar des propriétés de l'électricité ou du magnétisme, la vie résulterait de l'interaction entre deux pôles opposés. Elle n'est ni un pôle ni l'autre mais le résultat de leurs interactions qui signent leur complémentarité.

L'immunologie nous offre une très belle illustration de la complémentarité : entre un antigène et un anticorps, un TCR et le complexe peptide-CMH, un PRR et un PAMP. Le vivant émerge de la complémentarité notamment celle qui existe entre les ligands et leurs récepteurs. Le métabolisme n'est que complémentarité : enzyme-substrat et interactions entre molécules de différentes natures. Elle résulte d'un principe d'ordre supérieur qui gouverne les interactions au sein du vivant. Le SI réagit à la fois en présence des molécules et en présence des particules vivantes comme les bactéries, champignons et protozoaires. Il se distingue donc des autres systèmes fonctionnels de l'organisme par le fait qu'il interagit avec des structures vivantes pour les guider vers la mort par apoptose ou cytolyse. Le SI met en jeu une complémentarité extrême, celle qui régit l'intervalle entre la vie et la mort. Les mécanismes de la mort sont activés pour détruire le vivant. Les anticorps peuvent lier une particule vivante ou une protéine soluble, ils les destinent à la dégradation par leur fragment Fc qui se fixe sur les cellules phagocytaires. Le SI serait un système de recyclage et de destruction. Il n'y a rien d'étonnant à ce qu'un tel système existe chez les métazoaires, condition nécessaire pour que leur multicellularité puisse fonctionner sans entrave. Une cellule morte, cancéreuse, infectée, va exprimer des récepteurs ou envoyer des signaux qui vont activer le SI, et ce dernier se charge de la détruire.

Le vivant nous étonne par son inventivité incroyable, le moment où le LTC approche la cellule cible pour lui transmettre le signal d'alerte qui lui sera fatal ressemble au « baiser de la mort ». Ce contact entre le LTC et sa cellule cible est impressionnant car il évite que des cellules saines ne soient détruites. Et l'immunité a évolué pour que la mort qu'elle déclenche soit circonscrite : dirigée et localisée. D'abord, la cible est reconnue par la complémentarité entre deux molécules ou mêmes plusieurs molécules avant que le signal de la mort ne soit émis. C'est un mécanisme d'une précision incroyable dépassant celle des armées les plus puissantes qui, en plus de détruire leurs cibles, causent d'énormes dommages collatéraux. L'immunité et la mort cellulaire sont très voisines. Nous sommes subjugués par les mécanismes de destruction que déploient les cellules immunitaires comme le font les cellules NK, neutrophiles et macrophages. Ainsi, le vivant abrite en son sein des cellules tueuses et parfois ce mécanisme de destruction se retourne contre lui et le détruit de l'intérieur ; c'est la guerre civile ! Nous comprenons donc pourquoi ces mécanismes ne doivent pas s'activer contre les cellules saines ni contre des molécules jouant un rôle vital dans le métabolisme, car l'erreur peut être fatale. Les interactions entre les récepteurs immunitaires et leurs ligands doivent être spécifiques et de forte affinité, ainsi d'autres signaux viennent consolider ou bloquer le signal d'activation qu'ils délivrent. L'organisation du SI au sein de l'organisme est configurée de sorte à éviter d'enclencher par erreur les mécanismes de la mort. Les cellules immunitaires effectrices sont tenues loin des tissus sains jusqu'à ce qu'elles reçoivent un signal d'alerte. Seuls des macrophages résiduels font partie du tissu pour éliminer ses cellules mortes. Dans un premier temps, loin des tissus, l'immunité se déroule dans les ganglions lymphatiques et les muqueuses.

Afin d'épargner les tissus de l'organisme, l'immunité se concentre au niveau des barrières et des muqueuses pour repousser l'antigène et éviter qu'il ne pénètre dans l'organisme. Si la première ligne de défense est franchie, les conditions d'activation amèneront l'immunité à déclencher la réponse adaptative. On peut alors distinguer l'immunité des muqueuses sur la ligne frontale, et l'immunité systémique qui opère si l'antigène les outrepasse. Constamment exposé à des agresseurs présents dans l'environnement, l'organisme se défend, sa survie en dépend. Il ne serait pas juste de qualifier les micro-organismes d'ennemis indésirables. Si Pasteur a reconnu à la fin de ses jours que « le terrain est tout », alors qu'il avait toujours tenté de démontrer que les micro-organismes étaient associés aux maladies, c'est qu'à vrai dire les microbes ne sont pas à eux seuls les vecteurs de maladie : d'autres facteurs, génétiques et environnementaux, contribuent à rompre la ligne d'équilibre de l'organisme. Nous sommes malades parce que cette dernière est déviée, il faut comprendre l'organisme comme un tout fonctionnel (il réagit tout entier à une maladie même si elle est localisée). Par conséquent, je ne dirai pas que l'immunité déclare la guerre à nos hôtes, les microbes, mais plutôt qu'elle restaure l'équilibre rompu, qu'elle réhabilite le terrain (communément désigné en médecine comme la capacité du corps à guérir et/ou à se maintenir en bonne santé). Tout est question d'équilibre ; tant qu'il n'est pas perturbé, les microbes peuvent pénétrer dans l'organisme sans provoquer de maladies. D'ailleurs, nous hébergeons quantité de bactéries, comme la mycobactérie dans nos poumons, qui sont potentiellement pathogènes et qui se répliquent dans nos cellules sans causer le moindre symptôme. Le SIDA, selon des microbiologistes par ailleurs taxés de négationnistes, aurait été causé par l'usage excessif de drogues dures laissant l'organisme incapable de se défendre contre les microbes, même les plus bénins[98] (Torsten Engelbrecht, Claus Köhnlein, Samantha Bailey, et Stefano Scoglio « Virus Mania », 2021). Un allié devient un ennemi si vous perdez vos défenses. Ce ne sont pas les microbes qui tuent, mais plutôt notre mode de vie, notre société qui devient de plus en plus matérialiste et inhumaine, nos addictions, notre sédentarité excessive et les pollutions de tous ordres. Ce sont elles qui ruinent notre santé. Les microbes en profitent alors pour rompre la symbiose qui les forçait à vivre en équilibre avec nos tissus, ils dépassent leurs limites pour nous envahir. Un microbe ne cause une maladie grave que si l'organisme est fragilisé.

Les microbes profitent de toutes les portes d'entrée de l'organisme en traversant les muqueuses qui tapissent le tube digestif, les voies respiratoires, le système urinaire et les voies sexuelles. La surface des muqueuses est considérable : si on les étalait, les muqueuses qui tapissent le tube digestif humain recouvriraient à elles seules tout un terrain de tennis (soit 400 m^2). Les muqueuses sont pourvues d'un SI de riposte immédiate qui bloque les infections. Presque 80% de toutes les cellules immunitaires appartiennent au système des muqueuses. Elles possèdent leur propre système de défense, indépendant du SI systémique, en hébergeant, dans des compartiments spécialisés qui leur sont associés, des acteurs cellulaires et moléculaires spécifiques. La plupart des muqueuses sont garnies d'une couche de cellules épithéliales étroitement scellées : l'épithélium muqueux sépare le milieu intérieur de l'organisme du milieu extérieur. Cette couche suffit généralement à éviter que les germes n'atteignent les tissus sous-jacents. Les cellules épithéliales sont généralement incapables de capter les antigènes présents dans la lumière intestinale, dans l'appareil urinaire ou génital ou encore dans l'appareil respiratoire, et de les transporter vers les cellules qui activent le SI. Dans le système digestif, le plus exposé aux antigènes provenant du milieu extérieur, les cellules M jouent un rôle important. Ces cellules ont des prolongements exposés des deux côtés (la lumière de l'organe et le côté basolatéral des tissus) qui vont permettre le passage de l'antigène et sa capture par des CPA professionnels (ni les cellules épithéliales ni les cellules M n'ont cette capacité). La distance entre le côté externe (apical) et le côté interne (basolatéral) des cellules M est courte, et les antigènes les traversent assez facilement par un mécanisme de transcytose. Par ce mécanisme, les antigènes externes sont enveloppés par les prolongements membranaires des cellules M qui finissent par s'accoler et former des vésicules qui se détachent de la membrane apicale et se déplacent dans les cellules M. Arrivés sur l'autre paroi, ils sont déversés du côté basolatéral où ils rencontrent des amas de leucocytes. Les ensembles constitués de cellules M, de leucocytes et de cellules épithéliales constituent, au niveau de l'intestin, les plaques de Peyer, lesquelles activent les réactions immunitaires de l'intestin. Les leucocytes des plaques de Peyer sont essentiellement des LT, des LB, des macrophages et des CD. Les macrophages et les CD captent les antigènes déversés par les cellules M et les présentent aux LT et LB. Ceci pour souligner le fait qu'un antigène est pris en charge dès son entrée dans l'organisme.

Les mécanismes biologiques se déroulent avec un minimum de dépense énergétique. Nous ne sommes pas pourvus de cellules excitées prêtes à entrer dans une folie meurtrière pour combattre les intrus. Au contraire, les LB et LT sont maintenus dans un état quiescent, et c'est seulement quand ils intègrent des signaux d'activation qu'ils entrent en jeu. Leur activation est doublement verrouillée, elle doit non seulement coïncider avec la survenue d'une anomalie mais elle doit, en plus, intégrer plusieurs signaux. La répartition spatio-temporelle des lymphocytes favorise leur quiescence ou au contraire leur activation. En circulation, ils sont loin de l'antigène, tandis que, dans les tissus, ils sont activés par les antigènes apprêtés par les CPA et par les cellules infectées ou tumorales. Les lymphocytes non sensibilisés qui circulent dans le sang portent à leur surface des molécules d'adhérence, la L-sélectine et l'intégrine $\alpha 4\beta 7$. Lorsqu'ils passent à proximité des cellules endothéliales des veinules qui portent les molécules MAdCAM-1, ils sont piégés et quittent les veinules qui sillonnent les plaques de Peyer. Dans ces plaques, les LT sont en contact direct avec les CPA qui les activent. Les CPA et les LT activent également des LB qui deviendront des cellules productrices d'anticorps, ou plasmocytes. Les lymphocytes subissent un long processus de maturation et de différenciation entre le site où ils sont activés et le site où ils exercent leurs fonctions effectrices. Quant aux LB, ils subissent une commutation : suite à leur priming par l'antigène, les BCR de surface de type M cèdent la place à des BCR d'autres classes. Cette commutation aboutit à l'apparition des immunoglobulines A (IgA) sécrétoires dans le cas des LB activés dans les muqueuses.

Retenons que les muqueuses ne sont pas juste un lieu de passage de l'antigène avant sa présentation aux cellules immunocompétentes, elles sont elles-mêmes le siège de réponses immunitaires. Le SI associé aux muqueuses (*Mucosa Associated Lymphoïde Tissue*, MALT) comprend en effet environ 80 % des cellules immunitaires de l'organisme et constitue le plus important système lymphoïde chez les mammifères. Il assure trois grandes fonctions : 1) il protège les surfaces muqueuses contre la colonisation et l'invasion par des pathogènes microbiens ; 2) il prévient l'internalisation de bactéries commensales ou des antigènes non dégradés comme les protéines dérivées de l'alimentation et de l'environnement ; 3) il empêche le développement de réactions inflammatoires non désirées contre certains antigènes qui franchissent la barrière épithéliale. L'immunité des muqueuses implique aussi bien des réponses T et B. Le SI associé aux muqueuses possède des sites inducteurs où les lymphocytes naïfs sont activés par des CPA et des sites effecteurs où les cellules effectrices (lymphocytes activés et cellules de l'immunité innée) contrôlent localement les agents étrangers. Les CPA migrent alors vers les sites inducteurs pour y activer les LT CD4+ et LT CD8+ naïfs. Cette répartition spatio-temporelle des cellules immunitaires constitue, elle-même, un mécanisme de contrôle : l'effecteur immunitaire doit être gardé loin de sa cible jusqu'à ce que son intervention s'impose, et c'est à ce moment précis qu'il est mis en contact avec l'antigène. Les cellules immunitaires, dans un premier temps, sont distantes de l'antigène jusqu'à ce qu'elles transmigrent et s'activent et, à ce moment-là, elles réagissent contre lui.

Les antigènes immunostimulants de la plupart des agents pathogènes (ou les PAMP) constituent des signaux de danger. Ils sont reconnus par des PRR, des récepteurs spécifiques ou détecteurs de danger (parmi lesquels les récepteurs de type Toll-like) exprimés par les cellules épithéliales, certains macrophages ou les CD. L'activation de ces différents détecteurs de danger déclenche une cascade de signaux conduisant à l'initiation des réponses immunitaires humorales et cellulaires anti-infectieuses et au contrôle de la tolérance vis à vis de l'antigène. Les LB et LT activés migrent dans la circulation sanguine, via la lymphe efférente, et se dispersent sélectivement dans les tissus effecteurs muqueux pour se différencier en cellules effectrices (plasmocytes sécréteurs d'anticorps, cellules cytotoxiques, cellules régulatrices). Un contingent de lymphocytes activés au niveau des sites inducteurs se convertit en cellules mémoires qui circulent entre les différents sites inducteurs. Il faut retenir que les PRR constituent aussi un point de contrôle, c'est seulement quand ils délivrent un signal de danger qu'une réaction peut s'enclencher.

La réponse humorale au niveau des muqueuses implique des IgA sécrétoires (IgAs). Les anticorps de type IgA jouent un rôle crucial dans la fonction immunitaire des muqueuses. La quantité d'IgAs produite par le SI des muqueuses est supérieure à celle de tous les autres types d'anticorps combinés. Elles constituent une première ligne de défense immunitaire contre les toxines et les agents infectieux présents dans l'environnement. Dans l'intestin, la production d'IgAs est fortement induite au cours de la colonisation de la flore intestinale chez les nouveau-nés, pendant et juste après l'accouchement. Le lait maternel contient également des IgAs transmises passivement aux tout-petits par l'allaitement. L'IgA a deux sous-classes (IgA1 et IgA2) et peut être produite sous forme monomère ou dimérique. La forme dimérique d'IgA est la plus répandue, elle est la principale Ig présente dans les sécrétions muqueuses, notamment dans les larmes, la salive, la sueur, le colostrum et les sécrétions des voies génito-urinaires, gastro-intestinales, de la prostate et de l'épithélium respiratoire. On la trouve également en petites quantités dans le sang. Le composant sécrétoire de l'IgA l'empêche d'être dégradée par les enzymes protéolytiques. Ainsi, les IgAs peuvent survivre dans l'environnement gastro-intestinal sévère et offrent une protection contre les microbes qui se multiplient dans les sécrétions corporelles.

La majorité des infections débute par un contact muqueux, c'est pourquoi on admet que l'administration d'un vaccin au site de pénétration de l'agent pathogène permet l'induction d'une immunité protectrice. C'est le cas pour les infections gastro-intestinales causées par *H. pylori, V cholerae, E. coli, Shigella Clostridium*, les rotavirus et calicivirus, pour les infections respiratoires dues à *Mycoplasma pneumoniae*, au virus de la grippe et au virus syncytial respiratoire, et enfin pour les infections génitales sexuellement transmissibles induites par le VIH ou les virus herpétiques, *Chlamydia trachomatis* et *Neisseria gonorrhoeæ*. À noter cependant que dans certains cas, bien que ne protégeant pas de l'entrée du pathogène, les IgG systémiques sont suffisantes pour la protection (exemple du poliovirus). L'enjeu de la vaccination des muqueuses est d'induire une barrière immunitaire muqueuse adaptée au pathogène, constituée d'IgAs neutralisantes et/ou de LTC et LTh. Les anticorps sécrétoires pourront bloquer la colonisation de l'épithélium muqueux par des bactéries non invasives ou empêcher l'attachement de toxines microbiennes sur les cellules épithéliales, et les LTC pourront éliminer les cellules infectées et empêcher la multiplication microbienne. À titre d'exemple, dans les cas d'infections gastro-intestinales par *V. cholerae* et ETEC (*Enterotoxigenic E. Coli*, responsable des diarrhées des voyageurs), la production locale d'IgAs est cruciale pour la protection de l'hôte et pour l'induction de la mémoire immunologique. Malgré les atouts conférés par la vaccination des muqueuses, son développement est limité par le manque d'adjuvants utilisables chez l'homme capables d'induire des réponses sécrétoires et cellulaires satisfaisantes. Aujourd'hui, seulement six vaccins sont couramment administrés par voie muqueuse. Les vaccins muqueux préventifs ou thérapeutiques doivent être conçus pour cibler le SI local. Le vaccin idéal doit : 1) préserver les antigènes vaccinaux des dégradations enzymatiques ou chimiques et limiter leur élimination ou leur dilution excessive ; 2) cibler les cellules susceptibles de capturer l'antigène, cellules épithéliales, CD ; 3) stimuler de façon appropriée l'immunité innée et spécifique afin d'induire une immunité spécifique adaptée.

Comme je l'ai déjà mentionné, à l'instar de tous les phénomènes biologiques, l'immunité suit le chemin de la moindre contrainte et de la moindre dépense d'énergie. Ceci signifie que l'antigène doit être éliminé rapidement avant qu'une réponse immunitaire ne se déclenche.

C'est ainsi que l'immunité se niche en premier lieu dans les muqueuses pour bloquer l'entrée des antigènes et éviter le déclenchement d'une réponse immunitaire systémique. Une réponse locale efficace contre l'antigène est en effet moins énergivore, elle doit opérer avant qu'il ne pénètre dans l'organisme et qu'il n'induise une réponse systémique. N'oublions pas qu'en cas d'activation du SI, il y a toujours des dommages collatéraux au niveau du site du déroulement de la réponse immunitaire. Par exemple, au cours d'une infection virale, le SI ne cible pas seulement les cellules infectées mais également celles sur lesquelles certains antigènes viraux s'attachent d'une manière non-spécifique, ou celles où ils sont absorbés et apprêtés en association avec les molécules du CMH. Une cellule peut ne pas être activement infectée, mais présenter par ailleurs des épitopes viraux par ses molécules CMH-1. Il est probable que certains peptides viraux, résultant de clivage des protéines virales libérées dans l'espace extracellulaire, se fixent directement sur les molécules CMH-1 et causent ainsi une réponse cytotoxique. *In vitro*, les molécules CMH peuvent être directement chargées en peptides, probablement parce qu'une fraction d'entre elles atteint la surface cellulaire sans peptides dans leurs sillons (j'y reviendrai plus loin).

Il est possible également que des protéines virales agissent sur des cellules non-infectées et perturbent leur fonctionnement jusqu'à altérer leur membrane plasmique et induire leur autodestruction (exemple de la protéine tat du VIH-1). Les protéines membranaires sont normalement ancrées dans la membrane plasmique et adoptent une conformation spatiale très spécifique pour remplir leur fonction. Or, en cas d'altération de la structure cellulaire, la membrane plasmique peut à son tour perdre sa structure normale. Ceci affecte l'orientation spatiale des protéines plasmiques causant l'apparition de nouveaux épitopes. On pourrait émettre l'hypothèse que c'est par ce mécanisme que le SI décèle des anormalités cellulaires. Les protéines membranaires ne confèrent pas seulement une identité aux cellules en fonction de leur origine tissulaire, elles constituent aussi des indicateurs du fonctionnement normal de la cellule. Tout dysfonctionnement interne majeur de la cellule se traduit par une anormalité au niveau de la membrane plasmique qui peut perturber d'autres fonctions au sein de la cellule jusqu'à entraîner sa mort. La cellule devient alors une cible des cellules immunitaires innées comme les cellules NK et/ou les LTC.

Étant donné la grande diversité antigénique qui règne au sein de la flore, l'immunité des muqueuses est bien entraînée et contient un large pool de cellules mémoires. Un nouvel antigène va donc affronter une barrière qui lui est hostile et imperméable. Nous comprenons donc que c'est surtout la fragilisation des muqueuses ou leur rupture locale qui permet aux antigènes d'entrer dans l'organisme. Il se pourrait aussi que le dysfonctionnement des muqueuses provienne de la perturbation de la flore par suite de son infiltration par d'autres bactéries. Des épisodes récurrents d'inflammation vont fragiliser la muqueuse et rendre les infections plus probables. Une réponse immunitaire adaptative est toujours un mauvais signe car, normalement, l'immunité des muqueuses, ainsi que celle de la flore microbienne, sont largement suffisantes pour neutraliser la majorité des antigènes.

Quand la réponse immunitaire s'emballe

Une réaction immunitaire idéale se déroule en un seul épisode. Lorsque les épisodes s'enchaînent, le résultat peut s'avérer catastrophique. Ceci se produit quand l'antigène est répandu au sein de l'organisme, qu'il se fixe sur les tissus, ou qu'il est une protéine du soi ubiquitaire. Finalement, la différenciation des tissus nous protège contre un emballement général du SI car les cellules tissulaires diffèrent par les protéines qu'elles expriment. Une réponse immunitaire qui se généralise à tout l'organisme est exceptionnelle. Ce qui se passe en réalité, c'est qu'un organe sérieusement affecté va libérer en continu des signaux de danger et stimuler l'immunité d'une manière ininterrompue. Les cytokines inflammatoires libérées vont à leur tour sursolliciter le système vasculaire et activer le SI au point de causer l'arrêt total du fonctionnement du tissu. Les virus qui se répliquent très rapidement à un taux élevé en sont souvent responsables, les bactéries également. Le tissu tend à s'autorégénérer pour compenser les pertes causées par le virus mais, si ce dernier se réplique vite, le tissu envahi sécrète des facteurs de danger qui vont recruter en masse les effecteurs de l'immunité innée.

La réponse immunitaire s'emballe lorsqu'une infection entre dans sa phase aigüe, produisant des antigènes particulaires ou solubles qui se disséminent dans l'organisme. Dans ce cas, la réponse devient invasive.

Une réponse immunitaire excessive est impliquée dans les insuffisances pulmonaires associées à la forme sévère de la Covid-19[99] (Thieme, C.J et al. 2020).

L'infection au VIH cause une activation prolongée du SI car elle génère des stimulations antigéniques chroniques. À mesure que les cellules immunitaires interagissent avec des antigènes produits en continu, elles engendrent des médiateurs solubles, notamment les cytokines, qui s'accumulent dans l'espace intercellulaire, causant des effets secondaires. D'ailleurs, les orages cytokiniques résultent d'une réponse immunitaire démesurée qui ne vise pas seulement les antigènes responsables de l'induction de la réponse immunitaire, mais qui se généralise aux tissus où se localise l'antigène, ce qui cause une insuffisance tissulaire. C'est une réponse inadaptée, nocive et généralement mortelle sans traitement approprié[100] (Jean-Marc Vidal et al, 2010). L'orage cytokinique ressemble au syndrome d'activation des macrophages (SAM), ce dernier étant bien mieux documenté, en particulier dans le cadre des infections virales dont il est une complication potentiellement létale. Le choc cytokinique survient quand un grand nombre de globules blancs (L, B, LT, NK, macrophages, CD et monocytes) sont activés et libèrent des cytokines inflammatoires qui, à leur tour, activent davantage de globules blancs. Ces cellules immunitaires sont de surcroît activées par des messages envoyés par les cellules infectées qui meurent par nécrose ou par apoptose. Les cytokines sont un groupe polymorphe et diversifié de molécules solubles activant ou supprimant des processus immunitaires de manière très différente. L'IL-6 semble être un médiateur-clé du processus du choc cytokinique[101] (Michael T. Osterholm, 2005).

Le SI s'emballe dans d'autres situations. L'inflammation prolongée observée en présence de l'infection au VIH jouerait probablement un rôle dans le vieillissement accéléré des systèmes cérébraux, osseux, cardiovasculaires, rénaux et autres. Une réponse immunitaire inadaptée est observable, comme on l'a vu plus haut, lorsque le transplant est rejeté. Pour prévenir ce rejet immunitaire, on administre aux patients transplantés des immunosuppresseurs qui inhibent le fonctionnement du SI. Lors d'une réaction allergique, le SI réagit de manière excessive et inappropriée en présence de matières en soi inoffensives (poussières, pollens). Dans le cas des maladies auto-immunes également : le SI anormalement actif suscite une réaction immunitaire contre ses propres cellules, tissus ou organes. Dans ce cas, des anticorps et LT sont produits à l'encontre des propres cellules de l'organisme. Diabète de type 1, sclérose en plaques, polyarthrite rhumatoïde, spondylarthrite ankylosante, psoriasis, lupus érythémateux disséminé, vitiligo, maladie de Crohn, syndrome de Guillain-Barré, toutes ces maladies, quoiqu'apparemment bien différentes, ont un point commun : elles sont dues à un dérèglement du SI qui se met à attaquer l'organisme qu'il doit normalement protéger. Ces maladies auto-immunes touchent environ 5 millions de personnes en France et constituent le troisième groupe de maladies en termes de morbidité et de mortalité dans les pays industrialisés, après les cancers et les maladies cardiovasculaires. Aujourd'hui, si des traitements permettent de freiner leur évolution, elles restent inguérissables. Ainsi, dans le diabète de type 1, des auto-anticorps ciblent les cellules du pancréas sécrétrices d'insuline. Dans la polyarthrite rhumatoïde, c'est la membrane qui entoure les articulations qui est visée, l'inflammation s'étendant ensuite aux cartilages, aux os, voire aux tendons et ligaments. Dans le lupus érythémateux disséminé, les auto-anticorps sont dirigés contre des molécules présentes sur de nombreuses cellules du corps, conduisant à léser plusieurs organes (peau, articulations, reins, cœur…). D'autres mécanismes pourraient expliquer l'emballage pathologique du SI, comme l'existence d'anticorps cross-réactifs reconnaissant un antigène homologue à un autoantigène (ceci pourrait être le cas de LTC reconnaissant un peptide viral comportant des similitudes avec un épitope du soi). La mort de cellules par nécrose va libérer des antigènes naturellement séquestrés qui vont, à leur tour, enclencher des réponses immunitaires, ce qui amplifie les dégâts tissulaires. Le déclenchement d'une réponse immunitaire, quoique bénéfique la plupart du temps, peut aussi causer des dégâts au niveau des tissus. Plus l'antigène persiste, plus les dégâts s'accumulent, engendrant des défaillances tissulaires ou vasculaires. C'est pour cette raison que dans certaines maladies virales par exemple, les symptômes sont surtout causés par la réponse immunitaire qui, en ciblant l'antigène, détruit le tissu en même temps.

Une réponse immunitaire est un pari risqué. L'immunité est naturellement organisée pour réagir immédiatement et évacuer l'antigène au moment même où il apparaît. Comme je l'ai déjà souligné, l'immunité se niche aux portes d'entrées de l'organisme, c'est-à-dire dans nos muqueuses. Les pathogènes affrontent l'immunité innée et, si l'organisme ne les balaie pas au début, ils vont profiter du délai de la réponse adaptative pour se propager. S'ils se propagent très rapidement, l'immunité sera désastreuse : elle va détruire le soi pour détruire le non-soi. Un tissu peut être complètement anéanti pour éviter la propagation d'un virus ou d'un cancer, c'est ce qui se passe dans des maladies virales fulminantes comme l'hépatite B. Une réponse immunitaire adaptative peut être vue comme une solution ultime, la solution de la dernière chance, quand l'antigène a réussi à persister dans l'organisme. En effet, à côté d'un réservoir d'anticorps naturels ou néoformés, les cellules mémoires circulent continûment, prêtes à répondre à l'antigène, ce qui permet de neutraliser l'antigène rapidement. Nous pouvons en conclure que l'immunité innée est en réalité une réponse immédiate.

Le dérapage du SI nous aide à mieux comprendre l'organisation de l'immunité dans l'organisme. Celle-ci se concentre dans les muqueuses pour éliminer rapidement l'antigène sans causer de dégâts tissulaires, c'est une organisation efficace et économe en énergie. La cellule immunitaire innée élimine l'antigène de deux manières : en phagocytant le microbe ou en le piégeant dans des NET. Les neutrophiles représentent 60 à 70% des globules blancs et ils sont les premiers recrutés sur site en cas de pénétration de pathogènes. Sur place, ils disposent de tout un arsenal pour lutter contre ces derniers. Ils peuvent s'y attaquer directement en les éliminant par phagocytose tout en sonnant le rappel pour convoquer d'autres cellules immunitaires grâce à diverses substances médiatrices de l'inflammation. On voit bien que l'antigène est fortement repoussé dès son entrée. La concentration de l'immunité au niveau des muqueuses indique que le danger vient principalement de l'extérieur de l'organisme. Pourtant, c'est au fil de l'évolution des métazoaires jusqu'à la multicellularité que les risques endogènes et les aberrations des composants du soi sont apparus. C'est le revers de la médaille conféré par la révolution biologique que représente la multicellularité. L'immunité a dû alors opérer sur deux fronts : repousser rapidement les antigènes traversant les muqueuses, et nettoyer l'organisme de cellules devenues tumorales ou anormales. C'est sans doute la raison pour laquelle il y a un dialogue et un échange permanents entre l'immunité de la muqueuse et l'immunité systémique dans la mesure où les lymphocytes activés circulent entre les différents compartiments de l'organisme. L'immunosurveillance se déroule donc à deux niveaux : au niveau des muqueuses pour déceler toute intrusion étrangère et au niveau des tissus pour repérer des cellules ou des protéines devenues anormales. L'augmentation du nombre de gènes chez les métazoaires et leur expression finement régulée ont ouvert la voie à de nouvelles anomalies. La sélection naturelle, en réussissant une meilleure adaptation des métazoaires à leurs milieux, les a en même temps fragilisés en accroissant le risque de dysfonctionnements internes. L'idée darwiniste selon laquelle la sélection naturelle confère toujours, avec le temps, un avantage au vivant me semble lacunaire. Car le vivant est complexe et résulte de la combinaison de plusieurs paramètres. Tentons un parallèle avec la vie courante : si, par exemple, le fait de posséder une voiture vous offre l'avantage de vous rendre à votre travail rapidement, il vous expose en même temps aux risques d'accidents. Vous avez résolu un problème mais vous vous êtes exposé à un risque supplémentaire. Le SI est efficace pour éradiquer les microbes mais, dans certaines situations que nous n'avons pas réussi à identifier et à contrôler, il peut se retourner contre l'organisme et détruire ses tissus. Ceci va à l'encontre même du postulat évolutionniste darwiniste selon lequel la sélection naturelle opte toujours pour la meilleure solution, celle qui ne présente aucun risque ou le moins possible.

Le non-soi serait un variant du soi.

La discrimination entre le soi et le non-soi a changé de nature au cours de l'évolution : alors qu'elle sépare l'organisme primitif du danger exogène, chez les organismes les plus évolués, elle s'applique également à séparer le soi du soi altéré. Elle doit, de surcroît, tolérer le non-soi hébergé au sein de l'organisme. Les métazoaires devaient trouver une solution appropriée au danger endogène émanant de leurs cellules et de leurs gènes, et la réponse immunitaire adaptative qui, par le biais de la présentation des épitopes en association avec les molécules CMH, peut à la fois surveiller l'état des cellules et de leurs protéines, est alors entrée en fonction.

Malgré sa redoutable efficacité, notre SI n'est pas un instrument parfait. Il n'empêche, ni infections, ni cancers, ni maladies auto-immunes. Ce que l'on peut néanmoins affirmer, c'est que les tissus de l'organisme sont maintenus stériles et fonctionnels jusqu'à ce qu'un dérèglement d'ordre génétique ou fonctionnel rompe l'équilibre. L'immunité ne devient visible que lorsqu'une substance intruse outrepasse les barrières. Malgré sa cohérence et sa robustesse, la théorie en immunologie suscite des questionnements légitimes. Nous ne pouvons totalement exclure l'idée que ce que nous désignons par le SI joue un rôle strictement endogène et que la majorité écrasante des antigènes provenant de l'extérieur sont tout simplement tolérés ou contrôlés par la flore microbienne hébergée au sein de nos tissus. Ainsi, le terrain semble jouer un rôle primordial dans le maintien de notre santé, ce serait seulement quand l'organisme est exposé à des intoxications de différente nature (médicamenteuses, alimentaires, liées à la pollution de l'air ou de l'eau) qu'il devient susceptible aux maladies ou aux infections. Ce que nous qualifions de SI serait cet ensemble de récepteurs et de cellules mobiles qui interviennent pour rétablir l'équilibre en réparant l'anomalie.

D'après la théorie, l'organisme dispose de milliards de TCR et BCR, sans compter les molécules solubles et le complément, tous mobilisés en cas de danger. L'organisme doit entretenir, puisqu'il l'héberge, toute cette armée de cellules naïves quiescentes et pré-activées (cellules mémoires). Il est pourtant difficile d'admettre que l'immunité reste en état de sous-activation et en attente d'éventuels accidents pour opérer. Comme un vigile qui surveille sans sourciller la porte d'un palais présidentiel. Tout ce système ingénieux avec son répertoire de récepteurs, ses organes, ses cellules effectrices, serait plutôt destiné à réparer les dommages ou anomalies survenant dans l'organisme. En effet, il est difficile de croire que l'organisme investit une énergie colossale dans l'attente d'un danger qui peut-être ne se présentera jamais. La discrimination entre le soi et le non-soi opère sans cesse, comme le suggère T. Pradeu avec son principe de continuité. Les cellules meurent tout le temps, les infections ont lieu à tout moment. Les signaux de danger soulevés par Matzinger sont récurrents dans l'organisme à chaque fois qu'un parasite entame sa multiplication et tue quelques cellules. Le SI intervient continuellement pour éliminer des anomalies, sans même qu'il y ait des symptômes ou des dysfonctionnements tissulaires. Mais lorsqu'un parasite réussit à dépasser les premières lignes de défense, les signaux de danger sont plus retentissants, ce qui va mobiliser différents acteurs immunitaires, l'immunité adaptative en particulier.

Imaginez l'organisme comme un espace où des alarmes retentissent de temps en temps pour signaler qu'il faut se préparer à une intervention et, au moment où le danger se matérialise, celles-ci retentissent continûment. En fait, une invasion par un parasite ou une nécrose cellulaire localisée vont activer l'alarme, la seule différence c'est que le parasite, en causant des dommages tissulaires récurrents, maintient l'alarme en action. Les cellules tumorales échappent à l'immunité car, pour une raison inconnue, elles n'activent pas l'alarme. Nous pourrions supposer qu'une tumeur qui n'a pas été éliminée à temps, passée un certain seuil, échappera au contrôle immunitaire.

Le fait que le SI soit autocentré n'a pas été saisi véritablement par les pionniers de l'immunologie qui pensaient que le danger provenait exclusivement de l'extérieur de l'organisme. Pour beaucoup d'entre nous, il est facile d'imaginer que le mal vient de l'extérieur, de l'étranger, de l'intrus en somme. C'est de cette idée pasteurienne de la dangerosité des virus et de la contagion qu'est apparu le courant hygiéniste au 19ème siècle[102] (Eric Ancelet, 1998). Ce courant qui a influencé toute la politique de santé publique jusqu'à aujourd'hui, avec des effets très positifs mais dont on perçoit aujourd'hui les formes excessives ; oui, le mal vient toujours d'ailleurs !

Pourtant, les idées évoluent, et les connaissances en immunologie ont connu de grands bouleversements depuis les années 70. La théorie en immunologie n'est toujours pas unifiée, elle ressemble à une collection de modèles différents dont chacun en éclaircit un des aspects.

Dangers exogènes ou endogènes activent le même système d'alarme et sont neutralisés par les mêmes mécanismes de réparation, le non-soi serait du soi altéré. Que le danger soit endogène ou exogène n'est pas vraiment l'essentiel. La question qui s'impose avec insistance est la suivante : à quoi sert tout cet arsenal qui constitue l'immunité ? Pourquoi sommes-nous dotés d'un répertoire de milliards de récepteurs, sachant qu'un être humain ne connaît qu'un nombre fini d'infections au cours de sa vie ? Ceci nous amène à défendre l'idée que l'immunité veille en premier lieu sur la stérilité des tissus et leur entretien permanent. L'immunité aurait principalement une fonction interne, celle de surveiller, d'entretenir et de faire le ménage. On pourrait même penser que l'organisme connaît des immunisations endogènes. Autrement dit, des antigènes du soi aberrants qui activeraient des clones de LB et LT et que l'immunité éliminerait dès leur apparition pour maintenir un état de fonctionnement normal du métabolisme.

La majorité écrasante de la littérature se focalise sur le rôle de l'immunité en tant qu'elle consiste à éliminer les dangers exogènes, mais ne serait-elle pas avant tout spécialisée dans la détection et la suppression de dangers endogènes ? L'immunité a besoin de rodage et d'entraînement comme pour toute autre fonction de l'organisme ; si elle est capable de répondre à des antigènes exogènes c'est parce qu'elle est avant tout entraînée à répondre à des antigènes endogènes. Une cellule quiescente ou mémoire a besoin d'un minimum d'activation pour rester en vie en l'absence de l'antigène dont elle est spécifique. L'organisme offre à ces clones toute une pléiade d'antigènes pour les activer partiellement et les mettre en état d'intervenir à tout moment. L'immunité n'est pas en veille, mais en activité permanente. On a tendance à croire que les lymphocytes, une fois qu'ils ont survécu à la sélection négative dans le thymus et la moelle osseuse, vont aller se nicher dans les ganglions et circuler à la recherche de leurs antigènes. Cette vision est problématique ; comment ces clones sont-ils maintenus en vie ? Comment répondent-ils rapidement à un antigène du non-soi ? Une cellule ne sort pas si facilement qu'on le croit de sa quiescence, ce n'est qu'après de multiples essais, et seulement après qu'une synapse immunologique ait émis tous les signaux d'alerte, qu'elle finit par s'activer. Sans oublier l'antigène qui doit être présent en quantité suffisante, capté par les CPA, et générant des peptides appropriés pour s'associer au CMH, pour enfin produire un épitope immunostimulant. La synapse obéit à la loi du tout ou rien : soit c'est l'activation au-dessus d'un certain seuil, ou rien. Et n'oublions pas que des signaux d'inhibition peuvent couper court à l'activation du lymphocyte. Au vu de tous ces éléments, nous pouvons dire que le SI s'entraîne en permanence et exerce continuellement ses fonctions de défense au sein de l'organisme.

Et qui sait ! Peut-être simule-t-il lui-même des immunisations pour s'auto-activer. Notre immunité sert à surveiller le déroulement de notre métabolisme et à éliminer toutes les aberrations cellulaires et moléculaires qui l'entravent. Il semble que ce genre d'accidents internes soit fréquent. Le soi n'est pas immuable, il se reconstitue à chaque instant. On a une seule vie, mais celle-ci est mouvement permanent. Lorsque nous observons le vivant, nous pouvons constater que permanence et mouvement cohabitent dans un cycle d'alternances. Si les mécanismes immunitaires échouent, la vie s'échappe. C'est une danse ou une lutte perpétuelle, selon l'enjeu. Nous sommes dotés de capacités de réparation et c'est ce qui permet notre (relative) longévité. Il serait temps de repenser le SI comme étant un système centripète, c'est-à-dire autocentré, et de considérer le fait que quand il est activé par un facteur exogène, c'est que l'équilibre de l'organisme a préalablement été compromis.

L'autre question qui s'impose est celle de l'utilité de ce gigantesque répertoire immunitaire. Supposons un mécanisme aléatoire qui génère un nombre quasi-infini de possibilités. La recombinaison V(D)J et des mutations vont produire un nombre immense de récepteurs mais nous retrouverons quand-même des récepteurs identiques chez tous les individus. Ceci pourrait expliquer la raison pour laquelle, au cours d'une pandémie par exemple, nous observons des réponses immunitaires humorales ou cellulaires contre le microbe responsable chez des individus d'origines diverses. Le vaccin ARNm en cours d'utilisation n'est-il pas destiné au monde entier ?

Malgré tout, des virus mutants réussissent à échapper à la réponse immunitaire du fait même de leurs mutations. Ce fait est quand même intriguant : comment des virus mutants parviennent-ils à échapper à tout le spectre des récepteurs immunitaires au sein de l'organisme et de l'espèce tout entière ? En vérité, il n'y pas que les mutations qui expliquent l'échappement viral. Les virus, après s'être adaptés à leur organisme hôte, interférent avec des fonctions immunitaires clefs et échappent au contrôle du SI. Ils peuvent induire une anergie dans certains clones de lymphocytes, induire la sécrétion de cytokines inhibitrices ou au contraire inhiber la production de cytokines activatrices nécessaires à la multiplication des clones lymphocytaires. Ainsi, même si un clone lymphocytaire reçoit le stimulus antigénique, la cascade d'activation se trouve bloquée. Il se pourrait même qu'avec la présence prolongée du virus dans l'organisme, la fonction des CPA soit altérée ou qu'elles deviennent incapables de fournir les signaux d'activation. La persistance d'un virus ne signifie pas toujours un échappement à la réponse immunitaire, elle peut aussi signifier que le virus a causé au préalable des altérations dans l'organisme qui l'empêche de réagir de façon adéquate en suscitant une réaction immunitaire neutralisante.

Au cours de l'évolution, les espèces ont-elles gardé trace de tous les antigènes qu'elles ont affrontés ? Si oui, comment ? Il est, comme nous l'avons vu, communément admis que les mutations générant les récepteurs ont lieu dans les cellules somatiques et non germinales, et ne sont donc pas transmises d'une génération à une autre. D'une génération à l'autre, les mêmes recombinaisons se reproduisent au sein de l'espèce. Pourtant, il est probable que ce répertoire ait été conçu en rapport avec les antigènes du soi. Le soi, c'est à dire l'ensemble des protéines et d'autres composants antigéniques intégrés dans les circuits métaboliques, est fixé une fois pour toutes au moment où notre SI atteint sa maturité. Il va servir de matrice pour définir, par défaut, tout ce qui est non-soi. La théorie nous enseigne que les récepteurs anti-soi sont éliminés, alors que les autres récepteurs ignorant le soi sont maintenus en circulation.

Considérons plus précisément cette assertion. Parmi les 22 acides aminés notés de 1 à 22, supposons que vous ayez un épitope du soi de 8 acides aminés (1 2 3 4 5 6 7 8) reconnu par le paratope d'un BCR. Celui-ci est donc autoréactif et sera éliminé pendant la sélection négative. Or, il suffit qu'un seul résidu change de nature ou de place au sein de la séquence de l'épitope initial du soi (par exemple 1 2 3 5 6 4 7 8) pour que le BCR qui le reconnaît échappe à la sélection négative. Ainsi, les épitopes immunogènes seraient des variants des épitopes endogènes du soi. Les antigènes homologues aux protéines du soi (alloantigènes ou xénoantigènes) génèrent à leur tour des épitopes similaires au soi initial, mais peuvent varier d'un ou plusieurs résidus et seraient donc reconnus par des BCR circulants. En effet, si une mutation affecte un épitope au sein d'une protéine du soi, celle-ci risque d'être reconnue comme immunogène et éliminée par des BCR. L'immunité veille à ce que seules les protéines du soi ayant la bonne conformation et la bonne séquence circulent au sein de l'organisme. Si la protéine mutée n'est pas sécrétée, les épitopes générés en association aux CMH vont trahir sa présence aux TCR et la soumettre à une réponse cytotoxique.

Nous sommes huit milliards d'individus sur Terre et chacun de nous génère des milliards de récepteurs. Ces récepteurs sont inutiles jusqu'à ce qu'ils croisent leur antigène… par hasard. Cette vision est problématique car elle n'obéit pas à la règle de la moindre contrainte qui commande aux mécanismes de la vie de suivre le chemin le moins énergivore. Il serait plus logique d'admettre que l'immunité surveille l'organisme, et qu'elle est, avant tout, un système de contrôle tissulaire et métabolique. Les BCR servent à capturer les protéines malformées ou sur-exprimées, alors que les TCR éliminent les cellules tumorales ou aberrantes. Si les TCR ou BCR interagissent avec un antigène provenant du milieu, c'est parce qu'ils le font régulièrement dans l'organisme. Sans oublier la flore microbienne qui constitue une source inépuisable de stimulations antigéniques. La fonction de l'immunité, considérée habituellement comme activée lorsqu'elle neutralise les antigènes exogènes (le non-soi *stricto sensu*), ne coïncide pas vraiment avec la vision d'une immunité chargée de veiller en continu sur le soi. Il faudrait opérer un réajustement de la théorie et considérer que le soi altéré (anomalies endogènes du soi) est un variant du soi. Il représente une source inépuisable d'antigènes pour le SI.

L'hypothèse selon laquelle la grande diversité des TCR et BCR sert avant tout à neutraliser des anomalies au sein du soi mérite réflexion. Il se pourrait que notre organisme ne soit pas aussi parfait qu'on le croit et que des anomalies qui nécessitent des réparations surviennent fréquemment. Pour comprendre la fonction naturelle de l'immunité, il serait utile de comprendre les mécanismes de l'homéostasie tissulaire. L'immunité s'est dotée d'un large répertoire pour éliminer toute une série d'aberrations qui apparaissent pendant le renouvellement d'un tissu. Ceci laisse à penser que nous sommes déjà immunisés contre un nombre immense d'épitopes générés au sein même de notre organisme (variants du soi), ce qui explique notre résistance au nombre impressionnant de micro-organismes qui vivent dans notre milieu. Ceci explique que l'intégrité de notre organisme soit préservée en condition normale, c'est-à-dire en condition non gravement dégradée de notre environnement (ce qui est malheureusement de plus en plus rarement le cas). Et quoique cette idée puisse surprendre, ceci pourrait aussi expliquer l'origine de nos anticorps naturels ainsi que de notre mémoire entraînée.

Les voies d'accès du non-soi à l'organisme

L'une des raisons de l'existence de l'immunité est le fait que notre organisme échange avec le milieu extérieur et laisse le non-soi pénétrer en son sein. Le vivant est forcé de prélever de la matière et de l'énergie du milieu extérieur car il en est strictement dépendant. Cette dépendance ponctue toute l'histoire humaine car les sociétés se sont construites dans le but de contrôler les ressources naturelles et notamment les sources de nourriture. Des chasseurs-cueilleurs jusqu'à la sédentarisation, le défi majeur lancé aux humains a été de se nourrir et de préserver ces ressources prélevées dans la nature loin des prédateurs et autres envahisseurs. Dans son livre « *Homo domesticus* : une histoire profonde des premiers états », l'anthropologue américain James C. Scott livre une superbe analyse de l'évolution des sociétés humaines depuis l'époque des chasseurs-cueilleurs jusqu'à l'avènement des premiers états. Il suggère que les maladies infectieuses résultaient de la sédentarité et de la concentration des hommes et des animaux au sein des premiers groupes sociaux organisés. Par la suite, l'avènement des premiers états coïncidait avec la survenue des épidémies mortelles au sein des populations sédentarisées ainsi frappées par la contagion et les zoonoses.

L'organisme ne peut pas survivre sans échanges avec son milieu. Les voies de transmissions des agents pathogènes sont tapissées de muqueuses, elles-mêmes sièges d'une immunité très présente. C'est l'immunité innée qui affronte ces intrus en premier lieu. Nous avons avancé précédemment que l'immunité au niveau des muqueuses est entraînée pour neutraliser les dangers exogènes. À chaque échange, comme au cours de la respiration ou de l'alimentation, cette immunité innée entre en scène. Elle vise à éliminer la substance intruse en bloc. Bactéries, virus ou toute autre particule susceptible à la phagocytose. Étant donné que ces échanges ramènent souvent les mêmes microbes (sauf en cas d'accidents), les cellules mémoires renforcent l'immunité. Les muqueuses servent de vivier d'où le SI puise en permanence des fragments antigéniques par les CPA locales qui vont alors migrer jusqu'aux ganglions pour recruter des lymphocytes. Les muqueuses ressemblent à une fourmilière animée par des allers-et-venues permanentes entre les sites d'entrée d'antigènes et les ganglions. J'insiste encore sur le fait que l'immunité doit agir rapidement avant que son mécanisme ne devienne énergivore.

L'immunité au niveau des muqueuses est en permanence active. Mêmes les clones naïfs sont sollicités continuellement par des CPA qui leur présentent des épitopes-CMH, et ceci leur confère un certain degré d'activation. Les réactions croisées sont fréquentes et un épitope peut stimuler plus d'un clone. La discrimination soi/non-soi ne s'active pas seulement en cas de rupture d'intégrité, elle opère en permanence et, seuls les antigènes persistants ou ayant des caractéristiques non encore bien élucidées, entraînent une réponse immunitaire forte et durable. D'ailleurs, l'injection de plusieurs doses de vaccins vise à forcer le SI à réagir. Cependant, l'injection répétée d'un même antigène peut produire l'effet inverse de celui escompté, elle peut en effet induire une tolérance. Tout dépend du premier contact entre l'antigène et le SI au niveau des muqueuses. Selon sa nature, celui-ci peut être rapidement recyclé ou bien apprêté par les CPA pour stimuler une réponse adaptative. Pour atteindre leurs cibles à l'intérieur de l'organisme, les virus doivent échapper à l'immunité des muqueuses. Les uns sont enveloppés et cachent leurs déterminants antigéniques, les autres représentent une population génétiquement variable qui leurre le SI avec des épitopes polymorphes de surface. Si un variant réussit à s'infiltrer, d'autres mécanismes plus spécifiques se déclenchent pour l'arrêter. L'immunité des muqueuses constitue un obstacle presque insurmontable, on peut la considérer comme le cerveau du SI. L'échec relatif de la vaccination et le recours aux rappels est dû à la résistance des muqueuses où l'antigène (soluble ou particulaire) se trouve piégé et incapable de diffuser pour recruter des CPA. La flore microbienne locale neutralise la multiplication de bactéries intruses. Souvent, les infections virales, comme les MST, sont dues à des muqueuses fragiles. Le fait même d'injecter un vaccin endommage localement les muqueuses, ce qui cause des inflammations ou d'autres complications. Les effets secondaires observés avec les vaccins ne sont pas uniquement dus à la préparation vaccinale, ils peuvent être causés par les piqûres de l'injection qui provoque la rupture locale des muqueuses.

Certaines personnalités de haut rang rechignent à serrer la main au commun des mortels comme s'il était vecteur de microbes dangereux. Entourées de leurs gardes du corps, saluant de loin la foule, elles ont l'air d'éviter tout contact avec elle. Question de sécurité ? Pour tracer la frontière symbolique qui existe entre elles et la populace ? Sans doute les deux. Mais on pense au courant hygiéniste né en Europe au 19ème siècle qui associa pauvreté, dépravation des mœurs (alcoolisme, vagabondage sexuel et autre) et danger dans sa lutte contre les épidémies. Ce courant consacra d'ailleurs le succès de la vaccination. Les idéologies eugénistes ont fleuri sur le terreau de l'obsession hygiéniste. On se méfiait des microbes et des populations reléguées, stigmatisées du fait de leur condition sociale et physique (les pauvres, les délinquants, les simples d'esprit) ou de leur religion et statut (juifs et tziganes au milieu du siècle dernier en Europe) censées les véhiculer. Ces indigents, indigènes, n'étaient-ils pas d'ailleurs considérés comme des parasites dès les temps anciens ? En réalité, nous sommes tous infectés et contagieux. Ce qui est hallucinant, c'est de voir sur nos écrans ces mêmes personnalités au sein de leurs cercles privilégiés, en pleine crise Covid, se serrer dans les bras et s'embrasser, loin de la psychose ambiante. Risible aussi de les voir tendre crânement le bras pour recevoir la fameuse injection alors qu'ils refusent de s'aventurer à côtoyer le peuple. Cynisme ou hypocrisie ? Le vaccin serait-il plus « *safe* » que l'homme du peuple qu'il faut éviter comme la peste ? En fait, cette complaisance à l'égard de Big Pharma produit l'effet inverse. Quand la confiance du peuple à l'égard du politique frôlera le zéro, il fuira le vaccin aujourd'hui plébiscité. Quand votre ennemi vous sourit et vous recommande de vous faire injecter, vous allez vite penser qu'il veut vous empoisonner. En promouvant le vaccin ARNm de Pfizer ou Moderna, (au-delà du conflit d'intérêt, déjà condamnable en soi) nos élites veulent donner l'exemple, mais quand la défiance s'installe, ce jeu-là ne vaut rien bien au contraire. Toute image peut être tronquée, les mensonges et contre-vérités (les « fake news ») ne sont pas toutes l'apanage de complotistes anonymes ! Cette crise nous l'aura appris à nos dépens.

Nul besoin de publicité pour un quelconque vaccin, la science est là pour l'évaluer. Quand les techniques de manipulation de masse utilisent la science, le résultat est le chaos. Les scientifiques intègres et honnêtes sont capables de dire si une injection vaccinale va protéger l'organisme contre une invasion virale, nul besoin de l'asséner vingt fois par jour. Ce procédé attise les peurs et conduit les personnes à céder au chantage sans qu'elles puissent user de leur consentement de façon éclairée. Il aurait fallu au contraire dialoguer, expliquer et fournir un grand effort pédagogique en présentant les avantages et les risques de cette vaccination. Pour autant, aucun scientifique digne de ce nom ne peut prédire les effets d'un vaccin en population générale où règne une diversité et un polymorphisme génétique. Vouloir instaurer la vaccination obligatoire, c'est tuer la science et la discréditer. Sommes-nous dans une dictature qui ne dit pas son nom ? Je vous laisse méditer sur le sujet. Mais, le problème n'est pas que politique. Il est aussi scientifique. Au fil des années, les scientifiques ont développé leur propre langage technique et savant, et se sont isolés dans leur tour d'ivoire. Il est plus facile d'apprendre le chinois que de lire un article scientifique. La science se pratique dans des officines closes et produit des connaissances inaccessibles au commun des mortels. C'est dans ce fossé entre le scientifique et la société que se trouve le problème. La connaissance scientifique devrait ruisseler des lieux de production du savoir vers les populations. Au lieu de cela, elle est réinterprétée par le politique grâce à des experts-pseudo-scientifiques perclus de conflits d'intérêts, et servie ainsi aux citoyens avec le vernis qu'il faut pour les convaincre. La science œuvre-t-elle ainsi dans l'ombre pour servir l'agenda des puissances de l'argent ? mais à quelles fins ?

L'immunité, comme une armée, a besoin d'un entraînement en continu. Les cellules immunitaires ont besoin de facteurs de croissance, de stimuli d'activation, pour se maintenir en vie. L'immunité n'est cependant pas parfaite. Des infections virales réussissent à s'installer au sein de l'organisme. Les parasites, comme l'immunité, sont dynamiques, ils évoluent et acquièrent des mécanismes d'échappement à l'immunité. Imaginons un être humain dans une chambre stérile. Alimenté par des perfusions qui l'éloignent de tous les pathogènes. Dans ce cas, son immunité va s'effondrer et perdre un large pan de son efficacité. C'est le non-soi qui maintient notre immunité en activité et qui la renforce. Notre immunité n'existerait pas sans ces micro-organismes et parasites qui nous envahissent. Nos propres cellules produisent des antigènes : protéines malformées, récepteurs mal ancrés dans la membrane plasmique, isoformes inutiles, protéines mutantes qui, à leur tour, fournissent des stimuli d'activation à notre SI. Mais cette activité permanente de notre immunité requiert un approvisionnement en énergie dont le métabolisme se charge. Nous sommes naturellement immunisés en permanence. Il est étrange d'entendre l'expression « les non-vaccinés » dans les médias. Nous sommes naturellement immunisés depuis les premières années de notre vie. Un être humain qui n'aurait jamais connu d'immunisation serait tout simplement voué à une mort rapide car il succomberait à la moindre infection aussi bégnine soit-elle.

C'est au travers des voies de transmission des micro-organismes que notre immunité est renforcée. Dès lors, la maladie survient quand notre organisme a été au préalable fragilisé. Ce n'est pas la transmission d'un microbe *per se* qui cause une maladie, et l'équation : microbe = cause d'une maladie est de plus en plus sujette à controverse[104] (Ancelet, 1998). Il semblerait même que nos maladies soient inhérentes à notre constitution. Une carence en vitamines, une alimentation mal équilibrée, une eau polluée, un air chargé en particules polluantes, contribuent à fragiliser l'organisme et à le rendre susceptible aux maladies. Le stress, l'anxiété, la peur, la sédentarité excessive, le chômage, ces maux de notre civilisation, nous rongent de l'intérieur comme des termites qui s'attaquent à un arbre. Les microbes sont nos alliés, ils vivent en nous, jusqu'à ce que l'équilibre de notre organisme soit mis à mal par des facteurs génétiques ou environnementaux. La chaîne causale des évènements menant à la maladie est plus complexe que l'équation simple dont nous venons de parler. Les infections nosocomiales, par exemple, ne seraient pas uniquement dues à un défaut d'hygiène (je ne dis pas que l'hygiène à l'hôpital ne doive pas être irréprochable, bien au contraire !), elles seraient davantage susceptibles d'affecter le patient fragile. Le fait même de séjourner dans un hôpital fragilise psychologiquement le patient et met à l'épreuve son immunité. En fait, le principe de continuité de T. Pradeu suggère qu'une réponse immunitaire est exceptionnelle car la subsistance de l'antigène a lieu parce qu'il y a une anomalie dans l'organisme, une fragilité des muqueuses ou une perturbation endogène due à d'autres facteurs (prise de médicaments, sous-alimentation, etc.). L'organisme est naturellement rodé pour éliminer les antigènes fréquents dans son environnement, et ceux qui s'introduisent dans l'organisme et déclenchent une réponse immunitaire sont dotés d'une structure antigénique particulière ou sont nouveaux (comme un virus qui mute en se répliquant au sein de l'organisme). Il se pourrait aussi que l'antigène provienne d'un microbe qui a sauté les barrières inter-espèces, on parlera alors de zoonose.

La qualité de l'alimentation, de l'air et de l'eau, en même temps qu'un esprit sain ont une importance colossale pour une immunité forte et efficace. À chaque fois que le SI affronte une infection, notre passé immunologique s'enrichit, notre immunité hétérologue se diversifie. Plus notre passé immunologique est riche, plus on a de chances de neutraliser un nouvel antigène. Soi et non-soi sont deux notions distinctes, artificiellement séparées, mais en réalité elles sont interdépendantes et se confondent au point que l'une n'existe pas sans l'autre. Comme nous l'avons précédemment indiqué, l'immunité est une proche voisine de la digestion. Alors que la digestion s'exerce par l'unique voie orale, l'immunité agit à partir d'autres voies de transmission. Elle est, comme la digestion, destinée à dégrader des substances étrangères pénétrant dans l'organisme. Les aliments stimulent la synthèse d'enzymes qui catalyseront leur dégradation lors de leur passage le long du tube digestif. Tandis que les antigènes signalent leur présence quand ils sont reconnus par un récepteur de l'immunité innée ou adaptative. Dans les deux cas, immunité ou digestion, le substrat est destiné à la dégradation. Un aliment ou un antigène stimulent le mécanisme qui leur est spécifique. L'antigène sélectionne son BCR ou le TCR tandis que l'aliment (protéines, glucides, lipides) sélectionne les enzymes et les mécanismes du métabolisme capables de le dégrader. On pourrait affirmer que digestion et immunité sont deux mécanismes de déstructuration de la matière organique.

Étant donné que l'organisme présente des ouvertures sur le milieu extérieur, et étant donné l'omniprésence de parasites dans le milieu, l'être vivant a dû s'équiper d'un système qui, par le biais des interactions protéine-protéine, les captent pour les destiner à la destruction. Le système digestif et le système respiratoire constituent les ouvertures de l'organisme sur le milieu les plus importantes, aliments et air sont chargés d'antigènes bactériens ou viraux. Ce n'est pas un hasard si le microbiote le plus important se localise au niveau du tube digestif. C'était nécessaire.

Les virus, bactéries et protozoaires outrepassent les barrières et infectent l'organisme, si bien que les espèces animales devaient fabriquer un système qui les repère et les détruit. Des protéases extracellulaires pour les détruire, comme c'est le cas dans la digestion, aurait été catastrophique ; les tissus seraient détruits, d'autant que des virus circulent dans le sang. Les repérer, les capter et « les digérer » à l'intérieur de cellules spécialisées (phagocytes) devait être la seule réponse possible de l'organisme. De cette façon, l'espèce utilise un arsenal d'enzymes similaires de dégradation, aussi bien pour se nourrir que pour s'immuniser.

Immunité et stimulation antigénique

À contempler l'évolution des espèces, nous sommes subjugués par l'inventivité du vivant. Pour résoudre un problème, l'espèce, non seulement réutilise des mécanismes dont elle dispose déjà, mais elle les perfectionne, les réajuste pour fabriquer du neuf. Dans l'immunité, des enzymes homologues à celles activées lors de la digestion des aliments sont réinvesties, l'apoptose opérant déjà dans le contrôle des tissus est aussi mobilisée, et l'évolution innove davantage. Puisque la digestion des antigènes doit être strictement confinée, l'évolution apporte la solution sous forme de cellules spécialisées dans la phagocytose. Elle a inventé divers types de cellules dont les macrophages, les neutrophiles, les cellules NK et les LTC. Les CPA, quant à elles, sont dédiées à stimuler les lymphocytes et les sortir de leur quiescence. Cette bascule de la dégradation intracellulaire des antigènes à leur présentation aux lymphocytes annonçait la naissance de l'immunité adaptative.

Comme je l'ai dit plus haut, l'immunité interdit le transfert de la matière organique (allogénique ou xénogénique) entre les individus de la même espèce en ayant recours à un système de reconnaissance. Il fallait disposer d'un mécanisme pour identifier telle protéine comme antigène à éliminer. Ce mécanisme repose sur l'interaction protéine-protéine entre un antigène et un anticorps, ou entre un TCR et le complexe CMH-peptide. Toute protéine qui se lie à un anticorps avec une forte affinité est destinée à l'élimination, idem pour celles qui génèrent des épitopes reconnus par les TCR. Le code de reconnaissance des antigènes est alors inscrit dans les paratopes des anticorps et les régions hypervariables des TCR. Ce même mécanisme a aussi pour rôle d'éliminer les protéines aberrantes du soi ou ayant muté et acquis une immunogénicité. Les BCR et TCR permettent de sonder les protéines du soi au cours de l'immunosurveillance, et celles devenues immunogènes sont éliminées. Toutefois, il est important de souligner que l'antigénicité/immunogénicité sont avant tout des repères qui permettent aux métazoaires évolués de distinguer leurs protéines devenues anormales.

Le fait que l'organisme soit constitué de matière organique le rend susceptible à des invasions par des parasites incapables de se nourrir par eux-mêmes (contrairement aux êtres vivants photosynthétiques). Ils ont besoin de matière organique qu'ils convertissent en énergie et en matière nécessaires à leur croissance. Les virus, parasites obligatoires, sont de simples programmes génétiques capables de détourner la machinerie cellulaire et de se reproduire. L'organisme doit se maintenir stérile dans un environnement riche en bactéries et champignons, dont certaines espèces variantes peuvent être pathogènes. Pour survivre, il doit lutter, c'est une lutte perpétuelle de la naissance à la mort. Il ne faut pas comprendre cette lutte comme une guerre car comme l'avait noté Antoine Béchamps (1816-1905) : « tout est proie à la vie, rien n'est proie à la mort ». C'est une lutte pour garder la ligne de l'équilibre. Comme en Slack (une discipline sportive extrême qui consiste à se déplacer sur une corde relativement lâche et souvent sans protection parfois à de très hautes altitudes), il faut marcher tout en s'astreignant à chaque instant à garder l'équilibre. L'être vivant se renforce avec ses maladies qui, après chaque guérison, accroissent sa résistance. Tout ce qu'il expérimente, bon ou mauvais, lui sert à prospérer. L'enfant qui vient au monde connaîtra bien des maladies qui le rendront plus robuste. Bactéries, virus et champignons ne sont pas là pour nous parasiter, mais pour nous renforcer, stimuler notre immunité et même nous fournir des molécules vitales que nous sommes incapables de produire par nous-mêmes. Tout est question d'équilibre, peu importe que du noir vienne entacher du blanc, c'est le rapport entre blanc et noir qui doit rester constant et ne pas dépasser le seuil d'équilibre.

Nous savons que le soi est formé d'auto-antigènes qui représentent toutes les protéines du corps, plus d'autres types d'auto-antigènes de nature chimique différente (ADN ou des glycolipides, par exemple). L'organisme doit être capable de discriminer ces auto-antigènes des antigènes du non-soi. La transplantation offre un terrain particulièrement fécond pour cerner la notion de soi car elle implique un transfert de matière vivante. C'est d'ailleurs le mécanisme par lequel les connaissances majeures en immunologie ont émergé. Les organismes fonctionnent avec des organes qui ont tous une identité génétique unique. C'est la raison pour laquelle la transplantation stimule l'immunité qui veille sur les barrières entre les individus de l'espèce. À l'instar du bruit émis par un voleur pénétrant par effraction dans une maison qui alerte son propriétaire, la transplantation réveille l'immunité. Les expériences de greffe demeurent des exploits ingénieux grâce auxquels l'immunité a été mise en évidence, ne laissant aucun doute sur son existence en tant que système fonctionnel de l'organisme.

À vrai dire, l'espèce n'a pas interdit tout transfert de matière organique ou minérale, mais cette dernière doit emprunter des voies précises, digestives et respiratoires, afin que l'organisme les transforme et en extraie de l'énergie nécessaire à sa survie. La matière organique (aliments) ou minérale (air/dioxygène) suit un chemin précis et finit par être transformée au bénéfice du vivant. Cependant, des accidents surviennent ; blessure, piqûres, morsure, infection, en conséquence desquelles la matière organique s'introduit dans l'organisme. Dans la nature, il y a la lutte pour les ressources, pour un partenaire sexuel ou pour se nourrir, et les affrontements sont légion. Les organismes ne sont pas seulement conçus pour être séparés du milieu extérieur par des barrières mais ils sont dotés de mécanismes qui réparent les dégâts faisant suite à des accidents. Pourtant, ces mécanismes de réparation ne sont jamais passifs même en l'absence de lésions externes, ils sont là pour réparer des anomalies endogènes. La sélection naturelle les réinvestit pour réparer les dégâts causés par un éventuel accident.

Le danger qui menace les animaux sauvages ne provient pas seulement des microbes avec lesquels ils ont évolué depuis l'aube des temps. Ce sont surtout les blessures, morsures, piqûres, chutes accidentelles, affectant l'intégrité de l'organisme, qui menacent leur vie. Quelquefois, ils succombent directement à leurs blessures, d'autres fois la mort est indirecte du fait que, blessés, ces animaux sont incapables de trouver de la nourriture ou d'échapper aux prédateurs. Qu'ils soient victimes d'attaque d'autres animaux, de blessures accidentelles ou causées par des conditions météorologiques extrêmes ou des catastrophes naturelles, les animaux sauvages sont dotés d'un répertoire instinctif qu'ils mobilisent pour se soigner. L'immunité n'intervient que lorsque l'autoréparation est insuffisante. Quand un animal est blessé, il va se lécher pour désinfecter sa plaie, se retirer, s'isoler et se reposer. Mais si les microbes ont réussi à pénétrer dans son organisme, les mécanismes immunitaires entrent en jeu. Le SI agit comme un système de digestion, le microbe est digéré et retourne à ses composants unitaires. Le microbe digéré va fournir la cellule en acides aminés, nucléotides, glucides et lipides qui lui sont utiles. En quelque sorte, à ce moment-là, l'organisme se nourrit des microbes qui l'infecte. Car, étant donné que la réponse immunitaire est énergivore, la dissolution de microbes en nutriments va compenser l'énergie perdue par l'organisme pour l'éradiquer. Il est tout autant probable que les infections virales ou bactériennes que nous endurons nous signalent une carence ou un défaut génétique. Il est temps de considérer la maladie, non pas comme une malédiction ou un coup du sort, mais plutôt comme un signal d'alerte. L'organisme nous informe sur ses propres défaillances.

L'immunité englobe tout ce que nous sommes, tous nos réflexes et toutes les fonctions de l'organisme qui contribuent à maintenir son intégrité. Il est réducteur de ramener l'immunité au seul rôle du SI. Il est temps d'intégrer la réponse immunitaire dans le fonctionnement global de l'organisme, de la relier aux circuits nerveux, hormonaux et aux autres fonctions vitales de l'organisme, car tout est lié. Notre organisme est une toile, un super-réseau ou tout s'imbrique. C'est outrancièrement simplifier les phénomènes biologiques que de claironner que la fonction de l'immunité est restreinte à tel organe ou à tel type de cellules. Nos connaissances sur ce que nous désignons par le SI n'en sont qu'à leurs prémisses, et le chemin est très long devant nous avant d'en saisir toute la complexité. L'immunité, selon l'enseignement pratiqué à l'Université, a une caractéristique principale : l'interaction entre un récepteur immunitaire, inné ou adaptatif, avec son épitope antigénique, le reste se résume à des réponses cellulaires non spécifiques. L'immunité se résumerait surtout à cette étape de reconnaissance qui va délivrer le premier signal à la cascade d'activation immunitaire. Or, même cette interaction entre récepteur-ligand n'est qu'une part de ce qui se passe à tous les instants dans l'organisme. Dès que le SI atteint sa maturité après la phase de sélection négative thymique ou celle de la moelle osseuse, le soi est fixé à jamais. Les auto-antigènes sont les protéines admises pour faire partie du circuit métabolique de l'organisme. Tout ce qui en diffère doit être repéré et reconnu (d'où le mécanisme de discrimination soi/non-soi qui implique une étape de reconnaissance au préalable).

Le soi dans sa signification psycho-sociale (être conscient de soi) et immunologique (être discriminé du non-soi) ont un sens commun. Autrement dit, on est ce que l'on est (on est soi-même) mais on ne peut pas l'être sans les autres car c'est par rapport à eux que l'on s'identifie soi-même. En immunologie, le soi existe parce que le non-soi existe, et l'un ne peut pas se concevoir sans l'autre. Le dogme de la séparation soi/non-soi ne rend pas compte du fait que ces deux entités sont interconnectées au point de se confondre en un seul bloc. Il est important de souligner que dans le processus de la discrimination soi/non-soi, il y a toujours une étape de reconnaissance. Le soi reconnaît le non-soi, puis il réagit. La reconnaissance se fait par des récepteurs innés ou spécifiques (BCR et TCR). Elle n'est pas immédiate, elle nécessite un laps de temps suffisant pour que les récepteurs envoient les signaux aux cellules immunitaires qui s'activent. Les antigènes tolérés sont toujours reconnus mais leurs récepteurs n'activent plus les cellules ou sont exprimés à un taux très faible. Un antigène présent continuellement dans notre environnement sera reconnu la première fois comme du non-soi, mais à force de re-stimulations, le SI finira par le tolérer. La réponse mémoire acquise la première fois suffira et, avec le temps, elle disparaîtra à son tour, et avec elle, le récepteur à l'antigène. Une déplétion clonale peut être causée par des stimulations antigéniques récurrentes. Un antigène abondant dans l'environnement va saturer les récepteurs qui lui sont spécifiques et entraîner une anergie totale du SI.

Encore une fois, qu'adviendrait-t-il de vous si on vous isolait dans une chambre stérile ? Complètement coupé du non-soi, votre soi aurait du mal à se développer, le taux de vos anticorps serait au plus bas, votre immunité innée rendue passive perdrait de son efficacité et vos cellules immunitaires seraient dans un état quiescent. L'immunité perd de sa faculté de discrimination soi/non-soi quand elle est coupée du non-soi. Un organisme au contact du milieu tolère un antigène qu'il rencontre souvent, mais si vous avez été maintenu en chambre stérile, vous sur-réagirez à toutes sortes d'antigènes au moindre contact avec le milieu. Votre SI, en s'activant ainsi, causera des dégâts collatéraux dans les tissus. Le soi a donc besoin en permanence du non-soi. Puisque les bactéries et virus ont parfois en commun quelques déterminants antigéniques, une immunité acquise contre un pathogène peut nous protéger contre un autre. Les anticorps les plus efficaces sont ceux qui sont déjà en circulation, comme les anticorps naturels. À l'inverse, leur production *de novo*, en réponse à un stimulus antigénique, nécessite un laps de temps. Comme je l'ai déjà mentionné, l'immunité la plus efficace est celle qui est immédiate (innée ou mémoire), alors que celle qui se met en place *de novo*, que nous désignons par la réponse immunitaire primaire, est une réponse différée qui s'accomplit au moment où l'antigène a déjà produit ses effets dans l'organisme. L'objectif derrière toute vaccination est d'instaurer une réponse mémoire pour que l'immunité devienne immédiate quand l'antigène réapparaît. Mais, il se pourrait que la réponse primaire ait lieu à un moment où l'antigène fait presque défaut. Si l'antigène persiste, la réponse primaire va accélérer son élimination, avec les IgM pentamériques en particulier. C'est encore une lacune de la théorie en immunologie : cette réponse primaire peut être tardive et donc s'exprimer à un moment où l'antigène a été majoritairement évacué par l'immunité innée. À quoi sert-elle donc ? Nous pouvons rétorquer qu'elle servirait à générer des cellules mémoires, seulement leur efficacité dépend d'une seconde rencontre avec le même antigène. Même si la théorie offre un modèle acceptable, il n'est pas très robuste. Pourquoi une réaction aurait-elle lieu alors qu'elle n'est pas nécessaire ? Nous sommes devant de l'aléatoire, ne l'oublions pas : d'après la théorie officielle, les cellules mémoires issues de la réponse primaire serviront un jour… ou pas. La réponse adaptative n'est robuste que lorsque l'antigène outrepasse l'immunité innée et s'impose dans l'organisme. Or, l'immunité innée avec tout son arsenal, les anticorps naturels et les anticorps cross-réactif (immunité hétérologue) plus ces millions de cellules dotées de capacités de destruction, devrait être largement suffisante. Ainsi, nous ajoutons des adjuvants aux vaccins pour permettre à l'antigène de subsister plus longtemps et accroître les chances d'une réponse adaptative. Ici encore la théorie manque de robustesse car le lien fonctionnel entre l'immunité innée et adaptative n'est pas bien caractérisé et établi. Si nous suivons les arcanes de la théorie, les CPA capturent l'antigène, l'apprêtent et activent la réponse adaptative. Cette capture devrait être immédiate car les CPA (monocytes/macrophages et CD) localisées dans les tissus sont d'une efficacité remarquable. Malgré ce fait, nous avons recours à des adjuvants puissants pour que l'antigène subsiste plus longtemps dans l'organisme. Des adjuvants qui d'ailleurs posent certains problèmes de sécurité vaccinale. La ligne de démarcation entre les deux leviers de l'immunité, innée et adaptative, est floue. Est-il possible que la réponse adaptative soit enclenchée sans implication de l'immunité innée ? Ou l'immunité innée crée-t-elle le terrain favorable pour l'entrée en jeu de l'immunité adaptative ? La théorie devrait normalement répondre à ces questions. Nous pourrions également argumenter que seuls le stress et la mort cellulaire par nécrose vont produire des signaux de danger capables de recruter l'immunité adaptative, comme le postule le modèle du danger de Matzinger. Dans ce cas, pourquoi s'entêter à vouloir déclencher une réponse vaccinale avec des préparations antigéniques incapables de produire ce type de signaux, comme les vaccins à base de protéines recombinantes ou même ceux utilisant un facteur de réplication ? La technique de l'ARNm pour les vaccins anti-Covid ne va pas seulement provoquer l'invasion de la cellule par la protéine étrangère Spike issue du virus, mais la cellule transfectée va envoyer des signaux de danger aux cellules voisines (comme si elle était infectée par un virus) et risque d'induire massivement l'apoptose chez ces dernières. La protéine Spike surexprimée et libérée dans la matrice extracellulaire peut engendrer des effets non escomptés. Il n'est pas sûr que la protéine surexprimée dans la cellule soit apprêtée et associée aux molécules CMH, sauf au tout début de son expression avant qu'elle n'atteigne un niveau élevé mettant la cellule productrice en péril. La technologie ARNm est certes fascinante, mais elle peut causer des effets secondaires qui ne sont pas à ce jour bien documentés. Les nanoparticules qui transportent l'ARNm ne vont pas spécifiquement cibler les CPA, sauf si elles expriment à leur surface un ligand pour un PRR (exprimés à la surface des CPA). Étant donné leur nature hydrophobe, elles vont diffuser à travers toutes les cellules qu'elles croisent, vont délivrer leur ARNm qui va être traduit en la protéine Spike. Celle-ci, comme toute protéine intracellulaire, va probablement produire des épitopes en association avec les molécules CMH-1. Si des LTC anti-Spike sont activés, ils vont alors détruire toutes les cellules de l'organisme exprimant Spike. Même si on suppose que Spike libérée dans l'espace extracellulaire va stimuler des LB, les anticorps résultants vont certes neutraliser le coronavirus cible, mais ils vont en même temps induire l'ADCC en détruisant les cellules de l'organisme produisant Spike. Si le virus mute, les mêmes anticorps vont éliminer les particules virales ayant gardé la structure conservée de la protéine de vaccination, mais vont faciliter l'infection par les nouveaux variants. Les nanoparticules du vaccin à base d'ARNm vont se faufiler car elles sont formées de lipides très peu immunogènes ou qui se confondent avec une membrane plasmique habituelle, et une fraction d'entre elles va être captée par les phagocytes et détruites, ce qui réduit l'efficacité des vaccins. Les ARNm étrangers exprimés dans la cellule ne vont pas passer inaperçus ; cette étrangeté, si elle est interprétée par la cellule comme une intrusion ou une infection, peut entrer en apoptose ou même bloquer toute sa machinerie de traduction, ce qui annule toute possibilité de présentation par les molécules du CMH. Si la protéine Spike atteint des tissus sensibles comme le SN ou le système circulatoire, elle pourra causer de sérieux dommages à l'organisme. Nous pourrions, en résumant ce qui précède, dire qu'un vaccin constitue une protection qui s'acquiert moyennant une contrepartie, un coût pour l'organisme. Contrairement au vaccin, une infection naturelle va cibler en particulier un tissu précis à cause du tropisme du virus. Il serait plus sûr d'induire une immunité locale ou même de recourir à des traitements alternatifs visant le cycle viral ou l'inflammation induite par l'infection virale. Pourquoi avons-nous besoin de prendre des risques conséquents pour déclencher une réponse immunitaire adaptative, que ce soit avec un adjuvant ou avec l'ARNm lui-même ? Nous savons que l'introduction d'ARNm étranger dans une cellule eucaryote va réveiller des mécanismes ancestraux de défense car les protozoaires ou même les procaryotes ont la capacité de distinguer les acides nucléiques étrangers afin de les détruire. L'introduction d'ARNm est une pseudo-infection : la cellule va déclencher des signaux de danger alors que la protéine produite en quantité faramineuse va certainement agir ailleurs. Si la cellule qui a reçu l'ARNm bloque sa machinerie de traduction pour se défendre contre l'intrusion d'un matériel génétique étranger, la vaccination ARNm reviendrait à faire couler de l'eau dans du sable : la cellule qui le reçoit meurt sans même produire la protéine censée stimuler le SI, ou bloque sa machinerie de traduction.

La théorie demeure incertaine dans la mesure où 1) l'immunité innée semble être suffisamment armée pour faire face à tous les scénarios et 2) personne ne peut dire avec certitude quand et comment se déclenche une réponse adaptative sauf si nous la forçons avec des adjuvants ou des techniques peu contrôlées comme celle de l'ARNm. Même si un virus est hypervariable, les cellules infectées libèrent des signaux de stress, et des mécanismes non-spécifiques suffiront pour repérer des cellules infectées et les éliminer. Il est donc difficile d'assigner un rôle distinct à l'immunité innée et à l'immunité adaptative. On pourrait à la rigueur postuler que la première élimine les antigènes particulaires comme des bactéries ou virus entiers, tandis que la dernière vise des antigènes solubles ou apprêtés par les molécules CMH. Il est aussi possible que l'immunité adaptative marque les foyers d'expression d'antigènes, ce qui facilite leur détection par les effecteurs de l'immunité innée. Les anticorps vont permettre l'opsonisation des particules virales ou bactériennes, ou même des antigènes solubles, ce qui déclenchera leur destruction par les cellules de l'immunité innée équipées d'arsenal enzymatiques comme les macrophages. La partie constante des anticorps, la région Fc, agit comme un pont entre l'immunité adaptative et innée. Les LTC vont détruire directement les cellules présentant à leur surface les complexes CMH-peptides spécifiques, nonobstant le fait que ces mêmes cellules, en cas d'infection par des virus, peuvent aussi bien être détruites par des NK. Les mécanismes immunitaires sont multiples au point qu'il est difficile de les discerner ou de leur assigner un rôle précis. Une hypothèse intéressante pour expliquer l'émergence de l'immunité adaptative est qu'avec l'accroissement du nombre des protéines et leur diversité chez les métazoaires hautement évolués, un système de contrôle et d'élimination des protéines aberrantes est devenu crucial. Ceci pourrait expliquer l'extraordinaire répertoire de récepteurs immunitaires qui a été réinvesti pour capter les protéines du non-soi détectées occasionnellement dans l'organisme, et les traiter comme des protéines altérées du soi. La théorie en immunologie nécessite encore un approfondissement, en l'occurrence pour expliquer précisément le rôle de l'immunité adaptative, la raison de son apparition et son rapport avec l'immunité innée. Certains scientifiques rejettent même en bloc la théorie de l'immunologie comme étant frauduleuse[103] (Scohy, 2021). Il serait intéressant et juste de se pencher sur les arguments qui fondent leur approche car, de fait, la théorie de l'immunologie recèle bien des questions irrésolues. Il semble que l'immunité ne devient évidente que dans des conditions expérimentales extrêmes comme dans le cas du rejet de greffe. La transplantation ou la greffe d'organes représentent vraiment une situation extrême et de surcroît contre-naturelle (n'ayant jamais lieu naturellement au sein de l'espèce). L'unique évènement dans lequel deux organismes vivants cohabitent harmonieusement, c'est la grossesse. Les neuf mois de grossesse représentent une énigme pour l'immunologie. Le fœtus peut être considéré, dans son optique, comme une greffe semi-incompatible car il exprime pour moitié les marqueurs antigéniques de la mère et pour moitié ceux du père. Le SI maternel devrait reconnaître comme étrangers les marqueurs du père portés par le fœtus. En outre, si l'on effectuait après l'accouchement la greffe d'un tissu de l'enfant à sa mère, quel que soit l'organe, celui-ci serait immédiatement rejeté. Mais, en conditions normales, la mère tolère le fœtus sans aucun signe de rejet durant les neuf mois de grossesse. Une molécule, HLA-G, apparaît dès les premières minutes de la fécondation et empêche les cellules immunitaires maternelles de détruire les tissus fœtaux (le placenta). Le fœtus fabrique aussi des LT régulateurs qui inhibent la réaction immunitaire contre les cellules de sa mère[104] (Carosella et al, 2003).

La transplantation est une technique de dernier recours, face à une situation d'urgence, pour maintenir un patient en vie, l'organe étranger, immunologiquement compatible, remplace l'organe irrémédiablement lésé. Il faut bien peser les faits. Cet organe étranger, dans une optique strictement biochimique, est similaire à un foyer de cancer ou d'infection virale. Or, en forçant l'organisme à l'accepter à l'aide d'immunosuppresseurs, nous le forçons en même temps à tolérer d'autres lésions. Nous frôlons les extrêmes.

L'humanité a frôlé les extrêmes plusieurs fois au cours de l'histoire en affrontant des épidémies mortelles de grande ampleur. Pensons à la grande peste en Europe qui a décimé au milieu du 14ème siècle 30 à 50% de la population en 6 ans. Cette épouvante hante encore l'inconscient collectif. Les progrès de la médecine et de l'hygiène et la réduction de l'extrême pauvreté (en Occident) ont éliminé de tels risques, fort heureusement. Mais cette brillante médaille a son revers : on dénombre aussi des situations sanitaires catastrophiques pour lesquelles des solutions thérapeutiques ont été apportées précipitamment. Citons le cas de l'AZT dans le traitement du SIDA. La trithérapie, couramment utilisée pour contrer l'infection VIH, cause des effets secondaires très inquiétants forçant parfois les médecins traitants à alléger ou à alterner les prises. N'oublions pas, pour illustrer la potentielle dangerosité de certains vaccins, la polémique sur le lien entre le vaccin anti-hépatite B et la survenue de la sclérose en plaque[105] (Mathilde Debry, www.pourquoidocteur.fr). Les expériences de greffe qui ont permis d'accéder aux connaissances majeures en immunologie sont à ce point de nature exceptionnelle, extrême, qu'elles signalent que la réponse immunitaire est rare. Autrement dit, la réponse immunitaire de rejet de greffe n'est pas une réponse naturelle puisqu'elle survient dans des conditions créées artificiellement. L'immunité naturelle est discrète et ne dépasse pas un certain seuil d'activation sauf en cas d'infections systémiques. Notre immunité fonctionne continuellement sans que nous nous en rendions compte alors que le rejet de greffe est une réponse fulminante. Il a fallu aux premiers immunologistes la fabrication de chimères, d'animaux transplantés, pour prouver l'existence d'un SI. Jamais les cellules immunitaires n'attaquent un tissu autologue de cette manière sauf en de très rares cas d'auto-immunité ou d'infections fulminantes. Les meilleures expériences en biologie sont celles qui s'approchent au plus près du contexte naturel. Nous remarquons qu'adjuvants, ARNm et transplantation représentent des méthodes invasives qui forcent l'organisme à réagir immunologiquement. Ceci indiquerait que la réponse immunitaire adaptative est naturellement discrète et ne devient manifeste qu'en cas de perturbations majeures.

Je pense donc que l'immunité adaptative n'est observable que lorsque l'intégrité d'un tissu de l'organisme est sérieusement compromise. Le reste du temps, elle agit en toute discrétion, veillant au bon déroulement du métabolisme ; les anticorps acheminent les protéines aberrantes vers les phagocytes, alors que les LTC éliminent des cellules devenues anormales. Une réponse immunitaire associée à des symptômes cliniques est un événement rare survenant seulement en cas d'infection invasive. Le répertoire de récepteurs immunitaires est, de prime abord, utilisé pour éliminer les protéines du soi ayant perdu leur structure par des mutations ou autres aberrations. Dire que le SI cible exclusivement le non-soi est incorrect étant donné qu'il s'active de la même façon vis-à-vis du non-soi que du soi altéré.

Notre SI serait majoritairement tolérogène car l'espèce a appris au cours de son évolution à cohabiter en paix avec les micro-organismes présents dans son environnement. L'espèce a aussi appris à neutraliser la variabilité de ces micro-organismes en fabriquant un arsenal de récepteurs variables et en multipliant les mécanismes de défense. C'est seulement dans des conditions extrêmes, en présence de thérapeutiques invasives comme nous venons de l'évoquer, que la réponse immunitaire devient apparente.

La théorie de l'immunologie nécessite de nouvelles réflexions et probablement une distance mesurée vis-à-vis de positions dogmatiques. Il serait intéressant d'étudier l'immunité chez des individus sains sans avoir recours à des méthodes invasives. En laboratoire, les méthodes routinières d'immunisation des animaux utilisent de grandes quantités d'antigènes à intervalles réguliers. Elles conditionnent voire surexploitent l'organisme animal pour qu'il produise des anticorps ou une réponse immunitaire cellulaire. Il se pourrait même que la réponse immunitaire détectée chez ces animaux soit une réaction contre le stress énorme qu'ils subissent lors des expérimentations. D'autre part, dans les réponses immunitaires étudiées *ex vivo*, on utilise un rapport optimal entre la concentration d'antigènes, le nombre de cellules répondeuses et le temps d'incubation. Ces travaux continuent de produire de la connaissance pratique et théorique, mais ils sont décalés par rapport à la réalité de ces manifestations dans l'organisme au contact de son milieu habituel. Au cours d'une infection naturelle ou même dans un organisme sain, nous ne savons pas à quel moment précis un antigène va induire une réponse immunitaire ni dans quelles conditions. Probablement, divers signaux émanant de plusieurs compartiments cellulaires vont tous converger en un point pour l'induire. En revanche, dans les expériences de laboratoire, on augmente la dose de l'antigène ou on utilise des souches infectieuses sélectionnées pour leur virulence chez les animaux immunisés. On va même jusqu'à injecter des extraits tissulaires d'un animal chez un autre pour lui transmettre une maladie ou l'immuniser. Il serait au contraire judicieux d'étudier l'immunité dans les conditions normales pour comprendre son rôle naturel et ainsi vérifier les postulats de Jerne ou de Matzinger. Il semble que l'immunité soit acquise une bonne fois pour toutes à l'âge adulte ; elle protègerait l'organisme grâce à des réactions croisées. Le nombre d'épitopes qui se lient aux TCR, ainsi que ceux reconnus par les anticorps, est limité étant donné que le nombre d'acides aminés chargés ou polaires qui stabilisent la liaison de l'épitope l'est aussi. Un épitope doit avoir un nuage électronique spécifique pour entrer en contact avec le paratope, et cette configuration est limitée malgré le nombre colossal de combinaisons possibles entre acides aminés au sein des protéines. À partir d'un certain âge, l'organisme a connu toutes les formes possibles d'épitopes ou de peptides présentés par le CMH. Après, il n'est question que d'immunité hétérologue. C'est pourquoi les vaccins ont du mal à éliciter une nouvelle réponse chez les adultes et chez les personnes âgées, et les réponses que nous détectons ne sont pas produites *de novo* mais résultent de réponses mémoires déjà présentes.

Après des années d'études et de travaux de recherche, je réalise aujourd'hui, avec le recul, que l'immunologie est d'abord une science descriptive centrée sur l'étude des organes et des cellules impliquées dans la réponse immunitaire à l'antigène. Elle ne parvient pas à déterminer d'une manière univoque la cause initiale de l'immunité. Nous avons tous appris que l'antigène est l'élément déclencheur de l'immunité. Pourtant, nous le savons : tous les antigènes n'induisent pas une réponse immunitaire. T. Pradeu souligne que c'est la nouveauté ou la discontinuité antigénique de l'antigène qui en est responsable. Or cette notion n'est pas explicite : un antigène quelconque peut être tolérogène ou immunogène, et même un antigène ayant cette discontinuité pourrait ne pas induire une réponse immunitaire. Dans ce genre de dilemme, il faudrait élargir le champ de réflexion, c'est-à-dire aller chercher l'explication ailleurs, en n'oubliant pas que le SI est un système fonctionnel de l'organisme et que, donc, il est soumis au contrôle nerveux. Il est probable que l'immunité soit une réaction orchestrée par le SNC en réponse à certains stimuli de l'environnement ayant la particularité de déclencher une inflammation ou d'interférer avec les circuits métaboliques. Certaines substances, après leur pénétration dans l'organisme, entraînent la mort cellulaire ou la nécrose, ou perturbent l'homéostasie tissulaire. Le SNC active en conséquence, par des circuits nerveux, une réponse immunitaire adaptative ou générale (innée et adaptative). C'est seulement quand l'antigène provoque une rupture de l'intégrité ou un danger imminent que l'immunité se déclenche. Il est donc probable que l'immunité soit une solution de dernier recours, ce qui explique pourquoi il est très difficile d'induire une réponse immunitaire dans les conditions normales. Une réponse immunitaire n'est jamais uniforme, elle est toujours accompagnée par d'autres réactions de l'organisme, en particulier celle du SNC. Le problème des vaccins découle de notre incapacité à recréer les conditions de l'induction d'une immunité protectrice. Celle-ci est naturellement silencieuse, et quand on veut la rendre observable et mesurable, elle nous échappe, même si on s'obstine avec les adjuvants tout en augmentant les doses de l'antigène.

L'organisme s'est doté de défenses immunitaires innées avant même la survenue de stimulations antigéniques spécifiques restreintes au CMH, ce qui est normalement largement suffisant pour neutraliser les infections. Chez les nouveau-nés, la réponse adaptative est normale car ils affrontent une panoplie d'antigènes pour la première fois. Chez l'adulte, une réponse adaptative peut s'accompagner d'auto-immunité ou causer un choc cytokinique. Comme je le rediscuterai plus loin, notre organisme est lui-même doté d'un programme suicidaire (à l'instar de ses cellules qui activent leur apoptose). En cas de perturbation profonde de son métabolisme ou d'une anomalie génétique irréparable, l'organisme peut déclencher sa destruction en induisant des réponses auto-immunitaires. Chez les personnes âgées, une réponse immunitaire adaptative pourrait être catastrophique, voire mortelle. Un antigène qui n'est pas neutralisé par l'arsenal immunitaire déjà présent dans l'organisme, devient un réel danger. Vacciner les vieux n'est pas vraiment la bonne solution car le SI chez eux est, en quelque sorte, à l'arrêt. Un antigène toxique qui persiste dans l'organisme va tout simplement induire le suicide, non seulement des cellules, mais de tout l'organisme. Nous pourrions même supposer que notre organisme se construit jusqu'à l'âge adulte, et puis se défend avec ce qu'il a acquis sans produire rien de nouveau. Notre privilège, au sein du règne animal, est notre cerveau doté de capacités évolutives qui nous a permis et nous permet encore de mieux appréhender notre environnement et d'éviter les dangers. Quand vous êtes vieux, votre organisme a atteint ses limites maximales d'autoréparation.

À quoi sert alors l'immunité adaptative avec ses milliards de récepteurs ? Le SI est autocentré et ses récepteurs adaptatifs (TCR et BCR) jouent un rôle endogène, celui d'éliminer les foyers de cancers et les protéines défectueuses du soi. Leur intervention requiert des signaux cellulaires annonçant un réel danger qui menace l'intégrité de l'organisme. Et donc, un vaccin ne doit pas seulement mimer une stimulation antigénique, mais doit aussi mimer le danger (donc mettre l'organisme en situation de réel danger). Un vaccin pourrait s'avérer non seulement inutile chez les adultes ou les personnes âgées, mais la persistance de l'antigène vaccinal peut se traduire par des effets secondaires indésirables. Chez les nouveau-nés, une vaccination par un antigène X va être enregistrée comme un danger imminent et tout l'organisme va se préparer à l'affronter à l'avenir, pourtant d'autres dangers (antigène Y) pourraient survenir tels qu'une infection par un nouveau virus, l'organisme risque d'être alors pris au dépourvu : soit il s'en sort avec son immunité déjà établie (immunité croisée), soit il déclenche une nouvelle réponse adaptative. Or dans ce dernier cas, il court de sérieux risques : auto-immunité, choc cytokinique ou effets secondaires d'autre nature. Selon moi, rien ne vaut une immunisation naturelle, mais ceci est un long débat entre partisans et opposants à la vaccination générale. L'histoire nous apprend que tout conditionnement humain mène, un jour ou l'autre, droit à la catastrophe, qu'il soit de nature idéologique ou de nature scientifique. Un vaccin représente un conditionnement, non seulement de nature biologique, mais aussi nerveuse, car le SNC garde trace de toutes nos expériences vécues.

L'immunité naturelle opère dans les conditions normales.

Comment opère l'immunosurveillance ? Les anticorps et les TCR circulent en permanence à la recherche d'un ligand potentiel. Tant que les protéines du soi affichent leur normalité, des mécanismes de tolérance opèrent pour maintenir le SI en anergie. Par contre, si une protéine est altérée, les récepteurs spécifiques vont la repérer et une réaction immunitaire s'ensuivra. Les anticorps monoclonaux sont produits dans des conditions artificielles. Leur utilisation thérapeutique dans le but d'éliminer une protéine du soi devenue indésirable ou source de maladie révèle la vraie nature des anticorps : celle d'éliminer les protéines du soi altéré dans les conditions normales. Les récepteurs de l'immunité innée sont aussi actifs, comme ceux des cellules NK, pour reconnaître les cellules cancéreuses. Quand l'organisme fabrique une protéine par exemple, c'est pour qu'elle serve immédiatement. Toute protéine est sous contrôle, à commencer par sa régulation au niveau des gènes par les facteurs de transcription, ou sa régulation au niveau post-transcriptionnel exécutée par d'autres protéines. Pourtant, les LB et LT fabriquent une quasi-infinité de récepteurs potentiels, parmi lesquels ceux qui reconnaissent le soi sont éliminés du pool lors de la sélection négative. Ceux qui restent n'ont pas de ligands. Si on effectue un bilan énergétique, l'organisme fabrique des récepteurs dont un grand nombre ne servent à rien tant qu'ils ne lient pas un ligand. De plus, ce pool de lymphocytes naïfs doit être entretenu. Plus tard, quand les cellules sont activées, une fraction d'entre elles rejoint le pool des cellules mémoires qu'il faut aussi entretenir. Que ce soit le lymphocyte naïf ou le lymphocyte mémoire, aucun n'a la possibilité d'être différencié en cellule effectrice sans rencontre avec son antigène. Leur survie génère un bilan énergétique négatif et, pour réduire les fuites d'énergie, les cellules naïves sont maintenues dans un état de quiescence, alors que les cellules mémoires doivent se diviser en petit nombre en attendant la re-stimulation antigénique. La question se pose de savoir pourquoi l'organisme les maintient en vie, sachant que (théoriquement) elles ne servent à rien en l'absence de stimulation antigénique ? La théorie nous enseigne que leur rôle se limite à neutraliser de futurs antigènes, comme si notre immunité était dotée de la faculté d'anticiper l'avenir. On pourrait aussi bien supposer que ces récepteurs immunitaires ne sont pas orphelins et correspondent en effet à des épitopes du soi altéré employés à éliminer les foyers de cancers, les cellules devenues anormales ou altérées, les cellules avec des défauts métaboliques.

L'immunosurveillance s'effectue grâce au répertoire immunitaire. Les premiers métazoaires furent très tôt menacés dans leur intégrité par la survenue d'anomalies dans l'organisme qu'il fallait réparer. Divers mécanismes de protection se développèrent. Ainsi sont apparues des molécules et des cascades de signalisation capables de réguler les interactions entre les éléments internes de l'organisme. Le SI est l'un des rares systèmes physiologiques qui a évolué somatiquement au cours de l'ontogenèse selon les mêmes principes que l'évolution phylogénique, c'est-à-dire par mutations et sélections. Cela est vrai pour la genèse des LB et LT chez tous les vertébrés étudiés jusqu'à présent. En plus de la diversification des mécanismes de protection, notre organisme s'est doté d'un système capable de produire une infinité de récepteurs tous connectés aux mêmes voies intracellulaires de signalisation. Ceci accroît le nombre de signaux que l'organisme peut intégrer, ce qui le rend plus robuste et apte à survivre. Dans les nombreuses bifurcations que le règne animal a connues durant son évolution, les expériences de transplantation allogénique révèlent l'existence de mécanismes précis de distinction entre le soi et le non-soi, souvent sous la dépendance d'une famille multigénique. Ceci suggère, une fois de plus, que la distinction soi/non-soi est un mécanisme ancestral qu'on retrouve aussi chez les porifères, cnidaires et tuniciers. Toutes les espèces animales, invertébrés comme vertébrés, engendrent des individus uniques isolés les uns des autres et dotés de mécanismes leur permettant de repérer l'intrusion de substances étrangères.

On pense que les métazoaires proviennent d'organismes coloniaux, qui eux-mêmes constituent un assemblage non différencié de protozoaires. La formation des métazoaires a requis de nombreuses innovations. Les cellules se sont regroupées en instaurant des mécanismes de communication entre elles. Ensuite, elles se sont spécialisées dans des fonctions distinctes mais complémentaires. Cette digression pour souligner que le vivant n'invente rien de superflu, tout est prédestiné à répondre à une contrainte qui menace la survie de l'espèce. Nos prédécesseurs biologistes pensaient qu'il n'était pas possible pour l'organisme de produire à l'avance des récepteurs pour tous les antigènes, étant donné leur nombre très important. Selon eux, la pénétration d'un microbe entraînait une production de récepteurs spécifiques qui signalent la présence du microbe aux lymphocytes pour les induire à produire des anticorps. Cette théorie appelée « théorie interventionniste » s'est révélée fausse. En effet, la taille du génome lymphocytaire contenant moins de 25 000 gènes est insuffisante pour cela, il faudrait des millions de gènes pour stocker autant d'information. En fait, l'organisme produit à l'avance les immuno-récepteurs T et B (pour neutraliser d'éventuels microbes). C'est grâce au mécanisme de recombinaison somatique de l'ADN des LB et LT que la diversité gigantesque des récepteurs est produite. En examinant l'immunité chez des espèces de différents origines phylogénétiques, nous nous apercevons que le mécanisme de récepteur-ligand s'est hautement perfectionné chez les mammifères.

Chez les invertébrés, un nombre limité de récepteurs suffit. Leur séquence conservée a été dépassée par la variété des motifs antigéniques des parasites envahisseurs qui se multiplient plus rapidement avec un taux élevé de mutations. Il a fallu que ces premiers récepteurs ancestraux mutent à leur tour pour contrer la variabilité génétique des parasites. Cependant, cette variabilité limitée n'a pas suffi aux vertébrés plus évolués. La solution qui s'imposait a été de multiplier les récepteurs variables. Afin d'accroître leur variabilité, les gènes codant pour ces récepteurs se sont dupliqués en plusieurs copies dont chacune est devenue un gène avec plusieurs allèles. Avec le temps, des mécanismes de recombinaison génétique ont augmenté la capacité des organismes multicellulaires à affronter la gigantesque diversité des motifs antigéniques exogènes (non-soi) ou provenant du soi altéré. En comparant le SI de diverses espèces, on note chez les invertébrés un nombre limité de récepteurs conservés ou variables. C'est seulement chez les vertébrés les plus évolués que survient le mécanisme générant en théorie un nombre illimité de récepteurs variables. Les hauts métazoaires ont mis à profit les mécanismes de la recombinaison génétique pour produire des protéines hypervariables.

Considérons un anticorps. Il possède deux sites de fixation à l'antigène, et sa variabilité provient des deux chaînes polypeptidiques, lourde et légère, dont il est constitué. Certains anticorps s'organisent en pentamères (IgM) ou dimères (IgG), ce qui multiplie leurs sites de liaisons à l'antigène. L'anticorps a une forme en Y et une région charnière qui est assez flexible pour permettre aux paratopes de bien s'orienter dans l'espace pour fixer les épitopes. Alors que la polymérisation des anticorps accroît le nombre d'antigènes capturés, une seule région Fc suffit pour les mettre en contact avec les phagocytes. Bien que les anticorps soient principalement dédiés aux antigènes solubles, ils peuvent aussi bien se lier à un épitope exposé à la surface d'un micro-organisme ou d'une cellule. Les TCR, quant à eux, sont soumis à la restriction CMH et ne lient que les épitopes associés aux molécules CMH-1 et -2 exprimées à la surface de la cellule. L'activation des LT passe obligatoirement par un contact cellule-cellule. Alors que les anticorps participent à l'élimination de l'antigène par leur région Fc, les TCR ont pour rôle de rapprocher les LTC de leurs cibles afin qu'ils y déversent leur contenu cytotoxique. Ces deux leviers de l'immunité, B et T, veillent en permanence sur l'intégrité de l'organisme. *La multicellularité n'aurait pas été possible sans un tel système qui veille sur la normalité des cellules ou des molécules qui diffusent dans l'espace extracellulaire.* C'est ce que nous désignons par l'immunosurveillance. Il suffit d'observer un métazoaire pour comprendre l'émergence de l'immunité B et T : 1) il est constitué de plusieurs cellules spécialisées, d'où l'intérêt d'éliminer celles devenues anormales ; 2) ses cellules communiquent entre elles par le biais de médiateurs solubles ou de messagers diffusant d'un point A à un point B, d'où l'importance d'éliminer les messagers devenus mutants ou aberrants. Certaines protéines libérées dans l'espace extracellulaire peuvent former des agrégats pathologiques. Donc, loin de la pression exercée par les microbes, l'organisation interne des métazoaires semble être la première pression sélective ayant façonné la structure de l'immunité. Avec l'accroissement de la taille des métazoaires, le nombre de leurs cellules et la grande diversité de leurs protéines, le répertoire d'anticorps et de TCR a dû se diversifier à son tour pour intervenir d'une manière spécifique.

Plus l'organisme est complexe, plus l'immunité est développée. Une immunité immédiate existe chez les invertébrés alors qu'une immunité adaptative et innée coexistent chez les vertébrés évolués. Chaque espèce développe un mécanisme de défense précis pour neutraliser les infections qui la menacent dans sa niche écologique. Les évolutionnistes suggèrent que les espèces peuvent être alignées verticalement sur l'axe du temps en allant du simple au complexe. Les créationnistes les classent horizontalement comme si elles étaient apparues en même temps. Verticalement ou horizontalement, l'immunité change radicalement d'une espèce à une autre. Ceci indiquerait que l'immunité est en lien direct avec le mode de vie de l'espèce. La structure de l'ADN emmagasine toutes les informations sur le déroulement du processus évolutif. En comparant les ADN des espèces proches, nous pourrions déterminer comment l'évolution opère. L'ADN est une structure dynamique et subit constamment des remaniements, qu'il s'agisse de mutations ponctuelles, de mutations de délétion et/ou insertion, mais aussi de duplications de gènes, voire d'apparition de nouveaux gènes.

Il se pourrait aussi que l'immunité ait changé de nature avec l'évolution, et qu'au lieu de répondre immédiatement au danger, elle l'anticipe en gardant trace des agressions passées. Cette anticipation a lieu à deux niveaux, celui de la mémoire immunitaire en cas de rencontre ultérieure avec l'antigène, et celui des récepteurs préformés qui semblent contenir une information globale sur le danger qui pourrait survenir. Comme nous le savons, l'immunité adaptative est apparue chez les espèces dont le SN a atteint la capacité d'intégrer un grand nombre d'informations de l'environnement d'une manière rapide et coordonnée. Nous pourrions supposer que cette capacité a été réinvestie dans l'immunité. Celle-ci devint alors capable, non seulement de traiter l'information qu'elle capte au présent, mais aussi de l'anticiper. L'immunité adaptative serait ainsi en lien avec le développement du SNC. Il se pourrait même que la réponse immunitaire soit une réponse du SNC au danger menaçant la survie de l'organisme.

La théorie actuelle postule que les immuno-récepteurs des hauts vertébrés sont générés au hasard. Autrement dit, personne ne peut prédire de quelles spécificités ils sont pourvus, sauf si on effectue des tests *in vitro* en mixant un panel d'antigènes avec des sérums ou des populations de LT. Leur spécificité ne devient apparente que lorsqu'un individu est immunisé par un pathogène et qu'il est soumis à un test de dépistage immunologique. TCR ou anticorps diffèrent particulièrement par leurs régions hypervariables qui sont en même temps impliquées dans la liaison aux antigènes. Si par exemple, on immunise un individu avec une substance A et que l'on détecte des anticorps anti-A, on peut être sûr que l'individu est équipé de paratopes ayant cette spécificité. Si on infecte un cobaye avec un virus B, et que l'on détecte des LTC anti-B, on peut affirmer qu'il est équipé de TCR ayant cette spécificité. Par conséquent, au cours d'une épidémie, les individus ayant répondu par des anticorps ou des réponses de type T à un même épitope seront tous considérés comme étant équipés de récepteurs ayant une spécificité similaire. On en déduit qu'ils ont fabriqué les mêmes TCR ou BCR au hasard. Ces réponses TCR ou anticorps requièrent des tests de laboratoire pour être mises en évidence. Sans ces tests, personne ne peut affirmer à l'avance que des TCR ou des anticorps d'une spécificité donnée existent réellement dans une population. Vous pourriez, par exemple, immuniser des lapins ou des chèvres avec une longue liste de substances et faire des tests pour connaître leurs réactions. Étant donné que le répertoire immunitaire est très vaste, il est fort probable qu'une des substances génère une réponse, mais le phénomène reste hypothétique et aléatoire.

Le même problème se pose lors d'une vaccination massive car on ne peut affirmer que tous les vaccinés réagiront de la même manière aux antigènes vaccinaux, étant donné que, selon la théorie officielle, les récepteurs, TCR ou anticorps, sont générés au hasard. C'est un sérieux dilemme ! Imaginons un virus mortel, appelons-le VZ, qui possède un seul épitope. Personne ne peut affirmer que les individus produiront des anticorps anti-VZ ni des LTC spécifiques. Logiquement, personne non plus ne peut anticiper que l'espèce survivra au VZ. Nous ne pouvons en aucun cas prédire que l'immunité va neutraliser VZ, à moins de produire un vaccin anti-VZ et d'effectuer des dépistages massifs. Nous pourrions supposer l'existence d'une réponse immunitaire adaptative sans vraiment pouvoir l'affirmer, jusqu'à ce qu'elle soit mise en évidence en laboratoire. Un vaccin est donc un jeu de loterie : vous introduisez l'antigène en espérant qu'il soit reconnu par un récepteur parmi des milliards d'autres. Vous ne pourrez jamais être sûr de son efficacité et même s'il fonctionne chez des animaux modèles de laboratoire, l'ombre du doute subsistera. Pour accroître son efficacité, l'antigène vaccinal devra contenir plusieurs déterminants antigéniques. Quand vous immunisez vos cobayes avec un seul épitope immunogène, la probabilité qu'une réponse immunitaire ait lieu tend vers zéro. Le vaccin est donc une stratégie probabiliste. L'usage des calculs de probabilités en biologie montre que cette dernière se cantonne à être une science expérimentale tirant sa substance de preuves expérimentales, reproductibles dans des conditions ultra contrôlées. Ainsi, le facteur hasard fait-il partie intégrante des conceptions et des modèles explicatifs qui prévalent en biologie qui transpose ses résultats obtenus *in vitro* dans la réalité vivante.

Comment est-il possible que l'espèce mise sur un arsenal de récepteurs générés au hasard pour contrer une multitude de pathogènes menaçant sa survie à tout instant ? Pourtant, la théorie de la sélection naturelle postule que les espèces développent les mécanismes capables de neutraliser immédiatement les contraintes du milieu. Nous constatons encore une fois que le darwinisme a assis les bases de la théorie de l'immunologie en y implantant l'idée du hasard. D'après elle, le SI se reconstitue lui-même, on pourrait dire, par la force du hasard.

Nous savons que la cellule-œuf obéit à un programme génétique très précis pour produire des tissus différenciés, comment alors accepter le fait que le SI échappe à cette règle et se constitue au gré du hasard ? L'idée de la sélection naturelle s'est incrustée au cœur même de l'immunologie ; elle a sans aucun doute influencé le modèle de la sélection clonale. Toute science, à ses débuts, s'imprègne des idées communément admises à son époque. Jamais un darwiniste convaincu ne va soulever la possibilité de l'existence d'un programme intelligent à l'origine des fonctions informationnelles de l'organisme. Soyons logiques : croyez-vous qu'une fonction vitale de l'organisme soit laissée au hasard ? L'argument selon lequel le répertoire immunitaire s'est constitué aléatoirement pour neutraliser une infinité d'épitopes est difficile à admettre. Et si un épitope n'avait pas de récepteur correspondant ?

En biologie, la notion de hasard est révélatrice de notre incapacité à admettre que nous ne comprenons pas tout des phénomènes que nous sommes censés expliquer. S'agit-il de phénomènes que la science actuelle est encore incapable d'appréhender, ou s'agit-il de faits déterminés et préprogrammés dans un dessein précis ? Difficile de trancher. On pourrait à la rigueur supposer que les métazoaires, depuis le début de leur évolution, ont gardé une trace des pathogènes qu'ils ont affrontés. Des phénomènes épigénétiques sans doute à l'œuvre ont laissé leur empreinte dans les cellules germinales. Y aurait-il un dialogue (restant à déchiffrer) entre le germen et le soma ? En tant qu'individus d'une espèce, nous disposons de deux mémoires : notre passé immunologique individuel et le passé immunologique collectif de l'espèce. L'immunité innée ferait partie de la mémoire de l'espèce. Mais, pourquoi la mémoire collective de l'espèce se restreindrait-elle à l'immunité innée ? N'y aura-t-il pas un autre mécanisme, épigénétique ou d'une autre nature, qui renseigne l'immunité à l'avance sur le genre d'antigènes susceptibles de nous menacer durant notre vie ? En condition naturelle, les pandémies sont très rares ; elles peuvent résulter de nouveaux variants ou de souches transmises à l'homme par des animaux sauvages. En dehors de ces exceptions, nous sommes naturellement immunisés à notre insu contre un nombre incalculable d'antigènes du milieu. Ce que l'on qualifie d'aléatoire est un mécanisme déterministe qui emploie le hasard pour aboutir à ses fins.

La seule manière de répondre aux questions posées ici, serait d'analyser le répertoire immunitaire de plusieurs espèces. L'étude des répertoires TCR ou des BCR chez des espèces voisines vivant dans des localités géographiques distantes et dans des environnements différents pourrait nous renseigner ainsi : si leur répertoire est identique, on retiendra l'idée qu'il est le produit du programme génétique opérant seul, s'il est différent, ceci signifiera qu'il est dicté par l'environnement. Nous pourrions faire de même pour de vrais jumeaux séparés par une longue distance depuis leur naissance. Cette recherche requiert d'énormes moyens financiers et techniques et donc résulterait d'une volonté politique et scientifique, mais nous en sommes loin.

Il est probable que l'organisme échantillonne les antigènes les plus fréquents de son milieu pour fabriquer son répertoire en apportant des modifications épigénétiques à son génome. La flore microbienne pourrait y contribuer car elle sert de vitrine pour exposer les antigènes de l'environnement. Le vivant n'attend pas forcément une agression provenant de son milieu pour y répondre, il est équipé d'un système de capture et d'analyse d'informations qui lui permet d'anticiper le danger. Ces informations ne sont jamais perdues, elles sont transmises d'une génération à l'autre, sinon tout ce que nous savons sur la génétique tombe en désuétude. À quoi servirait l'hérédité si elle prive l'espèce d'informations cruciales pour sa survie ?

Multicellularité, immunité et cancer

Le cancer est la pire des menaces affectant la multicellularité. Il résulte d'une série d'accidents dont le point de départ est l'altération du matériel génétique d'une cellule. Toutes les mutations ne sont pas susceptibles d'entraîner la formation d'un cancer : il faut que l'un des gènes régulant les processus vitaux de la cellule (division, différenciation, réparation ou apoptose) soit touché pour que cette dernière prolifère de façon incontrôlée. Une mutation au niveau d'une seule des deux copies de ce gène - dans notre patrimoine génétique, les gènes sont présents en deux copies, l'une héritée de notre mère, l'autre de notre père - est nécessaire pour entraîner le développement d'un cancer. La présence de ces gènes dans le génome pose question du fait de leur létalité.

« Le cancer touche l'ensemble du règne animal multicellulaire. Et pour cause : il s'agit d'une maladie ancestrale liée à l'apparition des métazoaires voici plus d'un demi-milliard d'années. L'émergence de tels organismes complexes a nécessité la mise en place de hauts niveaux de coopération entre les nombreuses cellules qui les composent, sous-tendue par des comportements complémentaires et altruistes, en particulier l'apoptose et le renoncement à la reproduction directe pour les cellules autres que les cellules sexuelles. (…) Le cancer représente une rupture de cette coopération multicellulaire, suivie de l'acquisition d'adaptations permettant aux cellules « renégates » de se perfectionner dans leur propre mode de vie. Autrement dit, les cellules malignes commencent à « tricher ». Elles peuvent le faire car elles ont subi des mutations génétiques ou épigénétiques, voire les deux, qui leur confèrent une plus grande valeur sélective par rapport aux cellules au comportement coopératif. (…) Si ces « rébellions cellulaires » ne sont pas correctement réprimées par les systèmes de défenses de l'organisme, l'abondance des cellules cancéreuses peut augmenter localement. Conséquences : les ressources s'épuisent, et ces cellules peuvent alors enclencher des comportements individuels ou collectifs de dispersion et de colonisation vers de nouveaux organes, les tristement célèbres métastases responsables de la majorité des décès liés au cancer. »[106] (Audrey Arnal, 2021).

Il semblerait que le cancer soit plus rare chez les invertébrés.[107] (Violaine Wautier et Jacques Wautier, 1955). Dans une certaine mesure, l'apparition de la vie multicellulaire a demandé un certain contrôle du taux de cancer, et des liens ont été identifiés entre l'origine de la vie multicellulaire et le cancer. Mentionnons brièvement le paradoxe de Peto selon lequel l'incidence du cancer ne paraît pas être en corrélation avec le nombre de cellules de l'organisme [108] (AF Caulin et CC Maley, 2011).

Logiquement, les animaux de grande taille devraient développer davantage de cancers que les autres du fait des divisions cellulaires plus nombreuses dans leur organisme. L'incidence de tumeurs devrait être corrélée au nombre de mitoses dans un organisme multicellulaire. Si ce n'est pas le cas, c'est parce que les grands animaux ont développé des mécanismes anticancéreux. Par exemple, l'incidence des cancers chez l'être humain est bien plus élevée que chez les baleines. L'éléphant qui fait 100 fois la masse d'un homme, qui a 100 fois plus de cellules et qui vit jusqu'à 70 ans développe peu de cancers ; seulement 5 % des éléphants meurent en étant porteurs de tumeurs contre 25 % des êtres humains. Il s'est avéré que cet animal possède 40 copies du gène suppresseur de cancer, le P53. Il semblerait que d'autres facteurs, génétiques ou environnementaux, renforcent le processus de malignité et mettent en échec l'immunité. Pourtant, la spécialisation des cellules et leur organisation en tissus est un mécanisme qui régule leur multiplication, elles sont engagées dans un processus physiologique dont elles ne peuvent plus se défaire. Alors, qu'est ce qui explique le taux d'incidence du cancer chez l'humain ? C'est comme si les cellules se libéraient de leur engagement et régressaient jusqu'à un état primitif. Elles se désolidarisent de leur fonction au sein de l'organisme multicellulaire et se comportent comme leurs ancêtres, c'est-à-dire les protozoaires ou les procaryotes.

En biologie, il existe deux façons d'expliquer un phénomène : soit d'une manière directe avec un langage biochimique en décrivant son déroulement de A à Z (par exemple, les étapes de la respiration, de la digestion ou de la contraction musculaire), soit d'une manière indirecte en abordant le principe épistémique auquel obéit le phénomène.

Prenons l'exemple de la contraction musculaire. Dans un premier temps nous l'expliquerons d'une manière directe : la genèse du potentiel d'action de la fibre musculaire à l'origine de la contraction s'effectue au niveau de la plaque motrice via une stimulation nerveuse. Lorsqu'un potentiel d'action arrive au niveau de la terminaison axonale, la membrane nerveuse se dépolarise. Cette dépolarisation induit l'ouverture de canaux calciques voltages-dépendants. Le flux de calcium à l'intérieur de la terminaison axonale déclenche une fusion des vésicules d'acétylcholine avec la membrane, ce qui induit une libération de ce médiateur dans la fente synaptique. L'acétylcholine diffuse dans cette fente et va se lier à des récepteurs spécifiques, les récepteurs canaux, situés au niveau de la membrane post-synaptique. Ainsi, la liaison de deux molécules d'acétylcholine avec le récepteur induit un changement de la conformation du récepteur qui conduit à l'ouverture du canal. Un flux d'ions sodium dans la fibre musculaire produit une dépolarisation de la membrane, on parle de potentiel de plaque motrice. Lorsque ce potentiel atteint une valeur seuil, il induit l'ouverture de canaux sodium voltage-dépendants au niveau du sarcoplasme générant un potentiel d'action. Celui-ci se propage à la surface de la fibre musculaire dans les deux directions vers les extrémités de la fibre musculaire, la jonction neuromusculaire étant située au centre de la fibre musculaire.

Nous sommes donc capables d'expliquer la contraction musculaire avec un langage moléculaire précis. Maintenant, nous allons l'expliquer en évoquant le principe auquel obéit le phénomène de contraction musculaire. Un des principes est « la loi de tout ou rien ». Il énonce que, pour une cellule nerveuse ou une cellule musculaire striée, la réponse n'apparaît que si une intensité suffisante de stimulation est atteinte, c'est le seuil. Si le stimulus est insuffisant, le seuil n'est pas atteint et il n'y a pas de réponse de la cellule. Ce principe n'explique en rien le phénomène mais précise la nature de sa causalité : tant que la cause initiale n'a pas obéi à une condition initiale, l'effet ne se produit pas. Nous pouvons approfondir davantage et postuler que la contraction musculaire et le principe de tout ou rien obéissent ensemble à un principe supérieur, le principe de l'action la moins coûteuse pour l'organisme. Autrement dit, tous les phénomènes de la nature suivent le chemin de la moindre dépense d'énergie pour arriver à leurs fins, la nature est efficace en épargnant ses forces et ses coûts.

« Dans toutes les relations causales, on peut comprendre la cause ou le fondement comme étant « économiquement optimisée » au regard de son effet ou fin. En disant que la nature épargne ses forces ou ses coûts, on lui attribue ainsi une certaine économie et la conçoit de manière téléologique, en ce que l'acte d'épargner est orienté selon un bénéfice spécifique. On comprend ce qui a été dépensé, épargné et gagné à la lumière de ce bénéfice, et ainsi seulement a posteriori. (…) Cette compréhension économique de la nature a ainsi un double aspect : ou bien on considère la fin ou le bénéfice d'un événement pour constater qu'il a été causé par un minimum de forces ou d'efforts ; ou bien on considère les forces ou les moyens impliqués dans ce qui arrive pour constater que ces forces causent un maximum de changements possible ».[109] (Ansgar Lussy, 2015).

Nous pouvons ainsi en déduire que le muscle, par exemple, est structuré de telle sorte à consommer le minimum d'énergie, néanmoins suffisante, pour se contracter.

Revenons donc au cancer auquel nous pouvons appliquer le même raisonnement. La cellule cancéreuse est hyper-proliférative et, d'autre part, elle est immortelle. Dans une cellule normale, si un facteur extérieur vient endommager l'ADN et provoquer une mutation, il existe des processus de contrôle qui détectent la mutation, induisent une réparation de l'ADN ou provoquent l'apoptose, c'est-à-dire la mort de la cellule quand sa réparation n'est pas possible. Dans le cas d'une cellule tumorale, ce système de contrôle et d'induction d'apoptose est défectueux, donc la cellule ne peut plus mourir, on dit qu'elle est immortelle. Ainsi elle prolifère, se divise à l'infini induisant rapidement la croissance d'une masse de cellules que l'on appelle une tumeur. Dans l'ADN d'une cellule, il existe des gènes qui sont impliqués dans sa prolifération. Par exemple, les gènes dont les produits d'expression sont des récepteurs aux facteurs de croissance. Lorsque l'organisme a besoin d'induire la croissance d'un tissu à un endroit et à un moment donné, il produit des facteurs de croissance, des protéines qui vont activer des récepteurs exprimés à la membrane des cellules concernées. Une fois que le facteur s'est lié au récepteur, il s'ensuit une activation intra-cellulaire qui aboutira à une prolifération. Le récepteur à l'EGF (*epidermal growth factor*) est l'un de ces récepteurs, son gène est ce qu'on appelle un proto-oncogène. On l'appelle ainsi parce que s'il subit une mutation, il peut conduire à l'expression d'un récepteur anormalement actif qui n'aura pas besoin qu'un facteur de croissance se lie à lui pour induire la prolifération. C'est-à-dire qu'il induira la prolifération de manière permanente. À ce moment-là, on ne parle plus de proto-oncogène, mais d'oncogène, étymologiquement « inducteur de tumeur ». À ce stade, la prolifération de la cellule est anormale. Le deuxième type de gènes concernés est la catégorie des gènes suppresseurs de tumeurs : par exemple, le gène P53. Son produit d'expression, la protéine P53, est capable de détecter une altération de l'ADN. Si celui-ci est muté à cause d'un événement extérieur, p53 détecte l'erreur et active un mécanisme qui va réparer l'ADN. En cas d'échec, la protéine va activer l'apoptose de la cellule. Avec un tel système de contrôle, même si la cellule est hyper-proliférative, elle devrait entrer en apoptose. Mais en cas de mutation au niveau de P53 ou d'un autre gène du même type, non seulement celle-ci ne peut être réparée puisque le système de contrôle est défectueux mais, si d'autres mutations surviennent sur des fonctions comme la prolifération, les fonctions cellulaires resteront anormales, l'apoptose empêchée. On parle à ce moment-là d'instabilité de l'ADN. Ainsi, on retrouve la concomitance entre prolifération et immortalité, conditions nécessaires à la cancérogénèse.

Voyons maintenant les principes qui gouvernent un tel phénomène, selon Audrey Arnal, déjà citée :

« D'un point de vue évolutif, deux hypothèses peuvent expliquer l'apparition des cancers et la similitude de leurs attributs. La théorie de l'atavisme explique le cancer par un retour aux capacités cellulaires antérieures, à savoir la libération d'un programme de survie hautement conservé, qui serait toujours présent dans chaque cellule eucaryote, et donc dans chaque organisme multicellulaire. Ce programme ancestral aurait été sélectionné pendant la période précambrienne qui s'est achevée il y a 540 millions d'années. »

La première hypothèse soutient que les forces sélectives qui agissaient sur les organismes unicellulaires, compte tenu des contraintes environnementales défavorables, ont conduit à favoriser les adaptations pour la prolifération cellulaire. Certaines de ces adaptations, sélectionnées au cours de la vie unicellulaire, seraient toujours présentes, plus ou moins enfouies dans nos génomes. Lorsque leur expression échappe aux mécanismes de contrôle, une lutte entre les caractères unicellulaires ancestraux et les caractères multicellulaires actuels s'ensuit, et un cancer peut alors émerger. Selon la seconde hypothèse, et toujours d'après Audrey Arnal : « l'émergence des caractéristiques cellulaires définissant les cellules « tricheuses » seraient soumises à une forte sélection à chaque fois qu'une nouvelle tumeur émerge, quelles que soient les causes immédiates desdites caractéristiques. Ces processus de sélection somatique se produisant dans des environnements largement régis par les mêmes contraintes écologiques (telles que celles qui règnent dans le corps des organismes multicellulaires), ils donneraient lieu à une évolution convergente. »[108]

Par conséquent, nous pourrions expliquer le cancer comme un retour de la cellule à un état ancestral, ou comme un échappement à la sélection somatique qui conduit à l'émergence de cellules ayant un comportement contrôlé. Les cellules tumorales sont une anomalie. Nous voyons ici deux principes qui l'expliquent d'une manière indirecte en analysant le comportement global de la cellule en tant qu'entité indépendante, bien qu'elle fasse partie d'un organisme multicellulaire. Chacune ayant sa propre identité, en cas de dérèglement, elle retrouve son autonomie et suit son propre programme égoïste. Je souligne ici que les phénomènes en biologie obéissent tous à des principes qui n'ont rien à voir avec leurs mécanismes moléculaires sous-jacents décrits à travers leur causalité. Un cancer peut donc s'expliquer par des mutations génétiques au niveau de l'ADN ou par un comportement égoïste de la cellule ou son retour à un état ancestral (être unicellulaire indépendant).

Nous réalisons que les phénomènes en biologie sont gouvernés par des principes directeurs qui peuvent rendre compte de leur survenue, tandis que les connaissances produites par la recherche expérimentale nous décrivent leur fonctionnement avec un langage biochimique. L'immunité semble être la gardienne de la multicellularité en surveillant à la fois les molécules et les cellules, mais les gènes, égoïstes par nature, ou des programmes ancestraux persistant dans chaque cellule de l'organisme pourraient s'activer et neutraliser les actions de la réponse immunitaire. L'organisme se détériore et son fonctionnement devient chaotique. On pourrait dire qu'il se suicide. Ainsi, le mécanisme de destruction contrôlé par le SI qui siège au cœur de la cellule gagne-t-il l'organisme dans son entier. Totalement hors de contrôle, dans le cas du cancer et des maladies auto-immunes, il finit par anéantir le système en son entier, détruit les fonctions vitales et conduit le corps à sa destruction. Notre corps est le lieu où, à chaque instant, s'entremêlent la vie et la possibilité de la mort.

Je soutiens que le cancer est le symptôme d'un profond désordre et non pas l'origine de ce désordre. Des fonctions capitales de notre organisme sont perturbées bien avant qu'un cancer ne se déclenche à un endroit du corps. Les récidives ne proviennent pas seulement des résidus de cellules tumorales, mais du désordre régnant au sein de l'organisme. Il est donc important de réaliser un bilan global du fonctionnement de l'organisme, de dater l'apparition de la tumeur, de tenir compte les conditions psycho-sociales du malade, de son expérience de vie et de la façon dont les évènements vécus ont pu bouleverser son système nerveux et ses affects. Notre immunité semble avoir des limites qu'elle ne peut pas dépasser.

L'organisme multicellulaire n'est fonctionnel que si l'ordre et l'harmonie règnent entre les cellules au sein du même tissu et entre les divers organes. Un défaut dans la communication intercellulaire ou l'activation de programmes ancestraux de retour à la vie unicellulaire pourraient mettre l'immunité en échec. Pourquoi l'immunité perd-elle à un moment le contrôle ? De nombreux écrits suggèrent que les cellules cancéreuses ont développé des mécanismes d'échappement. Mais il se pourrait aussi que l'organisme, souffrant d'un profond désordre, ses fonctions vitales, dont l'immunité, soient gravement affectées. Nous pourrions par conséquent suggérer que l'immunité contrôle un grand nombre de tumeurs spontanées jusqu'à ce que des facteurs la réduisent au silence. Mais ce qui est vraiment intéressant ici, c'est de réaliser que des forces opposées s'affrontent en permanence dans un organisme multicellulaire :

1- Une force qui veut la dissolution de l'organisme avec son retour forcé à un état primitif unicellulaire où une cellule ou un groupe de cellules suivent leur programme et prolifèrent à l'infini, tout en consommant la grande part de l'énergie de l'organisme (un comportement égoïste).
2- Une force opposée qui veut maintenir la cohésion de l'organisme multicellulaire et qui a recours au SI pour maintenir son intégrité.

Selon une vision darwiniste radicale, avec l'âge, quand l'individu a dépassé le stade de pouvoir engendrer et ainsi de participer à la conservation de l'espèce, la première force prendrait le dessus et tendrait à détruire l'organisme pour laisser les plus jeunes individus tirer profit des ressources.

En bref, à quoi assiste-t-on ? Notre SI ne repère pas les cellules cancéreuses comme faisant partie du non-soi, ou bien le SI sait que les cellules cancéreuses ne devraient pas être là mais il les tolère, ou bien les cellules cancéreuses suppriment la réaction immunitaire faisant en sorte que les cellules immunitaires ne les attaquent pas. Nous en sommes encore aux conjectures !

Le traitement par chimiothérapie du cancer est très invasif, il affecte la moelle osseuse. Les cellules sanguines fabriquées dans la moelle osseuse voient leur quantité diminuer en dessous du seuil normal. Quand le nombre de cellules sanguines est bas, le corps n'est pas en mesure de combattre les infections. La destruction d'une tumeur par la chimiothérapie devrait toujours être compensée par un suivi et une prise en compte du désordre profond vécu par la personne atteinte dans son corps et sa psyché.

Les êtres multicellulaires n'ont pas encore atteint le stade de perfection, si l'on en croit la théorie de l'évolution. Notre mode de vie où le stress est permanent réveillerait des forces biologiques destructrices de notre intégrité, ce qui augmenterait l'incidence de cancers et des désordres du SN ou du SI. D'ailleurs, l'incidence du cancer dans nos sociétés évoluées augmente d'année en année. L'intégrité de notre soi n'est pas seulement menacée de l'extérieur, mais également de l'intérieur, car le fonctionnement optimal de notre organisme dépend de la communication ordonnée entre ses cellules. L'immunité corrige les défauts repérés dans les cellules ou dans l'espace extracellulaire, mais jusqu'à un certain seuil, seuil au-delà duquel l'organisme peut perdre sa cohésion en tant qu'être multicellulaire. Nous sommes des merveilles de la création, mais nous portons en nous des forces de destruction, des gènes égoïstes, des programmes encore non élucidés qui peuvent décréter le suicide de l'organisme. L'immunité doit être renforcée par une alimentation équilibrée et surtout par la culture de l'esprit, se doter de sagesse quand le destin nous frappe de plein fouet, préserver notre soi au sens immunologique et psychologique du terme. En tant qu'être humain, notre SNC ainsi que notre psychologie, affectent notre immunité. Un énorme choc émotionnel peut la dérégler nous laissant à la merci des infections et des désordres cellulaires. Le SI est juste un exécutant, il agit au niveau des cellules et des humeurs. Si le centre de commande est perturbé, le SI le sera par conséquent aussi.

Comment se constitue le répertoire immunitaire de l'immunité adaptative ?

Un lymphocyte exprime à sa surface de nombreuses copies d'un seul récepteur doté d'un site unique de liaison antigénique. C'est une expression clonale signalant que chaque lymphocyte est unique parmi les milliards d'entre eux que chaque individu possède. Ce vaste répertoire résulte de variations de séquences d'acides aminés dans le site de liaison antigénique qui comprend deux régions variables, composées chacune de trois boucles hypervariables.

Le répertoire des LB correspond à la totalité des anticorps qu'un organisme est capable de fabriquer. Toutefois, il faut distinguer le répertoire total (pratiquement toute substance peut être la cible d'une réponse humorale) des LB, et le répertoire disponible qui, lui, correspond seulement aux anticorps disponibles à un instant T. Leur nombre étant estimé à 1-5 10^8, il est beaucoup plus restreint que le répertoire total.

Selon la théorie, le SI doit avoir un répertoire de BCR varié pour répondre à un grand nombre d'antigènes. L'organisme a, de ce fait, mis en place un certain nombre de mécanismes afin d'augmenter la diversité des Ig (Immunoglobulines).

1- La diversité combinatoire, relative à la recombinaison V(D)J, due à des associations aléatoires des différents gènes V, gènes D et gènes J. Par exemple, le locus de la chaîne lourde contient environ 50 gènes Variables (V), 30 gènes D, 6 gènes de Jonction J, et 9 gènes C, ce qui donne V x D x J = 50 x 30 x 6 = 9000 possibilités. Les gènes codant les chaînes légères possèdent également de nombreux segments V et J, mais aucun gène D. La recombinaison entre les fragments V(D)J permet de générer environ 2 x10^6 combinaisons possibles : 9000 x 320 (120 possibilités pour la chaîne légère lambda (λ) + 200 pour la chaîne légère kappa (κ)).
2- La diversité jonctionnelle due à des mécanismes d'additions et de délétions aléatoires au niveau des extrémités des gènes V, gènes D et gènes J avant fusion lors de la recombinaison V(D)J. On rappelle que ce mécanisme est surtout présent au niveau de la chaîne lourde.
3- La diversité « H-L » obtenue par une association au hasard des chaînes lourdes et légères.

4- L'hypermutation somatique due à une augmentation de mutations ponctuelles au niveau des régions variables des chaînes lourdes et légères.
5- La commutation de classe due à des changements de régions constantes.

L'hypermutation somatique et la commutation de classe concernent uniquement le BCR. La diversité du TCR est très importante, car il y a énormément de régions V (80 pour α et 52 pour ß) comme de régions J (61 α et 7 ß). La région variable est générée à partir de plusieurs segments géniques suite à des réarrangement V(D)J semblables à ceux du LB, selon la règle du 12-23 : CDR1 et CDR2 correspondent à l'ADN germinal, ils interagissent avec les acides aminés du sillon de la molécule CMH ; CDR3 provient du produit de recombinaison, il interagit avec les acides aminés du peptide. Le répertoire théorique des TCR est énorme, 10^{18}, mais le répertoire disponible est d'environ 10^9 d'autant plus qu'il n'y a pas d'hypermutation somatique.

En dépit de ces grandes possibilités, nous ne savons pas si tous les TCR ou BCR formés par ce mécanisme combinatoire sont fonctionnels, combien le sont-ils ? Le répertoire disponible est en effet très réduit par rapport au répertoire théorique. Les régions variables, qui constituent une séquence négligeable des récepteurs, sont encadrées par des régions relativement invariables qui exercent sur elles des contraintes structurales et stériques réduisant leur degré de liberté. Si nous disposions de 10 000 épitopes de séquences d'acides aminés différentes, aurait-on 10 000 TCR ou BCR qui réagiraient ? De mon point de vue, certains épitopes activeront des TCR ou BCR, mais la majorité n'aura aucun effet. C'est ce genre d'investigation qui nous manque : combien de récepteurs sont fonctionnels ? Quels sont les motifs des épitopes régulièrement reconnus ? Partagent-ils une structure commune ? La question est de savoir si le vaste répertoire de récepteurs reconnaît un répertoire d'épitopes d'une variété équivalente. C'est seulement avec cette donnée que l'on pourra déduire que la variabilité des TCR ou BCR permet au SI de reconnaître un nombre équivalent d'épitopes. Des modélisations informatiques des épitopes reconnus permettraient de repérer des résidus réguliers, et ainsi de déterminer si les épitopes obéissent ou non à des règles de charge et de structure. S'ils ne partagent aucune structure commune, alors la théorie dit vrai. Sinon, cela signifierait que d'autres paramètres contribuent à leur reconnaissance. Les épitopes pourraient avoir une structure commune et c'est plutôt la protéine dont ils font partie qui, par ses repliements tridimensionnels, leur conférerait une certaine singularité. Alors que les peptides reconnus par les TCR seraient beaucoup plus restreints. Ceci suggère que les anticorps ont un spectre de reconnaissance beaucoup plus large que les TCR. Alors que les anticorps doivent interagir avec une variété quasi infinie d'antigènes d'épitopes conformationnels, le ligand du TCR est toujours le complexe CMH-peptide. La variabilité du TCR doit être restreinte à la zone de contact avec le peptide antigénique présent dans le sillon de la molécule de CMH.

Les gènes codant pour les Ig et les TCR sont responsables de la diversité des fonctions exercées par les LB et LT. Ainsi, la réponse humorale exerce deux fonctions principales : la synthèse et sécrétion des Ig, et la destruction des antigènes piégés dans les complexes immuns. Les fonctions cytotoxiques ou helper des LT dépendent, quant à elles, des contacts cellule-cellule et à moindre degré de la structure particulière du TCR dont la fonction se limite à la reconnaissance des complexes peptide-CMH. Ainsi, les régions constantes des TCR sont beaucoup plus simples que celles des Ig. Il n'existe qu'un seul gène Cα et, bien qu'il existe deux gènes Cβ, leurs produits ne présentent aucune différence fonctionnelle. Les régions constantes des chaînes du TCR codent seulement pour des protéines transmembranaires, il n'existe aucun exon codant une forme sécrétée.

La structure tridimensionnelle du site de reconnaissance des TCR ressemble fortement à celle d'une Ig. Au niveau des chaînes α et β du TCR, le CDR3 forme le centre de reconnaissance de l'antigène. Les boucles CDR1 et CDR2 codées par les gènes V des chaînes α et β sont localisées à la périphérie du site de reconnaissance. Le TCR et les Ig ont à peu près le même nombre de gènes V, mais seules les Ig peuvent subir des modifications de leurs gènes V par mutations somatiques. Ceci explique que la diversité des CDR1 et des CDR2 localisées à la périphérie du site de reconnaissance de l'antigène sera bien plus grande dans la molécule d'Ig que dans la molécule de TCR. La diversité du TCR est due uniquement à la diversité combinatoire et jonctionnelle générée durant les réarrangements. La variabilité des TCR est localisée essentiellement au niveau des zones de jonction V, D et J. Le fait que la chaîne α possède un grand nombre de gènes J, et que les deux segments D puissent se joindre l'un à l'autre dans la chaîne β, augmente fortement la variabilité de la région CDR3. Ainsi, le centre du TCR est hautement variable alors que la périphérie du site de reconnaissance de l'antigène (CDR1 et CDR2) est le siège de peu de variations.

Au cours de la réponse humorale, les mutations somatiques augmentent la diversité des régions CDR1, 2 et 3 des Ig. Ce phénomène ne se produit pas pour le TCR. La variabilité des CDR1 et 2 est donc limitée à celle des différents gènes V dont ils proviennent, la diversité du TCR étant portée exclusivement par la CDR3. Cette différence entre LB et LT n'est pas claire et plusieurs explications peuvent être suggérées sur la base des différences fonctionnelles entre ces deux types cellulaires. Premièrement, les LT jouent un rôle central dans l'induction d'une réponse cellulaire et humorale. Il est donc fondamental qu'ils ne réagissent pas contre les composants du soi. Les LT autoréactifs sont éliminés au cours du développement thymique. L'absence de mutations somatiques permet d'éviter qu'au cours de la réponse immune des mutants générés par ce mécanisme puissent reconnaître des antigènes du soi. Ce phénomène s'applique moins aux LB qui nécessitent la coopération de LT pour sécréter leurs Ig. Les hypermutations des CDR1 et 2 pourraient inhiber l'interaction de ces régions avec la molécule de CMH.

La reconnaissance d'un antigène par un LT n'implique pas toujours la présentation d'un peptide antigénique présent dans le sillon d'une molécule de CMH. En effet, certains antigènes se fixent sur des molécules particulières de CMH. Ces antigènes sont appelés super-antigènes et sont capables d'activer un grand nombre de LT différents. Les super-antigènes sont produits par de nombreux micro-organismes. Ils se fixent directement sur la molécule de CMH sans avoir subi d'apprêtement préalable. Le super-antigène interagit avec, d'une part la face externe et le sillon de la molécule de CMH, et d'autre part directement avec la région Vβ du TCR. Ainsi, les régions Vα et la CDR3 de la chaîne β du TCR n'ont aucun rôle dans la reconnaissance du super-antigène qui est essentiellement conditionnée par le type de Vβ exprimé par le TCR. Chaque super-antigène peut interagir avec un ou plusieurs Vβ différents. De ce fait, un super-antigène peut stimuler jusqu'à 20% de tous les LT. Ce mode de stimulation n'induit pas une réponse adaptative spécifique du pathogène. Elle conduit, au contraire, à la production massive de cytokines par les LT CD4+, qui entraîne deux effets majeurs : une toxicité systémique et la suppression de la réponse immunitaire adaptative par délétion de l'ensemble des LT porteurs du Vβ activés par le super-antigène.

Les LT ayant des fonctions effectrices différentes expriment de façon mutuellement exclusive CD4 ou CD8. Les molécules de CD4 et de CD8 ne sont pas seulement des marqueurs de différenciation des LT : elles participent activement à la reconnaissance des molécules du CMH-1 pour CD8 et CMH-2 pour CD4. En effet, CD4 et CD8 se lient respectivement à des régions invariantes des molécules du CMH de classe-1 et -2. Au cours de la reconnaissance de l'antigène, les corécepteurs CD4 et CD8 s'associent au TCR, favorisant ainsi l'interaction entre le TCR et le complexe CMH-peptide. Tous les lymphocytes de l'organisme circulent dans le sang, puis dans les tissus, les organes lymphoïdes périphériques, la lymphe, puis dans le canal thoracique et reviennent dans le sang. Leur but est d'entrer en contact avec tout organisme étranger afin de l'éliminer. Cette circulation peut durer plusieurs années jusqu'au jour où un lymphocyte rencontre l'antigène complémentaire.

Nous connaissons les mécanismes qui expliquent la genèse de la diversité du BCR et TCR. Mais reconnaissent-ils les épitopes d'une manière spécifique ? Les réactions croisées sont bien établies avec les sérums ou anticorps. Elles désignent des réactions immunologiques positives entre les antigènes A et les anticorps anti-B, et inversement entre les antigènes B et anticorps anti-A. De telles réactions ne sont pas exceptionnelles malgré la spécificité de l'union antigène-anticorps. Elles ont été aussi mises en évidence entre deux antigènes réellement différents mais possédant sur leur molécule des déterminants antigéniques identiques ou voisins ; la réaction croisée sera d'autant plus faible que la parenté est moins étroite entre ces sites déterminants.

Afin de nous éclairer sur la spécificité du TCR, je vous propose un extrait de la thèse de W. Chaara (2016) : « Alors que l'affinité des récepteurs des LB connaît une « maturation » par le biais d'hypermutations, générant ainsi des LB de hautes affinités pour leur Ag, celle des TCR pour leur antigène est conditionnée de manière définitive par la séquence de leur CDR3. Toutefois, le principe d'unicité de reconnaissance des TCR énoncé par la théorie de sélection clonale semble improbable. » (…) par son concept de dégénérescence de la reconnaissance par le TCR, Mason (Mason, 1998), énonce qu'un même TCR doit pouvoir reconnaître différents complexes peptide/CMH pour permettre le large panel de reconnaissance des LT et potentiellement la capacité d'une même population clonale à répondre à différents stimulus antigéniques. » Depuis, le principe de dégénérescence de la reconnaissance par le TCR, fondé sur des interactions chimiques, est séparé de celui de spécificité qui se traduit par la capacité d'une cellule à répondre biologiquement lors de son interaction avec un épitope (même si cette capacité dépend des interactions chimiques). W. Chaara précise : « Le terme de polyspécificité, défini plus tard, permet de combiner deux aspects : la spécificité de la reconnaissance du récepteur et sa capacité à reconnaître plusieurs ligands. De nombreuses études ont montré la capacité des TCR à reconnaître différents peptides antigéniques que leurs séquences soient grandement homologues ou complétement différentes, qu'ils soient ou non associés au même complexe CMH. Il a également été prouvé qu'un même complexe CMH-peptide peut être reconnu par différents TCR. (…) Ainsi, la diversité de ces points d'ancrage étant faible, la spécificité de reconnaissance des TCR s'en trouve beaucoup moins forte et le degré de polyspécificité variable en fonction des TCR est possiblement bien plus élevé qu'anticipé. De plus, certaines études tendent à montrer que l'étendue du panel de reconnaissance des LT semble être amplifiée par le fait que certains LT peuvent exprimer des TCR différents composés de deux chaînes α différentes ».[110] (Wahiba Chaara, 2016).

Il semblerait bien que le concept d'immunité hétérologue ait un bel avenir devant lui. Pour résoudre un problème, il est judicieux de revenir à sa genèse. L'idée qu'un LT ou un LB porte un récepteur spécifique a été posée à la naissance de la théorie de l'immunologie par Burnet. Ni Burnet, ni personne à l'époque, n'a pu le démontrer. Comment est-il possible qu'une telle idée ait pu s'imposer durant des décennies, dans ce cas ? La notion de spécificité de l'interaction entre les récepteurs immunitaires et les antigènes a été acceptée avant qu'elle ne soit démontrée, comme si la biologie pouvait reposer sur une intuition aussi séduisante soit-elle ! Tout ce qu'on pouvait affirmer à l'époque c'est qu'un récepteur présent à la surface d'un lymphocyte se lie avec une grande affinité à un antigène. Mais aller jusqu'à dire qu'il ne reconnaît que cet antigène dans la nature est sans fondement. Même aujourd'hui, avec toute la technologie dont nous disposons, nous ne pouvons pas affirmer qu'un récepteur BCR ou TCR est monospécifique. Il est donc temps de considérer d'autres idées comme celle de l'immunité hétérologue. Comme je l'ai suggéré, les récepteurs immunitaires reconnaîtraient une structure commune, selon une variation très limitée. Nous devons en tirer la leçon qui s'impose : une hypothèse n'équivaut en rien à une vérité expérimentalement établie. La spécificité énoncée par Burnet est une hypothèse séduisante, mais elle comporte des approximations. Il faut faire une différence entre une affinité relative et la spécificité d'une liaison. Un anticorps, par exemple, peut se lier à un antigène avec une affinité élevée mais ceci ne prouve en rien qu'il en soit spécifique. Il faudrait, pour tester cela, évaluer sa spécificité à l'aide d’un nombre très élevé de protéines homologues ou divergentes dudit antigène. Autant dire, mission impossible !

De la cellule souche au lymphocyte mature

Les protéines de grande taille sont les plus faciles à éliminer par la phagocytose. Celle-ci est plus efficace avec des particules de grande taille, cependant les phagocytes n'expriment pas des récepteurs différenciés pour les reconnaître. J'insiste ici sur ce fait : les phagocytes possèdent des récepteurs reconnaissant des motifs conservés et non des récepteurs spécifiques des épitopes. C'est pourquoi l'apparition des anticorps a amélioré la phagocytose chez les hauts vertébrés par le mécanisme de l'opsonisation. Toutefois, les phagocytes demeurent aveugles vis-à-vis de l'antigène opsonisé, ils ne reconnaissent que la partie Fc des anticorps. Nous comprenons alors le rôle majeur que joue l'immunité des TCR et BCR qui, non seulement renforcent l'immunité préexistante, mais vont apporter de nouvelles solutions, et rendre l'organisme capable de reconnaître individuellement toute protéine outrepassant ses barrières. Il est vraiment fascinant de revisiter les connaissances acquises en microbiologie sous l'angle de l'adaptation évolutive des systèmes vivants : nous constatons que les êtres vivants évoluent à mesure qu'ils résolvent les contraintes issues de leur environnement.

Nous voyons que les anticorps élargissent le champ d'action de la phagocytose tout en la guidant vers l'antigène et le site où il est exprimé. Ils prennent donc le contrôle d'un mécanisme inné pour le rendre plus performant. Ici encore, nous retombons dans le dilemme au cœur des théories de l'évolution : cette dernière ressort-elle du hasard ou de la prédestination (en quelque sorte de la nécessité) ? Nous voyons que l'évolution prend appui sur un mécanisme préexistant pour l'améliorer. En d'autres termes, une étape évolutive du vivant fait suite à une précédente, et ainsi de suite. Nous sommes face à une évolution prédéterminée car le fil évolutif est gouverné par ce qui existe déjà. À l'inverse, le hasard surgit de nulle part et se dirige vers nulle part ; rien n'étant prédéterminé, il n'existe ni axe ni orientation qui régisse le hasard. Or, la vie semble lui résister, le domestique en quelque sorte. L'immunité est formée des maillons d'une chaîne évolutive, l'immunité adaptative vient combler les lacunes de l'immunité innée. Nous voyons bien que le vivant évolue par lui-même et en lui-même, et non pas à la manière d'un objet sous le contrôle d'événements aléatoires comme le serait une embarcation à la merci des courants. Le répertoire immunitaire a été une solution apportée à un problème majeur, celui de la diversité des épitopes dans l'environnement. Ceci ne signifie pas que le vivant est en lutte contre son environnement, mais qu'il est en interaction permanente avec lui de manière à exister et se reproduire.

Nous savons que les substances les plus fréquentes dans l'organisme sont les protéines. Le vivant a donc inventé un système de reconnaissance basé sur les interactions protéine-protéine qui sont elles-mêmes dépendantes de l'interaction entre de très courtes séquences d'acides aminés. Cette stratégie n'est pas qu'immunitaire, elle est impliquée dans toutes les fonctions de l'organisme. Le mécanisme exploite l'existence de séquences particulières d'acides aminés qui ont la capacité d'entrer dans des interactions physico-chimiques avec d'autres séquences de même nature sur d'autres protéines. Les acides aminés chargés et polaires y jouent un rôle majeur, ainsi que les acides aminés hydrophobes qui se rapprochent de la distance limite de Van der Waals. D'ailleurs, la raison pour laquelle lipides, glucides et acides nucléiques ne sont pas aussi antigéniques que les protéines, est qu'ils sont formés d'unités répétitives offrant une structure statique et uniforme. Les protéines se collent naturellement les unes aux autres en fonction de leurs affinités.

Les récepteurs immunitaires sont constitués de façon à exposer des séquences interactives d'acides aminés à leur surface (paratope ou CDR). Chez les métazoaires, ces récepteurs immunitaires semblent provenir d'une famille de protéines chargées d'évacuer des protéines indésirables de l'espace extracellulaire pour préserver l'intégrité multicellulaire de l'organisme. Ces récepteurs permettent l'interaction entre des cellules selon le même principe (via les interactions protéine-protéine). Ce système de reconnaissance a été initié il y a très longtemps, et n'a cessé de se perfectionner, graduellement, jusqu'à atteindre un degré élevé de robustesse. Il ne doit rien au hasard, il s'est perfectionné au fil des informations que le vivant collectait de son milieu et intégrait dans sa mémoire. Au fil du temps, le vivant a échafaudé un réseau de réactions ordonnées inscrites dans sa relation symbiotique avec le milieu. Comme s'il avait stocké dans des archives les scénarios d'immunisation passés, pour qu'à chaque nouveau stimulus la meilleure réponse soit déclenchée. Une famille multigénique s'établit séquentiellement, chaque nouvelle étape dans sa construction représente l'ébauche de la réponse à une contrainte. Chaque nouvelle réponse s'intègre dans le système global de l'organisme.

Supposons une famille multigénique ancestrale qui ne contient que deux gènes. Le troisième qui en dérivera devra s'accorder avec les deux préexistants, ensuite le quatrième avec les trois précédents, et ainsi de suite. Il arrive un moment où la famille atteint le maximum de son adaptabilité et fonctionne avec les gènes finalement choisis. Ce n'est pas le hasard qui guide sa constitution mais des informations recueillies en permanence issues du milieu. Ceci ressemble de près au fil de couture qui chemine point par point le long d'un tissu. La famille multigénique va alors fabriquer des molécules qui s'intègrent rapidement dans le métabolisme.

Ce n'est pas seulement la famille multigénique des Ig qui fabrique de la diversité (combinatoire), c'est surtout le fait que le même processus combinatoire a lieu dans chaque lymphocyte parmi des milliards d'entre eux (ou des milliards de clones potentiels). Puisque des erreurs génétiques surviennent dans chaque cellule au cours de la recombinaison des segments géniques V(D)J, le résultat est quasi identique avec des variations très minimes. Ces variations ont lieu dans les mêmes régions chez tous les lymphocytes, les régions hypervariables, générant en conséquence des milliards de molécules uniques. Mais attention ! Cette unicité est marginale, voire insignifiante, car elle ne porte que sur un pourcentage infinitésimal de la molécule et se concentre dans les régions hypervariables. Le résultat est une molécule, elle-même multigénique, formée de segments dont chacun est codé par un gène. La coopération entre les différents gènes d'un génome est similaire à celle qui se produit entre les gènes d'une famille multigénique. Les gènes d'un même génome, issus de la même information initiale stockée au moment de la fécondation, se fondent dans un même ensemble dynamique. L'ADN a ce pouvoir unique d'extraire de l'information de lui-même. Sa capacité à inventer des gènes compétents et utiles doit nous interroger. Il semble être doté d'une intelligence de nature mystérieuse. L'idée de clone résulte du fait que chaque lymphocyte semble produire un genre unique de récepteurs (ce qui ne signifie pas que chacun réagisse avec un seul épitope). Il se pourrait que, malgré leur variabilité, les récepteurs aient des propriétés communes et reconnaissent toujours les mêmes topographies antigéniques. Bien sûr, une marge de variabilité existe, mais elle ne serait pas infinie : il est en effet difficile d'admettre que chaque lymphocyte produit un récepteur qui ne reconnaît qu'un seul épitope dans la nature. Nous savons que le vivant choisit toujours la solution de la moindre contrainte. Des récepteurs de spécificités voisines qui se lieraient à tous les épitopes homologues ou ayant des topographies similaires, constitue une hypothèse plus convaincante. Ainsi, même si un épitope varie et que sa structure subit un changement localisé, il pourrait toujours être reconnu par des récepteurs de spécificités proches.

Observons donc une interaction anticorps-antigène pour nous convaincre de l'ingéniosité du mécanisme de reconnaissance (sans oublier le TCR). Le paratope est localisé au niveau des domaines VH et VL. Six régions, dites hypervariables, localisées au sein de ces domaines variables et appelées CDR constituent la zone de contact avec l'épitope et confèrent donc la spécificité de liaison à l'Ag (l'antigène). L'interaction épitope-paratope met en jeu des surfaces d'environ 500 à 600 Angstrom (Å), le nombre d'acides aminés directement impliqués dans la liaison pouvant aller de six jusqu'à une vingtaine. Cette liaison spécifique de l'épitope à son paratope est non covalente et réversible, et met en jeu des interactions énergétiquement faibles mais nombreuses (forces de van der Waals, forces électrostatiques, ponts hydrogènes et/ou interactions hydrophobes). Selon la nature de l'antigène, le paratope peut être de type cavité (interaction avec des petites molécules), de type sillon (interaction avec des peptides) ou encore de type plan (interaction avec des protéines globulaires). Les anticorps sont capables de lier une grande variété d'antigènes (sucres, lipides, peptides, composés chimiques, etc.). Cependant, un anticorps donné ne reconnaîtra qu'un seul épitope, même si ce dernier est partagé par un isoforme ou un antigène différent. Ce partage s'explique soit par la présence de la même séquence d'acides aminés ou d'une séquence très proche, soit par un mimétisme important entre deux molécules qui n'ont structurellement rien à voir l'une avec l'autre. On parle alors de réaction croisée. La règle selon laquelle un anticorps ne lie qu'un seul antigène semble cependant relative, au moins avec certains anticorps, comme cela a été montré avec l'étude cristallographique d'un anticorps anti-haptène. Selon cette étude, cet anticorps peut se lier aussi à une protéine, non pas du fait d'un mimétisme moléculaire entre l'épitope de cette protéine et l'haptène, mais du fait de l'existence d'isomères d'anticorps préexistants avant toute fixation à l'Ag, ces isomères ayant une capacité de fixation à la protéine ou l'haptène.[111] (Charles-Antoine Dutertre et Teillaud, 2009).

De nombreuses liaisons non-covalentes participent donc à l'interaction entre l'antigène et les acides aminés du site anticorps. Bien que ces forces attractives soient faibles, leur grand nombre permet une énergie de liaison élevée. Les liaisons hydrogènes résultent de la formation de ponts hydrogènes entre les atomes appropriés. Les forces électrostatiques sont dues à l'attraction de deux groupes ioniques de forces opposées situés sur les chaînes latérales des deux polypeptides. Les forces de Van der Waals sont créées par les interactions entre les différents nuages électroniques. Les liaisons hydrophobes sont produites par l'association de groupements non polaires et hydrophobes d'où les molécules d'eau sont exclues. La distance optimale entre les groupes réactifs varie avec le type de liaison. La distance qui sépare les différents groupes réactifs est un facteur critique pour l'établissement de liaisons non-covalentes. L'épitope et le paratope doivent donc posséder des structures complémentaires capables de se combiner. Ainsi, il doit exister des groupements atomiques appropriés sur la molécule d'antigène et d'anticorps, et la forme du site anticorps doit être adaptée à l'antigène pour que plusieurs liaisons non-covalentes puissent être simultanément formées. Des études cristallographiques ont montré comment les antigènes protéiques interagissaient avec les anticorps spécifiques. L'examen de l'interaction entre le lysozyme et la partie Fab d'un anticorps spécifique montre que l'épitope et le site de liaison ont des surfaces complémentaires et que celles-ci sont même plus étendues que les régions hypervariables. Toutes les régions hypervariables contribuent à la formation du site de liaison de l'anticorps, bien que la troisième région hypervariable de la chaîne lourde formée par la jonction V(D)J semble être la plus importante. Ceci est dû à la variabilité beaucoup plus grande qui est générée par la combinaison des éléments génétiques V, D et J.

La plupart des molécules possèdent plus d'un déterminant antigénique. Les micro-organismes possèdent à leur surface de nombreux déterminants antigéniques et forment donc des antigènes multivalents. Quand un antigène multivalent se combine à plus d'un site anticorps, l'énergie de liaison qui en résulte est bien supérieure à la somme des énergies de liaison de chacun des sites impliqués. L'avidité désigne la force avec laquelle un anticorps multivalent se fixe à un antigène plurivalent. Elle dépend donc de l'affinité de chacun des sites anticorps pour les différents déterminants antigéniques. L'évaluation de l'affinité et de l'avidité des anticorps renseigne sur la nature de la liaison antigène-anticorps. Ces définitions ont un intérêt pratique puisque l'affinité et l'avidité d'un anticorps conditionnent ses propriétés physiologiques et pathologiques. Les anticorps de forte affinité sont plus efficaces que les anticorps de faible affinité dans un bon nombre de réactions biologiques, par exemple dans les réactions d'hémolyse, d'hémagglutination et de fixation du complément. Ils favorisent l'élimination immune de l'antigène et peuvent neutraliser virus, bactéries et enzymes. Une des possibilités pour réaliser le diagnostic différentiel entre infection récente et ancienne est de mesurer l'avidité des anticorps spécifiques. Lors des infections anciennes, l'avidité des anticorps est forte alors qu'elle est faible lors des infections récentes.

La liaison entre un TCR ou BCR et son antigène nous indique qu'elle n'est pas aussi spécifique qu'on le croit. L'affinité de leur liaison est déduite de mesures expérimentales optimisées et simplifiées. Ce qui est par contre bien établi, c'est le fait que, plus l'affinité est élevée, plus l'effet biologique a de chances de survenir. Pour autant, une affinité modérée, voire faible, peut conduire au même effet biologique car l'activation cellulaire résulte de la somme de liaisons de plusieurs récepteurs (TCR ou BCR) et épitopes. Tout est relatif. D'ailleurs, on le voit bien dans le fait que la réponse secondaire humorale (IgG) est plus affine que la réponse primaire (IgM). En d'autres termes, le paratope d'une IgG est subtilement différent de celui des IgM de même spécificité, c'est ce qui explique l'augmentation de l'affinité qui dépend avant tout de la topographie structurale de surface à l'interface avec le milieu. Alors que les TCR sondent les CPA leur présentant les complexes CMH-peptides, les BCR sondent les protéines circulantes et celles qui collent aux BCR avec une affinité assez forte, déclenchant l'activation cellulaire des LB. Ces rencontres ont lieu à tout moment dans l'organisme, mais puisque des récepteurs anti-soi sont absents ou inhibés, les protéines étrangères sont celles qui sont plus susceptibles de s'attacher aux récepteurs, notamment au cours d'une infection microbienne. En revanche, l'augmentation de la quantité des anticorps circulants dans l'organisme accroît les chances de réactions croisées. Les sites de liaison des TCR ou BCR sont exposés en surface et donc facilement accessibles aux épitopes. La région charnière stabilise de surcroît leur liaison grâce à des rotations de réajustement. Il y a des milliards de TCR et BCR différents dans l'organisme, même si leur différence est minime et subtile puisqu'elle se concentre dans les régions variables au niveau même des sites de liaisons aux épitopes. Toutes les régions variables dérivent d'une structure commune ancestrale conservée. De ce fait, malgré leur variabilité apparente, elles obéissent toutes aux mêmes contraintes structurales, à savoir la présence d'acides aminés polaires, chargés et hydrophobes, au niveau des mêmes résidus.

Malgré leur caractère combinatoire générant de la variabilité, les parties hypervariables des chaînes du TCR ou BCR demeurent limitées par une structure basique. La quasi-totalité de la séquence primaire des récepteurs TCR ou BCR est conservée, ce qui réduit le degré de liberté des régions hypervariables qui ne pourront pas dépasser un certain seuil de flexibilité. Les variations totales entre deux TCR sont quasi-nulles et se concentrent dans leurs parties hypervariables impliquées dans l'interaction avec l'antigène. C'est comme si vous vendiez le même modèle de voiture dont chaque unité varierait seulement par la couleur de la carrosserie. Cette différence saute évidemment aux yeux mais représente une variation nulle au regard du fonctionnement de ce type de véhicule. Rappelons-nous la fréquence de mutations dans le génome humain. Ce taux est très variable. Les calculs donnent une moyenne de 10^{-6} par gène et par génération. Ce taux est semblable à celui estimé chez les micro-organismes eucaryotes et procaryotes. En effet, si vous alignez les séquences nucléotidiques ou d'acides aminés de plusieurs TCR ou BCR, vous aurez l'impression d'avoir une seule protéine. D'ailleurs, le fractionnement du sérum par électrophorèse ou chromatographie donne un seul pic pour les Ig (ou gammaglobulines). Nous pouvons en déduire que, d'un point de vue évolutif, à l'origine, un seul gène s'est dupliqué avant de subir des variations majeures générant TCR et BCR, dont chacun a, par la suite, connu des variations infinitésimales au niveau des régions hypervariables. On note encore ici que l'évolution opère séquentiellement, étape par étape. Les changements se superposent et se combinent les uns aux autres, jusqu'à ce qu'un gène ancestral se duplique. Ainsi, en même temps que TCR et BCR dérivaient du gène ancestral, ils subissaient des variations au niveau de leurs régions hypervariables pour aboutir à une structure flexible. Un changement majeur qui se superpose à un changement mineur va générer une protéine dont la fonction est flexible et s'exercera malgré des variations au niveau de ses domaines actifs. Si la variation est majeure exclusivement, alors nous verrons plusieurs gènes homologues exerçant des fonctions limitées statiques (ne reconnaissant qu'un seul type de ligands ou proches structuralement). Dans ce dernier cas, nous verrons des TCR ou BCR reconnaissant tous les mêmes ligands. En réalité, les TCR (ou BCR) exercent tous la même fonction même s'ils lient divers ligands de complexes CMH-peptides (ou des épitopes). Le changement majeur a lieu dans l'espèce toute entière et dans la cellule germinale, alors que le changement mineur opère dans chaque lymphocyte au cours de la recombinaison V(D)J.

À partir du moment où une structure initiale ancestrale limite l'écart de variabilité, nous pouvons admettre que la production de TCR ou BCR est un phénomène programmé et non aléatoire. Revenons à l'exemple cité plus haut pour mieux illustrer mon propos : la couleur de la carrosserie de la voiture que vous vendez est optionnelle, elle varie mais cette variation est introduite dans le but d'attirer la clientèle, pas d'améliorer les performances du véhicule. Les milliards de TCR ou BCR ne sont qu'une seule molécule de chaque récepteur possédant des domaines variables qui changent aléatoirement. C'est surtout le fait que ces derniers soient exposés à la surface des récepteurs qui explique leur rôle dans les interactions avec les épitopes. Puisque les infections virales ou bactériennes apportent de nouvelles protéines dans l'organisme à des concentrations parfois élevées, elles réussissent facilement à s'attacher à des TCR ou BCR. D'un point de vue évolutif, les individus de la même espèce occupent tous la même niche écologique en affrontant des microbes communs et, en conséquence, l'espèce est entraînée à neutraliser les mêmes types d'antigènes. Au fil de l'évolution, l'espèce aurait gardé trace de tous les épitopes qu'elle a affrontés. Cette information lui sert à construire des récepteurs TCR ou BCR utiles à sa survie, et surtout accessibles aux protéines des microbes envahisseurs. C'est la raison pour laquelle le répertoire immunitaire (TCR et BCR) peut être considéré comme une archive commune à tous les individus de l'espèce. Bien que le mécanisme de genèse des TCR ou BCR semble, à première vue, aléatoire, il est en quelque sorte programmé à l'avance dans les cellules germinales. Au cours de leur différenciation, les lymphocytes acquièrent les protéines nécessaires pour exécuter les consignes reçues de leurs ascendantes germinales pour effectuer le recollage des morceaux V(D)J. Le lymphocyte ne fait qu'exécuter un programme écrit bien à l'avance dans la cellule germinale. Or, ce programme a été élaboré à partir de toutes les expériences immunologiques de l'espèce. Reprenant à notre compte la fameuse assertion selon laquelle « l'ontogénèse récapitule la phylogénèse », nous pourrions aller jusqu'à suggérer que nous nous confrontons au cours de notre développement (depuis notre vie intra-utérine) à tous les antigènes possibles existant dans la nature. Au cours de leur développement, les lymphocytes les passeraient tous en revue. Ces récepteurs conféreraient aux lymphocytes en maturation un background de stimulation, alors que ceux qui reconnaîtraient les protéines constitutives du soi subiraient l'apoptose ou des délétions.

On sépare les cellules des mammifères en trois catégories : les cellules de la lignée germinale, les cellules somatiques et les cellules souches. Chacune des quelques 10^{14} cellules du corps humain possède sa propre copie du génome, mises à part certaines cellules ayant perdu leur noyau lors de leur différenciation comme c'est le cas pour les hématies. La molécule d'ADN, présente au sein de chaque cellule du corps, contient tous les gènes qui nous constituent qui, comme nous le savons, sont les ingrédients de base qui permettent de produire des protéines, molécules qui effectuent des tâches spécialisées : par exemple la détermination du groupe sanguin d'un individu. La majorité de ces cellules sont diploïdes, c'est-à-dire qu'elles ont deux copies de chaque chromosome. Ce sont les cellules somatiques. La plupart des cellules constituant le corps humain font partie de cette catégorie. Les cellules de la lignée germinale sont les cellules donnant à terme les gamètes, ovocytes et spermatozoïdes, et sont les seules à transmettre leur matériel génétique aux générations suivantes. Les cellules souches, quant à elles, ont la capacité de se diviser en un très grand nombre de fois et de se transformer en cellules spécialisées tout en se régénérant.

Considérons l'épigénétique, une discipline en plein essor, de quoi s'agit-il ? : « Les informations épigénétiques sont autant d'indications pour nos cellules. À partir d'elles, la machinerie cellulaire « sait » allumer ou éteindre quel type de gène selon tel ou tel tissu : activation des gènes de muscle dans le muscle, désactivation dans le rein. » Ces marques épigénétiques indiquent aux cellules d'exécuter telle ou telle série de tâches en fonction du tissu dans lequel elles se trouvent, mais également en fonction de l'âge de l'individu ou encore en réponse à des stimuli particuliers. « Dans nos cellules sexuelles, les spermatozoïdes et les ovules, les marques épigénétiques aident à déterminer la séquence des événements du développement embryonnaire et par conséquent, jouent un rôle primordial dans la constitution de l'organisme d'un nouvel individu. »[112] (Benoît Tonson).

Aujourd'hui, la question de la transmission des caractères acquis est revenue sur la table car certaines études semblent prouver que des réflexes conditionnés sont transmis de génération en génération en induisant des changements dans des gènes spécifiques associés à ces réflexes. Un caractère acquis apparaît au cours de la vie de l'organisme. La transmission des caractères acquis est un mécanisme d'héritage biologique. L'épigénétique est la branche de la biologie qui s'intéresse à ce mécanisme d'hérédité qui implique que des changements biologiques acquis au cours de la vie d'un organisme (comme la croissance d'un muscle par une utilisation répétée) soient transmis à la progéniture. De nombreuses recherches sont encore nécessaires pour évaluer son importance dans l'évolution.

Cette idée proche de la théorie du transformisme de Lamarck demeure une question centrale au cœur de la biologie. Pourquoi l'ai-je évoqué ici ? Pour signifier que les expériences immunitaires que traversent les individus d'une espèce laisseront des traces chez les futures générations, étant donné leur importance cruciale pour la survie de l'espèce.

L'immunité adaptative serait elle aussi innée ? Il serait intéressant de comparer le répertoire TCR de différents individus au sein de notre espèce et d'examiner les similarités au niveau de leurs spécificités. Supposons que l'on détermine la prévalence des anticorps spécifiques d'un épitope viral dans une population et que l'on trouve un certain pourcentage, disons 5%, on dira que 5% de cette population possèdent des LB qui ont produit les mêmes anticorps. En d'autres termes, des BCR ayant les mêmes régions hypervariables ou paratopes. Ceci prouve que les mécanismes supposément aléatoires produisent néanmoins un même résultat chez plusieurs individus. Si vous calculez la fréquence d'un anticorps contre un pathogène donné, vous allez toujours trouver un certain nombre d'individus qui l'expriment au sein d'une population. On peut argumenter que le mécanisme se répétant des milliards de fois dans les LT et LB de chaque individu, il est possible qu'il engendre le même type de récepteurs, ce qui n'exclut pas qu'il soit aléatoire pour autant. Or, on pourrait supposer que le mécanisme a des limites intrinsèques et que même s'il engendre un ensemble de possibilités chez un individu donné, il produise les mêmes résultats chez un autre. On en a conclu qu'à l'échelle de l'espèce, le mécanisme génère le même panel de récepteurs. Ceci suggère que ce mécanisme a la même finalité pour tous les individus de l'espèce, et que, par conséquent, il est programmé. En fait, chaque lymphocyte pourrait bien fabriquer n'importe quel récepteur imaginable du répertoire, le résultat global serait le même pour tous les lymphocytes. Il est même probable que deux lymphocytes fabriquent le même type de récepteur ou deux récepteurs ayant la même spécificité. Cette question reste largement ouverte et nous invite à changer d'angle de vue et à considérer la possibilité que l'aléatoire puisse être programmé ou combiné de manière à produire un résultat précis au niveau de l'espèce. Il faudrait se mettre à cette échelle, c'est-à-dire étudier le répertoire immunitaire chez un très grand nombre d'individus pour déterminer la fréquence de l'expression des mêmes récepteurs TCR ou anticorps. Si les résultats montrent que des spécificités identiques se répètent chez tous les individus, ceci signifiera que, malgré son caractère aléatoire chez un individu donné ou dans un lymphocyte isolé, le phénomène est déterministe. Il est difficile de croire que l'espèce lègue au hasard la fabrication de récepteurs jouant un rôle crucial dans sa survie comme si elle jouait à la roulette russe, ceci est inconcevable ! L'espèce mise sur des mécanismes sûrs, destinés à accomplir une tâche spécifique pour neutraliser une contrainte spécifique. Rien n'est superflu dans la nature du vivant, tout joue un rôle précis. La nature ne s'autorise ni le gâchis ni le superfétatoire, ce qu'elle fait est toujours utile et inscrit dans un ordonnancement subtil. Il suffit d'observer ses manifestations pour se convaincre que tout est à sa place, sans aucun artifice ni futilité.

Seuls les gènes codant pour des récepteurs efficaces ont pu perdurer et sortir vainqueurs de la sélection naturelle. Ces mêmes gènes se sont dupliqués pour booster leur efficacité. La sélection naturelle est un mécanisme qui procède par essais et erreurs afin de choisir la solution optimale. La solution porte en elle même trace du problème. Par exemple, un récepteur ancestral inné dirigé contre une protéine bactérienne est lui-même une mémoire de cet antigène. Ainsi, le répertoire d'immuno-récepteurs chez les hauts vertébrés représente une mémoire collective de l'espèce où sont enregistrées les traces de tous les antigènes auxquels elle a été confrontée par le passé. Il faut souligner que ce répertoire est flexible et extensible : il garde trace des nouveaux antigènes qu'il affronte. Le système de recombinaison d'ADN, quoi qu'opérant d'une manière aléatoire, a été exploité par l'espèce et investi de telle sorte à générer des récepteurs spécifiques d'antigènes qui menacent sa survie, et d'en garder trace. Je conçois qu'il soit difficile d'admettre *que le vivant a pris contrôle du hasard et non l'inverse*, comme notre conformation mentale nous incite à le croire depuis des lustres. D'ailleurs, la physique quantique défend l'idée que des phénomènes probabilistes et non-prédictibles au moment où ils surviennent sont à la base de toute la matière que nous connaissons, aussi complexe soit-elle.

L'immunité adaptative serait une immunité préprogrammée constituant une mémoire immunologique de l'espèce. Je ne crois pas que ces milliards de récepteurs attendent leur ligand, mais plutôt qu'une partie d'entre eux l'ont déjà au sein de l'organisme (soi altéré) alors que d'autres sont spécifiques des antigènes exogènes. Les sociétés de jeux de hasard enrichissent considérablement leurs actionnaires en mettant à profit le hasard : la combinaison gagnante est un événement très rare, et si un ou quelques heureux joueurs profitent de la manne, les mieux servis, ceux qui se partageront la plus grande partie du gâteau, c'est-à-dire le total des sommes considérables misées, seront toujours les actionnaires (dont l'État). Mais l'espèce, elle, ne joue pas, c'est une question de vie ou de mort, elle met le hasard à profit pour générer à chaque fois une solution spécifique à un problème qui lui est posé. Il suffit de varier la nature et la position des acides aminés au sein des régions hypervariables et de recombiner les gènes V(D)J. Le même mécanisme qui génère la variabilité entre les protéines est mis à profit pour générer des récepteurs variables (toujours des mutations et des recombinaisons génétiques) comme si l'espèce *savait* que ces récepteurs générés au hasard allaient fonctionner et trouver leur ligand, soit dans l'organisme, soit ailleurs dans le milieu ambiant. Autrement dit, la combinaison gagnante n'est pas rare, elle survient à chaque coup. Chaque récepteur TCR ou BCR serait alors un caractère acquis, transmis de génération en génération par des modifications épigénétiques ou par un mécanisme non encore élucidé. Il serait intéressant d'étudier la diversité des récepteurs TCR ou BCR dans une même famille et d'évaluer le degré de leur homologie. Si un nombre significatif de CDR ou paratopes sont identiques, ceci consoliderait l'idée selon laquelle le mécanisme de recollage V(D)J, quoiqu'aléatoire, est gouverné par un mécanisme déterministe. L'expérience immunologique des ancêtres est transmise à leurs descendants. L'ADN germinal ne donne pas seulement des consignes aux cellules somatiques, il en reçoit aussi pour les transmettre verticalement. La naissance ou la mort des individus ne sont que des événements périphériques, l'ADN continue son chemin évolutif au long des générations. Le dialogue entre le germen et le soma définit l'identité de l'espèce dans l'espace-temps en maintenant et en transférant les attributs spécifiques de l'espèce des ancêtres aux descendants. Le SI avec tous ses composants en fait partie comme tous les autres systèmes fonctionnels de l'organisme. Le SI adaptatif nous apparaît comme fonctionnant de manière aléatoire, mais au niveau génique, moléculaire et cellulaire il obéit aux instructions d'un programme génétique de la cellule-œuf. Celle-ci le transmet aux cellules souches qui vont le rendre fonctionnel en installant les gènes nécessaires en place. Ensuite, les thymocytes immatures vont l'exécuter, ainsi ils acquièrent un phénotype effecteur. Enfin, l'antigène l'active en induisant l'expression des protéines immuno-effectrices, en l'occurrence les anticorps. Si vous

vous placez au niveau moléculaire au sein du noyau cellulaire, vous verrez que l'excision et le recollage des segments génétiques pour reconstituer les TCR ou BCR est un mécanisme ordonné, dirigé et même prédictible. À l'époque du numérique, nous pouvons produire un événement en ordonnant l'exécution d'informations successives par un logiciel. Nous pouvons imprimer un objet en 3D de cette manière. Toutes les interactions qui ont lieu dans le vivant découleraient ainsi de l'exécution d'un programme intelligent.

Le résultat est la mise en circulation de lymphocytes en recherche de leurs ligands. La préservation de la mémoire T à moyen et long terme est cruciale. Il faut distinguer la durée de vie d'un LT individuel (qui peut être longue grâce à son caractère quiescent) et la durée de vie du clone LT (qui peut être longue grâce à une prolifération à bas bruit, les cellules mères générant des cellules filles). La durée de vie des LT mémoires est globalement courte. La majorité d'entre eux se renouvelle régulièrement, contrairement aux LT naïfs qui ont une plus grande longévité. Le turnover des LT CD4+ mémoires est estimé à 45 jours, alors qu'il atteint un an et plus pour les LT naïfs. Ces divisions régulières, plus ou moins rapprochées, correspondent à un processus d'auto-renouvellement des LT mémoires. Une réponse T mémoire peut ainsi subsister pendant plus d'une dizaine d'années. Deux grands types de signaux peuvent à priori être délivrés à des LT mémoires pour permettre leur survie : le signal délivré par l'engagement du TCR via les complexes CMH-peptides correspondants et/ou le signal impliquant l'engagement des récepteurs aux cytokines. Le signal délivré par l'antigène peut impliquer l'antigène initial à l'origine du déclenchement de la réponse primaire. La persistance d'un tel antigène est étroitement liée à sa nature. Certains sont éliminés, d'autres sont persistants. C'est le cas des virus qui restent dans leur site de latence, par exemple les virus du groupe herpès comme le cytomégalovirus (CMV) et le virus d'Epstein-Barr (EBV). C'est aussi le cas de pathogènes induisant la formation de granulomes comme les mycobactéries. Les modalités de la réponse primaire à un antigène sont déterminantes sur le nombre et la nature des LT mémoires générés. Les antigènes susceptibles d'induire des immunisations croisées peuvent également activer à bas bruit des LT mémoires en raison d'un mimétisme moléculaire entre l'antigène initial et celui impliqué dans cette réaction croisée. Cette dernière possibilité mérite attention, car comment expliquer l'existence de cellules mémoires longtemps après leur stimulation par l'antigène dont ils sont spécifiques (sauf dans le cas d'un virus latent ou d'une bactérie résistante) ? L'antigène peut disparaître alors que les cellules mémoires sont toujours là. On peut encore supposer que l'immunité n'est pas aussi spécifique que nous le pensons et que c'est la réactivité croisée qui est impliquée. Des épitopes de soi ayant une certaine réactivité croisée avec les antigènes stimulants peuvent servir de relais pour entretenir les cellules mémoires. D'autres mécanismes inconnus pourraient aussi jouer un rôle.

L'immunité innée est aussi bien prédictive puisqu'elle est munie de récepteurs reconnaissant des ligands existant bel et bien dans la nature. La seule différence par rapport à ceux qui stimulent la réponse adaptative, c'est qu'ils sont invariables. Ces récepteurs innés ont leur ligand et quand ils le reconnaissent, une réaction immunitaire est enclenchée (cas des cellules NK par exemple). Parmi les récepteurs des NK, on distingue : les KIRs (*Killer cell Immunoglobulin-like Receptor*) et ILTs (*Immunoglobulin-Like Transcript*) majoritairement inhibiteurs, dont les ligands sont les molécules HLA de classe-1 ; les récepteurs de la famille des lectines de type C, hétérodimères formés par l'association d'une molécule CD94 avec une chaîne de la famille des NKG2, dont le ligand principal est la molécule HLA-E ; les récepteurs activateurs NCR (*Natural Cytotoxicity Receptors*) qui permettent l'activation directe de la cellule NK. Il s'agit des récepteurs NKp30, NKp44, NKp46 et NKG2D. Le stress cellulaire peut moduler la fonction des lymphocytes NK par différents mécanismes : le défaut d'expression des molécules HLA de classe-1 levant l'inhibition des récepteurs KIR ; l'expression de peptides présentés par HLA-E modulant la fonction du récepteur inhibiteur CD94/NKG2A ; l'activation de récepteurs activateurs, en particulier NKG2D présent sur les lymphocytes NK.

L'immunité est un jeu impliquant les récepteurs. L'avantage de ce jeu, c'est que le récepteur immunitaire capte la molécule cible et l'introduit dans un circuit spécifique de dégradation métabolique. La variabilité des récepteurs permet une capture de divers ligands malgré que les circuits empruntés demeurent les mêmes. Signalisation, intégration et réponse cellulaire. Ce jeu des récepteurs est constant et commun dans l'organisme métazoaire, il est à la base des systèmes fonctionnels de l'organisme, en particulier le SN. Le mécanisme est efficace : seule une petite séquence d'acides aminés est variable et le reste du récepteur est constant et invariable. C'est donc la capture d'innombrables ligands qui représente le principal atout acquis par le SI chez les hauts vertébrés. Supposons une particule virale dans le milieu extracellulaire : si elle est captée par un récepteur, elle sera guidée vers un circuit spécifique, sinon le virus suivrait un autre circuit par ses propres récepteurs et serait donc capable de se reproduire et d'altérer la cellule. Le récepteur permet d'orienter l'antigène vers le circuit qui lui est destiné, celui de la dégradation. Les anticorps sont très ingénieux car ils captent leurs ligands par la partie variable, quant à leur partie constante, elle sert à diriger le ligand vers des cellules spécialisées munies de RFc et capables de détruire les complexe-immuns.

Ce phénomène nous montre le degré de sophistication de la communication inter-cellulaire chez les métazoaires évolués. Le SI serait lui-même un produit de cette sophistication. Les métazoaires ont tiré profit de la complémentarité entre les molécules, les protéines en particulier, pour mettre en place des interactions spécifiques entre des récepteurs et des ligands. Ces interactions jouent un rôle capital dans toutes les fonctions vitales de l'organisme. Toutefois, elles ont été surexploitées par le SI pour faire face au nombre incalculable de déterminants antigéniques provenant de l'environnement exogène ou endogène. L'immunité serait-elle entièrement innée ? C'est une question qui mérite toute notre attention. Si l'espèce génère des récepteurs au hasard, c'est parce qu'elle anticipe leur efficacité, ces derniers résultent donc de l'exécution d'un programme non encore élucidé, probablement de nature épigénétique. Tous les déterminants antigéniques doivent avoir une structure commune qu'il faudrait élucider pour comprendre comment des récepteurs générés au hasard sont efficaces chez la majorité des individus au sein de l'espèce. Nous pourrions supposer que cette dernière a gardé trace de la structure commune des épitopes qu'elle utilise comme modèle pour fabriquer ses milliards de récepteurs dans chaque individu. L'immunité serait, dans ce cas, entièrement innée.

Le programme de la vie sur Terre

Le SI ne peut pas être exploré sans prendre en considération son rôle pour la conservation de l'espèce car tous les systèmes fonctionnels, sélectionnés tout au long de l'évolution, y contribuent. L'espèce représente un groupe d'êtres vivants pouvant se reproduire entre eux (interfécondité) et dont la descendance est fertile. Les êtres vivants appartenant à une même espèce ont un génome identique, c'est à dire les mêmes gènes aux mêmes loci (quoique ces gènes puissent varier entre les individus par des mutations). Il existe une diversité génétique entre les membres d'une même espèce mais elle est toujours inférieure à la variabilité entre deux espèces différentes. En fonction de son emplacement dans l'arbre de l'évolution, une espèce est proche d'une autre ou elle en est très éloignée. L'évolution de la vie est un processus perpétuel, néanmoins, afin que la science en rende compte, elle a fait l'objet d'un classement vertical des êtres (en fonction de leur apparition dans le temps) et d'un classement horizontal. La théorie de l'évolution découle de la classification des espèces en fonction de leur degré de parenté qui serait, lui-même, fonction de leur apparition dans l'ordre chronologique du vivant. Ceci signifie aussi qu'à une époque antérieure (de plusieurs millions d'années), parmi les espèces que nous connaissons aujourd'hui, les unes étaient déjà présentes et d'autres ont disparu. Nous en avons conclu que les espèces nouvelles naissaient d'anciennes espèces et donc que toutes les espèces étaient issues de la même forme de vie primitive. Or, plus nous remontons dans le temps, plus la réalité devient floue et inaccessible. Nous construisons donc un modèle, celui de l'évolution, qui stipule que la vie a évolué à partir de l'inerte pour donner naissance à toutes ces formes complexes de vie que nous connaissons aujourd'hui. La véritable utilité de la théorie de l'évolution est la classification ordonnée des êtres vivants, au-delà de ce constat, les hypothèses avancées sur l'origine de la vie semblent relever du pari. D'ailleurs, le modèle n'est pas admis par l'ensemble de la communauté scientifique, malgré les progrès de la biologie moléculaire qui atteste bien de la parenté entre les êtres vivants de manière concordante avec les données anatomiques relevées par les anciens évolutionnistes. La question qui s'impose alors est la suivante : comment interpréter cette homologie entre les espèces ? Si nous répondons par l'existence d'un ancêtre commun, il faut prouver que les espèces sont apparues progressivement les unes après les autres. Les recherches paléontologiques et les collections de fossiles excavés et datés ne sont pas parvenues à confirmer la vision darwinienne. Si cette théorie était indiscutable, des quantités de fossiles de créatures intermédiaires auraient dû être enfermées dans les strates géologiques. Ces fossiles représentent l'unique preuve possible de l'existence, à des étapes de l'évolution, du passage entre espèces différentes. Or, cette preuve était absente à l'époque de Darwin. Darwin reconnaissait cette absence de formes intermédiaires, mais il l'attribuait au faible nombre de fossiles découverts et à l'extrême rareté de leur formation. Pour montrer le doute qui subsiste à ce sujet, je vous invite à vous référer à ce qui suit :

« Darwin pensait, espérait que les recherches paléontologiques confirmeraient sa théorie ; de son vivant, il se cramponnait à cette hypothèse devenue sa vision du monde. Mais aujourd'hui les muséums du monde entier contiennent plus de 200 millions de fossiles, de sorte qu'il est impossible d'avancer que le registre fossile est incomplet. Comme Carl Werner l'écrit en citant de nombreux paléontologues réputés, « les archives fossiles sont complètes, équilibrées, précises et impressionnantes ». (...) Pratiquement toutes les nouvelles espèces fossiles découvertes depuis les années 1860, représentant des milliers d'espèces différentes, montrent soit des formes voisines ou identiques aux espèces connues, soit des types, des groupes uniques de parenté inconnue. L'absence de nombreuses formes intermédiaires exigées par la théorie de l'évolution est remarquable. (...) Autrement dit, les fossiles ne témoignent en rien d'une histoire transformiste graduelle mais bien plutôt d'apparitions soudaines de créatures entièrement formées et fonctionnelles, soit de créations spéciales (...) Ces renseignements défient la croyance courante selon laquelle les fossiles sont les témoins de l'évolution. Au lieu de voir les gisements fossiles contenir des formes intermédiaires, on voit chaque ordre, chaque classe, chaque phylum animal ou végétal surgir brusquement et séparé distinctement de tous les autres, sans aucune forme transitoire qui les relie. Dès le début de leur première apparition dans les gisements fossiles, ils sont finis, parfaits et fonctionnent à merveille. »

Ainsi, conclut cet excellent article : « les deux mécanismes postulés pour la théorie synthétique de l'évolution que sont les mutations génétiques cumulatives étalées sur de très longues durées et la sélection naturelle qui les contrôle, avec les deux forces ou agents de l'évolution que sont donc le hasard et le temps combinés, sont incapables d'expliquer la spéciation ni même l'apparition de nouveaux organes. »[113] (Louis Boné, Philippe David, Gérald Pech, Marc Polo, 2012).

Alors, pouvons-nous exclure catégoriquement une origine extra-terrestre de la vie ? Examinons un instant cette hypothèse. Puisque la vie est capable de s'entretenir et de se réguler, elle est aussi bien capable d'assurer une continuité temporelle et spatiale. Par conséquent, une vie venue d'ailleurs pourrait théoriquement continuer son évolution sur Terre. C'est pile ou face comme on le dit dans le langage populaire : soit elle réussit à s'implanter et à croître, soit elle avorte. En d'autres termes, soit le programme de la création s'autoexécute, soit il se bloque définitivement. Exceptionnellement, une forme de vie bloquée pourrait reprendre sa croissance au moment où elle s'est arrêtée comme on l'observe chez des bactéries enkystées. Les cyanobactéries vivant dans des conditions extrêmes seraient les premières formes de vie connues et leur enkystement suggère qu'elles dériveraient d'un programme bloqué faute de conditions favorables. Il est donc probable que le destin de la vie qui préfigure toutes ses manifestations ait été statué dès la naissance de la Terre, du système solaire, voire de notre galaxie ou de tout l'univers. L'univers n'a pas été préparé pour accueillir la vie, comme nous avons tendance à le croire, la vie était là dès le début (en tant que possibilité) et peut-être même avant si l'on considère qu'un commencement ait existé. L'univers était présent dès l'instant zéro du Big Bang, son expansion n'est qu'une forme de son existence. Il n'a jamais changé. Que vous concentriez la matière de l'univers en un point ou que vous la diluiez dans tout l'espace-temps, l'univers reste le même. Dans l'optique de la cosmologie, la vie serait possible dans une des formes d'évolution de notre univers, celle où il subit en permanence une expansion. S'il se contracte, comme le postulait la théorie du Big Crunch (qui s'est avérée fausse), la vie disparaitrait dans sa manifestation sous forme de matière physique mais son programme persisterait. Elle réapparaîtrait si l'univers connaissait une forme similaire d'expansion.

L'apparition de la vie obéit à un programme qui s'exprimerait comme une arborescence. Chaque branche de l'arbre aboutirait à une forme vivante spécifique. On pourrait donc tenter deux hypothèses principales : soit un seul programme gouverne toutes les apparitions de la vie dans l'univers, soit ces dernières sont le fait de plusieurs programmes. Puisque tous les êtres vivants sur Terre sont apparentés, on pourrait donc admettre qu'ils ont résulté d'un seul même programme. Si c'est le même programme qui s'exécute ailleurs dans l'univers, les êtres vivants seraient apparentés même s'ils vivaient sur des planètes lointaines. Dans le cas contraire, des formes de vie différentes apparaîtraient dans l'univers, peut-être dans un autre espace-temps.

Pourtant, on ne saura jamais si le programme originel s'est exécuté en son entier sur Terre ou s'il l'a fait au travers d'une de ses branches que l'on pourrait concevoir comme un itinéraire parmi d'autres que la vie a emprunté pour se manifester. Par exemple, le monde animal serait dérivé d'une seule de ses branches, vertébrés et invertébrés seraient des rameaux différents d'une même branche et se subdiviseraient à leur tour. On pourrait ainsi suggérer que le monde végétal s'est ramifié séparément du monde animal il y a 700 millions d'années. Les autres ramifications du programme persistent en tant que possibilités potentielles (c'est-à-dire sous forme d'informations) qui attendent d'être exécutées. Si on suppose que la vie sur Terre découle du programme tout entier, ceci signifie qu'elle n'est présente que sur notre planète. Imaginez que toute la diversité que nous connaissons dans la nature soit issue d'une seule branche, qu'adviendrait-il si toutes les branches s'exécutaient ? Probablement, la Terre serait trop petite pour abriter toutes les manifestations de vie qui découleraient du programme en son entier ! Il se pourrait que l'exécution d'une branche soit étroitement liée à une autre ou que des parties distinctes d'un seul programme se soient exécutées à différents endroits de l'univers. Ainsi, des formes de vie extraterrestres co-existeraient dans des espace-temps différents ou non du nôtre. Elles seraient comme des congénères par le fait que nous serions issus des branches du même programme et ainsi nous pourrions communiquer, ce qui ne pourrait pas être le cas si les programmes à l'œuvre étaient différents.

Si, comme nous le savons, le programme opérant sur Terre est dynamique, c'est-à-dire évoluant vers un stade ultime, nous pourrions concevoir que certaines branches aient pris le dessus jusqu'à dominer toutes les autres au point que la vie ne dériverait *in fine* que d'une d'entre elles ou de branches affines, ce qui expliquerait la parenté entre les êtres vivants.

L'univers nous apparaît comme étant une seule entité obéissant aux mêmes lois physiques et il est donc très probable qu'un seul programme avec plusieurs branches se soit exécuté dans l'univers, ce qui suggère qu'une vie extraterrestre est possible. Ironie de l'histoire, quand vous regardez attentivement le ciel de nuit, vous ne pouvez percevoir aucun message en provenance de l'espace interstellaire ou même des étoiles, et ce, malgré votre sentiment de vibrer au rythme du silence particulier qui s'est installé. Peut-être, serons-nous un jour capables de l'entendre et de le déchiffrer, l'humanité consciente d'autres formes de vie ne serait alors plus jamais la même. En toute logique, si nous détections les signaux émis par une autre forme de vie dans l'univers, c'est qu'elle serait en train de nous envoyer un message (on ne peut pas détecter les signaux d'une civilisation extra-terrestre sans qu'elle soit capable de détecter les nôtres). Un seul programme qui génère plusieurs formes de vie, même très éloignées dans l'univers, signifierait qu'elles peuvent communiquer entre elles, bien-sûr, selon des modalités qui nous échappent : langage codé, télépathie ? Là encore, il est facile de spéculer et les auteurs de science-fiction l'ont fait abondamment bien avant moi.

Les évolutionnistes nous ont légué un système de classifications très précis et utile certes, mais le principe même de classification comporte certains biais comme le soulignent les auteurs de l'article susmentionné : « Aujourd'hui, les organismes sont rangés dans des séquences allant du plus « simple » au plus « complexe » ; mais si nous regardons chaque plan de base séparément, nous nous apercevons que les types « primaires » ne sont pas simples. Ils sont, au contraire, extrêmement complexes. (…) L'apparition quasi simultanée des grands groupes d'invertébrés dès le début de la vie montre la présence d'organes complexes : yeux composés, appareils digestifs, appareils locomoteurs, système nerveux, organes des sens (fossiles du gisement d'Ediacara, etc.) »[113]. L'article cite l'exemple de l'œil des trilobites qui font partie des animaux les plus anciens et dont la complexité est confondante !

Une théorie doit pouvoir se vérifier dans toutes les conditions de la réalité qu'elle est censée expliquer et où elle est censée s'appliquer. Les exceptions ou les singularités sont comme des failles qui ébranlent son édifice. Par exemple, la théorie de la gravitation se vérifie partout où il y a une masse. Or, si les archives des fossiles n'étayent pas la théorie darwinienne et, par la présence des faits géologiques rapportés, la contredisent même, alors celle-ci s'écroule comme un château de cartes. Nous admirons le travail de Darwin de classification des espèces mais nous admettons que leur comparaison verticale, selon les périodes géologiques, comporte bien des paradoxes. Darwin n'avait pas la possibilité de combiner toutes les informations disponibles à l'époque et de les analyser selon des modèles mathématiques. Aujourd'hui, l'informatique nous apporte un modèle utile pour comprendre le fonctionnement séquentiel à partir d'un algorithme ou d'un programme.

Le début du programme n'est pas l'instant où est apparue la forme vivante la plus primitive, mais l'instant où il s'est activé. En d'autres termes, c'est surtout son exécution qui est déterminante puisqu'elle aboutit aux formes inscrites dans le programme que nous pouvons percevoir. Lorsque vous êtes assis devant votre ordinateur, vous n'avez sans doute pas la moindre idée ni de son fonctionnement ni de la nature des logiciels qui traduisent vos manips sur le clavier en opérations exploitables. Eh bien ! Darwin voyait ce qui s'exécutait sous ses yeux mais était aveugle au programme sous-jacent et à ses déterminants.

L'immunologie porte bien l'empreinte de la théorie de l'évolution. Nous admettons aujourd'hui que l'immunité innée est conservée chez toutes les espèces, alors que l'immunité adaptative est caractéristique des vertébrés. La classification des espèces a conformé notre perception du vivant avec des concepts préétablis et peu discutés : invertébrés et vertébrés, forme primitive et évoluée, etc. Mais regardez autour de vous : la vie des insectes, des oiseaux, des reptiles et de nos animaux de compagnie. L'araignée possède un système nerveux plus complexe qu'un ordinateur : elle tisse une toile qui malgré sa fragilité résiste aux forces mécaniques qui tendent à la détruire. Elle s'oriente dans l'espace, guette ses proies imperturbablement et sans faillir. Une créature aussi petite qu'une mouche capte des signaux de l'environnement, les déchiffre, s'oriente dans l'espace, guette et signale le danger. Les arbres avec leur système racinaire communiquent entre eux. Nous possédons des milliards de cellules, les insectes en ont beaucoup moins mais ils sont très complexes. Observez les fourmis, les abeilles, les papillons, vous serez fascinés par leur beauté et leur comportement. Qu'est ce qui est simple ? Qu'est ce qui est complexe ? Sommes-nous capables de voler comme un oiseau ou de prospérer dans le milieu aquatique comme les poissons ? Nous avons fabriqué des engins ultra sophistiqués pour nous déplacer dans les airs, et nous sommes encore loin de maîtriser les océans.

La vie est la vie, qu'elle se manifeste sous la forme d'une bactérie, d'un protozoaire ou d'un métazoaire. Nous avons postulé, car la formule était séduisante dans sa simplicité, que toutes les formes de vie avaient une seule origine, partageant entre elles énormément de points communs, aussi bien dans leur structure que dans leur génome ou dans leur mode de subsistance. Usant de notre logique, nous avons décrété que la première forme de vie était la plus simple et qu'elle s'est, par la suite, complexifiée pour donner telle autre forme. Nous avons établi des séquences chronologiques : A puis B puis C, etc. Et puis, nous avons cherché à corroborer nos résultats par des observations *in situ*, nous avons espéré des fossiles qu'ils parlent en notre faveur, démontrant que la vie avait évolué séquentiellement du plus simple au plus complexe.

Toute cette démarche de recherche guidée par une intuition ! Nos pensées sont pourtant limitées, certes, par notre système de croyance comme nous l'avons vu plus haut, mais aussi de façon intrinsèque, structurelle : comment est-il possible que nous, qui sommes des animaux évolués selon la théorie, soyons capables de discerner et de saisir l'image globale alors que nous en faisons partie ? Oui, nous sommes des éléments de la nature vivante et nous prétendons la voir comme si nous la survolions, comme si la connaissance que nous en avons, nous permettait d'affirmer quels sont ses tenants et ses aboutissants. Nous disons que nous avons un cerveau intelligent qui nous permet de le faire, mais notre intelligence ne découle-t-elle pas de cette même nature vivante que nous voulons à tout prix dominer par notre pensée et façonner. Prenons l'exemple du GPS, d'où provient son intérêt ? De sa connexion aux satellites. Nous ne pouvons pas être simultanément sur deux plans : le plan terrestre, dans la voiture que nous conduisons, et le plan aérien, avec les satellites qui nous guident à distance. De manière analogue, nous ne pouvons pas aborder la théorie sur l'origine des espèces et du vivant en naviguant sur deux plans différents à la fois : celui d'une échelle que nous avons élaborée pour classifier le vivant, et nous-mêmes (en tant qu'animaux évolués) situés sur cette même échelle. C'est paradoxal. Nous ne pouvons pas être à la fois l'observateur et l'observé sans créer des biais. À la fois les penseurs de la théorie de l'évolution et son objet. Nous ne pouvons pas être à la fois le metteur en scène et l'acteur dans une scène de théâtre, ou l'arbitre et le joueur de foot. L'humain porte une singularité exceptionnelle : la pensée doublée de la conscience. Ce sont elles qui lui permettent d'appréhender le règne du vivant à un niveau que la seule pensée de nature purement intellectuelle a du mal à saisir.

La théorie de l'évolution serait juste une tentative de notre part de formater ou de conformer la nature à notre main pour pouvoir la comprendre. Ou alors, nous considérons que nous ne sommes pas sur le même plan que les autres êtres vivants et c'est pourquoi nous sommes capables de les observer et de postuler qu'ils ont une origine commune. Mais le problème c'est que nous nous mettons sur le même plan en considérant que nous procédons d'une même origine. Nous ne sortons pas du dilemme !

Tous les livres sacrés sont destinés à l'Homme, ils ne concernent ni les animaux ni les végétaux. Notre conscience nous distingue de toutes les autres formes vivantes. Or, l'existence de cette capacité d'ouverture sur le monde et sur nous-mêmes pose un sérieux problème : si l'évolution est un continuum, comment est-il possible que nous soyons les seuls à être conscients, conscients de nous-mêmes autant que de notre environnement ? Comment est-il possible que la conscience, un atout considérable, nous soit spécifiquement réservée alors que cet atout aurait pu profiter à d'autres formes vivantes ? Pourquoi possédons-nous cette supériorité dans le règne du vivant au point qu'elle nous permet de dominer la nature vivante ?

Quelle autre réponse que celle-ci : l'être humain possède une origine distincte des autres formes vivantes sur Terre. Sommes-nous pour autant descendus du ciel ? Je vous vois sourire. Pourtant, nous avons cette caractéristique unique ; alors que toutes les autres formes vivantes sur Terre partagent de nombreux attributs, elles ne sont pourvues ni d'esprit ni de conscience. C'est cette conscience qui nous permet d'observer la vie sur Terre et d'échafauder des théories pour la comprendre. La théorie de l'évolution est une pensée qui assujettit le vivant à sa propre logique. Nous tentons de le comprendre à travers notre raison mais ceci ne signifie pas pour autant qu'il est réellement comme il nous apparaît. Nous extrapolons nos pensées formatées par nos croyances à ce que nous observons : puisque notre vie est une lutte de chaque instant, alors tous les êtres vivants luttent. Ils doivent lutter pour survivre, car c'est ce que nous pensons. Nous voyons la guerre dans la nature car nous y avons recours pour résoudre nos conflits de territoire. Oui ! les êtres vivants ont des ennemis, ce sont tous ceux qui ne rentrent pas dans leur constitution organique et qui s'opposent à leur croissance et reproduction. Oui ! Il y a un soi et un non-soi, séparés et opposés. Et donc, voici une théorie de l'immunité qui nous enseigne comment le soi se défend contre le non-soi : phagocytose, cytotoxicité, ADCC, baiser de la mort, complément : tous, des armes de défense et de destruction. Puis, comme dans nos sociétés, le suicide existe naturellement chez les autres vivants : apoptose et autophagie. Le cancer, c'est la guerre civile, l'organisme qui s'effondre de lui-même. Les virus sont nos pires ennemis, ils sont responsables de crises sanitaires qui justifient des restrictions considérables de nos libertés pour notre santé et celle des autres. Sans parler des bactéries qui ravagent des millions de vie. Préparons-nous à la guerre contre les virus car nous sommes en guerre et nous allons nous protéger par des vaccins ! Nous pouvons constater ici que nous projetons nos croyances les plus ancrées dans notre perception de la réalité, la science officielle d'aujourd'hui est là pour cautionner cette lourde tendance. Nous légitimons la guerre en clamant qu'elle fait partie de la nature, qu'elle est inéluctable pour qui veut survivre. La théorie de l'immunologie rend compte au fond de notre propre conception de la survie dans un milieu hostile. Est-ce que le SI existe vraiment comme nous le pensons ? L'immunité, telle qu'elle est décrite, ne serait-elle pas une extrapolation de notre pensée à la réalité biologique ? Nous ne le saurons peut-être jamais. Car comme le pose le philosophe : existe-t-il une réalité en dehors de celui qui l'observe ? La nature, façonnée par notre pensée et par nos actions, serait-elle alors un miroir réfléchissant de celles-ci ? ou existe-t-elle par elle-même et en elle-même ?

Un postulat classique de l'immunologie : les parasites ont guidé l'évolution de l'immunité

Ce que nous qualifions de mécanisme de défense est un ensemble d'interactions entre le vivant et son milieu, les parasites ne sont que des éléments vivants du milieu. Justement, le principe de continuité soulevé par T. Pradeu postule que le vivant ne fait qu'interagir avec son milieu d'une manière continue, si bien qu'une réponse immunitaire est un événement exceptionnel dont le but est de neutraliser un défaut affectant l'organisme, qu'il soit causé par une anomalie endogène ou exogène. Il est donc aujourd'hui admis que l'immunité acquise est le privilège des vertébrés. On ne peut pas parler de SI chez les végétaux ou les animaux les plus simples comme les cnidaires ou les éponges, chez qui on préfère parler de mécanismes de défense. Ces derniers relèvent cependant d'une immunité de type innée. Dès l'apparition de l'état pluricellulaire, les organismes constitués se sont révélés être des habitats favorables à la vie parasitaire. Des mécanismes de défense ont été sélectionnés chez ces organismes, et se sont développés à l'interface hôte-parasite. Ces mécanismes de défense se sont mis en place aux niveaux moléculaire et cellulaire au départ, pour aboutir, chez les animaux plus complexes, à l'individualisation de cellules et organes spécialisés dans cette fonction de défense, formant ainsi le SI. Ces mécanismes de défense constituent une pression de sélection chez le parasite qui, à son tour, développe des mécanismes de contre-mesure défiant les défenses de l'hôte en lui permettant de survivre. Cela constitue une pression sur l'hôte qui favorise la sélection de nouveaux systèmes de défense, et ainsi de suite. Il est, par conséquent, intéressant de voir le SI des animaux comme le fruit d'une coévolution entre l'hôte et les divers parasites, qui s'est construite en regard des surenchères successives d'échappement des parasites aux mécanismes de défense de leurs hôtes.

Encore une fois, je souligne le fait que le jeu récepteur-ligand n'est pas restreint à l'immunité, mais joue un rôle prépondérant dans toutes les fonctions de l'organisme, prouvant encore que l'immunité n'est qu'un ensemble d'interactions normales entre le vivant et son milieu. Les espèces ne changent pas à la même fréquence, les virus par exemple varient très rapidement ainsi que les bactéries. Le génome des vertébrés est relativement plus stable, et donc pour pouvoir neutraliser la grande diversité des déterminants antigéniques, les espèces évoluées ont exploité le mécanisme à la base de leur diversité génétique, afin de fabriquer des récepteurs hypervariables. Cette construction a été rendue possible par la structure de leur ADN et l'existence d'enzymes capables de remplir ces fonctions. Le vivant ne fait que tirer profit de ses capacités inhérentes pour s'adapter à son milieu. Encore une fois, l'immunologie comparée n'est que descriptive : à quoi servirait une immunité acquise à l'insecte ou à l'invertébré ? L'immunité innée n'est pas plus simple que l'immunité adaptative, ni cette dernière plus complexe que la première, ce sont des comparaisons qui ne valent que d'après l'évolutionnisme darwiniste. Ce dernier classe les espèces « du plus simple au plus complexe », suggérant ainsi que l'immunité chez les vertébrés serait plus aboutie que celle des invertébrés. Or, cette idée est peu consistante, car chaque être vivant a un rapport spécifique avec son milieu en fonction de ses besoins, de sa taille et de ses capacités métaboliques. Etoile de mer, baleine, lapin, ver de terre ou humain ont un organisme spécifique qui établit des rapports spécifiques avec le milieu. N'importe quelle forme de vie se reproduit, s'adapte et occupe un milieu. Elle constitue une espèce. Notre soi, au sens immunologique, résulte de notre appartenance à une espèce donnée. Il naît de nos gènes et de notre constitution organique. L'espèce possède donc un soi qu'elle veut conserver. Le soi d'une espèce est la somme d'une multitude de soi individuels, chacun avec son unicité génétique. Il se reconnaît lui-même en se distinguant du non-soi. C'est donc l'espèce qui détermine la nature chimique et génétique du soi au sens immunologique, et c'est elle aussi qui va configurer le non-soi : les espèces éloignées constituent un non-soi très immunostimulant, alors que des espèces proches le seront moins car elles portent des gènes conservés avec une moindre variabilité. On part du principe qu'une protéine issue d'une espèce divergente a plus de chance d'induire une réponse immunitaire. Nous avons beaucoup d'auto-antigènes en commun avec les espèces qui nous sont proches. Au sein d'une même espèce, la diversité génétique entre les individus est suffisante pour stimuler l'immunité allogénique. On peut donc affirmer que l'immunité a un lien avec la diversité génétique : plus il y a de soi uniques, plus l'immunité entre en jeu. Au sein de clones artificiellement créés, tous les individus sont identiques et leur immunité sera moindre, voire nulle. Si un antigène provenant d'un individu cloné est inoculé à une autre copie clonée, le SI de cette dernière le considèrera d'emblée comme du soi. Chez le clone, l'immunité reconnaîtrait seulement les antigènes issus du milieu extérieur. Et il risque de disparaître au contact d'un virus infectieux qui se serait propagé chez les mêmes spécimen.

Alors qu'en présence d'une diversité génétique, certains individus pourront survivre et conserver l'espèce. L'immunité semble être calquée sur l'être vivant : l'immunité innée cible des composants extérieurs communs (comme la paroi des bactéries ou l'enveloppe des virus), alors que l'immunité adaptative cible des composants endogènes plus spécifiques (protéines principalement). On remarque que les espèces microscopiques sont reconnues par l'immunité innée car elles peuvent être phagocytées ou attachées à des opsonines, alors que les espèces de grande taille sont reconnues par leurs protéines qu'elles produisent, soit dans la cellule, soit dans le milieu extracellulaire. Naturellement, les individus n'échangent pas leurs protéines, sauf en cas de contact avec leurs liquides biologiques. C'est donc l'immunité innée qui domine naturellement. Certains parasites ont acquis la capacité de bloquer l'immunité innée, comme le *Mycobacterium* qui inhibe la phagocytose, ils produisent des protéines qui vont induire une réponse adaptative. Le SI parvient malgré tout à entrer en symbiose relative avec ce genre de parasites. L'immunité adaptative est plutôt tournée vers l'intérieur de l'organisme.

Le problème majeur qui menace le SI ne réside pas dans la présence de micro-organismes en tant que particules physiques, mais plutôt en tant qu'ils représentent un programme d'informations. Ces particules sont dotées d'un programme capable de changer leur constitution pour survivre dans des conditions hostiles. Cette capacité constitue la véritable contrainte pour le SI. Ce dernier doit donc contrôler ce programme de variabilité pour éviter que les parasites ne lui échappent. C'est donc ici que réside le mystère de l'immunité adaptative. En effet, les mécanismes de fabrication de la variabilité dans les récepteurs TCR et BCR n'a pas seulement pour but de produire des récepteurs variables, il permet au SI de prendre le contrôle du programme de variabilité génétique qui opère chez toutes les espèces (par recombinaisons et mutations). Le SI prend possession du logiciel qui génère de la variabilité. Puisque le même mécanisme opère partout dans la nature, la variabilité des récepteurs immunitaire sera suffisante pour neutraliser la variabilité des micro-organismes qui pénètrent dans l'organisme et toutes les protéines issues du contact avec d'autres êtres vivants. En réalité, le SI génère la même variabilité génétique dans ses récepteurs TCR ou BCR (même si elle est très concentrée) que celle observée dans la nature. Notre SI maîtrise alors le logiciel qui génère la variabilité dans la nature, et c'est ainsi qu'il peut l'anticiper et s'y préparer à l'aide de son répertoire colossal de récepteurs.

Notons que l'organisme des hauts vertébrés bénéficie de mécanismes biologiques issus de l'évolution très sophistiqués, en ce sens qu'ils contrôlent l'information et le programme qui la génère. Quand vous analysez le mécanisme combinatoire de fabrication des récepteurs TCR et BCR, vous mettez l'accent sur son déroulé, mais si vous y regardez de plus près, vous vous rendez compte que l'espèce a pris contrôle du mécanisme qui génère la variabilité génétique, elle a pris possession du logiciel qui le contrôle. D'une manière similaire, l'espèce a pris le contrôle de tout son génome et procède aux sélections des gènes utiles, constitue des familles multigéniques. C'est ainsi qu'elle construit son propre soi, en contrôlant toutes les informations issues de son environnement, qu'il soit endogène ou exogène. L'espèce a aussi pris contrôle de l'activation du SI en agissant par le signal de costimulation. Ce signal ne peut être délivré que dans un contexte inflammatoire ou en présence de signaux de stress cellulaire ou de danger. Lors d'une inflammation prolongée, un épitope de soi immunogène peut court-circuiter le mécanisme inhibiteur et déclencher l'activation.

Si notre SI ne cible pas nos protéines alors qu'il y en a des milliers dans notre organisme, c'est parce que la protéine du soi, même si elle fournit un épitope immunogène, le fait dans un environnement non-inflammatoire, dénué de cytokines stimulatrices comme l'IL-2 ou l'INFγ. Les CPA demeurent dans un état immature et quand elles présentent ces épitopes du soi, elles manquent de signaux de costimulation, ce qui conduit les lymphocytes spécifiques du soi à entrer dans un état d'anergie ou apoptotique. Alors que les protéines du non-soi sont exprimées suite à la réplication de bactéries ou de virus qui coïncide souvent avec un terrain inflammatoire favorisant ainsi l'activation des APC.

Qui peut rester indifférent à un scénario aussi impressionnant que celui de l'évolution des familles multigéniques ? Il semble que l'ADN possède un cerveau, ou un programme inscrit en lui, qui s'active à un moment précis pour réorganiser ses gènes et modifier le génome. Duplication, excision et recollage de gènes se succèdent selon un mécanisme précis afin de créer du neuf à partir du vieux. En d'autres termes, plusieurs gènes coopèrent pour produire un seul ARNm codant une seule protéine. Le vivant pratique avec brio l'art de l'économie : au lieu de produire plusieurs protéines différentes, une seule peut remplir une ou plusieurs fonctions. C'est un sujet passionnant que celui des familles multigéniques qui nous enseignent comment un génome se constitue à partir de gènes occupant divers loci contrôlant des fonctions interdépendantes. Au tout début de notre histoire, nous n'étions qu'une seule cellule-œuf contenant de l'ADN et des protéines résiduelles (constitutives et fonctionnelles). Les gènes ont entamé alors une danse incroyable de divisions cellulaires pour former un organisme viable et capable de s'autoprotéger pour maintenir sa cohérence. Les gènes codent pour des protéines qui exécutent leur programme. On ne peut pas imaginer le nombre d'interactions moléculaires nécessaires au passage de la cellule-œuf au stade fœtal, mais on peut être saisi par le sentiment qu'elles sont dictées par un programme intelligent. C'est par la constitution, au fil de l'évolution, de familles multigéniques que l'organisme a pu contrer une diversité d'épitopes en produisant un nombre colossal de récepteurs hypervariables. Il a acquis de surcroît la capacité de produire des molécules (CMH) afin de discriminer les cellules qui lui sont propres de celles issues d'un organisme différent. Ainsi, nous avons acquis une signature moléculaire unique, une signature qui nous est propre. Toutes nos cellules portent cette identité au niveau de leur membrane plasmique.

L'immunité et l'âge

Il est important de souligner le fait que le SI non mature des nouveau-nés est incapable de discrimination entre le soi et le non/soi. L'immunité acquise passivement par leur mère leur sert de rempart de protection jusqu'à ce que leur SI se mette en place. Plus de 1600 gènes sont impliqués dans les réponses immunitaires innées et adaptatives. Ces gènes sont d'une grande importance pour le maintien de la vie dans un environnement hostile. *In utero*, le SI doit rester tolérant aux allo-antigènes maternels. À la naissance, l'exposition massive et soudaine aux antigènes environnementaux, dont beaucoup sont des bactéries commensales intestinales, oblige à un rapide changement des réponses immunitaires.

La capacité de discrimination entre le soi et le non-soi se construit progressivement jusqu'à ce que le SI devienne mature, équipé d'une immunité innée et acquise fonctionnelles. Les mécanismes de l'immunité changent avec le temps, et ceux opérant *in utéro* ou à la naissance diffèrent de ceux qui agissent à l'âge adulte. Ceci montre à quel point le SI évolue en lien continu avec l'environnement. On peut même postuler que les antigènes de l'organisme et de l'environnement externe constituent les vrais moteurs de l'édification de l'immunité. L'immunité est construite par l'antigène. On comprend alors que le soi, parallèlement à l'évolution de l'immunité de la naissance à l'âge de la maturité du SI, évolue à son tour et change de nature. Au début, une pléiade d'antigènes sont tolérés, mais plus tard le SI devient discriminatif et réactif.

À l'âge adulte, des mécanismes plus performants et plus précis se mettent en place. Les antigènes de l'environnement étant invariables, ils ne sont plus affrontés de la même manière. À la maturité du SI, la réponse LTC (cellules T cytotoxiques ou cellules « tueuses ») s'est installée, ainsi que la fonction helper des LT (LTh ou LT CD4) sans laquelle les autres sous-populations de lymphocytes ne peuvent acquérir leur maturation, ceci accompagné d'une réponse B plus performante grâce au processus d'hypermutation somatique. L'immunité gagne en efficacité et en robustesse. Cependant, au-delà d'un certain âge, le SI perd de sa robustesse, abandonnant le terrain aux infections et aux désordres immunitaires. L'immunosénescence est le phénomène de perte marquée d'efficacité du système immunitaire (immunité innée et/ou adaptative) induit par le vieillissement de l'individu (chez l'humain ou d'autres espèces). Les modifications immunologiques induites par le vieillissement se traduisent notamment par l'apparition d'un mécanisme de compensation qui génère une inflammation chronique de bas-niveau (*inflammaging*) associée à un relargage de grandes quantités d'agents pro-inflammatoires et de protéases dans les tissus et notamment dans les muqueuses (dont la muqueuse respiratoire). Comme nous le savons, il existe une similitude frappante entre la fonction de digestion et celle de l'immunité. Elle est extracellulaire dans le premier cas, alors qu'elle est majoritairement confinée à l'intérieur des phagocytes dans le deuxième cas. On remarque qu'avec l'âge, l'immunité tend vers une dégradation extracellulaire entraînant des dommages tissulaires. Au vu de ces éléments, on pourrait argumenter que le soi est une entité dynamique évoluant suivant une courbe en cloche : d'abord immature, mature, puis en déclin à la vieillesse. Avec l'effondrement de l'immunité associé à l'âge, le soi perd de sa robustesse et se laisse envahir par des parasites autrefois bénins ou latents.

L'immunité innée n'est pas encore opérationnelle à la naissance. Le SI inné fournit une première ligne de défense contre les pathogènes. Les opérateurs sont les neutrophiles, les monocytes, les macrophages et les CD qui, tous, interagissent avec le SI adaptatif. Ces cellules se développent et mûrissent pendant la vie fœtale, mais l'immunité innée des nouveau-nés reste faible. Des neutrophiles matures sont présents à la fin du premier trimestre de gestation, et leur nombre augmente fortement peu de temps avant la naissance sous l'effet des facteurs de croissance, de stimulation des colonies de granulocytes. Leur nombre atteint un niveau stable en quelques jours, mais ils ont de faibles fonctions bactéricides, répondent peu aux stimuli inflammatoires, ont une adhésivité réduite aux cellules endothéliales et un chimiotactisme diminué. Ces déficits sont encore plus frappants chez les prématurés, qui ont également de faibles taux sériques d'IgG et de complément. Par conséquent, les nouveau-nés, en particulier les prématurés, ont une déficience des fonctions des neutrophiles, les exposant au risque d'infections bactériennes. Sous certains aspects, le SI d'un organisme vieilli ressemble à celui du nouveau-né, avec une activité antimicrobienne réduite par les neutrophiles et les macrophages, une réduction de la présentation des antigènes par les CD et une diminution des NK ainsi que des réponses lymphocytaires adaptables. Le SI des tout-petits, comme celui des personnes âgées, est déficient et peine à faire face aux infections virales typiques telles que la grippe, alors que l'organisme adulte semble parfaitement adapté à ce défi. On notera que l'évolution du SI coïncide avec le potentiel procréateur du jeune adulte.

En tant qu'espèce dont la durée de vie est relativement longue, les humains ont développé des mécanismes d'immunité innée et de mémoire immunologique pour survivre aux infections récurrentes. Cependant, au cours de la vie d'un individu, ces mécanismes immunitaires changent, d'abord pour s'adapter au passage de fœtus à nourrisson, puis pour mûrir et se développer pendant la croissance jusqu'à l'âge adulte, se modifier subtilement pendant la grossesse et finalement diminuer lors de la sénescence. La production de cellules lymphoïdes naïves et la capacité de former une nouvelle mémoire immunologique deviennent de moins en moins importante dès lors que l'organisme de l'individu âgé a rencontré et mémorisé de nombreux agents pathogènes au cours de sa vie. Il est possible que le biais myéloïde et la sécrétion accrue de cytokines pro-inflammatoires au cours du vieillissement soient essentiels pour améliorer la phagocytose d'un nombre croissant de cellules sénescentes, ce qui soulève la question de savoir si les changements dans le SI vieillissant peuvent avoir un but.

Le SI a été principalement modelé par l'évolution pour répondre efficacement aux infections aiguës chez les jeunes, s'adapter à la grossesse et transmettre la protection aux nourrissons, il est aussi adapté pour faire face à de nombreuses infections chroniques pendant des décennies. Outre la lutte contre les virus, les bactéries, les champignons et les parasites, le SI assure également d'autres rôles tels que la réparation des tissus, la cicatrisation des plaies, l'élimination des cellules mortes et cancéreuses, et la formation du microbiote intestinal sain.

L'état fonctionnel du SI d'un individu peut être un marqueur pertinent pour déterminer son âge, son état de santé et même pour estimer sa longévité. Le SI suit les méandres de la vie, s'altère avec l'âge et l'état de santé globale. Imaginez-le comme étant un système très flexible qui change rapidement en fonction des conditions du milieu. Nous ne pouvons pas exclure qu'il soit capable par lui-même de neutraliser les infections à tout moment de la vie sans recours à l'immunisation artificielle. Nous le savons, les conditions de vie et du milieu peuvent lui compliquer la tâche. Je le crois tout de même capable de receler encore bien des mystères, entre autres d'être doté de capacités auto-réparatrices encore insoupçonnées.

La notion de « soi » est par conséquent relative. Le soi change au cours de la vie en fonction du degré de développement du SI. Disons que l'immunité atteint son apogée chez le jeune adulte en capacité de procréer, suggérant que le premier rôle de l'immunité est d'assurer la reproduction de l'espèce. Ainsi, le passé immunologique représenté par les cellules mémoires et l'immunité hétérologue assure-t-il la défense de l'individu jusqu'à sa mort. De la naissance à l'âge adulte, le SI aura connu un nombre de stimulations antigéniques suffisantes pour l'armer d'anticorps naturels, de cellules mémoires et d'une immunité innée entraînée capables de neutraliser toutes les infections, à l'exception de celles pour lesquelles l'agent infectieux possède un taux élevé de mutations au niveau de ses épitopes soumis à la pression immunitaire. Ce sujet est encore à explorer mais il suggère que la vaccination devient quasi inutile au-delà de l'âge adulte, puisqu'elle n'apporte pas de nouvelle réponse immunitaire primaire ni de nouvelles cellules mémoires ; elle ne fait qu'élargir le pool préexistant de cellules mémoires, et n'est donc pas une vaccination au sens propre du terme. L'existence d'un répertoire de milliards d'immunorécepteurs pourrait nous laisser croire que le SI est toujours prêt pour affronter une nouveauté ou une étrangeté. Or, ceci semble irréaliste car le SI, non seulement décline avec l'âge, mais à l'âge adulte, il devient presque automatique et gagne en vitesse grâce au pool de cellules mémoires, en plus des effecteurs de l'immunité innée, tellement rôdés qu'ils neutralisent vite les antigènes. On pourrait arguer que seule une fraction du répertoire est mobilisée au cours de la vie. Ce scénario laisse perplexe étant donné qu'il est contreproductif du point de vue du fonctionnement de la nature, efficace et économique. Par ailleurs, le critère quantitatif, à savoir l'immensité du répertoire d'immunorécepteurs, est trompeur. En effet, ces derniers possèdent une flexibilité limitée et leur spectre de reconnaissance l'est également. En fait, les épitopes sont figés dans une topographie de surface pour pouvoir former des complexes avec les immunorécepteurs. Quoiqu'il en soit, il est quasi certain que l'immunité atteint un pic après lequel elle décline. Le pic ne signifie pas qu'elle a épuisé toutes ses ressources, mais qu'elle les a mobilisées de la meilleure façon pour s'adapter au milieu.

Il ne faut pas confondre vaccination (qui élicite une réponse immunitaire pour la première fois) et immunisation secondaire (qui vise à stimuler les cellules mémoires). Si un vaccin est inapte à induire une réponse immunitaire, les doses de rappel vont amplifier ses effets secondaires sans apporter d'effet bénéfique. Si une préparation antigénique vaccinale échoue à induire une réaction immunitaire, le risque est qu'elle maintienne une quantité élevée de l'antigène dans l'organisme, susceptible d'aboutir à des dysfonctionnements chroniques. Par contre, une immunisation qui induit une réponse mémoire sera amplifiée par des doses de rappel dans sa phase linéaire avant d'atteindre un pic. Durant le développement de l'enfant jusqu'à l'âge l'adulte, le SI atteint un stade de maturité que l'on pourrait rapprocher d'un stade de saturation, ensuite il se contente d'entretenir l'immunité déjà acquise plutôt qu'il ne développe de nouvelles réactions.

Chez les personnes âgées, la vaccination risque de suractiver les cellules mémoires présentes (qui pourraient même être de spécificités diverses) et entraîner un emballement du SI. Il serait plus approprié de cibler directement l'agent infectieux par des traitements spécifiques plutôt que de provoquer un tel désordre. Des études sur l'efficacité de la vaccination en fonction de l'âge seraient souhaitables pour clarifier ce sujet. À quoi sert une vaccination si l'individu dispose déjà de cellules mémoires et d'une immunité hétérologue capables de neutraliser les infections comme c'est le cas pour la majorité des adultes sains ? À quoi sert-elle chez des personnes âgées dont le SI est en déclin et dépassé par des infections et désordres en tout genre ? Le même dilemme se pose chez les nouveau-nés chez lesquels les antigènes vaccinaux pourraient nuire à la maturation des lymphocytes en provoquant des effets indésirables tels que l'anergie ou l'induction de l'apoptose dans des lymphocytes encore incapables d'intégrer les signaux d'activation antigénique. Se doit-on d'interférer avec l'évolution naturelle de l'immunité en l'absence de pathologie impliquant une immunodéficience primaire ou secondaire ? Il semble que l'immunité soit naturellement efficace chez la majorité des individus, puisque nous observons depuis des décennies une longévité accrue de notre espèce (jusqu'à très récemment en tout cas). Avec les prochaines crises sanitaires que l'on anticipe actuellement, il est urgent de repenser la vaccination sous la lumière d'études scientifiques neutres et impartiales visant à établir le véritable impact des vaccins en fonction de l'âge et des caractéristiques individuelles.

Le soi ne peut en aucun cas être défini comme l'ensemble des composants d'un organisme, étant donné que plusieurs antigènes du non-soi sont tolérés avant que l'immunité ne devienne mature. Ces antigènes du non-soi font alors partie intégrante du soi, (on pense notamment aux bactéries commensales de l'intestin). Il faudrait donc considérer le soi comme un ensemble hétérogène incluant des composants de l'organisme et du non-soi adopté ou hébergé, que je nomme le soi importé. Par conséquent, la discrimination entre le soi et le non-soi est toute relative, elle est très active seulement au moment où l'immunité adaptative atteint un haut degré d'efficacité. Il nous faut nous placer sous le bon angle pour définir les concepts du soi et de la discrimination soi/non soi, car ils ne reflètent pas une réalité fixe et immuable, mais une réalité dynamique qui change en fonction du vécu immunologique de l'individu et donc de son âge. Comme on le sait, la nature est économe. L'énergie dépensée au cours des premières années de la vie, pour rôder le SI et le rendre efficace, est récupérée à l'âge adulte avec l'apparition de la mémoire immunitaire.

Le concept du soi peptidique

Le concept du soi peptidique postule que le soi serait l'ensemble des peptides présentés par les molécules CMH (complexe majeur d'histocompatibilité) de l'individu. Ceci a conduit à l'idée que le soi ne serait qu'une fraction des protéines de l'organisme. Les molécules CMH jouent deux rôles déterminants : 1) Au cours de la sélection thymique (ou celle au sein de la moelle osseuse), elles permettent d'induire l'apoptose dans les lymphocytes dont le TCR (ou BCR) reconnaît les peptides du soi. 2) Après la maturation des lymphocytes, elles leur permettent de réagir contre des peptides immunogènes, dont la majorité dérivent du non-soi.

Par conséquent, le CMH joue le rôle de guide de l'immunité : d'abord il l'éduque à reconnaître le soi, puis il stimule sa réaction contre le non-soi. L'immunité innée, quant à elle, élimine les particules pathogènes durant le développement de l'immunité. Le soi dérive, en premier lieu, de l'exécution du programme génétique porté par la cellule-œuf qui, après divisions et différenciations cellulaires, engendre un organisme isolé du milieu par des barrières, la peau et les muqueuses, et doté de mécanismes immunitaires innés entraînés à éliminer les particules pathogènes présentes dans l'environnement. Cependant, on peut affirmer que la restriction au CMH, qui se met en place une fois le SI mature, contribue à renforcer l'immunité, surtout face aux pathogènes qui réussissent à outrepasser les premières lignes de défense de l'immunité innée. Sans l'implication de la restriction CMH, le soi ne pourrait pas se conserver face à la diversité colossale des déterminants antigéniques. L'immunité innée, acquise passivement au cours de l'allaitement, permet aux nouveau-nés de survivre aux premiers mois de la vie, l'entrée en jeu de la restriction CMH garantit au soi une plus longue viabilité. Le modèle peptidique ne devient viable qu'après que la restriction CMH soit devenue opérationnelle. Ce que la restriction au CMH va apporter de crucial à l'immunité est l'apparition de la mémoire immunitaire T ou B, qui va améliorer les capacités de défense de l'organisme puisque la réponse secondaire à un antigène est plus rapide et efficace. La présentation des peptides par le CMH joue un rôle déterminant dans l'acquisition de la capacité de discrimination entre le soi et le non-soi. Elle permet, avant le stade de maturité du SI, la destruction des lymphocytes potentiellement autoréactifs, elle prédétermine les limites du soi. Après sa maturation, elle va induire la réponse immunitaire contre le non-soi en délivrant le signal d'activation au TCR. Ce mécanisme de présentation des déterminants antigéniques permet aussi de restreindre la réponse immunitaire des clones de LT aux déterminants antigéniques qui leur sont associés. Ceci signifie que divers peptides antigéniques peuvent être produits dans la CPA, mais seuls ceux bénéficiant de la fonction de présentation de CMH seront potentiellement immunogènes. Les anticorps solubles ont, par contre, la capacité de reconnaître un épitope conformationnel naturel.

Le mécanisme de présentation des épitopes par les molécules CMH joue un autre rôle : celui d'échantillonner les protéines produites au sein des cellules dans les conditions normales ou pathologiques. C'est la base même de l'immunosurveillance qui sonde les cellules et leurs protéines à la recherche d'aberrations et d'anomalies. C'est parce que ce mécanisme fonctionne dans les conditions normales qu'il permet aux lymphocytes de détecter des déterminants antigéniques au cours des infections virales. Les protéines, sources d'épitopes peptidiques, sont principalement situées dans la cellule, mais certaines parviennent dans l'espace extracellulaire quand elles sont sécrétées ou résultent d'un clivage de précurseurs membranaires. Intracellulaires ou extracellulaires, les protéines sont des autoantigènes qui, lorsqu'elles ont subi une anomalie structurale ou conformationnelle, peuvent devenir immunogènes. Par exemple, une protéine sécrétée mutante peut développer des effets négatifs dans les conditions suivantes : 1) elle est devenue incapable de se fixer sur son récepteur ; 2) elle peut s'y fixer mais perd sa capacité de transmettre le signal. Une cellule infectée par un virus peut produire des protéines du soi dont la régulation a été altérée par l'infection virale ou des protéines virales dont certaines empruntent le système sécrétoire de la cellule assurant le transport des protéines. Ces dernières peuvent s'ancrer dans la membrane plasmique ou subir un clivage protéolytique et se libérer dans l'espace extracellulaire. Le type et la quantité des protéines, intracellulaires ou extracellulaires, renseignent en permanence l'immunité sur le soi. Les protéines intra-cellulaires sont sondées par des peptides présentés par les molécules du CMH-1, alors que les protéines extracellulaires le sont par les molécules du CMH-2. Ce mécanisme permet à l'immunosurveillance de sonder le soi à tout instant. Les particules virales, bactériennes ou d'autres parasites protozoaires sont phagocytées par les phagocytes ou les CPA, dégradés par les endoprotéases au sein des phagolysosomes. Des peptides issus de leur dégradation s'associent aux molécules CMH.

La présentation des peptides antigéniques par le CMH des CPA active l'immunité T cellulaire, car les LT activés vont reconnaître les mêmes complexes CMH-peptides à la surface des cellules cibles, en l'occurrence, celles infectées par des virus ou des bactéries sur lesquelles elles vont exercer leur fonction cytotoxique. Il est raisonnable de se demander si les CPA ne sont pas elles-mêmes cibles des LTC, ce qui jouerait un rôle régulateur en diminuant la délivrance du signal d'activation. L'immunité T a donc pour fonction principale de contrôler les cellules de l'organisme pour éliminer celles qui sont devenues aberrantes. On comprend bien que l'immunité cellulaire surveille en permanence les cellules de l'organisme en sondant les complexes CMH-1-peptides à leur surface. Il serait faux de croire que ce mécanisme opère seulement en cas d'infection ou de transformation tumorale, il opère à tout moment. Il surveille en même temps les protéines cellulaires. Par conséquent, le mécanisme de restriction au CMH-1 permet au SI de contrôler les protéines intracellulaires qui finissent toutes par être dégradées et recyclées en produisant des peptides qui vont se combiner aux molécules CMH-1 pour, ensuite, être transportés à la surface de la cellule. Tandis que l'immunité B humorale se charge des protéines extracellulaires. Les BCR lient des antigènes extracellulaires et envoient le signal de stimulation aux LB qui, après maturation, produisent des anticorps solubles. Le complexe CMH joue un rôle différent pour l'immunité B. Les LB, par le biais de leurs BCR, captent l'antigène qui subit des clivages par des endoprotéases et produit des peptides. Ces derniers s'associent aux molécules CMH-2 qui vont interagir avec les TCR des LTh qui, par la suite, leur délivrent des signaux de co-stimulation. C'est le mécanisme d'activation des LB par les antigènes, dits thymo-dépendants, au cours duquel le LB joue le rôle de CPA pour le LTh. La cytotoxicité est contrôlée par l'interaction de CD8 avec le CMH-1, et la fonction helper par l'interaction CD4 avec le CMH-2. Les LB activés vont produire des anticorps qui ont deux fonctions à remplir : 1) capter la protéine cible par la région variable, le paratope ; 2) l'acheminer vers les cellules immunocompétentes équipées de récepteurs RFc qui vont se fixer sur leur partie constante Fc. Les complexes anticorps-antigènes sont alors internalisés par ces cellules et dégradés. Notons que les protéines extracellulaires peuvent aussi être présentées par les molécules de CMH-1 via le mécanisme de présentation croisée.

Pour le moment, retenons que l'immunité T cellulaire surveille les cellules de l'organisme, alors que l'immunité B veille sur l'espace extracellulaire. Le mécanisme de la présentation croisée (le seul connu), permet aux CPA de générer des complexes CHM-1-épitopes à partir de protéines extracellulaires. Il désigne la capacité de certaines cellules CPA à activer les LT CD8+ en leur présentant, en association avec le CMH-1, des antigènes extracellulaires qu'elles ont ingérés. Par contre, les protéines sécrétées, comme toutes les autres protéines de la cellule, sont soumises à la protéolyse intracellulaire au cours de leur recyclage, et forment des peptides immunogènes qui s'associent avec les molécules de CMH-1. Il faut tout de même rappeler que les LT CD8+ activés par ce mécanisme ne vont pas cibler la protéine d'où provient l'épitope, mais la cellule qui la produit. Par leur TCR, les LT CD8+ repèrent, à la surface des cellules cibles, les mêmes complexes CMH-1- peptides qu'ils avaient auparavant reconnus à la surface des CPA. Divers mécanismes peuvent déclencher la présentation croisée. Retenons l'exemple des infection virales au cours desquelles des protéines virales sécrétées empruntent la voie de la présentation croisée au sein des CPA. Ces protéines pourraient aussi être piégées dans des complexes immuns internalisés par une CPA, où leur dégradation produirait les peptides-épitopes qui s'associent au CMH-1. Il se pourrait aussi que toute la particule virale soit phagocytée par une CPA, ce qui, par la présentation croisée, va produire un ensemble de complexes peptides viraux CMH-1 (les protéines structurales de la particule virale sont présentées). C'est de cette manière que les LT CD8+ activés par le mécanisme de la présentation croisée vont repérer les cellules d'où provient l'antigène extracellulaire, notamment les cellules infectées par un virus. En même temps, le LT CD8+ peut être activé par le mécanisme de la présentation croisée par une CPA ayant phagocyté une cellule cancéreuse entière (ou ayant capté une de ses protéines secrétées). Une fois activé, LT CD8+ détruirait la cellule tumorale exprimant les complexes peptide-CMH-1 spécifiques. D'autre part, les protéines extracellulaires activent les LT CD8+ par un autre mécanisme, indirect cette fois, qui implique les LTh. Une fois qu'ils sont captés par les CPA et présentés en association avec leurs molécules CMH-2 aux LTh, ces derniers sont activés et vont produire des cytokines qui induisent la prolifération des LT CD8+ stimulés par leurs antigènes. Les LTh activant la fonction cytotoxique des LTC sont de type Th1. Tandis que ceux qui activent la production des anticorps par les LB sont de type Th2. CPA, LT CD4, et LT CD8 ou LB, par leurs fonctions respectives, contribuent tous à l'élimination des foyers d'infection, de tumeurs ou ceux exprimant d'autres anomalies.

L'ensemble de ces conditions sont réunies par les CPA. Ce sont essentiellement les monocytes et les macrophages, les CD et les LB, qui expriment de façon constitutive les molécules de classe 2 du CMH. De plus, les LT CD4+ jouent un rôle de chef d'orchestre. Une fois activés par les cellules CPA dans les ganglions lymphatiques, un LT CD4+ pourra sécréter de l'IFNγ qui va, par la suite, activer des macrophages. Ces derniers sécréteront ensuite de l'IL-12 qui activera d'autres LT CD4+. On assiste, lors de ces interactions immunitaires, à un véritable dialogue entre différents types cellulaires.

Les LT CD4+ surveillent les protéines extracellulaires, car ils sont toujours activés par des peptides en complexe avec le CMH-2 qui proviennent uniquement du *processing*[1] des protéines extracellulaires. Ils sont capables d'activer les LB, producteurs d'anticorps. Une particule virale ou une bactérie phagocytée par des CPA va constituer une source de peptides antigéniques qui s'associeront au CMH-2. Ce processus permettra d'activer les LT CD4+, qui vont alors produire un certain type de cytokines qui, à leur tour, activeront d'autres types de cellules. Cependant, dans certaines circonstances, des protéines intracellulaires parviendront à s'associer au CMH-2. Par exemple, lors de la phagocytose d'une cellule morte qui garde encore intactes ses protéines, ou les corps apoptotiques qui renferment des composants de la cellule dont ils sont issus, ou même les protéines d'une cellule infectée proche de la nécrose. Sans oublier les débris cellulaires qui peuvent aussi servir de sources de peptides issus des protéines qu'ils véhiculent. Leur broyage au sein des cytoplasmes des phagocytes, dont principalement le macrophage, pourra générer des complexes peptides-CMH-2. Au final, il s'agit ici des protéines exprimées à l'intérieur des cellules cibles, mais qui se trouvent présentées par le CMH-2 des CPA par le fait qu'elles sont captées de l'extérieur. Les LT CD4+ seraient alors recrutés, ce qui amplifiera la réponse immunitaire. La situation idéale serait que les peptides qui s'associent aux molécules CMH-1 et CMH-2 proviennent du même foyer infectieux, ce qui favoriserait une réponse immunitaire robuste et multi-opérationnelle. À l'inverse, si l'antigène est strictement intracellulaire ou extracellulaire, la réponse immunitaire est plus étroite, canalisée vers un seul levier (réponse B ou T). L'immunité diversifie ses mécanismes d'action pour éliminer

---

[1] Grâce à son équipement enzymatique, la CD, qui a internalisé l'antigène, le fragmente en petits peptides immunogènes qu'elle charge sur des molécules du CMH de classe II. On parle de "processing" de l'antigène.

l'antigène et, en la matière, il semble qu'il n'y ait ni règle absolue ni réponse uniforme.

Nous venons de citer des scénarios par lesquels des protéines intracellulaires peuvent s'associer au CMH-2, tandis que les protéines extracellulaires ont accès au CMH-1 par le mécanisme de la présentation croisée. On peut, malgré tout, postuler que les LT se sont spécialisés pour remplir deux fonctions complémentaires : les LT CD8+ éliminent les antigènes intracellulaires, alors que les CD4 amorcent l'élimination des antigènes extracellulaires en activant les LB. Les LT CD8+ tuent la cellule cible exprimant l'antigène directement après la formation d'une synapse (le baiser de la mort). Les LT CD4+ sont activés par les CPA (CD, macrophages et LB) dans les ganglions lymphatiques lorsqu'un agent pathogène est détecté. Ils activent à leur tour les autres LT selon la nécessité, et migrent via la circulation sanguine vers le site infectieux ou tumoral pour détruire les cellules contaminées. Ils activent alors d'autres cellules du SI (macrophages et polynucléaires éosinophiles, par exemple) et forcent les cellules contaminées à se « suicider » (phénomène d'apoptose cellulaire).

Avec les mécanismes de présentation de peptides associés aux molécules CMH, le SI est capable de sonder les cellules et l'espace extracellulaire. Les cellules aberrantes sont détruites directement par les LTC, alors que les antigènes solubles ou particulaires sont évacués par les anticorps. Des antigènes de grande taille, comme les bactéries et les virus, peuvent être phagocytés et détruits au sein des cellules. Le SI nous offre un beau spectacle d'interactions cellule-cellule, molécule-cellule et molécule-molécule. Le réseau bifurque pour augmenter les possibilités de capter et d'éliminer les antigènes. Les LT CD4+ forment un nœud commun au sein des circuits d'activation des lymphocytes, ils interviennent pour activer la cytotoxicité ou la production d'anticorps. Il y a là une rétroaction, les LB peuvent activer les LT CD4+ spécifiques de l'antigène, et la réponse est soutenue et amplifiée. Les CPA constituent, sans l'ombre d'un doute, l'étape clef qui active les circuits immunitaires passant par les LT et LB. Elles programment les lymphocytes pour réagir à un peptide antigénique spécifique. Ce sont les CPA qui déclenchent la sélection clonale, car elles activent un clone spécifique de l'antigène. Même s'il y a production de cytokines par les CPA, ou plus tard par les lymphocytes activés, seuls les clones recrutés par l'antigène vont exprimer les récepteurs à ces cytokines et devenir leurs cibles spécifiques. Citons l'exemple de CD25, le récepteur à l'IL-2, exprimé principalement chez les lymphocytes activés par leurs antigènes. Le clone s'amplifie, et les cellules prolifèrent grâce à ce récepteur qui capte l'IL-2 qui agit comme facteur de croissance des lymphocytes. L'immunité innée sera de nouveau mobilisée : macrophages, neutrophiles, cellules NK, participent à leur tour à l'élimination de l'antigène.

L'immunité est fondée sur le dialogue entre différents types cellulaires issus des lignées lymphoïdes et myéloïdes. La première étape débute dès qu'une CPA présente un peptide en association avec le CMH. Si c'est le CMH-1, on aura le circuit : CPA - LT CD8 ou CPA - LT CD4 - LT CD8. Si c'est le CMH-2, on aura le circuit : CPA - LT CD4 - LB. Les deux circuits fonctionnent dans le cas de la présentation croisée. Ces circuits, bien que principaux, ne sont pas les seuls, d'autres entrent en jeu dans certaines circonstances, comme c'est le cas pour les antigènes thymo-indépendants dont le circuit est raccourci (étant donné qu'il ne passe pas par les CPA). Dans ce cas, l'activation des LB dépend essentiellement du degré du pontage des BCR pour délivrer un signal d'activation suffisant. Les LT CD4 créent les conditions favorables à une réponse immunitaire en libérant des cytokines spécifiques, alors que LT CD8 ou LB exercent une action sur l'antigène cible, soit par cytotoxicité, soit par libération d'anticorps. Une réponse immunitaire efficace devrait mettre en jeu et l'immunité humorale et l'immunité cellulaire. C'est bien ce dialogue entre les cellules immunitaires qui détermine l'issue de la discrimination entre le soi et le non-soi. N'oublions pas cependant que certains épitopes tolérés dans l'organisme ne déclenchent pas de réaction immunitaire.

La CPA et le CMH déclenchent la réponse immunitaire adaptative

Les CPA agissent comme des véhicules qui transportent le complexe CMH-épitope au contact du TCR. Elles suivent le chemin allant des tissus vers les ganglions lymphatiques, tout en étant guidées par des chimiokines. À leur arrivée, elles sont sondées par des millions de lymphocytes naïfs. La superfamille des immunoglobulines (SFIg) contrôle tout le processus, elle est présente des deux côtés : du côté de la CPA par la molécule CMH, et du côté du LT par le TCR (CMH et TCR appartiennent à la SFIg). Des gènes de la même famille orchestrent les interactions entre les cellules. La présentation des épitopes peptidiques par les molécules CMH constitue la pierre angulaire de la réponse immunitaire adaptative. C'est un mécanisme moteur de l'immunité. Deux phénomènes se croisent : le clivage des protéines au sein de la cellule par des endoprotéases, et le transport des molécules CMH à la surface cellulaire. Parmi les nombreuses molécules présentes à la surface des LT, à part le complexe TCR/CD3, d'autres protéines (CD4, CD8, LFA-1) facilitent l'interaction entre les cellules effectrices et les CPA. Après l'interaction du TCR avec le complexe Ag-CMH, les molécules CD4 ou CD8 interagissent avec un déterminant non polymorphe de la molécule du CMH (c'est-à-dire une région conservée entre les molécules du CMH) afin de stabiliser le complexe TCR-CMH-peptide. Les corécepteurs CD4 et CD8 favorisent ainsi l'interaction entre le TCR et l'antigène. Le CD4 et le CD8 se lient à une région invariable des CMH, ce qui explique la capacité des LTC de lyser des cellules d'origine étrangère comme celles d'un organe transplanté ou d'une greffe.

Que ce soit le CMH-1 autologue associé à un épitope ou des CMH hétérologues associés à leurs peptides, tous sont vus par le SI comme une étrangeté antigénique. Par exemple, le CMH-1 autologue de l'organisme stimule l'immunité en lui présentant un épitope, de la même manière qu'un CMH hétérologue d'un tissu transplanté lui présente des épitopes issus du donneur. Dans les deux cas, le TCR reconnaît l'épitope, car CD4 ou CD8 se fixent sur la même région invariable des molécules du CMH. La lyse des tissus transplantés survient, car le peptide présenté par le CMH-1 peut provenir de protéines variables entre le donneur et le receveur ou de protéines microbiennes dans le cas où le tissu transplanté est infecté. Les LTC du receveur qui sont activés dans ce dernier cas, sont principalement des LT mémoires dont les TCR reconnaissent directement, par cross-réactivité ou forte affinité, les CMH hétérologues associés à leurs peptides. Il se peut aussi que les CPA du donneur activent des clones naïfs du receveur par leur CMH hétérologue chargé en peptides antigéniques. Les mécanismes de rejet sont multiples et complexes. Mais on voit que la fonction LTC s'exerce toujours de la même façon, que ce soit dans le cas d'un tissu d'origine étrangère (transplanté), ou dans celui d'un tissu appartenant à l'organisme infecté par un micro-organisme. Nous l'avons vu, les mécanismes immunologiques de rejet de greffe impliquant le CMH sont bien décrits. Mais d'autres mécanismes insoupçonnés peuvent contribuer à ce rejet. Les cellules mortes du tissu greffé peuvent servir de sources d'antigènes après leur capture par les CPA du receveur. Les CPA activent les LT CD4+ ou les LT CD8+ par cross-présentation. Quand l'organe ne fonctionne pas normalement, le taux de mortalité cellulaire et la production de protéines aberrantes augmentent, ce qui accroît les chances de présentation des épitopes immunogènes, même si le donneur et le receveur sont compatibles pour les gènes du CMH. Théoriquement, l'organe greffé doit produire le même genre de protéines, mais la diversité génétique entre deux individus de la même espèce, même s'ils sont issus de la même famille, en est un obstacle majeur. Si la variabilité touche un épitope d'une protéine donnée, cela suffit à activer la réponse adaptative. Il se pourrait aussi que des LTC cross-réactifs lysent directement les cellules du tissu greffé en reconnaissant un épitope proche de l'épitope dont ils sont spécifiques. En cas de greffe de tissus incompatibles pour le CMH, le rejet sera très rapide, car les molécules du CMH vont servir elles-mêmes de cibles d'anticorps et, par conséquent, de la cytotoxicité dépendante des anticorps (nommée ADCC) exercée par les cellules NK suite à leur activation par la région Fc des anticorps.

Notons que le TCR reconnaît le peptide présenté sans entrer en contact avec le CMH. Les interactions protéine-protéine de l'immunité innée ne font intervenir que le récepteur et son ligand (PRR et PAMP) sans implication du CMH. En réalité, le SI est aveugle aux protéines intracellulaires car elles sont synthétisées à l'intérieur de la cellule. De plus, elles subissent des modifications post-transcriptionnelles qui complexifient leurs structures. Elles adoptent des conformations spatiales à cause desquelles la grande majorité de leurs acides aminés sont inaccessibles, masqués par les repliements de la protéine. Seuls les anticorps sont capables de déceler des épitopes conformationnels situés à la surface d'une protéine native. Le CMH est une innovation très ingénieuse qui permet au SI de sonder la structure primaire des protéines : celles-ci subissent une dégradation au sein de la cellule qui va générer un cocktail de peptides dont certains sont véhiculés par le CMH à sa surface. Ce n'est pas la protéine qui est visée par l'immunité cellulaire mais la cellule qui la produit. Si la cellule est infectée par un virus, le CMH va présenter des peptides issus des protéines virales au moment où le virus se réplique. La cellule elle-même, quand elle est infectée, envoie des signaux de danger au SI qui dépêche ses cellules innées ou adaptatives pour sonder les protéines membranaires, dont les complexes CMH-peptides. Mais attention, les TCR des lymphocytes naïfs sont toujours initiés en deux temps : d'abord par les complexes CMH-peptides des CPA, et ensuite par ceux présentés à la surface des cellules cibles de l'organisme. Ce sont surtout les protéines sécrétées qui seront présentées par les CPA en association avec les complexes CMH-2, sauf en cas de cross-présentation. Le système CMH exerce un contrôle qualité des cellules de l'organisme en sondant la qualité des protéines qu'elles produisent, ou de celles qu'elles libèrent dans l'espace extracellulaire. C'est par ce même mécanisme que le SI repère des infections virales ou des foyers de transformation tumorale.

Le fait que le CMH soit polymorphe permet aux individus de l'espèce de présenter des épitopes plus ou moins variables issus de la même protéine. C'est ce polymorphisme qui entraîne les rejets de greffe, d'où la nécessité de sélectionner des donneurs d'organes compatibles pour les gènes CMH. Une infection virale donnée n'aura pas les mêmes effets chez tous les individus, car les molécules CMH, variables d'un individu l'autre, ne vont pas présenter les mêmes épitopes dans tous les cas (les acides aminés d'ancrage des peptides varient selon le type des molécules CMH). C'est pourquoi il est si important de déterminer la corrélation entre l'incidence d'une maladie infectieuse et le typage CMH. Le type d'épitopes présentés et leur conformation locale peuvent varier en fonction des molécules CMH. Dans le cas de pathogènes à haute fréquence de mutations, cette propriété permet d'accroître les chances d'induire une réponse immunitaire protectrice chez les individus ayant un type précis de CMH. Le polymorphisme du CMH, qui fait partie de la diversité génétique au sein de l'espèce, contribue à sa conservation en variant les épitopes présentés, et en élargissant le spectre de reconnaissance du SI. En revanche, CD4 et CD8 interagissent avec une zone conservée des CMH. Le signal d'activation antigénique est transmis aux LTC ou lymphocytes LTh par leur entremise. CD4 et CD8 agissent comme des commutateurs qui vont orienter la réponse immunitaire dans un sens ou dans l'autre (cytotoxique ou helper). CD3, quant à lui, intervient dans la signalisation antigénique dans les deux cas.

CD4 est une molécule composée de quatre domaines de type Ig. Les deux premiers domaines, D1 et D2, sont solidement associés l'un à l'autre, formant ainsi une structure rigide de 60 Å de long. D1 et D2 sont reliés par une région charnière flexible aux deux autres domaines D3 et D4 qui forment eux aussi une structure rigide ancrée à la membrane. La région intracytoplasmique du CD4 interagit fortement avec la protéine tyrosine kinase p56Lck. Cette propriété permet à la molécule de CD4 de participer activement à la transduction du signal des LTh. Le CD4 interagit avec le domaine β2 de la molécule CMH-2 par l'intermédiaire de ses deux domaines D1 et D2. Bien que CD4 et CD8 agissent tous deux comme corécepteurs du TCR, leur structure est très différente. La molécule CD8 est un hétérodimère composé d'une chaîne α et d'une chaîne β constituées d'un domaine unique de type Ig. Chaque domaine de ces deux chaînes est ancré à la membrane par une grande chaîne peptidique fortement glycosylée. CD8 se fixe sur le domaine α3 des molécules du CMH-1. Comme CD4, la partie intracytoplasmique de la chaine α de CD8 permet le recrutement de la p56Lck.

La notion d'apprêtement de l'antigène (*processing*) provient des observations établies par Ziegler et Unanue[116] (1981). Elles seront confirmées ensuite par de nombreux groupes de scientifiques. Utilisant comme antigène la bactérie Listeria monocytogène, ils établirent les données fondamentales suivantes :

1- Le macrophage phagocyte Listeria en quelques minutes. De 30 à 60 minutes lui sont, par contre, nécessaires pour présenter l'antigène à des LT spécifiques de Listeria.
2- Si les macrophages sont fixés après avoir été incubés avec l'antigène suffisamment longtemps (une heure par exemple), ils conservent leur capacité à présenter l'antigène.
3- Si les macrophages sont fixés avant d'être incubés avec l'antigène, ils perdent leur capacité à stimuler des LT spécifiques de cet antigène.

De plus, le traitement des CPA avec des agents lysosomotriques (chlorure d'ammonium ou chloroquine) abolit totalement leur capacité à présenter l'antigène. Notons que c'est ici qu'intervient la chloroquine (dont l'usage contre la Covid a été controversé) qui interrompt la cascade d'activation immunitaire empêchant que le SI ne produise des dégâts au niveau des tissus.

Ainsi, ces chercheurs ont montré que l'antigène devait rencontrer, à un moment donné, un compartiment intracellulaire acide, et qu'il existait une corrélation entre l'inhibition de la dégradation protéolytique de *Listeria* et l'inhibition de la capacité à présenter l'antigène. Ces observations nous enseignent que l'apprêtement de l'antigène implique sa fragmentation protéolytique.

En 1983, Shimonkevitz et Grey[115] réalisent une expérience cruciale : ils fixent des CPA au glutaraldéhyde. Les CPA ainsi traitées ne peuvent présenter l'antigène (l'ovalbumine de poule) aux LT. Alors, les chercheurs vont fractionner chimiquement et enzymatiquement (à l'aide de bromure de cyanogène, trypsine) ce même antigène, l'ovalbumine. Les CPA fixées au glutaraldéhyde et mises en présence de ses fragments sont pourtant capables de stimuler les LT spécifiques. Le *processing* de la CPA aboutit donc à la préparation de peptides qui peuvent directement s'associer à cette même cellule. Parallèlement à ces travaux, Allen et Unanue[116] (1984) ont démontré que des macrophages, incubés avec des *Listeria* marquées, relarguent un certain nombre de peptides dont certains s'associent aux membranes de macrophages. De nombreuses autres études ont démontré, en utilisant des peptides synthétiques, que les LT reconnaissent, en association avec les antigènes du CMH, de courtes séquences peptidiques (une dizaine d'acides aminés) produites par le *processing* de l'antigène. Diverses approches ont été mises au point pour déterminer la nature des peptides produits par le processing physiologique et pouvant ensuite s'associer aux antigènes du CMH.

Il a été possible d'identifier ces peptides et de démontrer qu'il existe une population hétérogène de peptides (d'une taille de 15 à 25 acides aminés) possédant un "core" commun. Le groupe de Janeway[117] (voir aussi Amigorena[118]) a purifié les antigènes du CMH-2 obtenus à partir de lignées cellulaires, en l'absence d'incubation avec un antigène exogène. Il a isolé les peptides associés à ces molécules, et a démontré qu'il s'agissait de peptides plus longs que ceux élués à partir des molécules CMH-1 purifiées. Ceci implique qu'il existe des modalités différentes d'interaction entre peptides et antigènes du CMH de classe-1 et -2, ce qui a été confirmé par la cristallographie de ces molécules. Ces peptides, présents en l'absence d'exposition des cellules à des antigènes extérieurs, dérivent de peptides de la cellule ou de composants de milieux de culture.

À ce stade, nous pouvons nous interroger : quelle est la proportion de molécules CMH à sillons vides présentes à la surface cellulaire par rapport à celles dont les sillons sont occupés par des peptides ? Est-ce que les molécules CMH ont strictement besoin de peptides pour accomplir leur transport à la membrane plasmique ?

Nous pouvons déduire de l'expérience de Shimonkevitz et Grey[115] que la capacité des CPA fixées au glutaraldéhyde de présenter des peptides issus de la dégradation extracellulaire de l'ovalbumine (réalisée expérimentalement) signifie la présence, à la surface de la cellule, de molécules CMH ne contenant pas de peptides dans leur sillon. Malgré le fait qu'elles aient été fixées au préalable au glutaraldéhyde, elles ont conservé leur capacité de stimulation des LT spécifiques de l'ovalbumine. Il se pourrait donc que le peptide se détache des molécules CMH au cours de leur transport à la surface de la cellule, ou se fait déplacer par un peptide ayant plus d'affinité. Ce mécanisme pourrait jouer un rôle dans l'immunité. En effet, si une protéine extracellulaire ou membranaire subit une protéolyse extracellulaire, elle peut générer des peptides à l'extérieur de la cellule qui viendraient se nicher dans les sillons vides des molécules du CMH-1 ou CMH-2, sans passer par le système sécrétoire de la cellule. Par conséquent, la présentation des épitopes par le CMH pourrait être plus ample que nous le croyons. Dans les conditions normales, la présentation par les molécules CMH est restreinte aux protéines émanant de la cellule (soit celles synthétisées par la cellule ou phagocytées), mais, en cas d'infections ou d'anomalies cellulaires, la production de protéines dans l'espace matriciel et leur dégradation extracellulaire pourraient fournir des peptides qui s'associent directement aux CMH à l'extérieur de la CPA. N'oublions pas qu'en cas d'infection et de lyse des cellules, des protéases d'origine microbienne ou cellulaire, libérées dans l'espace extracellulaire, pourraient amorcer la protéolyse de protéines membranaires ou sécrétées. Ce mécanisme, quoique survenant dans des circonstances particulières, pourraient accélérer l'amorçage de la réponse adaptative, en augmentant la densité membranaire des complexes CMH-peptides. Les protéines de grande taille, dotées de plusieurs sites de clivage de protéases ubiquitaires, une fois produites dans l'espace extracellulaire, pourraient très bien générer un cocktail de peptides, dont certains pourraient se nicher dans les molécules CMH des CPA. Une famille de protéases, les métalloprotéases matricielles (MMP), pourrait être impliquée dans le clivage extracellulaire de protéines, qu'elles soient matricielles ou non.

Les MMP sont des enzymes protéolytiques caractérisées par la présence d'un ion Zn2+ lié à trois résidus d'histidine au niveau de leurs sites catalytiques. Elles jouent un rôle dans la modification de la matrice extracellulaire (MEC). Il existe environ 23 MMP chez l'être humain codées par des gènes différents et produites par de nombreux types cellulaires. En effet, le développement des organismes multicellulaires dépend de la synthèse d'une MEC qui facilite l'organisation des cellules en entités fonctionnelles (les tissus et les organes). Les MEC sont en renouvellement constant et subissent de profonds remaniements au cours de phénomènes biologiques ou pathologiques, tels que le développement embryonnaire, la cicatrisation, le cancer ou l'athérosclérose. La dégradation des molécules de la MEC est effectuée par des protéases spécialisées, dont les principales sont les MMP. De nombreuses études ont été entreprises pour caractériser les substrats matriciels des MMP, ainsi que le rôle de ces enzymes dans les processus au cours desquels on observe un remodelage tissulaire. Chaque protéase cible des substrats qui lui sont propres, si bien que la famille des MMP est capable de dégrader tous les constituants des MEC. Cependant, de rares substrats matriciels ont été identifiés *in vivo*. Il est apparu ces dernières années que la fonction des MMP n'était pas restreinte *in vivo* et *in vitro* à la destruction de la MEC. Les MMP peuvent régler le comportement cellulaire à tel point qu'elles génèrent des effets souvent inattendus en pathologie. La dégradation de la MEC altère le micro-environnement cellulaire en modifiant sa composition et en libérant des facteurs de croissance. Les actions directes des MMP sur les MEC influencent le comportement cellulaire via des molécules transmembranaires, telles que les intégrines qui interagissent avec les constituants extracellulaires des matrices et le cytosquelette. Les MMP peuvent ainsi participer à la migration et à la différenciation cellulaire, à l'apoptose ou stimuler d'autres voies intracellulaires de transduction des signaux. Le clivage des protéines de la MEC peut également engendrer des peptides biologiquement actifs. Le clivage de la laminine-5 par la MMP2 en est un exemple. Il engendre un fragment de la chaîne γ2 qui stimule la migration cellulaire. Par leurs actions protéolytiques sur les molécules matricielles, les MMP provoquent la libération de ces facteurs stockés dans la MEC, et agissent ainsi sur le phénotype cellulaire. Cette activité protéolytique peut être très spécifique et conduire à la libération d'un seul facteur de croissance. Par exemple, la dégradation du perlécane par la MMP1 ou la MMP3 va entraîner la libération de FGF (*fibroblast growth factor*), tandis que le clivage d'un autre protéoglycane, la décorine, par les MMP-2, 3 ou 7 conduit à la libération de TGF-β (*transforming growth factor β*).

Les MMP peuvent aussi catalyser le clivage de protéines non matricielles, ce qui peut avoir des effets très spécifiques dans la physiologie des cellules et des organes. Par exemple, les MMP sont capables de cliver les IGF-BP (*insulin-like growth factor-binding protein*) et donc d'augmenter la disponibilité de l'IGF. Elles agissent également directement sur les facteurs de croissance. La MMP2 et la MMP9 peuvent activer le pro-TGFβ, et les MMP libèrent de la membrane cellulaire de l'HB-EGF (*heparin-binding epidermal growth factor*) actif. Ces actions ne se limitent pas aux facteurs de croissance. Les MMP agissent sur le pro-TNF-α lié à la membrane pour engendrer un TNF-α soluble et actif, et les MMP2 3 et 9 transforment, par protéolyse partielle, le précurseur de l'IL-1β en molécule active. De même, la MMP7 clive le ligand Fas et induit le relargage d'une protéine soluble et active contrôlant l'apoptose cellulaire. L'action protéolytique des MMP sur des substrats non matriciels peut s'effectuer dans le sens d'une inhibition d'activité. La MMP2 inactive la protéine de chimio-attraction des monocytes (MCP-3) et atténue ainsi la réponse inflammatoire. La chaîne α du récepteur de l'IL-2 est clivée par la MMP9 à la surface des lymphocytes, ce qui diminue la prolifération des cellules en réponse à l'IL-2. Ce ne sont que quelques exemples, la liste des substrats non matriciels des MMP s'allonge régulièrement.

Dans l'ensemble, les MMP peuvent dégrader tous les composants de la MEC, et doivent donc être régulées finement. Elles sont en général peu exprimées dans les tissus sains, mais leur expression augmente lors des processus de remodelage tissulaire physiologique ou pathologique, sous l'effet de facteurs capables de moduler l'expression de leurs gènes (IL-1, TNFα, prostaglandine, lésion cellulaire, etc.). Dans ces conditions, elles participent à divers phénomènes comme l'angiogenèse, la réparation tissulaire, l'embryogenèse ou encore la cicatrisation cutanée. Les MMP peuvent également être associées à certaines maladies : une augmentation trop importante de leur expression, et donc une activité protéolytique accrue, entraîne des déséquilibres tissulaires, tout comme une trop faible expression entraîne une accumulation de la MEC. Elles sont notamment impliquées dans les maladies cardiovasculaires (athérosclérose), des maladies digestives tumorales ou chroniques inflammatoires (maladie de Crohn, rectocolite ulcéro-hémorragique).

Dans les conditions pathologiques, telles que les infections virales ou bactériennes, ou les tumeurs accompagnées de mort cellulaire, une fraction de protéines cellulaires pourrait subir des clivages par des MMP, ce qui entraînerait la production de peptides ou de plus longs fragments ayant des effets sur les cellules avoisinantes. Les MMP joueraient un rôle immunitaire non spécifique en éliminant des protéines étrangères qui ne sont pas normalement libérées dans la MEC.

J'ai évoqué les MMP pour suggérer qu'une dégradation extracellulaire des protéines est possible, qu'elle affecte des protéines cellulaires membranaires ou celles qui sont libérés dans la MEC. Nous ne pouvons donc pas exclure que des peptides produits à l'extérieur de la cellule se logent directement dans les sillons vides des molécules CMH-1 ou CMH-2. Les MMP ne seraient probablement pas les seules protéases extracellulaires. Certains microbes pourraient inhiber la phagocytose ou interférer avec le mécanisme d'apprêtement des antigènes. Par conséquent, le chargement direct des molécules CMH en peptides produits dans la MEC pourrait servir de mécanisme alternatif pour enclencher la réponse immunitaire adaptative.

En utilisant des peptides issus de la dégradation cytosolique de protéines devenues obsolètes, le système de processing pour les molécules CMH-1 se superpose au métabolisme cellulaire des protéines dont la fonction est d'éliminer les protéines non fonctionnelles, et de recycler les acides aminés libérés pour la synthèse de nouvelles protéines. Une fraction substantielle des protéines traduites par l'appareil ribosomique (nommées DriP, *defective ribosomal products*) n'atteint pas l'état fonctionnel et subit une dégradation rapide, alors que les protéines ayant une conformation correcte sont dégradées de façon plus lente. Le protéasome dégrade les DriP comme les protéines en fin de vie[119] (Peter van Endert, 2006).

Le mécanisme d'apprêtement des antigènes a lieu en continu dans la cellule, ce qui explique que l'immunosurveillance soit un mécanisme ininterrompu. Nous comprenons aussi l'utilité d'un répertoire de récepteurs, car un nouvel épitope peut émerger de la cellule à chaque instant. Nous nous rendons compte que cet apprêtement incessant d'antigènes va saturer les récepteurs immunitaires bien avant l'âge adulte, et c'est pourquoi les pandémies résultent de micro-organismes ayant des épitopes qui n'ont jamais croisé le répertoire immunitaire (ce qui est très exceptionnel). Cette extrême rareté d'une nouvelle réaction immunitaire post-âge adulte explique que des scientifiques s'opposent à la version officielle de la crise sanitaire de la Covid 19, suggérant que le virus aurait été artificiellement créé. « En virologie, les expériences de « gain de fonction » consistent à modifier génétiquement des virus pour les rendre plus transmissibles ou plus virulents. Ces recherches, très controversées, ont fait parler d'elles ces derniers mois, car les scientifiques du laboratoire de Wuhan pratiquaient ce type de manipulations génétiques sur des coronavirus de chauve-souris. Un constat qui a nourri la thèse selon laquelle le SRAS-CoV-2 aurait pu être une « chimère » créée artificiellement et échappée du laboratoire. » (Marine Corniou, 2021)[120].

Il se pourrait aussi que des pandémies résultent d'un dysfonctionnement profond de l'immunité chez une population donnée, à cause de facteurs génétiques (prédominance d'un allèle CMH par exemple) ou environnementaux (pollution de tous ordres, malnutrition, stress), facilitant l'infection par des virus qui auraient dû rester bénins dans les conditions « normales ». Il vous paraît peut-être surprenant et difficile d'admettre qu'à l'âge adulte notre immunité ait atteint toutes ses capacités, et que, par conséquent, une pandémie est, sinon une anomalie, au moins un phénomène très singulier. N'oublions pas que l'immunité opère en continu, presque tous les antigènes qui existent naturellement entrent en contact avec le répertoire immunitaire si bien qu'il n'y a plus de nouveauté antigénique à la maturité du SI. Même les virus transmis des animaux à l'être humain ne constituent pas une nouveauté et un risque significatif pour l'espèce, car tous les êtres vivants sont apparentés et l'homologie entre leurs protéines est très bien établie. Au vu de ces éléments, nous pouvons envisager l'idée qu'une pandémie soit un phénomène multifactoriel, facilité par la pollution atmosphérique et électromagnétique, la mauvaise alimentation, le stress et la sédentarité excessive.

Le moment où est apparue, au cours du processus évolutif, l'interaction entre le complexe CMH-peptide et le TCR est une question importante. Avec la complexification du métabolisme des cellules eucaryotes des métazoaires et l'augmentation du nombre de protéines produites, un mécanisme de dégradation et de recyclage des protéines était probablement devenu indispensable. En outre, la communication inter-cellulaire nécessite la synthèse de protéines messagères et leur export en dehors de la cellule. Ces protéines transitent par le système sécrétoire de la cellule. La restriction au CMH exerce un contrôle, aussi bien sur les protéines intracellulaires, que sur celles qui sont exportées vers l'espace extracellulaire. L'immunologie nous enseigne que le CMH est un élément clef de l'immunité par sa capacité à transporter des peptides issus de diverses protéines sources vers la membrane plasmique. Exactement comme les paratopes ou les CDR qui sont exposés à la surface des molécules BCR et TCR, le peptide antigénique est exposé à la surface de la molécule CMH à l'interface avec le milieu extracellulaire. Il ne reste plus que la rencontre fortuite des deux surfaces pour que les deux molécules (TCR et CMH-peptide ou paratope et épitope) entament leur interaction. *Est-ce un hasard si les deux parties complémentaires des deux molécules (TCR et CMH-peptides) sont accessibles à leur surface ?* Les évolutionnistes diront que c'est par le biais de la sélection naturelle qu'un tel mécanisme a été rendu possible. En effet, le métazoaire n'aurait pu se former et se développer si les parties complémentaires des molécules entrant en interaction avaient été confinées ou situées au centre des protéines. Pour construire un mur en pierres, ces dernières doivent être agencées les unes aux autres de façon à former un édifice stable. De même, la formation d'un métazoaire nécessite que la surface des protéines soit flexible et contienne des zones chargées et polaires pour amorcer des liaisons électrostatiques avec d'autres protéines. Or, ce mécanisme est programmé dans la cellule-œuf. Les interactions immunitaires en font partie. Le métazoaire utilise le même mécanisme d'interaction protéine-protéine, et pour se former, et pour se défendre contre des anomalies exogènes ou endogènes. Si nous tenons compte du nombre de protéines dans l'organisme de l'éléphant ou de la baleine, il aurait fallu plusieurs fois l'âge de la terre ou même de l'univers avant qu'un tel mécanisme de complémentarité entre protéines se construise sous l'effet du hasard !

Supposons que nous montrions une série de génomes (suites de séquence ATGC) réels ou fictifs à un extraterrestre, et que nous lui demandions de nous désigner ceux qui sont codants de ceux qui ne le sont pas. Comment pourrait-il y parvenir ? Il faudrait qu'il échafaude toute une science pour répondre à la question. Encore une fois, le hasard aurait eu besoin d'un temps infini avant d'engendrer une harmonie aussi parfaite. Pour moi, cette dernière ne peut être que le produit d'un programme qui combine des gènes et des protéines pour aboutir à la constitution d'un organisme tel que celui du métazoaire. Un LT et une CPA sont voués à interagir, ils sont assignés à le faire, ils ne peuvent faire autrement. En d'autres termes, le programme a inventé le TCR et le CMH pour produire des LTC capables de tuer des cellules cibles. On voit bien qu'il s'exécute séquentiellement, d'interactions en interactions, jusqu'à l'activation de la fonction biologique.

Après que le TCR ait reconnu le peptide logé dans le sillon du CMH, les LT bloqués dans un état de quiescence trouvent le stimulus qui leur permet de s'activer et de rentrer dans leur phase effectrice. Avec l'évolution des métazoaires, la communication intercellulaire a atteint des degrés élevés de sophistication, et les cellules se reconnaissent et échangent des informations grâce à leurs récepteurs de surface ancrés dans leur membrane plasmique. Les gènes du CMH et les gènes qui leur sont associés ont été dédiés aux mécanismes de défense. La structure chromosomique des gènes CMH et leur organisation semblent très anciennes puisqu'elles sont conservées chez les vertébrés, notamment de nombreux mammifères, oiseau (poules), amphibien (xénopes) et poissons. L'ancêtre du CMH serait apparu en même temps que les premiers vertébrés il y a 500 millions d'années. C'est un élément du SI des vertébrés probablement sans équivalent chez les invertébrés.

Les molécules dotées de la capacité de présentation d'antigènes, le TCR et plusieurs molécules auxiliaires de l'interaction peptide-TCR, sont membres de la SFIg (Williams et Barclay, 1988)[123]. Cette superfamille englobe des protéines qui ont en commun une structure de base constituée d'un ou plusieurs domaines d'Ig. Les molécules de cette famille ont de surcroît des fonctions voisines ou complémentaires, telles que la fixation et la présentation de peptides, la reconnaissance d'un ligand (TCR), le contact et/ou communication entre cellules (CD3, CD4, CD8). Le CMH peut donc être défini comme l'ensemble des molécules impliquées dans la présentation de peptides au TCR, ainsi que dans la délivrance du signal d'action aux LT et son acheminement vers le noyau. Il est possible également que les produits du CMH exercent d'autres fonctions que celle de la présentation. D'autre part, parmi les nombreux gènes localisés dans le CMH, certains sont à l'évidence des gènes fortuitement associés, sans relation avec la fonction de présentation. Par exemple, les gènes TAP (*Transporter of Antigen Peptides*), des TNF ou des HSP (*Heat Shock Proteins*) pourraient avoir une relation fonctionnelle avec le CMH. Inversement, certaines molécules participant à la fonction de présentation, β-2-microglobuline, chaîne invariante (Ii), sont codées à l'extérieur du CMH.

La pluralité des fonctions du CMH emprunterait, bien au-delà du domaine de l'immunologie, à d'autres domaines tels que l'embryologie, l'endocrinologie, la pharmacologie et bien d'autres. Pour ne donner qu'un exemple, il semble que les produits des gènes CMH interagissent avec des récepteurs d'hormones, régulent l'activité du cytochrome P-

450 impliqué dans la désintoxication de l'organisme vis-à-vis des polluants chimiques extérieurs (M. Pla. 1989)[124]. Une des thèses les plus surprenantes est celle qui postule que le CMH sert à différencier les individus au sein d'une espèce par l'odorat. « L'observation que les molécules du CMH peuvent agir en tant que marqueurs olfactifs du soi, permettant de distinguer les différents membres d'une population, révèle une autre voie par laquelle les gènes du CMH pourraient être impliqués dans la reconnaissance du soi et du non-soi. (...) Ces marqueurs génétiques quasiment uniques de l'individu que constituent les produits du CMH seraient sécrétés dans l'environnement, et pourraient agir comme signaux de reconnaissance régulant les interactions entre individus à l'intérieur d'une espèce. Une conséquence intéressante de la préférence dans l'accouplement associée au CMH est que ce phénomène favorise la persistance du polymorphisme du CMH ». (M. Pla, 1989)[122].

Le fait que les gènes CMH soient tous localisés sur le même chromosome avec d'autres gènes associés indique qu'ils auraient résulté d'une duplication répétée de gènes qui, bien que spécialisés, contribuaient tous à une même fonction supérieure au sein de l'organisme. Il me paraît très probable que le CMH constitue une des inventions majeures de l'évolution des métazoaires puisqu'il contrôle la qualité des protéines produites dans les cellules et les interactions cellules-cellules impliquant des récepteurs membranaires. Le TCR, par exemple, serait assigné au contrôle des antigènes endogènes. C'est ainsi que le SI, tel qu'on le connaît aujourd'hui, a fait son apparition. Il est intéressant de noter que d'autres gènes sur le chromosome 6 sont impliqués dans des fonctions analogues à celles du CMH, même si leur mécanisme et leur mode d'action diffèrent. C'est le cas des protéines du choc thermique ou HSP (*Heat shock proteins*) qui sont synthétisées par l'organisme en réponse à un stress (température, exposition à des métaux lourds, infections, etc.). Elles ont été regroupées en familles selon leur masse moléculaire : HSP60, HSP70, HSP 90, HSP110, etc. Les protéines de choc thermique font partie de la famille des chaperons moléculaires. Elles s'associent à des peptides ou à des protéines qui ne sont pas correctement repliés. Les protéines HSP peuvent également être associées à des maladies chroniques. Par exemple, les tumeurs humaines ont tendance à surexprimer les protéines de la famille de HSP70. Les protéines de choc thermique sont particulièrement conservées chez les êtres vivants puisqu'elles existent aussi bien chez les bactéries que chez les plantes et les animaux. Il existe environ 50%

d'homologie entre le gène HSP70 humain et son équivalent chez *Escherichia coli* (DnaK), et plus de 70 % avec le gène de la drosophile. De même, l'équivalent de HSP60 chez E. coli est GroEL (*Growth E Coli large protein*). La conservation particulièrement élevée des protéines HSP70 montre l'importance des protéines de choc thermique dans la survie de l'organisme. Citons aussi les cytochromes P450 (CYP450) situés sur le même chromosome du CMH. Les cytochromes P450 sont des hémoprotéines, des protéines ayant une molécule d'hème comme cofacteur, qui interviennent dans les réactions d'oxydoréduction d'un grand nombre de grosses ou de petites molécules, qu'il s'agisse de substrats naturels du métabolisme endogène ou de xénobiotiques (polluants, toxines, drogues, médicaments, etc.). Ce sont généralement les oxydases finales d'une chaîne de transport d'électrons. L'abréviation P450 provient de la spectrophotométrie : lorsque ces enzymes sont à l'état réduit et complexées avec le monoxyde de carbone, le pic d'absorbance se situe à une longueur d'onde de 450 nm. On connaît plus de 18 000 protéines différentes dans la famille des cytochromes P450. Ces enzymes ont été identifiées aussi bien chez des animaux que chez des plantes, des mycètes, des protistes, des bactéries, des archées et même des virus. Elles n'ont cependant pas été observées chez E coli. L'immunologie offre à notre compréhension des cas de figure édifiants qui nous montrent comment opère l'évolution, et comment les gènes se réinventent pour accomplir les nouvelles fonctions devenues indispensables à la survie de l'organisme.

Les LT ont donc évolué pour dénicher leur signal d'activation à la surface des CPA. Ceci est vrai pour les deux populations lymphocytaires majeures : les LTh et les LTC. Ce qui est intéressant, c'est que le stimulus délivré par le complexe CMH-peptide aura deux effets différents dans les lymphocytes CD4 ou CD8. Par ce mécanisme, des cellules anormales ou infectées sont détectées par les lymphocytes qui en font leurs cibles spécifiques. Ceci corrobore l'idée selon laquelle le SI est dédié exclusivement au soi, le non-soi étant considéré comme une aberration du soi (le SI confond le soi altéré et le non-soi). Ceci résulte du fait que les peptides, s'associant aux molécules CMH, peuvent provenir aussi bien d'une protéine d'origine cellulaire que parasitaire. Tout peptide de bonne taille ayant les résidus d'ancrage à une molécule CMH pourrait loger dans son sillon et être présenté aux LT.

La fonction du SI consistant à surveiller le milieu intérieur pour en éliminer les substances étrangères ou les anomalies endogènes, la reconnaissance du non-soi se fait par référence aux constituants endogènes (le soi). L'immunité s'active toujours en fonction du passé mémorisé dans l'organisme. Les structures d'identification dont dispose le SI adaptatif sont les anticorps produits par les LB et les TCR des LT. L'identification est ce phénomène physico-chimique qui dépend de l'interaction d'une région limitée de la molécule de reconnaissance et d'une région limitée de la molécule étrangère (déterminant antigénique ou épitope). Les répertoires B (des anticorps) et T (des TCR) sont capables de reconnaître une très grande diversité de structures étrangères. Les anticorps reconnaissent directement l'épitope approprié sur la molécule étrangère native, alors que les TCR ne peuvent reconnaître un peptide antigénique que lorsqu'il est présenté par une molécule du CMH à la surface d'une cellule vivante. Les TCR et les molécules du CMH forment ainsi un ensemble indispensable au fonctionnement normal du SI.

L'apprêtement des antigènes est donc un mécanisme qui fait partie du métabolisme cellulaire et qui a lieu dans toute cellule de l'organisme. On sait qu'il aura des effets différents en fonction du stade de développement des lymphocytes. Les thymocytes reconnaissant des peptides du soi reçoivent un signal de mort ou d'apoptose, tandis que les lymphocytes devenus matures, CD4+ ou CD8+, recevront un signal d'activation des complexes CMH-peptides (sauf en cas d'intervention de mécanismes de tolérance périphérique ou de régulation par les lymphocytes régulateurs). Cependant, il est difficile de croire que les thymocytes aient vu tous les peptides probables du soi, étant donné leur multitude. Des lymphocytes ont certainement achevé leur maturation sans avoir vu de peptides du soi.

La présentation de l'antigène restreinte au CMH marque aussi une différence entre les LT et LB, étant donné la capacité des LB de reconnaître directement l'antigène dans sa forme native, contrairement aux LT. Les LT ne secrètent jamais leurs récepteurs TCR, alors que les LB libèrent les anticorps ayant la même spécificité que leurs BCR de surface. Toutefois, ces derniers peuvent jouer le rôle de CPA et apprêter l'antigène en association avec les molécules du CMH de classe-2. Par conséquent, la restriction au CMH permet non seulement de différencier les deux sous-populations de LT (CD4 et CD8), mais également les LT des LB. On peut considérer cette différenciation comme l'acte de naissance du SI tel que nous le connaissons aujourd'hui.

Tenter une nouvelle définition du soi

L'immunologie est fondée sur le principe selon lequel le SI a pour fonction de sauvegarder l'intégrité du soi en imposant une barrière stricte entre ses composants et ceux issus du milieu ambiant (discrimination entre le soi et le non-soi). Cette barrière n'est pourtant pas rigide et infranchissable, car certains composants du non-soi vivent au sein de l'organisme humain et sont tolérés tant que leurs effets sont plus bénéfiques que nocifs. Même si notre corps est protégé par une enveloppe souple et en même temps étanche (notre peau), ses orifices permettent des échanges continus avec le milieu ambiant ; il est ainsi constamment pénétré par des substances étrangères. La vie n'est pas une résultante des composants du soi, mais elle émerge de son interaction permanente avec le non-soi. Pour reprendre une analogie déjà empruntée plus haut, un match de football ne se résume pas à l'ensemble des joueurs présents sur le terrain : il représente leur jeu, c'est-à-dire une succession de mouvements et d'interactions dans un espace-temps donné. Mais, il n'est pas non plus réduit à ce jeu, il est véritablement un spectacle qui « coiffe » en quelque sorte la prestation des joueurs, qui met en scène leur jeu ; l'arbitre, le public, les sponsors, et même les conditions climatiques jouent aussi leur rôle. En d'autres termes, un match est un spectacle qui émerge de la combinaison et de l'enchaînement de plusieurs éléments distincts. Telle est la vie de la cellule.

La notion de « soi » est fondamentale en immunologie mais elle demeure complexe et mal définie. Le soi est considéré comme étant l'ensemble des constituants de l'organisme. Cependant, cette définition couramment admise néglige le fait que le soi englobe des composants de nature différente. Considérons seulement notre génome. Celui-ci n'est pas constitué exclusivement de séquences nucléotidiques issues de notre espèce, il contient aussi des fragments étrangers, des séquences d'origine rétrovirale en particulier. Il est communément admis qu'une partie de notre matériel génétique est d'origine virale, résultat d'infections qui remontent à des centaines de milliers d'années. Ces séquences ont été insérées à l'intérieur du matériel génétique de nos premiers ancêtres. Elles ont ensuite été transmises au fil des générations et se trouvent encore aujourd'hui dans notre génome (Wildschutte JH et al, 2016)[123]. Non seulement notre génome, mais aussi notre organisme héberge toute une cohorte de micro-organismes : bactéries, archées, levures et virus. Nous hébergeons des micro-organismes au niveau de la peau (microbiote cutané), dans la bouche (microbiote bucco-dentaire), dans les organes génitaux (microbiote vaginal) et dans l'intestin (microbiote intestinal). Ce dernier, à lui seul, contient 100 000 milliards de micro-organismes contribuant au bon fonctionnement de notre organisme. Ce dernier est un écosystème complexe composé de cellules humaines et de micro-organismes. Par conséquent, notre soi est subdivisé en deux sous-ensembles : nos propres constituants (soi propre), plus les constituants d'origine étrangère (soi importé). Tout ce qui n'est pas inclus dans ces deux catégories constitue le non-soi. Le vivant et le milieu ne constituent pas deux sphères indépendantes et séparées échangeant de l'énergie et de la matière ; nous sommes en présence d'une véritable osmose autant que d'une interdépendance, puisque le vivant (le soi propre) importe du milieu la matière organique (le soi importé) dont il dépend pour son maintien dans ce même milieu.

Pour pénétrer dans notre corps, les micro-organismes doivent franchir la barrière tissulaire (l'épithélium) située aux interfaces avec l'extérieur, qu'il s'agisse des poumons, du tube digestif, de la sphère urogénitale ou de la peau. La discrimination entre le soi et le non-soi est un processus dynamique, à tout moment le SI doit procéder à un tri entre les substances qu'il tolère et celles contre lesquelles il réagit (réponse immunitaire). Il est important de souligner que le SI n'est pas le seul système qui garantit la protection du soi. Une réponse immunitaire implique diverses fonctions et son bon déroulement dépend de l'état global de l'organisme. Dans les manuels d'enseignement, les composants du SI sont présentés séparément, laissant croire qu'ils fonctionnent en circuits fermés sans lien avec les autres systèmes du corps. Pourtant, tout est interconnecté dans l'organisme et le SI n'échappe pas à cette règle. Il est certes fonctionnel et spécialisé, mais il reste tributaire de l'état global de l'organisme. Une réponse immunitaire n'est donc pas une réaction du SI seul, mais véritablement celle de tout l'organisme ; le vieillissement, les pathologies et les lésions des tissus interfèrent avec son efficacité.

Les cellules immunitaires sont génétiquement programmées et attendent les stimuli provenant du milieu externe ou interne pour s'activer et exercer leur fonction de défense. Notre organisme est doté de deux fonctions immunitaires qui veillent en permanence sur son intégrité : une immunité innée qui repère des propriétés communes à divers envahisseurs pour les éliminer, et une immunité adaptative qui forge ses armes en fonction des caractéristiques spécifiques de chaque envahisseur. L'immunité adaptative se renseigne toujours sur l'intrus avant de fabriquer l'arme adéquate. La distinction entre le soi et le non-soi peut donc se faire de deux manières : immédiate et automatique ou lente et anticipée. Ce dernier mode entraîne la possibilité de réponses mesurées et l'acquisition de mémoire spécifique. D'autre part, pour tout antigène qui stimule l'immunité une première fois, l'immunité innée entre en jeu la première, tandis que l'immunité adaptative apparaît plus tard quand elle reçoit les signaux des messagers de l'immunité innée (les CPA). Cette organisation hiérarchisée du SI accroît les chances d'éliminer des substances intruses, et garantit la survie de l'individu dans un milieu hostile.

L'immunité innée entre en jeu dès qu'une substance étrangère franchit les barrières externes de l'organisme. La première barrière est notre peau qui présente en surface une couche de kératinocytes morts. Elle constitue une barrière efficace contre les infections virales, mais elle peut être franchie en cas de piqûres ou de blessures (ou artificiellement par transfusion de sang, greffe d'organes ou de tissus). Notre deuxième barrière est représentée par les muqueuses situées au niveau de l'œil, de l'arbre respiratoire, du tube digestif, du tractus génito-urinaire ; elles présentent en surface des cellules vivantes. Ainsi, elles constituent une barrière moins efficace que la peau, en dépit des divers éléments qui lui sont associés : sécrétion de mucus, pH extrêmes (tube digestif, vagin), enzymes protéolytiques (larmes, tube digestif), tapis muco-ciliaire (bronches). De fait, de nombreuses infections virales ont une porte d'entrée au niveau des muqueuses, que ce soit par inhalation (grippe), par ingestion (entérovirus) ou via un rapport sexuel (VIH, herpès génital).

Considérons le cas du franchissement de nos barrières par un virus. Un premier mécanisme de défense est l'apoptose des cellules au début du cycle viral, avant la phase d'assemblage et de libération de nouvelles particules virales. Il s'agit là véritablement d'un suicide cellulaire qui va bloquer la propagation du virus d'une cellule à l'autre. Si le virus persiste, les cellules infectées et les CD produisent un cocktail de cytokines, dont les INF-α/β, qui induisent un état antiviral dans les cellules voisines. Cet état est caractérisé par la synthèse de protéines antivirales qui bloquent la traduction des ARN messagers viraux en protéines virales, et vont, en outre, stimuler les cellules NK. Ces dernières ont une activité antivirale directe en reconnaissant les cellules infectées qu'elles identifient comme étant anormales avant de les détruire. Les cellules sentinelles (CD et macrophages), quant à elles, internalisent et apprêtent les antigènes viraux, et migrent dans les ganglions lymphatiques pour informer les LT et LB. Les CD jouent un rôle majeur bien que plus discret : elles servent de point de transmission de l'information entre les muqueuses et les organes immunitaires de l'organisme. Il est important de noter que la constitution du signal antigénique et sa délivrance aux cellules immunitaires sont deux événements séparés dans l'espace-temps : la première a lieu souvent dans les muqueuses, alors que la seconde intervient dans les organes immunitaires, notamment les ganglions lymphatiques. Vient ensuite la phase effectrice au cours de laquelle la réaction immunitaire se déclenche et produit ses effets dans l'organisme. Ces trois étapes sont les maillons principaux de la chaîne de réaction immunitaire. Il est probable que les CD qui déclenchent la réponse immunitaire adaptative soient aussi celles qui y mettent un terme. L'environnement cytokinique et la diminution de la quantité d'antigènes dans l'organisme replacent les CD dans un état immature, ce qui réduit le taux de stimulation antigénique des lymphocytes. Notons que la régulation de la réponse immunitaire est cruciale car son dérèglement entraîne la mort tissulaire. Le SI mobilise des mécanismes de la mort qu'il faut surveiller de très près.

Comme je l'ai spécifié plus haut, bien que l'interrelation entre l'immunité innée et adaptative reste encore obscure, on peut affirmer que, plus l'antigène persiste (et résiste aux mécanismes innés de défense), plus il a de chances d'induire une réponse adaptative. Les autres facteurs de l'immunité innée englobent le complément qui, en coopération avec des anticorps naturels à spécificité large, lyse les cellules infectées et les virus à enveloppe. Notons par ailleurs que chez les endothermes, la fièvre est un autre moyen de défense de première ligne car, au fur et à mesure que la température augmente, la multiplication virale diminue. C'est une réponse hypothalamique stimulée par des substances pyrogènes principalement libérées par les macrophages lors de phénomènes inflammatoires.

La manière dont, classiquement, le SI est décrit peut porter à confusion. Il serait subdivisé en deux sous-ensembles fonctionnels bien distincts : l'immunité innée qui réagit de façon immédiate mais peu spécifique, et l'immunité adaptative, plus longue à se mettre en place mais qui reconnaît spécifiquement des agents pathogènes tout en gardant en mémoire leur passage. En réalité, les deux sont étroitement imbriquées. On peut à la rigueur affirmer que l'absence de flexibilité du système inné, incapable de s'adapter aux changements des pathogènes et à leur multiplicité extrême, a provoqué l'apparition chez les vertébrés d'une seconde ligne de défense dont les cellules effectrices sont les LB et les LT. Les deux leviers de l'immunité constituent un seul collectif fonctionnel obéissant à des règles internes strictes : l'immunité adaptative est maintenue en quiescence jusqu'à ce que la stimulation antigénique dépasse un certain seuil, après quoi elle se déclenche. À l'instar du SN, pour lequel l'information entrante n'est traduite en influx nerveux que si la stimulation dépasse le seuil d'excitabilité. Ce n'est pas seulement l'évolution des parasites qui a guidé le développement de l'immunité ; la multicellularité, l'augmentation de la taille des métazoaires, ainsi que le nombre de leurs protéines, y ont joué un rôle déterminant. Les métazoaires devaient inventer un système qui contrôle leurs protéines à l'intérieur de leurs cellules et dans l'espace extra-cellulaire. Les immunités B-humorales et T-cellulaires semblent être dédiées à ce contrôle interne.

Affirmer que l'immunité innée n'est pas spécifique parce qu'elle réagit selon les mêmes mécanismes à divers pathogènes me semble un peu rapide, car l'immunité adaptative utilise également les mêmes mécanismes face aux divers envahisseurs (réponse-T cytotoxique, réponse-B humorale). La seule étape réellement spécifique est la liaison d'un TCR ou d'un anticorps à leur épitope singulier, alors que la cascade d'activation qui en résulte est la même pour tous les antigènes. D'autre part, puisque l'immunité innée résulte des interactions entre des récepteurs et des ligands bien déterminés (PRR et PAMP), on pourrait aussi en déduire qu'elle est spécifique. La phagocytose, par exemple, n'établit pas une discrimination entre un virus, une bactérie ou un débris cellulaire, bien qu'elle demeure sous contrôle de récepteurs-ligands et de cytokines spécifiques. Les anticorps contrôlent à leur tour la phagocytose par le biais de l'opsonisation des antigènes. Les complexes immuns ne facilitent pas seulement la phagocytose par l'interaction entre le RFc et la partie Fc des anticorps, mais étant donné leur plus grande taille par rapport à l'antigène isolé, ils sont également plus facilement repérables.

L'immunité adaptative possède une spécificité relative, étant donné qu'elle génère une réponse cellulaire cytotoxique ou humorale qui reconnaît un épitope précis selon son affinité. Plusieurs anticorps peuvent lier un même épitope avec des affinités variables. L'existence de réactions croisées le prouve (observée avec les anticorps et les TCR). Ceci a généré le concept d'immunité hétérologue qui postule qu'une immunité acquise contre un antigène donné protège contre un antigène dissemblable[47-48] (Netea et al, 2016 ; 2020). Dans le cas des virus causant des symptômes cliniques, la vaccination avec une souche précise confère une protection immunitaire contre d'autres souches. Autrement dit, l'immunité acquise contre un pathogène A protège contre un pathogène B, sachant que A et B pourraient être divergents. Aujourd'hui, nous pouvons dire que le passé immunologique d'un individu intervient de façon très significative dans sa résistance aux infections. Ce passé se traduit par l'élargissement de la mémoire cellulaire ou humorale et celle des anticorps naturels. Des résidus de cytokines issus d'infections passées pourraient également accélérer la mise en place de la réponse immunitaire contre de nouvelles infections. Nous comprenons donc que l'immunité adaptative de l'adulte est devenue, au cours du temps vécu, aussi immédiate et automatique que son immunité innée. Les cellules mémoires en grand nombre neutralisent l'antigène et l'empêchent de produire de nouveaux épitopes immunostimulants. La réactivité croisée apparaît lorsque deux antigènes différents partagent un épitope identique ou lorsque des anticorps spécifiques d'un épitope se fixent à un épitope non apparenté possédant des propriétés chimiques semblables. La conformation locale de l'épitope dépend de la séquence d'acides aminés et de leur nature. Toutefois, des acides aminés de même propriété physico-chimique peuvent occuper le même résidu. Par exemple, des acides aminés polaires ou des acides aminés hydrophobes peuvent varier d'un épitope à un autre, mais sont remplacés par des acides aminés de propriétés semblables, ce qui engendre une conformation locale similaire. Même quand il s'agit d'épitopes conformationnels, les protéines ne se replient pas d'une infinité de manières, leurs repliements sont en quelque sorte limités. Hélice α ou feuillet β sont coutumiers, et des structures quaternaires récurrentes sont bien connues. Globalement, on distingue trois grands types de protéines : fibreuses, membranaires et globulaires. Parfois, une protéine ne peut contenir que des hélices α ou des feuillets β. Je ne veux pas dire ici qu'il n'existe pas une grande diversité de protéines ayant chacune une structure spécifique, mais je veux souligner le fait que les mêmes contraintes, physico-chimiques, électrostatiques, ioniques, président au repliement des protéines et qu'elles se résolvent toujours de la même façon, engendrant des structures récurrentes de protéines. C'est la raison pour laquelle ces dernières se groupent en familles plus ou moins apparentées, comportant, pour chacune d'elles, des caractéristiques proches en termes de structure, de fonction enzymatique et de fonction cellulaire.

La famille de protéines peut désigner un groupe de protéines non apparentées qui partagent néanmoins une fonction commune. Pour les protéines de choc thermique, par exemple, on pourrait parler plutôt de classe de protéines. Si vous observez des structures quaternaires de protéines et leur contour de surface, vous remarquerez toujours des boucles, des creux, des segments droits ou obliques. Toutes ces aspérités constituent leur topographie de surface. La protéine a une charge globale et un nuage électronique. Un anticorps qui reconnaît un épitope conformationnel d'une protéine va interagir avec un site local de sa structure quaternaire. Maintenant, vous pouvez, à l'aide d'un fil flexible, reproduire la structure tri-dimensionnelle de plusieurs protéines, vous vous rendrez compte que, malgré leurs différences, vous effectuez les mêmes mouvements avec vos doigts pour reproduire leur repliement. Il faut préciser ici un point important : ce n'est pas la diversité des protéines qui explique la diversité des anticorps (ni TCR) qui sont, eux, produits dans les lymphocytes avant même de croiser leur antigène. Ainsi, avec l'âge de l'organisme, seuls les anticorps qui reconnaissent des structures récurrentes de surface s'y accumulent, et constituent le pool mémoire humoral qui contribue aux défenses naturelles. Les anticorps peuvent aussi reconnaître des épitopes séquentiels, et même dans ce cas, le nuage électronique de l'épitope doit avoir des charges positives ou négatives pour pouvoir former une liaison stable avec l'anticorps. De ce fait, seuls des épitopes ayant ces attributs sont reconnus par les anticorps. Par conséquent, même si une variété colossale d'anticorps est produite dans l'organisme, les épitopes immunogènes sont limités par des contraintes structurales, et finissent par réduire le spectre des anticorps actifs et par sélectionner seulement ceux dont les paratopes sont complémentaires de la topographie dominante. Je vais tenter d'illustrer ceci par un exemple. Si nous considérions l'hypothèse d'un couple originel (Adam et Eve dans la tradition biblique) ayant engendré, au fil de milliers de générations, l'infinité de familles humaines que l'espèce comporte aujourd'hui, nous pourrions avancer qu'il n'y a qu'une seule famille sur Terre qui varie à l'infini. De manière similaire, l'immunité se résume à une seule interaction TCR avec CMH-peptide, ou un paratope avec son épitope. Les variations sont tellement minimes entre deux TCR ou BCR qu'on peut les considérer comme inexistantes. La diversité est trompeuse, soyons prudents ! Les mesures *in vitro* mettent un récepteur en contact avec un ligand dans un milieu réactionnel optimisé au maximum, alors qu'*in vivo*, les conditions sont les mêmes et les variations transitoires :

un anticorps, ou un TCR, va croiser un nombre infini de ligands potentiels, il s'y attache, et si la liaison dure un certain temps, un signal d'activation en émane. Il faut souligner le fait que l'épitope ainsi présenté est dans une structure figée loin de sa forme libre de mouvement. Le CMH joue par-conséquent le rôle de facilitateur en exposant l'épitope dans une conformation accessible aux TCR ou BCR.

In vitro, on fixe des concentrations optimales pour produire les complexes immuns. Un test ELISA, par exemple, amplifie le signal d'une manière démesurée, au point que le sang de l'individu testé semble renfermer une grande quantité d'antigènes, mais ce résultat est trompeur. Pour le test PCR, nous sommes confrontés au même problème. L'intensité d'une bande qui suggère la présence d'un taux important de l'acide nucléique recherché est à corréler au nombre de cycles d'amplification. La présence ou non de l'infection dans l'organisme ne peut pas être déduite du résultat d'un test qui peut être « forcé » et provenir de l'agrandissement artificiel de la réalité. Ces artifices nous aveuglent plus qu'ils ne nous renseignent. C'est la raison pour laquelle les tests immunologiques doivent être utilisés pour confirmer un diagnostic ou comme marqueurs complémentaires, mais jamais comme outil de dépistage d'une maladie microbienne. Le cas du VIH est également sujet à réflexion : un individu séropositif est reconnu par au moins deux tests sérologiques indépendants, sans parler de la RT-PCR. Par conséquent, l'immunité n'est pas aussi spécifique que nous le pensons. Comme c'est le cas dans le SN, une liaison récepteur-ligand qui dépasse un certain seuil (même si l'affinité est faible) va engendrer un signal d'activation. L'affinité n'est pas ponctuelle, le signal est produit dans un large intervalle d'affinités : faible, moyenne et forte.

Il n'est donc pas étonnant que l'excès d'anticorps par rapport aux épitopes entraîne des réactions croisées et, contrairement au dogme établi, plusieurs anticorps pourraient réagir à un même épitope selon des degrés variables d'affinités. Les TCR n'échappent à cette règle, car le peptide doit avoir des résidus d'ancrage aux molécules CMH, et un nuage électronique suffisamment chargé et polaire pour former une liaison stable avec le TCR. C'est seulement lorsque les charges opposées s'attirent que des forces de contact (de van der Waals) interviennent pour stabiliser le complexe formé. Étant donné le nombre colossal de TCR, nous pouvons supposer que plus d'un TCR interagit avec un épitope donné. Ceci ne veut pas dire que tous les TCR ou BCR qui se lient à l'épitope vont délivrer un signal d'activation, seuls ceux dont l'affinité de liaison dépasse un certain seuil le feront. L'immunité hétérologue n'est donc pas juste un concept fantaisiste établi pour alimenter la controverse autour de la spécificité des TCR ou anticorps. C'est un concept suffisamment robuste pour enrichir notre compréhension de l'immunité. Plusieurs clones de lymphocytes sont recrutés par un même épitope, ce qui explique pourquoi une réponse immunitaire dirigée contre un pathogène A protège contre un pathogène B. Une sélection clonale a toujours lieu par suite d'une stimulation antigénique, mais en réalité elle est plutôt une sélection polyclonale. Supposons qu'un pathogène A stimule les clones 1, 2, 3, 4 et 5 avec une affinité variable. Supposons que les clones 2 et 3 soient plus affins du fait qu'ils se lient avec une très forte affinité à deux épitopes du pathogène A. Ils subissent la sélection clonale, et par conséquent circulent en majorité, tandis que les clones 1, 4 et 5 sont présents à de faible quantité. Maintenant, supposons qu'un pathogène B réactive les clones 4, 5, 6, 7 et 8, de telle sorte que ce sont les clones 4, 5 et 6 qui réagissent avec la plus grande affinité. Étant donné que les clones 4 et 5 ont été initialement réactivés (quoique faiblement) par le pathogène A, ils vont très rapidement dominer dans la réponse anti-B (c'est une réponse mémoire secondaire). Les clones 7 et 8 sont minoritaires mais vont à leur tour resurgir quand un autre pathogène C stimulera le SI. Le grand avantage que tire le vivant de cette immunité hétérologue c'est le fait qu'un nouveau pathogène va d'emblée stimuler une réponse mémoire cross-réactive. Celle-ci va l'éradiquer ou diminuer sa quantité avant même qu'il stimule *de no*vo l'immunité adaptative. Ce mécanisme limiterait l'étendue de la réponse immunitaire et réduirait les risques d'emballement.

Nous voyons donc que les interactions entre deux protéines ne peuvent varier à l'infini, elles font face aux mêmes contraintes et impliquent toujours les mêmes forces d'interactions électrostatiques ou de contact. Croire que chaque anticorps ou TCR réagit d'une manière très spécifique à un seul épitope de l'antigène, sachant qu'il y a des milliards de clones B et T chez un seul individu sur les presque 8 milliards qui peuplent la terre, relève de l'imagination. La notion de clef-serrure s'applique plutôt ainsi : une clef pour plusieurs serrures ou vice versa, plutôt qu'une clef pour une seule serrure. Si un enzyme reconnaît un substrat spécifique, des inhibiteurs vont empêcher le substrat d'accéder à son site en s'y insérant, il s'agit là d'un mécanisme de régulation enzymatique connu. Il suffit qu'une molécule ressemble partiellement au substrat pour interférer avec sa catalyse. On peut donc interpréter la spécificité de la façon suivante : le site actif d'une enzyme interagit avec un arrangement atomique produisant un nuage électronique spécifique dans le substrat, mais, étant donné le nombre incalculable de molécules dans la nature, certaines d'entre elles présentent une structure similaire surtout si elles appartiennent à la même famille de molécules que le substrat. Notons que dans la cellule les enzymes sont là où se trouve leur substrat, ou sont produites au moment où leur substrat est présent, ce qui accentue leur spécificité. Autrement dit, cette colocalisation spatio-temporelle dans la cellule accroît leur spécificité. Certains substrats induisent même la production de l'enzyme qui leur est spécifique, ce qui réduit l'interférence avec d'autres types de substrats.

Selon les évolutionnistes, l'évolution est un continuum engendrant une succession de formes intermédiaires, de la forme ancestrale à la forme la plus sophistiquée. Or, à y regarder de près, l'évolution du vivant modifie une structure ancestrale en ciblant certains domaines soumis à la pression sélective. Il s'agit de modifier la fonction ou d'en créer une nouvelle en variant la structure ; des modifications interviennent parfois ne ciblant qu'un seul acide aminé. Des protéines issues de nombreux êtres vivants peuvent partager des fragments communs. C'est la raison pour laquelle, les protéines dites du soi contiendraient des fragments présents sur des protéines étrangères, ce qui facilite la survenue d'une réaction immunitaire croisée. De plus, toutes les protéines sont construites sur le même modèle et incluent les mêmes types d'atomes. Nous avons tendance à croire que la variabilité des antigènes d'un parasite est un danger pour notre SI. Pourtant, cette variabilité n'est pas si avantageuse pour le parasite qui se différencie ainsi plus nettement du soi, ce qui le rend rapidement reconnaissable. Un parasite dépend strictement de la viabilité de son hôte, il a tout intérêt à le garder vivant. Il n'est donc pas insensé de penser qu'un parasite se sert du SI pour contrôler sa population et sélectionner seulement les rares individus qui ont la capacité de lui échapper. À leur tour, et après leur transmission, ils vont varier leurs épitopes pour induire l'immunité. C'est le parasite qui contrôle l'immunité et non le contraire : il l'induit pour réduire sa densité, et il lui échappe pour se propager d'un hôte à un autre. Un parasite serait incontrôlable, il se contrôle lui-même très souvent dans un contexte symbiotique pour garder son hôte vivant, sauf en cas d'altérations génétiques ou de perturbations de l'environnement le poussant à causer la déchéance de son hôte.

Un parasite parfaitement offensif aurait mimé le soi au lieu de s'en démarquer. Le parasite a besoin de certaines fonctions qui lui imposent de coder pour des structures conservées. Il exploite sa variabilité afin d'assurer ses fonctions vitales tout en contrôlant l'immunité de son hôte. Un virus hypervariable mutera jusqu'à assurer sa réplication et sa transmission, à la suite de quoi il fournira lui-même l'épitope au SI pour se neutraliser et rentrer en symbiose ou en chronicité. Qui contrôle qui ? Le mystère subsiste en ce qui concerne le rapport entre le SI et le parasite, mais il se pourrait bien que tous les deux entament depuis l'aube des temps une danse vitale au cours de laquelle des services réciproques sont concédés.

Le rôle de la réaction croisée et la polyspécificité des récepteurs immunitaires

La matière organique possède une ossature constituée d'une chaine carbonée sur laquelle se greffent des atomes d'hydrogène, elle forme une chaîne qui varie par sa longueur et par l'existence de groupes chimiques responsables de sa réactivité chimique (par exemple COOH, OH). Dans le cas des protéines, les atomes du carbone de la chaîne proviennent des acides aminés, dont certains possèdent des groupes chimiques réactifs que l'on nomme les radicaux latéraux du fait qu'ils sont disposés sur un plan perpendiculaire à celui de la chaîne carbonée. Ils sont responsables de la charge totale de la protéine dépendante du pH du milieu. Une protéine est une construction qui s'accomplit progressivement, brique par brique. Au fur et à mesure, la protéine naissante se replie sur elle-même pour atteindre sa conformation la plus stable, celle où les contraintes qui s'exercent entre ses atomes sont au minimum.

Lorsqu'il y a croisement, plusieurs phénomènes biologiques sont régulés. Par exemple, les peptides qui se lient aux CMH sont courts, ils doivent avoir des acides aminés qui interagissent avec les molécules du CMH pour s'y ancrer, les peptides qui en sont dépourvus ne peuvent pas s'y attacher. Cette ossature carbonée limite donc les possibilités de repliement. Dès lors, il n'est pas étonnant que des épitopes cross-réactifs soient nombreux. Pour les épitopes conformationnels, la contribution des acides aminés chargés, polaires ou hydrophobes, permet de stabiliser leur interaction avec le récepteur immunitaire. Quel que soit l'épitope, le mode d'interaction avec le récepteur est le même, ou varie peu. Si on modélisait les épitopes T à partir d'une protéine, si on comparait tous les épitopes T de protéines diverses, nous serions étonnés des similitudes structurales qui nous apparaîtraient, ce qui suggère que le TCR reconnaît une topographie (un relief) plutôt que la nature des acides aminés présents. Nous pourrions faire de même pour les épitopes séquentiels ou conformationnels reconnus par les anticorps.

La spécificité est relative, elle devrait être appréhendée différemment à l'avenir. Nous ne pouvons pas tester un anticorps, même monoclonal, contre toutes les molécules de la même famille ou de familles différentes, sa spécificité à 100% est incertaine. D'ailleurs, un anticorps dirigé contre une cytokine sera efficace seulement dans une situation pathologique dans laquelle cette cytokine est produite à un degré élevé. Imaginer que cet anticorps ne va reconnaître que cette cytokine sans cross-réagir n'est tout simplement pas réaliste. Justement, nous pourrions réduire les incidences des réactions croisées en utilisant l'anticorps au bon moment. Prenons l'exemple d'un anticorps monoclonal anti-IL-15 *Nucala*, utilisé dans le traitement de l'asthme sévère présentant un nombre d'éosinophiles dépassant le seuil d'alerte. On sait que cette cytokine est produite en excès pendant les crises asthmatiques. L'administration de l'anticorps à ce moment-là, c'est-à-dire au moment où l'expression de la cytokine atteint son pic, accroîtra les chances qu'il réagisse de façon spécifique. Personne ne peut exclure le « bruit de fond » des réactions croisées et les effets secondaires plus ou moins tolérables. Nous ne connaissons pas toutes les familles et classes de protéines qui constituent notre organisme. La topographie de surface qui rassemble les protéines de la même famille serait le vecteur principal des réactions croisées observées avec les TCR ou les BCR. Étant donné la parenté entre les espèces animales, l'introduction d'un antigène ou d'un anticorps dans un organisme entraîne inévitablement des réactions croisées. C'est pour cette raison que les thérapeutiques utilisant des anticorps devraient être administrées au bon endroit (là où se trouve l'antigène) ou/et au bon moment (pendant la phase de la maladie où il atteint son pic d'expression).

Nous pourrions même avancer l'idée que la réaction croisée n'est pas une imperfection du SI, mais plutôt une nécessité biologique étant donné que les complexes CMH-peptides sont limités. La production d'un répertoire TCR si gigantesque pose question, car nous savons bien que la liaison des peptides aux CMH est restreinte par la présence obligatoire d'acides aminés qui ancrent le peptide aux molécules CMH, et par la présence d'acides aminés, chargés ou polaires, qui vont stabiliser son interaction avec le TCR. Puisque les peptides sont de courte séquence, et que l'interaction avec le TCR requiert toujours une même topographie des nuages électroniques, les complexes CMH-peptides sont limités en nombre en comparaison aux TCR. Nous pouvons suggérer ainsi qu'un complexe CMH-peptide va recruter plusieurs molécules TCR, allant des plus affines aux moins affines. Un virus qui tend à échapper à la réponse immunitaire aurait plus d'avantages à produire des peptides n'ayant pas les acides aminés requis pour s'associer aux molécules CMH, plutôt que de varier les épitopes (dans ce cas, il serait toujours reconnu par des TCR). L'argument habituellement avancé selon lequel le répertoire d'épitopes naturels dépasse de loin celui des TCR ne tient pas. Nous savons que les êtres vivants ont en commun plusieurs mécanismes qui utilisent des protéines homologues. Cette homologie réduit le spectre de diversité des épitopes naturels à une variabilité subtile et minime dans quelques résidus aux alentours ou au sein de l'épitope.

L'immunité adaptative agirait en ciblant les épitopes singuliers du parasite, et ainsi le destinerait à l'immunité innée qui, elle, vise le parasite en entier ou ses composants de surface. Comme nous le savons, le recollage V(D)J, malgré son caractère aléatoire, produit les mêmes types de spécificités au fil des générations, sauf en cas de nouvelles infections jamais rencontrées auparavant. L'immunité ne peut varier ses effecteurs à l'infini, elle préfère perfectionner ceux déjà en place pour faire face à la diversité des pathogènes. Elle va même jusqu'à employer les mêmes récepteurs, adaptatifs ou innés, pour contrer la grande diversité des parasites. Ces récepteurs sont polyspécifiques et auraient une spécificité variable en fonction de l'épitope. Par exemple, un TCR va reconnaître 5 épitopes différents (1, 2, 3, 4, 5) parmi lesquels il en reconnaît un (le 5 par exemple) avec la plus grande affinité. Les autres sont reconnus mais avec une affinité moindre. Par contre, quatre autres TCR pourront aussi bien reconnaître les mêmes épitopes avec une affinité élevée vis-à-vis de 1 ou 2 ou 3 ou 4. Ces cinq TCR seraient mobilisés pour réagir à l'un des épitopes 1, 2, 3, 4 ou 5. Il faut préciser que l'activation des lymphocytes pourrait résulter d'un signal d'activation faible délivré par les TCR cross-réactifs (surtout dans le cas d'un contexte inflammatoire post-infection). Le rapport entre l'affinité et le signal d'activation reste à clarifier, mais il semblerait que des affinités variables vis à vis du même épitope pourraient engendrer un signal d'activation. Les molécules de costimulation, à leur maximum d'expression induite par des stimulations antigéniques récurrentes comme au cours de la phase aigüe d'une infection, pourraient renforcer un signal TCR de faible affinité. Il suffirait d'un contact même transitoire et de faible affinité entre le TCR et l'épitope.

L'immunité innée n'est pas cross-réactive car ses récepteurs reconnaissent toujours les mêmes motifs antigéniques avec la même spécificité. On pourrait donc supposer qu'elle vise des antigènes fréquents de nature différente, et qu'elle agit d'une manière automatique et invariable, alors que l'immunité adaptative qui vise des antigènes protéiques très variés structuralement agit d'une manière adaptée et variable. L'immunité adaptative, comme son nom l'indique, se programme au moment où elle réagit à l'antigène.

Les PAMP sont des motifs moléculaires caractéristiques des micro-organismes reconnus par les PRR que possèdent les cellules de l'immunité innée. Chaque groupe de micro-organismes possède un certain nombre de PAMP caractéristiques. Parmi ceux-ci, on trouve des composants des parois bactériennes (LPS, peptidoglycanes), des flagelles (flagelline), des mannanes de champignons, des acides nucléiques bactériens et viraux. On voit bien que les antigènes ciblés par l'immunité innée sont très fréquents dans la nature, très peu variés et très conservés tout au long du processus évolutif, à l'inverse de l'immunité adaptative qui cible en premier lieu les protéines, dont certaines sont conservées alors que d'autres sont variables (ou portent des domaines variables ou des sites de mutations fréquents).

Considérons la grippe virale. D'une saison à l'autre, la souche virale de la grippe mute au point qu'il est nécessaire de fabriquer un vaccin pour chaque souche, ou de combiner des vaccins de toutes les spécificités possibles. On constate ainsi une limitation intrinsèque du répertoire immunitaire qui, malgré l'immunisation, est incapable d'éradiquer une souche virale mutante dont la séquence génomique a changé de quelques nucléotides par rapport à la première souche. Toutefois, l'immunité hétérologue peut toujours fonctionner : un vaccin constitué à partir d'une souche A conférera un certain niveau de protection contre des souches B, C et D. Nous le savons, des TCR cross-réactifs, reconnaissant des topographies similaires au sein des épitopes issus de protéines différentes, pourraient jouer un rôle majeur en neutralisant des souches virales hypervariables. Un épitope d'une protéine ne peut pas varier à l'infini, il est limité par des contraintes structurales et physico-chimiques qui restreignent sa variabilité. À la longue, toute épidémie sera stabilisée par l'immunité : le virus passe d'un stade infectieux et transmissible à un stade latent ou dormant. La vaccination contre les souches variables a pour but d'avorter la réplication du virus le plus tôt possible avant qu'il ne génère de nouveaux épitopes qui échappent à l'immunité en place. Pourtant, cet objectif n'est pas viable puisque l'immunité n'est pas statique mais dynamique. Des récepteurs polyspécifiques, anticorps ou TCR, vont freiner la réplication virale en forçant le virus à entrer en quiescence. C'est probablement le scénario qui expliquerait l'histoire naturelle du VIH.

L'espèce trouve la solution à la menace des parasites en mobilisant ses propres mécanismes moléculaires et cellulaires. Confrontée à des parasites menaçant sa survie et à la grande diversité de leurs déterminants antigéniques, elle aurait exploité la machinerie de recombinaisons et de mutations somatiques pour générer de la variabilité au sein de ses gènes de BCR et TCR, neutralisant ainsi celle des épitopes de parasites. Toutefois, cette solution de genèse de variabilité (ayant recours à la recombinaison et aux mutations) n'a pas été forcément construite au cours des millions d'années séparant la cellule procaryote des métazoaires : elle aurait été présente dès le début chez les procaryotes, et c'est ainsi que ces derniers auraient pu à la fois répondre aux menaces et augmenter le nombre de leurs gènes, les modifier pour s'adapter au milieu. La production de protéines atteint son maximum chez les métazoaires hautement évolués, car ces derniers sont devenus des organismes séparés de leur milieu par des barrières, et qui, de plus, possèdent un métabolisme articulé aux protéines qu'ils fabriquent eux-mêmes.

Comme on l'a vu, la capacité de production des protéines variables TCR ou BCR n'est pas illimitée : deux épitopes issus de deux protéines divergentes peuvent présenter des similarités du fait de la nature et du positionnement de leurs acides aminés. Même les paratopes ou les sites hypervariables des TCR, soumis à certaines contraintes pour pouvoir interagir avec leurs épitopes, ne peuvent varier à l'infini. Pourtant, l'immunité adaptative semble reconnaître la topographie globale plutôt que le détail. Osons une analogie : deux personnes issues de deux continents différents se croisent. Un occidental reconnaîtra un chinois sans identifier de quelle région précise de Chine il provient, un chinois reconnaîtra un occidental sans pour autant en déduire quel est son pays d'origine. En d'autres termes, peu importe la séquence d'acides aminés de l'épitope ou sa conformation, c'est sa topographie et son nuage électronique qui comptent dans sa liaison au TCR ou paratope. Ce ne sont pas tant leurs structures qui sont limitées, mais plutôt la complémentarité entre récepteurs et épitopes qui obéit à des contraintes invariables dictées par des forces physico-chimiques.

L'immunité reconnaît la topographie ou les aspérités du nuage électronique au niveau des épitopes, si ce n'était pas le cas, l'immunité adaptative aurait été dépassée par la variété naturelle des déterminants antigéniques. Imaginez une protéine avec son déterminant antigénique s'approcher du paratope d'un anticorps. Les deux protéines ne vont pas se lier d'emblée, elles vont s'orienter dans l'espace jusqu'à annuler toutes les contraintes qui les repoussent, et puis, quand l'épitope se trouve dans le bon angle par rapport au paratope, les deux protéines s'attirent et forment des liaisons réversibles mais stables. Ce sont surtout les acides aminés chargés qui interviennent les premiers, ils vont jouer le rôle d'accélérateur. En leur absence, l'interaction est lente et peut se dissocier à mi-chemin. Prenez une clef qui actionne une serrure : ce sont leurs formes complémentaires respectives qui leur permettent de s'emboîter et de permettre le mouvement de fermeture ou d'ouverture de la porte. Notez que dans les tests immunologiques comme le Western blot ou ELISA, l'antigène ou l'anticorps sont fixés sur un support solide, ce qui facilite leur liaison avec leurs ligands. Ces opérations sont une condition nécessaire au fonctionnement de ces tests. Mais la situation est diamétralement opposée *in vivo*. Dans l'organisme, les protéines en circulation sont soumises à des forces mécaniques, ce qui rend difficile l'interaction entre un anticorps et un antigène, sauf dans les tissus où des antigènes s'accumulent. Imaginez encore l'épitope se rapprocher d'un paratope, ce qu'il va affronter en tout premier lieu c'est le nuage électronique qui n'est pas uniforme, qui s'incurve vers le centre de la protéine ou vers l'extérieur selon la charge locale dominante (positive, négative ou nulle). Le nuage forme un relief avec une topographie précise. L'épitope possède à son tour une topographie, et plus elle est complémentaire (c'est à dire un creux qui coïncide avec une bosse du paratope ou inversement), plus la liaison a de chances de se former. C'est surtout ce relief de surface qui est déterminant. Or, les protéines existantes, malgré leur grande diversité, formeraient des reliefs plus ou moins similaires à leur surface selon les acides aminés et leurs radicaux libres. Si vous visualisez des structures cristallographiques de protéines, vous vous rendez compte qu'elles ne sont pas aussi variées que les protéines elles-mêmes. Des structures récurrentes se forment, comme si les protéines avaient des possibilités limitées de s'enrouler sur elles-mêmes puisque constituées des mêmes 22 acides aminés. Les épitopes doivent être exposés en surface comme le paratope d'un anticorps, sinon l'encombrement stérique empêchera leur rencontre. Dans de rares occasions, la protéine doit subir un changement conformationnel pour que certains domaines ou sites deviennent accessibles. L'interaction d'un anticorps avec un antigène soluble est plus délicate, il faut qu'ils se rencontrent et qu'ils soient présents en quantité suffisante pour interagir. L'interaction du TCR membranaire avec l'épitope est facilité par son ancrage dans la membrane plasmique, ce qui réduit sa liberté de mouvement et expose son site d'interaction en direction de l'épitope. De plus, le CMH expose en surface le peptide servant d'épitope, ce qui le rend accessible au TCR.

Ces interactions à l'échelle moléculaire et atomique ont lieu à un niveau d'où le rythme d'écoulement du temps est probablement différent de celui qui est le nôtre, dans notre échelle de temps humaine. Au niveau atomique, il se peut que le temps s'écoule à une vitesse différente de celle de notre échelle humaine, par sa contraction ou sa dilatation. Qu'il se contracte ou qu'il se dilate, nos mesures de temps ne nous permettraient pas d'observer le phénomène pendant qu'il se déroule.

Ainsi, la cross-réactivité n'est pas l'exception mais la règle. D'ailleurs, l'auto-immunité ne résulte pas seulement de clones autoréactifs ayant échappé à la sélection négative, mais aussi bien de clones naturellement cross-réactifs. Quand la quantité d'antigènes est grande, cette cross-réactivité devient opérationnelle et contribue à leur élimination. Ceci explique pourquoi les infections chroniques qui constituent une source inépuisable d'antigènes provoquent des maladies auto-immunes. La cross-réactivité des thymocytes (auto-immuns ou non) au début de leur maturation pourrait être insignifiante, mais elle s'accentue avec leur maturation et l'acquisition de molécules affines de TCR et BCR. En dehors du thymus, la situation change, car cette fois-ci les lymphocytes sont stimulés par des CPA chargées en une multitude d'épitopes. Nous ne savons pas si un LT doit recevoir des signaux de plusieurs CPA ou si un seul suffit. Une CPA ne véhicule pas un seul type d'épitopes mais certainement plusieurs types. Il est probable que les LT reçoivent des stimulations successives avant de dépasser leur seuil d'activation. Une fois stimulés et leur nombre accru, une fraction d'entre eux, auto-immune, pourrait cross-réagir avec le soi, en particulier dans un environnement inflammatoire (qui favorise l'activation des LT en dépit d'un signal suboptimal délivré par leur TCR). Il faut, par ailleurs, distinguer deux types de cross-réactivité : celle entre un épitope du soi et du non-soi (défavorable pour l'hôte), et celle entre deux épitopes du non-soi (qui pourrait être favorable pour l'hôte). Si la cross-réactivité intervient entre plusieurs épitopes du soi, la situation pourrait être désastreuse. Il est possible qu'avec l'immunosénescence, les mécanismes de régulation immunitaire perdent de leur capacité à enrayer une activation des clones interdits. Tout dépend de la quantité de l'antigène stimulant. À faible dose, seuls les clones ayant une grande affinité pour l'antigène sont sélectionnés, mais à dose élevée, des clones de faible affinité ou d'affinité intermédiaire sont recrutés, ce qui accroît le risque d'une auto-immunité. Un exemple qui fait notre actualité : la vaccination massive à base d'ARNm va entraîner une surexpression de l'antigène (protéine Spike). Ce dernier risque d'éveiller des clones cross-réactifs de spécificité indéterminée. De plus, l'ARNm qui est reconnu comme un matériel génétique étranger (par des mécanismes ancestraux) va déclencher une cascade de signaux d'alerte dans les cellules. Ceci pourrait entraîner un dysfonctionnement du tissu et de notables effets secondaires. Même en ciblant spécifiquement les CPA avec le vaccin, la surexpression de la protéine aurait saturé les molécules CMH, les empêchant d'accomplir leur fonction d'immunosurveillance ou de régulation immunitaire. N'oublions pas qu'une CPA présente naturellement plusieurs épitopes et contribue sans cesse à la régulation de la réponse immunitaire qui leur est spécifique.

Pour illustrer comment l'évolution perfectionne le fonctionnement du vivant, je vous propose une analogie avec deux phénomènes qui semblent à première vue tout à fait distants. Le premier est le Big Bang et le deuxième est la continuité spatio-temporelle d'une espèce vivante. La théorie du Big Bang stipule que, plus une galaxie est éloignée, plus sa vitesse de déplacement est grande et plus elle s'éloigne rapidement de nous. C'est l'effet Doppler bien connu en cosmologie. Ceci prouve que l'univers est en expansion car, dans le cas contraire, on verrait l'inverse, c'est-à-dire les galaxies les plus proches se rapprocher de nous à grande vitesse. Imaginez le point de départ du Big Bang au centre de notre univers, et la matière qui s'en éloigne vers des limites inconnues. Sur Terre, nous nous déplaçons sur un rayon de cette matière centrale originelle qui a émergé il y a 14 milliards d'années. Si l'univers se contractait, le mouvement s'inverserait mais toujours vers le centre de l'univers, là où son expansion a commencé. Les galaxies les plus lointaines du centre de l'univers seraient les plus anciennes et devraient avoir un âge proche de celui de l'univers (seule la lumière rouge nous parvient de ces contrées lointaines). Il se pourrait que notre galaxie, la voie lactée qui comprend plusieurs centaines de milliards de planètes, ait pu héberger la vie dans l'une d'entre elles étant donné le temps infiniment long de son émergence. Comme nous ne connaissons ni la forme ni l'étendue de l'univers, nous ne savons où situer la voie lactée (centre ou périphérie ?). Aux confins de l'univers, la vie aurait atteint ses formes les plus parfaites. Pures consciences et esprits, auraient-elles acquis la capacité de contrôler la matière à distance ?

De même sur Terre, les espèces évoluent sans forcément disparaître, certaines se scindent en plusieurs sous-espèces. Même dans ce dernier cas, on assiste à la persistance de formes ancestrales. C'est ce qui a permis de reconstituer l'arbre phylogénétique. Cet ordre, mis en lumière grâce à la classification des êtres vivants, semble nous dire que la vie a évolué en suivant un chemin précis. Le programme de la vie s'est enclenché comme si une force mystérieuse en avait décidé ainsi. On suppose que les espèces les plus récentes à l'échelle de l'évolution sont celles qui ont profité le plus des avantages sélectifs, et sont donc les plus parfaites. D'ailleurs, 2 ou 3 milliards d'années de vie sur Terre ont été suffisantes pour aboutir à l'Homme, d'après la théorie de l'évolution. Si le facteur hasard avait joué un rôle déterminant dans cette affaire, il aurait fallu un nombre incalculable de fois l'âge de l'univers pour parvenir à une telle prouesse !

Nous pouvons affirmer que tous les systèmes fonctionnels de notre organisme sont parfaitement conçus. Notre métabolisme est une mémoire qui a archivé les réactions les plus efficaces et les plus économiques pour répondre aux contraintes de l'environnement. Cette mémoire elle-même est le résultat de l'évolution et de la pression sélective : elle répète la même réaction au même stimulus. Elle est dotée d'un système d'anticipation, son répertoire immense la prépare à affronter les évènements du milieu. Le SI n'échappe pas à la règle : il constitue une mémoire. Tout a été archivé. Notre répertoire TCR et BCR représente les éléments archivés de la mémoire collective de l'espèce. L'organisme les produit en utilisant la même stratégie combinatoire et, malgré leur variabilité, ils remplissent la même fonction (TCR ou BCR). On pourrait même avancer que TCR ou BCR constituent chacun une seule protéine dans l'organisme.

Théoriquement, le nombre de récepteurs est colossal et le répertoire immunitaire très variable. Mais ce dernier est antérieur à la rencontre avec l'antigène. La théorie stipule que notre espèce crée des récepteurs au hasard face à des épitopes dont la séquence d'acides aminés est bien déterminée. C'est une immunité d'anticipation. Notre espèce est-elle programmée avec le répertoire de tous les épitopes qui existent dans la nature, ceux émanant de parasites, virus et bactérie en particulier ? Les mutations somatiques ne sont pas héréditaires, mais étant donné que les mécanismes génétiques opérant dans les LT et LB sont similaires chez les individus d'une même espèce, il est probable qu'ils génèrent une fraction commune de récepteurs chez l'ensemble des individus. Les mutations des récepteurs immunitaires ne sont pas héritées, mais le même mécanisme les réactive à chaque génération chez tous les individus de l'espèce. Si on ajoute à cela la diversité génétique entre les individus, en particulier le polymorphisme des gènes du CMH et le nombre d'allèles circulant pour chaque gène CMH, on peut admettre que l'espèce s'est dotée d'un répertoire global de récepteurs à la hauteur de celui des antigènes dans la nature. Je précise bien que c'est l'espèce qui est dotée d'un répertoire quasi-illimité de récepteurs, tandis que l'individu ne possède qu'un répertoire limité avec un nombre fini de lymphocytes circulants. Notre espèce, au lieu de fabriquer un seul répertoire qui varierait à l'infini, a mis en place des répertoires limités pour chaque individu. C'est l'ensemble des répertoires individuels qui constitue le répertoire global de l'espèce ; ce dernier a une variabilité plus grande que celle des individus pris isolément, mais il demeure malgré tout fini et limité. Comme je l'ai dit plus haut, le SI mise sur la polyspécificité des récepteurs TCR et BCR pour neutraliser les divers épitopes naturels. Tous les vivants sont apparentés, y compris les virus qui sont des nucléoprotéines géantes dont les séquences de protéines présentent parfois des homologies avec des protéines issues du monde vivant. Les homologies sont très fréquentes entre les espèces vivantes, et les épitopes naturels ont tendance à avoir une structure commune variant à un certain degré. Un anticorps ou un TCR polyspécifique va reconnaître la structure commune prédominante au sein d'un groupe d'épitopes apparentés, mais peut aussi reconnaître les variants de cette structure dans une certaine limite. La spécificité ne serait pas ponctuelle comme on le croit, mais plutôt étalée sur un intervalle d'affinités. Les épitopes immunostimulants sont souvent ceux qui stimulent les récepteurs avec une affinité optimale tant qu'ils sont exprimés à un taux élevé, mais s'ils varient à un certain degré, ils seront toujours reconnus par le même TCR. Il est possible que le même TCR reconnaisse deux épitopes différents avec la même affinité s'ils possèdent une topographie de surface similaire. Ceci suggère que les virus hypervariables n'échappent pas au SI uniquement par les mutations de leurs épitopes, il se pourrait que celui-ci soit lui-même déréglé suite à des épisodes successifs d'activation aboutissant à une immunosuppression. Le virus en profiterait pour booster sa réplication. Il est très difficile de croire qu'un épitope, quel qu'il soit, échapperait au répertoire actif de BCR et TCR présents dans l'organisme ainsi qu'aux anticorps naturels et aux cellules mémoires. C'est très improbable. Les infections chroniques ont d'autres causes, probablement la plupart exogènes, qui progressivement ont formé un « terrain » inflammatoire et oxydatif.

Malgré son caractère combinatoire, il est quasi-certain que tous les individus ont en commun une fraction identique du répertoire. La variabilité porterait sur une fraction mineure dépendante de l'environnement et du terrain génétique. *L'espèce, loin d'être la somme de ses individus, est tout entière contenue en chacun d'eux*. Chacun est équipé pour conserver l'espèce, sauf dans le cas d'erreurs génétiques.

L'immunité n'a fait qu'exporter le mécanisme naturel qui génère la variabilité génétique entre espèces vivantes pour fabriquer un répertoire de récepteurs variables. Ainsi, chaque individu possède un répertoire immunitaire à la hauteur du répertoire naturel des antigènes. Dans les conditions normales, notre immunité est largement capable de maintenir l'organisme dans un équilibre de viabilité. Plutôt qu'hautement spécifique, les TCR ou BCR ont des spécificités chevauchantes. Ils constituent un spectre continu de spécificités, comme dans un dégradé de couleur. Pour un épitope donné, vous auriez des TCR de haute, moyenne et faible affinité. Mais, nous ne savons pas à partir de quel degré d'affinité, le TCR (ou BCR) délivre son signal d'activation. Il se pourrait qu'une affinité moyenne soit suffisante, aidée en cela par des molécules de costimulations et des molécules d'adhésion. Activation clonale spécifique ou poly-spécifique (cross-réactive), peu importe ! Le tout c'est d'éliminer l'antigène de la circulation. Il semblerait cependant que le second cas soit le plus économe en énergie, donc le plus rentable.

Le SI assure une double protection : celle de l'individu en éliminant les antigènes toxiques qui le menacent, et celle de toute l'espèce, car en conservant l'individu, il conserve l'espèce. Cette dernière multiplie ses chances en variant non seulement les gènes des récepteurs immunitaires, mais aussi d'autres gènes impliqués dans la réponse immunitaire, comme le CMH avec son polymorphisme. Considérer le SI à l'échelle de l'individu uniquement est réducteur et fausse la perspective, en ce sens que cette idée masque son rôle à l'échelle de l'espèce. En réalité, le SI est conçu par l'espèce pour s'exécuter dans chaque individu. Ainsi, chacun de nous porte une solution à un problème (par exemple neutraliser une infection virale). Même si certains d'entre nous sont peu ou mal équipés et en danger de disparaître, d'autres survivront et prospéreront. Malgré le fait que certains virus réussissent à provoquer des pandémies, l'immunité collective apparaît après un certain temps, et devient capable de neutraliser l'infection ou de la stabiliser. Si l'on suppose qu'une population n'est pas vaccinée, le virus atteindra son pic de transmission avant de parvenir à un équilibre (un palier) et à diminuer sa virulence et sa propagation, sans quoi il ne pourrait plus se reproduire. En effet, il n'a aucun intérêt à éliminer tous ses hôtes. Les souches les plus virulentes vont éliminer leurs hôtes dans un premier temps, puis seules les souches à virulence modérée vont subsister dans la population générant une immunité protectrice ou, au pire, une infection latente chronique.

Un virus à ARN hypervariable, comme le VIH ou une souche de grippe, va surtout muter les épitopes soumis à une forte pression immunitaire, par exemple ceux impliqués dans la liaison au récepteur cellulaire qui leur permet de pénétrer dans le cytoplasme. Les virions, produits à la suite des cycles de réplication, sont tellement variables les uns par rapport aux autres que l'on croirait que chacun constitue une quasi-espèce. Pourtant, certains épitopes demeurent conservés car ils émanent de protéines conservées jouant un rôle crucial dans le cycle de réplication, comme la transcriptase reverse, la protéine de la capside, des protéines régulatrices ou des protéases virales. L'étape cruciale est de pénétrer dans la cellule, et même si le virus est hypervariable, il a néanmoins des possibilités limitées de varier ses protéines. Cette variabilité va causer une activation polyclonale du SI adaptatif qui pourrait provoquer un emballement du SI et des dégâts tissulaires. Mais avec le temps, le virus épuise ses possibilités de varier ses protéines de surface, et le SI peut alors reprendre le contrôle. Le virus entre en latence et attend une brèche dans l'immunité, comme un état d'activation polyclonale causé par d'autres parasites, ou au contraire une immunodépression. D'autres virus peuvent masquer leur épitope soumis à la forte pression immunitaire, et ne le laisser apparaître qu'au moment où il interagit avec son récepteur à la surface de la cellule. Malgré tout, un anticorps dirigé contre un épitope contigu peut empêcher la protéine virale de se lier à son récepteur. Sans m'attarder sur le sujet, je souligne que dans une infection virale le temps joue un rôle déterminant. Les virus s'insinuent rapidement dans l'organisme, trouvent leurs cellules cibles et entament de suite leur cycle viral. Leurs protéines structurales produites dans le cytoplasme se rassemblent rapidement pour générer de nouveaux virions. Ce temps mort pendant lequel l'immunité adaptative est silencieuse est d'un grand avantage pour les virus. Même l'immunité innée ne rentre en action que lorsque des signaux de danger sont émis, et souvent après que le virus ait entamé sa multiplication. L'immunité innée joue pourtant un rôle essentiel car ses mécanismes ne ciblent pas toujours des motifs antigéniques précis mais toute la particule virale (phagocytose, action du complément, par exemple). Au cours de l'évolution, comme c'est le cas pour le microbiote bactérien, notre organisme a signé un certain nombre de pactes de non-agression avec les virus, certains se trouvant hébergés au sein de nos cellules ou même au sein de nos génomes. Il n'est pas exclu que certains gènes de vieux virus inactivés aient été réutilisés par la sélection naturelle pour remplir une fonction dédiée au sein de nos cellules. Nos gènes ne dérivent pas tous de notre espèce, notre génome est hétérogène à un certain degré. Divers mécanismes de défense s'enclenchent à l'entrée d'un virus dans une cellule, et quand il réussit quand même à se multiplier, les cellules mortes constituent des signaux d'alerte qui activent l'immunité innée et adaptative. Pour un parasite, l'organisme se présenterait comme une forteresse quasi-inviolable qui, même s'il réussissait à en outrepasser les premiers obstacles, le confronterait à des obstacles encore plus performants. Ces vestiges d'infections virales que notre espèce porte au sein de son génome prouvent que nos mécanismes de résistance sont plus forts que ceux déployés par les virus pour nous envahir. Les rétrovirus, par exemple, finissent intégrés dans le génome et réduits au silence tant que les mécanismes de résistance sont robustes. Il semblerait même que virus et bactéries soient des antigènes naturels nécessaires pour stimuler et rôder notre immunité, et qu'ils ne deviennent pathologiques qu'en présence d'autres anomalies de différentes natures. Les microbes sont nos alliés, car les individus parmi nous qui tombent malades sont ceux dont le SI a besoin de stimulation et de rodage pour devenir plus efficace. TCR, BCR et antigènes font partie d'un même ensemble, leurs interactions sont cruciales pour la croissance de nos lymphocytes et la mise en alerte du SI. Si le SI reste silencieux et passif, il entrera dans une phase de dépression. Dès lors, soit il devient quasi-anergique, soit il s'emballe pour répondre à une nouvelle stimulation antigénique à l'origine de ce qu'on qualifie d'orage cytokinique.

L'immunité adaptative est incertaine, alors que l'immunité innée est précise et fondée sur des mécanismes ancestraux hérités. L'immunité innée est très spécifique car elle cible toujours les mêmes motifs, des composants structuraux ou des protéines très conservées, et elle peut suffire à éradiquer les infections. Elle relève d'une tactique très sûre. Si le parasite adopte le jeu de variabilité et qu'il échappe à cette première ligne de défense, il affronte un répertoire immense de récepteurs variables entre individus au sein de l'espèce, et il y a de fortes chances qu'il soit reconnu. Que ce soit chez le parasite ou chez l'hôte, les mêmes mécanismes de mutation génétique et d'épissage alternatif génèrent de la variabilité. Ils opèrent en sens opposés. Celui du parasite a pour objectif de pénétrer et d'envahir l'organisme, et celui de l'hôte a pour objectif de chasser le parasite et de le détruire. Mais dans un organisme sain, et le parasite, et le SI en sortent gagnants : le premier s'est reproduit, le deuxième a diversifié son répertoire en générant de nouvelles cellules mémoires et des anticorps qui vont servir à accroître ses capacités à contrôler les infections ultérieures.

D'ailleurs, dès que l'immunité s'enclenche quelque part dans l'organisme, les interactions cellulaires de l'immunité innée qui s'ensuivent finissent par alerter l'immunité adaptative. Si l'antigène est évacué rapidement par l'immunité innée, l'immunité adaptative reste en état de latence, mais si l'antigène persiste, elle s'enclenche.

L'autre élément qui les distingue est la constitution d'une nouvelle mémoire. La littérature actuelle précise bien qu'une fois stimulée, l'immunité adaptative constitue un réservoir mémoire qui entre en action très rapidement lors d'une re-stimulation avec le même stimulus antigénique. Comme mentionné ci-dessus, considérer l'immunité à l'échelle de l'individu sans considérer son rôle à l'échelle de l'espèce mène à une connaissance parcellaire. Car l'espèce a aussi sa mémoire qui rassemble tous ses gènes transmis de génération en génération. Les gènes sont soumis à rude épreuve, et ceux qui subissent une mutation létale se perdent à tout jamais car les individus qui la portent meurent. Seules les mutations favorables à la survie de l'individu et à son adaptation dans le milieu persistent de génération en génération. N'oublions pas que l'immunité innée n'est qu'un ensemble de récepteurs et de molécules tous codés par des gènes dont le rôle est de neutraliser les envahisseurs pathogènes. D'ailleurs, le terme « innée » pour qualifier cette immunité, ne signifie-t-il pas que nous avons affaire à un caractère acquis à la naissance, avant même une confrontation avec le milieu. L'immunité innée n'est-elle pas une mémoire ancestrale (relative à l'espèce) qui a enregistré les épitopes communs à de très nombreux pathogènes ? N'est-elle pas une archive qui a consigné les épitopes les plus répandus qui menacent l'organisme ? La mémoire de l'immunité adaptative est une mémoire récente (une nouvelle information) qui s'additionne à la mémoire passée stockée dans l'organisme. L'immunité acquise génère une mémoire ponctuelle et individuelle, alors que l'immunité innée est une mémoire collective de l'espèce. À l'instar de l'immunité adaptative, les récepteurs de l'immunité innée sont préformés avant leur rencontre avec l'antigène. Les gènes qui les codent sont présents dans le germen et se transmettent aux descendants. L'immunité innée, archivée dans la mémoire collective de l'espèce, représente la pièce maîtresse de l'immunité. C'est sur son modèle que s'est érigée l'immunité adaptative, à la seule différence que cette dernière est apparue à la fois dans le germen et dans le soma, mettant à profit un système ingénieux pour générer de la variabilité, celui des mutations et du recollage de morceaux géniques. L'individu évolue en même temps que son espèce évolue. L'immunité innée se révèle être plus complexe que ce qui est communément admis, elle serait dotée d'une immunité entraînée, aussi appelée « immunitaire innée entraînée », de l'anglais « *trained immunity* », dont l'existence a été décrite chez les plantes, les invertébrés et les vertébrés[47-48] (Mihai Netea et al, 2016 ; 2020). Elle se caractérise par une réponse de l'hôte qui est potentialisée lors d'un second contact avec le même agent pathogène. Son mécanisme, bien que similaire dans son principe à la mémoire immunitaire de type adaptatif, reste différent par le processus moléculaire mis en jeu. En effet, chez les mammifères, la mémoire immunitaire innée ne fait pas appel à des modifications génétiques permanentes comme la recombinaison V(D)J des gènes codant les récepteurs BCR ou TCR, elle nécessite une reprogrammation des fonctions cellulaires par des mécanismes épigénétiques. La mémoire immunitaire innée entraînée ne requerrait pas les LT et LB, mais nécessiterait des cellules effectrices de l'immunité innée, comme les monocytes/macrophages et les cellules NK. Son établissement repose sur l'engagement, par les PAMP présents à la surface des agents microbiens, de récepteurs particuliers exprimés par ces cellules immunitaires, dont les PRR (TLR, les lectines de type C, les NOD (*nucleotide oligomerization domain*)*-like receptors* (NLR) et les RIG (*retinoic acid-inducible gene*)*-like receptors* (RLR)). Cette mémoire s'expliquerait par un mécanisme de reprogrammation épigénétique de la cellule qui opère par la méthylation et l'acétylation des histones autour desquelles se compacte l'ADN, conduisant à une forme ouverte de la chromatine propice au fonctionnement de la machinerie transcriptionnelle et à l'expression des gènes. Les invertébrés sont ainsi capables de développer une mémoire immunitaire innée qui les protège spécifiquement contre des micro-organismes pathogènes qu'ils rencontrent plus d'une fois.

Toutes ces connaissances récentes réinterrogent la conception classique du SI. Notons ainsi que l'immunité acquise, quoique sophistiquée et innovatrice, n'est pas apparue sans lien étroit avec l'immunité innée. Cette dernière porte en elle la vraie histoire évolutive de l'espèce et l'essence de notre SI. On continuera de la qualifier de non-spécifique et dépourvue de mémoire pour être en accord avec la vision dominante, mais les recherches futures vont certainement bouleverser ce dogme. L'immunité acquise est une innovation, certes, mais elle s'accomplit grâce à des mécanismes ancestraux conservés tout au long de l'évolution. Elle est tributaire de l'immunité innée. C'est cette dernière qui est le cerveau de la réponse immunitaire, c'est elle qui la déclenche, l'oriente et qui l'estompe.

La réponse adaptative commence avec les CPA, dont principalement les CD, qui sont à l'interface de l'immunité innée et de l'immunité adaptative, et qui servent de messagers entre les deux immunités. Au cours de la réponse innée, par exemple lors d'une attaque virale, les CD et autres CPA capturent les antigènes (parfois elles sont elles-mêmes infectées par un virus), et les préparent pour une présentation aux LT qu'elles rejoignent dans les ganglions lymphatiques environnants. Les CD existent sous 2 états de différenciation : les CD immatures et les CD matures. Les premières, localisées en périphérie, analysent en permanence leur environnement, et détectent les agents microbiens via leurs molécules de surface TLR, des molécules identifiées à l'origine chez les insectes. Après contact de leur TLR avec des ligands présents à la surface des microbes (PAMP), les CD subissent un processus de maturation et migrent vers les ganglions périphériques voisins où elles peuvent rencontrer les lymphocytes naïfs. Cette migration des CD est stimulée par des cytokines comme le TNFα, libérées suite à l'activation de leur TLR. La maturation des CD consiste à exprimer à leur surface des molécules de costimulation. Chargée en peptides antigéniques et en molécules de costimulation, la CD est prête à déclencher la deuxième ligne de défense (l'immunité adaptative). Les CD sont exclusivement dédiées à la présentation de l'antigène, tandis que les LB et les macrophages, qui peuvent remplir également cette fonction, sont spécialisés dans d'autres fonctions immunitaires (production d'anticorps pour le LB et phagocytose pour le macrophage). La CD demeure actrice de l'immunité innée jusqu'au moment où elle délivre le signal aux LT, c'est ainsi que la réponse change de nature.

Mais comment font les CD (ou les CPA en général) pour tisser le lien entre les deux lignes de défenses de l'immunité ? La réponse réside dans leur capacité de présentation des antigènes par les molécules du CMH qu'elles expriment à leur surface. Ces complexes CMH-peptides vont activer la réponse adaptative T. En effet, Les CD expriment les molécules CMH-1 comme toutes les autres cellules nuclées de l'organisme (exceptées les cellules germinales dépourvues de CMH 1), et sont les seules à exprimer les molécules CMH-2. Les CD en particulier se sont spécialisées dans la présentation des peptides (issus d'antigènes endogènes et exogènes) aux cellules immunitaires de la réponse adaptative. Cette dernière est apparue chez les vertébrés à mâchoire pour reconnaître d'une manière plus individualisée toute attaque du non-soi, et pour mettre en place les défenses nécessitant le réarrangement d'un nombre limité de gènes spécialisés. Plus les organismes évoluent, plus leurs tactiques de défense évoluent. La redoutable efficacité du SI adaptatif indiquerait que son élaboration a été accomplie en lien (et en parallèle) avec l'évolution des parasites et les changements des conditions du milieu. Mais, avant que les molécules CMH n'entrent en jeu, des peptides doivent être formés à partir d'antigènes protéiques. Ceci se passe dans le cytoplasme des cellules nuclées où les protéines antigéniques sont soumises à l'action d'endoprotéases. C'est bel et bien dans le cytoplasme des CPA que se déroule la toute première étape du déclenchement de la réponse immunitaire adaptative avec la formation de peptides antigéniques, qui met en jeu des mécanismes ancestraux très conservés au cours de l'évolution des espèces (protéolyse et transport des protéines à la surface cellulaire).

Les cellules eucaryotes, qui semblent avoir résulté de symbioses successives entre archées et bactéries, sont apparues, selon la théorie de l'évolution, après les procaryotes sans noyau cellulaire. Elles puisent de la nourriture par phagocytose (matière solide) et pinocytose (matière liquide). Tout se dégrade dans le cytoplasme, puis se recycle par le métabolisme cellulaire en composants structuraux ou fonctionnels. Notons bien que la forme la plus primitive de digestion existe chez l'être unicellulaire et l'a rendu capable de puiser de son milieu de la matière et de l'énergie nécessaires à sa croissance et à sa reproduction. On suppose même que les mitochondries dans les cellules eucaryotes ont pour origine des bactéries aérobies qui s'étaient installées en symbiose à l'intérieur de la cellule ancestrale. L'être unicellulaire eucaryote, en dépit de sa taille microscopique, devait assurer sa survie dans un micro-environnement hostile. Des parasites, comme des bactéries par exemple, pouvaient lui causer des dommages irréparables. Certaines de ses protéines ou ARN jouent en effet un rôle de défense contre les intrus en étant capables de reconnaître certaines fractions de gènes étrangers, et d'enclencher des systèmes de destruction ou d'inhibition de gènes. Les cellules eucaryotes se défendent aussi par la phagocytose au cours de laquelle l'élément étranger est capturé, internalisé puis détruit à l'aide d'espèces réactives de l'oxygène (ozone, eau oxygénée, eau de javel) générées grâce à l'enzyme NOX2. Toutefois, lorsque l'envahisseur est trop grand, les cellules utilisent un second mécanisme de défense qui consiste à expulser vers l'extérieur leur matériel génétique, c'est-à-dire leur ADN. Celui-ci se transforme en filets collants et empoisonnés nommés pièges extracellulaires (NET) qui capturent les bactéries à l'extérieur de la cellule et les tuent. Par conséquent, rien de surprenant à ce que le premier signal qui enclenche la réponse immunitaire adaptative émane du cytoplasme, siège de tout le métabolisme cellulaire issu d'innombrables interactions biochimiques tout au long du processus évolutif. L'immunité adaptative, considérée comme étant un ingénieux mécanisme de défense chez les vertébrés, se fonde sur des mécanismes ancestraux de dégradation protéolytique au sein de la cellule eucaryote. Cette dégradation est catalysée par le protéasome et le lysosome au sein du cytoplasme. Le protéasome est une structure commune à toutes les cellules eucaryotes. Il est phylogénétiquement très conservé. Le protéasome inhiberait spécifiquement la traduction de certains ARN messagers car, étant un complexe ribonucléoprotéique, les courts ARN qui lui sont associés conféreraient à ce blocage sa spécificité. Il est également capable d'activité endopeptidasique, et trois sites catalytiques distincts de type trysine (post-arginine), chymotrypsine (post-leucine) et post-glutamique, lui sont associés.

Les protéasomes sont présents chez les archées, certaines bactéries (actinomyces) et dans toutes les cellules eucaryotes. Les protéasomes des espèces primitives correspondent uniquement à la particule 20S du protéasome 26S des eucaryotes. Il semble que cette fonction de dégradation, ayant lieu couramment dans la cellule, ait été exploitée à des fins immunitaires chez les métazoaires. Grâce aux produits de la dégradation des protéines au sein du cytoplasme (peptides de quelques acides aminés de longueur), la cellule peut être sondée de l'extérieur par l'association de ces peptides aux molécules CMH. Au cours de l'évolution, il y a eu une combinaison entre quatre mécanismes pour donner naissance à ce que nous qualifions aujourd'hui de réponse immunitaire adaptative :

1- La dégradation ou le recyclage des protéines dans la cellule par la protéolyse.
2- La synthèse et le transport des molécules CMH à la surface de la cellule en s'associant à des peptides issus de la protéolyse des protéines intra-ou extra-cellulaires.

3- L'interaction du complexe CMH-peptide avec le TCR présent à la surface du LT.
4- La délivrance du premier signal d'activation.

Afin de consolider le signal d'activation fourni par le TCR, d'autres molécules de costimulation et d'adhésion délivrent un second signal d'activation.

La rencontre du CMH-peptide et du TCR demeure le tournant majeur de l'innovation de la sélection naturelle. Comment le TCR a-t-il pu trouver son ligand naturel à la surface des CPA et des cellules de l'organisme ? Avec l'évolution, d'autres mécanismes se sont superposés et des cellules se sont différenciées à un degré très élevé. La communication entre cellules s'est sophistiquée, entraînant l'apparition de ce que nous appelons aujourd'hui le SI. À y regarder de près, l'apparition du CMH est le point culminant. C'est ce dernier qui joue le rôle de pont entre le contenu protéique des cellules, ou du milieu extracellulaire, et les LT/LB (pour les antigènes thymo-dépendants). Il reste que le synchronisme entre la maturation des molécules CMH au cours de leur transport à la membrane plasmique des CPA, et le fait qu'elles servent de ligands pour les TCR grâce à quoi elles jouent un rôle central dans l'activation des LT, est un phénomène impressionnant. Comment les cellules ont-elles pu communiquer entre elles pour aboutir à un système hautement organisé, autonome et capable de répondre d'une manière coordonnée et précise aux contraintes du milieu ? Est-ce encore le hasard ? Et si les gènes se reconnaissaient entre eux ? Les gènes sont tous enrôlés dans le même dialogue collectif au niveau de l'ADN où chacun occupe un locus spécifique dont l'expression est contrôlée par un promoteur et des facteurs de transcription. Or, tout le monde le sait : les gènes se régulent aussi mutuellement. Notre organisme, en tant que système vivant coordonné, résulte d'une expression différentielle de nos gènes dans l'espace-temps. Les uns s'allument dans un tissu, d'autres s'éteignent. Et si nous supposions que nos gènes se reconnaissent entre eux directement au niveau de l'ADN, (en tant qu'éléments qui le constituent), et également à travers les protéines qu'ils codent ? C'est, peut-être, par ce mécanisme de reconnaissance que des protéines ou gènes étrangers sont débusqués. Ainsi, nous pourrions suggérer que le gène CMH reconnaît le gène TCR du fait qu'ils dérivent d'un même génome au sein duquel ils sont en dialogue permanent. Selon cette hypothèse, cette reconnaissance ne serait pas le fruit du hasard, mais serait préprogrammée. CMH et TCR appartiennent à la même famille SFIg. C'est au niveau de l'ADN que le programme de la vie devient manifeste. J'insiste encore, même si nous n'en sommes qu'au stade des hypothèses : si nos gènes communiquaient entre eux à distance à travers leurs protéines, ces dernières ne seraient que des courtières servant d'intermédiaire entre un gène et un autre. D'abord, les gènes se différencieraient dans des tissus, et même s'ils n'étaient pas tous actifs dans un même tissu, ils continueraient à se reconnaître à distance, et c'est de cette manière qu'ils constitueraient un organisme cohérent et robuste. Notre organisme serait tout simplement une seule cellule-mère dont les gènes se répartiraient dans de nombreux tissus et dans des milliards de cellules. La cellule-œuf dont l'organisme est issu n'est pas perdue, elle est toujours là, l'information qu'elle portait en elle s'est démultipliée dans des milliards de cellules. C'est le lien originel entre les gènes de la cellule-œuf qui rassemblerait et « fédérerait » les cellules dans l'organisme. Les interactions au sein de l'organisme résulteraient donc toutes de ce lien et seraient donc prédéterminées et non construites au hasard. Tout l'organisme ne serait alors qu'une traduction d'un programme génétique inscrit dans la cellule-œuf dont il est issu. Cette hypothèse s'éloigne drastiquement de la théorie de l'évolution qui postule que les espèces ont essayé de multiples possibilités avant de « sélectionner » et d'établir celles qui se sont avérées les plus efficaces pour perdurer. Chez les espèces inférieures comme les invertébrés, des mécanismes cellulaires se sont mis en place, et se sont sophistiqués au cours de l'évolution pour donner les vertébrés. Or, quand nous explorons les interactions cellulaires, nous sommes abasourdis par leur précision et leur haute organisation. Et si les gènes issus de la même cellule-œuf se reconnaissaient entre eux par leurs protéines ? Si, par exemple, les gènes du CMH avaient été préprogrammés avant même leur expression pour interagir avec les TCR ? Les deux gènes s'expriment dans des cellules séparées (CPA et lymphocytes). Quand ils produisent leurs protéines, ces dernières, par un mécanisme inconnu, une sorte d'attraction à distance, se reconnaissent et interagissent. Nous avons tendance à croire que notre ADN est juste un code de succession de nucléotides et de zones de régulation (promoteurs). Mais il se pourrait très bien qu'il y ait un langage entre nos gènes avant même qu'ils ne se traduisent en protéines. Autrement dit, l'ADN ne serait pas seulement un amas de gènes, mais serait lui-même un programme émergent qui préside à toutes les fonctions de l'organisme. Ce que nous connaissons, gènes et protéines, le code à trois lettres de l'ADN, ne seraient que la partie visible de ce programme caché. Avec les progrès du numérique, de l'intelligence artificielle et des neurosciences nous ne sommes pas au bout de nos surprises, parions que, dans l'avenir, nous comprendrons qu'il est possible qu'un programme non matériel et transcendant puisse agir localement et à distance pour fabriquer un organisme vivant, et ensuite le doter de fonctions qui se superposent pour le conserver au moins le temps qu'il se reproduise. L'ADN ne serait pas le point de départ de la vie, ce serait plutôt un programme ou un algorithme conçu à l'avance qui contrôlerait la vie cellulaire. Ceci expliquerait la précision sidérante que l'on perçoit chez l'organisme vivant quand on explore les interactions moléculaires en son sein, de même quand on observe son développement à partir d'une cellule-œuf.

Autrement dit, la vie serait écrite ou programmée avant même qu'elle ne devienne manifeste. Quand les conditions du milieu sont réunies, le programme de la vie s'exécute comme s'il était en attente d'un stimulus pour s'activer. Comment peut-on encore invoquer le hasard dans la manifestation du vivant, alors que la haute précision des mécanismes d'interactions moléculaires au sein de l'organisme est ahurissante ? Le programme a sans doute plusieurs branches comme celles d'un arbre. Au moment de la fécondation, la cellule-œuf se forme puis le programme s'exécute. Les gènes ne s'expriment pas tous dans la même cellule mais s'allument dans des tissus différents. Cependant un lien invisible les relie, comme s'ils s'exprimaient dans la même cellule. Notre organisme constitué de milliards de cellules pourrait être *in fine* considéré comme une seule cellule d'où les gènes se reconnaissent et interagissent entre eux pour traduire le programme de la vie ; les molécules CMH doivent interagir avec les TCR, les anticorps sont conçus pour lier des ligands de nature différente, les TLR, les PRR, forment tous une toile pour exécuter une fonction majeure du programme : veiller au bon fonctionnement de l'organisme en éliminant les protéines ou les cellules aberrantes. Toutes ces hypothèses peuvent sembler aventureuses, mais elles ne me semblent pas l'être davantage que la notion de hasard en biologie. Je soutiens, pour ma part, que la cellule-œuf n'est pas seulement une cellule qui se divise et se différencie, elle porte avant tout un programme écrit à l'avance qui s'exécute point par point. Quand une perturbation survient, le programme va activer une de ses branches pour corriger l'anomalie. Nous avons tous le même programme car nous appartenons à la même espèce, mais ce même programme a décidé que chacun de nous porterait une signature, une carte d'identité spécifique. Nous fonctionnons avec nos propres constituants, comme une voiture avec les pièces qui la composent. Ainsi, notre organisme reconnaît ses propres « pièces ». C'est pourquoi il rejette spontanément la greffe de tissus par exemple. Imaginez le programme de la vie comme un arbre dont vous coupez une des branches ; tout l'arbre va réagir à cette intervention locale. Si elle est faite de façon à améliorer sa santé, il prospèrera, sinon il va péricliter jusqu'à mourir. Le CMH n'est qu'un élément du programme qui vous signale son refus de s'exécuter avec l'organe étranger que vous greffez. Et même si vous corrigez le défaut en choisissant des CMH compatibles, une autre branche va s'activer pour vous signaler l'étrangeté, si vous la contournez, une autre va vous résister. Le succès d'une transplantation requiert tout un cocktail d'immunosuppresseurs pour neutraliser les réactions de rejet successives. Il faut être doté d'un savoir-faire très important pour déjouer le programme de la vie et introduire un changement « contre-nature » dans l'organisme. Il est évident qu'un cœur artificiel qui fonctionne est une belle prouesse médicale autant qu'une chance inouïe pour le receveur. Il est possible que le programme de la vie, doté d'une supra-intelligence, fasse des choix, arbitre en tenant compte de paramètres qui nous échappent. Les médecins le savent bien : de mystérieux mécanismes au sein de l'organisme malade leur résistent, ou *a contrario* soutiennent leur action de guérison au-delà même de leurs espérances. Dans le premier cas, la maladie serait cette intelligence maligne qui neutralise toutes les tentatives de la supprimer. Dans l'autre, les ressources de l'organisme soutiennent héroïquement l'intervention thérapeutique. Les ressources psychiques du malade sont cette inconnue vis-à-vis de laquelle le thérapeute ne peut échapper d'être confronté. Ceci indique que la vie est un programme autonome, au plan de l'espèce mais aussi à l'échelle de l'individu, qui, en fonction des conditions dans lesquelles il se trouve, va activer telle ou telle branche, toujours dans le but d'exécuter le plan inscrit à l'origine dans la cellule-œuf. Dans un organisme souffrant de déficits génétiques ou de profondes altérations dans son métabolisme, le programme peut activer la branche du « suicide », celle qui va produire le cancer dans un tissu fragile. Dans ce cas, malgré l'intervention médicale, le programme va persister tant que les causes initiales sont présentes. C'est ce programme qui va décider de l'efficacité ou non d'un traitement. C'est toujours l'état de l'organisme qui change, le programme, quoique dynamique, est constant depuis le premier instant où il s'est exécuté. Par conséquent, le SI serait une branche du programme qui a pour fonction de veiller à ce que seules les protéines de l'organisme interviennent dans son métabolisme. Il a aussi pour fonction de signaler la présence d'une étrangeté. En présence d'une protéine étrangère, le programme déclenche une réaction immunitaire pour l'empêcher d'intégrer les circuits métaboliques de l'organisme. Le SI reconnaît d'abord les protéines du soi avant de s'aventurer à les discriminer du non-soi. La reconnaissance du non-soi et la réaction immunitaire seraient, soit sous le contrôle de deux branches différentes du programme, soit d'une même branche qui bifurque pour remplir deux fonctions majeures complémentaires. Pour mieux comprendre le fonctionnement de l'organisme, depuis l'ADN jusqu'aux interactions métaboliques, les sciences de l'information seraient d'un recours significatif sinon essentiel, puisqu'un organisme vivant semble tout entier être l'exécution d'un programme informationnel. Comprendre comment l'information mobilise la matière et l'énergie pour se traduire en propriété vivante pourrait bien constituer l'aube d'une nouvelle révolution en biologie.

Étant donné que toutes les cellules nuclées de l'organisme expriment les molécules du CMH-1, elles sont toutes capables de présenter des complexes CMH-1-peptides. Elles ne peuvent toutefois pas activer les LT naïfs, puisqu'elles ne peuvent pas leur délivrer le signal de costimulation (elles n'expriment pas le B7). Cette activation demeure strictement tributaire des CPA, seules capables de fournir simultanément les deux signaux d'activation. Il faut préciser que les CPA, non seulement apprêtent l'antigène en association avec leurs molécules CMH, mais activent aussi les LT naïfs. Elles leur délivrent au moins les deux signaux simultanés nécessaires à leur activation : le signal issu de l'interaction de leur TCR avec le complexe CMH-peptide, et celui de la costimulation résultant de l'interaction de leur molécule de surface CD28 avec le B7 présent à la surface du CPA. Dans ce scénario, les molécules du CMH servent de présentoirs d'antigènes. La coexistence des molécules CMH-1 et CMH-2 dans la membrane plasmique des CPA accroît leur capacité à présenter les antigènes produits par la cellule ou ceux provenant du milieu extra-cellulaire. L'expression singulière du CMH-2 par les CPA les dote de la capacité d'échantillonner le milieu extracellulaire, et ainsi de détecter des antigènes du non-soi ou du soi altéré.

Dans une cellule normale, les molécules CMH-1 présentent des auto-antigènes. Les clones de lymphocytes reconnaissant les complexes CMH-peptides ont été éliminés dans le thymus, et ceux qui ont réussi à survivre sont réduits au silence par des mécanismes de tolérance périphérique. Ce point est d'une grande importance, car c'est justement grâce à ces mécanismes que le SI épargne le soi et reconnaît le non-soi. L'immunité adaptative est aussi nommée immunité acquise car elle découle d'une rééducation du SI pour cibler des antigènes du non-soi. Les molécules du CMH jouent un rôle déterminant dans cette réorientation. Puisque le CMH est un ligand naturel des TCR, il est un vecteur important de la délimitation du soi. Mais, outre le CMH, des mécanismes de tolérance agissent pour protéger les limites du soi et réduire au silence des lymphocytes capables d'agir contre ses composants.

Le système d'approvisionnement en peptides doit faire face à différentes contraintes : traiter des peptides de séquences diverses, représentatifs des « motifs » de séquence des molécules de classe-1 qui présentent des variations alléliques ; produire des peptides d'une longueur précise, entre 8 et 10 acides aminés, adaptée aux sillons des molécules de classe-1 qui les logeront ; les produire rapidement afin que la réponse immunitaire puisse efficacement limiter le nombre de réplications des pathogènes et leur dissémination ; lutter contre des pathogènes ayant des tropismes tissulaires et subcellulaires divers, et contrer les mécanismes d'évasion de la réponse immunitaire qu'ils sont capables de mettre en place.

Le système cellulaire d'apprêtement des antigènes s'appuie sur des molécules responsables de la fonction « ménage » du métabolisme cellulaire, mais il implique également un certain nombre d'acteurs plus spécialisés ayant pour fonction exclusive l'apprêtement des antigènes. Dans la première catégorie, on trouve les protéases cytosoliques, et notamment le protéasome qui dégrade les antigènes, ainsi que plusieurs protéines de type chaperon du réticulum endoplasmique (RE) qui assurent le repliement correct des molécules de classe-1 ainsi que leur chargement. Dans la deuxième catégorie, on citera un transporteur de peptides situé à la membrane du RE, deux aminopeptidases et une protéine chaperonne de ce compartiment, ainsi que certains composants du protéasome.

Les LT et LB sont confrontés à des auto-antigènes au cours de leur développement, et ces cellules subissent alors la délétion clonale par apoptose ou mort cellulaire programmée. Par exemple, les LT qui se développent dans le thymus n'expriment ni CD4 ni CD8 au début du développement. Ces cellules acquièrent ensuite l'expression de CD4 et de CD8, et sont alors appelées cellules doubles-positives. Ces cellules expriment des niveaux faibles de TCR αβ. Elles subissent une sélection après interaction avec les molécules du CMH-1 ou de CMH-2 exprimées sur l'épithélium cortical du thymus. Au cours de ce processus, les cellules ayant une faible affinité ou aucune affinité pour le CMH échappent à l'apoptose. Les cellules sélectionnées, quant à elles, meurent par apoptose au cours d'un processus appelé « mort par négligence ». Ensuite, les cellules perdent soit CD4 soit CD8. Ces LT rencontreront alors des peptides, du soi ou du non-soi, présentés par les molécules du CMH exprimées sur les CPA. Malgré la sélection thymique ou celle de la moelle osseuse, des clones autoréactifs parviennent à s'échapper et circulent dans l'organisme.

Il ne faut pas croire que cette sélection dresse un mur définitif entre le soi et le non-soi : l'auto-immunité peut survenir en cas d'activation des clones autoréactifs. Il faut rester prudent et entrouvrir la porte à d'autres possibilités. Par exemple, il se pourrait que les LT éliminés dans le thymus ou la moelle osseuse n'expriment pas un récepteur X requis pour leur croissance, et deviennent incapables de continuer leur maturation indépendamment du signal antigénique. En d'autres termes, la sélection positive et négative des lymphocytes impliquerait d'autres gènes. Pour tester cette hypothèse, il faudrait comparer le transcriptome et protéome des cellules sortant du thymus avec ceux des thymocytes retenus dans le thymus. Il est probable qu'ils diffèrent par plusieurs gènes. Si ce scénario est correct, une proportion de lymphocytes mourrait indépendamment du signal immunitaire. Il faudrait vérifier que le signal TCR est l'unique facteur qui gouverne la survie des LT dans le thymus (ou le BCR pour les LB dans la moelle osseuse). Est-ce que tout lymphocyte reconnaissant le soi dans le thymus encourt une apoptose immédiate ? Ici, nous pourrions envisager la possibilité que certains d'entre eux neutralisent l'effet du signal antigénique du soi et ne s'engagent pas dans l'apoptose, ce qui expliquerait la survie de lymphocytes potentiellement autoréactifs. En d'autres termes, il se pourrait que les LT immatures soient sélectionnés pour leur capacité à boucler le cycle de leur différentiation, et pas seulement pour leur auto-réactivité potentielle. Le signal antigénique dans le thymus pourrait inhiber l'expression d'un récepteur requis pour la croissance des thymocytes, ce qui les engage sur la voie de l'apoptose. Cette inhibition dépendrait de l'intensité du signal antigénique du soi. Certains clones autoréactifs survivraient lorsque la signalisation du TCR n'a pas été suffisante. On pourrait aussi admettre qu'une proportion de thymocytes immatures a été d'emblée destinée à l'apoptose puisqu'ils n'expriment pas ce récepteur requis pour leur croissance suite à des aberrations au niveau de leur ADN. Ce mécanisme existe chez les lymphocytes matures qui n'expriment pas tous des TCR ou BCR fonctionnels. Ces clones aberrants ne peuvent survivre sans stimulation antigénique jouant le rôle de facteur de croissance. L'hypothèse que d'autres gènes soient impliqués dans la sélection thymique n'est pas irrationnelle, en particulier ceux impliqués dans la croissance et la régulation de la division cellulaire.

Trois mécanismes additionnels contribuent à l'auto-tolérance en contrôlant les clones T ayant échappé à la délétion clonale thymique.

1- L'ignorance, ou indifférence des LT, concerne les épitopes présentés par les cellules des tissus qui n'expriment pas de molécules du CMH. C'est le cas des hématies et du tissu adipeux.
2- L'anergie est un état de non-réponse spécifique induit dans un LT par une stimulation antigénique non accompagnée des signaux de costimulation délivrés par certaines molécules membranaires des CPA (CD80, CD86). En leur absence, le lymphocyte T ne s'engage pas dans l'apoptose, mais il est fonctionnellement inactivé (anergie).
3- Le contrôle des clones T autoréactifs par des LT suppresseurs.

Les CPA qui concourent à la sélection clonale des pro-cellules T dans le thymus (les cellules épithéliales du thymus) leur tendent un piège. Elles leur présentent les complexes CMH-peptides mais sans costimulation ni facteurs de croissance (notamment les cytokines). De plus, les cellules-T auxiliaires ne sont pas encore fonctionnelles dans cet environnement thymique. Elles meurent dès qu'elles interagissent avec ces complexes pièges de CMH-peptides du soi. En y réfléchissant de plus près : pourquoi n'y aurait-il que des peptides du soi ? Il se pourrait qu'il y ait aussi des peptides dérivés de la flore microbienne, ce qui expliquerait pourquoi elle est tolérée dans l'organisme avec le temps. Les thymocytes reconnaissant ces antigènes du non-soi sont aussi condamnés à mourir car ils ne sont, ni équipés de machinerie de signalisation, ni apte à intégrer des signaux secondaires de costimulation. La sélection négative ne concerne pas que les clones autoréactifs, elle englobe tout thymocyte ayant un TCR qui forme un complexe avec le CMH-peptide présenté au sein du thymus. Le modèle suggérant que seuls les antigènes du soi sont présentés pose problème, sachant que l'organisme abrite une flore microbienne dès la naissance. La flore intestinale est en effet colonisée par des micro-organismes et sa diversification se poursuit au contact du bébé avec son environnement. Nous pouvons ainsi en déduire que des antigènes du non-soi se mêlent à la destinée du soi et en font partie pour toujours. Nous pourrions ainsi réviser le concept de sélection négative en suggérant qu'elle cible tout thymocyte immature capable d'intégrer un signal antigénique dans l'environnement thymique. Ceci indique que les thymocytes ne sont pas une population génétiquement homogène mais sont constitués de sous-populations qui diffèrent par l'expression de certains gènes. Autrement dit, tout thymocyte capable d'intégrer un signal antigénique très tôt dans la vie au cours de la sélection thymique est susceptible de réagir contre le soi, étant donné que les protéines du soi sont toujours disponibles et accessibles. Ainsi, les protéines du non-soi présentes dans l'organisme à un âge précoce s'intègreraient facilement dans le soi.

La même chose se passe pour les LB autoréactifs. Leur délétion et anergie surviennent au cours de leur maturation dans la moelle osseuse ou, plus tard, dans les organes lymphoïdes secondaires, ganglions lymphatiques, rate, tissu lymphoïde associé aux muqueuses. La tolérance des LB est moins efficace que celle des LT. Cependant, la pleine activation des LB nécessite, dans la majorité des cas, la coopération de LT. Donc, en l'absence de LT helper fonctionnels, les LB autoréactifs seront peu activés et ne sécréteront, au mieux, que des anticorps dits naturels, d'isotype IgM, de faible titre, poly-spécifiques et non pathogènes.

Il est important de bien mémoriser ces mécanismes de sélection négative pour comprendre le déclenchement d'une réponse immunitaire. Cette dernière a lieu dans un environnement absolument différent de celui du thymus ou de la moelle osseuse, elle a lieu dans les ganglions lymphatiques et dans les tissus infectés ou lésés. Les cellules immunitaires participantes ont déjà acquis leur maturation, elles sont équipées de la machinerie de signalisation et de réponse qui va intégrer le signal délivré par leur TCR suite à son interaction avec le CMH-peptide. Cette fois-ci, contrairement à ce qui se passe dans le thymus, la cellule recevant le signal antigénique va proliférer et exercer une fonction immunitaire. Les cellules activées se regroupent, ce qui facilite leurs interactions.

Une fois présentes au niveau des organes lymphoïdes secondaires, les CPA chargées en peptides antigéniques sont scannées par les LT naïfs qui chercheront à reconnaître de manière spécifique le fragment antigénique dont ils sont spécifiques. Si le TCR reconnaît un antigène, le LT s'arrêtera, ce qui permettra la formation d'une zone de contact particulière évoquant une synapse, et ceci grâce à des réarrangements protéiques au niveau de celle-ci. En effet, les LT, comme des scanners, balayent la surface des CPA, forment des interfaces cellulaires très transitoires appelées kinapses (synapses en mouvement) qui peuvent devenir des synapses immunologiques en se stabilisant. La transition de kinapse à synapse dépend de la détection d'un certain seuil d'antigènes à la surface des CPA. La synapse immunologique est le résultat d'un processus de polarisation cellulaire du LT qui conduit à la relocalisation vers la zone de contact intercellulaire du TCR, des corécepteurs, des protéines de signalisation intracellulaire et des protéines d'adhérence. Cette structure joue un rôle clé dans l'organisation de la machinerie de signalisation précoce du TCR. La formation de la synapse et la polarisation du LT sont largement régulées par des remaniements du cytosquelette d'actine et des microtubules, mais également par un trafic vésiculaire intracellulaire qui coordonne l'arrivée des récepteurs et des molécules de signalisation vers la synapse, ainsi que leur départ. Une des fonctions clés de la synapse immunologique est le contrôle du signal d'activation transmis par le TCR mis en œuvre par la génération de complexes de signalisation (impliquant plusieurs protéines de signalisation intracellulaire). À la suite de la formation de la synapse s'effectuera l'activation des LT. C'est ainsi que le LT naïf sort de sa quiescence. Il est donc capable de se multiplier et d'exercer la fonction immunitaire qui lui est assignée. On voit bien que le LT passe par plusieurs étapes avant d'atteindre son état d'activation, et à chacune de ces étapes, le SI est soumis à un contrôle de façon à ce que la discrimination entre le soi et le non-soi soit spécifique. Au cours de cette activation, le LT se différencie et change de phénotype.

L'instant de la délivrance du signal par le TCR constitue un point central dans la régulation de la réponse immunitaire. Celle-ci est mise sous contrôle dès les premiers instants. Le deuxième signal joue un rôle capital : soit il favorise l'émergence de la réaction immunitaire, soit il l'avorte, soit il la freine. En effet, il existe deux types de signaux antagonistes : costimulation ou coinhibition. En l'absence de mécanisme de costimulation (par exemple via CD28), la stimulation par le TCR se traduit souvent par une non-réponse, un état d'anergie ou la mort cellulaire. Le signal de costimulation a pour caractéristique essentielle de permettre une réponse immunitaire même lorsque la stimulation antigénique est suboptimale. La costimulation par CD28 augmente la production de cytokines, en particulier celle d'IL-2 et de son récepteur CD25, ainsi que la survie cellulaire via l'expression accrue des molécules anti-apoptotiques, dont Bcl-XL. La régulation des réponses immunitaires dépend de deux familles de gènes : la superfamille du TNF/TNF-R (R pour récepteur) et celle des Ig. Ces molécules interagissent avec des ligands présents à la surface cellulaire qui régulent les fonctions immunitaires de façon positive ou négative. Elles contrôlent donc les réponses contre les agents pathogènes, les tumeurs ainsi que les réponses aux antigènes du soi (auto-immunité). Notons que, contrairement au CD28, d'autres molécules exercent un effet coinhibiteur, en l'occurrence LTC4. Comme CD28, LTCA-4 forme des homodimères et fixe les ligands CD80 et CD86 par des mécanismes qui impliquent le motif MYPPPY présent dans le CDR3 de LTCA-4 comme dans celui de CD28. L'affinité de l'interaction entre LTCA-4 et CD80 est cependant supérieure à celle qui existe entre CD28 et CD80 (12 et 200 nM, respectivement). Les données *in vitro* et *in vivo* suggèrent que les mécanismes d'immunosuppression interviennent à ces différents niveaux :

1- Compétition pour la costimulation par CD28 en occupant le CD80.
2- Régulation de la signalisation cellulaire par l'intermédiaire de phosphatases.
3- Signaux activateurs propres apportés par LTCA-4.

Notons enfin que la molécule LTCA-4 est présente de façon constitutive à la surface des Treg, elle a été décrite également à la surface d'autres cellules immunitaires et non immunitaires. L'engagement de LTCA-4 se traduit par une inhibition de l'activation des LT CD4+ et de leur progression dans le cycle cellulaire. LTCA-4 pourrait augmenter le seuil d'activation des LT et bloquer les mécanismes d'auto-immunité liés aux antigènes du soi de faible affinité. De plus, LTCA-4 est une molécule qui inhibe les fonctions immunes et régule l'expansion des effecteurs LTC et le développement de cellules mémoires. L'absence de LTCA-4 chez des souris transgéniques se traduit en particulier par une expansion des LT CD4+. Les souris meurent de maladies vraisemblablement auto-immunes systémiques associées à une infiltration de LT activés de façon précoce dès la troisième semaine après leur naissance.

L'immunité est un état d'équilibre résultant de la sommation de deux forces opposées : l'une qui la conduit à réagir, et l'autre qui la freine et la garde dans un état de non-réactivité. L'équilibre est rompu seulement lorsqu'un antigène du non-soi réussit à s'introduire dans l'organisme. Or, l'existence d'épitopes immunostimulants issus de toutes les protéines structurales et fonctionnelles au sein de l'organisme risque de rompre l'équilibre dans le mauvais sens, c'est-à-dire de déclencher une auto-immunité.

En bref, il m'est difficile de croire que tous les peptides du soi sont présentés au sein du thymus. Ils y sont tout simplement très nombreux. Certains clones T et B autoréactifs échappent au processus sélectif car leurs TCR ou BCR ne voient pas leurs peptides ; d'autres clones reconnaissent des peptides du soi dont ils ne sont pas spécifiques mais vis-à-vis desquels ils ont une faible cross-réactivité. Leur affinité est donc faible et ils échappent à l'apoptose. Cependant, ces clones peuvent réagir ultérieurement dans un contexte inflammatoire qui compense leur moindre affinité. La solution drastique pour empêcher l'auto-immunité est bel et bien la déplétion ou l'inactivation totale des clones autoréactifs. Cette solution est privilégiée par l'organisme, car les peptides de soi sont toujours présents en l'absence de cytokines et de contexte inflammatoire et, de surcroît, les CPA qui les apprêtent demeurent dans un état immature. Souvent, une auto-immunité s'installe dans un contexte inflammatoire permissif induit par des infections persistantes. Ceci active les CPA immatures qui, chargées en épitopes du soi, partent au contact des lymphocytes dans les ganglions lymphatiques. Il est donc possible que les TCR de LTC autoréactifs réagissent contre leurs peptides du soi présentés par les molécules du CMH, étant donné l'intensité de la costimulation favorisée par le contexte inflammatoire. En absence de cet effet facilitateur des conditions de l'inflammation, ils retombent dans l'apoptose. Bien que le peptide leur soit présenté par une CPA, en l'absence d'un contexte d'inflammation et de cytokines, les CPA immatures ne délivrent pas le signal de costimulation.

Pour les LB, le scénario est différent puisqu'ils peuvent se lier directement à une protéine du soi dans l'espace extracellulaire. Or, celle-ci doit être constituée d'unités répétitives pour pouvoir réaliser un pontage de récepteurs et agir comme un antigène thymo-indépendant. Les protéines sécrétées sont, de plus, sujettes à des modifications post-transcriptionnelles (glycosylation ou ajout de lipides) qui les protègent contre les protéases, et elles ont tendance à se replier en une structure résistante à la dégradation. Ceci pourrait bien masquer leurs déterminants antigéniques. D'autres facteurs concourent à la suppression des clones autoréactifs : en l'occurrence, l'absence de signaux d'alerte de l'immunité innée et de cytokines inflammatoires empêchent les clones autoréactifs d'accéder à l'état d'activation. Les protéines du soi délivrent une stimulation récurrente et répétitive au point de saturer les clones qui leur sont spécifiques. Les antigènes ubiquitaires induisent une tolérance immunitaire à force de stimulations. Ainsi, les T helper sur-stimulés sécrètent des cytokines inhibitrices ou se transforment en cellules immunosuppressives. Et même si l'on suppose qu'un épitope du soi réussit à induire une activation immunitaire, sa présence prolongée risque de sur-stimuler les cellules mémoires qui entrent alors dans un processus de divisions ininterrompues, ce qui accélère leur sénescence. Comme je l'ai déjà mentionné, à force de divisions, les cellules mémoires, comme toute autre cellule de l'organisme, voient les télomères de leurs chromosomes raccourcir et deviennent sénescentes (les erreurs génétiques s'accumulent causant des défaillances dans l'expression de leurs gènes). Ainsi, un antigène du soi tend naturellement à causer la déplétion du clone lymphocytaire qui lui est spécifique. D'une manière analogue, une enzyme peut être inhibée par l'excès de son substrat.

Les maladies auto-immunes, quant à elles, sont associées à un contexte inflammatoire (souvent causé par une infection parasitaire). Il se pourrait qu'il y ait une réactivité croisée entre un épitope du soi et un épitope du parasite, ce qui confèrerait aux CPA la possibilité de devenir matures, et ainsi de stimuler pleinement les clones autoréactifs en leur présentant l'épitope cross-réactif. Que des clones s'attaquent de façon aussi agressive à un antigène du soi laisse songeur, sauf si l'on considère que le terrain leur est devenu favorable ; on sait que les infections induisent la sécrétion de cytokines qui, à leur tour, activent la phagocytose et l'apprêtement des antigènes. On pourrait supposer l'existence d'une auto-immunité naturelle équilibrée qui permette au SI d'éliminer les composants du soi devenus anormaux ou inutiles, ou de réguler la croissance tissulaire. C'est seulement lorsque l'auto-immunité devient systémique et disséminée que l'organisme encourt un sérieux risque. Des molécules du CMH pourraient présenter un épitope du soi dans une configuration très immunostimulante. Des anticorps pourraient éliminer des protéines du soi de la circulation sans que ceci entraîne une maladie auto-immune. Des LTC autoréactifs pourraient éliminer des cellules du soi devenues inutiles ou nécrotiques, et participer à l'homéostasie tissulaire. L'élimination des cellules anomales ou mortes est une fonction de ménage permanente du SI. La survenue d'infections perturbe le terrain, déplace la ligne d'équilibre et booste l'auto-réactivité à un degré pathologique. L'immunité est active en permanence, le SI a pour fonction principale de maintenir notre intégrité face aux menaces exogènes et endogènes. Nos cellules vieillissent et leur protéome subit des altérations, ce qui peut activer l'immunité. Les cellules sénescentes ou mortes doivent être évacuées, et les phagocytes, et même les LTC, peuvent remplir cette fonction. Dans les conditions normales, l'immunité se rétablit grâce à l'ensemble des mécanismes déjà mentionnés auxquels s'ajoutent ceux de la tolérance périphérique. En face d'infections chroniques ou de maladies causant des dégâts tissulaires, l'équilibre de l'immunité se rompt cédant la place à un chaos qui entraîne l'emballement de la réponse immunitaire. Cette cascade délétère découle pour partie de facteurs cumulatifs, tels que l'âge, les conditions psychologiques et matérielles de la vie, les pollutions environnementales, etc. Facteurs qui, en retour, aggravent sa pathogénicité.

Pourtant, sous l'angle de vue de la théorie officielle, le concept d'auto-immunité pose un problème de cohérence, car il est difficile d'accepter que la sélection naturelle, qui tend naturellement à la sélection positive de fonctions utiles pour la vie, puisse opter pour un système de destruction des tissus de l'organisme. Si le SI tolérait toujours les composants du soi, quelles que soient les circonstances, nous pourrions accepter la théorie sans rechigner. On peut toutefois la défendre avec l'argument selon lequel il existe des antigènes séquestrés que le SI n'a jamais affrontés. Ainsi, lorsqu'une nécrose cellulaire survient, une réaction contre des composants du soi peut s'ensuivre. Mais ce fait, au lieu de soutenir la théorie de l'immunologie, l'affaiblit davantage, car la nécrose cellulaire est un événement courant qui concourt au renouvellement tissulaire (rien n'est séquestré dans l'organisme au bout du compte). De plus, les cellules, en vieillissant, succombent à la nécrose. Les antigènes séquestrés ne le sont pas de façon permanente, ils sont relégués dans l'espace extra-cellulaire de temps en temps, et sont éliminés avant qu'ils n'engendrent une réponse immunitaire dévastatrice. Nous possédons tous quelques anticorps qui reconnaissent ces antigènes séquestrés, comme l'ADN ou l'ARN, voire des protéines intracytoplasmiques ou nucléaires. Ces antigènes séquestrés, sortis de leur espace de confinement, sont une source de stimulation récurrente pour notre SI, ils rodent notre immunité innée et l'active en permanence. C'est ainsi qu'elle peut enrayer très rapidement des infections virales ou bactériennes, après avoir repéré leurs acides nucléiques ou ceux des cellules lésées. Nous pourrions imaginer qu'un bruit de fond d'auto-immunité opère continuellement dans l'organisme, c'est seulement lors d'une inflammation chronique ou en présence d'un défaut génétique qu'elle pourrait dépasser le seuil d'équilibre et causer des dégâts.

Observez toutes les autres fonctions d'un corps sain : elles sont infaillibles. Notre appareil respiratoire nous fournit continûment en dioxygène, notre appareil digestif dégrade les aliments pour en extraire les nutriments, notre SN réagit en permanence pour nous permettre de décoder les signaux que nous recevons du monde extérieur. Le SI est sans doute le seul système fonctionnel qui peut se retourner contre l'organisme, contre le soi, c'est un système qui peut être suicidaire. L'orage cytokinique est une manifestation dangereuse du SI qui, parfois, cause des dégâts tissulaires beaucoup plus néfastes que le parasite lui-même. Ceci constitue un sérieux handicap pour la théorie actuelle de l'immunité. Si elle était suffisamment robuste et cohérente, elle ne devrait pas laisser l'espace à un seul contre-argument. Elle devrait rendre compte de l'immunité comme d'un système qui préserve l'organisme à 100% des dérèglements (sauf s'il s'agit d'erreurs génétiques). Ce point est subtil mais il me semble imparable. La multi-cellularisation semble ne pas être irréversible et le cancer en est une preuve flagrante (des cellules imposent leur rythme de multiplication et envahissent l'organisme).

Imaginez un virus dont le récepteur d'entrée dans les cellules ressemble à une protéine du soi. Il ne sera pas neutralisé, sinon par des mécanismes innés et, dans ce cas, ce sera toujours après qu'il ait causé des dégâts tissulaires. Comment expliquer ce paradoxe ? Je soutiens que l'auto-immunité est essentielle à l'organisme, et non pas indésirable, car elle représente la seule solution pour éliminer un parasite se déguisant en soi.

Toutes les fonctions du corps étant régulées, c'est-à-dire stimulées ou inhibées, nous pourrions ainsi comprendre pourquoi la réponse immunitaire s'achève par une apoptose massive des cellules activées. La survenue de maladies auto-immunes et l'existence même de clones autoréactifs sont problématiques pour quiconque pense que toute fonction de l'organisme doit viser à l'épargner dans toutes les circonstances. Par ce principe, l'auto-immunité devient un paradoxe et un clou dans la chaussure de la théorie actuelle de l'immunologie. Les darwinistes chevronnés pourraient affirmer que le SI est infaillible jusqu'à ce que l'individu atteigne l'âge de sa reproduction et assure la conservation de l'espèce. Au-delà de cet âge, l'individu serait progressivement éliminé par son propre SI pour permettre à sa descendance de profiter sereinement des ressources disponibles (place aux jeunes !). Par conséquent, avec l'âge, le SI serait fatalement autoréactif. L'individu porterait en lui-même l'arme qui se retournera contre lui, une fois devenu inutile (l'eugénisme serait un principe « naturel » !). Le darwinisme me semble procéder d'un réalisme cynique de type malthusien qui me fait frémir, je ne vous le cache pas. Voici ce qu'il nous suggère : le fort et l'adapté survivent, le faible et l'inadapté sont destinés à l'extinction, et ceci par leur propre SI supposé pourtant les défendre. La théorie de l'immunologie est indéniablement d'essence darwiniste, mais le darwinisme renferme un paradoxe puisque, selon lui, toute fonction naturellement sélectionnée devrait concourir à la survie de l'individu, dans tous les cas. Aussi, la seule façon de défendre la théorie de l'immunologie, c'est de dire que l'immunité n'est *in fine* concernée que par la conservation de l'espèce.

Le système fonctionnel du corps perd de son efficacité en cas de maladie ou de défaillance génétique majeure. Qu'est-ce-que ce fait nous suggère ? Que les maladies auto-immunes sont des défaillances génétiques entraînant des altérations dans le terrain, c'est-à-dire dans l'infrastructure de l'organisme. Ou alors, pour aller dans le sens de la théorie actuelle, le fait qu'un parasite puisse se masquer avec des protéines du soi pour réussir son intrusion dans l'organisme indique que le SI s'est constitué au cours de la sélection naturelle de sorte à ne pas être hautement sélectif, à garder une certaine auto-réactivité. Des clones autoréactifs peuvent surgir quand un parasite porte un marqueur du soi, contraignant le SI à jouer son va-tout en visant le soi pour détruire le non-soi. C'est justement ce qui se passe dans le mimétisme moléculaire, qui est une forme d'auto-immunité, au cours duquel un épitope immunogène d'un parasite ressemble à un autoantigène. C'est probablement un mécanisme qui explique l'échappement de certains virus (comme le VIH) qui, en bourgeonnant de sa cellule hôte, emporte un fragment de la membrane plasmique contenant des protéines du soi. D'ailleurs, des protéines du soi sont détectées dans l'enveloppe du VIH. Le SI devient aveugle dans ce cas, et laisse passer le virus qui, par la glycosylation abondante de son récepteur d'entrée dans la cellule (glycoprotéine gp120), se déguise en soi. Cette glycosylation masque les épitopes potentiels, et c'est seulement à l'approche de son récepteur d'entrée (le CD4) que la gp120 subit un changement conformationnel lui permettant de bien se lier à ce récepteur pour pénétrer dans la cellule. C'est pourquoi il est difficile, voire impossible, d'obtenir un anticorps neutralisant anti-VIH, et c'est pourquoi les vaccins anti-VIH à base d'anticorps ont échoué à conférer une protection contre toutes les souches virales.

Le VIH nous donne un bel aperçu du type de pathogènes qui échappent à la réponse immunitaire. D'abord, le virus se charge de protéines de soi dans son enveloppe. Il demeure latent dans le lymphocyte naïf, et puis dès que ce dernier reçoit un stimulus antigénique et devient activé, il commence à se répliquer. Il en profite pour relancer sa réplication en même temps que le lymphocyte s'active. Même si les LTC viennent détruire les cellules infectées, les virions ont déjà quitté la cellule infectée et colonisent d'autres cellules. Ce scénario est un sujet fascinant pour un chercheur en rétrovirologie spécialiste du VIH, mais il est plus attristant pour l'immunologiste. Car comment est-il possible qu'un virus puisse échapper à l'immunité de cette façon ? Comme si cette dernière s'effaçait à l'instant où le virus infecte les cellules. Comme je l'ai discuté plus haut, nous pourrions à la rigueur supposer que cette auto-réactivité est une arme contre les pathogènes qui se déguisent en soi. Le SI pourrait aller jusqu'à détruire un organisme entier pour détruire un pathogène déguisé en soi. L'auto-immunité serait un mal pour quel bien ? pour quels bénéfices ?

Le privilège immun, concept fondé en 1948 après les expériences de greffe réalisées par Medawar, soulève lui-même des questions légitimes quant à la validité de la théorie de l'immunité. Voyons-en la définition : « Le privilège immun désigne des sites de l'organisme où la réponse immunitaire est moindre. (…) Medawar avait observé que certaines régions du corps, comme l'œil, le système nerveux et les organes reproducteurs, ne rejetaient pas les greffes. En effet, ces zones sont protégées par des barrières physiques imposantes, mais possèdent une réponse immunitaire amoindrie. Le privilège immun pourrait être un mécanisme d'adaptation destiné à protéger certaines structures vitales des phénomènes inflammatoires ». (https://www.futura-sciences.com).

Ceci ne signifierait-t-il pas que l'espèce pourrait se passer du SI pour protéger des tissus vitaux, et dans ce cas, quelle est son utilité au bout du compte ? L'espèce serait tout à fait apte à protéger les tissus par des barrières infranchissables sans avoir recours aux mécanismes immunitaires. Le privilège immun suggère que l'organisme est subdivisé en deux sous-ensembles : le premier, séparé physiquement du milieu, se dispense de l'immunité pour être fonctionnel, alors que le second, ouvert à l'environnement exogène, dépend strictement des mécanismes immunitaires pour demeurer dans un état fonctionnel. Discerner la différence entre les deux sous-ensembles nous renseigne sur le véritable rôle du SI. Seules les fonctions de l'organisme nécessitant des échanges permanents avec l'environnement requièrent l'action immunitaire. Le SI, en supprimant les cellules devenues anormales ou des molécules du non-soi, permet à ces échanges d'avoir lieu en gardant intact le fonctionnement de l'organisme. C'est de cette manière que le SI contribue à la conservation du vivant. Toutefois, le SI est limité, car il ne peut pas corriger tous les défauts, *a fortiori* ceux émanant d'une altération génétique héréditaire ou causée par des facteurs de l'environnement. Dans ce cas, l'altération persiste et conduit, en l'absence d'intervention médicale adéquate, à l'effondrement de l'organisme. Le cancer en est un exemple flagrant. Tant que le processus de cancérogénèse est actif, les cellules tumorales continuent d'apparaître jusqu'à échapper à toutes les réactions immunitaires. Celles qui ont un mécanisme d'échappement à l'immunité envahissent l'organisme. La seule manière de guérir un cancer serait de réussir à annuler les effets de l'altération génétique qui en est responsable. Notons que dans le cas d'un cancer, l'altération génétique peut endommager l'expression des gènes au niveau de l'ADN qui codent pour des protéines jouant un rôle important dans le contrôle du cycle cellulaire ou de l'apoptose. Un cancer a toutes les caractéristiques d'un suicide de l'organisme devenu inapte à subsister dans son environnement. L'immunité tient son rôle dans un soi robuste, dépourvu d'anomalies génétiques, qu'elle maintient dans son état fonctionnel. Pour ce faire, elle fait fonction d'éboueur en collectant les déchets (molécules et cellules mortes, inutiles ou altérées) et en les détruisant, voire en les recyclant. Le privilège immun signifie que l'espèce ne court aucun risque avec certains organes vitaux, et qu'elle développe un système capable de veiller sur les autres organes et tissus, en opérant l'élimination du non-soi ou du soi altéré. L'existence d'un soi hermétique quasi-inaccessible à l'immunité prouve que l'espèce possède la solution pour garder les tissus fonctionnels sans en passer par l'immunité.

Ces faits corroborent le postulat selon lequel le SI est un système autocentré de « nettoyage ». Notre espèce a appris à cohabiter avec des parasites dans un équilibre symbiotique, sauf en cas d'altération du terrain. Normalement, le SI élimine les tumeurs avant même qu'elles ne grossissent et prolifèrent, et si un cancer survient, c'est certainement le terrain qui est en la cause (un défaut génétique ou le cumul de plusieurs sources traumatiques pour l'organisme). C'est donc le terrain ou le soi qui gouverne le SI et non l'inverse. Si le soi est altéré au-delà d'un certain seuil, le SI devient inutile, voire nocif. Les infections virales qui causent une épidémie sont principalement le fait de virus ayant traversé les barrières inter-espèces. Ces virus constituent une nouveauté ou une étrangeté (ou une discontinuité comme le postule T. Pradeu) pour le SI. Nous pourrions même aller jusqu'à supposer que toute infection implique un facteur de l'environnement ou du génome de l'hôte, le parasite seul est incapable de causer la maladie.

La théorie de l'immunité telle qu'enseignée dans les universités, bien que fascinante, contient bien des paradoxes, au point de nous mettre face au constat de son inachèvement. Les greffes qui ont servi à mettre en évidence l'immunité représentent une situation absolument artificielle. C'est une manière forcée de démontrer son existence, au point qu'on ne peut exclure le fait que les réponses immunitaires observées sont déviées par rapport au processus naturel. Nous ne pouvons véritablement comprendre un mécanisme biologique en dehors de son contexte naturel. Les animaux de laboratoire, ces pauvres cobayes soumis à un énorme stress, élevés dans des conditions qui les fragilisent, les rendant très susceptibles à la douleur, subissent une altération profonde de leurs fonctions biologiques, ce qui rend les résultats expérimentaux en grande partie biaisés. N'est-ce-pas là une modeste revanche de ces êtres, conditionnés, génétiquement manipulés, soumis à des expérimentations invasives, contre leurs tortionnaires !

Malgré tout, il faut exprimer de la gratitude et de l'admiration pour tous ces scientifiques qui se sont aventurés au-delà des limites du savoir de leur époque, pour apporter de nouvelles idées riches de potentialités. Que leurs découvertes aient été dépassées par d'autres idées et thèses, ce n'est que le jeu du progrès de la science et de la conscience qui vont de pair, chacune œuvrant pour qu'un nouveau chemin d'exploration des mécanismes sous-jacents à la vie s'ouvre. Une bonne dose d'audace est nécessaire pour remettre en question même ce qui paraît le plus évident. Et paradoxalement, il convient de faire preuve d'humilité et de prudence face à nos certitudes, car celles-ci peuvent masquer des zones d'ombre difficiles à débusquer. La théorie de l'immunité en est encore à ses débuts, il lui manque un ensemble explicatif cohérent qui unifie les modèles mentionnés dans cet ouvrage, dont chacun en éclaire un aspect. Comment opère-t-elle au sein de notre organisme et quel est son véritable rôle ? Quels sont les mécanismes qui la contrôlent et qui limitent ses dégâts sur les tissus ? Comment établit-elle la discrimination entre le soi et le non-soi ? Ce qui revient à poser la question essentielle des limites organiques et fonctionnelles entre le soi et le non-soi, si elles existent. Quant à la transplantation d'organes, on peut se demander si le rejet ne résulte que de mécanismes immunitaires. Notre difficulté principale, en tant que chercheur, réside dans le fait que l'immunité n'est observable qu'en cas d'anomalies (infection ou transplantation) mais demeure discrète dans les conditions normales. Or, c'est dans la normalité que nous pouvons déterminer son rôle véritable. Est-elle un système ultrasophistiqué de nettoyage ? Un système de régulation intra et inter-tissulaire qui veille sur le bon fonctionnement de l'organisme ? Tout ce qui altère le terrain de l'organisme a un impact direct sur l'immunité. Comme nous l'avons souligné, les cobayes ont déjà une immunité altérée, l'hygiène excessive à laquelle ils sont soumis les fragilise, tandis que les traitements agressifs qu'ils subissent élèvent leur niveau de stress, l'immunité passe ainsi brusquement d'un état quiescent à un état hyperactivé au moment de la transplantation. Ce brusque saut entraîne des dégâts, non seulement dans l'organe transplanté, mais dans tout l'organisme. Le rejet de greffe est une action accomplie par l'ensemble de l'organisme, pas seulement par le SI. L'immunité s'active et nous pouvons l'observer, mais à quelles conditions ! Pire encore, nous forçons l'immunité au silence à l'aide des immunosuppresseurs. Ceci crée un tel déséquilibre qu'une cascade de réactions post-traumatiques peut s'ensuivre jusqu'à l'épuisement total de l'organisme.

Le soi est en perpétuelle interaction avec le milieu, et le SI a pour mission de bloquer toute intrusion de substances étrangères nuisibles à l'organisme. Chaque nouvelle réaction immunitaire est tributaire du passé infectieux et de la mémoire immunologique de l'individu, si bien qu'avec l'âge, le seuil d'activation du SI augmente, et une nouvelle réaction immunitaire primaire met plus de temps à se mettre en place, ce qui laisse davantage le champ libre à la survenue d'aberrations endogènes.

À la naissance, l'immunité adaptative n'est pas complètement développée. Les nouveau-nés possèdent les anticorps de la mère (acquis passivement à travers le placenta et plus tard par l'allaitement) qui les protègent contre les infections, jusqu'à ce que leur propre SI se développe complètement. Une fois qu'il atteint sa maturité, le SI va progressivement évoluer et garder trace de ses réactions. La vieillesse est pourtant marquée par un ralentissement de la réaction immunitaire, une réduction du nombre des lymphocytes et de l'affinité des anticorps vis-à-vis de leurs antigènes. Avec les années, le SI subit un profond remodelage et un déclin qui met en péril la santé et la survie de l'individu. Ce déclin du SI, également lié au déclin des autres systèmes fonctionnels de l'organisme, réduit sa capacité de discrimination entre le soi et le non soi. Avec le temps, les barrières qui isolent le soi du non soi deviennent ainsi plus perméables.

Tout ceci montre que le soi et le SI sont les deux faces de la même pièce : le soi se maintient par un SI fonctionnel et, de façon symétrique, le SI perdure dans son efficacité si le soi est robuste. Le SI serait un programme qui utilise les composants du soi pour s'exécuter. Les deux concourent conjointement à faire que la discrimination du soi/non-soi s'accomplisse. Le SI est lui-même du soi : toute altération en son sein débouche automatiquement sur une altération de l'immunité. L'immunité est très discrète en l'absence d'infections menaçantes. Elle est discrète parce qu'elle apporte une réaction mesurée aux altérations de l'organisme, réaction qui maintient la ligne d'équilibre bien en place.

La préservation du soi est un équilibre dynamique

Le soi n'est pas une structure stable et immuable. Il résulte, d'une part, d'un jeu complexe d'interactions moléculaires et cellulaires et, d'autre part, de la confrontation entre l'organisme et son milieu ambiant. C'est une structure qui, à chaque instant de la vie, évolue. L'organisme affronte des perturbations internes et externes qu'il doit neutraliser afin de garder son intégrité. Il doit par conséquent être assez flexible pour contrer les agressions du milieu qui menacent le soi. Il doit réagir au bon moment, mémoriser ses réactions, répondre à des mécanismes de régulation afin de limiter les dégâts collatéraux qu'il fait subir aux tissus, et enfin déplacer la ligne d'équilibre préexistante, si nécessaire. Pour toutes ces opérations, il choisit la réponse la plus efficace et la plus économique. Les enzymes cytolytiques produites par les cellules NK et les LTC, une fois libérées, s'attaquent aussi bien aux foyers cibles qu'à des cellules saines. Le fait que le mécanisme de la mort requiert un contact membranaire entre la cellule tueuse et la cellule cible épargne les tissus environnants, mais la lyse des cellules déverse leur contenu cytolytique dans la matrice extracellulaire. C'est pourquoi la réponse immunitaire doit être régulée et limitée dans le temps, car une destruction tissulaire chronique ouvre la voie à d'autres pathologies, dont les anomalies auto-immunes. Une nécrose cellulaire libère des antigènes autrefois confinés et produit des signaux de danger qui attirent les cellules tueuses de l'immunité innée. La discrimination du soi par rapport au non soi dépend de deux paramètres interdépendants : la réponse du SI aux antigènes intrus, et sa limitation par des mécanismes régulateurs. Enfin, le SI doit entretenir et maintenir des cellules mémoires, parfois plusieurs années, pour réagir rapidement à des infections récurrentes.

La question suivante a dû hanter nombres d'immunologistes : comment un système doté de fonctions cytotoxiques (capables de causer la mort de cellules) a pu se mettre en place sachant qu'il peut se retourner contre l'organisme et causer sa perdition ? C'est pour répondre à cette question qu'il a fallu mettre en évidence l'existence de mécanismes qui régulent la réaction immunitaire. Ces mécanismes constituent ce qu'on appelle « la tolérance immunitaire » définie par la capacité du SI à ne pas manifester de réaction agressive vis-à-vis de certains antigènes avec lesquels il a été en contact au préalable. Une tolérance immunitaire spécifique, acquise au cours du développement, s'exerce donc vis-à-vis des constituants du soi. Les mécanismes de tolérance immunitaire sont multiples, ils ont pour objectif de prévenir les réactions d'auto-immunité. La tolérance centrale aboutit à la délétion clonale de lymphocytes réactifs vis-à-vis d'antigènes du soi, au niveau du thymus pour les LT, au niveau de la moelle osseuse pour les LB. L'acquisition de la tolérance centrale se déroule donc lors des processus de différenciation des LT et LB. La tolérance périphérique repose sur plusieurs mécanismes, dont la suppression de la réponse immunitaire par les LT régulateurs. Le fait que de tels mécanismes aient été démontrés et prouvés consolident la théorie de l'immunité adaptative, mais cela n'exclut pas le fait que le SI puisse s'attaquer aux composants de l'organisme. L'auto-immunité peut être considérée comme une conséquence inéluctable du développement de l'immunité adaptative. Le SI est apparu tardivement chez les vertébrés, il n'est pas un instrument parfait et son acquisition, très bénéfique par ailleurs, a malheureusement un revers : les maladies auto-immunes.

L'auto-immunité le prouve : si un auto-antigène déclenche une réponse immunitaire, la vie de l'organisme est en péril. Le soi est donc soumis à un jeu tendu d'interactions constantes pour maintenir sa ligne d'équilibre face à divers facteurs endogènes ou exogènes. Il est certain que la théorie de la discrimination entre le soi et le non-soi, bien que cohérente pour expliquer le fonctionnement du SI, souffre de ne pas être bien articulée aux mécanismes globaux de l'organisme. Avant que le SI ne puisse discriminer le soi du non-soi, le soi doit exister en tant qu'entité robuste. En perpétuel remaniement tout au long de la vie, son efficacité dépend de la maturité des lymphocytes couplée à la différenciation des cellules. Pendant sa mise en place, d'autres mécanismes assurent la survie de l'organisme en croissance. La notion même d'immunité est diffuse, et peut englober un large panel de fonctions en dehors des cellules ou des molécules immunitaires. Par exemple, la digestion est un mécanisme de protection qui dégrade les macromolécules pour en extraire de la matière et de l'énergie, et qui, ensuite, évacue les déchets. D'autres fonctions, au sein même des cellules, assurent une protection : citons le protéasome qui dégrade les protéines dont les conformations sont aberrantes ou produites en excès. La notion même d'immunité devrait être élargie à toutes les fonctions qui préservent l'organisme des dangers.

Si le SI fait partie intégrante de l'organisme c'est parce que les avantages qu'il lui procure sont supérieurs aux inconvénients. Justement, l'évolution ne crée pas d'emblée la meilleure solution pour neutraliser les contraintes, elle la construit graduellement dans une interaction perpétuelle avec le milieu. Le SI doit surtout soutenir la fonction cruciale au sein de l'espèce : la reproduction. Il doit veiller à rendre possible la fécondation (les spermatozoïdes proviennent d'un organisme étranger) et la gestation (des mécanismes protègent le fœtus du rejet par le SI de sa mère). Il doit apparaître au moment propice dans la vie de l'organisme et garantir la viabilité du processus. Imaginez que les gestations ou les fécondations échouent ! Pour vous donner une idée, du mécanisme à l'œuvre, considérons la fécondation humaine. Les gamètes males doivent survivre dans l'utérus. Lors de l'éjaculation, en effet, les spermatozoïdes sont plus de 50 millions, il en reste à peine 1% au passage dans la cavité utérine, et quelques centaines au passage dans la trompe, dont un seul pourra entrer en contact avec l'ovule. Pour y arriver, les spermatozoïdes ont dû survivre quelques heures sous le feu des globules blancs qui protègent l'utérus et de l'acidité des sécrétions vaginales. Une fois devant l'ovule, ils doivent traverser un dernier obstacle, le cumulus, une substance très épaisse qui l'entoure et le protège. Considérons maintenant la gestation : chez certaines femmes, des anticorps détectent et neutralisent les spermatozoïdes[124] (Éléonore Solé, 2021). Leur système immunitaire prend pour cible ces cellules d'origine étrangère, rendant impossible de concevoir un enfant sans aide médicale. Ainsi, l'organisme de la femme se retourne contre ces gamètes, et les détruit en émettant un nombre considérable de macrophages et de neutrophiles. Actuellement, le syndrome antiphospholipidique est le seul trouble immunitaire lié solidement à un pourcentage élevé d'échecs reproductifs. Cette maladie se caractérise par la présence dans le sang maternel de certains anticorps dénommés antiphospholipidiques. Ces derniers provoquent des phénomènes thrombotiques au niveau du placenta qui conduisent à la perte de la grossesse[125].

Comme nous le voyons, la gestation découle d'un équilibre délicat qui permet la tolérance entre deux individus immunologiquement différents. La réussite de la procréation dépend d'un état d'équilibre du SI qui ne détruit, ni les gamètes dans le premier cas, ni le fœtus dans le deuxième.

L'auto-immunité n'est pas forcément une défaillance du SI ou de la réaction immunitaire, elle peut résulter d'autres dysfonctionnements au sein de l'organisme ou d'un changement radical dans les conditions extérieures du milieu. De nouvelles contraintes émanant de la vie moderne (pollution, radiations, ondes électromagnétiques, médication, etc.) vont impacter le fonctionnement et l'évolution du SI chez l'homme. La préservation du soi repose donc sur le bon fonctionnement du SI dans les conditions ambiantes, et sur la pertinence des mécanismes de régulation sans lesquels le SI causerait des dégâts au sein même de l'organisme qu'il est censé protéger. Le soi n'est pas donc un terrain statique, immuable, il est en équilibre dynamique entre plusieurs forces contraires. Qu'il agisse contre une agression émanant de l'extérieur ou d'une anomalie interne, il doit répondre d'une manière mesurée et optimale, tout en coopérant avec d'autres systèmes fonctionnels de l'organisme. L'immunité ou la discrimination entre le soi et le non-soi n'est pas seulement du ressort du SI, mais de la fonction globale de l'organisme et de sa capacité à s'adapter aux conditions changeantes de son milieu.

Le soi a des limites fluctuantes. Il représente l'organisme dans sa totalité. Tous les organes sont des composants du soi, même ceux qui sont à l'abri du SI que l'on qualifie de sites immuno-privilégiés. Le soi regroupe même les composants de la cellule confinés dans l'espace intracellulaire et indétectables par le SI dans les conditions normales (c'est le cas de l'ADN, ARN, et des protéines du noyau ou du cytoplasme). Pourtant, au sens immunologique, le soi serait cette mosaïque d'auto-antigènes accessibles au SI au cours de la surveillance immunitaire. De ce fait, les auto-antigènes séquestrés échapperaient au champ de la définition du soi immunologique. Ces derniers, ainsi que les sites immuno-privilégiés, représentent la partie invisible du soi. En d'autres termes, le soi représenterait seulement l'interface entre le soi global (l'organisme) et le SI. Les microbiotes, par exemple, ne font pas partie du soi global en dépit de leur cohabitation permanente avec l'organisme, du fait qu'en cas de déficit immunitaire, de rupture d'une muqueuse, ces bactéries peuvent nous envahir et nous détruire. De ces réflexions, il ressort que la définition du non-soi n'est pas (non plus) dénuée d'ambiguïté, puisque ce dernier englobe à la fois des composants de l'environnement extérieur et des composants hébergés dans l'organisme. On peut même suggérer que toute substance intruse tolérée par le SI fait partie du soi (que l'on peut qualifier de soi importé). Nous voyons bien que les limites du soi (et du non-soi) ne sont pas fixes, mais plutôt qu'elles dépendent du terrain génétique et de la susceptibilité individuelle aux substances pénétrant le corps.

Les antigènes peuvent être classés en deux types : exogènes et endogènes. Les premiers pénètrent dans le corps, alors que les seconds (auto-antigènes confinés) sont produits dans le corps suite à des lésions cellulaires. Les premiers déclenchent une immunité réparatrice (puisqu'elle élimine l'antigène intrus), alors que les seconds déclenchent une auto-immunité destructrice. Les limites du soi dépendent du maintien de la tolérance immunitaire vis-à-vis des constituants de l'organisme qui, si elle est rompue, engendre des réactions auto-immunitaires. Et même si certains composants du soi sont à l'abri des attaques du SI, ils peuvent en devenir des cibles par suite d'un mimétisme moléculaire ou d'une réaction croisée. Une des hypothèses pour expliquer le déclenchement de l'auto-immunité est qu'un antigène exogène produit une réactivité croisée avec un auto-antigène. Par conséquent, nous pouvons avancer que le soi est l'ensemble des constituants de l'organisme détectables par le SI (au cours de l'immunosurveillance) et ne déclenchant sa réaction en aucune circonstance. Il s'agit donc des composants vis-à-vis desquels le SI est en anergie totale. Tout autre composant capable d'engendrer une auto-immunité, soit par rupture de tolérance ou par réaction croisée, soit par tout autre mécanisme, flotte à l'interface entre le soi et le non soi. C'est le cas des antigènes séquestrés ou confinés, dont l'exposition au SI les placent en dehors du champ du soi.

L'auto-immunité ne signifie pas que le SI est déréglé ou perturbé. Dans des circonstances données, le SI peut produire des anticorps contre une protéine ou une structure jouant un rôle vital pour la conservation de l'espèce, comme c'est le cas pour les anti-spermatozoïdes ou les anticorps antiphospholipidiques. Pour des raisons encore obscures, certains autoantigènes ou protéines importantes pour la conservation de l'espèce déclenchent une réponse immunitaire comme tout autre immunogène. Dans les conditions spécifiques d'un organisme, ces antigènes induisent une immunité destructrice. L'haplotype CMH est-il le responsable ? ou les mécanismes de régulation ? Une autre possibilité est que l'épitope en question est immunogène, il réussit à intégrer le circuit de présentation d'antigènes comme tout autre antigène. Ceci confirme l'idée répandue selon laquelle des clones autoréactifs échappent du thymus, ou alors qu'un mimétisme moléculaire est déclenché chez les individus touchés. L'immunité (ou le soi) semble donc être dérivée du terrain génétique qui présente des variations significatives entre les individus. Rien n'exclut le fait que le SI ait une robustesse équivalente en dehors du terrain génétique, seulement certains terrains favorisent plus que d'autres l'émergence d'une réaction auto-immunitaire.

Le soi évolue en permanence, il change à chaque fois qu'il y a une exposition de l'organisme aux antigènes, qu'ils soient exogènes ou endogènes. De façon symétrique, le non-soi a des limites fluctuantes, de sorte que tous les antigènes externes, anodins, bénins ou passant inaperçus dans le corps, font partie du soi (soi importé). C'est ainsi que les allergènes, supposés être du soi importé, causent une réaction immunitaire chez certains individus. Le microbiote fait aussi partie du soi importé tant que la symbiose prédomine. Certains facteurs externes ou internes perturbent cette symbiose ; le microbiote redevient du non-soi intrus en cas de rupture de la muqueuse intestinale par exemple. C'est le cas également des virus chroniques chez des porteurs asymptomatiques pour qui la réplication virale se déroule à un niveau très bas, en dessous du seuil de détection par le SI. Des facteurs exogènes ou endogènes peuvent donc activer le virus qui devient pathogène. Les cellules tolérées du corps deviennent du non-soi dès qu'elles entrent dans un état de malignité. Des protéines non immunogènes peuvent servir, dans certaines conditions, de protéines transporteuses après avoir fixé un composant de l'environnement (haptènes) qui, lui, provoque une réponse immunitaire. La régulation de l'expression des gènes au niveau de l'ADN ou à un niveau post-transcriptionnel affecte les limites du soi, en contrôlant le taux d'expression des protéines au niveau de la membrane plasmique ou leur sécrétion dans la matrice extra-cellulaire. Une protéine mal ancrée dans la membrane ou sur-exprimée peut engendrer une réaction immunitaire par suite de l'exposition d'épitopes jusque-là invisibles au SI. De même, des mutations aléatoires ou des altérations d'un mécanisme de maturation biochimique, peuvent entraîner des modifications de la conformation spatiale des protéines, les rendant immunogènes. Des mécanismes cellulaires opèrent donc en amont pour garder le SI en anergie vis-à-vis des auto-antigènes, et ainsi préserver l'intégrité du soi. Nous réalisons que toute anomalie du métabolisme ou de maturation des protéines peut déclencher une immunité, preuve que cette dernière joue le rôle de sentinelle du fonctionnement normal de l'organisme. C'est d'ailleurs pourquoi le SI est considéré comme autocentré, Jerne ayant souligné son rôle endogène crucial pour le maintien de la normalité de l'organisme. Le SI doit donc être assez robuste et efficace pour jouer son rôle face à toutes les contraintes internes et externes. Il doit en parallèle garder un bas niveau d'activation vis à vis des auto-antigènes, et être prêt à réagir à des antigènes exogènes menaçants.

Le soi à l'échelle de l'individu et de l'espèce

Le SI a pour mission d'enrayer les invasions de l'organisme par des intrus indésirables et, en même temps, de neutraliser toute anomalie mettant la vie de l'organisme en péril. Il doit donc être équipé de détecteurs qui sondent en permanence le terrain. Le soi immunologique n'est pas laissé en repos, il est constamment surveillé. En fait, cette surveillance rééduque le SI et le recalibre pour repérer les composants du non-soi, de la même façon que l'on calibre un appareil pour effectuer des mesures exactes. Cette surveillance permanente du soi a pour fonction d'acclimater le SI aux auto-antigènes du soi, et c'est ce qui renforce sa capacité à reconnaître le non-soi. C'est pourquoi, les auto-antigènes contre lesquels le SI est désensibilisé jouent un rôle capital dans sa préparation à exercer ses fonctions, ils déterminent son seuil d'excitabilité. Le soi peut être aussi bien défini comme étant l'ensemble des antigènes vis-à-vis desquels le SI, en-dessous de son seuil d'excitabilité, ne réagit pas. Outre la capacité à détecter les intrus et les anomalies au sein de l'organisme, le SI doit réagir avec précision. Une fois passé le seuil d'excitabilité, il doit répondre spécifiquement à l'intrus sans déborder ni provoquer de dommages collatéraux. Il existe donc des détecteurs en amont qui renseignent le SI sur la présence d'intrus, tandis que des détecteurs en aval le renseignent sur les dommages collatéraux. La réaction immunitaire se déroule selon la boucle : immunité innée - immunité adaptative- immunité innée. C'est l'immunité innée qui active en premier lieu la réponse adaptative, et cette dernière, en produisant des anticorps qui forment des complexes immuns, stimule de nouveau l'immunité innée qui intervient pour achever le travail, faire le ménage, et débarrasser l'organisme de toute trace d'antigènes, libres ou dans des complexes immuns.

Le SI doit donc capter et répondre aux signaux fournis par les tissus, sièges de sa réaction. En dépit de son intégration en tant que système fonctionnel chez les mammifères hautement évolués, le SI n'est pas pour autant un instrument parfait. Des facteurs héréditaires et environnementaux peuvent le perturber, le rendre agressif vis-à-vis du soi, ou le rendre inopérant et incapable de neutraliser les intrusions. Dans la logique des défenseurs de la théorie de l'évolution, on pourrait admettre que le rôle du SI est de permettre aux individus d'atteindre l'âge de la reproduction et d'assurer la protection de leur progéniture. Au-delà de cet âge et avec le temps, le SI perd de sa robustesse, en devenant lui-même sujet aux altérations de ses organes ou de ses cellules immuno-compétentes. D'ailleurs, des perturbations du SI sont bien visibles avec la vieillesse. Plus on avance dans l'exploration du soi/non soi, plus ses limites nous paraissent floues : soit elles se dilatent lorsqu'elles englobent des antigènes externes mis sous tolérance, soit elles se contractent lorsque les auto-antigènes deviennent eux-mêmes cibles du SI. D'autant que la réaction auto-immunitaire, quoique dirigée contre un auto-antigène précis, peut déclencher des réactions en chaîne. Avec une attaque auto-immunitaire, s'ensuit la libération d'antigènes séquestrés contre lesquels le SI réagit par des réponses humorales et cellulaires (réponse primaire lors du premier contact). Les protéines ancrées dans des débris de membranes plasmiques, conséquences de la lyse des cellules, peuvent à leur tour déclencher une réponse du SI qui va cibler ces protéines sur des cellules vivantes, et ainsi amplifier les dommages. La réponse immunitaire contre les antigènes séquestrés n'est pas supposée être destructrice, étant donné que ces antigènes sont, par nature, non exposés au SI. Mais si la lyse cellulaire est récurrente, conséquence d'une réaction auto-immunitaire ou d'infections chroniques par des micro-organismes, la réponse immunitaire secondaire (le SI ayant déjà été stimulé par ces antigènes déconfinés) risque de produire des effets délétères sur les tissus.

Le SI constitue l'interface entre le vivant et l'environnement. Il élimine les substances toxiques de l'organisme, et ainsi il concourt à renforcer l'adaptation de l'individu à son milieu. Un tel système était nécessaire car le vivant ne peut pas vivre dans une bulle isolée de son milieu, et il ne peut pas rencontrer le milieu en encourant des dangers insurmontables. Le risque d'une auto-réactivité du SI constitue un désavantage pour les individus. Cependant, la variabilité génétique au sein de la population réduit ce risque : l'auto-immunité a une fréquence limitée (7-10%). Malheureusement, elle peut être provoquée par des infections virales ou bactériennes chroniques (qui causent la mort de cellules et instaurent un terrain inflammatoire) et, en cas d'épidémies, leur incidence peut augmenter.

À l'échelle de l'espèce, le SI est un outil robuste qui concourt à sa conservation. Les individus nés sans un SI fonctionnel ou avec des déficits dans l'un de ses composants indispensables à la réaction immunitaire, ne peuvent pas survivre dans les conditions normales. Ceci signifie que l'individu ne peut pas survivre dans son milieu sans un système qui discrimine son soi du non-soi. Il existe donc des barrières strictes entre l'organisme et son milieu. Le SI place ses détecteurs au niveau de ces barrières, et il entre en action dès qu'un indésirable réussit à les contourner. L'élimination peut être immédiate (réponse innée) et se produire avant même que la substance intruse ait pénétré dans l'organisme, ou plus lente si la substance réussit à pénétrer au sein de l'organisme. Il s'agit là d'une autre imperfection du SI, car lors d'une infection virale, la réponse immunitaire adaptative n'intervient qu'après que le virus ait entamé son cycle de réplication (causant des dégâts tissulaires). Si c'est une infection virale fulminante, le tissu peut être détruit avant même que le SI adaptatif n'intervienne. Toutefois, cette imperfection tourne à l'avantage du SI dès qu'il dispose du temps nécessaire pour se renseigner sur la substance intruse et fabriquer un anticorps spécifique ou une réponse cellulaire dirigée spécifiquement : il en garde une mémoire. La réponse immunitaire adaptative primaire apparaît donc après un laps de temps pendant lequel l'organisme court un risque, un temps où seule l'immunité innée non spécifique entre en jeu. Celle-ci précède toujours la réponse adaptative, ce qui suggère que la réponse adaptative est apparue plus tard dans l'évolution pour éliminer les intrus capables de résister à la réponse innée ancestrale. Cependant, la réponse adaptative n'est pas parfaite non plus. Des virus mutants, par exemple, peuvent lui échapper et infecter l'organisme d'une manière chronique. Malgré l'immense répertoire de récepteurs immunitaires, les virus échappent à l'immunité par des mutations ou en causant des altérations dans le système régulatoire du SI. Pour la majorité écrasante des individus, le SI peut à lui seul rétablir l'équilibre suite à une infection, sauf si des conditions particulières du terrain ou de l'environnement l'en empêchent.

Les barrières du soi ne sont pas impénétrables, certains micro-organismes sont capables de les franchir et d'envahir l'organisme, ce qui suggère que le SI est encore loin de sa perfection. C'est justement ce type de défaillance qui constitue le moteur de l'évolution, car le vivant tâtonnera jusqu'à trouver la meilleure solution au problème. Grâce à la variabilité génétique intra-espèce, certains individus qui réussissent à vaincre naturellement l'infection apportent la solution à l'espèce.

Le SI évolue avec l'espèce et avec les parasites dangereux qui la menacent. Il est conçu à l'échelle de l'individu et à l'échelle de l'espèce ; ainsi, même si un individu est vaincu par une infection, l'espèce a des chances de se conserver grâce à certains gènes CMH exprimés chez d'autres individus infectés qui présentent des épitopes viraux capables de déclencher une réponse immunitaire neutralisante et protectrice. Il est important de considérer le SI à l'échelle de l'espèce, car le polymorphisme du CMH, par exemple, est une stratégie qui accroît les chances de survie de l'espèce en cas d'infections persistantes. La mémoire immunitaire des individus est capable d'éradiquer une infection virale, soit d'une manière spécifique, soit par réaction croisée. Il est également possible qu'un virus soit éliminé par des anticorps naturels. La diversité des composants et des mécanismes du SI lui permet de varier les solutions face à une situation d'invasion par un parasite. L'espèce possède ainsi son propre soi, préservé par la diversité génétique entre ses individus.

Le soi et l'activation immunitaire

Comme le SN, le SI est excitable. Il peut exister dans un état quiescent jusqu'à ce que, après stimulation antigénique au-delà d'un certain seuil, il s'active. Les cellules immunitaires stimulées démarrent leurs cycles cellulaires en produisant des protéines jusque-là inhibées, dont certaines sont sécrétées dans le milieu extracellulaire, en l'occurrence les cytokines. Il se trouve que ces cytokines induisent l'expression de leurs propres récepteurs, à la surface des cellules qui les produisent, et sur d'autres cellules impliquées dans la réponse à l'antigène. La réponse adaptative est caractérisée par le fait que le stimulus antigénique ne mobilise qu'un nombre infinitésimal de lymphocytes. Une fois le signal intégré, il active l'expression de quelques gènes, dont ceux codant pour les cytokines. Ces dernières se lient à leurs récepteurs à la surface des cellules stimulées par l'antigène qui les ont produites (mode autocrine d'action de cytokines), et induisent leur multiplication. Les cytokines et autres molécules bioactives produites en grande quantité instaurent un terrain d'activation. L'augmentation d'expression de cytokines par un nombre croissant de cellules favorise leur action sur d'autres types cellulaires comme les CPA et les phagocytes, l'ensemble des facteurs immunitaires collaborent pour éliminer l'antigène. En définitive, seuls certains antigènes induisent une activation immunitaire ; d'autres étant tolérés, la réponse immunitaire qui en résulte est, soit inhibée, soit inexistante. Des antigènes peuvent même inhiber la réponse immunitaire en activant des mécanismes de régulation négative (par exemple en augmentant l'expression de LTC4, en inhibant celle de CD28) ou induire l'expression de cytokines immunosuppressives tel que le TGFβ. Comme nous l'avons vu précédemment, l'excitation du SI ressemble à celle du SN puisque l'activation des lymphocytes requiert la formation d'une zone de contact avec les CPA. C'est à travers cette synapse que le signal antigénique est délivré. Ensuite, la réponse s'amplifie par des divisions cellulaires en série et la production de cytokines qui réagissent localement ou à distance. L'activation doit durer le temps nécessaire à l'élimination de l'antigène. Une activation prolongée cause des effets secondaires, en l'occurrence la mort cellulaire dans des tissus cibles de l'action immunitaire. L'auto-immunité n'est pas seule responsable de ces dérèglements, le débordement de la réponse immunitaire peut survenir chez tous les individus. Par exemple, une double ou triple infection par des microbes différents ou une intoxication chronique causent des réponses immunitaires excessives allant jusqu'à la destruction des tissus.

Après l'élimination de l'antigène, le système revient à son état quiescent, et la majorité écrasante des cellules activées meurent par apoptose. Les cellules activées restantes se différencient en cellules mémoires, centrales et effectrices. Souvent, les cellules mémoires répondent à un deuxième stimulus antigénique mais, dans certains cas, la cellule mémoire intègre le stimulus antigénique sans répondre, et s'installe alors un mécanisme immunosuppresseur ; l'antigène est enrôlé dans un mécanisme de tolérance. La tolérance est diamétralement symétrique à l'auto-immunité ou à l'emballement de la réponse immunitaire. Elle peut être aussi dangereuse dans la mesure où des pathogènes qui s'insinuent dans l'organisme peuvent être ignorés, ce qui leur laisse le temps d'occuper le terrain et de s'y installer. Ils prendront alors l'organisme en otage, d'autant que leur élimination après rupture de la tolérance serait très risquée car elle entraînerait systématiquement des destructions tissulaires.

Il est difficile de décrire de façon précise l'état du SI ; imaginez-le comme un système hétérogène avec des zones quiescentes et des zones activées. Alors que des cellules dorment, d'autres s'activent. Dans le sang périphérique, nous pouvons observer des cellules naïves et mémoires, et il existe toujours une fraction de cellules activées reconnues par l'expression du CD25, le récepteur à l'IL-2. Cette compartimentation du SI en zone quiescentes naïves et activées est permanente. Cependant, les cellules mémoires semblent ne pas sommeiller en l'attente d'un deuxième stimulus antigénique, elles participent activement à l'élimination d'autres antigènes par des réactions croisées, c'est ce que nous enseigne le concept d'immunité hétérologue. En cas d'infection virale chronique, les cellules mémoires spécifiques sont constamment en alerte, et leur nombre se définit en fonction du taux de réplication du virus. C'est par leur intermédiaire que des virus passent d'une phase aigüe d'intense réplication virale à une phase latente où la réplication en est à son minimum. Dans le cas du VIH, on discerne un fait remarquable : la réplication du virus est fonction du degré d'activation immunitaire, elle est d'autant plus élevée que le SI est activé par d'autres parasites. Ceci tient au fait que le virus est hébergé au sein des LT CD4+ qui jouent un rôle capital dans le lancement de la réponse immunitaire. Ce sont eux qui produisent l'IL-2 nécessaire pour induire la multiplication des lymphocytes. Le virus va donc avorter la réponse immunitaire car, en se réplicant, il entraîne la mort de ses cellules cibles (ce qui interrompt la cascade d'activation immunitaire). Nous comprenons par quel mécanisme le SI est incapable d'éliminer des infections chez les malades du SIDA. Le SI est d'autant plus activé que l'organisme a connu d'infections. Une forte activation de l'immunité peut être fatale comme dans le cas du choc cytokinique. C'est comme si vous mesuriez le dosage d'un antidote : au-delà de la dose efficace, il devient au contraire très dangereux.

L'une des caractéristiques principales de l'immunité adaptative est l'existence d'une mémoire spécifique de l'antigène. Ce dernier sert de mitogène en ce sens qu'il induit la division des lymphocytes. Lors de la réaction immunitaire qui élimine l'antigène, les cellules en manque de re-stimulation antigénique entrent en apoptose, sauf certaines, très rares, qui semblent être dotées d'un mécanisme de résistance à l'apoptose et continuent à vivre en l'absence d'antigènes, c'est elles que l'on appelle « cellules mémoires ». Leur comportement est intriguant. Nous pouvons supposer qu'elles bénéficient d'une stimulation de la part d'autres antigènes qui induisent une réaction croisée, ou qu'elles survivent grâce à l'action de cytokines résiduelles. Quoi qu'il en soit, ces cellules, résistantes à l'apoptose et au défaut de l'antigène, ne reviennent pas à un état naïf, elles demeurent dans un état intermédiaire, entre dormance et activation. Par contre, elles répondent très rapidement à une re-stimulation antigénique spécifique. Certaines cellules, dont le cycle cellulaire est bloqué, entrent en mitose dès que le signal antigénique est re-délivré.

Dans le cas de souches virales variables, les cellules mémoires constituées contre une souche donnée, pourraient éliminer de nouvelles souches en ciblant des épitopes conservés. Si le virus leur échappe, de nouvelles cellules mémoires apparaissent. Les cellules mémoires se diversifient à leur tour, jusqu'à ce que le virus ait atteint le pic de sa variabilité et se convertisse en virus chronique ou latent. Un équilibre est alors atteint. En santé publique, on craint les variants à cause de leur capacité à se diviser et à se propager à d'autres individus, mais les cellules mémoires issues des souches passées parviennent quand même à les freiner en reconnaissant les épitopes conservés. Même un anticorps, qui se fixe à un épitope autre que celui impliqué dans la pénétration du virus dans la cellule, peut tout de même entraver sa pénétration par encombrement stérique. Les molécules CMH des cellules infectées présentent de surcroît des épitopes issus des autres protéines du virus. C'est ce qui explique pourquoi des traces de génomes viraux sont présents dans notre génome, preuve que l'immunité a été capable d'avorter leur réplication, et même de tirer profit de leur information génétique. Que notre ADN héberge de nouveaux gènes étrangers est impressionnant. Peut-être cela cache-t-il un subtil mécanisme de défense par lequel l'information génétique des parasites, en particulier des virus, est insérée dans l'ADN, puis mise sous inhibition totale, à l'instar de notre ADN non-codant. Si un virus ne fabrique plus ses protéines, il ne pourra plus nuire. L'ADN recèle des mystères extraordinaires, je le réitère, il semble être doté d'une sorte d'intelligence qui contrôle les gènes à tous les niveaux : de leur emplacement dans des loci, jusqu'à leur transcription et traduction en protéines. C'est sans doute notre toute première ligne de défense contre des virus qui s'intègrent dans notre génome pour détourner la machinerie cellulaire à leur profit. Cette intelligence ne concerne pas seulement l'ADN chromosomique, mais tout ADN présent dans le noyau ou la mitochondrie. Les virus qui se répliquent dans la cellule doivent d'abord échapper à ce premier mécanisme de contrôle.

La résistance des cellules mémoires à l'apoptose est un phénomène charnière. En effet, si toutes les cellules activées disparaissaient, il n'y aurait plus de mémoire immunitaire. Nous ne pouvons pas savoir à l'avance si une cellule activée va mourir par apoptose ou devenir mémoire. Cette information nous serait utile car elle permettrait de savoir si le passage au phénotype mémoire n'est pas dû à une variabilité génétique au sein même du clone stimulé par l'antigène. Certaines cellules possèderaient des gènes qui leur permettraient, dès le début de la stimulation antigénique, de s'orienter vers une différenciation en cellule mémoire. Il est possible que le mécanisme se déclenche à chaque stimulation par un antigène. Dans ce cas, il se traduirait par une régulation de l'expression de certains gènes jouant un rôle important dans la résistance à l'apoptose, comme le Bcl-2. D'ailleurs, certains virus induisent l'expression de Bcl-2, ce qui maintient leur cellules hôtes viables. Il suffirait de comparer, gène par gène, un lymphocyte naïf à un lymphocyte mémoire pour réaliser à quel degré une stimulation antigénique entraine de profonds changements dans les cellules immunitaires. Les divisions cellulaires en série qui en résultent sont marquées par quelques mutations aléatoires dans un même locus ou dans des loci différents, ce qui génère des cellules avec une résistance variable à l'apoptose. Il ne faut pas oublier que l'ADN varie au cours des divisions cellulaires suite à des erreurs non corrigées.

Le même scénario se répète à la génération suivante de cellules mémoires, ce qui expliquerait la longévité étonnante de certaines d'entre elles. Ce phénomène dépend surtout du génotype du lymphocyte naïf initial. Les lymphocytes ne diffèrent pas seulement par leurs TCR, mais par d'autres gènes. Certains conduisent à des cellules mémoires qui persistent longtemps, d'autres à des cellules mémoires de longévité courte ou moyenne. Il se pourrait aussi que les TCR, variant par l'intensité du signal antigénique qu'ils délivrent, soient à l'origine de ce scénario : ceux dont le signal antigénique est fort permettraient aux cellules activées de résister à l'apoptose et de se convertir en cellules mémoires de longue durée en dépit de l'élimination de l'antigène. Justement, les lymphocytes ayant été activés par réaction croisée, et qui, souvent, délivrent un signal antigénique moins fort, conduisent à des cellules mémoires de courte durée. Celles qui sont spécifiques de l'antigène avec une grande affinité persistent le plus longtemps. Une cellule dépourvue de facteurs de croissance meurt par apoptose ou nécrose. Ainsi, si une minorité de cellules immunitaires activées se convertissent en cellules mémoires vivantes de longue durée, c'est qu'elles expriment un facteur qui les protège contre l'apoptose. De même, les cellules activées issues d'un clone ne sont pas toutes identiques, une variabilité génétique les différencie qui amène à privilégier de rares cellules persistant sans l'apport de signal antigénique. Soit une variabilité génétique initiale subtile de résistance à l'apoptose, soit la force du signal TCR, l'une ou l'autre de ces hypothèses pourrait expliquer la conversion en phénotype mémoire d'une rare fraction de cellules activées.

Un milieu riche en agents infectieux épuise le SI qui, à force de s'activer, finit par échapper aux mécanismes de rétrocontrôle. Les cellules immunitaires activées qui s'accumulent peuvent infiltrer des tissus et les endommager par la sécrétion de facteurs cytotoxiques. Une activation chronique du SI engendre des effets secondaires qui installent un terrain favorable à la nécrose tissulaire et au cancer. Comme tous les autres systèmes fonctionnels, le SI requiert de l'énergie qu'il puise dans les ressources de l'organisme. Une sollicitation excessive par sa durée, son intensité et sa fréquence entraîne son épuisement. Le degré d'activation varie avec le milieu et l'âge. Dans le cas du VIH qui passe par une phase de latence dans les cellules cibles, une activation immunitaire par d'autres pathogènes déclenche sa réplication, par conséquent, le stade SIDA est rapidement atteint avec les infections opportunistes qui l'accompagnent. Il existe un optimum d'activation immunitaire au-delà duquel les dégâts collatéraux sur les tissus s'accumulent. C'est la raison pour laquelle une bonne hygiène de vie et une alimentation équilibrée maintiennent le SI à un niveau bas d'activation, ce qui lui permet de bien discriminer le soi du non soi. D'ailleurs, l'orage cytokinique qui suit une forte stimulation antigénique peut entraîner un désastre et nécessiter la prise en charge médicale immédiate de l'individu. L'une des cytokines les plus redoutées est TNFα qui a de multiples effets sur les tissus. Dans l'organisme, de nombreux mécanismes opèrent pour éliminer l'antigène avant l'activation du SI. Le premier d'entre eux est l'évacuation mécanique des substances intruses (éternuement, écoulement nasal, urine et selles, transpiration) ou chimique (digestion ou phagocytose, dégradation par des protéases extracellulaires). Des anticorps naturels et l'immunité innée entrent en jeu à ce stade pour évacuer l'antigène avant qu'il n'active la voie adaptative. La réaction immunitaire ne s'enclenche pas d'emblée, l'antigène doit d'abord contourner les barrières physiques et les muqueuses. Le bon fonctionnement de l'immunité dépend donc des autres fonctions de l'organisme impliquées dans l'élimination de substances intruses, comme le système urinaire ou le système digestif qui opèrent en amont, et la solidité des barrières de la peau ou des muqueuses. Le contrôle de l'activation immunitaire opère à plusieurs niveaux : par l'activation des mécanismes de tolérance, des mécanismes immunosuppresseurs, de l'anergie, sans omettre l'éducation thymique qui réduit à l'origine le pool des lymphocytes par l'élimination sélective des clones autoréactifs. De plus, la peau et les muqueuses produisent des sécrétions qui réduisent la pénétration des antigènes externes. Des mécanismes d'évacuation des antigènes opèrent avant que ces derniers n'entrent en contact avec le SI, ce qui abaisse en conséquence le seuil de son activation.

La discrimination entre le soi et le non-soi participe elle-même au contrôle négatif de la régulation immunitaire. Seuls certains antigènes sont capables d'enclencher une réaction du SI, d'autres sont tolérés ou relégués vers d'autres systèmes d'élimination. Rares sont les antigènes dotés de la capacité à induire une activation immunitaire. Même quand ils arrivent à contourner les barrières à la suite d'une blessure ou d'une contamination par un tiers, les antigènes externes n'activeront pas forcément le SI ; la discrimination opère et en sélectionne seulement quelques-uns. Les cellules mourant par apoptose se fragmentent en vésicules entourées de membranes qui sont captées et détruites par des cellules immunocompétentes, ce qui évite la libération d'antigènes séquestrés, source potentielle d'activation immunitaire (comme c'est le cas pour les maladies auto-immunes). Au cours de sa réactivité, le SI doit préserver le soi en tant qu'ensemble stable autant que flexible d'auto-antigènes. C'est grâce aux mécanismes de rétrocontrôle qu'il le fait. Une suractivation du SI le rend inapte à accomplir la discrimination soi/non-soi ; elle entraîne la destruction de l'infrastructure tissulaire nécessaire au bon déroulement de la réaction immunitaire, et élève son seuil d'activation, ce qui mène paradoxalement le SI à un état d'anergie. Trop d'activation engendre son contraire, l'anergie, du fait de l'épuisement des cellules mémoires dû à de trop nombreuses divisions.

Les systèmes fonctionnels de l'organisme

Le corps humain est constitué de 11 systèmes fonctionnels : le système tégumentaire, le système squelettique, le système musculaire, le système nerveux (SN), le système endocrinien, le système circulatoire, le système immunitaire (SI), le système respiratoire, le système digestif, le système urinaire et le système reproducteur. Tous, sans exception, coopèrent au maintien de la vie de l'organisme en tant qu'entité autonome. Leur défaillance engendre des complications qui risquent de conduire à sa mort. L'ensemble de ces systèmes, et pas seulement le SI, participe à l'édification du soi. Le soi qui dépasse sa signification immunologique, le soi comme organisation neurophysiologique autonome. La réaction immunitaire a lieu dans l'organisme, les cellules immunitaires transitent par le sang et, activées, elles acquièrent la capacité de migrer à travers l'endothélium, elles sécrètent leurs médiateurs solubles dans la matrice extracellulaire. L'infrastructure de l'organisme doit être intacte et opérationnelle, et divers signaux intégrés conjointement, pour que la réaction immunitaire produise ses effets. Le SN dialogue avec le SI et régule la réponse inflammatoire. Lors d'une infection, les cellules immunitaires libèrent des cytokines qui enclenchent le processus d'inflammation nécessaire pour contrer la dissémination microbienne dans le corps. Il arrive cependant que la réaction inflammatoire s'avère excessive et toxique pour l'organisme. Dans cette situation, le cerveau est mobilisé pour la réguler. En effet, lorsqu'il détecte les cytokines produites par les cellules immunitaires, le cerveau induit la sécrétion dans le sang d'hormones connues pour leur rôle dans la régulation négative de l'inflammation : les glucocorticoïdes. Cette régulation empêche le SI de détruire les tissus sains tout en maintenant pleinement ses propriétés antivirales. Ce sujet est passionnant. L'équipe de Sophie Ugolini a montré qu'une molécule exprimée à la surface des cellules NK, le PD-1 qui est leur récepteur aux glucocorticoïdes, freine la réponse immunitaire et empêche une hyper-inflammation. Il empêche aussi que la réaction immunitaire ne s'emballe et détruise les tissus sains. Selon Sophie Ugolini : « L'aspect le plus inattendu de notre découverte a été que cette régulation empêche le système immunitaire de s'emballer et de détruire les tissus sains, tout en maintenant pleinement ses propriétés antivirales nécessaires à l'élimination efficace du virus. » [126-127] On voit ici que la fonction immunitaire est liée à celle du SN, d'une part, et à l'expression de récepteurs de l'immunité innée, dont le PD-1, d'autre part. On comprend alors que la réponse immunitaire résulte de plusieurs facteurs. Le stress et la dépression, qui affectent la robustesse du SN, pourraient ainsi altérer ses fonctions régulatrices de la réponse immunitaire.

Les systèmes respiratoires, digestifs et circulatoires fournissent l'énergie nécessaire au SI pour jouer pleinement son rôle d'immunosurveillance, et être prêt à réagir en cas d'attaque d'un pathogène. Ils sont nécessaires pour entretenir et maintenir des cellules naïves quiescentes en vie, et entretenir des cellules mémoires dont la durée de vie peut s'étaler sur plusieurs années. Afin d'économiser l'énergie, les acteurs du SI sont maintenus dans un état passif ou semi-actif : c'est seulement à la détection de signaux d'alerte qu'ils entrent en action. Le SI est également tributaire des systèmes d'évacuation urinaire, digestif et respiratoire pour éliminer les excès d'antigènes et les complexes immuns de la circulation. L'intrus est alors littéralement expulsé du milieu intérieur. Le bon fonctionnement de ces mécanismes de déjection et de sécrétion est un gage de santé, car ils régulent la quantité d'antigènes en la maintenant à un faible niveau, ce qui permet au corps de se dispenser de la réponse immunitaire, et ainsi d'épargner les tissus de problèmes collatéraux.

Le SI contribue aussi à l'homéostasie tissulaire et veille sur le bon déroulement du métabolisme. Il ne faut pas seulement considérer le SI comme un gardien dont les capteurs sont dirigés vers les éléments étrangers au milieu interne, il veille aussi sur les interactions biochimiques au sein du corps. Les CPA ne capturent pas seulement des antigènes externes, mais aussi des auto-antigènes qu'elles vont présenter aux LT. Si l'auto-antigène est intact, il ne déclenchera aucune réaction immunitaire, mais si l'auto-antigène a muté, sa conformation tridimensionnelle changée menant à la présentation de nouveaux épitopes, une réaction immunitaire s'enclenchera en conséquence. Toute protéine du soi ayant subi des mutations affectant sa structure et donc sa fonction sera, de la sorte, éliminée. Ce mécanisme représenterait une auto-immunité dirigée contre des protéines mutantes du soi. Mais cette auto-immunité est discrète et bénéfique, alors que si une protéine normale est ciblée, le résultat peut s'avérer pathologique.

L'immunité est fondée sur des interactions entre des atomes situés, d'une part sur les récepteurs immunitaires, et d'autre part sur leurs ligands, ce qui constitue le fondement de la discrimination entre le soi et le non soi. De même, les cellules de l'organisme échantillonnent des peptides qu'elles présentent dans la pochette de leurs molécules CMH-1, et si un des peptides est immunogène, la tolérance est rompue. L'organisme est en perpétuel auto-contrôle, des mutations cellulaires aléatoires apparaissent de temps à autre, bénignes ou dormantes la plupart du temps. En définitive, des dysfonctionnements cellulaires sont récurrents, à tel point que l'on peut les considérer comme « normaux ». Car c'est ce qui maintient le SI fonctionnel et efficace : ces vagues d'activation « rodent » la machinerie immunitaire, elles l'entretiennent. C'est le fonctionnement interne de l'organisme qui façonne le SI et non les agressions extérieures, comme on a tendance à le croire. C'est en s'entraînant à éliminer les anomalies cellulaires ou les molécules inutiles au sein de l'organisme que le SI acquiert sa capacité à neutraliser les agressions extérieures.

La vie est une dynamique perpétuelle. Dans les conditions normales, le SI élimine des micro-organismes de notre corps ou les tolère sans produire de symptômes d'inflammation. On comprend que le SI s'est perfectionné au cours de l'évolution, et qu'il continue à le faire pour maintenir la normalité de l'organisme. Par définition, l'équilibre est fragile, cependant. Il peut se rompre relativement facilement. Est-ce la raison pour laquelle on envisage l'immunité comme une lutte incessante, quoique souvent silencieuse, contre l'adversité ? Prenons l'exemple d'une infection par un rétrovirus. Au début, le virus va avoir tendance à se multiplier et à infecter un grand nombre de cellules cibles. Le SI peut éradiquer le virus sans qu'il y ait apparition de symptômes d'infection virale. Si le virus entre en latence, c'est parce le SI l'y contraint. Il va essayer de sortir de sa latence et de se reproduire, et le SI va réagir pour le maintenir à un très faible taux de réplication. Si le virus mute, il peut échapper à la réaction immunitaire mémoire qui le contrôle jusque-là. Une autre réaction immunitaire spécifique du nouveau virus mutant s'enclenche si les épitopes sont reconnus par le répertoire de récepteurs immuns, et ainsi de suite. Mais cette situation génère une activation chronique du SI dont les effets pathologiques augmentent dans le tissu infecté et les tissus sains avoisinants. Les symptômes apparaissent. Il est possible que des mutations inactivent le génome viral, il demeure par conséquent intégré dans le génome comme un provirus permanent. Ce genre d'insertion pourrait bien causer des altérations dans l'expression de certains gènes qui confèrent un bénéfice ou un désavantage aux organismes face à la sélection naturelle. La régulation du SI semble elle-même vaciller avec le rythme des stimulations antigéniques, si bien qu'une stimulation chronique le sature et le bloque.

Explorons un instant les mécanismes de l'immunosuppression : « Trois types de cellules immunitaires jouent un rôle primordial dans l'immunosuppression. Les lymphocytes T régulateurs (Treg) sont des lymphocytes T CD4+ exprimant la chaîne alpha du récepteur de l'interleukine-2 (IL-2) (CD25) et le facteur de transcription FoxP3 (*forkhead box P3*). Ils sont impliqués dans le maintien de la tolérance immunitaire, empêchant l'apparition de maladies auto-immunes. (…) Il existe deux sous-populations de Treg, les Treg naturels et les Treg induits, qui se distinguent grâce à leur expression différentielle en neuropiline-1. Les Treg naturels sont issus du thymus où ils sont sélectionnés grâce à des interactions de haute affinité entre le TCR (T cell receptor) et le complexe CMH présentant des peptides endogènes du soi. Ils exercent leur activité suppressive par contact direct via plusieurs mécanismes (…) Les Treg induits ne sont pas sélectionnés dans le thymus, ils sont convertis en cellules suppressives à partir de T CD4+ souvent lors d'une inflammation chronique, d'une maladie auto-immune ou d'un cancer, sous l'influence de TGF-β et d'IL-2. Ils agissent à distance en modulant l'environnement cytokinique, et notamment en absorbant l'IL-2 indispensable à la prolifération des lymphocytes T effecteurs, via le récepteur α de l'IL-2 (CD25) qu'ils expriment à leur surface. De plus, les Treg produisent les cytokines immunosuppressives TGF-β et IL-10 »[128] (Bruchard et Ghiringhelli, 2014).

On voit bien que la réaction immunitaire subit un contrôle régulier à plusieurs niveaux soit, avant, pendant ou à la fin de son exécution. Notons qu'une stimulation antigénique chronique peut contourner ces mécanismes et entrainer une activation chronique du système.

Le SI est continuellement activé et seul son seuil d'activation varie. En présence de signaux de danger, l'activation augmente ainsi que le taux de cytokines et de médiateurs solubles en circulation. La discrimination entre le soi et le non soi est une lutte permanente durant laquelle le SI doit être capable de maintenir la viabilité de l'organisme. Infections virales, bactériennes, foyers de cancer, inflammations, sont « traités » de façon auto-régulée en situation normale. C'est seulement quand une situation pathologique perdure que des symptômes apparaissent, en partie à cause de l'activation chronique du SI qui endommage les tissus. Les barrières qui nous isolent du milieu ne sont pas impénétrables et la vie tient en cette équation très simple : soit le SI réussit à repousser les invasions et à réparer les anomalies internes, soit la machinerie de notre organisme se dérègle jusqu'à emprunter le circuit qui mène à sa propre disparition. Le maintien du soi immunologique est donc tributaire de l'action coordonnée des systèmes fonctionnels du corps. La discrimination entre le soi et le non-soi est énergivore, si bien que la réaction immunitaire doit être efficace et limitée. Le fait que le SI soit un système ouvert au milieu constitue en soi une source de consommation d'énergie vitale. De plus, divers organes contribuent à l'élaboration de la réaction immunitaire, ce qui expose d'autant l'organisme à une altération de ses tissus. C'est pourquoi différents mécanismes entrent en jeu pour compenser ces dépenses d'énergie et les maintenir au plus bas niveau possible. Observons davantage les systèmes fonctionnels du corps : nos sens, en contact direct avec le milieu, nous renseignent sur les ressources et opportunités qu'il offre, ainsi que sur les risques qu'il représente. Nous respirons l'oxygène, nous prélevons nos aliments, nous fuyons le danger. Notre capacité de mémorisation et d'anticipation (grâce au développement du cortex) a permis d'améliorer considérablement notre sécurité physique et notre capacité de survie. Notre métabolisme suffit à réguler les apports et dépenses énergétiques, ainsi que les mécanismes physiologiques d'évacuation des déchets de l'organisme, pour le maintenir en santé. Ce dernier rencontre cependant de sérieux défis : quelques exemples, parmi lesquels :

– Celui de la propagation microbienne : les liquides biologiques véhiculent des microbes sélectionnés dans des cellules vivantes, capables d'entamer de nouveaux cycles de réplication juste après leur transmission par contact. Cette dernière sélectionne des microbes de plus en plus dévastateurs, ce qui explique la survenue des épidémies. La diminution de la phase de latence des microbes cause des dommages avant même que le SI n'entre en action. La contamination interhumaine ou inter-espèces est difficilement contrôlable car les échanges font partie de la vie quotidienne. Des règles d'hygiène et de prévention sanitaire permettent de limiter de façon significative les risques.

– Celui des intoxications médicamenteuses, environnementales, chimiques : la prise fréquente de médicaments affecte le SI. Plus globalement, toute altération du système vasculaire ou veineux, toute altération dans le système circulatoire ou digestif, consécutives à l'ingestion, à la respiration, ou à l'inoculation de constituants chimiques, est susceptible de perturber le SI. Si nos cellules sont chargées en excès par des constituants non naturels, le SI peut entrer dans un état d'activation chronique ; notre physiologie, mais aussi notre capacité à surmonter stress, anxiété et peur, s'en trouveront dégradés et une cascade de désordres, de moins en moins contrôlables, pourrait s'ensuivre.

– Celui des conditions de vie de la société moderne : certaines exigences de la modernité (vitesse et culte de la performance, compétition de tous contre tous, conformisme social, exclusions, et divisions sociales) sont généralement défavorables au maintien du SI en bon état de fonctionnement. Vous remarquerez sans doute que ces exigences procèdent d'une logique néodarwinienne : celui qui ne s'adapte pas est exclu, c'est la lutte pour la survie.

Tout prouve que l'immunité n'opère pas isolément, mais qu'elle est reliée en permanence à l'ensemble du réseau métabolique de l'organisme. Le soi immunologique est au centre d'une panoplie de fonctions organiques, toutes concourant à maintenir le SI à un niveau optimal de réactivité. Elles renforcent sa capacité de discrimination entre le soi et le non-soi. Le maintien du soi fournit au SI un système de repérage qui lui permet de réagir aux agents indésirables. Divers systèmes fonctionnels opèrent en amont de l'immunité pour que la réponse immunitaire se déroule dans les conditions optimales. L'immunité est interconnectée à diverses fonctions du corps, et les désordres immunologiques peuvent résulter autant de défaillances au sein d'autre(s) système(s) fonctionnel(s) que de défaillances du SI lui-même. Le soi global (l'organisme) se mobilise en son entier pour sauvegarder le soi immunologique et établir la discrimination soi/non-soi. Même si le SI représente le système par lequel s'enclenche une réaction immunitaire, son fonctionnement demeure dépendant de l'état global de l'organisme et de son métabolisme.

Mais pourquoi le vivant a-t-il préféré le scénario d'un SI qui réagit, via des signaux d'activation, en mobilisant divers mécanismes de défense, plutôt que de réaliser la symbiose avec les micro-organismes et antigènes. N'y-a-t-il pas un microbiote vivant en symbiose avec le SI ? Pourquoi alors notre organisme ne tolère-t-il pas la majorité des antigènes ?

Quelques hypothèses me semblent intéressantes à vous proposer. D'abord, il me paraît très étonnant qu'une cellule eucaryote soit vaincue par un virus qui s'y réplique, au point de causer sa mort. Nous savons tous que le métabolisme est un système qui s'autorégule. Nous avons coutume de dire que le virus utilise la machinerie cellulaire, comme si elle pouvait être déviée de sa trajectoire sans rétroaction. Or, le métabolisme procède d'un système en réseau au sein de la cellule, et la moindre variation ou interférence dans ses interactions est aussitôt neutralisée. Nous ne savons pas ce qui se passe dans la cellule quand elle reçoit du matériel étranger (ADN, ARN ou protéine) : le traite-t-elle comme son propre matériel ? Considérons l'action des endoprotéases cellulaires, comme la furine qui clive des protéines cellulaires au niveau de sites spécifiques. Quand les furines clivent une protéine virale inhabituelle dans la cellule, la cinétique enzymatique générée (formation du complexe enzyme-substrat et enzyme-produit) est différente puisqu'elle est dirigée vers une protéine du non-soi, et cette différence va immédiatement engendrer une rétroaction du réseau métabolique. Les protéines faisant partie du métabolisme appartiennent toutes à des circuits interconnectés, et tout changement conformationnel ou interaction produit une information qui se propage. Il suffit que les interactions d'une enzyme dévient par rapport à leur norme pour que l'information se propage. C'est de cette manière que le réseau métabolique détecte l'anomalie et se réajuste. La cellule pourrait aller jusqu'à bloquer son métabolisme ou son cycle cellulaire pour freiner la multiplication d'un parasite ou neutraliser une contrainte.

Le rapport entre un virus et son hôte pourrait muter en symbiose. Le virus pourrait même apporter des bénéfices à son hôte en l'aidant de se régénérer. Le virus apporterait du matériel génétique ou de nouvelles fonctions qui permettraient à la cellule d'accomplir des fonctions qu'elle ne peut pas réaliser dans les conditions normales. Ainsi un tissu utiliserait les virus pour entamer sa régénération ou pour se débarrasser de ses cellules sénescentes. Ce n'est pas le virus qui exploite le tissu, ce serait le contraire. Autre exemple : le VHC, supposé être la cause du cancer du foie, serait un inducteur de régénération hépatique : il attire le SI pour détruire des cellules devenues défectueuses. Il est probable que notre organisme exploite les virus pour corriger ses propres défauts génétiques ou pour remédier à une situation très critique. Nous avons été habitués à l'idée que les virus sont des parasites qui dévient la machinerie de nos cellules, mais il se pourrait, au contraire, qu'ils soient nos alliés. Depuis longtemps déjà, la cellule eucaryote a dû engendrer des virus comme régulateurs des messagers extra-génomiques, à la manière des transposons. L'exemple du VIH est de nouveau significatif : l'immunité des sujets séropositifs est certainement altérée avant l'infection par le VIH (n'oublions pas que ce virus a été détecté aux Etats-Unis dans des communautés d'homosexuels toxicomanes, même le VHC a été associé à de la drogue intraveineuse). Celui-ci, en causant la diminution des LT-CD4+, empêche qu'une réaction immunitaire déréglée ne détruise l'organisme par un mécanisme auto-immunitaire ou par un orage cytokinique. Il se pourrait que chez ces individus, le SI soit sursaturé en lymphocytes ou que leur homéostasie soit perturbée, de telle sorte que le VIH aide son hôte à rétablir l'équilibre. C'est pourquoi les traitements rétroviraux n'éradiquent pas l'infection VIH, car ce n'est pas le virus qui est la cause première de la maladie, le véritable défaut résidant dans l'organisme. Tout ceci nous invite à revisiter entièrement, non seulement nos conceptions de la virologie et des virus, mais la notion même de maladie. Car une grippe pourrait être plus bénéfique qu'on le croit. Elle servirait à stimuler les défenses de l'organisme pour éjecter du matériel toxique en dehors de l'organisme. Les seuls facteurs qui peuvent expliquer véritablement la survenue des maladies (et pas seulement leurs symptômes) sont : le terrain génétique, l'environnement, l'alimentation et l'état mental du sujet. Même si vous vivez d'une manière saine, des phases dépressives et asthéniques pourront causer des altérations au sein de votre organisme. Les infections apparaissent, non pas comme le résultat d'une lutte entre des microbes intrus et votre organisme, mais pour vous aider à retrouver un équilibre rompu. D'ailleurs, beaucoup changent leur mode de vie suite à une maladie grave, ce qui montre bien que cette dernière est un signal de danger, un signal qui nous exhorte à changer notre état d'esprit et nos habitudes.

Le corps humain est constitué de cellules, elles-mêmes constituées de molécules qui sont un agencement d'atomes. Or, tous les éléments chimiques (atomes) obéissent aux mêmes lois, qu'ils soient dans l'organisme ou dans la matière inerte. Une seule chimie pour tous ! Ainsi, des substances étrangères peuvent être chimiquement transformées dans le corps humain, et ainsi interférer avec ses réactions biochimiques. Elles peuvent aussi se lier par des liaisons chimiques à des constituants de l'organisme et ainsi modifier leur fonctionnement. Notons que c'est la découverte selon laquelle des substances étrangères interfèrent avec le fonctionnement de l'organisme qui est à l'origine de toute la pharmacologie actuelle. Le symbole du serpent (Esculape) fait référence au venin, une substance exogène qui, une fois introduite dans l'organisme, a des effets considérables sur son fonctionnement. La médecine traditionnelle à base de plantes témoigne également de la sensibilité de l'organisme à des substances tirées de la nature. Avant tout, c'est l'alimentation qui nous apprend à quel point notre organisme est une merveilleuse machine à transformer de la matière. Anatomie, histologie, biochimie et biologie moléculaire nous ont alors conduit à exprimer en langage chimique cette fabuleuse alchimie. C'est, des pratiques thérapeutiques de terrain conjuguées aux découvertes scientifiques, qu'est née l'idée que le métabolisme pouvait être altéré de l'extérieur par des molécules chimiques. Pourtant, la science « conventionnelle » a négligé le fait que le métabolisme est un réseau autopoïétique capable de discerner entre ses propres composants et ceux émanant de l'extérieur. Il est aussi capable de dévier sa trajectoire pour neutraliser des actions qui ne font pas partie de son programme génétique.

Au sein de l'organisme, il existe un code chimique qui régit les interactions entre les diverses molécules, et quand une interaction est perturbée, ses effets entraînent en cascade l'altération d'autres interactions. Sans ce code, l'organisme perd son intégrité et sa robustesse. Le SI intervient à un niveau moléculaire et cellulaire pour permettre au métabolisme d'agir sans entrave. L'organisme ne peut pas cohabiter avec un virus cytolytique qui cause la libération d'antigènes séquestrés dans la matrice extra-cellulaire et perturbe l'homéostasie tissulaire. Les effets produits vont détourner les interactions métaboliques de l'hôte de leur objectif initial. Le SI qui obéit au code de l'organisme hôte décèle l'infection virale comme anomalie, et s'active pour l'éradiquer. Bien que les individus d'une même espèce possèdent le même code (régissant l'ensemble des interactions chimiques dans l'organisme), ils sont cependant tous uniques. La greffe utilisant son propre code chimique ne peut pas cohabiter avec le restant de l'organisme, elle est repérée comme une anomalie, et le SI la détruit. Un organisme ne peut pas fonctionner avec deux molécules CMH différentes issues de deux individus incompatibles. En effet, la sélection thymique calibre les TCR sur les peptides présentés par les CMH spécifiques de l'organisme. Chaque type de molécules CMH va présenter une configuration spécifique en s'associant aux peptides, et étant donné leur polymorphisme, chaque individu produit des complexes CMH-peptides uniques (sauf dans le cas de vrais jumeaux ou d'individus compatibles pour les gènes CMH). Tous les TCR de l'organisme reconnaissent uniquement cette configuration, et l'immunité adaptative est fixée à jamais en réagissant à la même configuration du CMH avec des peptides du non-soi. Quel que soit le peptide qu'une molécule CMH étrangère présente, cette dernière sera d'emblée reconnue comme une configuration anormale et suscitera une réponse immunitaire, ce qui explique le rejet de greffe incompatible.

Imaginons deux groupes de personnes qui communiquent chacune avec un code spécifique. Le premier assigne à chaque lettre de l'alphabet un chiffre correspondant à sa position : a=1, b=2, c=3, ... z=26. L'autre assigne un chiffre dans l'ordre inverse tel que a=26, b=25, c=24, ... z=1. Le mot BAC correspond à 213 pour le premier groupe, et à 252624 pour le second groupe. Maintenant, admettons que des échanges aient déjà eu lieu entre les deux groupes, si l'un des groupes intercepte un message émanant de l'autre, il le convertira selon son propre code. En revanche, si les deux groupes ne se sont jamais croisés, chacun aura du mal à déchiffrer le message de l'autre : soit il le rejettera en tant qu'aberration, soit il essaiera de le décrypter par alternance d'essais et d'erreurs, cela prendra vraisemblablement du temps.

Toutes les molécules existantes dans l'organisme interagissent entre elles selon un code (une forme de langage chimique interne) qui contrôle l'ensemble du métabolisme. Chaque individu au sein de l'espèce a son propre code (les individus suivent celui de l'espèce mais y introduisent des variations qui leur sont spécifiques). Un virus qui infecte un individu a un code différent qui comporte moins de lettres que son hôte (par exemple son αbet se réduit à 10, de A à J). Quand un récepteur immunitaire intercepte le code du virus, il ne le reconnaît pas, tandis qu'un récepteur immunitaire qui reconnaît une protéine du soi (obéissant au code de l'organisme) va être, soit inactivé, soit éliminé. Même si certaines protéines virales intègrent le métabolisme cellulaire, à l'instar d'une protéine du soi, elles induiront des altérations en amont ou en aval et rompront la chaîne d'interactions métaboliques puisqu'elles s'écartent du code régissant l'organisme. Par conséquent, l'organisme tend à rejeter le code intrus en éliminant les protéines appartenant à l'envahisseur. Le point nodal réside dans l'interception. On comprend l'importance de la dégradation des protéines virales dans les CPA, dégradation qui génère des fragments, dont seuls quelques-uns sont capables de lier les molécules CMH, d'une part, et d'interagir avec une affinité importante avec certains récepteurs immunitaires, d'autre part. C'est pourquoi tous les antigènes ne sont pas immunogènes, certains ne contiennent aucun épitope reconnaissable ou sont constitués de séquences répétitives. Si l'interception est réussie, l'intrus est démasqué, marqué puis éliminé. Tous les êtres vivants obéissent aux mêmes lois biochimiques, mais chacun à partir d'un code spécifique. En fait, l'interception des codes intrus n'est pas seulement du ressort du SI, toutes nos cellules sont équipées d'outils détectant les anomalies au niveau des molécules s'intégrant dans le métabolisme. Ainsi, les protéines dotées d'une conformation aberrante sont clivées et dégradées. Avec l'évolution, notre espèce s'est équipée d'un système de décodage ingénieux agissant au niveau cellulaire et moléculaire. Il fait participer de multiples facteurs interconnectés qui coopèrent pour éliminer l'intrus. La simple analogie peut nous aider à comprendre : un virus informatique qui est capable de détourner un programme à son profit sera désactivé, mis hors d'état de nuire, par le logiciel antivirus correspondant ; le SI agit de manière similaire pour sauvegarder le programme contre les anomalies. Avec l'âge, des erreurs s'accumulent, l'organisme emploie de plus en plus mal les mots du répertoire alphabétique, et le SI s'affaiblit. Il est probable que les maladies de la vieillesse aient pour la plupart une origine immunitaire.

Globalement, les individus au sein d'une même espèce parlent le même langage et leur métabolisme est régi par un code spécifique. C'est pourquoi une substance chimique peut avoir les mêmes effets chez tous. Par exemple, une consommation excessive de caféine va empêcher la majorité d'entre nous de dormir, l'alcool nous rendra ivres, la nicotine, dépendants, mais cela à des degrés variables, selon le métabolisme de chacun. Certains catabolisent rapidement, d'autres plus lentement. Or cette variabilité influe sur le SI, car chez les premiers, un antigène va rapidement être dégradé, alors que chez les derniers, il persistera plus longtemps.

La discrimination entre le soi et le non-soi signifie donc que le SI plaide toujours en faveur du code de l'organisme dont il est issu et qu'il protège, et rejette toute substance ou toute cellule déviante.

Tous les organismes ont la capacité d'éliminer les substances qui leur sont toxiques. Celles-ci, catabolisées, sont transformées et neutralisées. Une exposition fréquente, durable ou intense à une substance nocive voit sa pathogénicité augmenter d'autant : les effets négatifs sont cumulatifs et entraînent l'effondrement de l'organisme. Selon la doxa, les virus, pour court-circuiter notre métabolisme et éviter une dégradation de leurs protéines, se répliquent rapidement dans un espace réduit, ce qui facilite l'assemblage de nouvelles particules virales. Chez les virus, l'ADN polymérase ou transcriptase reverse est en effet déjà associé à leur génome, et la réplication de l'ADN viral ou sa transcription reverse a lieu immédiatement après l'entrée dans la cellule. Les virus et bactéries se répliquent très rapidement pour éviter une dégradation de leurs composants, et quand leur expression est réprimée, ils entrent en quiescence et attendent des conditions plus favorables pour s'activer. On comprend ainsi que les virus soient capables de bloquer le métabolisme cellulaire pour éviter toute dégradation de leurs composants les empêchant de boucler leur cycle de réplication. C'est une course contre la montre ! Au tout début de l'infection, seules quelques particules virales ou bactériennes pénètrent le corps et passent inaperçues, et c'est seulement quand leur population augmente que le SI peut les détecter. C'est ce délai qui cause la dégradation des tissus et les symptômes qui en résultent.

L'organisme est équipé de plusieurs systèmes de défense qui s'activent en cascade pour sauvegarder l'identité du soi, le catabolisme cellulaire est notre première défense, d'autres suivent lorsque cette première ligne est franchie, et le SI se charge d'éliminer les anomalies cellulaires résultant de transformations tumorales ou d'infections par des micro-organismes. Afin d'identifier le non-soi, il suit un programme intrinsèque, un code spécifique propre aux individus et à l'espèce. Le CMH offre un cadre de lecture qui permet de repérer les erreurs, qu'elles soient des anomalies d'origine endogène ou exogène. TCR ou anticorps ont leurs parties variables calibrées pour détecter toute protéine anormale dont la présence dans l'organisme pourrait être nocive. Leur rôle premier est de l'éliminer pour qu'elle ne puisse pas intégrer les circuits métaboliques et les détourner. Retenons juste que chaque réaction du métabolisme est sous contrôle, maillon par maillon de la chaîne. La vie est le résultat d'interactions en boucle qui vont toujours dans le même sens, celui de l'équilibre du métabolisme. Cet équilibre doit être maintenu en dépit de la confrontation entre des forces opposées à chaque entrée en action du métabolisme.

Comme j'ai tenté de le montrer dans cette partie, le concept de discrimination englobe tous les phénomènes immunologiques, innées et adaptatifs. Même s'il est au cœur d'une controverse scientifique sur la question des limites du soi/ non soi, controverse que j'alimente moi-même à mon modeste niveau, il demeure néanmoins solide, car l'immunité agit par discrimination, qu'il s'agisse d'éliminer une étrangeté, une discontinuité antigénique ou des anomalies cellulaires et moléculaires. Le SI, système si sophistiqué qu'il utilise un arsenal de récepteurs innées et adaptatifs, sélectionne bien les molécules à éliminer, il opère donc toujours une discrimination.

<u>Partie 6</u> – Les zones d'ombre de la théorie actuelle : la sélection clonale des lymphocytes

Sélection clonale et conservation du soi

Je termine mon propos par une discussion autour de l'autre pilier de la théorie de l'immunologie : la sélection clonale des lymphocytes. Étant donné qu'elle fait partie du principe théorique de la discrimination soi/non-soi (qui a fait l'objet de la plus grande partie de cet essai), j'irai rapidement au cœur du sujet et n'emprunterai pas plusieurs chemins de traverse comme je l'ai fait plus haut.

La sélection clonale des lymphocytes mériterait à elle seule tout un volume et a déjà fait l'objet de nombreux articles et ouvrages. Je ne mettrai donc ici l'accent que sur les quelques points qui me semblent de nature à conforter le propos général de cet essai, c'est-à-dire à souligner l'intelligence du système interconnecté qu'est l'organisme vivant et, partant de là, à proposer une vision plus élargie et plus intégrative de l'immunité que celle proposée classiquement au travers de la théorie de la sélection clonale.

Cette dernière représente cependant un exploit ingénieux de l'immunologie. Si on injecte un antigène donné à un animal, on récolte un anticorps qui lui est spécifique et auquel il se lie avec une grande avidité. De même, si on infecte un animal avec un virus, on verra apparaître des LT cytotoxiques (LTC) spécifiques des cellules qu'il a infectées, et qui reconnaissent des fragments peptidiques issus des protéines virales associées aux molécules CMH de l'hôte. Ces expériences, routinières au sein des laboratoires, n'en sont pas moins fascinantes. Comment l'organisme a-t-il pu générer des anticorps spécifiques d'une substance étrangère ? Comment une population de lymphocytes cible-t-elle des cellules du soi infectées par un virus, ou des cellules tumorales, avec une telle précision ? Les connaissances actuelles en immunologie sont telles que l'on trace avec précision l'itinéraire d'un antigène, de son point d'entrée jusqu'à l'enclenchement d'une réponse immunitaire adaptative. Capture par les CD, présentation par le CMH, migration vers les organes lymphatiques ; les CD stimulent alors des LT naïfs dont les TCR reconnaissent le complexe CMH-peptide. Les LT activés produisent un cocktail de cytokines, et deviennent des effecteurs ou des cellules capables de remplir certaines fonctions telles que la lyse. Les LB portent les BCR spécifiques d'un antigène donné, et dès qu'ils le reconnaissent, ils s'activent et se différencient en plasmocytes qui sécrètent des anticorps spécifiques de l'antigène stimulant. Dans ce scénario, on suppose qu'il y a un nombre colossal de LT et LB naïfs (de l'ordre de millions), dont chacun est spécifique d'un antigène donné, ou plus précisément d'un fragment de l'antigène (épitope). Il existe une quantité infinitésimale de lymphocytes spécifiques d'un antigène donné. La théorie de la sélection clonale postule alors qu'un antigène va cibler le lymphocyte qui lui est spécifique et l'activer, ce dernier se multiplie et génère un clone de cellules spécifiques du même antigène. Le LT naïf initial génère, à la suite des mitoses successives, une population de cellules qui lui sont identiques (d'où le terme de clones).

L'étape cruciale de cette séquence est le moment où la CD chargée en antigènes, parvenant dans le ganglion lymphatique, est sondée par les LT naïfs qui, selon l'affinité de leur TCR, vont se lier ou pas à eux. Le SI dispose d'un répertoire impressionnant de TCR et BCR générés par des mutations somatiques, avant même la rencontre avec l'antigène. Cette prédiction est un pilier de la théorie de l'immunologie (même si cette théorie est constituée de modèles théoriques non encore unifiés). En effet, à y regarder de près, on s'aperçoit que l'événement majeur lors de la sélection clonale est la rencontre de la CD avec le LT portant le récepteur spécifique de l'antigène. C'est l'événement clef qui enclenche la cascade d'interactions conduisant à son activation. Pourtant, un problème de taille se pose, car cette rencontre est un événement quasi-improbable. Je m'explique : imaginons la CD au centre de millions de LT à la recherche de celui qui est spécifique de l'antigène qu'elle véhicule. On peut suggérer que la CD attendra le temps qu'il faut pour le rencontrer. On se demande alors comment un tel événement, jouant un rôle capital dans l'enclenchement de la réponse immunitaire et donc dans la survie de l'organisme, peut être le fruit du hasard ?

Je ne suis pas en train de balayer le concept de sélection clonale d'un revers de la main, ce qui serait prétentieux de ma part et surtout non constructif. Je me contente d'exposer des faits bien établis et, comme je l'ai souligné déjà, de tisser des liens entre eux. Interroger les zones d'ombre mène parfois à des idées inattendues et peut-être prometteuses. Nous avons tendance à emmagasiner les acquisitions issues de notre formation en les rangeant dans notre cerveau à la manière des livres dans les rayonnages d'une bibliothèque. Chaque fait pris séparément nous parait indiscutable et bien établi. Nous contenter de cette accumulation méthodiquement inventoriée n'est pas suffisante pour une compréhension fine des mécanismes étudiés qui sont à relier à un principe d'ensemble. En effet, parfois, nous observons un décalage entre les prédictions théoriques et les faits adossés à la réalité biologique. Alors, revoyons les faits.

Nous savons que notre organisme est doté d'un répertoire colossal de récepteurs immunitaires TCR et BCR. Cette grande diversité, bien réelle, est réduite par la restriction au CMH pour les TCR (idem pour les BCR dans le cas d'antigènes thymo-dépendants). Seuls les peptides possédant les acides aminés qui logeront dans le sillon du CMH vont interagir avec le TCR. Ceci est vrai pour les molécules CMH-1 ou -2. *Si le nombre d'épitopes dans la nature dépasse celui de l'organisme, il se peut qu'un épitope antigénique naturel ne soit pas reconnu.* Nous ne connaissons pas le nombre exact d'épitopes naturels qui stimulent notre immunité, et, par conséquent, nous ne pouvons pas calculer la probabilité d'immunisation par un épitope. Il faudrait connaître ces deux données pour calculer cette probabilité : celles issues du répertoire fonctionnel, et celles des épitopes naturels. Par exemple, si on estime à 10^9 le nombre de récepteurs, la probabilité pour qu'un épitope puisse stimuler l'immunité serait égale à 10^{-9}. Dans le cas de deux ou plusieurs épitopes reconnus simultanément, la probabilité diminue fortement puisqu'elle serait égale au produit des probabilités, au point de considérer que la fixation de chaque épitope est un événement indépendant. Ainsi, la probabilité pour que l'immunité soit stimulée par deux épitopes distincts serait égale à 10^{-18}. En d'autres termes, elle tendrait vers zéro. Nous pourrions nous prendre au jeu, et dire que deux épitopes d'une même protéine dont la présentation de l'un est dépendante de celle de l'autre, auront plus de chances de susciter ensemble une sélection clonale. La probabilité de leur reconnaissance simultanée serait égale à la somme de chacune des probabilités. Même dans ce cas, elle serait à peine égale à $2x10^{-9}$ si le répertoire contient 10^9 épitopes. N'oublions pas, en effet, que la CPA ne présente pas une seule protéine à la fois, mais toutes les protéines métabolisées au sein de son cytoplasme ou puisées du milieu extra-cellulaire. Je vous laisse imaginer le nombre incalculable d'épitopes, du soi ou du non-soi, présentés simultanément ! De plus, en théorie, deux épitopes appartenant à deux protéines sans aucun lien fonctionnel vont solliciter le répertoire immunitaire d'une manière indépendante, si on suppose que le SI fonctionne normalement. Tant de circonstances aléatoires se combinent pour rendre le phénomène plus qu'improbable ! Comment un tel phénomène peut-il survenir dans un délai de temps compatible avec le rééquilibrage de l'organisme nécessaire à sa survie (à savoir le temps suffisant pour éliminer un parasite en pleine expansion) ?

Nous ne savons pas si tous les TCR et BCR sont fonctionnels, mais les mutations ou les erreurs de repliement rendent une partie d'entre eux certainement inopérants. Et même si un TCR est capable de lier un épitope, il doit également être capable d'activer la voie de signalisation intracellulaire afin de délivrer le signal d'activation. De fil en aiguille, nous nous retrouvons face à un dilemme : comment un nombre limité de récepteurs TCR ou BCR pourrait neutraliser tous les épitopes possibles ? Je suggère encore une fois que la réponse réside dans l'hypothèse déjà évoquée, défendue par des immunologistes éminents, celle de l'immunité hétérologue. Celle-ci avance que les TCR ou BCR seraient cross-réactifs et non absolument spécifiques de leurs épitopes (également postulé par le principe de dégénérescence). Ainsi, les TCR ou BCR balayent les épitopes naturels en ciblant toujours une structure commune des déterminants antigéniques naturels. Ceci présuppose que les épitopes partagent des propriétés communes, ce qui n'est pas étonnant en soi, car nous savons qu'ils doivent avoir au moins les acides aminés d'ancrage aux CMH, ainsi que des acides aminés chargés ou polaires, pour former des liaisons stables avec les TCR ou BCR. Ils doivent aussi être exposés à la surface des protéines. Nous pourrions même imaginer que les TCR ou BCR sont des structures hypervariables de spécificité chevauchante (CDR ou paratopes, un peu comme les couleurs d'une même tonalité se chevauchent pour donner des dégradés). Nous pourrions les aligner tous et nous verrions qu'ils varient graduellement. Parmi eux, certains ont des CDR ou paratopes de spécificités similaires, d'autres pas. Les récepteurs homologues vont coopérer pour éliminer un même déterminant antigénique avec une affinité variable. Pourtant, nombreux sont convaincus que la réponse immunitaire est très spécifique, et qu'un épitope active un seul clone, et ce, malgré la logique des faits telle que je viens de les énoncer. Il est même probable que plusieurs clones sont recrutés à des degrés variables par un seul épitope, les uns se multiplient rapidement et forment des cellules mémoires, les autres se différencient plus lentement et n'atteignent le stade mémoire qu'après une deuxième ou plusieurs stimulations. Ceux qui reçoivent le plus fort signal d'activation sortent le plus rapidement de leur quiescence, et forment les cellules mémoires les plus affines. Alors, j'insiste encore sur ce point : si la réponse immunitaire-T ou -B est hautement spécifique, la question capitale est la suivante : quelle est la probabilité pour qu'une réponse immunitaire survienne ? Et la réponse est sans appel : proche de zéro. Ce n'est pas un hasard si les adjuvants sont qualifiés de « sale petit secret » des immunologistes, car il semble bien que la réponse immunitaire soit l'exception et non la règle. Nous pourrions opérer un demi-tour dans l'argumentation et prétexter que ce sont plutôt les épitopes naturels qui sont limités. Une structure ancestrale de déterminants antigéniques est présente dans un grand nombre de protéines, elle a muté le long de l'évolution, mais à l'instar des TCR ou BCR, son potentiel de variabilité est limité et, après un certain nombre de mutations, l'épitope atteint le pic de sa variabilité et demeure invariable. Par conséquent, le nombre d'épitopes naturels serait à son tour limité. Nous pourrions même envisager que le degré de variabilité des épitopes naturels est en quelque sorte équivalent à celui des TCR ou BCR, et donc qu'ils s'annulent mutuellement. Par contre, étant donné leur nature très conservée, les lipides, les glucides ou les acides nucléiques ont conservé l'épitope ancestral qui est, quant à lui, reconnu par les récepteurs innés. Nous sommes ainsi en présence de deux hypothèses : l'une qui suggère que les épitopes naturels sont limités tout autant que les TCR et BCR, et l'autre qui suggère qu'un nombre limité de TCR ou BCR cross-réactifs neutralisent une infinité d'épitopes naturels. Ce dernier modèle devrait apporter une réponse satisfaisante à la question de la prétendue infinité d'épitopes naturels puisque les déterminants antigéniques répondent à des contraintes structurales, et que les mêmes forces physico-chimiques concourent à leur interaction avec les TCR ou BCR. Nous nous rendons compte de la difficulté d'intégrer logiquement les mécanismes classiquement décrits de la sélection clonale à la théorie d'ensemble de l'immunité. Il est à la rigueur possible de la concevoir en référence aux récepteurs cross-réactifs.

De nouvelles clés explicatives pourraient nous aider à comprendre comment une sélection clonale opère en accord avec les faits établis en immunologie à ce jour. Quand un concept n'est pas unifié, il nous offre une opportunité unique de relier les informations dont nous disposons selon d'autres schémas, et d'en faire une source d'inspiration pour des travaux de recherches ultérieurs.

Je vous propose de réfléchir avec moi à un autre modèle qui, cette fois, laisse le premier rôle aux LB et aux CPA. LB ou CPA (dont les CD) sont les seuls qui reconnaissent un antigène sous sa forme native même s'ils procèdent différemment pour l'éliminer. Les LB captent l'antigène spécifiquement par leur BCR, alors que la CPA le phagocyte en ciblant ses motifs conservés avec leur TLR, ou l'ingère entièrement.

Dans ce cas, les LB ou CD présentent des peptides de l'antigène associés aux molécules CMH-2 et activent les LTh. Ce n'est qu'après cela que les LT-cytotoxiques entrent en jeu, soit par présentation croisée, soit parce que les CPA sont elles-mêmes infectées. Ce scénario est possible quand les CPA, elles-mêmes, expriment l'antigène après infection. La présentation croisée demeure malgré tout secondaire à celle de la voie CMH-2 pour les antigènes extra-cellulaires. Ce sont donc les LB qui dominent dans la réponse immunitaire, et ce sont eux qui éliminent l'antigène en sécrétant des anticorps. Puisque les LB présentent l'antigène couplé au CMH-2 aux LTh, ils bénéficient de son signal d'activation, et poursuivent leur différenciation jusqu'au stade final de plasmocytes ou de cellules mémoires. Notons que la réponse humorale est prédominante dans les infections ou maladies auto-immunes. Comment les cellules infectées par les virus parviennent-elles à être éliminées par les LT-cytotoxiques ? Ici, les CPA résidant dans les tissus jouent un rôle primordial, car elles s'infectent par le virus tout en le phagocytant. Ainsi, elles peuvent activer les LT-cytotoxiques en leur présentant des peptides associés aux CMH-1. Encore une fois, nous sommes devant un dilemme. Est-ce que cela veut dire que les anticorps et la réponse des LB constituent la plus grande part de la réponse immunitaire ? L'intervention des LT cytotoxiques est rare, elle nécessite un contexte d'infection virale en phase active de réplication (phase aiguë), ce qui expliquerait pourquoi les virus latents ou chroniques échappent à leur action et persistent dans l'organisme. De la même manière, pour les cellules tumorales, les CPA ne vont pas à leur tour devenir cancéreuses pour présenter l'antigène en association avec le CMH-1. Seule la présentation croisée opère. Or cette dernière est minoritaire, et les cellules tumorales peuvent continuer leur multiplication jusqu'à un seuil alarmant. En revanche, si les LTC sont activés, ils réduisent le taux de cancérogénèse. Le plus surprenant dans ce contexte, c'est que notre organisme dispose déjà d'un répertoire impressionnant d'anticorps naturels connus pour être cross-réactifs. Nous pourrions continuer sur cette hypothèse, et suggérer que ce n'est pas le BCR, mais un anticorps naturel, ou un anticorps déjà en circulation (provenant de LB déjà stimulées), ou les deux, dans leur forme soluble, qui seraient les premiers à lier l'antigène présent dans le milieu extracellulaire. On aurait le circuit : LB-LTh-LTC ou LB-LTh-LB.

Si c'est un anticorps soluble qui lie l'antigène avant le BCR, cela change tout. D'abord, les plasmocytes produisent des anticorps puis, en l'absence d'antigènes, ils se convertissent en cellules mémoires pendant que les anticorps continuent d'exister (que l'on qualifie d'anticorps naturels ou résiduels). Ce sont ces anticorps qui lient l'antigène en premier lieu en le piégeant dans des complexes immuns, par cross-réactivité ou avec une spécificité relative. Par le biais de leur région constante, ils se lient aux phagocytes, dont les macrophages et des CPA comme les CD ou LB. Ceci accélère la rencontre du BCR avec son antigène, car les complexes immuns sont des structures réversibles, et peuvent libérer l'antigène sous sa forme libre dans les ganglions lymphoïdes, l'antigène se liera par la suite à divers BCR en fonction de son affinité. Les CD et les LB activent les LTh, ce qui stimule la différenciation des LB. Les anticorps préexistants, qu'ils soient naturels ou produits *de novo* par des LB stimulés, seraient les véritables chefs d'orchestre de la réponse immunitaire adaptative de type B ou T. Il est même probable que certaines réponses B soient des réponses mémoires directes qui ne passent pas par une activation de lymphocytes naïfs. Si un anticorps naturel lie un antigène avec une grande affinité, il le destine aux CPA qui, à leur tour, le présentent aux LB et LT. Les complexes immuns favoriseraient davantage la présentation croisée, et donc une réponse LT de type 1. Ceci suggère que les anticorps préexistants ou naturels sont les premiers qui entrent en contact avec l'antigène et qui décident du sort de la réponse adaptative. On aura alors la séquence : anticorps cross-réactifs (naturels ou résultant d'une récente sélection clonale) - capture d'un antigène spécifiquement ou par réaction croisée - complexes immuns - phagocytose par CPA - présentation d'antigène par le CMH 2 (ou CMH-1 par présentation croisée) - activation LTh - activation LTC. L'activation des LTh va également activer celle des LB qui ont phagocyté les complexes immuns contenant l'antigène.

Nous voyons que le concept de sélection clonale, tel qu'il est enseigné, nous mène dans des directions hasardeuses. Quand nous considérons la thèse de la spécificité de la réponse adaptative, nous nous rendons compte que la réponse immunitaire a peu de chances d'advenir. Car pourquoi l'espèce miserait-elle sur un système aussi rigide qui consiste à neutraliser chaque épitope de façon spécifique ? Un tel système est fragile car si un épitope varie, même de très peu, il peut échapper à l'immunité.

L'espèce, pour autant, ne peut pas reléguer sa conservation au simple jeu du hasard, elle doit miser sur des mécanismes sûrs. La sélection naturelle, si elle opère réellement, avantagerait une réponse immédiate se déclenchant instantanément en réponse au stimulus. Or, la théorie suppose une réponse en temps différé (un temps indéterminé) alors que l'organisme est attaqué par un corps étranger qu'il faudrait éliminer d'urgence. N'oublions pas que, d'après elle, les TCR et BCR sont fabriqués au hasard des recollages de morceaux de gènes en l'absence de l'antigène. Ils sont générés en grand nombre pour accroître les chances de correspondre à l'antigène. Nous aurions affaire, par conséquent, à deux hasards, ce qui réduit encore la probabilité de la rencontre entre la CPA et le clone spécifique. 1) Celui de la fabrication des récepteurs : parmi tous les récepteurs du répertoire, combien correspondent à un épitope précis ? 2) Celui de leur rencontre avec l'antigène à la surface d'une CPA : parmi tous les lymphocytes entrant en contact avec la CPA, combien reconnaissent l'épitope présenté ? On réalise, encore une fois, que le déclenchement d'une réponse immunitaire adaptative est quasi-improbable. À ce jeu de loterie comportant de si faibles chances de gain, combien de joueurs parieraient ?

Le hasard en biologie ne désignerait-il pas tout simplement les mécanismes dont nous sommes incapables de déchiffrer les liens de causalité ? Le concept de la sélection clonale se heurte pourtant bien à cet obstacle de taille qui implique qu'un des récepteurs générés au hasard doive être complémentaire d'un antigène issu du milieu ou de l'organisme lui-même. Or, on assiste bel et bien à la survenue de réponses immunitaires, aussi bien chez l'humain que chez les animaux, dans un laps de temps compatible avec leur survie. Des expériences d'immunisation par des antigènes ou des vaccins prouvent bien qu'une réponse immunitaire survient. Nous sommes alors face à un sérieux paradoxe entre le calcul théorique de probabilité et la réalité biologique et expérimentale.

Le temps, aurait-il la même vitesse d'écoulement au niveau atomique qu'au niveau de l'organisme ? Dilemme qui hante les physiciens modernes pris entre les mécanismes de l'infiniment petit et ceux de l'infiniment grand. La matière est constituée d'atomes eux-mêmes constitués d'électrons, protons et neutrons, qui semblent graviter à de très grandes vitesses. La vitesse d'un électron dépend de son degré d'excitation. Elle peut être proche de celle de la lumière en laboratoire, et s'approche de la limite au-delà de laquelle la matière se confond avec l'énergie, où les particules deviennent ondes et vice versa. Ces particules obéissent à des lois quantiques tout à fait différentes de celles qui régissent le mouvement des grands blocs de matière telles que les planètes ou les étoiles. Les interactions entre ces particules ont lieu dans des échelles de temps qu'on ne peut mesurer, au-dessous de la nanoseconde (10^{-9}s). Il suffit de considérer la définition même de la seconde en physique des particules pour s'en rendre compte :

« Ainsi, la seconde est définie comme égale à 9 192 631 770 périodes de la radiation de transition entre les deux niveaux hyperfins d'énergie de l'état fondamental de l'atome de césium 133 ; elle sert de base à la définition de l'unité d'espace (le mètre, défini comme la distance parcourue par la lumière dans le vide en 1/299 792 458 seconde) ». (Wikipédia)

De quoi avoir le tournis, je ne vous conseille pas de réfléchir à cette définition le jour où vous avez la migraine, c'est sidérant ! Comment un être humain peut-il s'imaginer la signification d'une nanoseconde, étant donné qu'elle est plus rapide que la survenue de ses pensées ! Comment peut-on réaliser à notre échelle qu'il existe un événement dans la nature qui se répète 9 milliards de fois pendant une seconde ou concevoir une réalité qui se manifeste à une vitesse de 1/299 792 458ème de seconde ? De façon symétrique, pour le photon, une heure ou un jour n'entrent pas dans sa réalité. Nous sommes contraints de considérer le temps avec une grande précaution. Dès que nous mettons les pieds dans le domaine de la physique moderne, nous nous trouvons face à des échelles de temps qui dépassent l'entendement. *Comment peut-on comprendre un phénomène que nous ne pouvons pas concevoir intelligiblement ?* Ainsi, pour dater l'âge de la Terre ou des phénomènes survenus dans son passé lointain, nous avons recours à la datation radiométrique, elle-même basée sur des mécanismes quantiques qui opèrent à la limite extrême de la matière. L'homme fait donc appel à un phénomène naturel, la désintégration radioactive, pour pouvoir accéder à la connaissance de son passé lointain. La désintégration radioactive est un phénomène quantique qui touche à une réalité obéissant à des lois physiques différentes de celles qui régissent le monde de la matière que nous connaissons et percevons directement. Cela me parait extraordinaire ! Deux obstacles se dressent devant nous à chaque fois que nous voulons comprendre la nature : la dimension de l'infiniment petit et l'échelle de temps qui lui correspond, et le rapport entre l'espace et le temps. Or, la biologie, en tant qu'elle étudie les mécanismes du vivant qui mettent en jeu des molécules, elles-mêmes formées d'atomes et d'électrons, devrait mobiliser des concepts empruntés à la physique quantique pour appréhender le phénomène de la vie. La cellule, unité du vivant, n'est qu'un amas d'atomes en interaction les uns avec les autres. Or, nous pouvons comprendre un phénomène à l'échelle macroscopique (macroscopique signifie une échelle au-delà de l'atome, c'est le domaine du visible et du très grand) sans pouvoir le comprendre à l'échelle de l'infiniment petit. Le vivant, s'il possède une cohérence interne évidente, ne semble pas pouvoir être totalement observé selon une unique dimension spatio-temporelle. Dans certains phénomènes biologiques, cette discontinuité dans l'échelle du temps devient manifeste, et nous sommes obligés de la soulever dans le cas de la sélection clonale ; notre organisme possède des milliards de récepteurs immunitaires TCR ou BCR, et l'un d'entre eux doit reconnaître spécifiquement un antigène dans un temps compatible avec la vie de l'organisme. Même si la CPA visite 1000 lymphocytes par heure comme on le croit, cette rencontre est hasardeuse, car une interaction spécifique dure le temps que le récepteur et l'antigène réussissent à s'associer. Imaginez la CPA noyée dans un océan de cellules à la recherche de ce lymphocyte spécifique, vous réalisez que vous auriez plus de chances de trouver une aiguille dans une botte de foin !

Les organismes évoluent selon des rythmes que nous pouvons mesurer et appréhender à l'échelle de nos sens et de notre compréhension. Les interactions entre cellules ou entre molécules, quant à elles, se déroulent dans un espace-temps différent. Les interactions des CD et des lymphocytes observées en temps réel, le sont à notre échelle de temps, tandis que les interactions entre les atomes se déroulent à un rythme qui dépasse notre capacité de perception. Il se pourrait que le temps se contracte (ou se dilate) à l'échelle moléculaire. En d'autres termes, il s'écoulerait à une vitesse différente à l'infiniment petit. La rencontre entre une CPA et un lymphocyte spécifique peut mettre en réalité, soit beaucoup plus de temps (dilatation), soit moins de temps (contraction) que celui que nous pouvons mesurer.

La théorie de la relativité peut nous aider à comprendre certains mécanismes en immunologie : les molécules interagissent dans un espace-temps qui comporterait plus de 4 dimensions et au sein duquel le temps se dilaterait, par conséquent, un jour pour nous équivaudrait à beaucoup plus pour les atomes. Si nous pouvions nous placer à l'échelle de la molécule, le temps de la rencontre entre CD et LT spécifique serait très long (temps proportionnel à la durée de vie de la molécule ?), mais à notre échelle d'humain, il pourrait même être beaucoup plus rapide que ce qu'indiquent nos mesures. Ceci pourrait expliquer la survenue de la réponse immunitaire adaptative malgré sa probabilité quasi-nulle. Et, si nous observons une réponse immunitaire après deux semaines, ce même laps de temps serait significativement beaucoup plus long au niveau des interactions moléculaires (ayant lieu en réalité entre charges positives et négatives). Des atomes à l'organisme, non seulement l'unité de grandeur augmente, mais tout bascule, y compris l'espace-temps physique. La réponse immunitaire que nous observons aurait commencé au niveau des particules élémentaires constituant les atomes, longtemps avant de se généraliser et devenir observable à notre échelle. Le temps se dilaterait à l'infiniment petit, et se contracterait à l'infiniment grand, cette symétrie opposée maintient l'espace-temps invariable. Imaginez un instant encore l'antigène à la recherche de son récepteur parmi des milliards de molécules, vous percevrez que la dimension du temps est un élément pertinent pour comprendre le phénomène. À ce niveau, les molécules vibrent et subissent des rotations en permanence, la probabilité d'une interaction est si infime qu'un temps très long (à leur échelle) est requis pour qu'elle ait lieu. Ceci expliquerait que la réponse immunitaire, quoique improbable et rare, ait lieu après un certain temps si l'antigène persiste.

C'est une hypothèse sans doute audacieuse mais qui, j'ai la faiblesse de le croire, méritait d'être évoquée.

Rapprochons-nous maintenant du périmètre de la biologie ; tout en questionnant nos connaissances habituelles en immunologie, nous pourrions envisager un mécanisme qui accélère l'interaction entre la CPA et le lymphocyte spécifique.

Parmi les lymphocytes autour de la CD, les uns s'arrêtent puis se décrochent, d'autres tardent puis se fixent fermement et s'activent. On peut supposer que plusieurs CD, dont chacune présente un épitope donné, vont sonder les lymphocytes, ce qui accroît les chances de la reconnaissance de l'antigène. Il ne faut pas oublier que l'organisme est en danger quand un antigène y circule librement, la réaction immunitaire ne doit pas tarder au-delà d'une certaine limite. Si la CD ne trouve pas le bon lymphocyte « en temps et en heure », l'organisme va tout simplement subir un dommage qui pourrait s'avérer mortel. Or, la CD ou CPA, d'après la théorie actuelle, s'achemine à la recherche du lymphocyte sans aucun mécanisme qui la guide (comme si de rien n'était !). D'accord : des chimiokines et des cytokines l'orientent vers sa relocalisation dans les ganglions, mais *aucun mécanisme connu à ce jour n'explique comment la CD rencontre le lymphocyte spécifique dans un laps de temps en accord avec les faits expérimentaux*. C'est pour cette raison qu'il faut imaginer un mécanisme qui facilite la rencontre entre la CPA chargée en antigènes et son lymphocyte spécifique. Faisons ensemble nos derniers pas dans notre grand domaine d'investigation, le jardin de l'immunologie, et poussons encore le raisonnement.

Des formes solubles de CMH ont bien été rapportées, même si leur rôle dans l'activation des LT par les CPA n'a pas été encore étudié. Il a été démontré, en revanche, que des complexes CMH-peptides solubles sont produits par des cellules cancéreuses pour induire l'anergie et l'apoptose dans les LT antitumoraux spécifiques, ce qui expliquerait leur échappement à la réponse immunitaire[129] (Zhao J, 2011). Nous pouvons donc imaginer des scénarios selon lesquels ces molécules jouent un rôle dans l'enclenchement de la réponse immunitaire adaptative. Supposons que, lorsque la CPA ingère une protéine pour en présenter des peptides associés à ses molécules CMH de surface, elle sécrète dans le milieu des formes solubles de complexes CMH-peptides. Ces complexes sont beaucoup plus petits qu'une cellule et peuvent circuler entre les cellules à une plus grande vitesse. Ce serait là une sorte de signal de pré-activation. Ainsi, ils dénicheraient les LT naïfs spécifiques et se lieraient à leur TCR en leur fournissant un signal qui les guide vers la CPA chargée en peptides. Un tel mécanisme, s'il existe vraiment, accroîtrait considérablement les chances d'interaction entre la CPA et le LT, et nous aiderait à comprendre comment une réponse immunitaire a lieu malgré une probabilité initiale qui tend vers zéro. En tout état de cause, nous sommes amenés à envisager la possibilité qu'un mécanisme existe qui accélère le recrutement du clone spécifique par la CPA. Il pourrait induire l'expression de récepteurs aux chimiokines, accroître la motilité des cellules naïves ou simplement les guider vers les CD en suivant le gradient d'un facteur chimio-attracteur.

On sait que chaque individu possède un jeu de 6 allèles du CMH-1 et de 8 allèles du CMH-2. Quelle que soit la classe de CMH, ces molécules ne sont stables que si elles sont associées à des peptides. Des interactions faibles, de type liaisons hydrogènes et ioniques, sont établies entre les résidus d'acides aminés de la cavité, appelés résidus d'ancrage, et ceux du peptide antigénique. Donc, pour chaque poche à peptides, seul le peptide antigénique avec les résidus d'ancrage capables d'établir de telles liaisons pourra s'y loger. Étant donné que seuls deux résidus d'acides aminés interviennent dans l'ancrage, plusieurs types de peptides peuvent se loger dans une molécule de CMH donnée. La liaison du CMH aux peptides antigéniques est dite « dégénérée ». Ce mécanisme, et l'expression de plusieurs types de molécules du CMH, permettent aux CPA de présenter de nombreux peptides, avant que le « bon » peptide ne soit reconnu par son LT spécifique.

La question reste largement ouverte : *comment le LT spécifique de l'antigène peut-il être informé de l'imminence de son activation ?* Le serait-il grâce à des médiateurs solubles qui ont l'avantage de circuler avec une plus grande vitesse et d'établir un gradient qui redirige les LT vers les CPA ? L'antigène, lui-même, pourrait s'aventurer jusqu'à la zone des LT qui, l'internalisant, constitueraient ainsi des complexes CMH-peptides. Les LT se sondent mutuellement à la recherche de tels complexes qui les renseignent sur les antigènes en circulation ; il se pourrait qu'une sous-population de lymphocytes (ou d'autres types de cellules) joue le rôle de pont entre la CPA et le clone spécifique de l'antigène. D'autres éléments participent à l'imminence de l'interaction entre la CPA et le LT. En fait, l'ancrage du peptide aux molécules CMH stabilise sa structure, et l'expose sous une conformation accessible et invariable qui facilite son interaction avec les TCR. Cette conformation spécifique du peptide varierait de celle de sa forme soluble (dans ce dernier cas, le peptide a davantage de liberté de mouvement). Même si d'autres TCR à affinité faible ou intermédiaire s'y accrochent, leur liaison ne résisterait pas aux mouvements des cellules qui s'entrechoquent, ni à la dynamique de leur membrane plasmique. Il est également tout à fait possible que la CPA libère des facteurs qui accélèrent la motilité des LT naïfs, ou que des facteurs, émanant des CPA ou d'ailleurs, orientent le LT dans la bonne direction pour amorcer l'interaction entre le TCR et le complexe CMH-peptide. Notons que l'existence d'un tel mécanisme de recrutement à distance des LT spécifiques de l'antigène irait dans le sens de la théorie actuelle de la sélection clonale.

Quant aux LB, le site de liaison de l'anticorps est situé dans la partie Fab formée par la mise en commun des régions hypervariables des chaînes lourdes et légères. Le déterminant antigénique s'emboîte dans une gorge formée par le site de liaison de l'anticorps. Le mécanisme de réaction antigène-anticorps peut donc être comparé à celui d'une clé (l'antigène) qui s'insère dans une serrure (le site anticorps). Les liaisons qui maintiennent l'antigène fixé au site de l'anticorps sont de nature non-covalente. Ces multiples liaisons, hydrogènes, électrostatiques, forces de Van der Waals et liaisons hydrophobes assurent une interaction stable entre ces deux molécules. Comme les réactions antigène-anticorps se produisent par l'intermédiaire de liaisons non-covalentes, elles sont par nature réversibles. La survie du LB naïf mature, rescapé des étapes de sélection négative précédentes, requiert la rencontre avec l'antigène reconnu spécifiquement par son BCR. Le LB circule donc à travers les vaisseaux lymphatiques et sanguins, dans la rate, les ganglions, les tissus lymphoïdes des muqueuses, à la recherche de son antigène. L'avenir du LB à court terme (48-72 heures) est le suivant : soit sa mort en l'absence de rencontre avec l'antigène, soit son activation T-indépendante ou -dépendante et sa survie. Dans les organes lymphoïdes secondaires, en présence d'une costimulation lymphocytaire TCD4 (réponse T-dépendante), le LB forme des follicules lymphoïdes ou centres germinatifs. Plus de 95% des LB pénétrant dans un centre germinatif vont mourir. Seuls les LB ayant la meilleure affinité avec le (ou les) antigène(s) présenté(s) seront sélectionné(s). La formation d'un centre germinatif est donc une étape cruciale qui conduit à la sécrétion d'anticorps de haute affinité, la commutation isotypique et la constitution d'une mémoire lymphocytaire B.

La rencontre avec l'antigène est plus probable avec le LB qu'avec le LT étant donné sa capacité à le reconnaître sous sa forme native. L'antigène est capté par des anticorps naturels cross-réactifs, des anticorps résiduels de réponses mémoires récentes ou par des BCR à la surface des LB. Les antigènes de type protéine circulent beaucoup plus rapidement que la CD chargée en peptides qui doit se frayer un chemin entre des millions de cellules. La CD forme des dendrites ou des prolongements lui permettant d'accéder à des cellules répondeuses à distance, mais ceci est insuffisant pour lui permettre de sonder les millions de LT naïfs. C'est pour cette raison que la réponse des LB est plus avantagée qu'une réponse T.

Les complexes immuns formés (plus tard) entre l'antigène et l'anticorps vont pourtant accélérer le recrutement des LT, car ces complexes sont phagocytés par des CPA qui en produisent des complexes peptides-CMH-1 par présentation croisée. Pour les LB, l'idéal serait un facteur qui réalise un pontage entre le BCR, d'un côté, et l'antigène, de l'autre, de sorte à provoquer leur reconnaissance. Les anticorps naturels pourraient servir de véhicules qui ramènent l'antigène dans la zone des LB au sein des ganglions. La liaison antigène-anticorps étant réversible, l'antigène serait relargué dans la zone B et diffuserait jusqu'à ce qu'il soit retenu par une molécule BCR affine. Les LTh activés par les LB pourraient aussi relarguer des complexes CMH-2-peptides qui iront activer d'autres LTh de spécificités voisines, et ainsi renforcer la réponse à l'antigène.

Différents paramètres facilitent la rencontre du LB avec son antigène : la cellule est tapissée de BCR localisés à sa surface qui vont sonder en permanence le liquide environnant à la recherche de l'antigène. Le fait que la majorité des LB meurent dans le centre germinatif prouve bel et bien que la rencontre avec l'antigène est un événement rare. Ce phénomène permet par ailleurs d'éviter que des réactions croisées indésirables ne s'enclenchent contre des antigènes du soi. La région charnière de la molécule de l'anticorps permet aux paratopes de bien s'orienter et d'adopter le meilleur angle pour se lier à l'antigène. La fixation n'est pas instantanée, il faut le temps que les deux partenaires trouvent leur complémentarité. Un antigène soluble circulant dans le sang ou la lymphe est libre de mouvement, et c'est seulement selon une orientation donnée qu'il pourra interagir avec le paratope. L'autre élément en faveur de la rencontre entre l'anticorps et son antigène, c'est l'existence de deux mécanismes distincts pour l'activation de la LB. Pourtant, comme pour le LT, la rencontre d'un anticorps avec son antigène est un événement peu probable dans la nature. L'hypothèse de molécules CHM-2-peptides solubles servant de signal de relais, comme évoqué ci-dessus pour les LT, pourrait s'appliquer pour les LB par activation des LTh spécifiques qui iront chercher le LB spécifique. L'hypothèse de la dilatation du temps à l'échelle atomique serait également à considérer. N'oublions pas, par ailleurs, qu'*in vitro*, nous connaissons parfaitement les mélanges réactionnels utilisés, contrairement aux liquides biologiques (sang, lymphe) ou le liquide interstitiel, et que toutes les conditions expérimentales sont optimisées pour rendre probable la rencontre anticorps/antigène.

Je souligne encore le fait que la rencontre entre l'antigène et le TCR ou le BCR est capitale pour notre survie. Puisqu'elle est supposée être spécifique, je soutiens ces deux possibilités : soit, il existe un mécanisme qui intervient pour accélérer ou faciliter leur rencontre, soit les phénomènes biologiques de l'infiniment petit sont régis par des lois qui nous échappent encore.

Bien que la théorie de la sélection clonale semble cohérente et robuste, elle est fondée sur un modèle probabiliste et, comme chacun le sait, plus les hasards se succèdent, plus l'événement devient rare jusqu'à devenir improbable : ainsi, la CPA doit capter l'antigène, le bon épitope doit s'associer à ses molécules CMH, puis elle doit migrer dans les ganglions voisins et rencontrer le bon lymphocyte, sachant que les LT naïfs sont répartis au hasard dans l'organisme et circulent d'un site à un autre. Puisque la théorie s'appuie sur autant de probabilités, nous ne pouvons qu'imaginer des scénarios alternatifs pour expliquer les faits biologiques.

Nous pourrions aussi imaginer une distribution spatio-temporelle des clones de LT qui les rapproche des points d'entrée des antigènes dont ils sont spécifiques. Ils subiraient alors une sélection secondaire en fonction de la spécificité de leur TCR, si bien, qu'avec le temps, des clones de spécificités chevauchantes peupleraient les ganglions locaux. Considérons les lymphocytes du tube digestif. Ils ont des TCR différents de ceux de la muqueuse génitale ou respiratoire, ce qui suppose qu'il existe un mécanisme qui contrôle la répartition spatio-temporelle des TCR selon leurs spécificités, avant même leur rencontre avec l'antigène. Nous pourrions supposer que les CPA offrent un signal suboptimal aux lymphocytes naïfs pour les maintenir en vie sans forcément entraîner leur pleine activation ; seuls ceux qui reconnaissent faiblement ou fortement le type d'antigènes récurrents présentés finiraient par coloniser les ganglions voisins. Notons ici que les lymphocytes naïfs, qui ont potentiellement une longue durée de vie, ont besoin d'un facteur qui les maintiennent en vie. Un signal antigénique de faible amplitude pourrait les y aider. Les TCR seraient soumis à une présélection dans les ganglions au niveau des muqueuses, de sorte que la CPA recrute rapidement le clone spécifique quand l'antigène se présente.

De ce fait, il serait intéressant de comparer les répertoires TCR des différents sites au sein de l'organisme pour déterminer le spectre de leurs spécificités, ou le degré d'homologie entre leurs CDR. Ceci est valable également pour les BCR des LB.

Le vivant invente des solutions précises aux contraintes de son environnement. Elles doivent être rapides, efficaces, et surtout compatibles avec le contexte spatio-temporel de la contrainte (par exemple, à quoi servirait une réponse B ou T qui apparaîtrait après qu'un virus ait détruit un tissu ?). De même, nous pourrions approfondir nos investigations sur le rôle exact des complexes solubles CMH-peptides, ou chercher d'autres mécanismes qui sous-tendent la sélection clonale.

Un dernier point : la notion de clone me paraît tout aussi problématique. Nous savons qu'une division cellulaire s'accompagne toujours d'un certain nombre de mutations et d'erreurs. *Comment est-il possible que l'organisme génère des clones ? Ont-ils les mêmes TCR, c'est-à-dire les mêmes CDR ?* Il faut distinguer le mécanisme d'interaction entre deux molécules TCR produites par deux cellules non apparentées, hypervariables l'une par rapport à l'autre, de celui qui implique les molécules produites au cours des divisions du même clone, variables l'une par rapport à l'autre mais à un moindre degré (mini-variabilité). Nous n'avons aucune certitude que les cellules issues d'un même clone parental ont un même TCR invariable, sachant que les CDR sont des zones de mutations fréquentes se produisant à chaque division cellulaire. Parmi les TCR mini-variables, ceux qui se lient avec une très forte affinité à l'antigène enverraient le signal d'activation à la cellule qui démarre ses mitoses, cette dernière produirait à son tour des TCR mini-variables au cours de ses divisions ultérieures. Cette mini-variabilité entre TCR du même clone augmente les chances de liaison à l'épitope avec une forte affinité. Elle permettrait aux TCR de reconnaître différents complexes de molécules CMH-1 avec le même peptide. Des épitopes différents présentés par la même molécule CMH recruteront, par contre, des TCR divergents.

La sélection clonale n'opère pas une seule fois, elle le fait à chaque division dudit clone : les TCR sont de nouveau « scannés » par l'antigène pour sélectionner ceux qui s'y lient avec la meilleure affinité.

Nous le voyons encore, la sélection clonale des lymphocytes est une théorie qui mérite d'être complétée. Ce qui nous paraît saugrenu aujourd'hui, nous paraitra convaincant demain. Souvenons-nous que la double hélice de l'ADN, sa transcription en ARN, sa traduction en protéine et tous les mécanismes opérant pour garder la cellule vivante, au moment de leur découverte, semblaient extraordinaires. Aujourd'hui, ils font partie des savoirs établis et enseignés. Le vivant n'est pas un ensemble de systèmes fonctionnels, chacun opérant isolément dans son module, il est un tout fonctionnel. C'est seulement en gardant en tête le miracle et l'extraordinaire ingéniosité de la vie, que l'on pourra, en croisant les différentes disciplines (dont la physique quantique et la théorie de la relativité), déchiffrer son code et découvrir les mécanismes moléculaires et cellulaires qui sont capables de la maintenir dans un milieu hostile. Pour l'instant, la complexité du phénomène de la vie échappe encore à la science.

Notre promenade dans le jardin de l'immunologie touche à sa fin. Au fil de cette déambulation, j'ai mesuré à quel point la théorie de l'évolution a influencé l'émergence des concepts fondamentaux en immunologie. La discrimination entre le soi et le non-soi, considérée comme le processus d'adaptation de l'être vivant à son milieu, n'est-elle pas parfaitement reliée au principe même de la sélection naturelle ? Car la notion d'adaptation signifie que le vivant adopte une solution face à un problème, et donc que les éléments du vivant qui n'ont pas la solution disparaissent. Il convient d'être prudent, en ce sens que la théorie de l'évolution n'est pas admise par l'ensemble de la communauté scientifique, elle a ses opposants. Ces derniers méritent que nous tenions compte de leur avis en toute impartialité. J'ai également mesuré à quel degré le hasard intervient dans les modèles explicatifs de l'immunité. Or, le hasard, de fait, ne peut être un concept valide en science. C'est pourquoi, par exemple, j'ai insisté tellement sur la question du répertoire immunitaire comme résultat du passé immunologique de notre espèce.

En revanche, l'immunologie offre un territoire propice à la compréhension du fonctionnement des réseaux cellulaires et moléculaires de notre organisme, du réseau de communication des cellules entre elles pour remplir une fonction vitale. C'est une science qui a encore de beaux jours devant elle, étant donné les nombreux défis présents et à venir : du risque épidémique (ou pandémique) lié à la multitude des échanges et des interactions humaines, au fait, maintenant avéré, que les conditions environnementales et toxicologiques peuvent affecter durablement nos défenses immunitaires. La recherche dans ce domaine représente un véritable enjeu pour la santé des populations. La polémique et les controverses autour des vaccins anti-Covid l'ont d'ailleurs prouvé.

Conclusion

Imaginez la biologie comme un arbre gigantesque dont l'immunologie serait une des branches. Darwinisme, sélection naturelle, conservation de l'espèce, transmission de caractères acquis ont placé ma réflexion sur le versant délicat de la philosophie, celle qui s'interroge sur la signification du hasard et sur l'origine de la vie. En tant que biologiste, j'ai fait maintes fois le constat du caractère central des grands concepts qui fondent la discipline ; quel que soit le carrefour où vous mène votre réflexion, vous finirez à un moment ou à un autre par vous orienter à la lueur de leurs énoncés. Ce qui reste en jachère cependant, ce sont ces questionnements qui ne trouvent pas d'issue satisfaisante : la vie serait-elle terrestre, issue du minéral comme le postulent les darwinistes ? À ce jour, aucun scientifique n'a pu engendrer la vie à partir du néant, ou du minéral. L'idée de la génération spontanée a été abandonnée depuis longtemps. La biologie porte en elle un paradoxe colossal : elle est cette science qui n'explique pas ce qu'est son sujet, elle étudie la vie sans pouvoir expliquer son origine. Nous sommes donc ramenés inexorablement au centre de ce carrefour, d'où les questions émergent qui tentent de percer l'énigme de la vie et pour lesquelles aucune voie n'a encore été tracée : la vie serait-elle un phénomène émergent ? Quelle est son origine ? Existe-t-elle ailleurs dans l'univers ? Si oui, obéit-elle aux seuls principes physico-chimiques que l'on connaît ?

La théorie de l'immunologie, par conséquent, est porteuse de grands dilemmes. La définition du soi comme celle du non-soi n'est pas univoque. La notion même d'immunité porte ses propres paradoxes, son rôle et son fonctionnement ne sont pas séparables des conditions du milieu, *alors comment la caractériser pour et en elle-même ?* Cela n'est pas totalement élucidé. Est-elle autocentrée sur le soi tandis que le non-soi ne serait que du soi altéré ? C'est un sujet parmi tant d'autres qui font et feront débat, l'avenir de la science est prometteur à condition que les controverses ne soient pas étouffées dans l'œuf par un dogmatisme sclérosant. Voici encore quelques-uns de ces sujets qui ont émaillé ma réflexion tout au long de cette promenade avec vous dans l'immense jardin de l'immunologie :

Comment se déroule *in vivo* la sélection clonale ? Est-elle même possible ? Le répertoire des récepteurs immunitaires est-il aléatoire ? Y a-t-il un croisement entre les répertoires des récepteurs immunitaires des individus au sein de la même espèce ?

Y- a-t-il une distribution spatio-temporelle des TCR en fonction du type d'antigènes régnant dans une muqueuse de l'organisme ? Y a-t-il transmission de caractères acquis en immunologie ? Quel rôle pourrait jouer l'épigénétique dans ce mécanisme ? Quel est le mécanisme précis qui permet aux cellules naïves et mémoires de rester en vie ? L'immunité est-elle spécifique ou cross-réactive ? Comment prédire si un antigène est tolérogène ou immunogène ? Quels sont les paramètres qui déclenchent une réaction immunitaire ? Comment des clones autoréactifs échappent-ils à la sélection thymique ? Le terrain joue-t-il le rôle le plus important dans la survenue d'une maladie même auto-immune ?

Tant que ces questions demeurent en suspens, la théorie en immunologie reste fragmentaire et non unifiée. J'ai tenté de répondre à ma façon à ces questions en convoquant l'hypothèse d'un programme fondateur et fédérateur des éléments du vivant. En ce sens, je suis un défenseur de la thèse du « programme intelligent » au cœur des systèmes intelligents observés par la biologie et l'immunologie.

L'interconnexion des systèmes fonctionnels de l'organisme est une propriété fondamentale pour le maintien de l'homéostasie et de la vie. Cette interdépendance n'est pas encore suffisamment mise en lumière. Le SNC joue certainement un rôle capital dans la réponse immunitaire, les facteurs psychologiques, l'affectivité, également. Ne sont-ils pas des mécanismes davantage acquis qu'innés ? Les implications thérapeutiques futures sont nombreuses et potentiellement fructueuses. Il est à espérer que, dans l'avenir, d'autres approches plus respectueuses de la nature, de l'intégrité physique et psychologique de l'humain, que celles actuellement promues par l'idéologie vaccinale et le recours systématisé à la chimie thérapeutique, soient privilégiées.

La connaissance de la nature du vivant est potentiellement vectrice d'émancipation. Sa diffusion doit, de la même façon que le processus scientifique qui la rend possible, être honnête et sous-tendue par des principes moraux qui la tiennent éloignée des considérations politiques, financières et idéologiques. Comme l'a si bien dit Rabelais dans son œuvre majeure Pantagruel « science sans conscience n'est que ruine de l'âme ». Ces années de crise sanitaire Covid nous ont offert une illustration malheureuse de l'adage. Je reste, pour ma part, convaincu que la mission de la science, là où réside sa noblesse et sa vocation, est, avant tout, d'améliorer la condition de l'être humain sur Terre et dans l'Univers, et non pas d'organiser ou de faciliter sa servitude et son asservissement.

ABREVIATIONS

ADCC : *Antibody-Dependent Cell Death.*
ADN : Acide désoxyribonucléique.
ARN : Acide ribonucléique.
BCR : *B-Cell Receptor.*
C : Région constante du TCR ou de l'Ig.
CD : Cellule dendritique.
CD (4 ou 8) : *Cluster of differentiation* 4 ou 8.
CDR : *Complementarity Determining Regions.*
CMH : Complexe Majeur d'Histocompatibilité.
COVID-19 : acronyme de l'anglais CoronaVirus Disease 2019, maladie à coronavirus 2019.
CPA : Cellules Présentatrices de l'Antigène.
LTCA : *Cytotoxic T-Lymphocyte-Associated protein 4*
GAFAM : Cet acronyme qui désigne "les géants américains de web" se compose des premières lettres de : Google, Apple, Facebook, Amazon... et parfois Microsoft pour le "M" dans le terme GAFAM (Une variante).
HSP : *Heat Shock Protein*
Ig : Immunoglobuline.
IgAs : Immunoglobuline A sécrétoire.
INFγ : Interféron gamma.
IL : Interleukine.
ITAM : Motif d'Activation des récepteurs immuns basé sur la Tyrosine
LT : Lymphocyte T.
LTC : Lymphocyte-T Cytotoxique
LTh : Lymphocyte T Helper.
LB : Lymphocyte B.
LPS : Lipopolysaccharides
MEC : Matrice Extra-Cellulaire.
MLR *: Mixed Lymphocyte Reaction.*
MMP : Métalloprotéases matricielles
NF-κB *: nuclear factor-kappa B.*
PA : Potentiel d'Action.
PAMP : *Pathogen Associated Molecular Pattern.*
PRR : *Pattern Recognition Receptors.*
RE : Réticulum Endoplasmique.
SFIg : Superfamille des Immunoglobulines
SI : Système Immunitaire.
SN : Système nerveux.
SNC : Système Nerveux Central.
TCLA-4 : *T-Cell Leukocyte Antigen.*
TCR : *T-Cell Receptor* ou récepteur des lymphocytes-T spécifique d'un antigène.
TGFβ : *T-Cell Growth factor.*
TLR : *Toll-Like Receptor.*
V : Région variable du TCR ou de l'Ig.
VIH : Virus de l'Immunodéficience Humaine.

REFERENCES

1- William Audureau et Maxime Vaudano. Coronavirus : du premier cas détecté de Covid-19 au déconfinement, la chronologie d'une crise mondiale. www.lemonde.fr. Mars 2020.

2- Frédéric Martinon. Les vaccins à ARNm susceptibles de modifier notre génome, vraiment ? presse.inserm.fr. 06 décembre 2021.

3- Mathilde Damgé. Derrière l'expression « Big Pharma », des milliards de dollars mais une réalité plus complexe. 26 novembre 2020.

4- Léa Sanchez. Les résidents d'Ehpad représentent 44 % des morts du Covid-19. www.lemonde.fr. 3 décembre 2020.

5- Serge Michel. Les complotistes ont toujours raison. www.letemps.ch. 2 Aout 2021.

6- Caroline Weill (Rédaction). Le complotisme, les théories conspirationnistes et le confusionnisme (et ce que le Covid nous aide à comprendre à leur sujet). 27 janvier 2021.

7- Guillaume Promé. Covid-19. Chiffres et Courbes en France. www.qualitiso.com. 6 janvier 2022.

8- Fonctionnement et fiabilité des tests RT-PCR pour la détection du SARS-CoV-2.www.pasteur.fr.16 novembre 2020.

9- Felicia Sideris. Des textes de loi interdisent-ils de rendre la vaccination obligatoire ? www.tf1info.fr. 6 juillet 2021.

10- Le Blog de Denis Garnier. L'industrie pharmaceutique décide, les gouvernements abdiquent ! COVID-19, saint-Pierre-et-Miquelon. denisgarnier.blog. 30 octobre 2020.

11- Philippe Rivière. « Big Pharma », ou la corruption ordinaire. www.monde-diplomatique.fr. Octobre 2003.

12- Journalisme, liberté de la presse et COVID-19. unesdoc.unesco.org. 2020.

13- Louise Bodet. Covid-19 : ces lanceurs d'alerte menacés pour avoir dit la vérité sur la pandémie. 13 avril 2020

14- Caroline Vinet. Interdit de Facebook et de Twitter, comment s'exprime encore Donald Trump ? 6 mai 2021.

15- « Donald Trump : ses pires déclarations sur le Covid-19. » www.elle.fr. 28 octobre 2020.

16- Céline Deluzarche. Pourquoi les insectes sont-ils attirés par la lumière ? www.futura-sciences.com. 26 juillet 2019.

17- Guy Rumelhard. Le concept de système immunitaire. ife.ens-lyon.fr. Persée. ASTER 10. 1990.

18- Didier Pol. Darwin et l'évolution. Fondation la main à la pâte. www.fondation-lamap.org.
19- Didier Grandperrin. La théorie de l'évolution. svt.tice.ac-orléans tours.fr.
20- Jean-Claude Bregliano. Lamarck et Darwin : deux visions divergentes du monde vivant. www.encyclopedie-environnement.org. 2021.
21- Damien de Vienne. Présentation de Lifemap, logiciel permettant d'explorer l'arbre du vivant. planet-vie.ens.fr. 18 avril 2017.
22- Centre International de Recherche Scientifique. L'origine de la vie selon Darwin. www.notre-planete.info. 7 décembre 2009.
23- Stanley L Miller. *A Production of Amino Acids Under Possible Primitive Earth Conditions*. Science, vol. 117, nº 3046 : 528-529. 1953.
24- Stanley L Miller et Urey Harold Clayto. *Organic Compound Synthesis on the Primitive Earth*. Science, vol. 130, nº 3370 : 245-251. 1959.
25- Sébastien Carassou. L'intrication quantique, ou le rêve de la communication instantanée. www.sciencepresse.qc.ca. 2013.
26- Amandine Rebourg. "Mensonges", "calomnie"... Pourquoi Didier Raoult a-t-il tant fâché les autorités de santé ? www.tf1info.fr. 2 juillet 2020.
27- François D'Astier. "Plandémie" : un texte viral contenant de fausses informations. factuel.afp.com. 10 mai 2020.
28- Non, les vaccins à ARN messager contre le Covid-19 ne feront pas de nous des OGM.www.liberation.fr. 12 septembre 2020.
29- VaccinTracker. Combien de français ont été vaccinés contre la Covid19 ? https://covidtracker.fr.
30- Bruno Ducoudré, Pierre Madec. Impact économique de la pandémie de Covid-19 sur le marché du travail et l'emploi en France. ses.ens-lyon.fr. 16 décembre 2021.
31- Stéphane Korsia-Meffre. COVID-19 : le rôle du choc cytokinique et les premières pistes thérapeutiques. www.vidal.fr. 01 avril 2020
32- Emilie D, Humbert M et Galanaud P. Cytokines et sensibilité aux maladies. Pour la Science. Avril 2000.
33- Xu X, Han M, Li T, Sun W, Wang D, Fu B, Zhou Y, Zheng X, Yang Y, Li X, Zhang X, Pan A, Wei H. *Effective treatment of severe COVID-19 patients with tocilizumab.* Proc Natl Acad Sci US A, 117(20) : 10970-10975. 2020.
34- Plusieurs formes « d'orages cytokiniques » sont associés à la sévérité et la mortalité dans la Covid-19. presse.inserm.fr. 23 avril 2021.

35- Céline Deluzarche. Coronavirus : la fausse piste de l'orage cytokinique. www.futura-sciences.com. 2 décembre 2020
36- Philip A, Mudd Jeremy Chase, Crawford Jackson S Turner, Aisha Souquette, Daniel Reynolds, Diane Bender, James P Bosanquet, Nitin J Anand, David A Striker, Ali H Ellebed. *Distinct inflammatory profiles distinguish COVID-19 from influenza with limited contributions from cytokine storm.* Science Advances, Vol 6, Issue 50. 2020.
37- Pauline Sauthier. Hydroxychloroquine contre le Covid-19 : Didier Raoult sanctionné par un blâme. france3-regions.francetvinfo.fr. 3 décembre 2021.
38- A living WHO guideline on drugs to prevent covid-19. BMJ. 02 mars 2021.
39- Chloroquine et Covid-19 : action, effets secondaires, prix. journaldesfemmes.fr. 3 mars 2021.
40- Prof MR Mehra, MD SS Desai, MD Prof F Ruschitzka, MD AN Patel, MD. *RETRACTED: Hydroxychloroquine or chloroquine with or without a macrolide for treatment of COVID-19: a multinational registry analysis*. The Lancet. 2020.
41- Nicolas Gutierrez C. Covid-19 et chloroquine : The Lancet annonce la rétractation de l'étude. www.sciencesetavenir.fr. 3 juin 2020.
42- A Pawlowski, M Jansson, M Sköld, M E Rottenberg, G Källenius. Tuberculosis and HIV co-infection. Plos Pathog. 2012.
43- Brenchley JM, Douek DC. *HIV infection and the gastrointestinal immune system.* Mucosal Immunol, 1 : 23–30. 2008.
44- Moir S, Chun TW, Fauci AS. *Pathogenic mechanisms of HIV disease*. Annu Rev Pathol, 6 :223–248. 2011.
45- Kanwar B, Favre D, McCune JM. *Th17 and regulatory T cells: implications for AIDS pathogenesis.* Curr Opin HIV AIDS, 5 : 151–157. 2010.
46- Brenchley JM, Price DA, Schacker TW, Asher TE, Silvestri G, Rao S, Kazzaz Z, Bornstein E, Lambotte O, Altmann D, Blazar BR, Rodriguez B, Teixeira-Johnson L, Landay A, Martin JN, Hecht FM, Picker LJ, Lederman MM, Deeks SG, Douek DC. *Microbial translocation is a cause of systemic immune activation in chronic HIV infection.* Nat Med, 12(12) : 1365-71. 2006.
47- Mihai G. Netea, Leo A. B. Joosten, Eicke Latz, Kingston H. G. Mills, Gioacchino Natoli, Hendrik G. Stunnenberg, Luke A. J. O'Neill, Ramnik J. Xavier. Trained immunity: *A program of innate immune memory in heaLTh and disease.* Science, Vol. 352, Issue 6284. 2016.

48- Netea MG, Domínguez-Andrés J, Barreiro LB, Chavakis T, Divangahi M, Fuchs E, Joosten LAB, van der Meer JWM, Mhlanga MM, Mulder WJM, Riksen NP, Schlitzer A, Schultze JL, Stabell Benn C, Sun JC, Xavier RJ, Latz E. *Defining trained immunity and its role in heaLTh and disease.* Nat Rev Immunol, 20(6) : 375-388. 2020.
49- Thomas Pradeu. Les limites du soi. Immunologie et identité biologique. Presses de l'Université de Montréal, Vrin. Montréal. 2010.
50- Aurélie Siri, Hubert de Boysson and Guilaine Boursier. Actualité sur les lymphocytes T régulateurs CD4+. Med Sci (Paris), 28 (6-7) : 646-651. 2012.
51- Dominique Thouvenin. L'accès au corps humain et à l'embryon humain : une tentative d'arbitrage des intérêts contradictoires par des lois « bioéthiques ». L'Esprit du temps « Champ psychosomatique », n° 55 : 39-62. 2009.
52- Friedrich Nietzsche, Le Gai Savoir, Livre troisième, 125. 1882.
53- Antoine Béchamp - Définition et Explications. https://www.techno-science.net.
54- William Audureau. Faux décès, chiffres mal interprétés : Comment les antivaccins sèment le doute sur les effets secondaires. www.lemonde.fr/les-decodeurs.18 août 2021.
55- Samuel Eckert. Confirmation écrite : les scientifiques ne peuvent apporter aucune preuve de l'existence d'un virus pathogène. www.mondialisation.ca. 27 mai 2022.
56- La rédaction d'allo docteurs. Paul Ehrlich, le père de la chimiothérapie. www.allodocteurs.fr23. 23 juillet 2015.
57- Henri Médioni. www.cairn.info. Science et bioéthique en loge. La chaîne d'union n° 42 : 60-71. Avril 2017.
58- Jean-Marc Cavaillon, Sandra Legout. *Centenary of the death of Elie Metchnikoff: a visionary and an outstanding team leader.* Elsevier. *Microbes and Infection*, 18 (10) : 577-594. 2016.
59- Oppezzo Pablo et Dighiero Guillaume. Autoanticorps, tolérance et autoimmunité. Pathol Biol, 0 : 1-8. 2002.
60- Ivanov II, Frutos Rde L, Manel N, Yoshinaga K, Rifkin DB, Sartor RB, Finlay BB, Littman DR. *Specific microbiota direct the differentiation of IL-17-producing T-helper cells in the mucosa of the small intestine.* Cell Host Microbe, 16, 4(4) : 337-49. 2008.
61- Hall JA, Bouladoux N, Sun CM, Wohlfert EA, Blank RB, Zhu Q, Grigg ME, Berzofsky JA, Belkaid Y. *Commensal DNA limits regulatory T cell conversion and is a natural adjuvant of intestinal immune responses.* Immunity, 17, 29(4) : 637-49. 2008.

62- Gaboriau-Routhiau V, Rakotobe S, Lécuyer E, Mulder I, Lan A, Bridonneau C, Rochet V, Pisi A, De Paepe M, Brandi G, Eberl G, Snel J, Kelly D, Cerf-Bensussan N. *The key role of segmented filamentous bacteria in the coordinated maturation of gut helper T cell responses.* Immunity, 16, 31(4) : 677-89. 2009.
63- Saleh, M., Trinchieri, G. *Innate immune mechanisms of colitis and colitis-associated colorectal cancer.* Nat Rev Immunol, 11: 9–20. 2011.
64- Nicolas Bouladoux, Timothy W. Hand, Shruti Naik et Yasmine Belkaid. *Microbiota and T lymphocytes: the best enemies.* Med Sci (Paris), 29 : 349–352. 2013.
65- Francisco Varela. Autonomie et Connaissance. Essai sur le vivant. Broché. 1989.
66- Jean Kanellopoulos et David M. Ojcius. Médecine/sciences, 16 : 865-73. 2000.
67- Arthur M Silverstein. *Darwinism and immunology: from Metchnikoff to Burnet.* Nat Immunol, 4(1) : 3-6. 2003.
68- Askonas, Brigitte A., and James G. Howard. "Niels Kaj Jerne. 23 December 1911-7 October 1994." *Biographical Memoirs of Fellows of the Royal Society*, vol. 43, 1997: 237–51. *JSTOR*, www.jstor.org. 27 Jun. 2022.
69 Gary Cziko. *Without Miracles: Universal Selection Theory and the Second Darwinian Revolution.* Bradford Book. 10 avril 1997.
70- Tonegawa S, Steinberg C, Dube S, Bernardini A. *Evidence for somatic generation of antibody diversity.* Proc Natl Acad Sci USA, 71(10) : 4027-31. 1974.
71- Chien Y, Gascoigne NRJ, Kavaler J, Lee NE, Davis MM. *Somatic recombination in a murine T-cell receptor gene.* Nature, 1984
72- fr.qaz.wiki/wiki/Side-chain_theory.
73- FM Burnet, CA: a cancer journal for clinicians, vol. 26, n° 2. 1976.
74- Grakoui A, Bromley SK, Sumen C, Davis MM, Shaw AS, Allen PM, Dustin ML. *The immunological synapse: a molecular machine controlling T cell activation.* Science. 9; 285(5425) : 221-7. 1999.
75- Lodygin D, Hermann M, Schweingruber N, Flügel-Koch C, Watanabe T, Schlosser C, Merlini A, Körner H, Chang HF, Fischer HJ, Reichardt HM, Zagrebelsky M, Mollenhauer B, Kügler S, Fitzner D, Frahm J, Stadelmann C, Haberl M, Odoardi F, Flügel A. *β-Synuclein-reactive T cells induce autoimmune CNS grey matter degeneration.* Nature, 566(7745) : 503-508. 2019.

76- Renaud J, Thérien HM, Plouffe M, Martinoli MG. La neuro-inflammation - Dr Jekyll ou Mr Hyde ? Med Sci (Paris), 31(11) : 979-88. 2015.
77- James Williams. *The Principles of Psychology*. New York Henry Holt and Company. 1890.
78- Maturana, H. & Varela, F. Des machines et des êtres vivants. Autopoïésis: l'organisation du vivant (1er éd.). Université éditoriale S.A. 1973.
79- Maturana, H. et Varela, F. Autopoïèse et cognition : la réalisation du vivant. Springer Science & Business Media. 1980.
80- Mingers, J. Une introduction à l'autopoïèse - Implications et applications. Pratique des systèmes, 2(2) : 159-180. 1989.
81- Caractéristiques et exemples d'autopoïèse. www.thpanorama.com.
82- Florence Buseyne. Enjeux et problèmes de la quantification virale. http://www.journaldusida.org/. 1993.
83- Pierre Barthélémy. Les négationnistes du sida repassent à l'attaque. www.lemonde.fr. 01 octobre 2014.
84- Zheng L, Yang Y, Guocai L, Pauza CD, Salvato MS. *HIV Tat protein increases Bcl-2 expression in monocytes which inhibits monocyte apoptosis induced by tumor necrosis factor-alpha-related apoptosis-induced ligand.* Intervirology, 50(3) : 224-8. 2007.
85- Bahbouhi B, Landay A, Al-Harthi L. *Dynamics of cytokine expression in HIV productively infected primary CD4+ T cells*. Blood, 15, 103(12) : 4581-7. 2004.
86- Marie-Lise Gougeon. Mort programmée, L'augmentation de l'apoptose au cours du sida. Institut Pasteur, département sida et rétrovirus (Paris). Revue critique de l'actualité scientifique internationale sur le VIH et les virus des hépatites, n°45. www.pistes.fr. Mai 1996.
87- Y Kang, K Hariharan, P L Nara, J Sodroski, and J P Moore. *Immunization with a soluble CD4-gp120 complex preferentially induces neutralizing anti-human immunodeficiency virus type 1 antibodies directed to conformation-dependent epitopes of gp120*. J Virol, 68(9) : 5854–5862. 1994.
88- Les cancers d'origine infectieuse. Le journal de la recherche. www.pasteur.fr. 7 juin 2017.
89- Eléonore Mayola. Etudes des mécanismes de mort cellulaire et résistance des cellules cancéreuses pour le développement de nouvelles approches thérapeutiques : modèle du mélanome. Médecine humaine et pathologie. Université Paris Sud - Paris XI. 2011.

90- Bastien L. Vaccin Pfizer/BioNTech : une « incroyable fraude » ? Des hackers publient les données volées. www.lebigdata.fr/vaccin-pfizer-covid-donnees-hackers. 14 janvier 2021.
91- Civello A. *On the genesis of the idiotypic network theory*. J Hist Biol. Spring, 46(1) : 125-58. 2013.
92- Matsunaga T, Rahman A. *What brought the adaptive immune system to vertebrates. The jaw hypothesis and the seahorse*. Immunol Rev, 166: 177-86. 1998
93- Pierre Bleyzac et Julien S Fellah. *On the origin of the adaptative immune system (AIS): The hypothesis.* Medecine sciences M/S, 21(2) : 210-5. 2005.
94- Cyril Langlois. Les extinctions massives dans les temps géologiques, Encyclopédie de l'Environnement. www.encyclopedie-environnement.org. 2022.
95- David M. Raup and J. John Sepkoski. *Mass Extinctions in the Marine Fossil Record.* American Association for the Advancement of Science Vol. 215, n°4539: 1501-1503. http://www.jstor.org.1982.
96- Luffau, J. M. Aynaud, J.J. Metzger, A. Paraf. Le rôle de la tolérance immunitaire dans la pathogénie des infections virales et des infestations parasitaires. Annales de Recherches Vétérinaires, INRA Editions, 3 (2) : 251-272. 1972.
97- Kau AL, Ahern PP, Griffin NW, Goodman AL, Gordon JI. *Human nutrition, the gut microbiome and the immune system*. Nature, 15, 474(7351) : 327-36. 2011.
98- Torsten Engelbrecht, Claus Köhnlein, Samantha Bailey, et Stefano Scoglio. Virus Mania - Corona/COVID-19, rougeole, grippe porcine, grippe aviaire, cancer du col de l'utérus, SARS, ESB. Marco Pietteur. 21 avril 2021.
99- Thieme CJ, Anft M, Paniskaki K, Blazquez-Navarro A, Doevelaar A, Seibert FS, Hoelzer B, Konik MJ, Berger MM, Brenner T, Tempfer C, Watzl C, Meister TL, Pfaender S, Steinmann E, Dolff S, Dittmer U, Westhoff TH, Witzke O, Stervbo U, Roch T, Babel N. *Robust T Cell Response Toward Spike, Membrane, and Nucleocapsid SARS-CoV-2 Proteins Is Not Associated with Recovery in Critical COVID-19 Patients*. Cell Rep Med. 2020.
100- Jean-Marc Vidal, Thomas T. Kawabata, Robin Thorpe et Beatriz Silva-Lima, *In vitro cytokine release assays for predicting cytokine release syndrome: the current state-of-the-science. Report of a European Medicines Agency Workshop* », Cytokine, vol.5, n° 2 : 213-215. 2010.

101- Michael T. Osterholm. *Preparing for the Next Pandemic.* New England Journal of Medicine, vol. 352: 1839–1842. 2005.
102- Docteur Éric Ancelet. Pour en finir avec Pasteur : Un siècle de mystification scientifique. Résurgence. 1998.
103- Alain Scohy. Les microzymas, la révolution en Biologie. Edilivre-Aparis. 19 juillet 2021.
104- Carosella ED, Moreau P, Le Maoult J, Le Discorde M, Dausset J, Rouas-Freiss N. *HLA-G molecules: from maternal-fetal tolerance to tissue acceptance.* Adv Immunol, 81 : 199–252. 2003.
105- Mathilde Debry. Sclérose en plaque : la justice met en cause le vaccin contre l'hépatite www.pourquoidocteur.fr.
106- Audrey Arnal. Cancer : D'où vient-il et pourquoi l'évolution n'a-t-elle pas fini par l'éliminer ? www. 20minutes.fr. 15 février 2021.
107- Violaine Wautier et Jacques Wautier, Le cancer et les invertébrés. Réactions tumorales naturelles chez des invertébrés. Publications de la Société Linnéenne de Lyon, 24-8 : 214-216. 1955.
108- A. F. Caulin et C. C. Maley, *Peto's Paradox: Evolution's prescription for cancer prevention.* Trends in Ecology & Evolution, vol. 26, n° 4: 175–182. 2011.
109- Ansgar Lussy. L'économie de la nature - Maupertuis et Euler sur le principe de moindre action. Volume 42, La philosophie à l'académie de Berlin au XVIIIe siècle. n°1 : 31–50.www.erudit.org. 2015.
110- Wahiba Chaara. Caractérisation de la diversité du répertoire TCR par modélisation de données de séquençage haut-débit. Immunologie. Université Pierre et Marie Curie - Paris VI, 2016. Hal open science.
111- Riad Abès, Charles-Antoine Dutertre et Jean-Luc Teillaud. Les anticorps : mieux les connaître pour mieux s'en servir. Med Sci (Paris) : 1011–1019. 2009.
112- Benoît Tonson. Tournant en biologie : où l'on reparle de l'hérédité des caractères acquis. theconversation.com.
113- Louis Boné, Philippe David, Gérald Pech, Marc Polo. L'évolution : une théorie invalidée par les faits. Article N°261– Tome LXIII. larevuereformee.net. Janvier 2012.
114- Kirk Ziegler and Emil R. Unanue. *Identification of a macrophage antigen-processing event required for I-region-restricted antigen presentation to T lymphocytes.* Journal of immunology, 127 5 :1869-75. 1981.
115- Shimonkevitz R, Kappler J, Marrack P, Grey H. *Antigen recognition by H-2-restricted T cells. I. Cell-free antigen processing.* J Exp Med, 1, 158(2): 303-16. 1983.

116- Allen PM, Unanue ER. *Antigen processing and presentation by macrophages.* Am J Anat,170(3) : 483-90. 1984.
117- Janeway CA Jr, Travers P, Walport M, et al. Immunobiology 5: *The Immune System in HeaLTh and Disease*. Garland Pub. 2001.
118- Sebastian Amigorena. Transport intracellulaire des molécules de classe Il du CMH. Médecine/sciences, 11 : 661-8. 1995.
119- Peter van Endert. Apprêtement des antigènes présentés par les molécules de classe I du CMH. Med Sci (Paris), 22 : 727–732. 2006.
120- Marine Corniou. En quoi consistent les expériences de gain de fonction ? Québec Sciences www.quebecscience.qc.ca.novembre 2021.
121- Williams, A.F. and Barclay, A.N. *The immunoglobulin superfamily-Domains for cell surface recognition.* Annual Review of Immunology, 6 : 381-405. 1988.
122- M. Pla. Fonctions non immunologiques associées au CMH. Annales de Recherches Vétérinaires, INRA Editions, 20 (3) : 343-350. 1989.
123- Wildschutte JH, Williams ZH, Montesion M, Subramanian RP, Kidd JM, Coffin JM. *Discovery of unfixed endogenous retrovirus insertions in diverse human populations.* Proc Natl Acad Sci USA, 113(16) : E2326-34. 2016.
124- Éléonore Solé. Contraception : ces anticorps neutralisent les spermatozoïdes. Quel est le rôle du système immunitaire dans la fertilité ? www.futura-sciences.com. 22 août 2021.
125- Dre Angela Llaneza. Quel est le rôle du système immunitaire dans la fertilité ? www.institutobernabeu.com.
126- Face aux infections, cerveau et système immunitaire coopèrent. presse.inserm.fr. Communiqué du 13 sept 2018.
127- Quatrini L, Wieduwild E, Escaliere B, Filtjens J, Chasson L, Laprie C, Vivier E, Ugolini S. *Endogenous glucocorticoids control host resistance to viral infection through the tissue-specific regulation of PD-1 expression on NK cells.* Nat Immunol, 19(9) : 954-962. 2018.
128- Mélanie Bruchard et François Ghiringhelli. Microenvironnement tumoral. Cellules régulatrices et cytokines immunosuppressives. Medical/Sciences (Paris), Volume 30, n°4: 429-435. Avril 2014.
129- Zhao J, Guo Y, Yan Z, Zhang J, Bushkin Y, Liang P. *Soluble MHC I and soluble MIC molecules: potential therapeutic targets for cancer.* Int Rev Immunol, 30(1) : 35-43. 2011.

Table des Matières

Structures éditoriales du groupe L'Harmattan

L'Harmattan Italie
Via degli Artisti, 15
10124 Torino
harmattan.italia@gmail.com

L'Harmattan Hongrie
Kossuth l. u. 14-16.
1053 Budapest
harmattan@harmattan.hu

L'Harmattan Sénégal
10 VDN en face Mermoz
BP 45034 Dakar-Fann
senharmattan@gmail.com

L'Harmattan Cameroun
TSINGA/FECAFOOT
BP 11486 Yaoundé
inkoukam@gmail.com

L'Harmattan Burkina Faso
Achille Somé – tengnule@hotmail.fr

L'Harmattan Guinée
Almamya, rue KA 028 OKB Agency
BP 3470 Conakry
harmattanguinee@yahoo.fr

L'Harmattan RDC
185, avenue Nyangwe
Commune de Lingwala – Kinshasa
matangilamusadila@yahoo.fr

L'Harmattan Congo
219, avenue Nelson Mandela
BP 2874 Brazzaville
harmattan.congo@yahoo.fr

L'Harmattan Mali
ACI 2000 - Immeuble Mgr Jean Marie Cisse
Bureau 10
BP 145 Bamako-Mali
mali@harmattan.fr

L'Harmattan Togo
Djidjole – Lomé
Maison Amela
face EPP BATOME
ddamela@aol.com

L'Harmattan Côte d'Ivoire
Résidence Karl – Cité des Arts
Abidjan-Cocody
03 BP 1588 Abidjan
espace_harmattan.ci@hotmail.fr

Nos librairies en France

Librairie internationale
16, rue des Écoles
75005 Paris
librairie.internationale@harmattan.fr
01 40 46 79 11
www.librairieharmattan.com

Librairie des savoirs
21, rue des Écoles
75005 Paris
librairie.sh@harmattan.fr
01 46 34 13 71
www.librairieharmattansh.com

Librairie Le Lucernaire
53, rue Notre-Dame-des-Champs
75006 Paris
librairie@lucernaire.fr
01 42 22 67 13

www.ingramcontent.com/pod-product-compliance
Lightning Source LLC
LaVergne TN
LVHW011222061026
849535LV00001BA/136
* 9 7 8 2 1 4 0 3 1 7 0 7 1 *